轻松学会 Altium Designer 电路板设计

张利国 高 静 编著

中国电力出版社
CHINA ELECTRIC POWER PRESS

内容提要

本书共9章，以Altium Designer 13版本为平台，主要介绍了电路原理图设计、印制电路板设计、集成库生成和电路仿真系统。书中既包括原理图与PCB图的基础操作，也包括原理图绘制技巧和PCB图布线技巧及编辑技巧等内容。

本书结合实例，由浅入深，抓住重点，掌握技巧，灵活运用，让读者用最短的时间掌握更多的知识。书中讲解的知识点采用实例结合的方法，打破程序化的讲解思路，有利于理解；注重软件基础知识与基础操作，由浅入深逐步提高；重点讲解原理图与PCB图绘制中的常用操作与使用方法；原理图与PCB图的绘制与编辑技巧是提高成图质量和成图速度的保障。此外，全书还渗透着作者对软件使用经验的总结，以帮助读者掌握软件的应用能力。

本书讲解深入浅出，非常适合从事电路设计工作的技术人员和电路设计爱好者入门和提高，也适合相关专业在校学生作为教材使用。

图书在版编目（CIP）数据

轻松学会Altium Designer 电路板设计 / 张利国，高静编著. —北京：中国电力出版社，2016.1（2017.4重印）
ISBN 978-7-5123-8307-4

Ⅰ. ①轻…　Ⅱ. ①张…　②高…　Ⅲ. ①印刷电路－计算机辅助设计－应用软件　Ⅳ. ①TN410.2

中国版本图书馆CIP数据核字（2015）第226567号

中国电力出版社出版、发行
（北京市东城区北京站西街19号　100005　http://www.cepp.sgcc.com.cn）
汇鑫印务有限公司印刷
各地新华书店经售
*
2016年1月第一版　　2017年4月北京第二次印刷
787毫米×1092毫米　16开本　21.75印张　586千字
印数2001—3000册　定价**59.00**元

前言

Altium公司先后由ACCEL Technologies Inc公司和Protel Technology公司更名而来。在此过程中整合了多家EDA软件公司，成为业内的领头羊。Protel软件是一款具有极强生命力的软件，继Protel系列产品之后，Altium公司推出了印制电路板（PCB）高端设计软件Altium Designer。

随着电子产品的规模和集成度的提高，对PCB设计的要求也越来越高。面对结构精巧、功能复杂的电子产品设计，人们总是希望提高效率、缩短设计周期，同时还要从信号传输、电源供应、电磁兼容等方面提高PCB性能，以保证系统可以稳定、可靠的工作。Altium Designer作为主流的EDA工具，在高速、高密度PCB的设计和分析方面提供了一系列解决方案，帮助用户提高效率，保障性能。Altium Designer不但继承了Protel系列软件在板级设计上的易学易用性，功能包括了层次化的原理图设计、高效的PCB交互式布线器、在线规则检查、全新的更人性化的视图功能、强大的设计复用能力、方便快捷的加工文件输出，而且提供了丰富的、提高设计效率的新功能。

本书以Altium Designer 13版本为平台，介绍了电路原理图设计、印制电路板设计和电路仿真等方面的内容。全书共9章，第1章介绍了Altium Designer相关知识和软件安装方法；第2章根据原理图编辑的一般流程介绍了原理图设计的操作方法；第3章针对复杂电路设计介绍了层次式原理图绘制方法，并根据实际应用介绍了原理图绘制工具的使用；第4章介绍了原理图常用几类元件制作方法及其元件库的使用；第5章和第6章介绍了PCB设计基础、PCB自动布线设计和PCB手动布线；第7章介绍了PCB布线技巧、PCB编辑技巧、Altium Designer与Protel 99 SE库文件转换、PCB后期处理及Altium Designer软件使用技巧；第8章介绍了创建元件封装和集成库；第9章介绍了Altium Designer的电路仿真系统。

本书的成书思路是结合实例，由浅入深，抓住重点，掌握技巧，灵活运用。学习过程固然重要，掌握方法吸取经验是获取知识的最佳途径。书中讲解的知识点采用结合实例的方法，打破程序化的讲解思路，有利于读者理解；注重软件基础知识与基础操作，由浅入深逐步提高；对于原理图与PCB图绘制中的常用操作与使用方法进行了重点讲解；原理图与PCB图的绘制与编辑技巧是提高成图质量和成图速度的保障；业精于勤，软件的使用也需要不断的练习与经验的总结，书中知识点的讲解都渗透着作者对软件使用经验的总结，帮助读者将软件的使用能力灵活地运用到工程实践中。如何将知识变为技能？不仅要有掌握知识的方法，更要有运用知识的能力。

本书第1章和第2章由东北石油大学秦皇岛分校高静编写，第3～9章由东北石油大学秦皇岛分校张利国编写，全稿由张利国统编。在本书编写过程中，得到了多方的大力支持与帮助，在此一并表示感谢。由于时间仓促，作者水平有限，书中难免有疏漏和不妥之处，恳请读者批评指正。

编　者
2015年11月

目 录

Altium Designer 概述

Altium Designer 是原 Protel 软件开发商 Altium 公司推出的一体化的电子产品开发系统，主要运行在 Windows 操作系统。这套软件通过把原理图设计、电路仿真、PCB 绘制编辑、拓扑逻辑自动布线、信号完整性分析和设计输出等技术的完美融合，为设计者提供了全新的设计解决方案，使设计者可以轻松进行电路设计，熟练使用这一软件必将使电路设计的质量和效率大大提高。

本章要点

（1）Altium Designer 的发展。

（2）Altium Designer 的主要功能。

（3）Altium Designer 13 的安装。

（4）Altium Designer 13 的激活。

1.1 Altium Designer 简介

1.1.1 Altium Designer 的发展

Altium Designer 是 Altium 公司（澳大利亚）继 Protel 系列产品 Tango（1985）、Protel For DOS（1988）、Protel For Windows、Protel 98、Protel 99、Protel 99 SE、Protel DXP、Protel DXP 2004 之后推出的印制电路板高端设计软件。

Protel 产品家族的渊源最早可以追溯到 1985 年的 ACCEL Technologies Inc，推出了第一个应用于电子线路设计的软件包 Tango。1988 年，ACCEL Technologies Inc 公司更名为 Protel Technology 公司，推出了 Protel For DOS 软件作为 Tango 的升级版本，自此推出系列 Protel 软件。2001 年，Protel Technology 公司改名为 Altium 公司，并整合了多家 EDA 软件公司，成为业内的领头羊。

2006 年，Altium 公司新品 Altium Designer 6.0 成功推出，经过 Altium Designer 6.3、Altium Designer 6.6、Altium Designer 6.7、Altium Designer 6.8、Altium Designer 6.9、Altium Designer Summer 08、Altium Designer Winter 09、Altium Designer Summer 09、Altium Designer 10、Altium Designer 13 等版本升级，体现了 Altium 公司全新的产品开发理念，更加贴近电子设计师的应用需求，更加符合未来电子设计发展趋势的要求。

目前，业界流行使用的两个版本有 Protel 99 SE 和 Altium Designer 最新版，尽管 Protel 版本不停地升级和发展，Protel 99 SE 仍以其体积小、占用系统资源少、易学易用、高效等优点赢得了众多电子设计者的青睐。Altium Designer 操作界面不同于 Protel 99 SE，它是沿用了 Protel DXP 界面风格，这款版本除了全面继承包括 Protel 99 SE、Protel DXP 2004 在内的之前一系列版本的功能和优点以外，还增加了许多改进和高端功能，可以使工程师的工作更加便捷、有效和轻松，解决工程师在项目开发中遇到的各种挑战，推动 Protel 软件向更高端 EDA 工具迈进。

1.1.2 Altium Designer 的主要功能

1. 电路原理图设计

Altium Designer 的电路原理图设计系统由原理图编辑器（SCH）、原理图元件库编辑器（SCHLib）和各种文本编辑器组成，该系统的主要功能如下：

（1）绘制、修改和编辑电路原理图。

（2）更新和修改电路图元件及元件库。

（3）查看和编辑电路图元件库相关的各种报表。

2. 印制电路板设计

印制电路板（Printed Circuit Board，PCB）是一种重要的电子部件，它是所有电子元件的支撑体，也是电子元件电气连接的提供者。由于它是采用电子印刷术制作的，因此称为“印刷”电路板，又称印制电路板。Altium Designer 的印制电路板设计系统由印制电路板编辑器（PCB）、元件封装编辑器（PCBLib）和电路板组件管理器组成。该系统的主要功能如下：

（1）绘制、修改和编辑印制电路板。

（2）更新和修改元件封装及封装库。

（3）管理电路板组件及生成印制电路板报表。

3. 电路模拟仿真

Altium Designer 的电路模拟仿真系统包含一个数字/模拟信号仿真器，可提供连续的数字信号和模拟信号，以便对电路原理图进行信号模拟仿真，从而验证其正确性和可行性。

4. FPGA 及逻辑器件

设计 Altium Designer 的编程逻辑设计系统包含了一个有语法功能的文本编辑器和一个波形编辑器，可以对逻辑电路进行分析和综合，观察信号的波形。利用 PLD 系统可以最大限度地精简逻辑部件，使数字电路设计达到最简化。

5. 高级信号完整性分析

Altium Designer 的信号完整性分析系统提供了一个精确的信号完整性模拟器，可用来分析 PCB 设计、检查电路设计参数、实验超调量、实现阻抗和信号谐波要求等。此外，使用 Altium Designer 还可以进行设计规则检查、生成元件清单、生成数控钻床用的钻孔定位文件、生成阻焊层文件、生成印刷字符层文件等。

1.1.3 Altium Designer 较 Protel 99 SE 突出的特点

Altium Designer 是一个统一的电子产品开发平台。Altium Designer 不仅完成了在单一软件中集成了各个流程和设计工具，而且统一了各个流程的数据格式，使得各个流程之间的设计数据可以完全达到双向同步。

1. 元件库

Altium 公司创造发明了集成库的概念，它是在一个单一的库文件中集成了原理图符号、PCB 封装、信号仿真模型、信号完整性分析模型、3D 模型等模型数据和它们之间的关联关系。如果在原理图中放置了一个器件，那么它的其他模型就会自动地带到设计中。这样不仅可以减少在每个设计流程中为器件关联模型的工作，而且预先验证好的集成库也可以方便实现统一的设计管理。

快速生成多引脚的原理图符号的功能，充分利用了 Altium Desinger 软件与 Windows 软件良好数据交换的特点，在 Excel 中快速编辑器件的引脚属性，然后通过 Smart Grid Insert 操作来完成引脚的自动放置。

Altium Desinger 软件提供了完全符合 IPC- 7351 标准的“IPC 标准分装向导”和“IPC 封装批量生成器”来帮助用户快速、准确地建立器件封装。这个功能不仅能够提高工作效率，而且符合能够保证生产的良品率。

库文件报表功能方便了对器件库的统一管理和发布。Altium Designer 软件提供了包含近 8 万个器件并且按照生产厂家和器件类型分类的集成库。符合 ISO 9001 标准的 Altium 库开发中心在不断地免费为用户增加器件库，而且可以直接连接到 Altium Vaults 里面选择用户所需要的器件库。

2. 原理图设计

Altium Designer 全面支持层次设计，这不仅可以通过模块化设计更加方便地管理日益复杂的原理图设计，还提供了良好的设计复用接口以减少设计的工作量。针对设计中常用的多通道设计，Altium Designer 提供了全面支持。只需要绘制一张原理图，通过一个简单的设计就可以完成所有通道的设计。软件不仅为每个通道的每个元器件自动命名，而且在 PCB 设计中用户还可以通过简单的复制命令来完成多通道的布局和布线设计。

在原理图上不仅能添加单根网络 PCB 设计规则，也能对网络级和层次结构类规则进行定义。Altium Designer 允许从其他任何应用中复制有效的资源，也允许将其复制到其他应用中。

从装配变量和板极元件标注等图形化编辑原理图设计原文件的角度看，其可以使用户做出快速、有效的改变，但更为重要和明显的是它对于装配变量和板极元件标注对话框提供了一种更为迅速和直接的替代方案。“智能粘贴”在粘贴和复制过程中能传输数据。强大的询问引擎提供了多对象筛选、隐藏和编辑的功能。支持 Spice 3f5、XSpice、PSpice 仿真，支持多种仿真模式，兼容 XSpice/PSpice 电路仿真模型。

3. PCB 设计

Altium Designer 采用了新一代的布线器（Situs 拓扑逻辑布线器），它采用空间关联的方法建立每一个对象和其他对象之间的关系，采用拓扑分析的方法来寻找最佳布线路径，它能够找到非直角方向的路径进行布线，能达到很高的布通率。最新增加了交互式差分对布线、阻抗控制布线、推挤模式的走线、多层内自动走线交互式布线网络长度调节、自动 BGA 扇出逃逸布线、总线布线，在走总线过程中可以走任意角度的线，包括圆弧、PCB 引脚自动优化等功能。极大地增强了 Altium Designer 在高速、高密度板的布线能力。

允许用户在 PCB 文件中自定义布线网络显示的颜色。现在用户完全可以使用一种指定的颜色替代常用当前板层颜色作为布线网络显示的颜色，并将该特性延伸到图形叠层模式，进一步增强了 PCB 的可视化特性。定制化图形显示设计冲突的新功能，这个功能可以应用于在线批处理方式的规则检测中。通过可定义的冲突覆盖完成规则验证，可以获得更大 DRC 显示的灵活性，并且快速地知道是违反哪种规则。极大地增强了 Specctra 输出功能。Specctra 输出器已经更新了对特定格式的宽度和间距设计规则的无缝转换功能，确保转换时的平滑过渡和在使用与 Specctra 兼容布线产品 Altium Designer 时获得的更大的准确性。

Altium Designer 简化了通过 Output Job 编辑器和生成文件并正确输出的工作，可通过编辑器提供的统一界面定义所有需要的输出。增加了 99 SE、PADS 和 OrCAD 转换器，DxDesigner、CADSTAR、Allegro、Mentor 导入器，SiSoft 和 InSoft 格式文件导出。增加了测试点的管理系统。PCB 协同设计功能是一个允许多个设计者进入同一块 PCB 板进行设计的系统，他们可以在自己的电路板上工作并保存他们所做的修改，而不会影响到其他的工程师；一个精确的比对和确认同一块 PCB 板的不同版本间差异的机制；能够被用于解决被探测到的差异的工具，并允许设计者选择最合理的变化；能够自动掌控大量的差异并且做出处理，而不会制造出任何冲突的工具。

增强了布线前、布线后信号完整性分析工具，它基于成熟的传输线计算方法以及 I/O 缓冲宏模型（IBIS）进行仿真，使用完全可靠的算法，可以获得准确的仿真结果。它有助于高速、高密度板的设计验证。

Altium Designer 中新增了 Room 的概念，它把相互关联度比较高的器件放置在一个 Room 中。对这个 Room 进行拖动时上面的器件会同时跟着移动。新增了许多提高设计效率的实用工具，如敷铜管理器、孔管理器、翻转 PCB、智能布线器、泪滴焊盘等。其中，Polygon Pour Manager 针对板上所有 Polygon Pour 提供了更加针对量产优化的功能。如生成一个新的 Polygon Pour 访问 Polygon Pour 的相关参数、删除 Polygon Pour 等功能都可以在这里找到，这样集成的环境使得对敷铜的管理进入一个新的境界。

Altium Designer 新增支持 DirectX 9.0 的图形加速引擎，为用户提供平滑、实时的 PCB 图形。悬浮窗、放大镜、单层显示方式、与原理图交叉查找、PCB 走线割线、自动跳线、接触线选择等工具将有效提高用户的设计效率。

4．FPGA 设计

Altium Designer 提供原理图和 HDL 语言混合方式的设计输入模式，并提供超过 10000 个已经验证的 IP 核，而且提供了第三方 IP 核的导入工具。提供了 FPGA 设计编译、综合、仿真等工具。通过后台调用原厂商的布局布线器可以完成把 FPGA 设计生成下载文件的所有操作。图形化的操作界面更加方便用户的使用，独立于器件厂商的设计方便用户在各种 FPGA 器件中找到最合适的器件。集成了整套的 FPGA 工具到 PCB 平台，包括的工具有 I/O 综合管理、布线优化、引脚、网络交换和设备调试等。

Altium Designer 引入了一个新的视图，用于在嵌入式设计开发阶段与外设器件的内部寄存器间进行互动。外设面板在处理器暂停时可访问调试代码，该面板可让用户访问原本被盖起来的东西，它是一个“聪明的窗口”，通过它可查看外设的状态。

5．嵌入式软件开发

Altium Designer 全面集成了使用 C 或汇编语言嵌入式软件设计和调试环境，嵌入式软件代码的设计和调试功能运用了 Altium 公司的 TASKING 工具中的 Viper 技术。Altium Designer 已经支持了包括 TSK51x/TSK52x、TSK80x、TSK165x、PowerPC、TSK3000、NiosII、MicroBlaze 和 ARM 在内的 8～32 位总线宽度的软处理器内核和分立式处理器上的代码编辑、编译、汇编、链接、跟踪和优化功能。Winsbone 的 OpenBus 技术实现了 32 位处理器之间代码的无缝移植。访问挂接到处理器的 SPI Flash 存储器、挂接调试器到运行中的应用程序、虚拟仪器的脚本访问、静态代码分析（CERT C 安全代码检验）、增强的多线程应用程序调试、Aldec HDL OEM 仿真引擎 Simulation Engine 等。

6．设计管理

Altium Designer 提供工程和工作区两种设计项目管理方式，可以有效管理各种复杂的项目。Altium Designer 提供了所有设计的版本控制功能，包括原理图、PCB 设计、库文件、FPGA 设计、嵌入式设计等。而且可链接到外部版本控制系统，包括支持源代码控制接口（SCCI）、并发版本系统（CVS）、子版本（SVN）标准和 MatrixOne 等第三方版本控制系统做接口，包括如 Microsoft Visual SourceSafe 这样的商用系统和大多数流行的开源版本控制应用。

设计复用可以大大减少设计时间，提高工作效率。Altium Designer 不仅提供了层次原理图实现整张图纸的复用，还提供了设计片段和联合等局部复用的方法。设计片段和联合不仅可以用于复用原理图设计，而且可以用于复用 PCB 设计、FPGA 设计、嵌入式软件设计等。

Altium Designer 还提供了导入向导，用于自动导入其他设计软件的设计文件，包括 Protel、ORCAD、P-cad 和 PADS 等设计软件的原理图文件、PCB 文件、原理图库和 PCB 库等。支持很少的文件格式导入。Altium Designer 提供强大的 Smart PDF 向导，能够生成可导航的原理图和 PCB 数据视图。通过 Smart PDF，用户可以把整个项目或选定的设计文件生成 PDF 文档，安装了 Adobe Reader 的系统都可以打开。Smart PDF 做了书签，可提供完整的设计导航，在原理图页面和 PCB 版图上浏览和显示器件和网络。

为了提供更高级的交互，Altium Designer 也提供了 Viewer Edition 以便在各种情况下进行部署，并可以打开并查询任何 Altium Designer 文档。Viewer Edition 允许以只读形式访问 Altium Designer 文件，具有 Altium Designer 环境导航、查询和报告功能的充分访问权限。

Altium Designer 中装配变量功能，可以很好地实现上述要求。装配变量不仅支持是否焊接某个器件，还支持不同版本中某个元器件参数的变化。Altium Designer 支持原理图和 PCB 的变量形式输出，同时还全面支持 Smart PDF 的输出。增加了 Vaults 数据库管理功能，该应用程序作为 Altium 先进电子设计数据管理技术，能够架起设计和更广阔的产品开发流程之间的桥梁，这是 Altium 的重要创新。

7. 集成采购数据库

Altium Designer 可以选择实现完整的基于数据库器件库（DBLib）实现与公司 PDM 或 ERP 系统的集成。另外，还可以选择数据库链接文件（DBLink）方式，在不改变原有数据库结构的情况下从采购数据库中获取器件信息。这为 Altium Designer 的部署提供灵活性，从而满足不同设计流程和公司结构的需求。

Altium Designer 的 BOM 表输出，不仅可以包括元器件的电气属性，还可以包括元器件在 PCB 板上的位置信息以及数据库中的信息，如采购信息和库存信息等。Altium Designer 支持多种文件格式的 BOM 表的输出，如 CSV（Comma Delimited）(*.csv)、Microsoft Excel Worksheet（*.xls)、Tab Delimited Text(*.txt)、Web Page（*.htm; *.html)和 XML Spreadsheet(*.xml)等。Altium Designer 支持用户订制输出 Excel 格式的 BOM 表，既可以为不同部门输出不同的 BOM 表，又可以实现 BOM 表数据回送到 ERP 系统或者用 PDM 系统来实现信息集成。

8. 接口结构设计

Altium Designer 提供了元器件 3D 模型的导入、PCB 板 3D 显示和导出功能，强化了与结构设计的接口能力。在完成 PCB 板布局工作后，导出 3D 模型数据到机械设计软件就可以实现 PCB 板与结构设计的数据验证工作。发现问题及时修改 PCB 设计或者结构设计以达到设计目标，而不用等到 PCB 及其外壳完全加工出来才发现问题。

STEP 格式是一种高精度的机械 CAD 设计标准，成为不同工具间一种通用的数据转换格式。Altium Designer 全面具备了 PCB 3D 文件的 STEP 格式的导出功能和元器件 STEP 模型的导入功能。还具备了自动生成元器件 STEP 模型的能力。Altium Designer 具备了良好的与机构设计的接口和全面协同产品设计能力，能够帮助用户提高设计效率。节约设计时间和成本，更加自信地去面对日益复杂的设计和日益紧迫的上市时间的要求。

9. 从设计到制造

Altium Designer 提供了 CAMtastic 编辑器方便用户查看和修改 CAM 数据。用户使用 CAMtastic 正确导入胶片和钻孔信息，正确指定层的类型和 PCB 板的层叠结构后，编辑器会提取出网络表。

用户可以用这个网络表与PCB设计软件导出的IPC符合标准的网络表进行比较，查找隐藏的错误。编辑器还可以进行 DRC（Design Rules Checking）、拼板和 NC 布线，如添加邮票孔等操作。使用 CAMtastic 编辑器，可以提供给制板商完全可加工的光绘文件。这不仅减少了用户与制板商交互的时间，减少出错环节，而且为用户在不同的制板商之间平衡时间和成本提供了可能。编辑器还可以把 CAM 数据转变成为 PCB 图来实现用户的设计。

1.2 Altium Designer 13 的安装

1.2.1 Altium Designer 13 的安装

本书所介绍的软件版本为 Altium Designer 13，软件的版本随时间不断更新，功能也在不断增强，但其基本使用和功能操作是保持不变的，所以对于多数设计者选择现行运行稳定、通用的版本即可。Altium Designer 软件是基于 Windows 的应用程序，同多数软件安装相同，都需要进行用户的安装设置，安装过程只需根据向导提示进行相关设置，具体安装步骤如下：

（1）采用硬盘安装，首先从安装文件中找到并双击 AltiumInstaller.exe 文件，弹出欢迎界面，如图 1-1 所示。

（2）单击 Next 按钮将弹出一个版权协议对话框，选中 I accept the agreement 复选框，如图 1-2 所示。

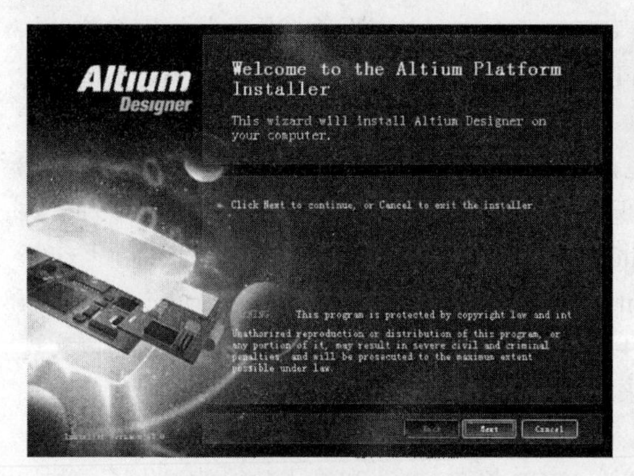

图 1-1 安装欢迎界面

图 1-2 版权协议

（3）单击 Next 按钮进入下一个画面，弹出版本号和源文件选择对话框，如图 1-3 所示，用户可保持默认设置。

（4）单击 Next 按钮，进入软件安装选择对话框，用户这里可以选择安装 PCB Design、Soft Design 和 PCB and Soft Design，如图 1-4 所示。

（5）单击 Next 按钮，弹出对话框需要设置软件的安装目录，两个路径选择分别是安装主程序路径和放置设计样例、元件库文件、模板文件的路径。用户可根据个人电脑空间情况和个人习惯来设置，选择默认路径为 C 盘，如图 1-5 所示。

（6）单击 Next 按钮，进入准备安装界面，如图 1-6 所示。

（7）单击 Next 按钮，系统开始复制文件，滚动条显示安装进度，如图 1-7 所示。

（8）几分钟后，系统出现如图 1-8 所示的对话框，单击 Finish 按钮结束安装。

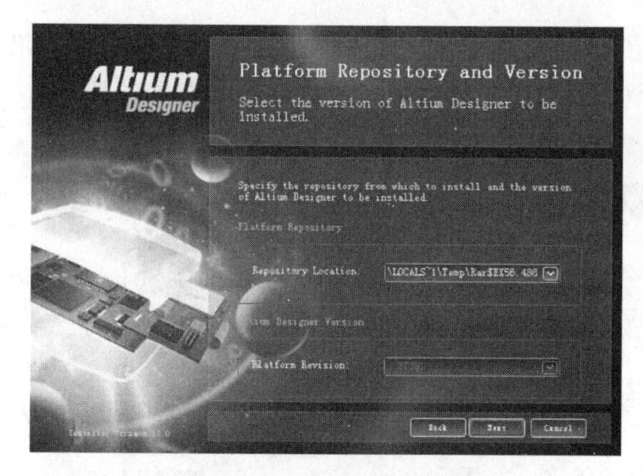

图 1-3　版本号和源文件选择

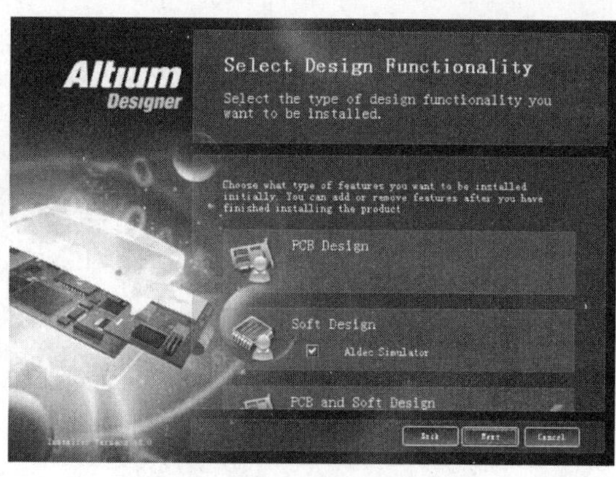

图 1-4　选择安装软件内容

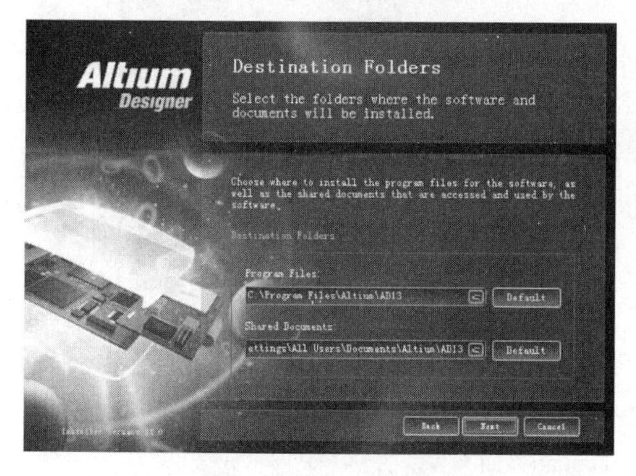

图 1-5　选择目标路径

图 1-6　准备安装界面

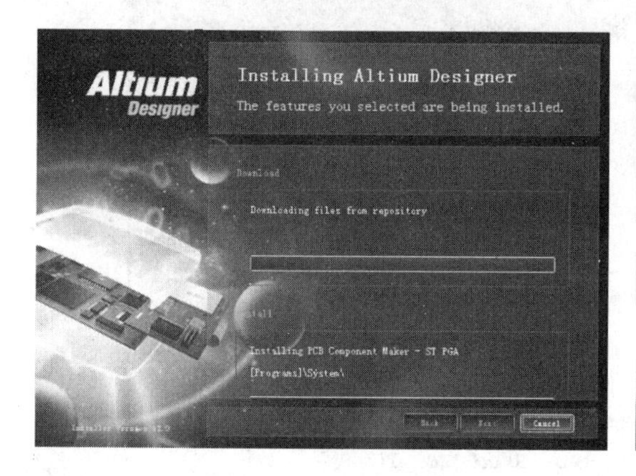

图 1-7　安装进度界面

图 1-8　安装完成界面

1.2.2　Altium Designer 13 的激活

Altium Designer 13 安装完成后启动软件环境，单击左上角的 DXP，选择 My Account 命令，进入如图 1-9 所示的界面，可以看到此时软件处于未激活状态。从图中也可以看出软件有多种激活方式。

用户采用获取 license 进行软件激活，通过软件破解方法得到激活文件.alf，将此文件放置在指定目录。如果下载的软件为破解版则可在下载的文件中找到破解文件。直接单击图 1-9 中的 Add standalone license file，在出现的对话框中选择一个.alf 文件，如图 1-10 所示。打开后软件被激活，如图 1-11 所示。

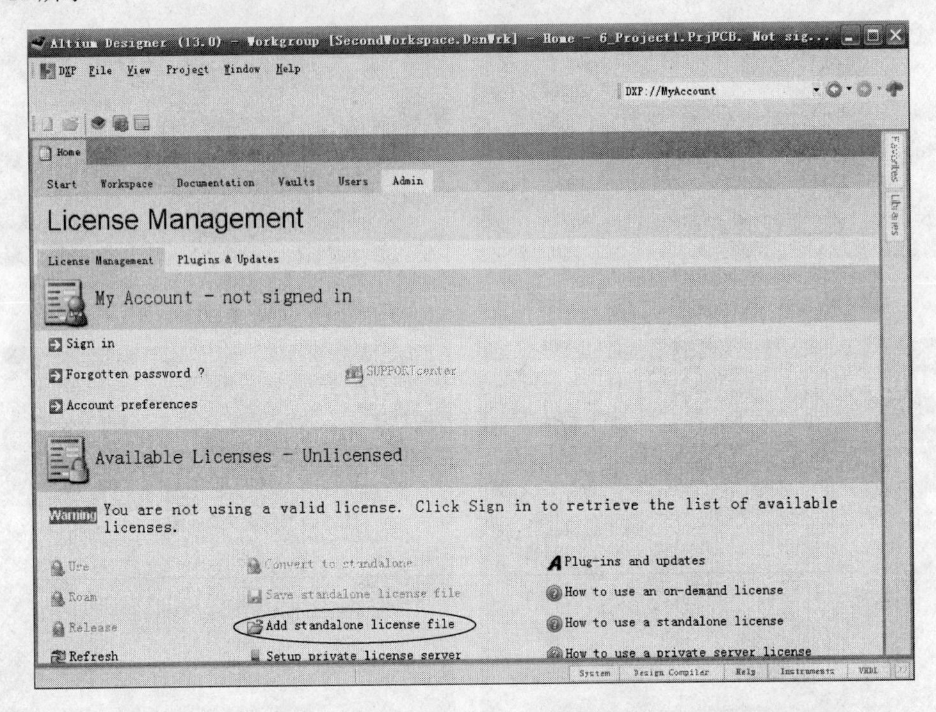

图 1-9 My Account 界面

图 1-10 License 文件选择

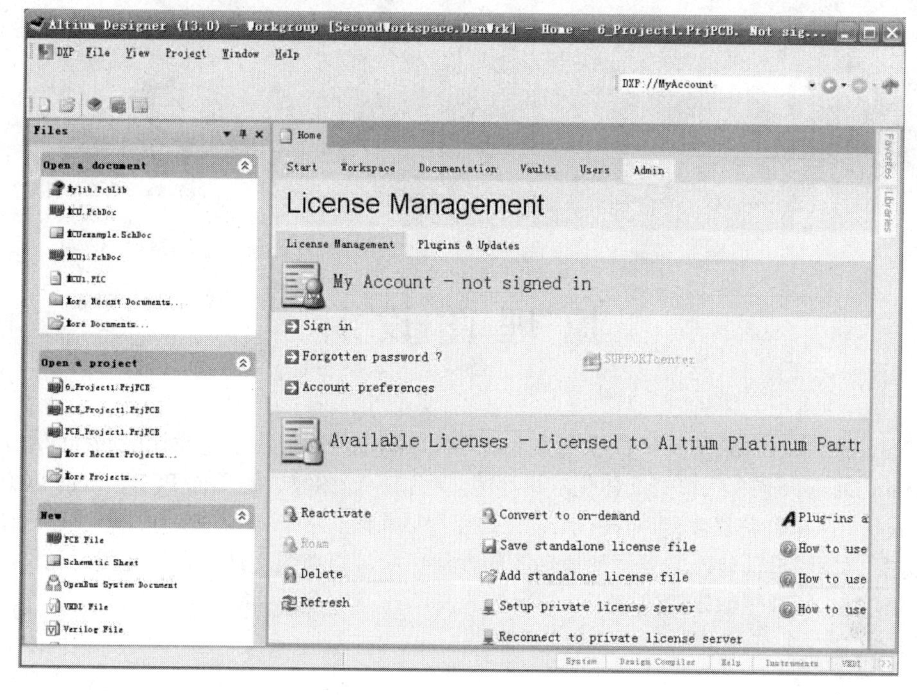

图 1-11　激活后的软件界面

原理图设计

Altium Designer 13 系统具有强大的集成开发环境，能够解决电路设计中遇到的绝大多数问题。Altium Designer 13 系统的一体化应用环境，使得原理图设计到单面 PCB、双面 PCB 乃至多层 PCB 设计，从电路仿真到复杂 FPGA 设计均可得以实现。本章内容主要介绍基本原理图设计的方法。进行原理图设计时，需要了解原理图的设计环境、原理图文件的存储环境、元件的查找及原理图的绘制、原理图编辑等操作。

本章要点

（1）原理图设计环境。

（2）元件的查找与放置。

（3）原理图的绘制。

（4）原理图对象编辑。

（5）绘图工具的使用方法。

2.1 原理图设计准备

在进行电路应用设计时，一个电子应用将涉及大量不同类型的文件，如原理图文件、PCB 图文件、各种报表文件等，如何有效地管理这些文件将是一件比较复杂的事情，Altium Designer 提供了项目管理功能对文件进行管理，在 Altium Designer 中与一个应用设计有关的多个文件被包含在一个项目中，而多个具有相似特征的项目被包含在一个工作空间中，用户的设计是以项目为单元的，在进行原理图设计前需要新建项目、设置项目选项等操作，好的项目设置会使设计的结构清晰明确，便于项目参与者理解，本节将介绍 Altium Designer 中的项目管理操作。

2.1.1 创建新工作空间和项目

Altium Designer 启动后会自动新建一个默认名为 Workspacel.DsnWrk 的设计空间，用户可直接在该默认设计空间中创建项目，也可以自己新建设计空间。本节将逐个介绍这些操作的具体步骤。

1．创建工作空间

（1）双击桌面上的 Altium Designer 13 图标，启动 Altium Designer。

（2）执行菜单命令 File→New→Design Workspace，创建默认名称为 Workspacel.DsnWrk 的设计空间，如图 2-1 所示。

（3）执行菜单命令 File→Save Design Workspace As，如图 2-2 所示；或者单击图 2-1 的 Projects 工作面板中的 Workspace 按钮，在如图 2-3 所示的弹出菜单中选择 Save Design Workspace As 命令。

打开如图 2-4 所示的 Save［Workspacel．DsnWrk］As 对话框。

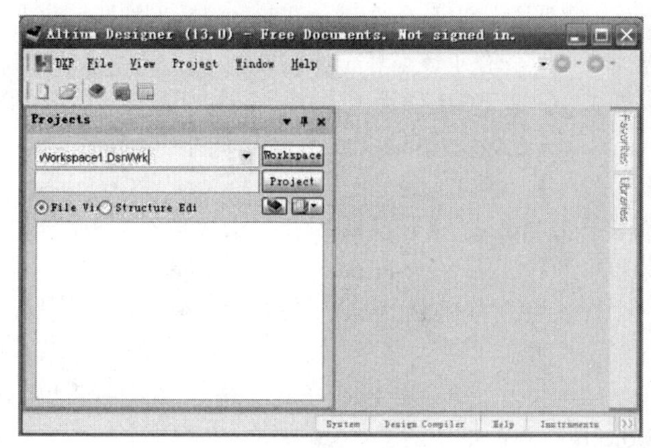

图 2-1　新建工作空间

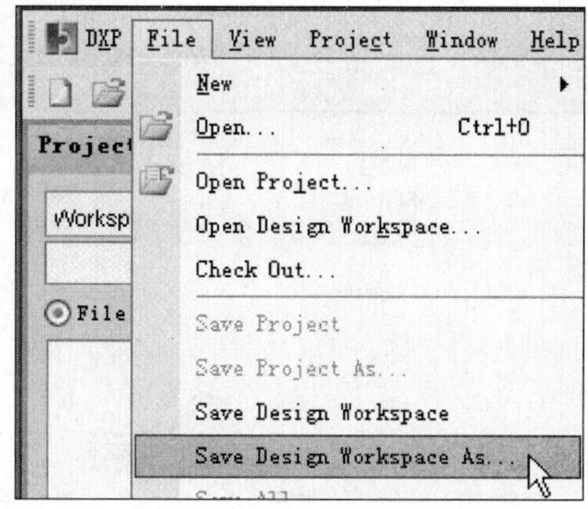

图 2-2　保存工作空间命令

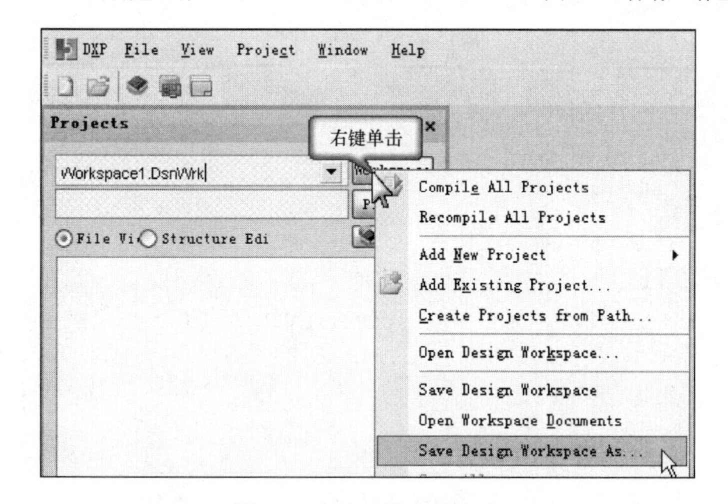

图 2-3　保存工作空间命令

图 2-4　Save［Workspacel.DsnWrk］As 对话框

（4）在 Save［Workspacel．DsnWrk］As 对话框的“文件名”编辑框内，输入设计空间名称，本例中输入“First_Workspace1”，然后设置设计空间文件的保存路径，单击“保存”按钮，将新建的工作空间更名为 First_Workspace1.DsnWrk，并且保存了该设计空间文件。

2．新建 PCB 项目

接下来在该设计空间内添加 PCB 项目，其步骤如下。

（1）执行菜单命令 File→New→Project→PCB Project；或者单击 Projects 工作面板上的 Project 按钮。在弹出的菜单中选择 Add New Project→PCB Project 命令，新建一个默认名称为 PCB_Projectl.PrjPcb 的空白 PCB 项目，如图 2-5 所示。

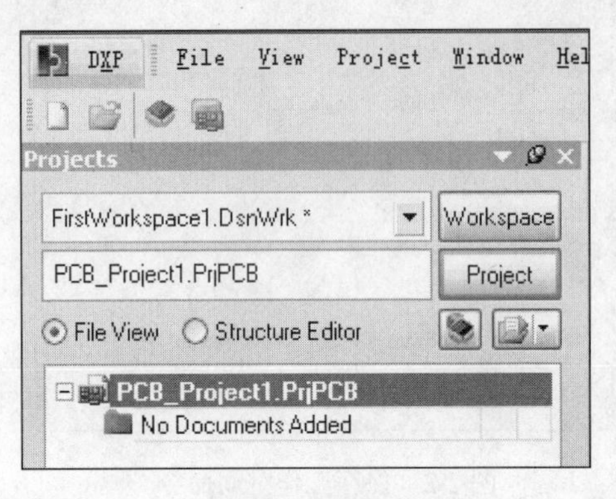

图 2-5　新建项目

（2）执行菜单命令 File→Save Project As，或者单击 Projects 工作面板中的 Project 按钮，在弹出菜单中选择 Save Projects As 命令，即会打开 Save［PCB_Projectl.PrjPcb］As 对话框，如图 2-6 所示。

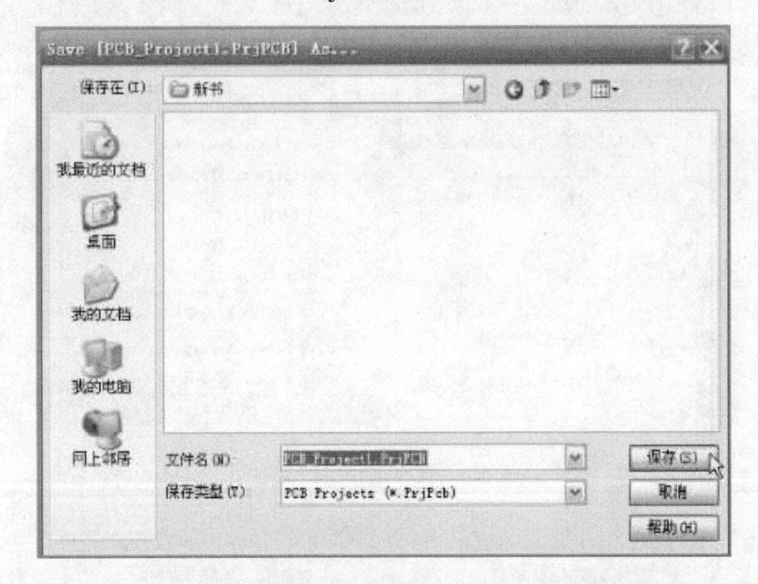

图 2-6　Save［PCB_Projectl.PrjPcb］As 对话框

（3）在 Save［PCB_Projectl.PrjPcb］As 对话框的“文件名”编辑框中输入用户自定义项目文件名 Second_Project，单击“保存”按钮，将新建的 PCB 项目命名为 Second_Project.PrjPcb。

（4）执行菜单命令 File→Save Design Workspace，保存当前工作空间的修改。

3．添加已有项目

Altium Designer 允许用户在设计空间下添加已存在的项目文件，步骤如下：

（1）启动 Altium Designer，在 Projects 工作面板中选择名为 First_Workspace-.DSNWRK 的设计空间。

（2）单击 Workspace 按钮，在弹出的菜单中选择 Add Existing Project 命令，打开 Choose Project to Open 对话框，如图 2-7 所示。

（3）在 Choose Project to Open 对话框中选择需要添加到设计空间中的项目文件名，然后单击“打开”按钮，即可将所选择的项目添加到设计空间中，如图 2-8 所示。

（4）执行菜单命令 File→Save Design Workspace，保存对当前工作空间的修改。

图 2-7　选择项目

2.1.2　创建原理图文件

在项目中新建设计文件，操作步骤如下。

（1）启动 Altium Designer，在 Projects 工作面板中的设计空间下拉列表中选择名为 First_Workspace1.DSNWRK 的设计空间，然后在项目下拉列表中选择名为 Second_Project.Pcb 的项目。

（2）执行菜单命令 File→New→Schematic；或者单击 Projects 工作面板中的 Project 按钮，在新建的项目文件上单击右键，在弹出的菜单中选择 Add Newto Project→Schematic 命令。新建一个默认名为 Sheetl.SchDoc 的原理图文件，自动进入原理图编辑界面，如图 2-9 所示。

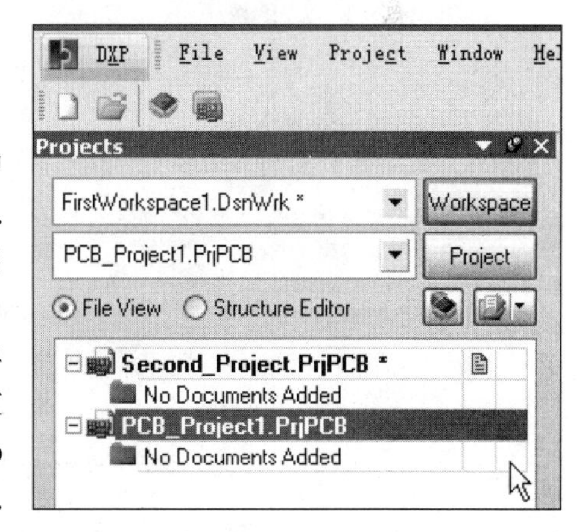

图 2-8　添加项目

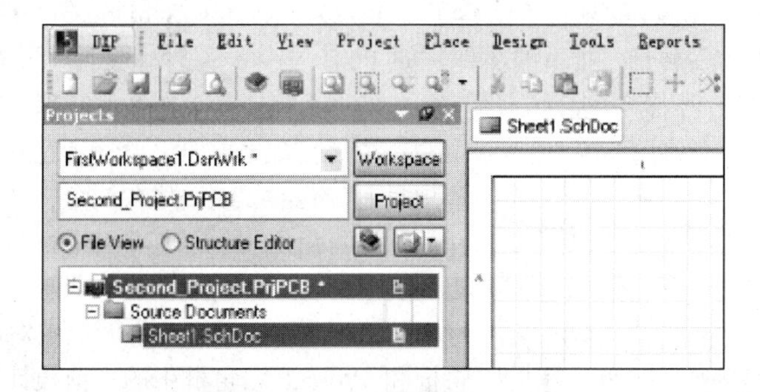

图 2-9　新建原理图文件

（3）执行菜单命令 File→Save As；或者在 Projects 工作面板中的原理图文件名称上单击右键，在如图 2-10 所示的弹出菜单中，选择 Save As 命令。打开 Save［Sheetl. SchDoc］As 对话框，如图 2-11 所示，在 Save［Sheetl. SchDoc］As 对话框的“文件名”编辑框中输入需要更改的文件名

Example，单击“保存”按钮。将文件更名为 Example.SchDoc。

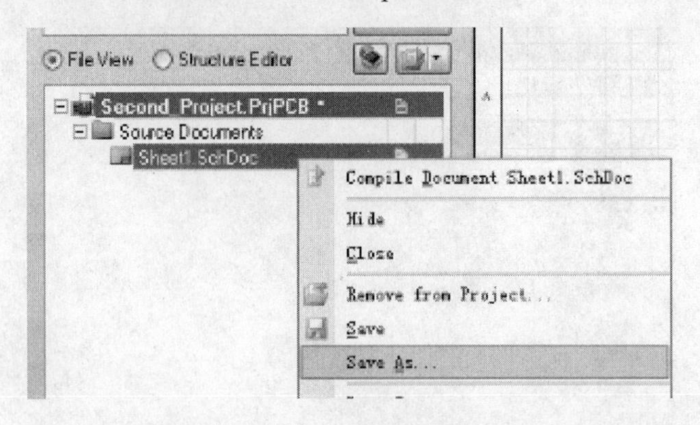

图 2-10　原理图保存

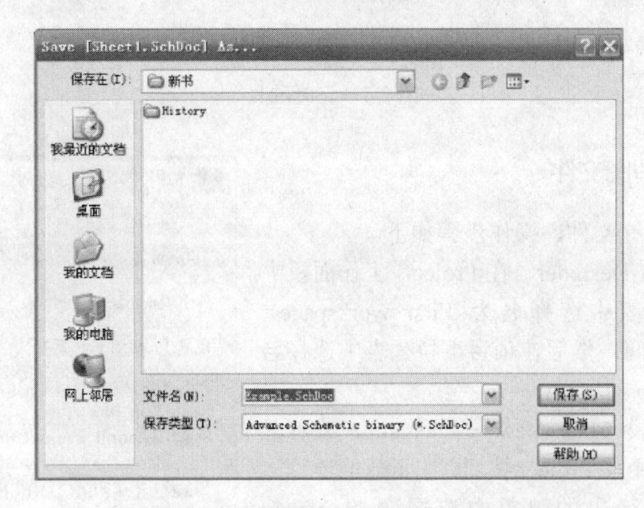

图 2-11　Save［Sheetl．SchDoc］As 对话框

（4）执行菜单命令 File→Save A11；或者单击 Project 工作面板上的 WorkSpace 按钮，在弹出的菜单中选择 Save All 命令，即可自动保存当前设计空间中所有的更改。

在新建的 Second_Project 的项目下新建了一个名为 Example.SchDoc 的空白原理图文件，用户还可以在该项目下继续添加其他类型的文件，如 PCB 文件、元件库文件等。在 Altium Designer 中，用户的项目操作均在内存中进行，即新建的文件或者项目，在被用户保存前，都储存在内存中，Altium Designer 不会将这些文件自动写到磁盘上。因此，如果设计者在新建项目文件后关闭该项目时未保存文件，那么这个文件将会自动从内存中释放。为防止出现误操作，Altium Designer 提供了文件更改提醒功能，如果用户对设计空间、项目或者文件进行了修改，在 Projects 工作面板上对应的 WorkSpace 编辑框和 Project 编辑框中的当前设计空间名称和当前项目名称后都会出现一个“*”，如图 2-12 所示，表示该设计空间和项目都已更改，但是未被保存，以此提醒用户保存。

图 2-12　新建原理图文件

当用户在未保存对项目文件的更改的情况下，单击

Altium Designer 程序窗口右上角的关闭按钮☒时，会打开如图 2-13 所示的 Confirm Save for（2）Modified Documents 对话框，提醒用户选择应该保存的对项目文件的更改，该对话框名称中的“（2）”表示有两个文档已被更改，需要保存。

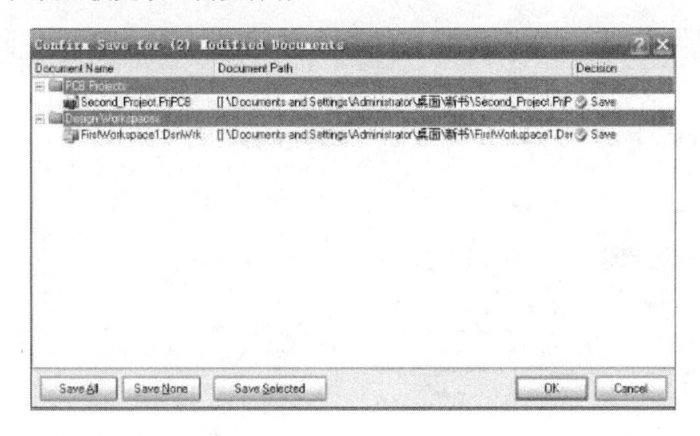

图 2-13 Confirm Save for（2）Modified Documents 对话框

在 Confirm Save for（2）Modified Documents 对话框中，Save All 按钮用于设置保存对话框中列出的所有文件，Save None 按钮用于设置不保存对话框中列出的所有文件，Save Selected 用于设置保存用户选择的文件，通过设置文件名称右侧的 Decision 栏，用户可以设置该文件是否需要保存，✔Save 表示保存对应文件，☒Don’t Save 表示不保存对应文件。单击“OK”按钮，系统即会自动保存选中的文件，退出 Altium Designer 软件。

2.2 原理图工作环境设置

Altium Designer 的原理图绘制模块为用户提供了灵活的工作环境设置选项，这些选项和参数主要集中在 Preferences 对话框内的 Schematic 选项组内，通过对这些选项和参数的合理设置，可以使原理图绘制模块更能满足用户的操作习惯，有效提高绘画效率。具体设置方法如下：

（1）启动 Altium Designer，打开 2.1 节中创建的工作空间，系统会自动打开工作空间中的项目，进入原理图编辑界面，打开名称为 Example.SchDoc 的空白原理图。

（2）执行菜单命令 Tools→Schematic Preferences，打开如图 2-14 所示的 Preferences 对话框。

2.2.1 工作环境设置选项

1．Options 选项组

（1）Drag Orthogonal 复选框：用于设置当用户在保持元件原有电气连接的情况下，移动元件位置时，系统自动调整导线以保持直角；若未勾选此复选框，则与元件相连接的导线可成任意角度。

（2）Optimize Wires & Buses 复选框：用于设置自动优化连线，系统将自动删掉多余的或重复的连线，并且可以避免各种电气连线和非电气连线的重叠。

（3）Components Cut Wires 复选框：用于设置元件自动断开导线功能，该选项只有在 Optimize Wires & Buses 复选框已被选中的情况下才被激活。在选中此复选框后，将一个元件布置到一根连续导线上，使这个元件的两个引脚同时与导线相连，则该元件两个引脚间的导线段将被切除。如果未选中该复选项，系统不会自动切除连线夹在元件引脚中间的部分。

（4）Enable In-Place Editing 复选框：用于设置在原理图中直接编辑文本，选中该项后，用户可通过在原理图中的文本上单击或使用快捷键 F2 键，直接进入文本编辑框，修改文本内容；若未选中该复选项，则必须在文本所在图元对象的 Component Properties 对话框中修改文本内容。建议选中该复选项。

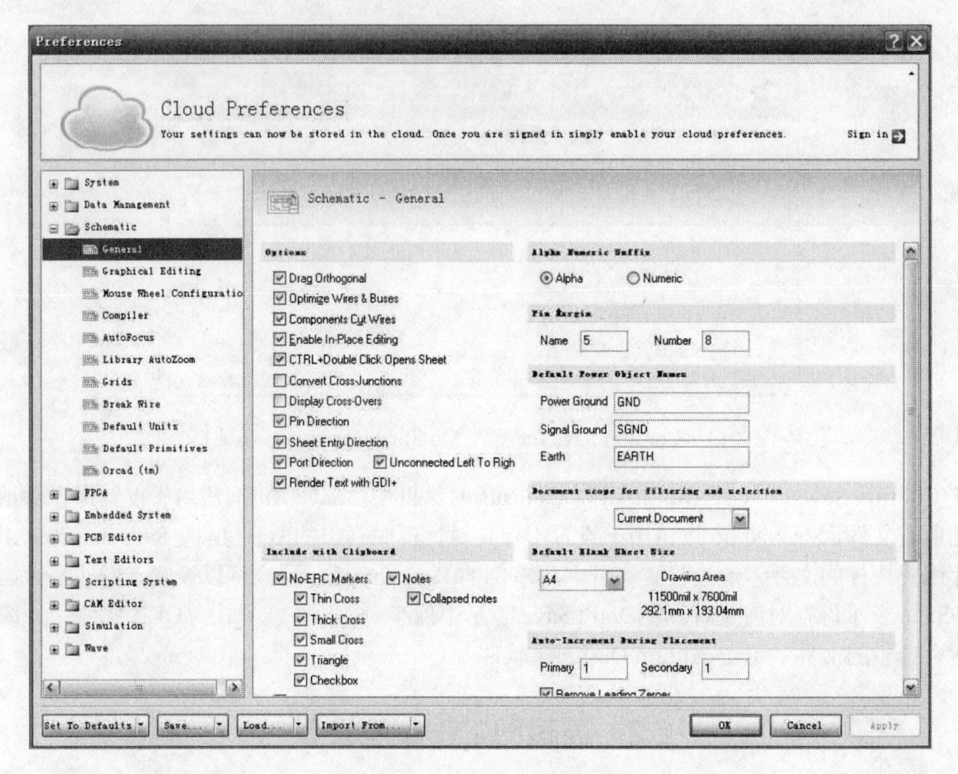

图 2-14　General 标签页

（5）Ctrl+Double Click Opens Sheet 复选框：用于设置在层次化的设计中打开文档的方式。选中该复选项后，通过 Ctrl 键+双击对应文档符号的操作才能打开对应的原理图图纸。

（6）Convert Cross Junctions 复选框：用于设置在所有的连线交叉处添加连接点符号，使交叉的连线导通。

（7）Displace Cross Overs 复选框：选中该选项后，系统会采用横跨符号表示交叉而不导通的连线。

（8）Pin Direction 复选框：用于显示引脚上的信号流向。选中该选项后，原理图中定义了信号流向的引脚将会通过三角箭头的方式显示该信号的流向。这样能避免原理图中元件引脚间信号流向矛盾的错误出现。

（9）Sheet Entry Direction 复选框：用于在层次化的设计中，显示图纸连接端口的信号流向，选中该选项后，原理图中的图纸连接端口将通过箭头的方式显示该端口的信号流向。这样能避免原理图中电路模块间信号流向矛盾的错误出现。

（10）Port Direction 复选框：用于显示连接端口的信号流向，选中该选项后，电路端口将通过箭头的方式显示该端口的信号流向。这样能避免原理图中信号流向矛盾的错误出现。

（11）Unconnected Left to Right 复选框：用于连接的端口方向设置，该复选项只有在 Port Direction 复选项选中后才有效，选中该复选项后，系统将自动把未连接的端口方向设置为从左指向右。

（12）Render text with GDI+复选框：采用 GDI 渲染系统字体。

2．Include with Clipboard and Prints 选项组

Include with Clipboard and Prints 区域主要用来设置使用剪切板或打印时的属性。使用剪切板进行复制操作或打印时，将包含所选项。

3．Alpha Numeric Suffix 选项组

Alpha Numeric Suffix 区域由两个单选钮组成，主要用来设置集成的多单元器件的通道标识后缀的类型。多单元器件是指一个器件内集成多个功能单元，例如运算放大器 LM358 就集成了两个独立的运算放大器单元，是一个两单元运算放大器器件；或者一些大规模芯片，由于引脚众多，通常也将其引脚分类，用多个单元来表示，以降低原理图的复杂程度。绘制电路原理图时，常将这些芯片内部的独立单元分开使用，为便于区别各单元，通常用"元件标识号+后缀"的形式来标注其中某个部分。

（1）Alpha 单选钮：用于设置采用英文字母组为各单元的后缀，如 U：A，U：B。

（2）Numeric 单选钮：用于设置采用数字作为各单元的后缀，如 U：1，U：2。

4．Pin Margin 选项组

（1）Name 编辑框：用来设置元件标志中引脚名称与元件符号边缘之间的距离，系统默认该间距为 5mil。

（2）Number 编辑框：用来设置元件标志中引脚的编号与元件边缘之间的距离，系统默认该间距为 8mil。

5．Default Power Object Names 选项组

（1）Power Ground 编辑框：用于设置电源地的默认网络名称，系统默认值为 GND。

（2）Signal Ground 编辑框：用于设置信号地的默认网络名称，系统默认值为 SGND。

（3）Earth 编辑框：用于设置接地端标识的默认网络名称，系统默认值为 EARTH。

6．Document scope for filtering and selection 选项组

Document scope for filtering and selection 用于设置过滤器和执行选择功能时默认的文件范围。

（1）Current Document 项：表示只在当前文档范围内进行操作。

（2）Open Documents 项：表示在所有已打开的文档范围内进行操作。

7．Default Blank Sheet Size 区域

Default Blank SheetSize 区域内的下拉列表用来设置默认空白文档的尺寸大小，默认为"A4"，用户可在下拉列表中选择其他标准尺寸。

8．Auto-Increment During Placement 选项组

（1）Primary 编辑框：用于设置在原理图上元件标识的自动递增量。默认为"1"，即用户在连续放置同一种元件，例如电阻时，如果设置第一个电阻的标号是 R1，则系统会自动给布置的电阻标上 R2、R3 等标号。

（2）Secondary 编辑框：用来设定在创建原理图符号时，添加引脚过程中，引脚序号的递增量，默认值为"1"。

9．Defaults 选项组

Defaults 区域用于设定默认的模板文件。用户可在 Template 编辑框右侧的下拉菜单中选择模板文件。设定完成后，新建的原理图文件将自动套用设定的文件模板。该选项的默认值为 No Default Template File，表示没有设定默认模板文件。如果需要取消默认模板文档，可选择 No Default Template File 即可。

10．Port Cross References 选项组

（1）Sheet Style 选项：用于设置原理图类型。

（2）Location Style 选项：用于设置移动类型。

2.2.2　图形编辑环境参数设置

图形编辑环境的参数设置通过 Graphical Editing 标签页来实现，如图 2-15 所示，该标签页主要对原理图编辑中的图像编辑属性进行设置，如鼠标指针类型、栅格、后退或重复操作次数等。

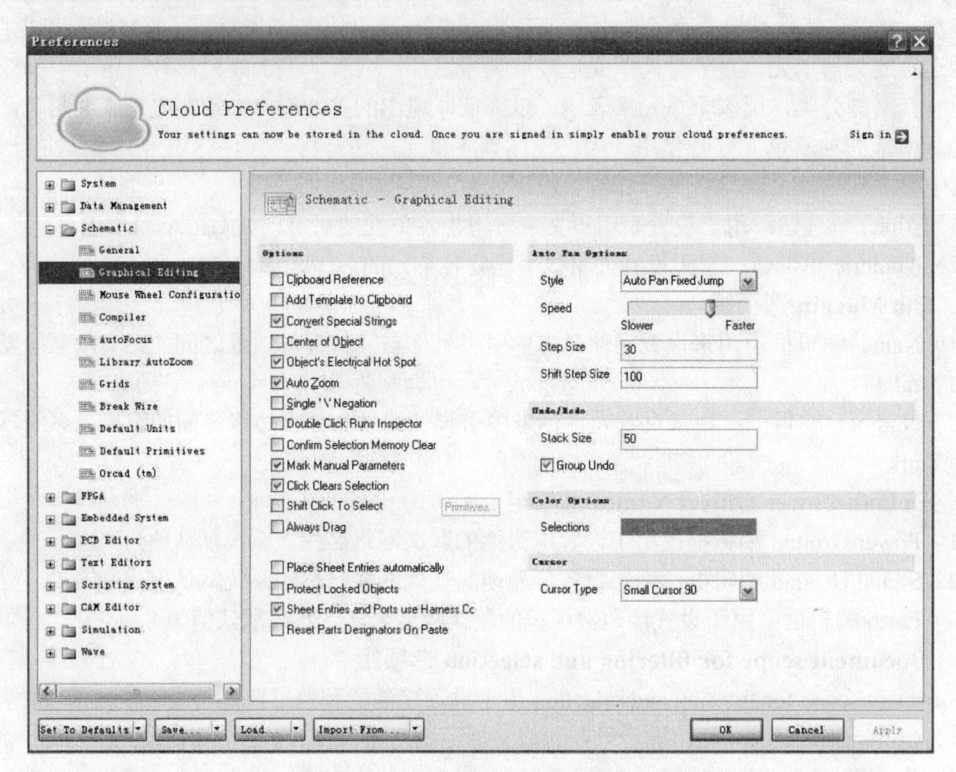

图 2-15　Graphical Editing 标签页

1．Options 选项组

（1）Clipboard Reference 复选框：用于设置在剪贴板中使用的参考点，选中该项后，当用户在进行复制和剪切操作时，系统会要求用户设置指定的参考点。

（2）Add Template to Clipboard 复选框：用于设置剪切板中是否包含模板内容。选中该项后，用户进行复制或剪切操作时，会将当前文档所使用的模板的相关内容一起复制到剪切板中。若未选中该复选项，用户可以直接将原理图进行复制。

（3）Convert Special Strings 复选框：选中此项后，系统会将电路图中的特殊字符串转换成它所代表的内容；若未选中，电路图中的特殊字符串将不进行转换。

（4）Center of Object 复选框：选中该项后，当使用鼠标调整元件位置时，将自动跳到元件的参考点上或对象的中心处。若不勾选该选项框，则移动对象时光标将自动滑到元件的电气节点上。

（5）Objects Electrical Hot Spot 复选框：用于设置元件的电气热点作为操作的基准点，当选中该项后，使用鼠标调整元件位置时，以元件离鼠标指针位置最近的热点（一般是元件的引脚末端）为基准点。

（6）Auto Zoom 复选框：选中该复选项后，当选中某元件时，系统会自动调整视图显示比例，以最佳比例显示所选择的图元对象。

（7）Single‘\’Negation 复选框：用于设置在编辑原理图符号时，以“\”字符作为引脚名取反的符号，选中该复选项后，在引脚名前添加“\”符号后，引脚名上方就显示代表反值信号有效的短横杠。

（8）Double Click Runs Inspector 复选框：用于设置在原理图对象上双击后，打开 Inspector 对话框。如未选中该复选项，则双击对象后将打开该对象的 Component Properties 对话框。

（9）Confirm Selection Memory Clear 复选框：用于设置在清除选择存储器时，显示确认消息框。若选中该项，当用户单击存储器选择对话框的“Clear”按钮，欲清除选择存储器时，将显示确认对话框。若未选中该项，在清除选择存储器的内容时，将不会出现“确认”对话框，直接进行清除。建议选中该项，这样可以防止由于疏忽而删掉已选存储器。

（10）Click Clears Selection 复选框：用于设置通过单击原理图编辑窗口内的任意位置来清除其他对象的选中状态。若未选中该复选项，单击原理图编辑窗口内已选中对象以外的任意位置，只会增加已选取的对象，无法清除其他对象的选中状态。

（11）Shift Click To Select 复选框：用于指定需要在按住 Shift 键，然后单击才能选中的操作对象，选中该项后，该项右侧的 Primitives 按钮被激活，单击 Primitives 按钮，打开 Must Hold Shift To Select 对话框。在该对话框内的列表中选中图元对象类型对应的 Use Shift 栏，所有在 Must Hold Shift To Select 对话框中选中的图元对象类型都需要按住 Shift 键，然后单击才能选中。

（12）Always Drag 复选框：用于设置在移动具有电气意义的图元对象位置时，将保持操作对象的电气连接状态，系统自动调节连接导线的长度。

2. Auto Pan Options 选项组

Auto Pan Options 选项组，主要用于设置系统的视图自动移动功能。视图自动移动是指在工作区无法完全显示当前的整幅图纸时，通过调整鼠标位置，调整视图显示的图纸区域，以便用户能在显示比例不变的情况下对图纸的其他部分进行编辑。

（1）Style 下拉列表，用于设置视图自动移动的模式，该下拉列表中共有 3 个选项。

1）Auto Pan Off 项：表示取消视图自动移动功能。

2）Auto Pan Fixed Jump 项：表示按照 Step Size 编辑框和 Shift Size 编辑框内的设置值进行视图的自动移动。

3）Auto Pan ReCenter 项：表示每次都将鼠标指针的位置设置为下一视图的中心位置，使鼠标指针永远保持在视图的中心。

（2）Speed 滑块，用于设定自动摇景的移动速度。滑块位置越靠右，自动摇景速度越快。速度设置一定要适中，速度设置得过大，视图的移动速度太快，视图位置就难以准确确定，速度设置得过小，视图调整花费时间增加，降低了操作效率。

（3）Step Size 编辑框，用于设置视图每帧移动的步距。系统默认值为 30，即每帧移动 30 个像素点数。该项数值越大，图纸移动速度越快，但移动过程的跳动也越大，视图位置调整的精确程度越低。

（4）Shift Step Size 编辑框，用于设置当按下 Shift 键时，每帧视图移动的距离。系统默认值为 100，即按下 Shift 键，每次移动 100 个像素点数。建议 Shift Step Size 选项所设数值应与 Step Size 选项所设数值有较大的差别，以便用两种操作方式实现精确移动与快速移动。

3. Undo/Redo 区域

Undo/Redo 区域用于设置可撤销或重复操作的次数。

Stack Size 编辑框内的数字用来设定操作存储堆栈的大小，即设定原理图编辑过程中可以撤销或重复操作的次数。可撤销或重复操作的次数仅受系统内存容量的限制，设定的次数越多，系统所需要的内存开销就越大，这样将会影响到编辑操作的速度。系统默认的堆栈深度为 50，即最多可以进行 50 步操作的撤销或重复。

Group Undo 复选项用于设置将撤销的操作进行分组，可以以组为单位进行撤销操作。

4．Color Options 区域

Color Options 区域用于设定有关对象的颜色属性。

5．Cursor 区域

Cursor 区域用于定义鼠标指针的显示类型及可视栅格的类型。

（1）Large Cursor 90 项：将鼠标指针设置为由水平线和垂直线组成的 90°大鼠标指针。

（2）Small Cursor 90 项：将鼠标指针设置为由水平线和垂直线组成的 90°小鼠标指针。

（3）Small Cursor45 项：将鼠标指针设置为由 45°线组成的小鼠标指针。

（4）Tiny Cursor45 项：将鼠标指针设置为由 45°线组成的更短更小的鼠标指针。

2.2.3 原理图图纸设置

进行原理图设计编辑，首先要进行图样参数设置。图样参数设置是用来确定与图样有关的参数，如图样尺寸与方向、边框、标题栏、字体等，为正式的电路原理图设计做好准备。

在原理图编辑环境下双击边框，或者右击打开快捷菜单，选择 Document Options 命令，或执行菜单命令 Design→Document Options，屏幕上将打开如图 2-16 所示的文档选项对话框，可以在这个对话框中进行图纸参数的设置。

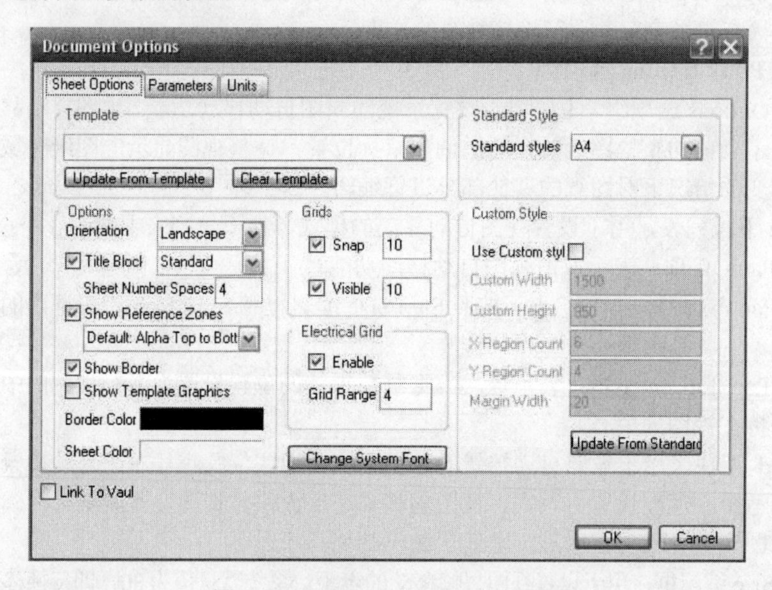

图 2-16　Document Options 对话框

1．图纸尺寸的设置

（1）标准尺寸图纸。在图 2-16 所示的对话框中，选择 Standard Style 选项组的下拉列表，如图 2-17 所示，选择多种标准尺寸的图纸，系统默认图纸尺寸为 A4。为方便设计者，系统提供了多种标准图样尺寸选项：

1）公制：A0、A1、A2、A3、A4。

2）英制：A、B、C、D、E。

3）Orcad 图样：orcad A、orcad B、orcad C、orcad D、orcad E。

4）其他：Letter、Legal、Tabloid。

（2）自定义图纸尺寸。如果想自己设置图纸的大小，选中 Use Custom Style 复选框，如图 2-18 所示，并在该复选框下的文本框中填入各项数值，然后单击 OK 按钮。

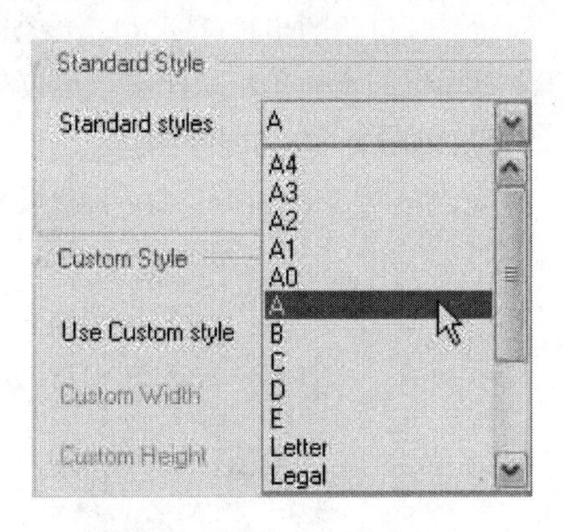

图 2-17 设置图纸标准尺寸

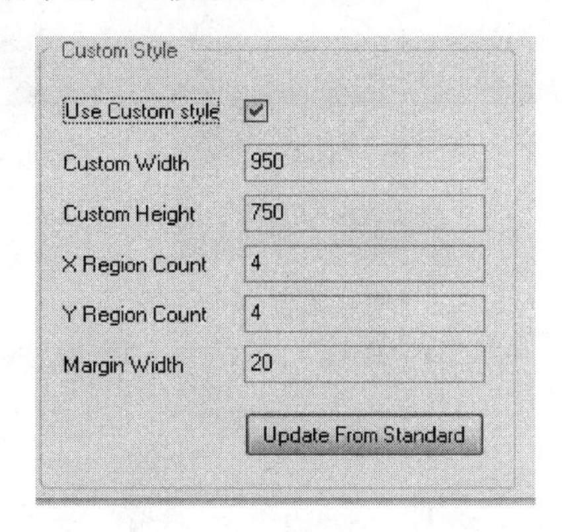

图 2-18 设置图纸自定义尺寸

2．图纸的方向、标题栏、边框和颜色的设置

（1）图纸方向设置。Orientation（方向）选项用于图纸的方向设置。如图 2-19 所示有两个选项：Landscape（风景画）为水平放置，Portrait（肖像画）为竖直放置，一般设为 Landscape，即水平放置。

（2）图纸标题栏的设置。Title Block（标题块）选项用于设置图纸的标题，如图 2-20 所示。它有两个选项：Standard（标准模式）和 ANSI（美国国家标准协会模式）。

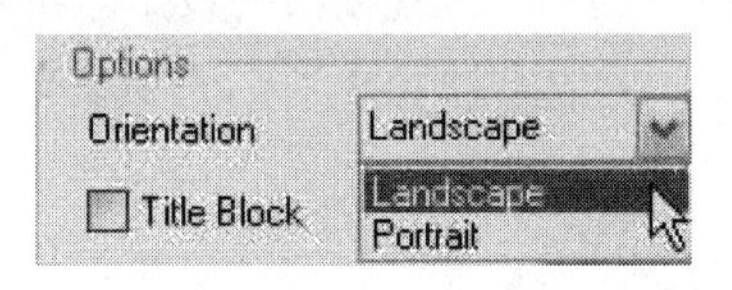

图 2-19 设置图纸方向

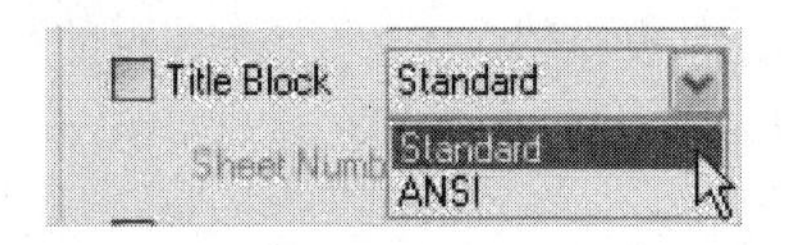

图 2-20 设置图纸标题栏

（3）图纸边框设置。图纸的边框设置有三个选项，具体如图 2-21 所示。这三个选项分别如下。

1）Show Reference Zones 选项：设置是否显示图纸边框中的参考坐标，一般选中。

2）Show Border 选项：设置是否显示图纸的边框，一般选中。

3）Show Template Graphics 选项：设置是否显示画在样板内的图形、文字或专用字符，通常不选。

（4）图纸颜色的设置。图纸颜色设置有两个选项，具体如图 2-22 所示。

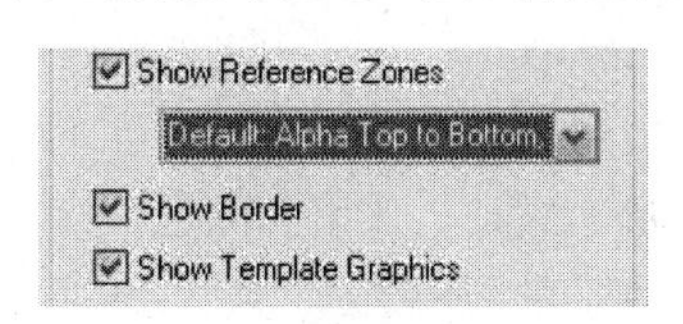

图 2-21 设置图纸的边框

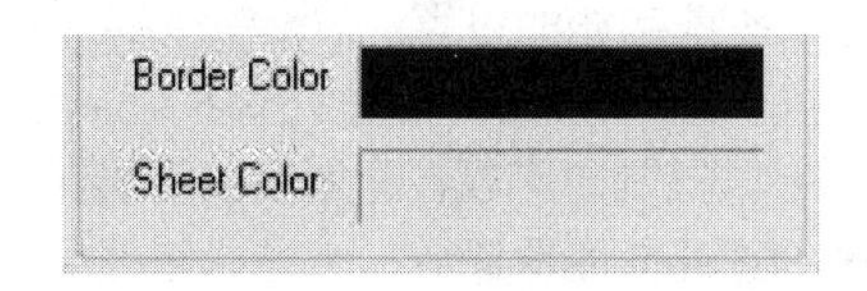

图 2-22 设置图纸的颜色

1）Border Color 选项：用来设置图纸边框的颜色，共有 239 种颜色供选择，默认选项 3。

2）Sheet Color 选项：用来设置图纸的颜色，其中共有 239 种颜色供选择，默认设置为 220。颜色选择对话框如图 2-23 所示。

3．图纸栅格的设置

图纸栅格设置的选项有多项，具体如图 2-24 所示。这几项设置的说明如下。

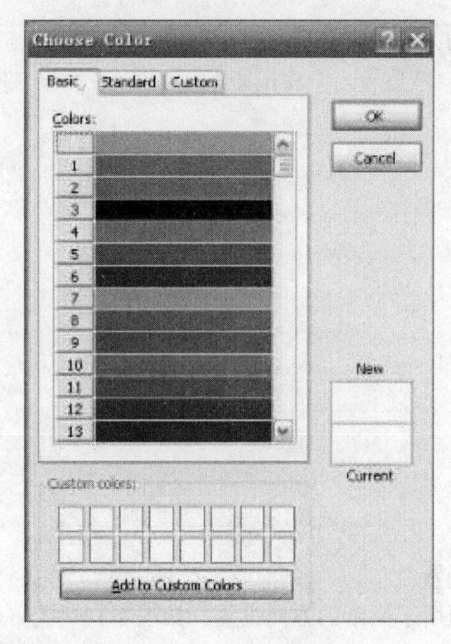

图 2-23　颜色选择对话框

（1）Snap（光标移动距离）选项设置可以改变光标的移动间距。Snap 设定主要决定光标位移的步长，即光标在移动过程中以设定的基本单位做跳移，单位是 mil（1000mil=1 英寸=25.4mm）。

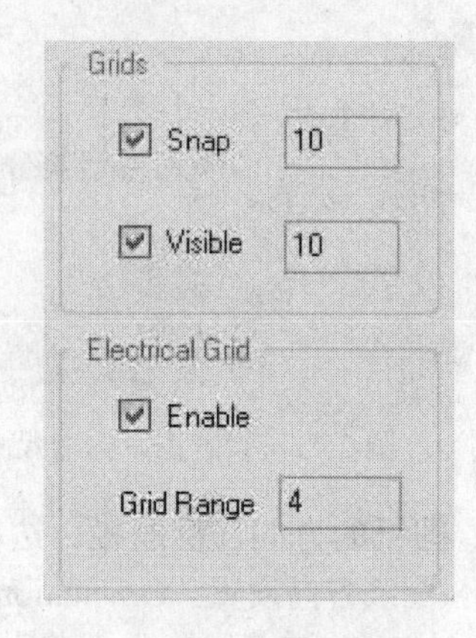

图 2-24　设置图纸的栅格

如当设定 Snap=10 时，十字光标在移动时，均以 10 个长度单位为基础。此设置的目的是使设计者在画图过程上更加方便地对准目标和引脚。

（2）Visible（可视栅格）选项可用来设置可视化栅格的尺寸。可视栅格的设定只决定图样上实际显示的栅格的距离，不影响光标的移动。如当设定 Visible=10 时，图样上实际显示的每个栅格的边长为 10 个长度单位。

注　意

锁定栅格和可视栅格的设定是相互独立的，两者不互相影响。

（3）Electrical Grid（电气节点）如果选中 Electrical Grid 设置栏中 Enable 左面的复选框，使复选框中出现“√”表明选中此项，则此时系统在连接导线时，将以箭头光标为圆心以 Grid 栏中的设置值为半径，自动向四周搜索电气节点。当找到最接近的节点时，就会把十字光标自动移到此节点上，并在该节点上显示出一个红色“×”。

4．系统字体的设置

在图 2-16 所示的对话框中单击 Change System Fonts 按钮，弹出“字体”设置对话框，如图 2-25 所示，设计者可以在此处设置元器件引脚号字体、字形、大小、效果和颜色。

5．图纸属性设置

在图 2-16 所示的对话框中，单击 Parameters 标签，即打开的 Parameters 选项卡，如图 2-26 所示。该标签下是一个列表窗口，在列表窗口内可设置有关文档变量。在该选项卡中，可以分别设置文档的各个参数属性，如设计公司名称与地址、图样的编号以及图样的总数，文件的标题名称与日期等。具有这些参数的对象可以是一个元件、元件的引脚或端口、原理图的符号、PCB 指令或参数集，每个参数均具有可编辑的名称和值。

单击 Add、Edit 或者 Add as Rule 按钮，都将显示 Parameter Properties 对话框，可进行添加、删除或者编辑变量的操作，如图 2-27 所示。

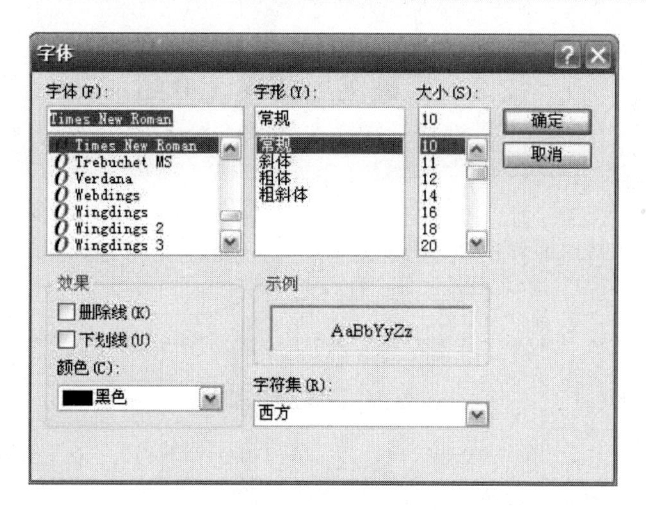

图 2-25　字体设置窗口

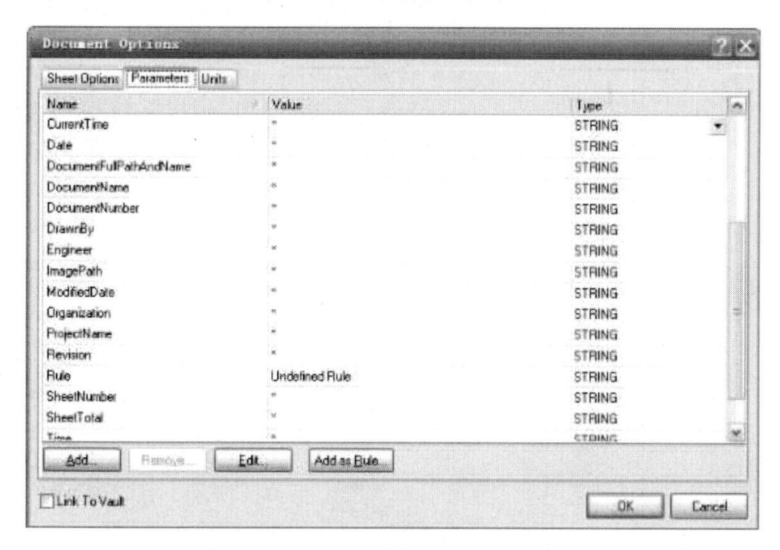

图 2-26　设置图纸参数属性

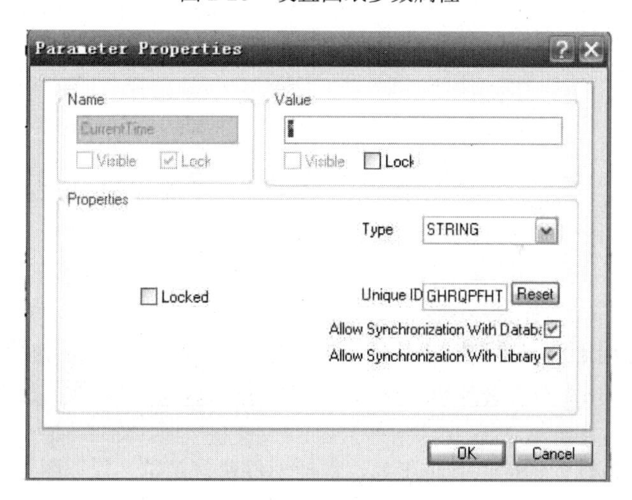

图 2-27　设置图纸参数

2.3　原理图绘图环境介绍

2.3.1　主菜单

原理图设计界面包括 4 部分，分别是主菜单、主工具栏、工作面板和工作窗口。主菜单如图 2-28 所示。

图 2-28　原理图主菜单

（1）DXP 菜单：该菜单功能为高级用户设定，可以设定界面内容，查看系统信息等，如图 2-29 所示。常用菜单为 Preferences 参数选择。

（2）File 菜单：主要用于文本操作，包括新建、打开、保存等功能，如图 2-30 所示。

（3）Edit 菜单：用于完成各种编辑操作，包括撤销/恢复、选取/取消对象选取、复制、粘贴、剪切、移动、排列、查找文本等功能，如图 2-31 所示。

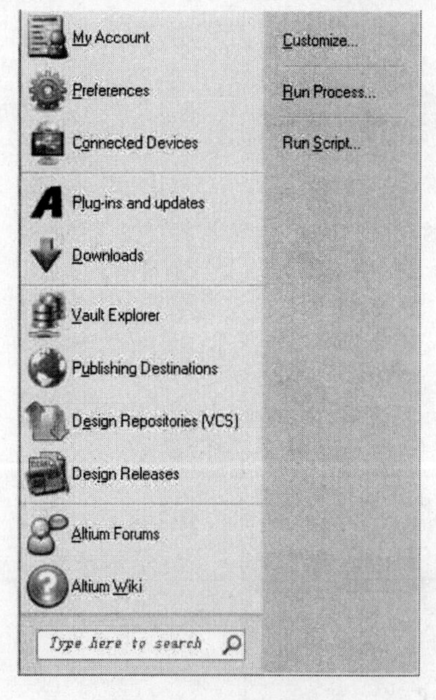

图 2-29　DXP 菜单

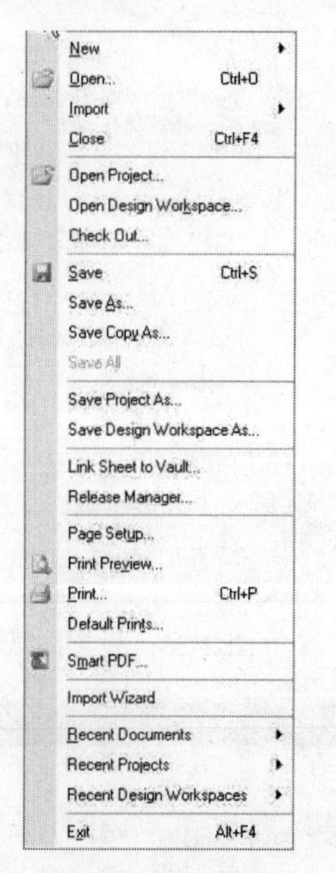

图 2-30　File 菜单

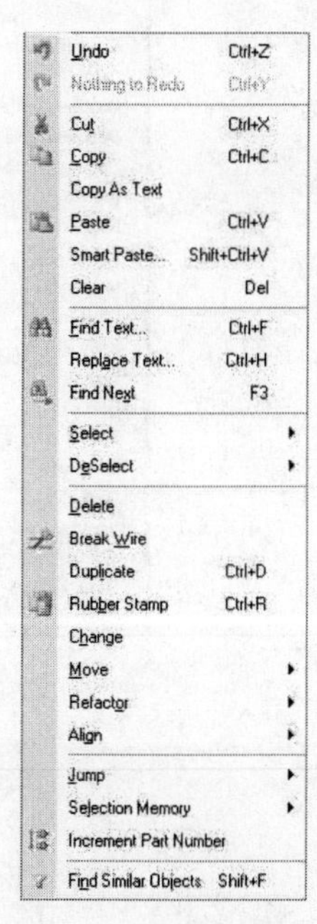

图 2-31　Edit 菜单

（4）View 菜单：用于视图操作，如图 2-32 所示。

（5）Project 菜单：用于完成工程相关操作，包括新建工程、打开工程、关闭工程、增加工程、删除工程等操作，如图 2-33 所示。

（6）Place 菜单：用于放置原理图中各种电气元件符号和注释符号，如图 2-34 所示。

（7）Design 菜单：用于对元件库进行操作，生成网络表、层次原理图设计等操作，如图 2-35 所示。

（8）Tools 菜单：为设计者提供各种工具，包括元件快速定位、原理图元件编号注释等，如图 2-36 所示。

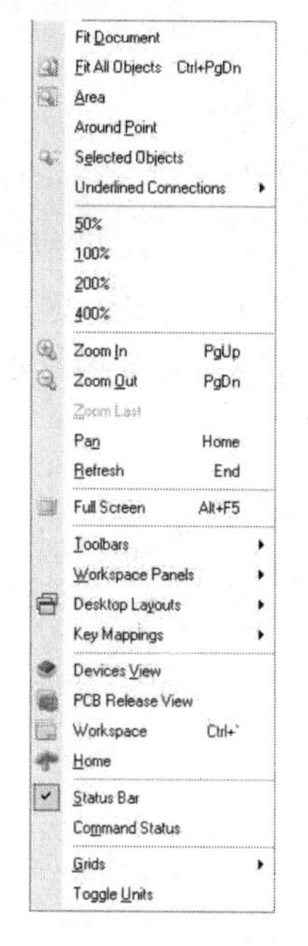

图 2-32 View 菜单

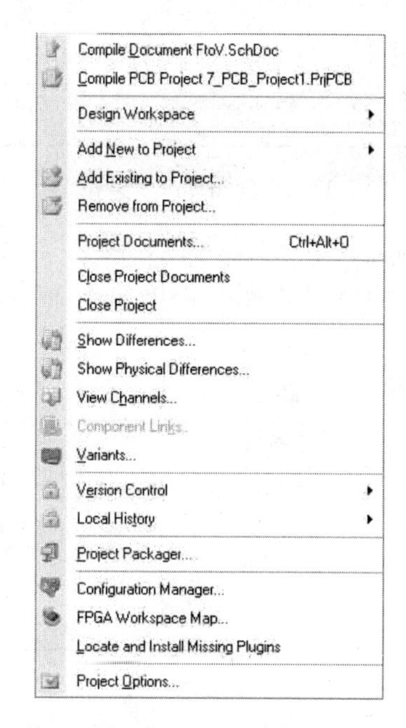

图 2-33 Project 菜单

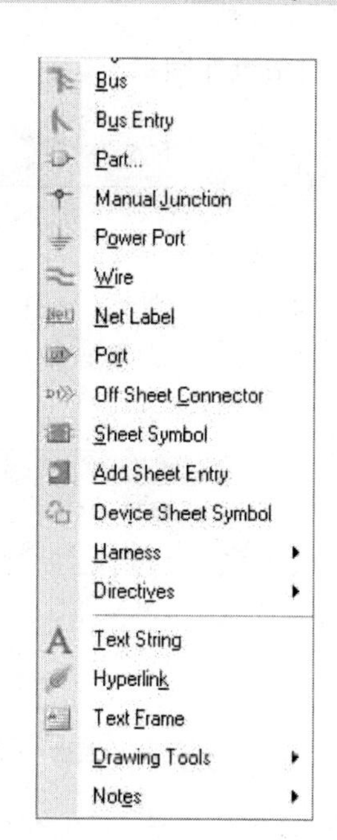

图 2-34 Place 菜单

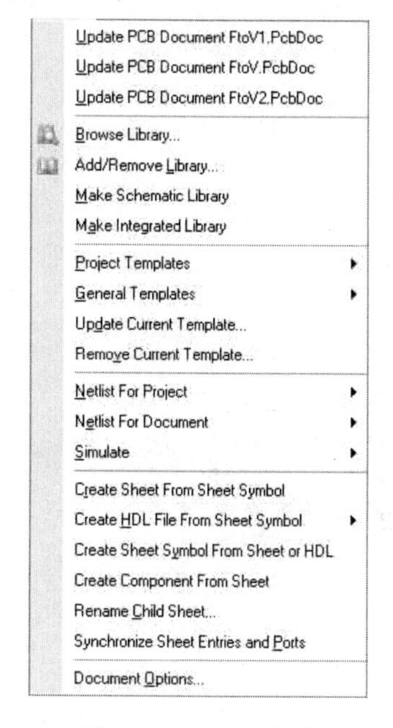

图 2-35 Design 菜单

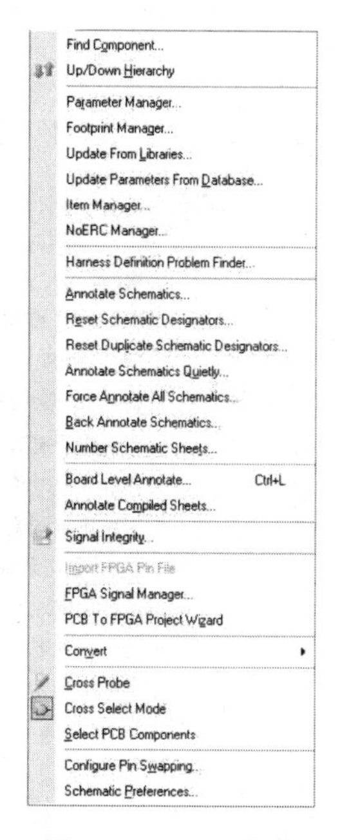

图 2-36 Tools 菜单

主菜单还包括 Simulator、Reports、Window 菜单和 Help 菜单，以上菜单的具体应用，将在后面章节的例子中进行详细讲解。

2.3.2 主工具栏

Altium Designer 的工具栏有原理图标准工具栏、画线工具栏、实用工具栏、混合仿真工具栏。

（1）原理图标准工具栏：提供了常用文件操作、视图操作和编辑操作，如图 2-37 所示，将鼠标指针放置在图标上会显示该图标的对应功能。

图 2-37　原理图标准工具栏

（2）画线工具栏：列出了建立原理图所需要的导线、总线、连接端口等工具，如图 2-38 所示。

（3）实用工具栏：列出了常用工具列表，如图 2-39 所示。其常用工具条展开后如图 2-40 和图 2-41 所示。

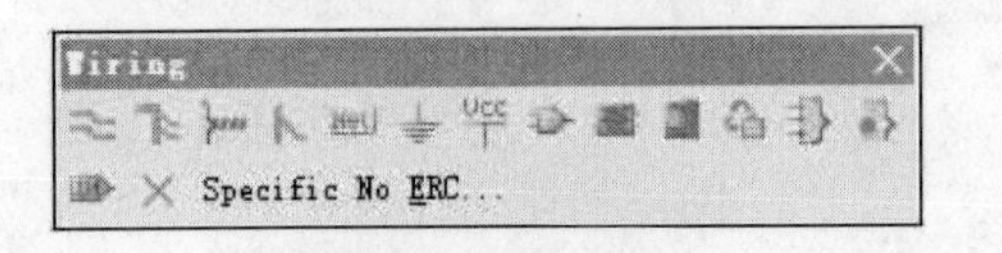

图 2-38　画线工具栏

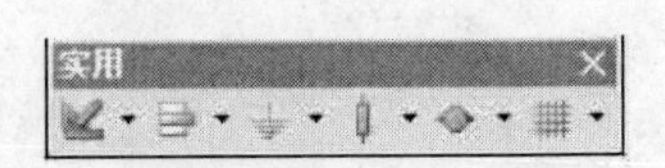

图 2-39　实用工具栏

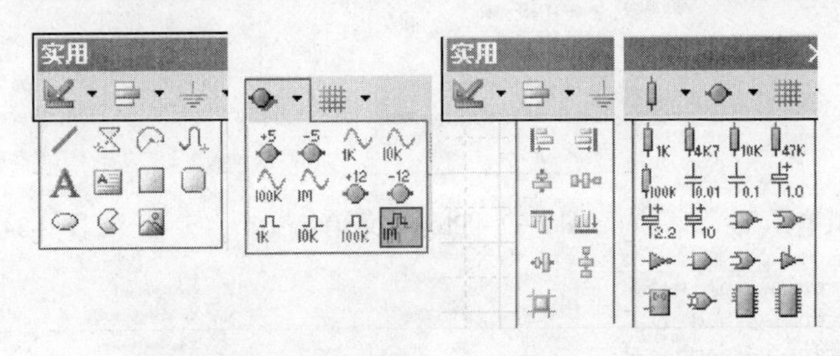

图 2-40　绘图、信号源、对齐和常用元件工具

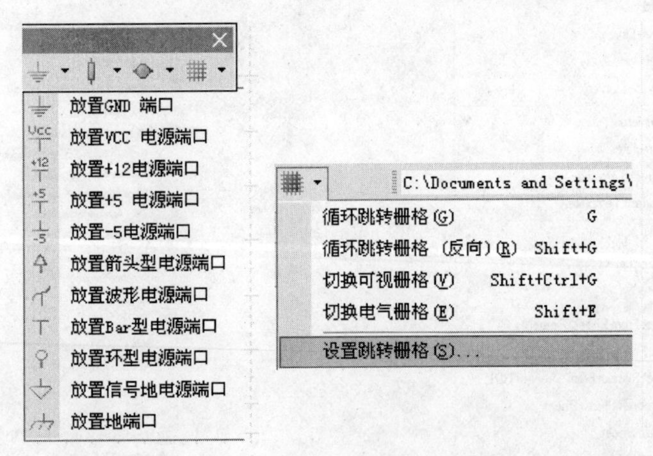

图 2-41　电源和栅格设置工具

2.3.3　工作面板

原理图设计中常用到的工作面板有如下 3 个：

（1）Projects 面板：如图 2-42 所示，在该面板中列出了当前工程的文件列表及所有文件。在该面板中提供了所有有关工程的功能。可以打开、关闭和新建各种文件，还可在工程中导入文件等。

（2）Libraries 面板：如图 2-43 所示，在该面板中可以浏览当前加载的元件库。通过面板可以在原理图上放置元件。

（3）Navigator 面板：如图 2-44 所示，该面板在分析和编译原理图后能够提供原理图的所有信息，通常用于检查原理图。

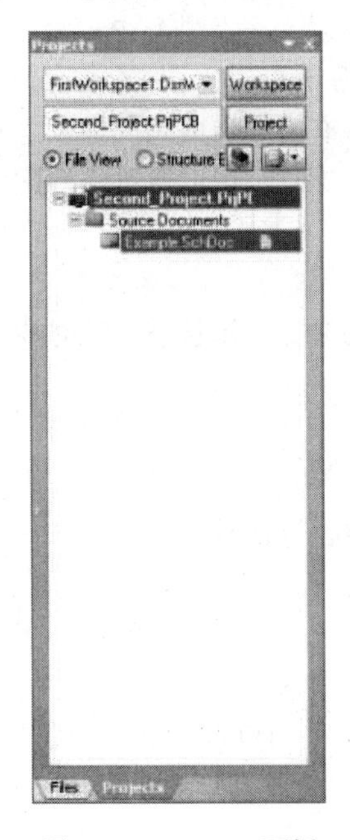

图 2-42 Projects 面板

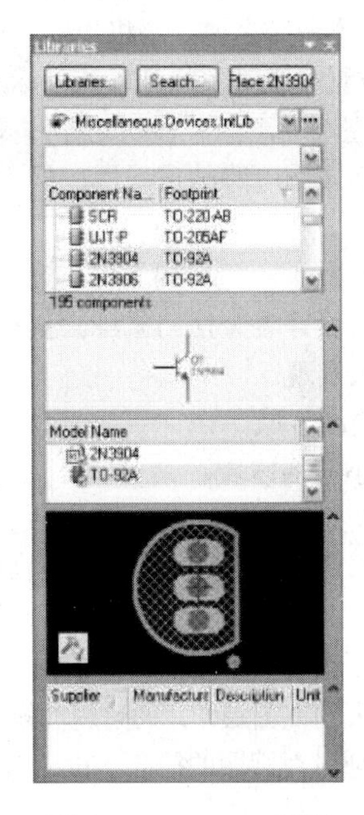

图 2-43 Libraries 面板

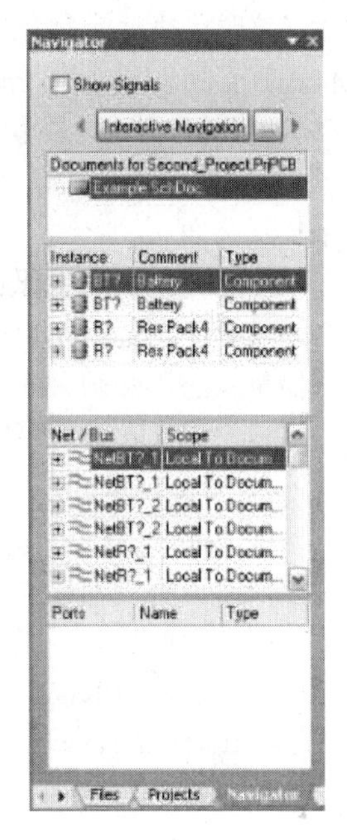

图 2-44 Navigator 面板

2.3.4 原理图视图操作

设计者在绘图过程中，需要经常查看整张原理图或只看某一个部分，所以要经常改变显示状态，缩小或放大绘图区。原理图设计系统中的 View 菜单可以对原理图进行视图操作。

1．通过菜单放大或缩小图纸显示

Altium Designer 提供了 View 菜单来控制图形区域的放大与缩小，View 菜单如图 2-45 所示。

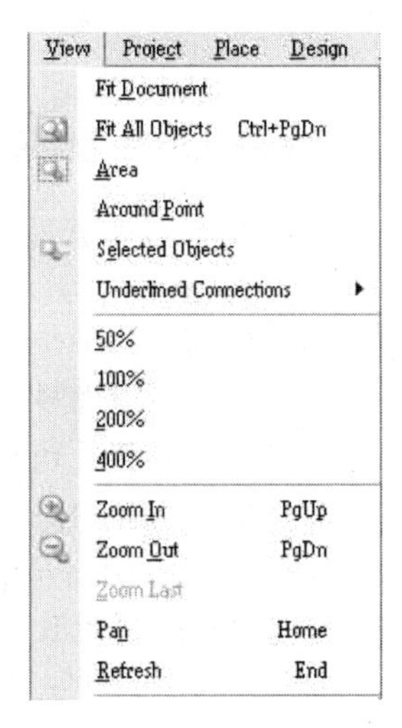

图 2-45 View 命令菜单

下面介绍菜单中主要命令的功能。

（1）Fit Document 命令：该命令把整张电路图缩放在窗口中，可以用来查看整张原理图。

（2）Fit All Objects 命令：该命令使绘图区中的图形填满工作区。

（3）Area 命令：该命令放大显示用户设定的区域。这种方式是通过确定用户选定区域中对角线上两个角的位置来确定需要进行放大的区域。首先执行此菜单命令，然后移动十字光标到目标的左上角位置，再拖动鼠标，将光标移动到目标的右下角适当位置，单击鼠标左键加以确认，即可放大所框选的区域。

（4）Selected Objects 命令：该命令可以放大所选择的对象。

（5）Around Point 命令：该命令要用鼠标选择一个区域，指向要放大范围的中心，单击以确定一个中心，再移动鼠标展开此范围，单击鼠标左键，即完成定义，并将该范围放大至这个窗口。

（6）采用不同的比例显示命令，View 菜单命令提供了 50%、100%、200%和 400%共四种显示方式。

（7）Zoom In 与 Zoom Out 命令：用于放大或缩小显示区域。也可以在主工具栏中选择放大或缩小。

（8）Pan 命令：移动显示位置。在设计电路时，经常要查看各处的电路，所以有时需要移动显示位置，这时可执行此命令。在执行本命令之前，要将光标移动到目标点，然后执行 Pan 命令，目标点位置就会移动到工作区的中心位置显示。也就是以该目标点为屏幕中心，显示整个屏幕。

（9）Refresh 命令：刷新画面。在滚动画面、移动元件等操作时，有时会造成画面显示含有残留的斑点或图形变形问题，这虽然不影响电路的正确性，但不美观。这时，可以通过执行此菜单命令来更新画面。

2．通过键盘实现图纸的缩放

当系统处于其他绘图命令下时，设计者无法用鼠标去执行一般的命令显示状态，此时要放大或缩小显示状态，必须采用功能键来实现。

（1）按 Page Up 键：可以放大绘图区域。

（2）按 Page Down 键：可以缩小绘图区域。

（3）按 Home 键：可以从原来光标下的图纸位置移位到工作区中心位置显示。

（4）按 End 键：对绘图区的图形进行刷新，恢复正确的显示状态。

（5）移动当前位置，将光标指向原理图编辑区，按下鼠标右键不放，光标变为手状，拖动鼠标即可移动查看的图纸位置。

总之，Altium Designer 提供了强大的视图操作，通过视图操作，设计者可以查看原理图的整体和细节，在整体和细节之间自由切换。通过对视图的控制，设计者可以更加轻松地绘制和编辑原理图。

2.4 元件的查找与放置

2.4.1 加载元件库

1．元器件库管理器

浏览元器件库可以执行菜单命令 Design→Browse Library，系统将弹出如图 2-46 所示的元件库管理器。

在元件库管理器中，从上至下各部分功能依次说明如下。

（1）3 个按钮的功能。

1）Libraries：用于“装载/卸载元件库”。

2）Search：用于查找元件。

3）Place：用于放置元件。

（2）下拉列表框，在其中可以看到已添加到当前开发环境中的所有集成库。

（3）下面的下拉列表框用来设置过滤器参数。用于设置元件显示的匹配项的操作框。“*”表示匹配任何字符。

（4）元件信息列表，包括元件名、元件说明及元件所在集成库等信息。

（5）所选元件的原理图模型展示。

（6）所选元件的相关模型信息，包括其 PCB 封装模型，进行信号仿真时用到的仿真模型，进行信号完整性分析时用到的信号完整性模型。

（7）所选元件的 PCB 模型展示。

2．元件库的加载

单击图 2-46 中的 Libraries 按钮，系统将弹出如图 2-47 所示的 Available Libraries 对话框；也可以直接执行菜单命令 Design→Add/Remove Library。在该对话框中，可以看到有 3 个选项卡。

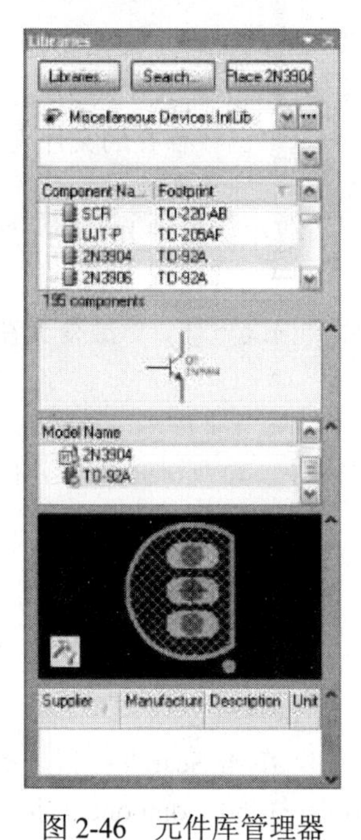

图 2-46　元件库管理器

（1）Project 选项卡如图 2-48 所示，显示与当前项目相关联的元件库。在该选项中单击 Add Library 按钮，即可向当前工程中添加元件库，如图 2-49 所示。

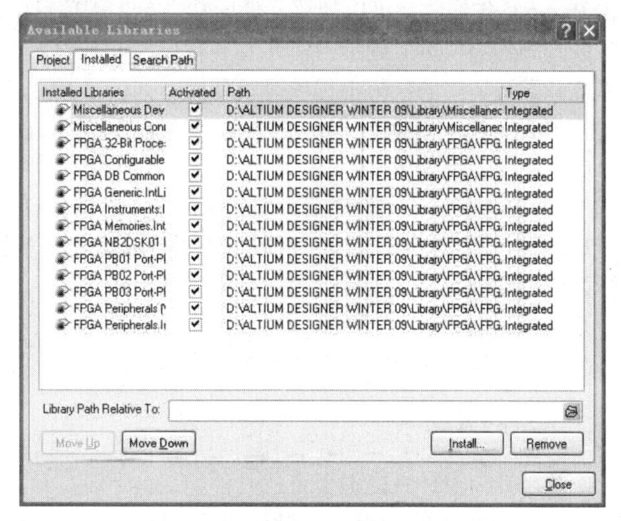

图 2-47　Available Libraries 对话框

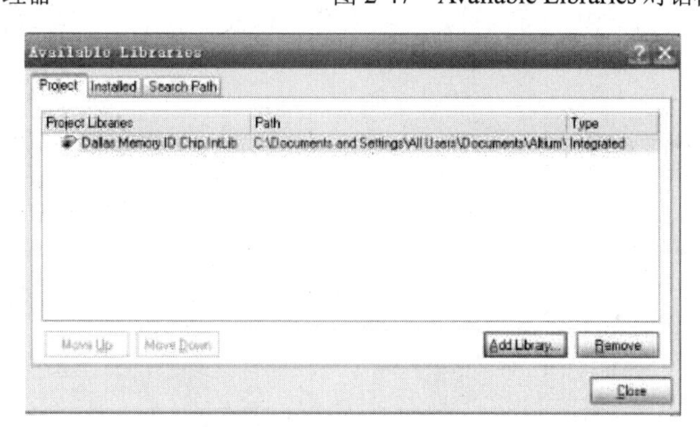

图 2-48　当前项目相关元件库

图 2-49　打开元件库对话框

添加元件库的默认路径为 Altium Designer 安装目录下 Library 文件夹的路径，里面按照厂家的顺序给出了元器件的集成库，用户可以从中选择自己想要安装的元件库，然后单击“打开”按钮，就可以把元件库添加到当前工程中了，如图 2-48 所示。在该选项卡中选中已经存在的文件夹，然后单击 Remove 按钮，就可以把该元件库从当前工程项目中删除。

（2）Installed 选项卡，显示当前开发环境已经安装的元件库。任何装载在该选项卡中的元件库都可以被开发环境中的任何工程项目所使用。如图 2-47 所示。

1）使用 Move Up 和 Move Down 按钮，可以把列表中选中的元件库上移或下移，以改变其在元件库管理器中的显示顺序。

2）在列表中选中某个元件库后，单击 Remove 按钮就可以将该元件库从当前开发环境移除。

3）想要添加一个新的元件库，可以单击 Install 按钮，系统将弹出如图 2-49 所示的打开元件库对话框。用户可以从中寻找自己想加载的元件库，然后单击“打开”按钮，就可以把元件库添加到当前开发环境中了。

（3）Search Path 选项卡，设置元件库的搜索路径。

2.4.2 元件的查找

元件库管理器为设计者提供了查找元件的工具。即在元件库管理器中，单击 Search 按钮，系统将弹出如图 2-50 所示的 Libraries Search 对话框，或执行菜单命令 Tools→Find Component 也可弹出该对话框。在该对话框中，可以设定查找对象，以及查找范围，可以查找的对象为包含在 *.IntLib 文件中的元件。

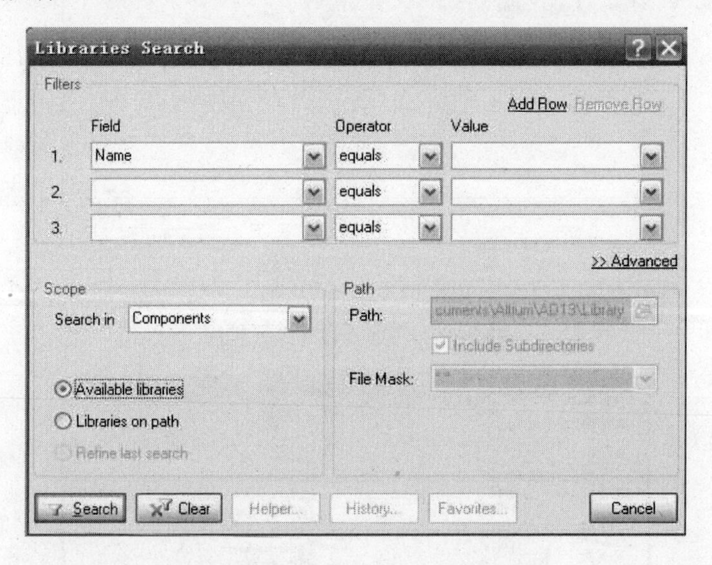

图 2-50 Libraries Search 对话框

该对话框的操作、使用方法如下：

（1）设置元件查找类型，在如图 2-50 的 Scope 操作框中，单击 Search in 文本框后的下拉按钮并选中查找类型，如图 2-51 所示。

四种类型分别为“元件”“封装”“3D 模式”和“数据库元件”。

（2）设置查找的范围。当选中 Available Libraries 单选项时，在已经装载的元件库中查找，选中 Librares on path 单选项时，在右边的 Path 制定的路径下进行查找，如图 2-52 所示。

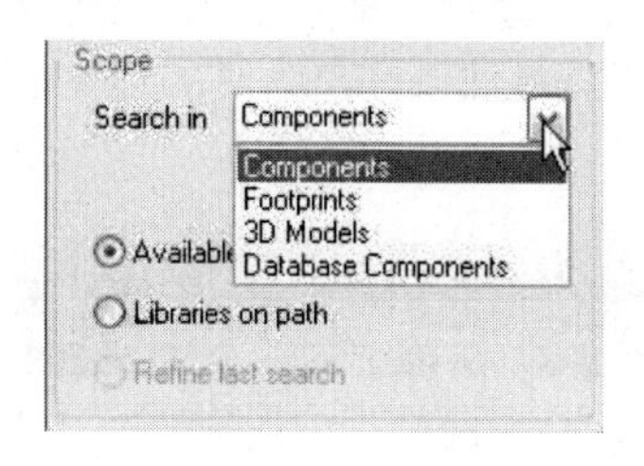

图 2-51 查找类型

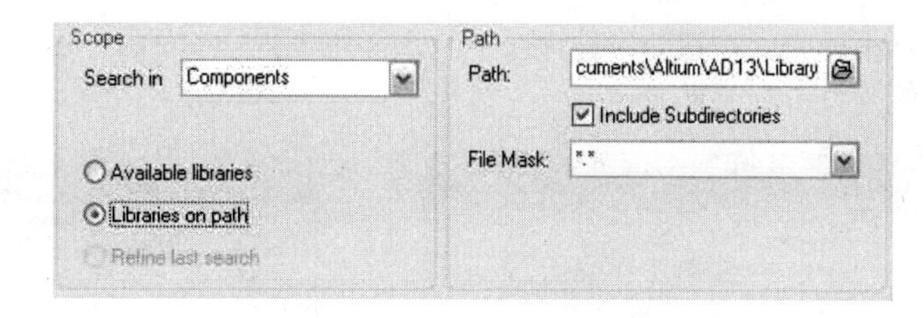

图 2-52 在指定路径下搜索

（3）Path 操作框设置，该操作框用来设定查找对象的路径，该操作框的设置只有在选中 Libraries on Path 时有效。Path 设置查找的目录，选中 Include Subdirectories 复选框，则包含在指定目录中子目录也进行查找。File Mask 可以设定查找对象的文件匹配域，“.”表示匹配任何字符串。

（4）为了查找某个元件，在最上面 Filters 选项区域中输入元件名称，如图 2-53 所示，单击 Search 按钮开始搜索，找到所需的元件后，单击对话框最上方的 Stop 按钮停止查找。查找结果如图 2-54 所示。

（5）从搜索结果中可以看到相关元件及其所在的元件库。可以将元件所在的元件库直接装载到元件库管理器中以便继续使用；也可以直接使用该元件而不装载其所在的元件库。

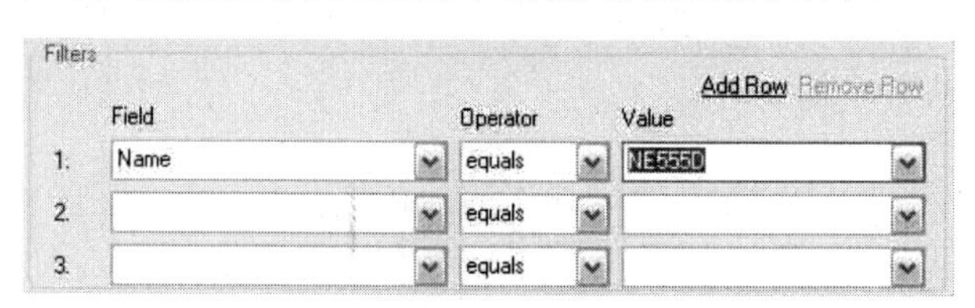

图 2-53 输入查找条件

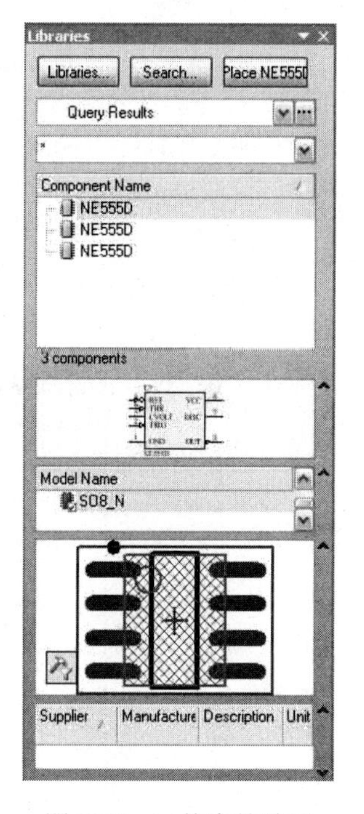

图 2-54 元件查找结果

2.4.3 元件的放置

在原理图中放置元件的方法主要介绍下列三种。

1．通过输入元件名放置元件

如果确切知道元件的名称，最方便的做法是通过 Place Part 对话框中输入元件名后放置元件。具体操作步骤如下：

（1）执行菜单命令 Place→Part 或直接单击连线工具栏上的按钮，即可打开如图 2-55 所示的 Place Part 对话框。可放置的对象有下列三种情况：

1）放置最近一次放置过的元件，即如图 2-55Physical Component 所指示的元件，单击 OK 按钮即可。

2）放置历史元件（以前放置过的元件）。单击图 2-55 对话框中 History 按钮，打开图 2-56 所示的 Placed Parts History 对话框，从中选择目标元件后单击 Placed Parts History 对话框的 OK 按钮，再单击 Place Part 对话框的 OK 按钮即可放置前次放置的元器件。

3）放置指定库中的元件。单击图 2-55 中的 Choose 按钮，打开如图 2-57 所示的 Browse Libraries 对话框，从指定库中选择目标元件后首先单击 Browse Libraries 对话框的 OK 按钮，再单击 Place Part

对话框的 OK 按钮即可放置选中的元器件（其中 Mask 区域用来设置过滤条件，以便从元件库中精确定位目标元件）。

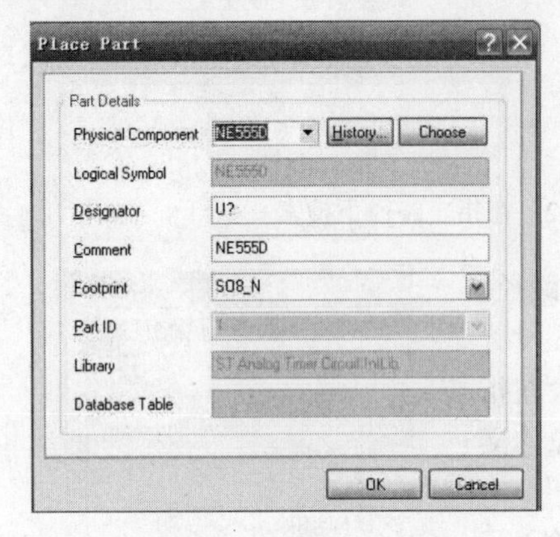

图 2-55　Place Part 对话框

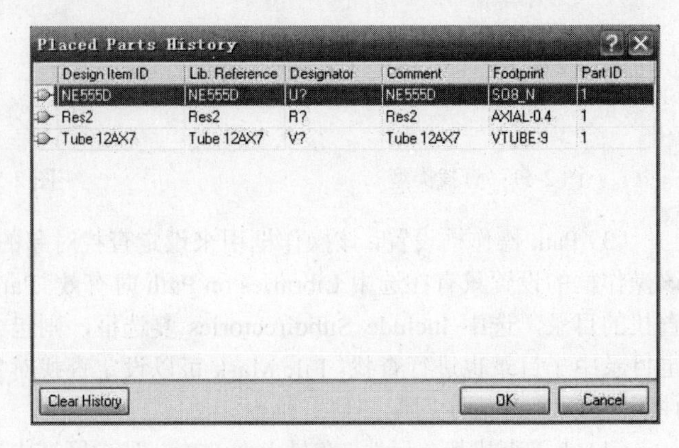

图 2-56　Placed Parts History 对话框

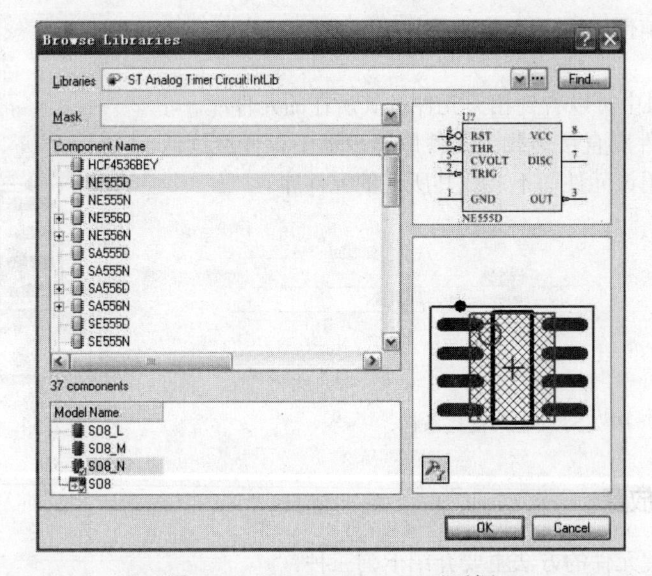

图 2-57　Browse Libraries 对话框

（2）在图 2-55 所示的对话框中的 Designator 编辑框输入当前元件的序号（例如 Q1）。当然也可以不输入序号，即直接使用系统的默认值“U？”，等到绘制完电路全图之后，通过执行菜单命令 Tools→Annotate 就可以轻易地将原理图中所有元件的序号重新编号。假如现在为这个元件指定序号（例如 U1），则在以后放置相同形式的元件时，其序号将会自动增加（例如 U2、U3、U4 等）。

（3）元件注释，在 Comment 编辑框中可以输入该元件的注释。

（4）输入封装类型，在图 2-55 中的 Footprint 框中输入元件的封装类型。设置完毕后，单击对话框中的 OK 按钮，屏幕上将会出现一个可随鼠标指针移动的元件符号，拖动鼠标将它移到适当的位置，然后单击使其定位即可。完成放置一个元件的动作之后，单击右键，系统会再次弹出 Place Part 对话框，等待输入新的元件编号。假如现在还要继续放置相同形式的元件，就直接单击 OK 按钮，新出现的元件符号会依照元件封装自动地增加流水序号。如果不再放置新的元件，可直接单击 Cancel 按钮关闭对话框。

2．从元件管理器的元件列表中选取放置

下面以放置一个 555 定时器电路为例，说明从元件库管理面板中选取一个元件并进行放置的过程。

首先在原理图编辑平面上找到 Libraries 面板标签并单击，就会弹出如图 2-58 所示的元件管理器，首先在元件管理器的 Libraries 栏的下拉列表框中选取 ST Analog Timer Circuit .IntLib，然后在元件列表框中找到 NE555N，并选中它，如图 2-58 所示。然后单击 Place NE555N 按钮，此时屏幕上会出现一个随鼠标指针移动的元件图形，将它移动到适当的位置后单击使其定位即可。也可以直接在元件列表中双击 MC555N 将其放置到原理图中，如图 2-59 所示。

3．使用常用数字工具栏放置元件

系统还提供了 Digital Objects（常用数字元件）工具栏（位于 Ultilities 工具栏），如图 2-60 所示。常用数字元件工具栏为设计者提供了常用规格的电阻、电容、与非门、寄存器等元件，使用该工具栏中的元件按钮，设计者可以方便地放置这些元件，放置这些元件的操作与前面所说的元件放置操作类似。

Digital Objects 工具栏可以通过执行菜单命令 View→Toolbars→来打开或关闭。

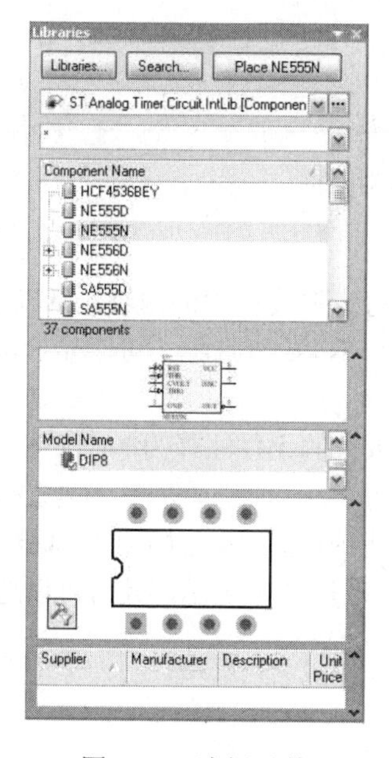

图 2-58　选择元件

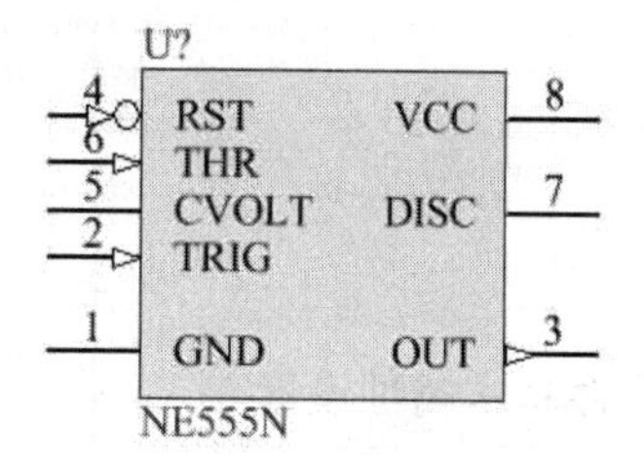

图 2-59　放置的定时器 NE555N 元件

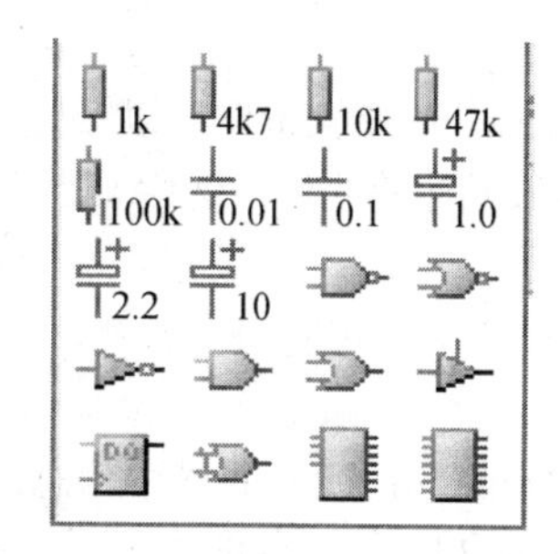

图 2-60　Digital Objects 工具栏

2.4.4　元件属性设置

绘制原理图时，往往需要对元件的属性进行重新设置，下面介绍如何设置元件属性。在将元件放置在图纸之前，此时元件符号可随鼠标移动，如果按下 Tab 键就可以打开如图 2-61 所示的 Component Properties（元件属性）对话框，可在此对话框中编辑元件的属性。

如果已经将元件放置在图纸上，则要更改元件的属性，可以执行命令 Edit→Change 实现。该命令可将编辑状态切换到对象属性编辑模式，此时只需将鼠标指针指向该对象，然后单击，即可打开 Component Properties 对话框。另外，还可以直接在元件的中心位置双击元件，也可以弹出 Component Properties 对话框（常用此种方法）。然后设计者就可以进行元件属性编辑操作。

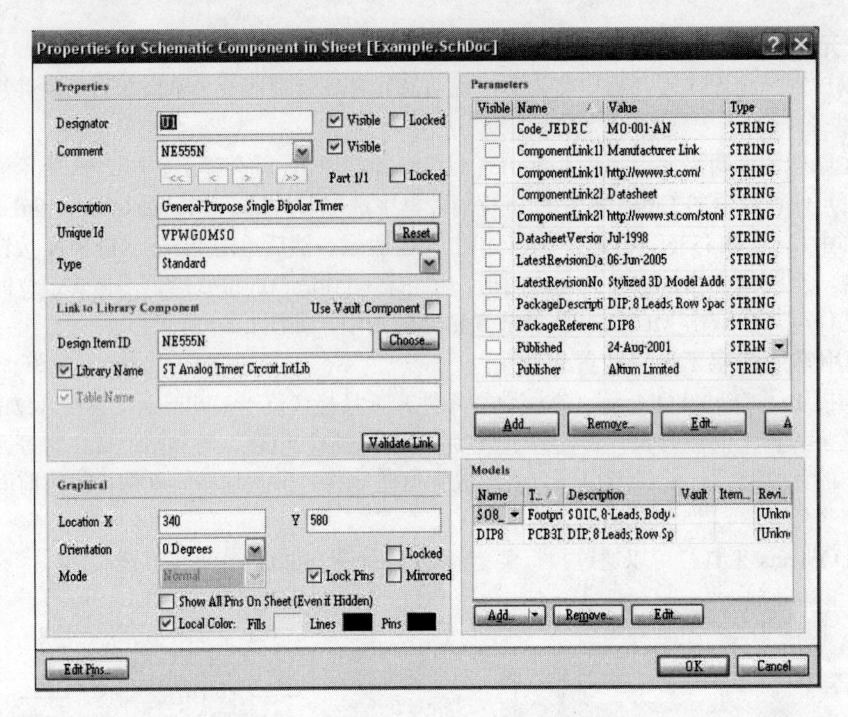

图 2-61　Component Properties 对话框

1．元件基本属性设置

（1）Properties（属性）操作框，如图 2-62 所示，可进行该操作框中的内容包括以下选项。

1）Designator：元件在原理图中的序号，选中其后面的 Visible 复选框，可以显示该序号，否则不显示。

2）Comment：该编辑框可以设置元件的注释，如前面放置的元件注释为 NE555N，可以选择或者直接输入元件的注释，选中其后面的 Visible 复选框，可以显示该注释，否则不显示。

3）<< < > >>按钮：对于有多个相同的子元件组成的元件，由于组成部分一般相同，如 74LS04 具有 6 个相同的子元件，一般以 A、B、C、D、E 和 F 来表示，此时可以选择按钮来设定。

4）Description：元件的描述信息。

5）Unique Id：该元件的 ID 值。

6）Type：元件类型。

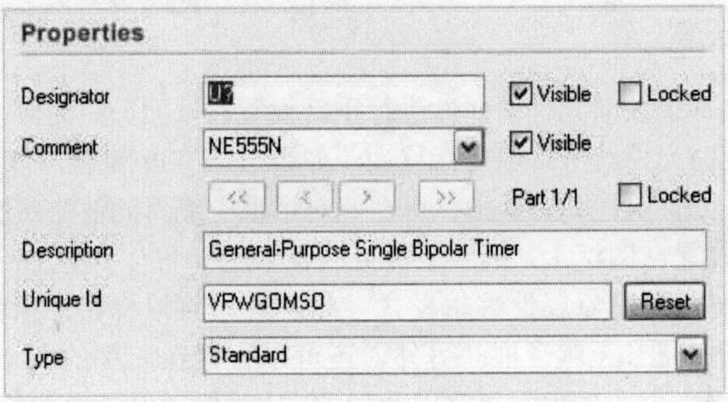

图 2-62　Properties（属性）操作框

（2）Graphical 操作框，如图 2-63 所示，该操作框显示了当前元件的图形信息，包括图形位置、旋转角度、填充颜色、线条颜色、引脚颜色，以及是否镜像处理等编辑。

1）设计者可以修改 *X*、*Y* 位置坐标，移动元件位置。Orientation 选择框可以设定元件的旋转角度，以旋转当前编辑的元件。设计者还可以选中 Mirrored 复选框，将元件做镜像处理。

2）Local Colors 选中该选项，可以显示颜色操作，即进行填充颜色、线条颜色、引脚颜色设置。

3）Lock Pins 选中该选项，可以锁定元件的引脚，此时引脚无法单独移动。

4）Show All Pins On Sheet（Even if Hidden），是否显示该元件的隐藏引脚。有些元件在使用时引脚悬空或某些引脚未用到，可以将此引脚隐藏；有时元件的电源（VCC）和接地（GND）引脚设为隐藏，在原理设计时默认与对应的网络连接。原理图中引用带有隐藏引脚的元件时，该元件的隐藏引脚不会显示出来，如果想要显示隐藏引脚，选中该复选框。

5）Local Colors，设置本地的元件符号颜色。选中该复选框，将出现颜色选择色块，如图 2-64 所示，单击颜色选择色块可对颜色进行设置。

Graphical

Location X 200 Y 370

Orientation 0 Degrees Locked

Mode Normal Lock Pins Mirrored

Show All Pins On Sheet (Even if Hidden)

Local Colors

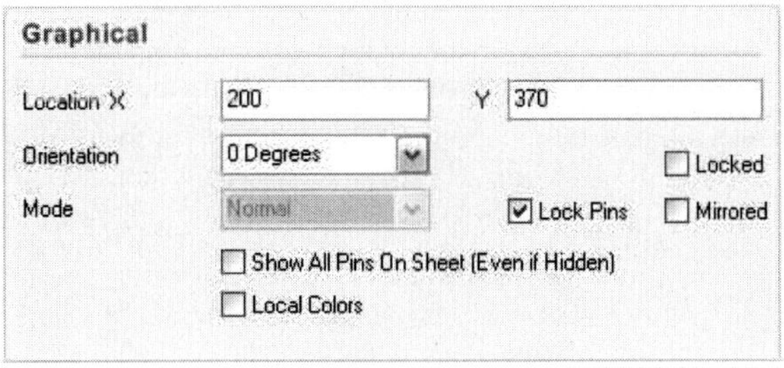

图 2-63 Graphical 操作框

（3）Parameters 列表框，如图 2-65 所示，元件参数列表，其中包括一些与元件特性相关的参数，设计者也可以添加新的参数和规则。如果选中了某个参数左侧的复选框，则会在图形上显示该参数的值。

图 2-64 设置颜色

Parameters

Visible	Name	Value	Type
☐	Code_IPC	SOIC127P600-8	STRING
☐	Code_JEDEC	MS-012-AA	STRING
☐	ComponentLink1Descriptic	Manufacturer Link	STRING
☐	ComponentLink1URL	http://www.st.com/	STRING
☐	ComponentLink2Descriptic	Datasheet	STRING
☐	ComponentLink2URL	http://www.st.com/stonline/producl	STRING
☐	DatasheetVersion	Jul-1998	STRING
☐	LatestRevisionDate	13-Apr-2006	STRING
☐	LatestRevisionNote	IPC-7351 Footprint Added.	STRING
☐	PackageDescription	8-Pin Small Outline Integrated Circu	STRING
☐	PackageReference	SO8	STRING
☐	PackageVersion	Dec-2002	STRING
☐	Published	24-Aug-2001	STRING
☐	Publisher	Altium Limited	STRING

Add... Remove... Edit... Add as Rule...

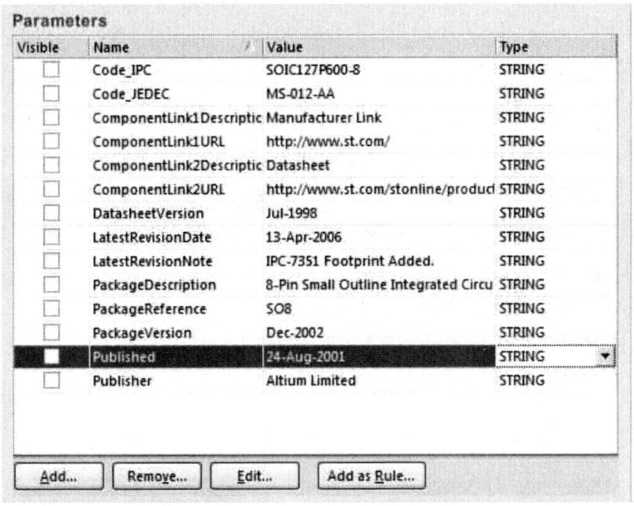

图 2-65 Parameters 列表框

双击其中某一项，即可对相关参数进行设置，如图 2-66 所示。

（4）Models 设置，如图 2-67 所示，其中包括一些与元件相关的引脚类别和仿真模型，设计者也可以添加新的模型。对于用户自己创建的元件，掌握这些功能是十分必要的。通过下方的 Add 按钮可以增加一个新的参数项；Remove 按钮可以删除已有参数项；Edit 按钮可以对选中的参数项进行修改。下面以封装模型属性为例来讲述如何向元件添加这些模型属性。

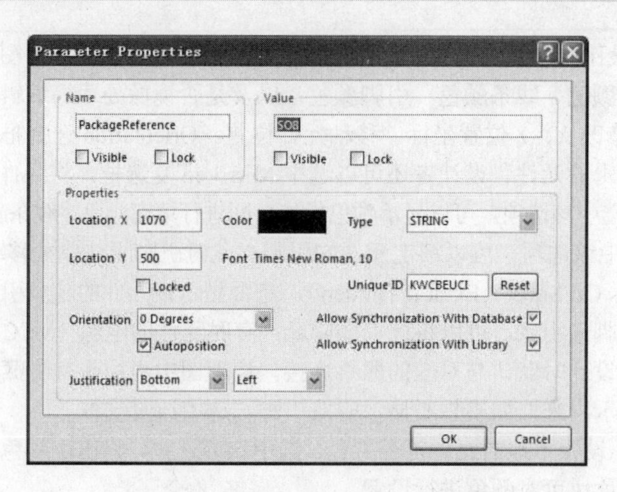

图 2-66　Parameter Properties 对话框

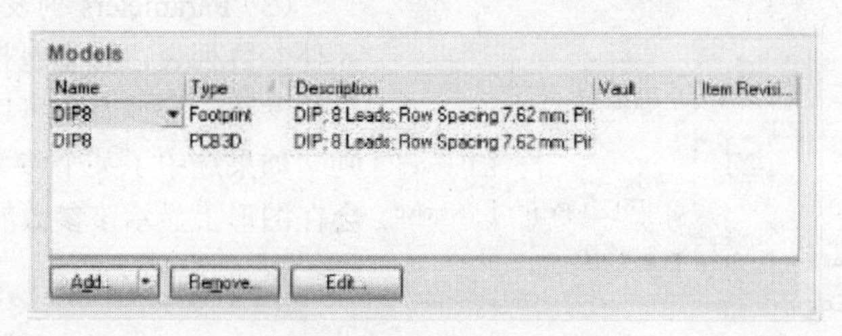

图 2-67　元件的模型设置

2．添加封装属性

（1）在 Models 编辑框中，单击 Add 按钮，系统会弹出如图 2-68 所示的对话框，在该对话框的下拉列表中，选择 Footprint 模式。

（2）单击图 2-68 所示的 OK 按钮，系统将弹出如图 2-69 所示的 PCB Model 对话框，在该对话框中可以设置 PCB 封装的属性。在 Name 编辑框中可以输入封装名，Description 编辑框可以输入封装的描述。单击 Browse 按钮可以选择封装类型，系统弹出如图 2-70 所示的 Browse Libraries 对话框，此时可以选择封装类型，然后单击 OK 按钮即可。如果当前没有装载需要的元件封装库，则可以单击图 2-70 中的…按钮装载一个元件库，或单击 Find 按钮查找要装载的元件库。

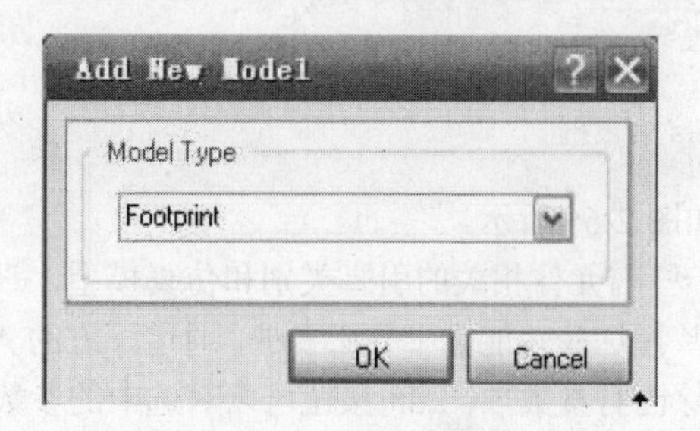

图 2-68　添加元件模型

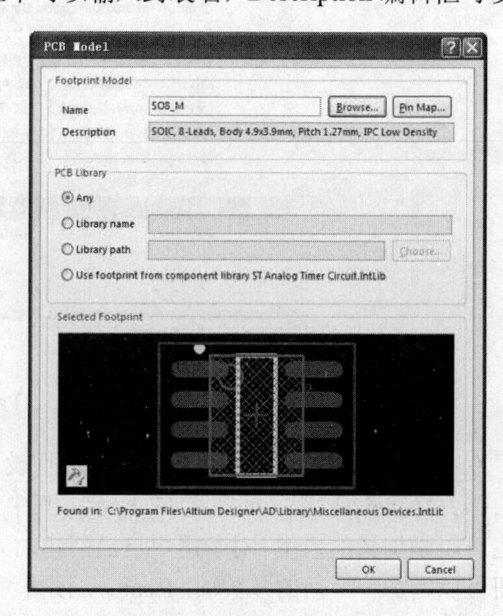

图 2-69　PCB Model 对话框

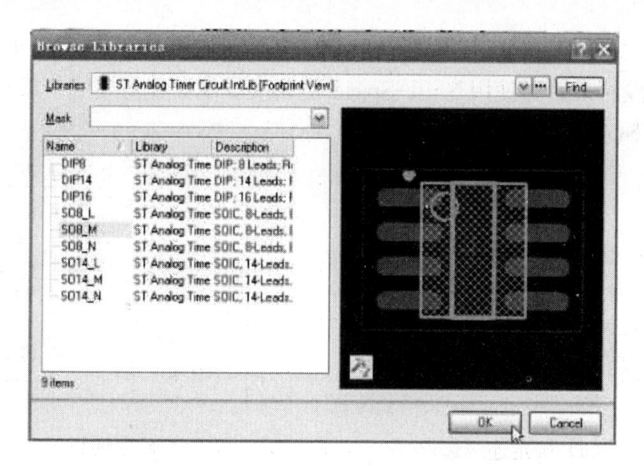

图 2-70 Browse Libraries 对话框

2.5 原理图的绘制

2.5.1 导线的绘制

导线是电气连接中最基本的组成单位，单张原理图上的任何电气连接都可以通过导线建立。下面通过原理图中两个引脚的连接为例，如图 2-71 所示，NE555N 的引脚 5 与电容 C1 的连接可以按下面的操作步骤进行。

（1）执行菜单命令 Place→Wire 或单击 Wiring 工具栏中的 按钮，此时光标变成了“十”字状，并附加一个叉号显示在工作窗口中，如图 2-71 所示。

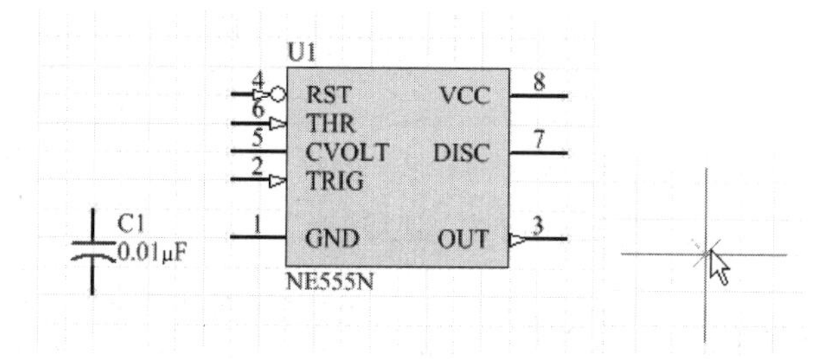

图 2-71 鼠标指针状态

（2）系统进入连线状态，将光标移到电容 C1 的第 1 引脚，会自动出现一个红色“×”，单击，确定导线的起点，如图 2-72（a）所示。然后开始画导线。

（3）移动鼠标拖动导线线头，在转折点处单击，每次转折都需要单击，如图 2-72（b）所示。

（4）当到达导线的末端时，再次单击以确定导线的终点即完成。如图 2-72（c）所示，当一条导线绘制完成后，整条导线的颜色变为蓝色，如图 2-72（d）所示。

（5）画完一条导线后，系统仍然处于“画导线”命令状态。将光标移动到新的位置后，重复步骤（1）～（4）操作，可以继续绘制其他导线。

Altium Designer 为设计者提供了四种导线模式：90°走线、45°走线、任意角度走线和自动布线。如图 2-73 所示，在画导线的过程中，按下 Shift+Space 键可以在各种模式间循环切换。当切换到：90°模式（或 45°模式）时，按 Space 键可以进一步确定是以 90°（或 45°）线段开始，还是以 90°（或 45°）线段结束。当使用 Shift+Space 键切换导线到任意模式（或自动模式）时，再按 Space 键可以在任意模式与自动模式间切换。

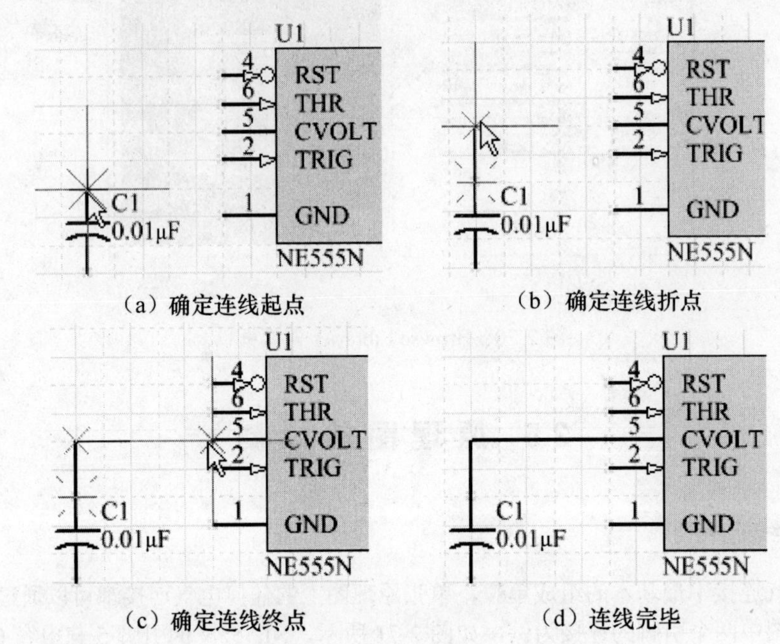

（a）确定连线起点　（b）确定连线折点

（c）确定连线终点　（d）连线完毕

图 2-72　导线连接过程

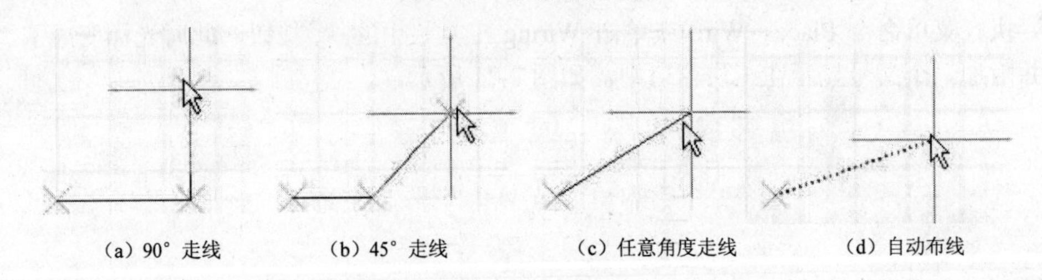

（a）90° 走线　（b）45° 走线　（c）任意角度走线　（d）自动布线

图 2-73　走线模式

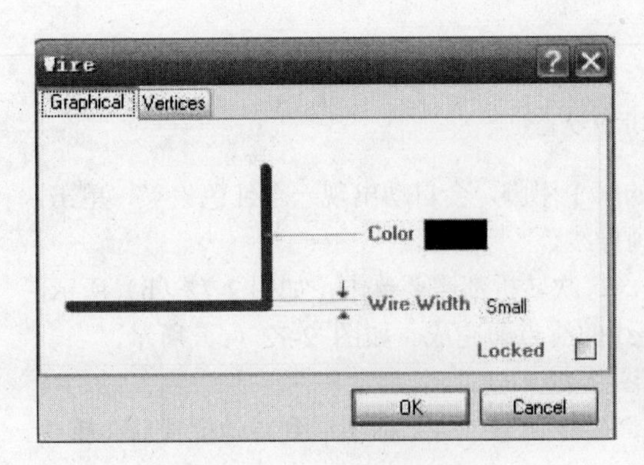

图 2-74　导线属性对话框

（6）如果对某条导线的样式不满意，如导线宽度、颜色等，设计者可以双击该条导线，此时将出现 Wire 对话框，如图 2-74 所示。设计者可以在此对话框中重新设置导线的线宽和颜色等。

2.5.2　电气节点的放置

电气节点的作用是确定两条交叉的导线是否有电气连接。对电路原理图两条相交的导线，如果没有节点存在，则认为该两条导线在电气上是不相通的，如图 2-75 所示；如果存在节点，则表明二者在电气上是相互连接的，如图 2-76 所示。

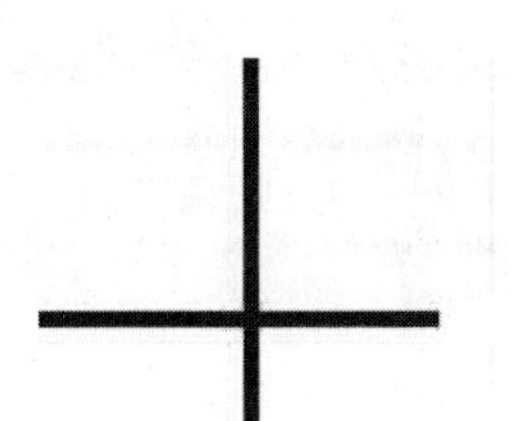

图 2-75 不相通交叉导线

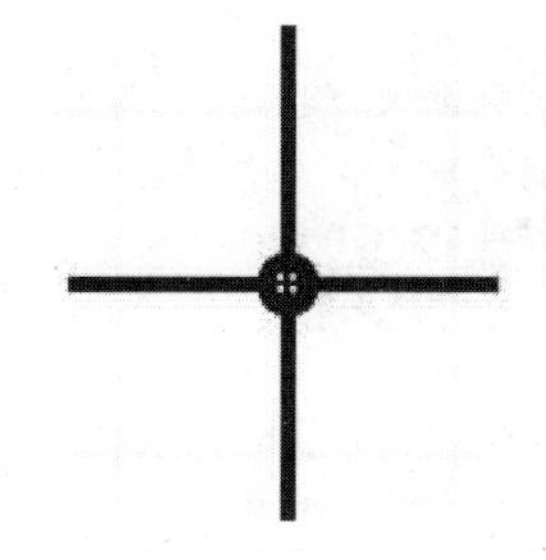

图 2-76 相通交叉导线

放置电路节点的操作步骤如下：

（1）执行绘制线路节点的菜单命令 Place→Manual Junction。

（2）此时，带着节点的“十”字光标出现在工作平面内。用鼠标将节点移动到两条导线的交叉处并单击，即可将线路节点放置到指定的位置，如图 2-76 所示。

（3）放置节点的工作完成之后，右击或按 Esc 键，可以退出“放置节点”命令状态，回到闲置状态。

如果设计者对节点的大小等属性不满意，可以在放置节点前按 Tab 键或放置节点后双击之，打开如图 2-77 所示的 Junction 对话框。Junction 对话框包括以下选项：

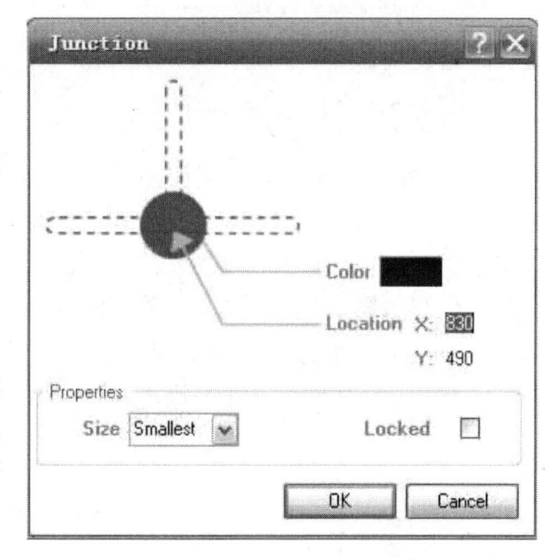

图 2-77 Junction 对话框

1）Location *X*、*Y*：节点中心点的 *X* 轴、*Y* 轴坐标，一般不用设置，随着节点移动而变。

2）Size：选择节点的显示尺寸，设计者可以分别选择节点的尺寸为 Large（大）、Medium（中）、Small（小）和 Smallest（最小）。

3）Color：选择节点的显示颜色。

4）Locked：设置是否锁定显示位置。当没有选中该复选框时，如果原先的连线被移动以至于无法形成有效的节点时，本节点将自动消失；当选中该复选框时，无论如何移动连线，节点都将维持在原先的位置上。

2.5.3 电源/接地元件放置

电源和接地元件可以使用 Utilities 工具栏的 Power Sourse 工具上对应的命令来选取，如图 2-78 所示。电源元件还可以通过执行菜单命令 Place→Power Port 或原理图绘制工具栏上的按钮 VCC 来调用。

（1）根据需要可单击该工具栏中的某一电源按钮，这时光标变为“十”字状，并拖着该按钮的图形符号，移动鼠标到图纸上合适的位置处单击，即可放置这一元件。

（2）在放置过程中和放置后设计者都可以对其进行编辑。在放置电源元件的过程中，按 Tab 键，将会出现如图 2-79 所示的 Power Port 对话框。对于已放置了的电源元件，在该元件上双击，或在该元件上单击右键弹出快捷菜单，使用快捷菜单的 Properties 命令，也可以调出 Power Port 对话框。

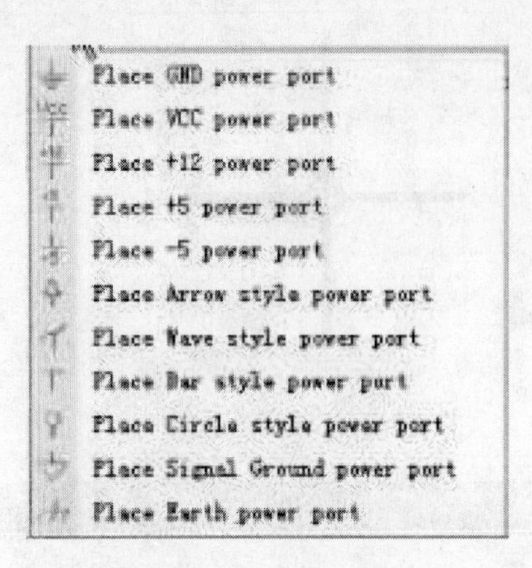

图 2-78 Power Sourse 工具

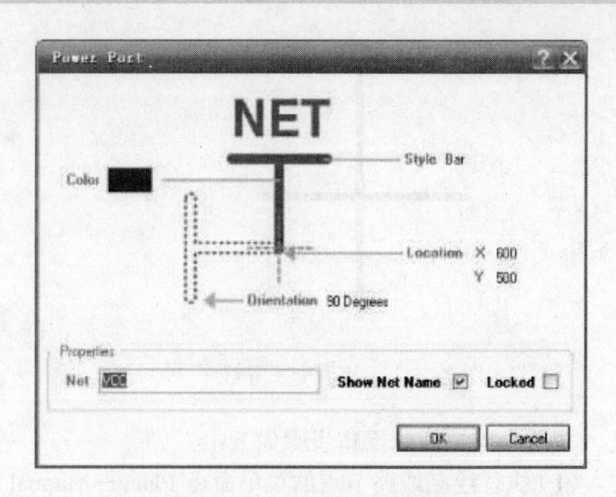

图 2-79 Power Port 对话框

（3）在对话框中可以编辑电源属性，在 Net 编辑框可修改电源符号的网络名称；单击 Color 的颜色框，可以选择显示元件的颜色；单击 Orientation 选项后面的字符，会弹出一个选择旋转角度的对话框，如图 2-80 所示，设计者可以选择旋转角度；单击 Style 选项后面的字符，会弹出一个选择符号样式的对话框，如图 2-81 所示，设计者可以选择符号样式；确定放置元件的位置可以修改 Location 的 X、Y 的坐标数值。

（4）放置电源符号并进行连线，如图 2-82 所示。

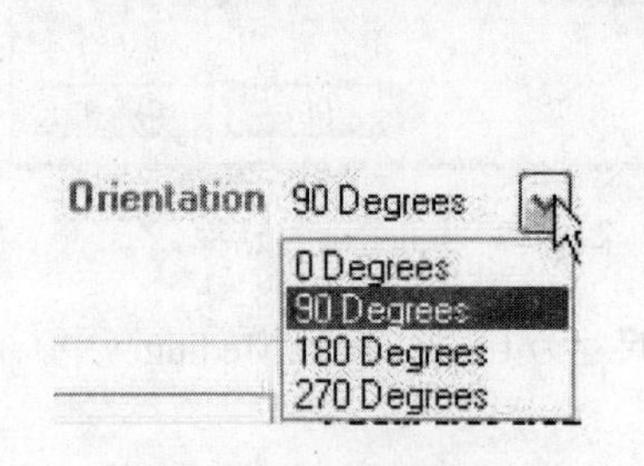

图 2-80 选择旋转角度

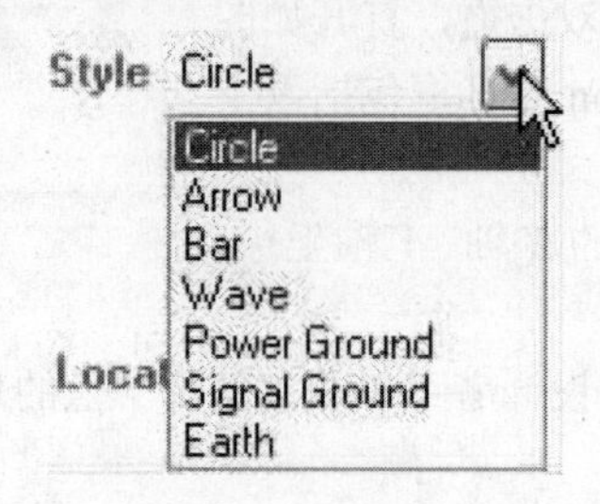

图 2-81 选择符号样式

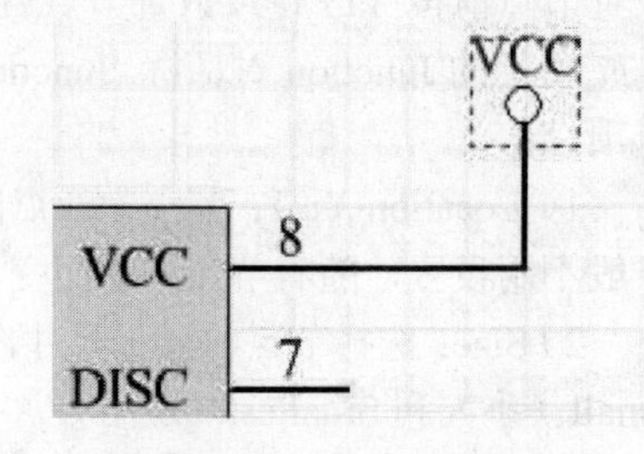

图 2-82 放置电源符号

2.5.4 网络标号的放置

在原理图上，网络标号将被应用在元件引脚、导线、电源/接地符号等具有电气特性的对象上，用于说明被应用对象所在的网络。

网络标号是实际电气连接导线的序号，它可代替有形导线，可使原理图变得整洁美观。具有相同的网络标号的导线，不管图上是否连接在一起，都被看作同一条导线。因此它多用于层次式电路或多重式电路的各个模块电路之间的连接，这个功能在绘制印制电路板的布线时十分重要。

对单页式、层次式或是多重式电路，设计者都可以使用网络标号来定义某些网络，使它们具有电气连接关系。

设置网络标号的具体步骤如下：

（1）执行菜单命令 Place→Net Label，或单击 Wiring 工具栏中的 Net1 按钮。

（2）此时，光标将变成“十”字状，并且将随着虚线框在工作区内移动，如图 2-83 所示，此框的长度是按最近一次使用的字符串的长度确定的。接着按 Tab 键，工作区内将出现如图 2-84 所示的 Net Label 对话框。

Net Label 属性对话框选项功能如下：

1）Color：用来设置网络名称的颜色。

2）Location X 和 Y：设置项设置网络名称所放位置的 X 坐标值和 Y 坐标值。

3）Orientation：设置项设置网络名称放置的方向。将鼠标放置在角度位置，则会显示一个下拉按钮，单击下拉按钮即可打开下拉列表，其中包括四个选项 0 Degrees、90 Degrees、180 Degrees 和 270 Degrees。

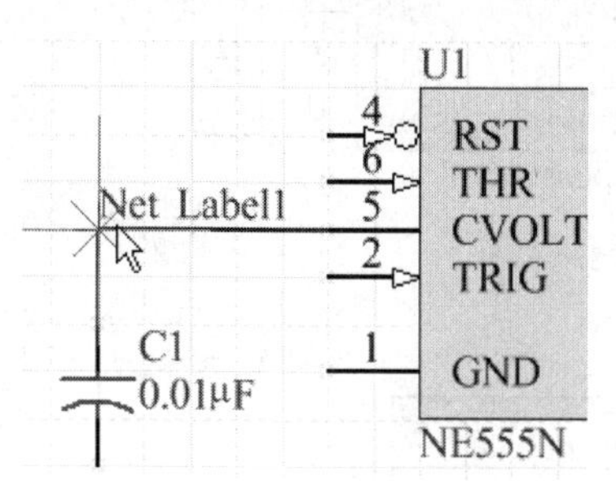

图 2-83 放置网络标号

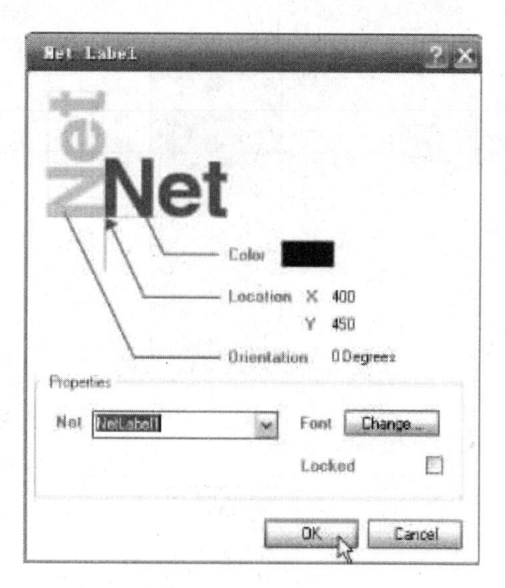

图 2-84 Net Label 对话框

4）Net 编辑框：设置网络名称，也可以单击其右边下拉按钮选择一个网络名称。

5）Font：设置项设置所要放置文字的字体，单击 Change 按钮，会出现“字体”对话框。

（3）设定结束后，单击 OK 按钮加以确认。将虚线框移到所需标注的引脚或连线的上方，单击，即可将设置的网络标号粘贴上去，如图 2-85 所示。

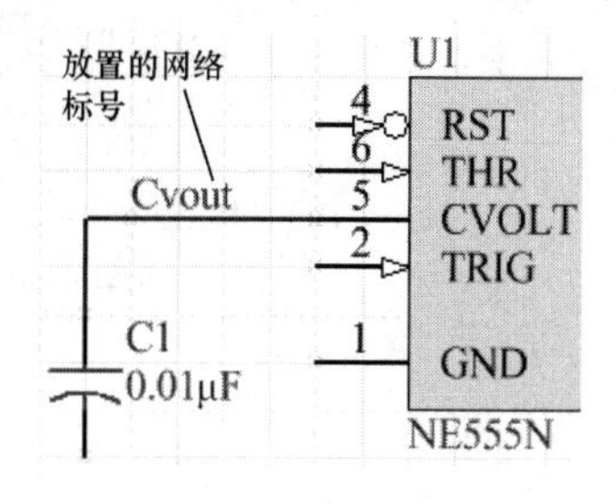

图 2-85 网络标号示例

（4）设置完成后，单击鼠标右键或按 Esc 键，即可退出设置网络标号命令状态，回到待命状态。

注意

网络标号要放置在元器件引脚引出的导线上，不要直接放置在元器件引脚上。

2.5.5 总线与总线分支的绘制

设计者在绘制电路原理图的过程中，为提高原理图的可读性，可采用总线连接，这样可以减少连接线的工作量，同时也可使原理图更加美观。

总线就是用一条线来代表数条并行的导线。设计电路原理图的过程中，合理的设置总线可以缩短绘制原理图的过程，简化原理图的画面，使图样简洁明了。

1. 绘制总线

绘制总线之前需要对元件引脚进行网络标号标注，标明电气连接，如图 2-86 所示。下面将介绍绘制总线的步骤：

（1）执行绘制总线的菜单命令 Place→Bus，或单击 Wiring 工具栏中的按钮。

（2）此时，光标将变成“十”字状，系统进入“画总线”命令状态。与画导线的方法类似，将光标移到合适位置并单击，确定总线的起点，然后开始画总线，如图 2-87 所示。

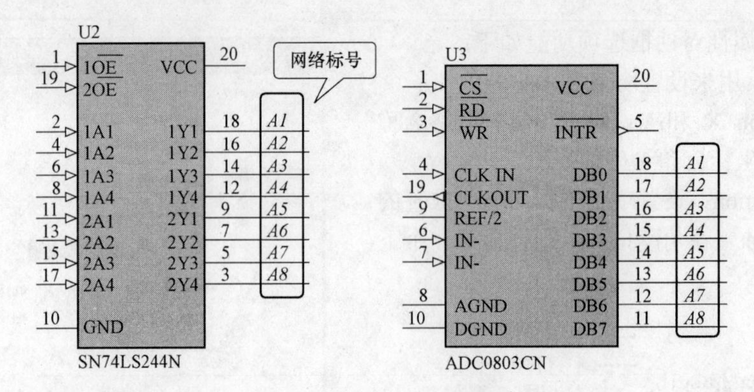

图 2-86　绘制总线前的网络标号

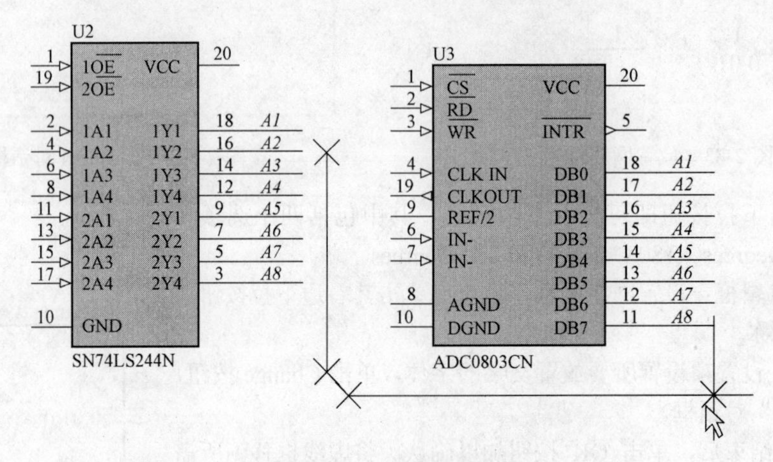

图 2-87　总线绘制中

（3）移动光标拖动总线线头，在转折位置单击确定总线转折点的位置，每转折一次都需要单击一次。当导线的末端到达目标点，再次单击确定导线的终点。

（4）右击，或按 Esc 键，结束这条导线的绘制过程，如图 2-88 所示。

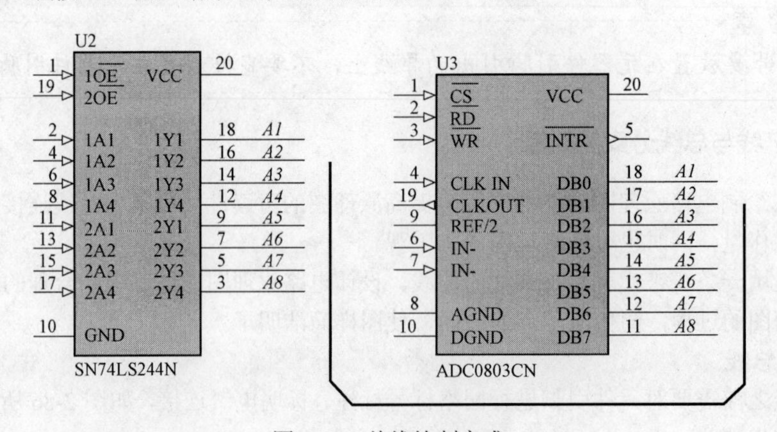

图 2-88　总线绘制完成

（5）画完一条总线后，系统仍然处于“画总线”命令状态。此时右击或按 Esc 键，退出画总线命令状态。

(6)如果对某条总线的样式不满意，如总线宽度、颜色等，设计者可以双击该条总线，此时将出现 Bus 对话框，如图 2-89 所示。设计者可以在此对话框中重新设置总线的线宽和颜色等。

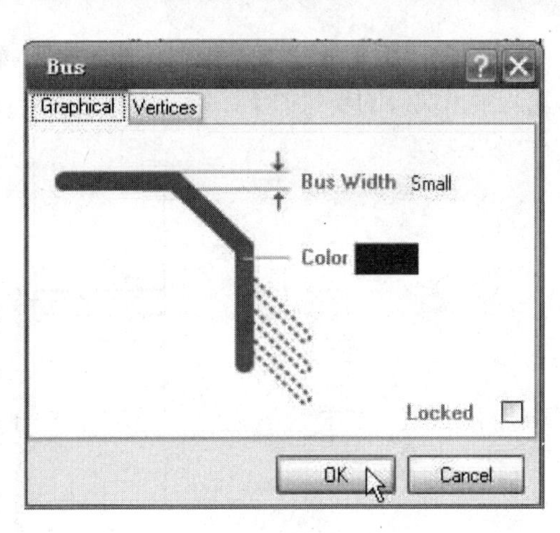

图 2-89 Bus 属性对话框

2. 绘制总线分支

总线分支是单一导线进出总线的端点。导线与总线连接时必须使用总线分支，总线和总线分支没有任何电气连接意义，只是让电路图看上去更有专业水平，因此电气连接功能要由网络标号来完成。绘制总线分支的步骤如下：

(1) 执行主菜单命令 Place→Bus Entry，或单击绘图工具栏中的总线分支图标。

(2) 执行绘制总线分支命令后，光标变成“十”字形，并有分支线“/”悬浮在光标上。如果需要改变分支线的方向，仅需要按“空格”键就可以了。

(3) 移动光标到所要放置总线分支的位置，光标上出现两个红色的十字叉，单击即可完成第一个总线分支的放置。依次可以放置所有的总线分支。

(4) 绘制完所有的总线分支后，右击或按 Esc 键退出绘制总线分支状态。光标由“十”字形变成箭头。

在绘制总线分支状态下，按 Tab 键，将弹出 Bus Entry（总线分支）属性对话框，或者在退出绘制总线分支状态后，双击总线分支同样弹出总线分支对话框，如图 2-90 所示。

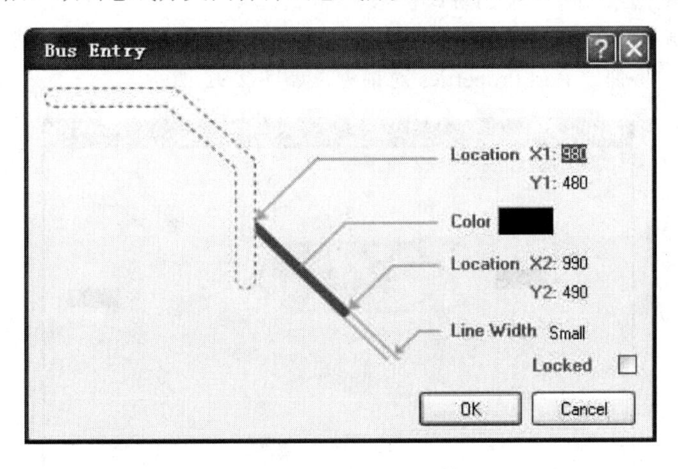

图 2-90 Bus Entry 对话框

在总线分支属性对话框中可以设置颜色和线宽，Location（位置）一般不需要设置，采用默认设置即可。

总线分支放置后，即可完成总线的绘制，放置好分支的总线如图 2-91 所示。

2.5.6 I/O 端口绘制

在设计电路原理图时，一个网络与另一个网络的电气连接有三种形式：可以通过实际导线连接；可以通过相同的网络名称实现两个网络之间的电气连接；相同网络名称的输入输出端口（I/O

端口)，也认为在电气意义上是连接的，输入输出端口是层次原理图设计中不可缺少的组件。绘制输入输出端口的步骤如下：

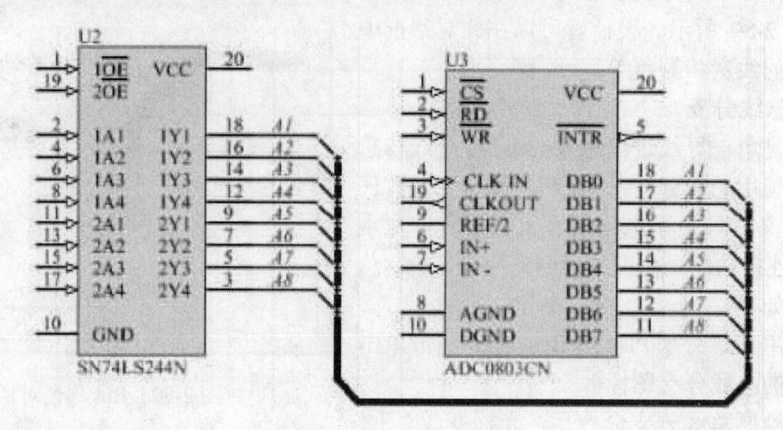

图 2-91　放置分支的总线

（1）执行主菜单命令 Place→Port，或单击画电路图工具栏 按钮。

（2）启动制作输入输出端口命令后，光标变成“十”字形，同时一个输入输出端口图标悬浮在光标上。

（3）移动光标到原理图的合适位置，在光标与导线相交处会出现红色的“×”，表明实现了电气连接。单击即可定位输入输出端口的一端，移动鼠标使输入输出端口大小合适，单击即完成一个输入输出端口的放置。

（4）右击鼠标退出绘制输入输出端口状态。

在放置输入输出端口状态下，按 Tab 键，或者在退出放置输入输出端口状态后，双击放置的输入输出端口符号，将弹出 Port Properties 对话框，如图 2-92 所示。

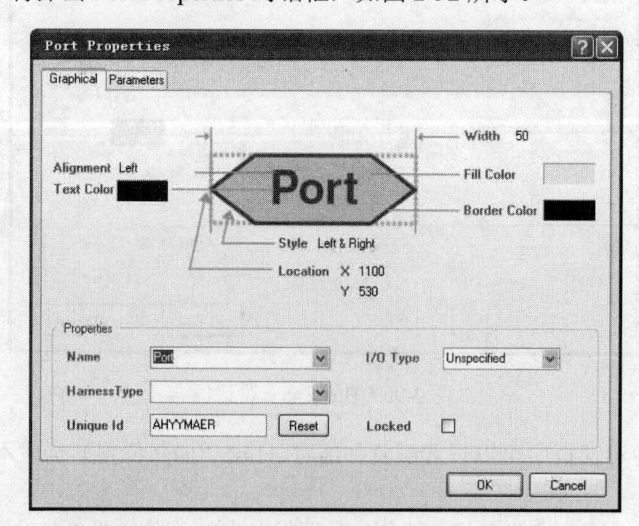

图 2-92　Port Properties 属性设置对话框

输入输出端口属性对话框主要包括如下属性设置：

1）Alignment：用于设置输入输出端口名称在端口符号中的位置，可以设置 Left、Right 和 Center 三种。

2）Text Color：用于设置端口文字的颜色。

3）Style：用于设置端口的外形，读者可以依次选择下拉菜单，可以改变端口的外形，默认的设置是 Left&Right。

4）Location：用于定位端口的水平坐标和垂直坐标。

5）Length：用于设置端口的长度。

6）Fill Color：用于设置端口内的填充色。

7）Border Color：用于设置端口边框的颜色。

8）Name 下拉列表：用于定义端口的名称，具有相同名称的 I/O 端口在电气意义上是连接在一起的。

9）I/O Type 下拉列表：用于设置端口的电气特性。端口的类型设置有未确定类型（Unspecified）、输出端口类型（Output）、输入端口类型（Input）、双向端口类型（Bidirectional）四种。

放置的输出端口如图 2-93 所示。

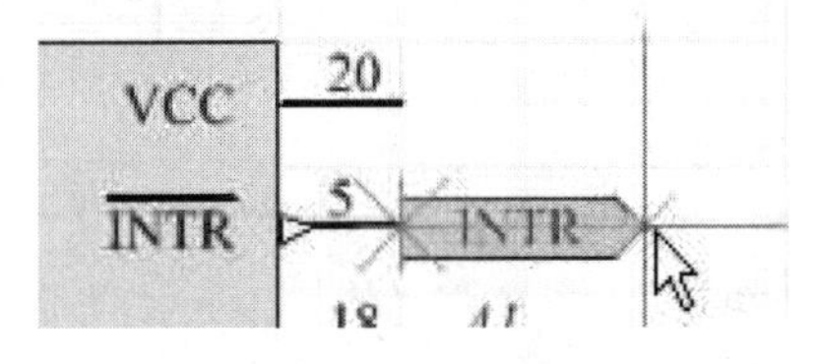

图 2-93 输出端口

2.5.7 忽略 ERC 测试点放置

放置忽略 ERC 测试点的主要目的是让系统在进行电气规则检查（ERC）时，忽略对某些节点的检查。例如：系统默认输入型引脚必须连接，但实际上某些输入型引脚不连接也是常事，如果不放置忽略 ERC 测试点，那么系统在编译时就会生成错误信息，并在引脚上放置错误标记。放置忽略 ERC 测试点的步骤：

（1）执行主菜单命令 Place→Directives→NO ERC，或单击绘制电路图工具栏中的按钮。

（2）启动放置忽略 ERC 测试点命令后，光标变成“十”字形，并且在光标上悬浮一个红叉，将光标移动到需要放置 No ERC 的节点上单击，完成一个忽略 ERC 测试点的放置。右击鼠标退出放置忽略 ERC 测试点状态。

（3）在放置 No ERC 状态下按 Tab 键，弹出 No ERC 属性设置对话框，如图 2-94 所示。对话框主要设置 No ERC 的颜色和坐标位置，采用默认设置即可。放置一个 No ERC 测试点，如图 2-95 所示。

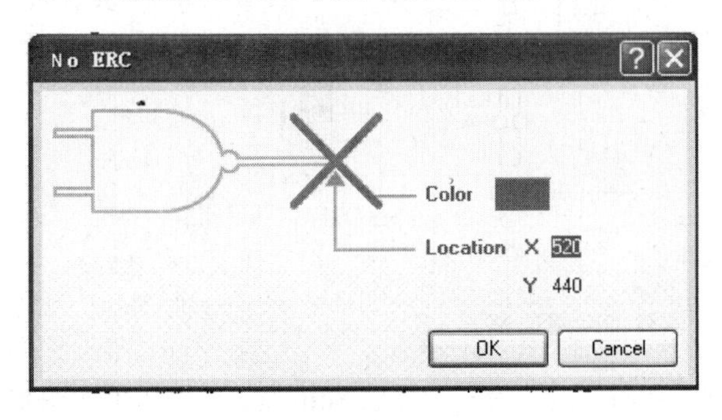

图 2-94 No ERC 属性设置对话框

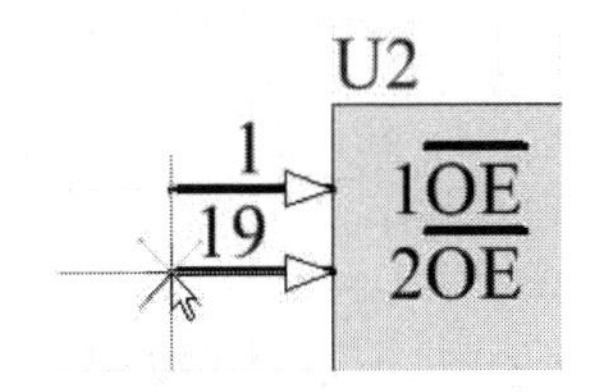

图 2-95 No ERC 测试点

2.6 原理图对象编辑

2.6.1 对象的选取

1．最简单、最常用的对象选取方法

方法 1：在原理图图纸的合适位置按住鼠标左键不放，光标变成“十”字形，移动鼠标到合

适位置，直接在原理图图纸上拖出一个矩形框，如图 2-96 所示，框内的组件（包括导线等）就全部被选中，在拖动过程中，千万不可将鼠标松开。在原理图上判断组件是否被选取的标准是被选取的组件周围有绿色的边框，如图 2-97 所示。

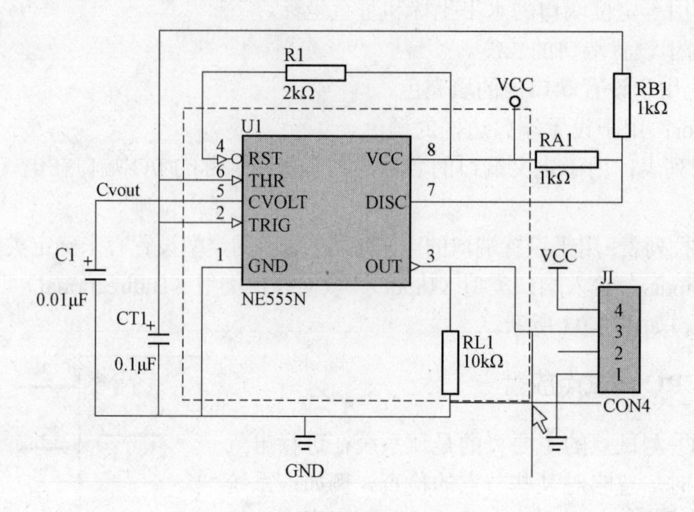

图 2-96　左键拖动圈选

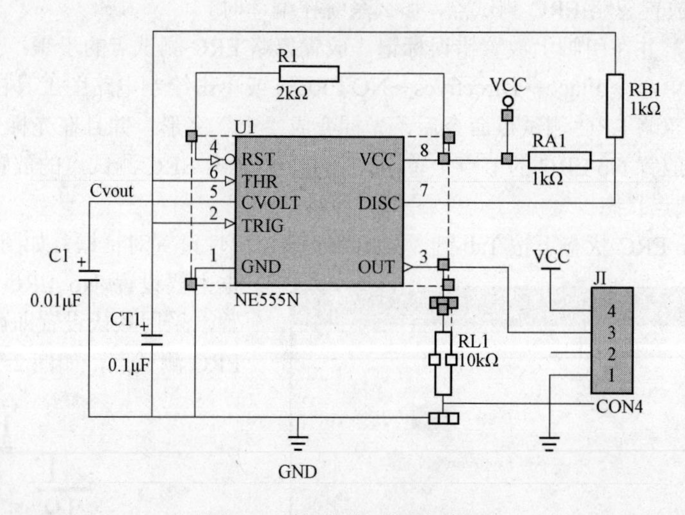

图 2-97　组件拖动圈选结果

方法 2：按住 Shift 键不放，单击想选取的组件，选取完毕，释放 Shift 键，选取结果如图 2-98 所示。

2．主工具栏中的选取工具

在主工具栏中涉及组件的选取分别为区域选取工具、移动被选取组件工具和取消选取工具，如图 2-99 所示。一般默认设置时主工具栏为显示。

(1) 区域选取工具 ：其功能是选中区域里的组件。单击区域选取工具图标后，光标变成“十”字形，在图纸的合适位置单击，确认区域的起点，移动光标到合适位置单击鼠标形成矩形框。与拖动鼠标法唯一不同的是不需要一直按住鼠标不放。

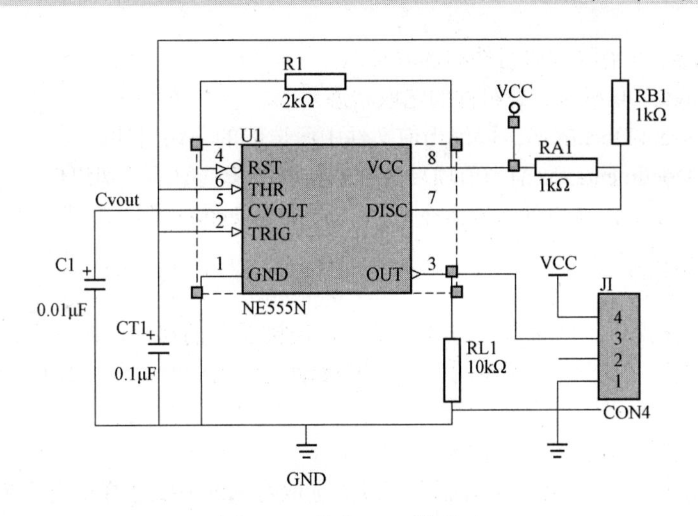

图 2-98　按住 Shift 键单击

（2）移动被选取组件工具：其功能是移动图纸上被选取的组件。单击移动被选取组件工具图标后，光标变成“十”字形，单击被选中的区域，图纸上被移动区域的所有组件都随光标一起移动。

（3）取消选取工具：其功能是取消图纸上被选取的组件。单击取消选取工具图标，图纸上所有全部被选取的组件取消被选取状态，组件周围的绿色边框消失。

图 2-99　主工具栏选取工具

3．菜单的选取命令

执行主菜单命令 Edit→Select，出现的选取命令如图 2-100 所示，其各项分别介绍如下。

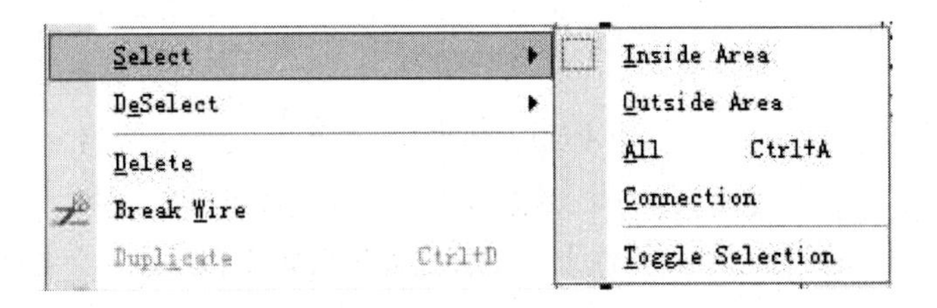

图 2-100　菜单中的组件选取命令

（1）Inside Area：与主工具栏里的区域选取命令功能相同。

（2）Outside Area：选取区域外的组件，功能与区域选取命令功能相反。执行 Outside Area 命令后，光标变成“十”字形，移动光标在原理图上形成一个矩形框，则框外的组件被选中。

（3）All：选取当前打开的原理图的所有组件。

（4）Connection：选定某导线，则原理图上所有与该导线相连的导线都被选中。具体方法是执行 Connection 命令后，光标变成“十”字形，在某个导线上单击，则与该导线相连的导线被选中，选中的导线周围有绿色的边框。

（5）Toggle Selection：执行命令 Toggle Selection 后，光标变成“十”字形，在某个组件上单击鼠标左键，如果组件已处于选取状态，则组件的选取状态被取消，如果组件没被选取，则执行该命令后组件被选取。

4．菜单中的取消组件命令

执行主菜单命令 Edit→DeSelect，弹出以下 5 个选项：

（1）Inside Area：取消区域内组件的选取状态。

（2）Outside Area：取消区域外组件的选取状态。

（3）All On Current Document：取消当前文件中所选取的一切组件。

（4）All Open Document：取消当前项目打开的文档中所选取的一切组件。

（5）Toggle Selection：与组件选取命令中的 Toggle Selection 命令功能相同。

2.6.2 对象的移动

Altium Designer 提供了两种移动方式：①不带连接关系的移动，即移动元件时，元件之间的连接导线就断开了。②带连接关系的移动，即移动元件的同时，与元件相关的连接导线也一起移动。

1．对象的移动

（1）通过鼠标拖曳实现。首先用前面介绍过的选取对象的方法选择单个或多个元件，然后把光标指向已选中的一个元件上，按住鼠标左键不动，并拖曳至理想位置后松开鼠标，即可完成移动元件操作。

（2）使用菜单命令实现。执行菜单 Edit→Move，出现的移动命令如图 2-101 所示，可对元件进行多种移动，分述如下。

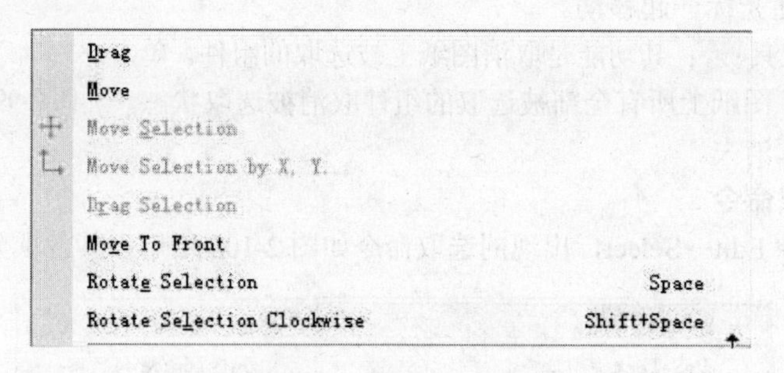

图 2-101 移动菜单命令

1）Drag：当元件连接有线路时，执行该命令后，光标变成“十”字形。在需要拖动的元件上单击，元件就会跟着光标一起移动，元件上的所有连线也会跟着移动，不会断线，执行该命令前，不需要选取元件。

2）Move：用于移动元件。但该命令只移动元件，不移动连接导线。

3）Move Selection：与 Move 命令相似，只是它们移动的是已选定的元件。另外，这个命令适用于多个元件一起同时移动的情况。

4）Drag Selection：与 Drag 命令相似，只是它们移动的是已选定的元件。另外，这个命令适用于多个元件一起同时移动的情况。

5）Move To Front：这个命令是平移和层移的混合命令。它的功能是移动元件，并且将它放在重叠元件的最上层，操作方法同 Drag 命令。

6）Bring To Front：将元件移动到重叠元件的最上层。执行该命令后，光标变成“十”字形，单击需要层移的元件，该元件立即被移到重叠元件的最上层。单击鼠标右键，结束层移状态。

7）Send To Back：将元件移动到重叠元件的最下层。执行该命令后，光标变成“十”字形，单击要层移的元件，该元件立即被移到重叠元件的最下层。右击，结束该命令。

8）Bring To Front Of：将元件移动到某元件的上层。执行该命令后，光标变成“十”字形。

单击要层移的元件，该元件暂时消失，光标还是“十”字形，选择参考元件，单击鼠标左键，原先暂时消失的元件重新出现，并且被置于参考元件的上面。

9）Send To Back Of：将元件移动到某元件的下层，操作方法同 Bring To Front Of 命令。

2．元件的旋转

元件的旋转实际上就是改变元件的放置方向。Altium Designer 提供了很方便的旋转操作，操作方法如下：

（1）首先在元件所在位置单击以选中元件，并按住鼠标左键不放。

（2）按 Space 键，就可以让元件以 90°旋转，这样就可以实现图形元件的旋转。设计者还可以使用快捷菜单命令 Properties 来实现。让光标指向需要旋转的元件，右击，从弹出的快捷菜单中选择 Properties 命令，然后系统弹出 Component Properties 对话框，在如图 2-102 所示的 Graphical 选项框中，可以对 Orientation 选择框设定旋转角度。

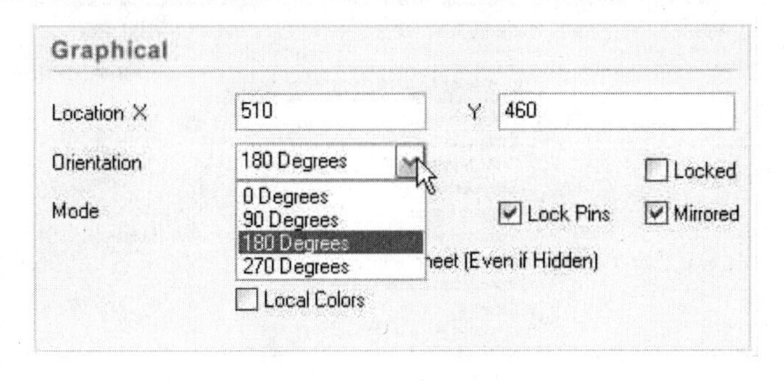

图 2-102 Graphical 选项框

2.6.3 对象的复制、剪切、粘贴和删除

Altium Designer 提供的复制、剪切、粘贴和删除功能与 Windows 中的相应操作十分相似，所以比较容易掌握。下面就这 4 项功能做简要介绍。

（1）“复制”。选中目标对象后，执行菜单命令 Edit→Copy，将会把选中的对象复制到剪切板中。该命令等价于工具栏快捷工具的功能。

（2）“剪切”。选中目标对象后，执行菜单命令 Edit→Cut，将会把选中的对象移入剪切板中。该命令等价于工具栏快捷工具的功能。

（3）“粘贴”。执行菜单命令 Edit→Copy，把光标移到图纸中，可以看见粘贴对象呈浮动状态随光标一起移动，然后在图纸中的适当位置单击，就可把剪切板中的内容粘贴到原理图中。该命令等价于工具栏快捷工具的功能。

（4）“删除”。对象的删除方法如下：

方法 1：对象的删除可以通过按 Delect 键实现。首先选取要删除的对象，按 Delect 键就可以删除选取的对象。

方法 2：在 Edit 菜单命令中有两个删除命令，即 Delect 和 Clear 命令。

方法 3：Delect 命令的功能是删除对象，执行菜单命令后，光标变成“十”字形，将光标移动到所要删除的对象上单击即可删除对象。

方法 4：Clear 命令的功能是删除已选取的对象。执行 Clear 命令之前不需要选取要删除的对象。执行 Clear 命令后，选取的对象立即被删除。

2.6.4 元件的阵列粘贴

原理图绘制中，多个相同的元件或多个具有相同功能的电路，它们具有相同的属性设置，此时，若逐个放置和设置它们的属性，工作量太大，为提高绘图效率，Altium Designer 提供了阵列粘贴的功能。下面以绘制多个电阻介绍阵列粘贴的具体操作步骤。

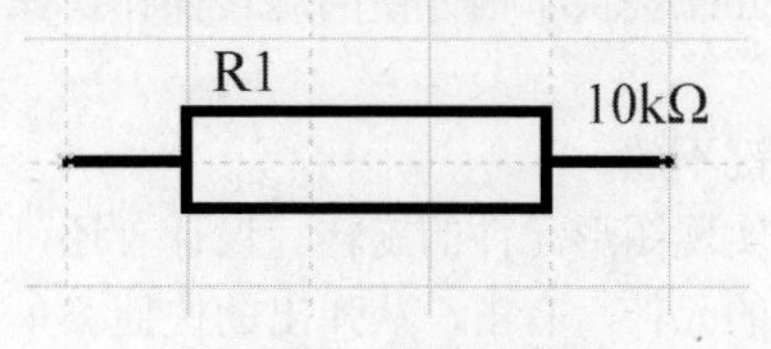

图 2-103　预粘贴电阻

（1）复制或剪切某个对象，这里为电阻 R1，如图 2-103 所示。

（2）执行菜单命令 Edit→Smart Paste，将弹出阵列粘贴对话框，如图 2-104 所示。

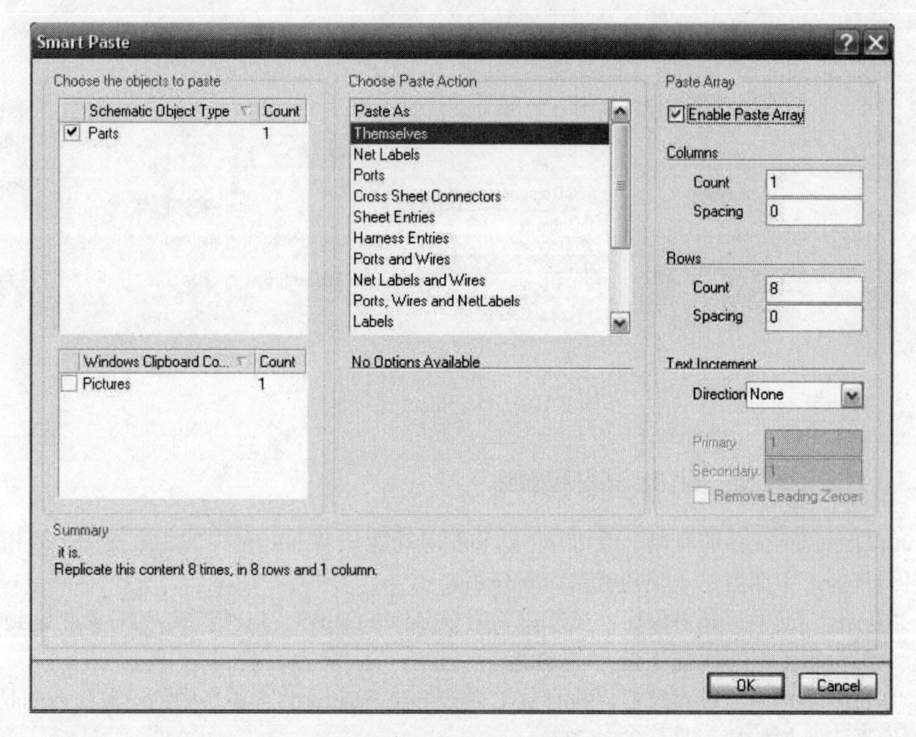

图 2-104　Smart Paste 对话框

（3）阵列粘贴对话框的设置，如图 2-105 所示。

1）Columns：用于设置列信息，Count 设置需要粘贴对象的列数；Spacing 设置需要粘贴对象的列间隔。

2）Rows：用于设置行信息，Count 设置需要粘贴对象的行数；Spacing 设置需要粘贴对象的行间隔。

3）Text Increment：用于设置阵列粘贴文本增量，如图 2-106 所示，可以选择序号增量方向，None 无序号增量，Vertical First 垂直方向序号自增优先，Horizontal First 水平方向序号自增优先。

（4）如果按照如图 2-105 设置，则重复放置的组件，序号依次为 R1、R2、R3、R4，如图 2-107 所示。

（5）如果按照如图 2-108 设置，则重复放置的组件，序号均为 R1，如图 2-109 所示。

（6）如果按照如图 2-110 设置，则重复放置的组件两列四行，序号依次按垂直方向优先，如

图 2-111 所示。

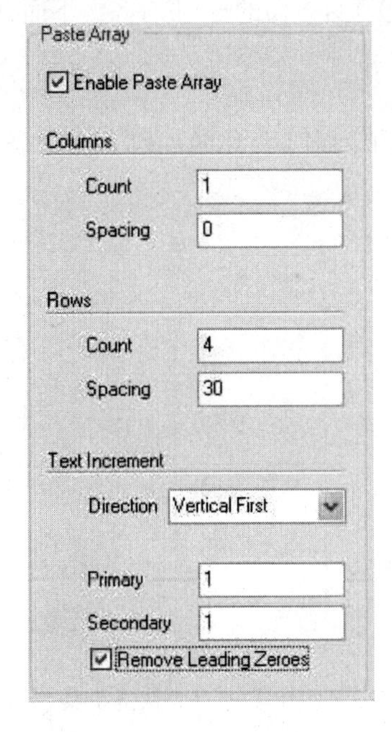

图 2-105　Paste Array 选项框 1

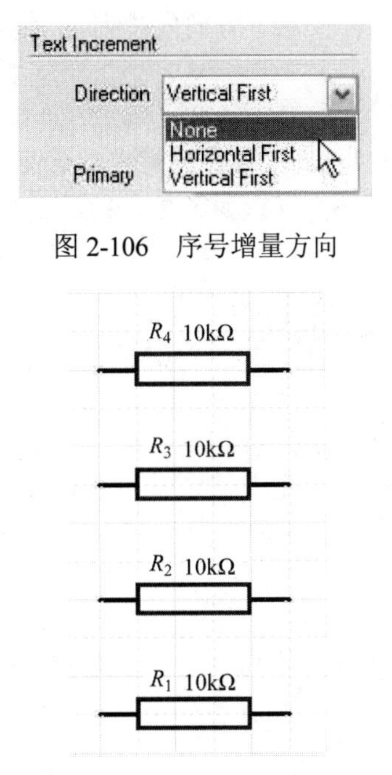

图 2-106　序号增量方向

图 2-107　电阻阵列粘贴 1

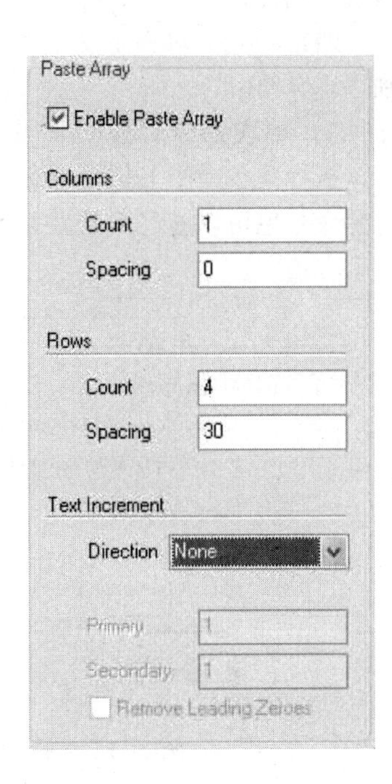

图 2-108　Paste Array 选项框 2

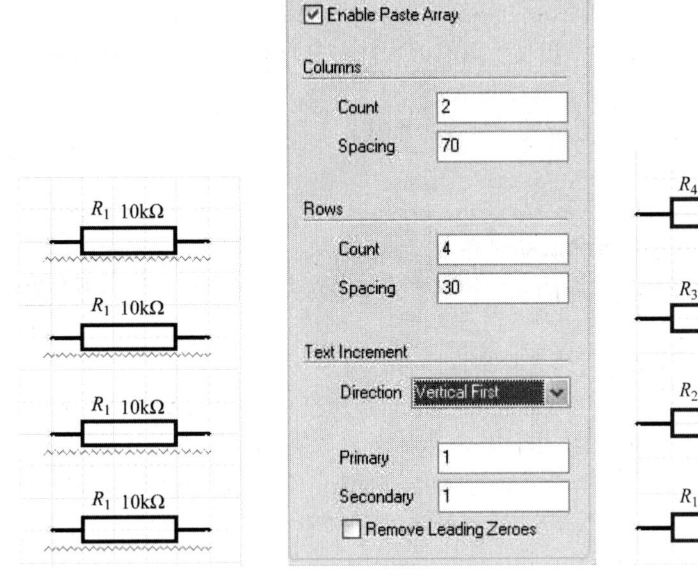

图 2-109　电阻阵列粘贴 2　图 2-110　Paste Array 选项框 3

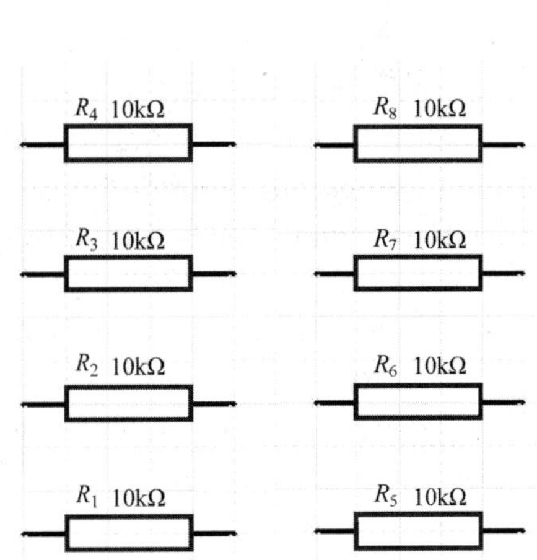

图 2-111　电阻阵列粘贴 3

2.6.5　元件的对齐

元件的对齐对于原理图的美观、元件的布局及导线连接均有帮助。因此，在绘制原理图时，设计者往往遇到需要重新排列元件的情况，如果是手动操作，则既费时又不准确，而系统提供的精确排列元件命令恰好可以帮助设计者解决这个问题。

通常遇到的对齐主要分为两类：①水平方向的排列/对齐；②垂直方向的排列/对齐。下面分别进行介绍。

1．单次命令对齐

执行菜单命令 Edit→Align，可以打开元件排列对齐对话框，其中列出了具体的排列/对齐命令，这些命令也可以通过工具栏工具 打开，如图 2-113 所示。

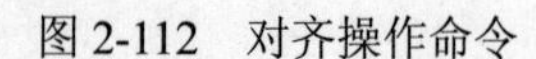

图 2-112　对齐操作命令

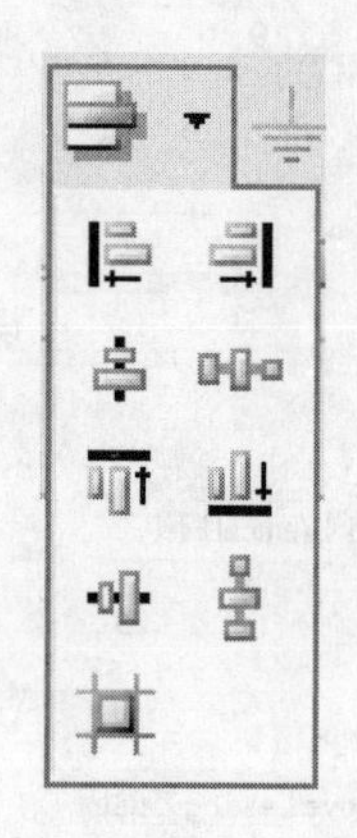

图 2-113　元件排列/对齐快捷工具

（1）水平方向的排列/对齐命令。

1）Align Left：通过该命令可使所选取的元件向左对齐，参照物是所选最左端的元件。

2）Align Right：通过该命令可使所选取的元件向右对齐，参照物是所选最右端的元件。

3）Align Horizontal Centers：通过该命令可使所选取的元件向中间靠齐，基准线是选最左端和最右端元件的中线。

4）Distribute Horizontally：该命令使所选取的元件水平平铺。

（2）垂直方向的排列/对齐命令。

1）Align Top：该命令使所选取的元件顶端对齐。

2）Align Bottom：该命令使所选取的元件底端对齐。

3）Align Vertical Centers：该命令使所选取的元件按水平中心线对齐。对齐后元件的中心处于同一条直线上。

4）Distribute Vertically：该命令使所选取的元件垂直均布。

此外，还有一项命令 Align To Grid，使用该命令可使所选元件定位到离其最近的网格上。

对齐举例说明，假设元件初始分布如图 2-114 所示，分别执行命令 Align Left、Align Vertical Centers 后的对齐效果，如图 2-115 所示。执行 Align To Grid 命令后，其效果如图 2-116 所示。

2．一次性对齐

上面介绍的这些命令，一次只能进行一种操作。如果要同时进行两种不同的排列/对齐操作，可以执行菜单命令 Edit→Align→Align。执行该命令后，系统将弹出如图 2-117 所示的 Align Objects 对话框。该对话框分为两部分，分别为水平排列选项（Horizontal Alignment）和垂直排列选项（Vertical Alignment）。

（1）水平排列选项：

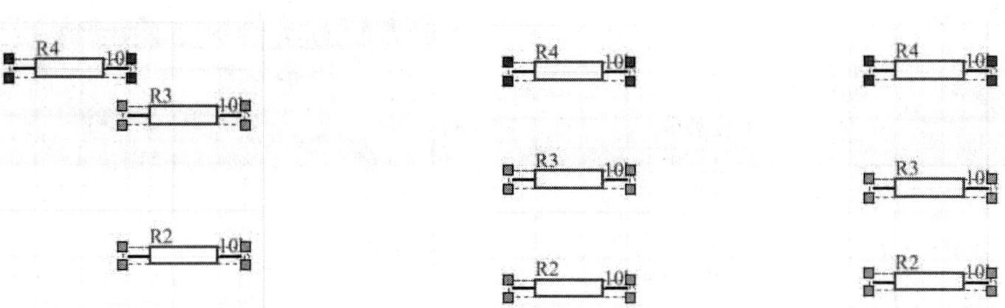

图 2-114 元件初始分布　　图 2-115 元件对齐效果　　图 2-116 捕获到网格

1）No Change：不改变位置。
2）Left：靠左边对齐。
3）Center：靠中间对齐。
4）Right：靠右边对齐。
5）Distribute equally：平均分布。
（2）垂直排列选项：
1）No Change：不改变位置。
2）Top：靠顶端对齐。
3）Center：靠中间对齐。
4）Bottom：靠底端对齐。
5）Distribute equally：平均分布。
其操作方法与执行菜单命令一样，这里不再举例说明。

Align Objects
Options
Horizontal Alignment: No Change / Left / Centre / Right / Distribute equally
Vertical Alignment: No change / Top / Center / Bottom / Distribute equally
Move primitives to grid
OK　Cancel

图 2-117 Align Objects 对话框

2.6.6 对象属性整体编辑

Altium Designer 不仅支持单个对象属性编辑，而且可以对当前文档或所有打开的原理图文档中的多个对象同时实施属性编辑。

1．Find Similar Obiects 对话框

进行整体编辑时，要使用 Find Similar Objects 对话框。下面以电阻元件为例，说明打开 Find Similar Objects 对话框的操作步骤如下：

（1）打开进行整体编辑的原理图，执行菜单命令 Edit→Find Similar Objects，光标变成“十”字形，单击某一对象，打开 Find Similar Objects 对话框；或将光标指向某一对象，单击鼠标右键，将弹出如图 2-118 所示的快捷菜单，然后从菜单中选择执行 Find Similar Objects 命令，即可打开 Find Similar Objects 对话框，如图 2-119 所示。

（2）在对话框中可设置查找相似对象的条件，一旦确定，所有符合条件的对象将以放大的选中模式显现在原理图编辑窗口内。然后可以对所查到的多个对象执行全局编辑。

下面简单介绍对话框中各项的含义。

1）Kind 区域：显示当前对象的类别（是元件、导线还是其他对象），设计者可以单击右边的选择列表，选择所要搜索的对象类别与当前对象的关系，是 Same（相同）、Different（不同），还是 Any（任意）类型。

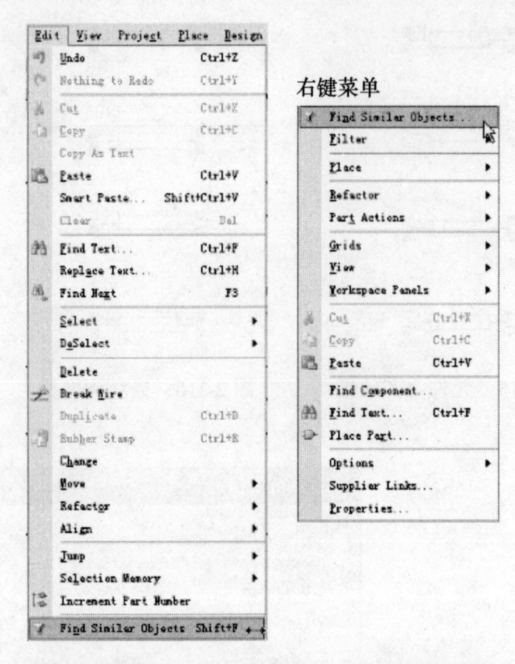

图 2-118 打开 Find Similar Objects 菜单命令

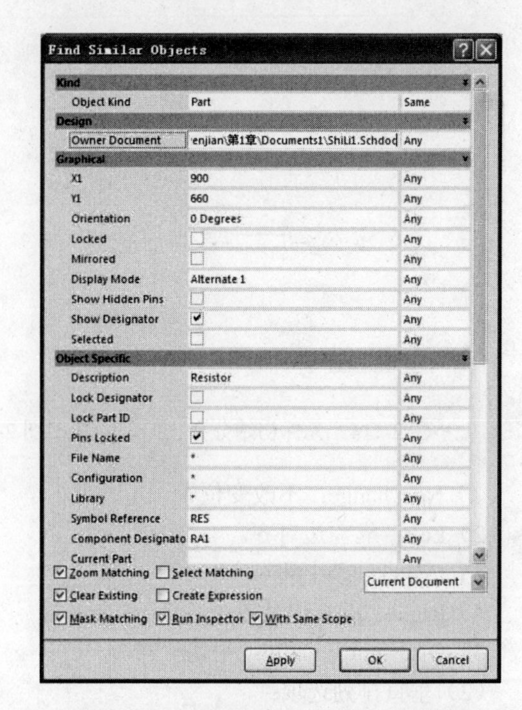

图 2-119 Find Similar Objects 对话框

2）Graphical 区域：在该区域内可设定对象的图形参数，如位置 X1、Y1，是否镜像 Mirrored，角度 Orientation，显示模式 Display Mode，是否显示被隐含的引脚 Show Hidden Pins，是否显示元件标识 Show Designator 等。这些选项都可以当作搜索的条件，可以设定按图形参数 Same、Different，还是 Any 方式来查找对象。

3）Object Specific 区域：在该区域内可设定对象的详细参数，如对象描述 Description，是否锁定元件标识 Lock Designator，是否锁定引脚 Pins Locked，文件名 File Name，元件所在库文件 Library，库文件内的元件名 Library Reference，元件标识 Component Designator，当前组件 Current Part，组件注释 Part Comment，当前封装形式 Current Footprint 及元件类型 Component Type 等。这些参数也可以当作搜索条件，可以设定查找详细参数是 Same、Different，还是 Any 的对象。

4）Zoom Matching 复选项：设定是否将条件相匹配的对象以最大显示模式居中显示在原理图编辑窗口内。

5）Clear Existing 复选项：设定是否清除已存在的过滤条件。系统默认为自动清除。

6）Mask Matching 复选项：设定是否在显示条件相匹配的对象的同时，屏蔽掉其他对象。

7）Select Matching 复选项：设定是否将符合匹配条件的对象选中。

8）Create Expression 复选项：设定是否自动创建一个表达式，以便以后再用。系统默认为不创建。

9）Run Inspector 复选项：设定是否自动打开 Inspector（检查器）对话框。

10）With Same Scope 复选项：默认下次执行相同的设置。

2．执行整体编辑

（1）以任意一个电阻作为参考，执行右键菜单命令 Find similar Objects，打开如图 2-119 所示的 Find Similar Objects 对话框。

（2）将 Current Footprint（当前封装）作为搜索条件，并设定为 Same，以搜索相同封装的元件。勾选 Zoom Matching、Clear Existing、Select Matching、Mask Matching、Run Inspector 复选项，其他选项采用系统默认值。

（3）单击 OK 按钮，原理图编辑窗口内将以最大模式显示出所有符合条件的对象，如图 2-120 所示。同时，系统打开如图 2-121 所示的 SCH Inspector 对话框。

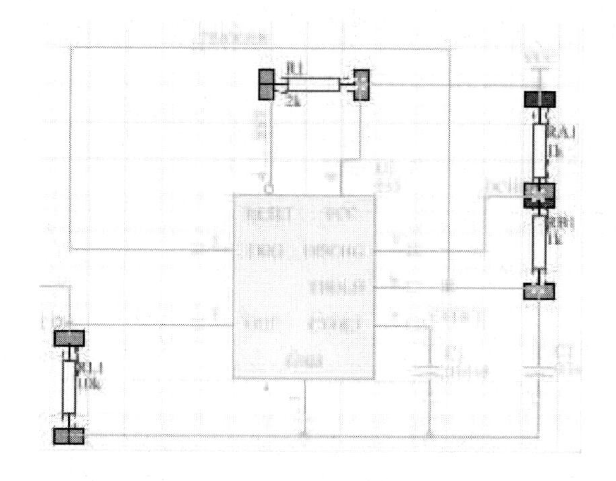

图 2-120 显示符合条件的对象

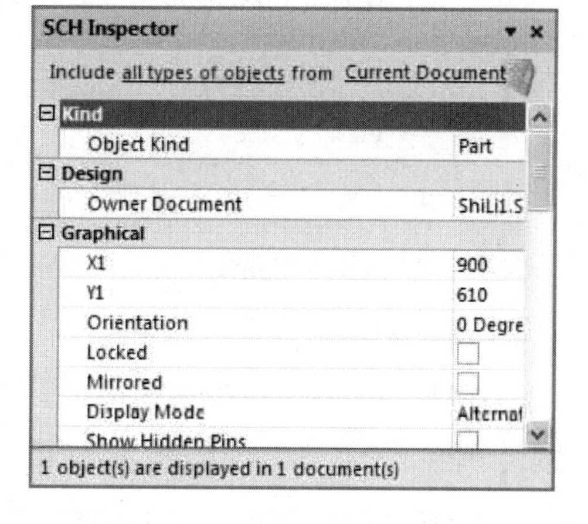

图 2-121 SCH Inspector 对话框

（4）如果未勾选 Run Inspector 复选项，当单击 OK 按钮关闭 Find Similar Objects 对话框以后，可以按 F11 键打开如图 2-121 所示的 SCH Inspector 对话框。当然，也可以直接在原理图上选中多个对象，然后按 F11 键打开 SCH Inspector 对话框。

（5）关闭 SCH Inspector 对话框，单击屏幕右下角的 Clear 按钮，清除所有元件的选中状态。

2.7 原理图绘图工具的使用

2.7.1 绘图工具栏

在 Schematic 中，利用一般绘图工具栏上的各个按钮进行绘图是十分方便的，可以在实用（Utilities）工具栏的绘图子菜单命令中选择，如图 2-122 所示。另外，执行菜单命令 Place→Drawing Tools 也可以找到绘图工具栏上各按钮所对应的命令，如图 2-123 所示。绘图工具栏按钮的功能见表 2-1。

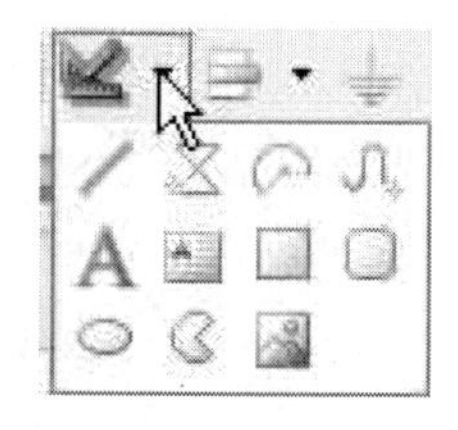

图 2-122 绘图工具栏

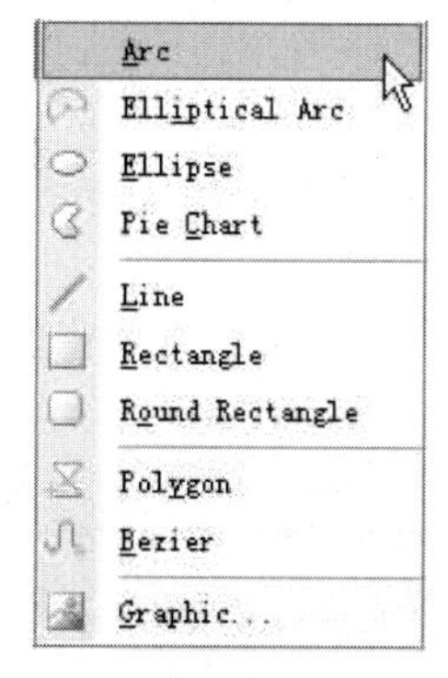

图 2-123 绘图菜单条

表 2-1 绘图工具栏按钮的功能

按钮	功能	按钮	功能
	（Line）绘直线		（Rectangle）绘实心矩形
	（Polygon）绘多边形		（Round Rectangle）绘圆角矩形
	（Elliptical Arc）绘椭圆弧		（Ellipse）绘椭圆
	（Beziers）绘曲线		（Pie Chart）绘圆饼
A	（Text）放置文字		（Graphic）放置图片
	（Text Frame）放置文本框		

2.7.2 绘制直线和曲线

1. 绘制直线

直线（Line）在功能上完全不同于元件间的导线（Wire）。导线具有电气意义，通常用来表现元件间的物理连通性，而直线并不具备任何电气意义。

（1）绘制直线可通过执行菜单命令 Place→Drawing Tools→Lines，或单击工具栏上的╱按钮，将编辑模式切换到画直线模式，此时鼠标指针除了原先的空心箭头之外，还多出了一个“十”字符号。

（2）在绘制直线模式下，将“十”字指针符号移动到直线的起点并单击，然后移动鼠标，屏幕上会出现一条随鼠标指针移动的预拉线。单击鼠标右键一次或按 Esc 键一次，则返回到画直线模式，但没有退出。

（3）如果还处于绘制直线模式下，则可以继续绘制下一条直线，直到双击鼠标右键或按两次 Esc 键退出绘制状态。

（4）在绘制直线的过程中按下 Tab 键，或在已绘制好的直线上双击，即可打开如图 2-124 所示的 PolyLine 对话框，从中可以设置该直线的一些属性，包括 Line Width（线宽，有 Smallest、Small、Medium、Large 等），Line Style（线型，有实线 Solid、虚线 Dashed 和点线 Dotted 等），Color（颜色）。

单击已绘制好的直线，可使其进入选中状态，此时直线的两端会各自出现一个四方形的小点，即控制点，如图 2-125 所示。可以通过拖动控制点来调整这条直线的起点与终点位置。另外，还可以直接拖动直线本身来改变其位置。

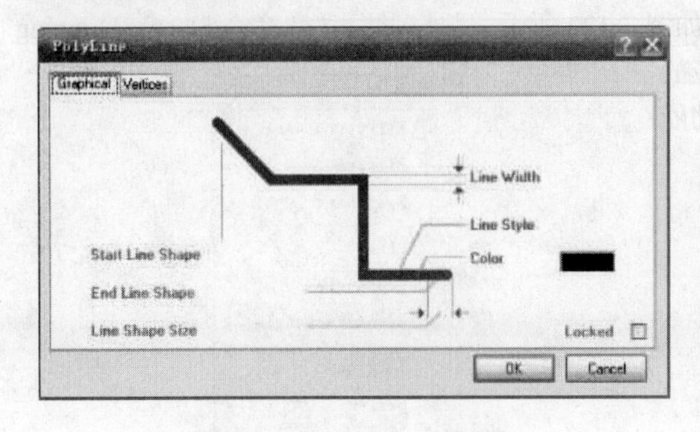

图 2-124 PolyLine 对话框

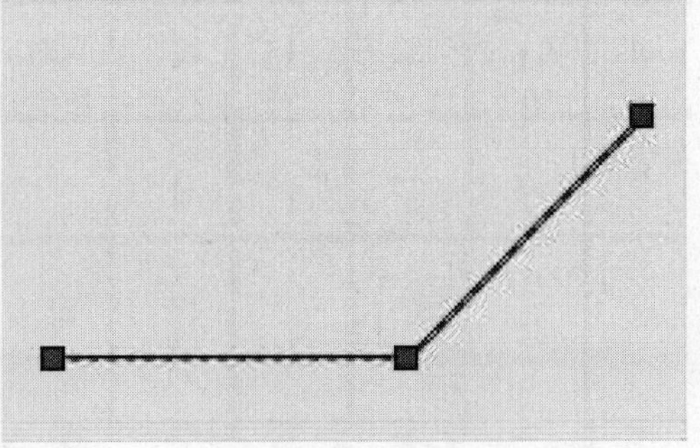

图 2-125 绘制直线

2. 绘制 Bezier 曲线

（1）Bezier 曲线的绘制可以通过执行菜单命令 Place→Drawing Tools→Bezier 或单击绘图工具

栏上的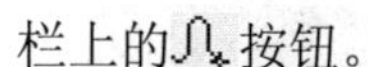按钮。

（2）当激活该命令后，将在指针边上出现一个“十”字符号，此时可以在图纸上绘制曲线，当确定第一点后，系统会要求确定第二点，确定的点数大于或等于 2，就可以生成曲线，当只有两点时，就生成了一条直线。确定了第二点后，可以继续确定第三点，一直可以延续下去，直到用户单击鼠标右键结束。

（3）如果选中 Bezier 曲线，则会显示绘制曲线时生成的控制点，这些控制点其实就是绘制曲线时确定的点，如图 2-126 所示。

（4）在绘制曲线的过程中按 Tab 键，或在已绘制好的曲线上双击，即可打开如图 2-127 所示的 Bezier 对话框，其中 Curve Width 下拉列表用来选择曲线的宽度，Color 编辑框用于选择曲线颜色。

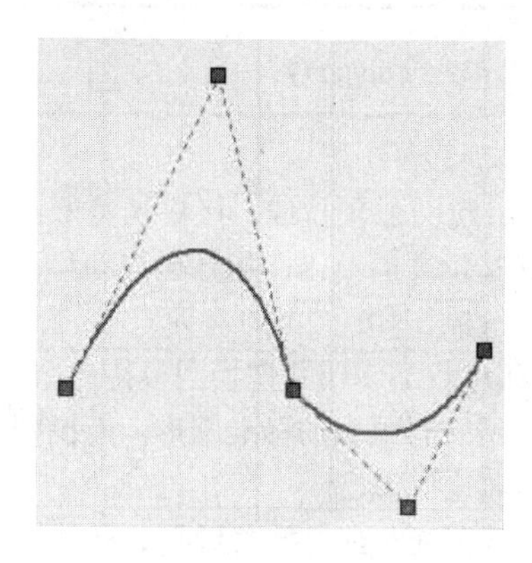

图 2-126 Bezier 曲线

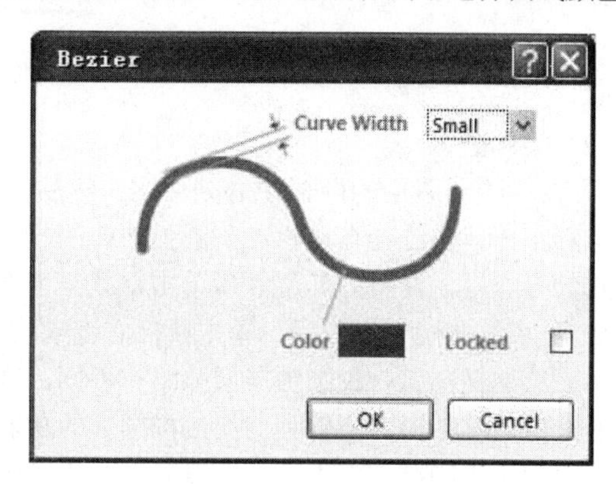

图 2-127 Bezier 对话框

2.7.3 绘制多边形和圆弧

1. 绘制多边形命令

（1）绘制多边形可通过执行菜单命令 Place→DrawingTools→Polygon，或单击工具栏上的按钮，将编辑状态切换到绘制多边形模式。

（2）执行此命令后，鼠标指针旁边会多出一个“十”字符号。首先在待绘制图形的一个角单击，然后移动鼠标到第二个角单击形成一条直线，然后移动鼠标，这时会出现一个随鼠标指针移动的预拉封闭区域，现依次移动鼠标到待绘制图形的其他角单击。如果单击鼠标右键就会结束当前多边形的操作。绘制的多边形如图 2-128 所示。

（3）在绘制多边形的过程中按 Tab 键，或在已绘制好的多边形上双击，就会打开如图 2-129 所示的 Polygon 对话框，可从中设置该多边形的一些属性，如 Border Width（边框宽度，有 Smallest、Small、Medium、Large 等）、Border Color（边框颜色）、Fill Color（填充颜色）、Draw Solid（设置为实心多边形）和 Transparent（透明，选中该选项后，双击多边形内部不会有响应，而只在边框上有效）。

（4）如果直接单击已绘制好的多边形，即可使其进入选取状态，此时多边形的各个角都会出现控制点，可以通过拖动这些控制点来调整该多边形的形状。此外，也可以直接拖动多边形本身来调整其位置。

2. 绘制圆弧与椭圆弧

（1）绘制圆弧可通过执行菜单命令 Place→Drawing Tools→Arc，将编辑模式切换到绘制圆弧模式。绘制椭圆弧可使用菜单命令 PIace→Drawing Tools→Elliptic Arc 或单击工具栏上的按钮。

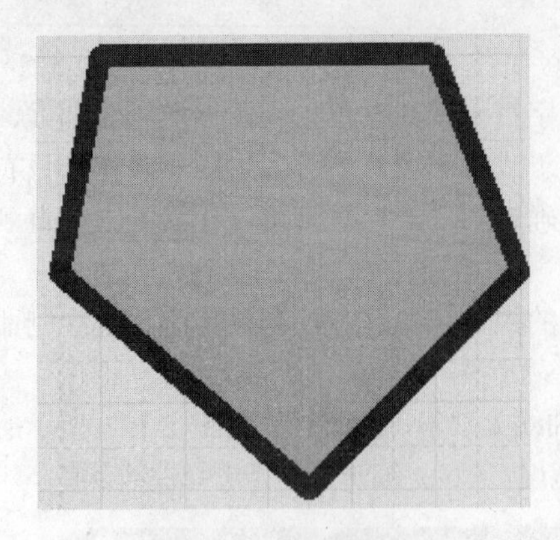

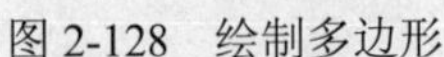

图 2-128　绘制多边形

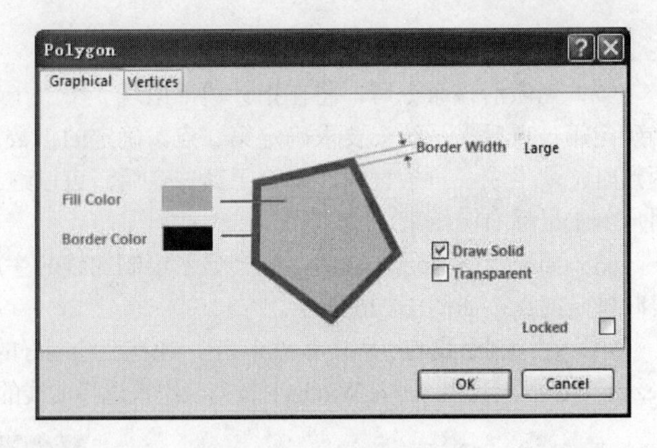

图 2-129　Polygon 对话框

（2）绘制圆弧。

1）在待绘制图形的圆弧中心处单击，然后移动鼠标会出现圆弧预拉线。接着调整好圆弧半径，然后单击，指针会自动移动到圆弧缺口的一端，调整好其位置后单击，指针会自动移动到圆弧缺口的另一端，调整好其位置后单击，就结束了该圆弧的绘制，如图 2-130 所示。

2）结束绘制圆弧操作后，单击鼠标右键或按 Esc 键，即可将编辑模式切换回等待命令模式。

（3）绘制椭圆弧。椭圆弧与圆弧略有不同，圆弧实际上是带有缺口的标准圆形，而椭圆弧则为带有缺口的椭圆形。所以利用绘制椭圆弧的功能也可以绘制出圆弧。

首先在待绘制椭圆弧中心单击以确定圆心，移动鼠标出现圆弧拉线，接着调整好椭圆弧 *X* 轴半径后单击，然后移动鼠标调整好椭圆弧 *Y* 轴半径后单击，指针会自动移动到椭圆弧缺口的一端，调整好其位置后单击，指针会自动移动到椭圆弧缺口的另一端，调整好其位置后单击，就结束了该椭圆弧的绘制，如图 2-131 所示。同时进入下一个椭圆弧的绘制过程。

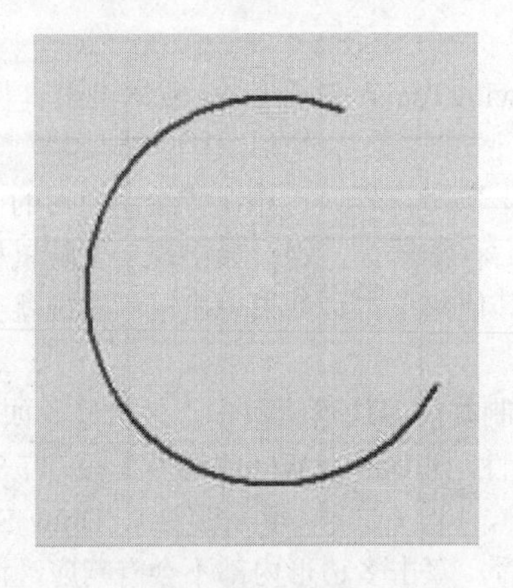

图 2-130　圆弧

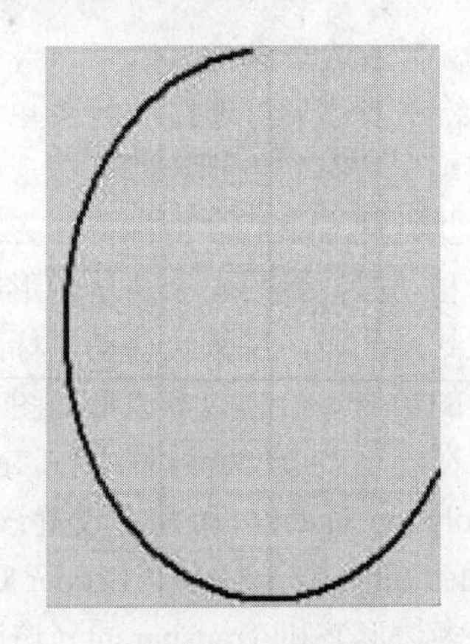

图 2-131　椭圆弧

（4）如果在绘制圆弧或椭圆弧的过程中按 Tab 键，或者单击已绘制好的圆弧或椭圆弧，可打开其“属性”对话框。“圆弧属性”和“椭圆弧属性”对话框内容差不多，分别如图 2-132 和图 2-133 所示，只不过 Arc 对话框中控制半径的参数只有 Radius 一项，而 Elliptical Arc 对话框则有 X-Radius、Y-Radius（*X* 轴、*Y* 轴半径）两项。其他的属性有 X-Location、Y-Location（中心点的 *X* 轴、*Y* 轴坐标）、LineWidth（线宽）、Start Angle（缺口起始角度）、End Angle（缺口结束角度）、Color（线条颜色）、Selection（切换选取状态）。

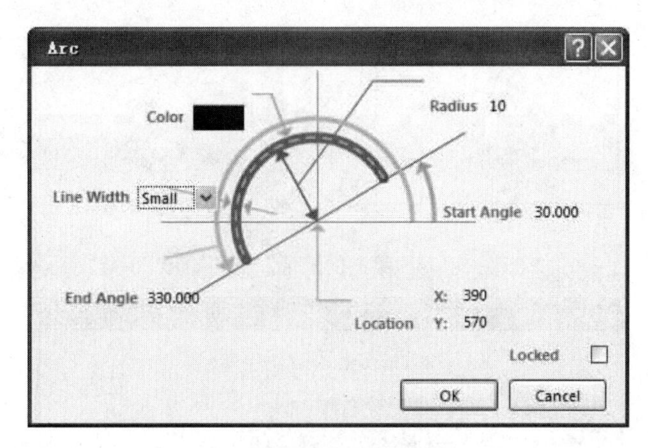

图 2-132 圆弧属性对话框

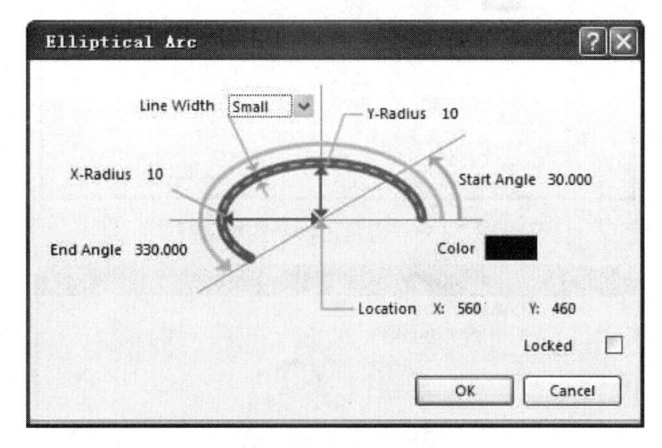

图 2-133 椭圆弧属性对话框

（5）如果单击已绘制好的圆弧或椭圆弧，可使其进入选取状态，此时其半径及缺口端点会出现控制点，拖动这些控制点来调整圆弧或椭圆弧的形状。此外，也可以直接拖动圆弧或椭圆弧进行调整。

2.7.4 绘制矩形和圆角矩形

这里的矩形分为直角矩形（Rectangle）与圆角矩形（Round Rectangle），它们的差别在于矩形的四个边角是否由椭圆弧所构成。除此之外，这两者的绘制方式与属性均十分相似。

（1）执行绘制矩形命令绘制直角矩形，可通过菜单命令 Place→Drawing Tools→Rectangle 或单击工具栏上的▨按钮。绘制圆角矩形可通过菜单命令 Place→Drawing Tools→Round Rectangle 或单击工具栏上的▨按钮。

（2）执行绘制矩形命令后，鼠标指针旁边会多出一个“十”字符号，然后在待绘制矩形的一个角上单击，接着移动鼠标到矩形的对角，再单击，即完成当前这个矩形的绘制过程，同时进入下一个矩形的绘制过程。

（3）若要将编辑模式切换回等待命令模式，可在此时单击鼠标右键或按 Esc 键。绘制的矩形和圆角矩形如图 2-134 所示。

（4）在绘制矩形的过程中按 Tab 键，或者双击已绘制好的矩形，就会打开如图 2-135 所示的 Rectangle（矩形）对话框或图 2-136 所示的 Round Rectangle（圆角矩形）对话框。

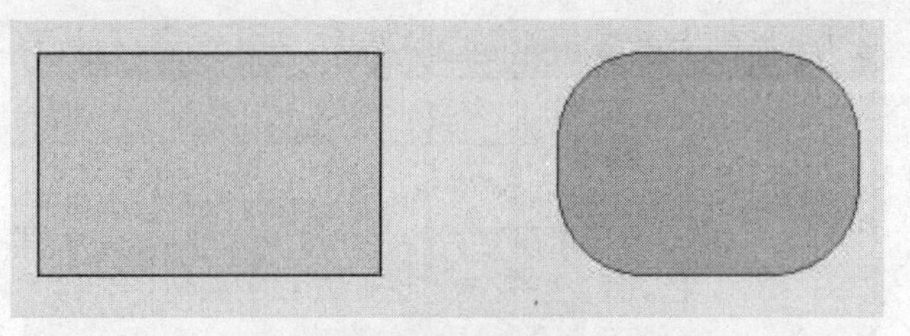

图 2-134　绘制的矩形和圆角矩形

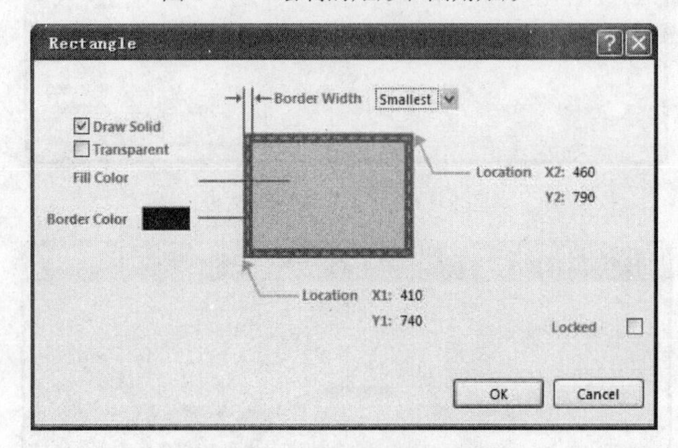

图 2-135　直角矩形属性对话框

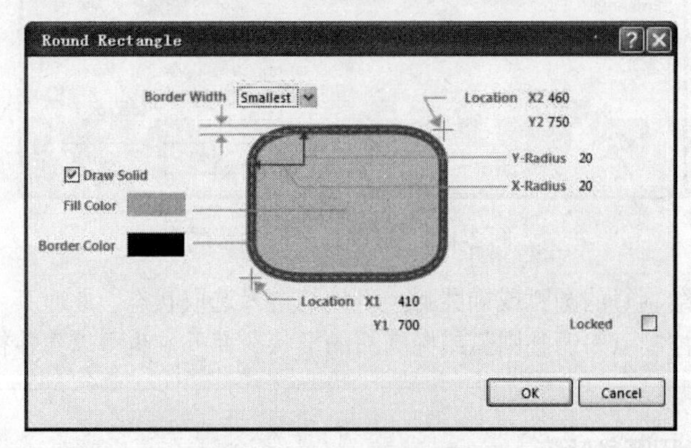

图 2-136　圆角矩形属性对话框

其中，圆角矩形比直角矩形多两个属性：X-Radius 和 Y-Radius，它们是圆角矩形四个椭圆角的 *X* 轴与 *Y* 轴的半径。除此之外，直角矩形与圆角矩形共有的属性包括：LoCation X1、LocationY1（矩形左下角坐标），Location X2、Location Y2（矩形右上角坐标），Border Width（边框宽度），Border Color（边框颜色），Fill Color（填充颜色）和 Draw Solid（设置为实心多边形）。

如果单击已绘制好的矩形，可使其进入选中状态，在此状态下可以通过移动矩形本身来调整其放置的位置。在选中状态下，直角矩形的四个角和各边的中点都会出现控制点，可以通过拖动这些控制点来调整该直角矩形的形状。

2.7.5　放置文本和文本框

1．放置文本

（1）执行菜单命令 Place→Text String 或单击工具栏上的按钮**A**，将编辑模式切换到放置注释文字模式。

（2）执行此命令后，鼠标指针旁边会多出一个“十”字形和一个虚线框，在想放置注释文字的位置单击，绘图页面中就会出现一个名为TEXT的字符串，如图2-137所示，并进入下一次操作过程。

（3）如果在完成放置动作之前按Tab键，或者直接在TEXT文字串上双击，即可打开Annotation（注释文字属性）对话框，如图2-138所示。

图2-137　放置注释的文本

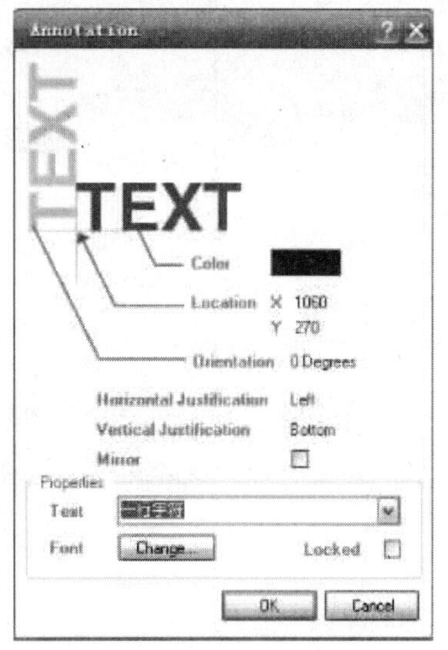

图2-138　注释文字属性对话框

（4）在此对话框中最重要的属性是Text栏，它负责保存显示在绘图页中的注释文字串（只能是一行），并且可以修改。此外，还有其他几项属性：Location（注释文字的坐标），Orientation（字串的放置角度），Color（字串的颜色），Font（字体）。

2．放置文本框

（1）执行菜单命令Place→Text Frame或单击工具栏上的按钮，将编辑状态切换到放置文本框模式。

（2）前面所介绍的注释文字仅限于一行的范围，如果需要多行的注释文字，就必须使用文本框（Text Frame）。

（3）执行放置文本框命令后，鼠标指针旁边会多出一个“十”字符号，在需要放置文本框的两个边角处单击，然后移动鼠标就可以在屏幕上看到一个虚线的预拉框，单击该预拉框的对角位置，就结束了当前文本框的放置过程，并自动进入下一个放置过程。

（4）在完成放置文本框的动作之前按Tab键，或者双击文本框，就会打开Text Frame属性对话框，如图2-139所示。

（5）在这个对话框中最重要的选项是Text栏，它负责保存显示在绘图页中的注释文字串，但在此处并不局限于一行。单击Text栏右边的Change按钮可打开一个Text Frame Text窗口，这是一个文字编辑窗口，可以在该窗口编辑显示文字串。

（6）在Text Frame对话框中还有其他一些选项，如：Location X1、Location Y1（文本框左下角坐标），Location X2、Location Y2（文本框右上角坐标），Border Width（边框宽度），Border Color（边框颜色），Fill Color（填充颜色），Text Color（文本颜色），Font（字体），Draw Solid（设置为实心多边形），Show Border（设置是否显示文本框边框），Alignment Left（文本框内文字左对齐），Word Wrap（设置字回绕），Clip To Area（当文字长度超出文本框宽度时，自动截去超出部分）。

（7）如果单击文本框，可使其进入选中状态，同时出现一个环绕整个文本框的虚线边框，此时可直接拖动文本改变其放置位置。

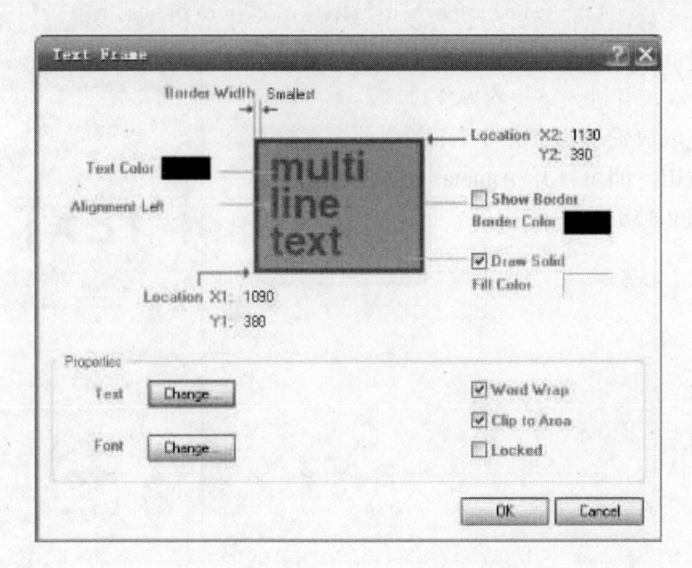

图 2-139　Text Frame 属性对话框

2.7.6　绘制圆与椭圆

（1）执行菜单命令 Place→Drawing Tools→Ellipse 或单击工具栏上的⬭按钮，将编辑状态切换到绘制椭圆模式。由于圆就是 *X* 轴与 *Y* 轴半径一样大的椭圆，所以利用绘制椭圆的工具即可以绘制出标准的圆。

（2）绘制圆与椭圆执行绘制椭圆命令后，鼠标指针旁边会多出一个“十”字符号，首先在待绘制图形的中心点处单击，然后移动鼠标会出现预拉椭圆形线，分别在适当的 *X* 轴半径处与 *Y* 轴半径处单击，即完成该椭圆形的绘制，同时进入下一次绘制过程。

（3）如果设置的 *X* 轴与 *Y* 轴的半径相等，则可以绘制圆。此时如果希望将编辑模式切换回等待命令模式，可单击鼠标右键或按 Esc 键。绘制的图形如图 2-140 所示。

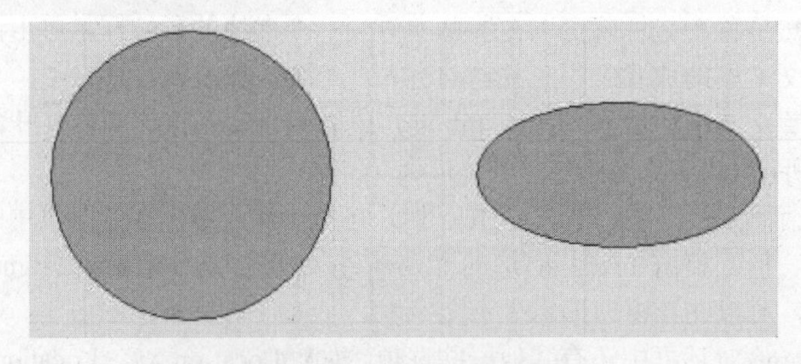

图 2-140　绘制的圆和椭圆

（4）编辑图形属性如果在绘制椭圆形的过程中按 Tab 键，或是双击已绘制好的椭圆形，即可打开如图 2-141 所示的 Ellipse 属性对话框，可以在此对话框中设置该椭圆形的一些属性，如 X-Location、Y-Location（椭圆形的中心点坐标），X-Radius 和 Y-Radius（椭圆的 *X* 轴与 *Y* 轴半径），Border Width（边框宽度），Border Color（边框颜色），Fill Color（填充颜色），Draw Solid（设置为实心多边形）。如果想将一个椭圆改变为标准圆，可以修改 X-Radius 和 Y-Radius 编辑框中的数值，使之相等即可。

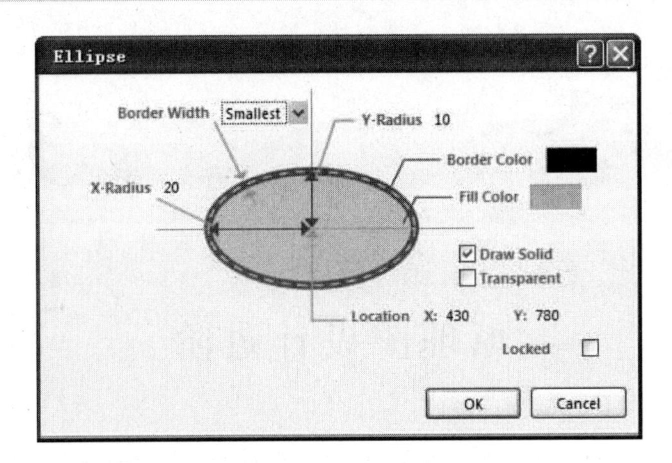

图 2-141 Ellipse 属性对话框

2.7.7 绘制饼图

（1）执行菜单命令 Place→Drawing Tools→Pie Chart 或单击工具栏上的按钮，将编辑模式切换到绘制饼图模式。

（2）绘制饼图执行绘制饼图命令后，鼠标指针旁边会多出一个饼图图形。首先在待绘制图形的中心处单击，然后移动鼠标会出现饼图预拉线。调整好饼图半径后单击，鼠标指针会自动移到饼图缺口的一端，调整好其位置后单击，鼠标指针会自动移到饼图缺口的另一端，调整好其位置后再单击，即可结束该饼图的绘制，同时进入下一个饼图的绘制过程。

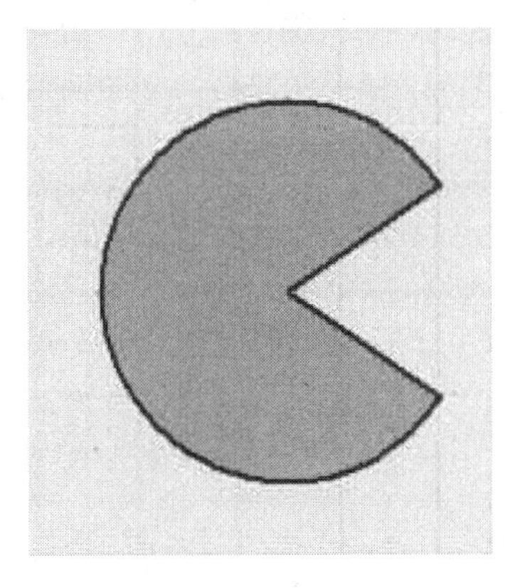

图 2-142 绘制的饼图

（3）此时如果右击或按 Esc 键，可将编辑模式切换回等待命令模式。绘制的饼图如图 2-142 所示。

（4）如果在绘制饼图过程中按 Tab 键，或者双击已绘制好的饼图，可打开如图 2-143 所示的 Pie Chart 属性对话框。在该对话框中可设置如下属性：Location X，Location Y（中心点的 *X* 轴、*Y* 轴坐标），Radius（半径），Border Width（边框宽度），Start Angle（缺口起始角度），End Angle（缺口结束角度），Border Color（边框颜色），Color（填充颜色）、Draw Solid（设置为实心饼图）。

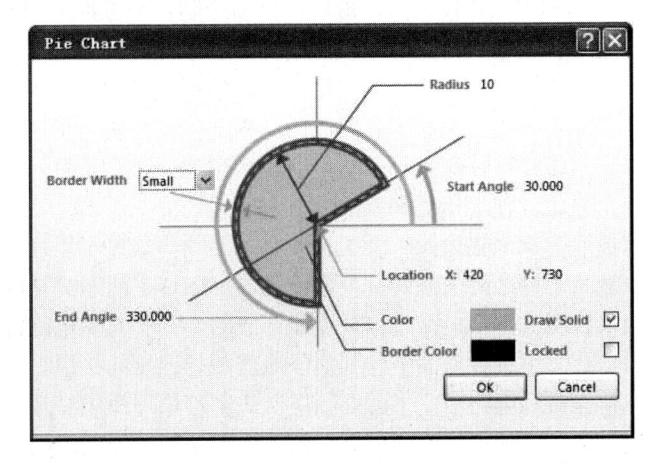

图 2-143 Pie Chart 属性对话框

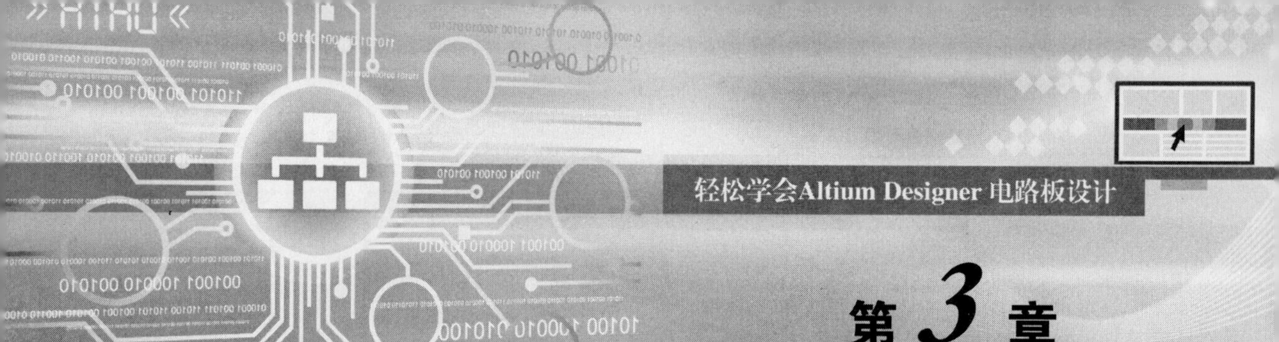

原理图设计进阶

对于简单的电路图，可以在一张原理图中绘制，但对于复杂的电路图，这样做将导致原理图的图纸尺寸变得很大。这样不便于浏览整个电路图，更重要的是很难把握整个电路的结构和层次。此时，常采用层次式电路的方法来进行设计。原理图的编辑与处理是电路原理图设计的重要组成部分，熟练地掌握原理图编辑与处理能够大大提高原理图编辑速度和生成原理图的质量。

本章要点

（1）层次化原理图设计。

（2）元件编号和元件的过滤。

（3）原理图电气检测与编译。

（4）封装管理器的使用。

（5）原理图的报表生成与打印。

3.1 层次原理图设计

3.1.1 层次原理图介绍

层次原理图的设计对于比较复杂的电路，工程上通常首先对整个电路进行功能划分，设计一个系统总框图，在系统总框图中用若干方框图来表示功能单元，然后用导线、网络标号等来连接各个方框图，表明它们之间的电气连接关系，最后再分别绘制各个方框图的电路。在层次原理图设计中，把这个系统总框图称为母图，组成系统总框图的若干方框图称为子图符号，它们代表的是子图，单独绘制的各个方框图电路称为子图。这样，在顶层电路中，读者看到的只是一个一个的功能模块，可以很容易从宏观上把握整个电路图的结构，如果想进一步了解某个方框图的具体实现电路，可以直接单击该方框图，深入到底层电路，从微观上进行了解。这样就使很复杂的电路变成相对较简单的几个模块，便于检查和修改。

为了使多个子原理图联合起来描述同一个工程项目，必须为这些子原理图建立某种关系。层次式原理图母图正是表达了子图之间关系的一种原理图，如图 3-1 所示。从图中可以看出层次式原理图的母图是由方块电路图、方块电路端口及连线组成的。一个方块电路符号代表一张子原理图；方块电路上的端口，代表了子原理图中和其他子原理图相连接的接口。方块电路图之间通过导线相连，从而构成一个完整的电路图。下面介绍层次式电路原理图中经常用到的概念。

（1）子原理图：代表各个功能模块的部分原理图，用于封装功能电路模块。

（2）原理图母图：代表各个子原理图之间电气连接关系的原理图。

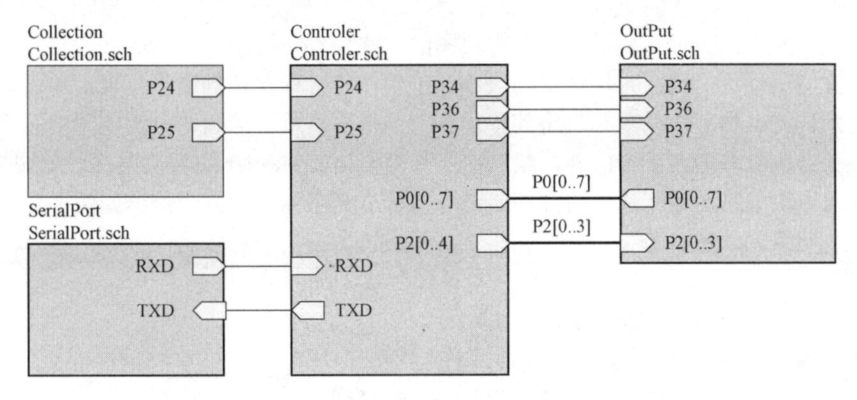

图 3-1 层次电路方框图

（3）方块电路图：代表子原理图的符号，位于层次式原理图母图中，每个方块电路图都与特定的子原理图相对应。

（4）方块电路端口：代表方块电路所代表的下层子原理图与其他电路连接的端口。通常情况下，方块电路端口与和它同名的下层子原理图的I/O端口相连。

（5）I/O端口：代表不同层次电路图之间的电气连接关系，一般位于子原理图中。I/O端口和网络标号的作用类似。

3.1.2 自上而下的层次原理图设计

自上而下的层次原理图设计，也就是首先设计原理图母图，确定各个方块电路图，然后从方块电路图生成子原理图，最后完善子原理图中的电路，采用这种设计方法，首先要根据整个电路的结构，将其按照功能分解成不同的子模块。用户在层次原理图的母图中确定子模块方块电路图的输入输出端口，以及方块电路图之间的电气连接关系。然后，再将层次原理图母图中各个方块电路符号对应的子原理图分别画出。这样一层一层向下细化，最终完成整个项目原理图的设计。下面介绍具体的操作步骤。

1．创建项目数据库

所有的层次式电路都必须在项目数据库中组织并管理，因此要设计一个层次式电路，首要任务是创建一个项目数据库。其具体操作步骤如下：

（1）执行菜单命令File→New→PCB Project，建立新项目文件，另存为Three Part .PRJPCB。

（2）执行菜单命令 File→New→Schematic，在新建的项目文件中新建一个原理图文件，将原理图文件另存为UpToDown.Sch，对原理图图纸参数进行设置。

（3）这便是自上而下设计的层次原理图的母图。创建电路原理图设计文件时原理图母图是层次式电路的主图，所有子图都以子图符号的形式出现在母图中。下面进行层次原理图母图的设计。

2．放置方块电路图

在Altium Designer中放置方块电路图，可以采用下面的方法完成。

（1）执行菜单命令Place→Sheet Symbol或在布线工具栏中，单击放置方框图符号按钮。

（2）选择上述任何一种放置方块电路图命令，此时光标变成“十”字形，并且浮动着一个方块电路，如图3-2所示。

（3）在放置方块电路图状态下，按Tab键，将弹出Sheet Symbol对话框，如图3-3所示。Sheet Symbol对话框用于设置方块电路图的属性。

（4）在对话框中，在 Filename 编辑框设置文件名为 Controler.SchDoc。这表明该电路代表了

Controler 模块。将 Designator 编辑框设置方块图的名称为 Controler。

（5）设置完属性后，确定方块电路的大小和位置。将光标移动到适当位置后单击，确定方块电路的左上角位置。然后拖动鼠标，将其移动到适当位置后单击，确定方块电路的右下角位置。这样就定义了方块电路的大小和位置，绘制出了一个名为 Controler 的方块电路，如图 3-4 所示。

（6）更改方块电路名或其代表的文件名，只需单击文字标注，就会弹出如图 3-5 所示的方块电路文字属性设置对话框，在对话框中可以进行修改。

（7）绘制完一个方块电路后，系统仍处于放置方块电路的命令状态下，设计者可用同样的方法放置另一个方块电路，并设置相应的方块图文字。

图 3-2　放置方框电路图

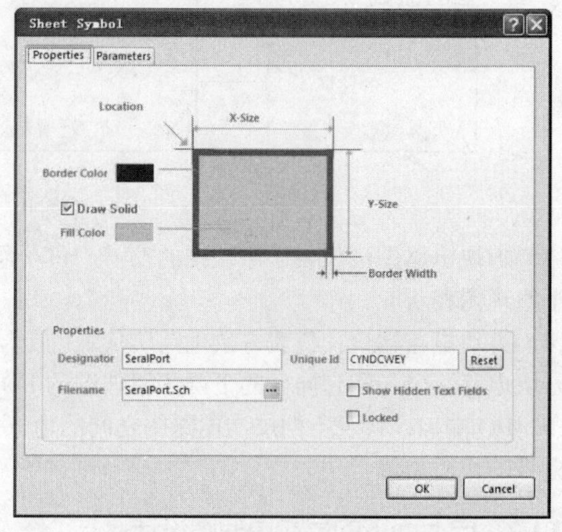

图 3-3　Sheet Symbol 对话框

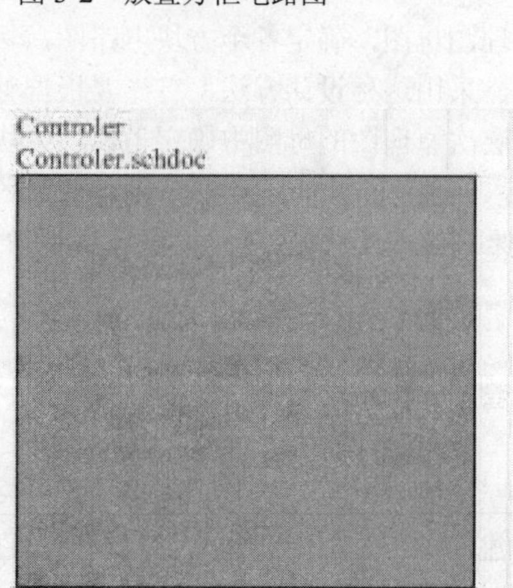

图 3-4　Controler 模块

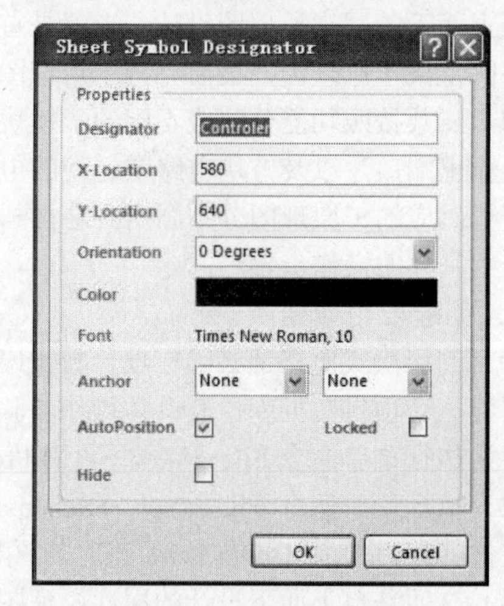

图 3-5　文字属性设置

3．放置方块电路端口

（1）执行菜单命令 Place→Add Sheet Entry 或在布线工具栏中，单击放置方块电路端口按钮。

（2）选择上述任何一种放置方块电路端口命令，光标变成“十”字形。

（3）单击需要放置端口的方块电路图，光标处就会出现一个方块电路的端口符号，如图 3-6 所示。

（4）在放置方块电路端口的状态下，按 Tab 键，将弹出 Sheet Entry 对话框，如图 3-7 所示。Sheet Entry 对话框用于设置方块电路端口的属性。

（5）在对话框中，将端口名 Name 编辑框设置为“P34”，即将端口名设为读选通信号；I/O Type

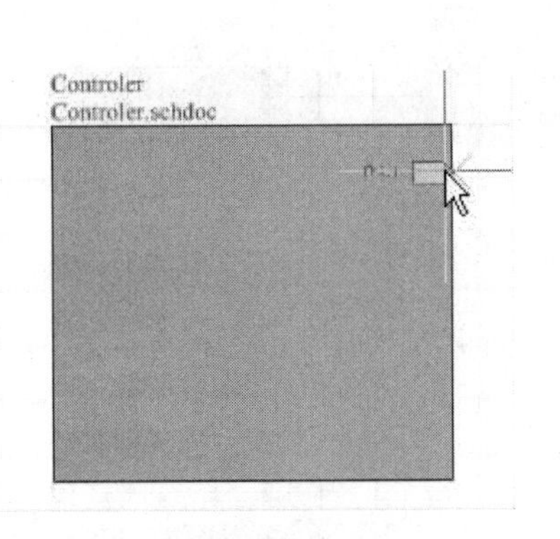

图 3-6　放置方块电路的端口

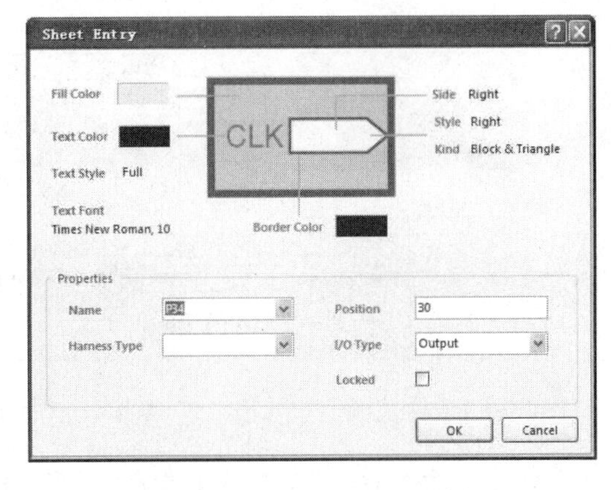

图 3-7　Sheet Entry 对话框

选项有不指定（Unspecified）、输出（Output）、输入（1nput）和双向（Bidirectional）4 种，在此设置为 Output，即可将端口设置为输出；放置位置（Side）设置为 Right；端口样式（Style）设置为 Right；端口种类（Kind）选项有矩形和三角形（Block & Triangle）、三角形（Triangle）、箭头（Arrow）3 种，在此设置为 Block & Triangle，其他选项由设计者来设置。

（6）设置完属性后，将光标移动到适当的位置后单击将其定位，如图 3-8 所示。同样，根据实际电路的安排放置其他端口，如图 3-8 所示。

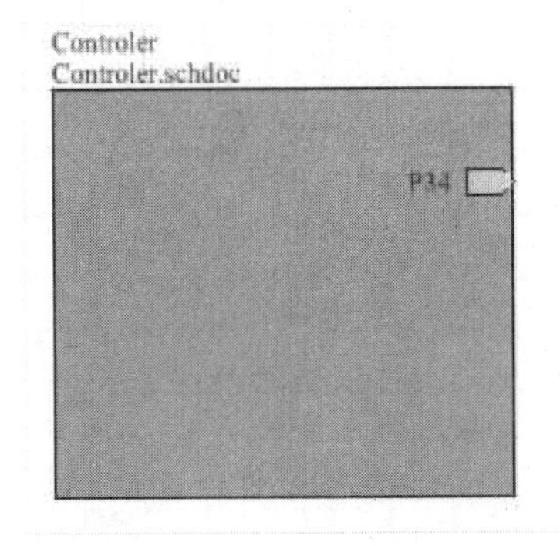

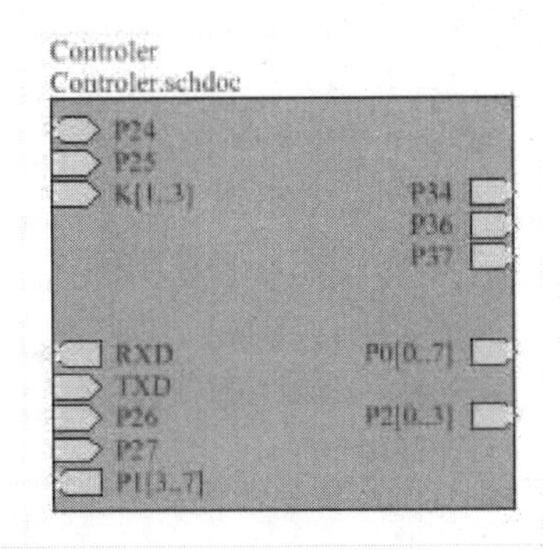

图 3-8　绘制全部方块电路端口

（7）放置完毕，右击工作区或按 Esc 键，即可退出放置方块电路端口状态。如需修改已放置的方块电路端口，则可以双击需要修改的端口，打开 Sheet Entry 对话框。

只有相同名称的端口才能相互连接，所以在不同的方块电路图上往往放置多个具有相同名称的端口，但端口属性可能不同。

（8）放置其他方框图及端口，确定电气连接关系，将电气关系上具有相连关系的端口用导线或总线连接在一起，这样就完成了层次原理图母图的设计，如图 3-9 所示。

4．由方块电路符号产生子图的 I/O 端口

在采用自上而下设计层次原理图时，是先建立方块电路，再设计该方块电路相对应的原理图文件。而设计下层原理图时，其 I/O 端口符号必须和方块电路上的 I/O 端口符号相对应。Altium Designer 提供了一条捷径，即由方块电路符号直接产生原理图文件的端口符号。

（1）执行菜单命令 Design→Create Sheet From Symbol。

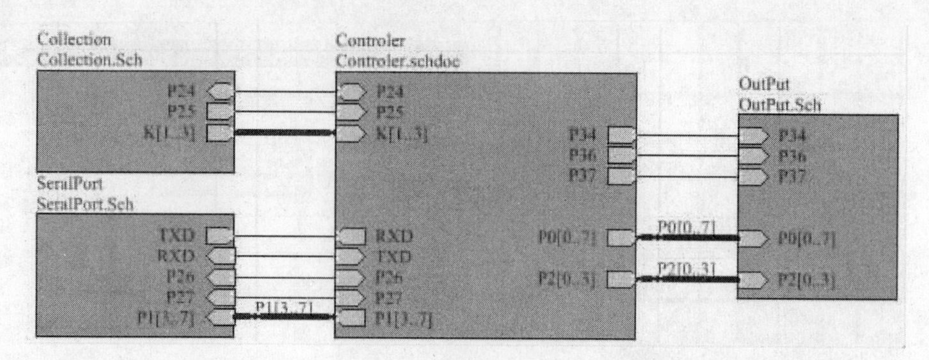

图 3-9　绘制好的母图

（2）执行该命令后，光标变成了“十”字形，移动光标到某一方块电路上单击，会出现如图 3-10 所示的确认端口 I/O 方向对话框。

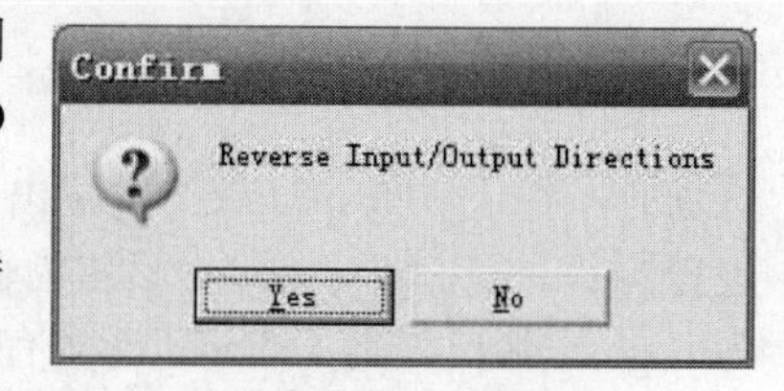

图 3-10　Confirm 对话框

（3）单击对话框中的 Yes 按钮所产生的 I/O 端口的电气特性与原来方块电路中的相反，即输出变为输入。单击对话框中的 No 按钮所产生的 I/O 端口的电气特性与原来的方块电路中的相同，即输出仍为输出。

（4）此处选择 No 按钮，则系统自动生成一个文件名为 Controler.SchDoc 的原理图文件，并布置好 I/O 端口，如图 3-11 所示。

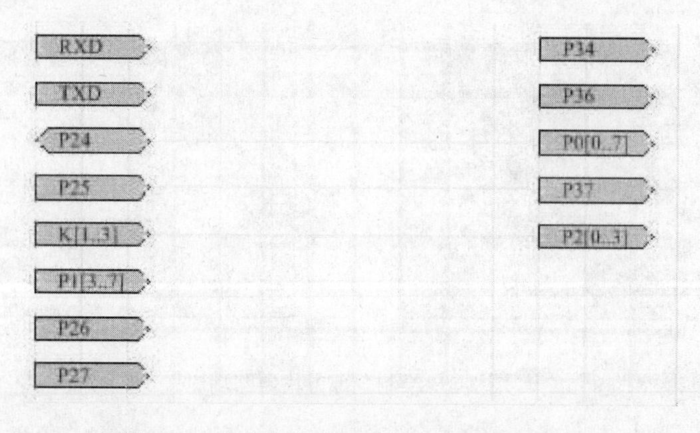

图 3-11　由方块电路图产生的新原理图端口

（5）按照同样的方法生产其他子图。

5．子图模块具体化

生成的电路原理图，已经有了现成的 I/O 端口，在确认了新的电路原理图上的 I/O 端口符号与对应的方块电路上的 I/O 端口符号完全一致后，设计者就可以按照该模块组成，放置元件和连线，绘制出具体的电路原理图如图 3-12 所示，为 Controler 子原理图的具体电路。

3.1.3　自下而上的层次原理图设计

在层次原理图设计中，对于不同模块的不同组合，会有不同功能的电路系统，此时采用自下而上的层次原理图设计。设计者首先根据功能电路模块绘制好子原理图，然后由子原理图生成方块电路图。

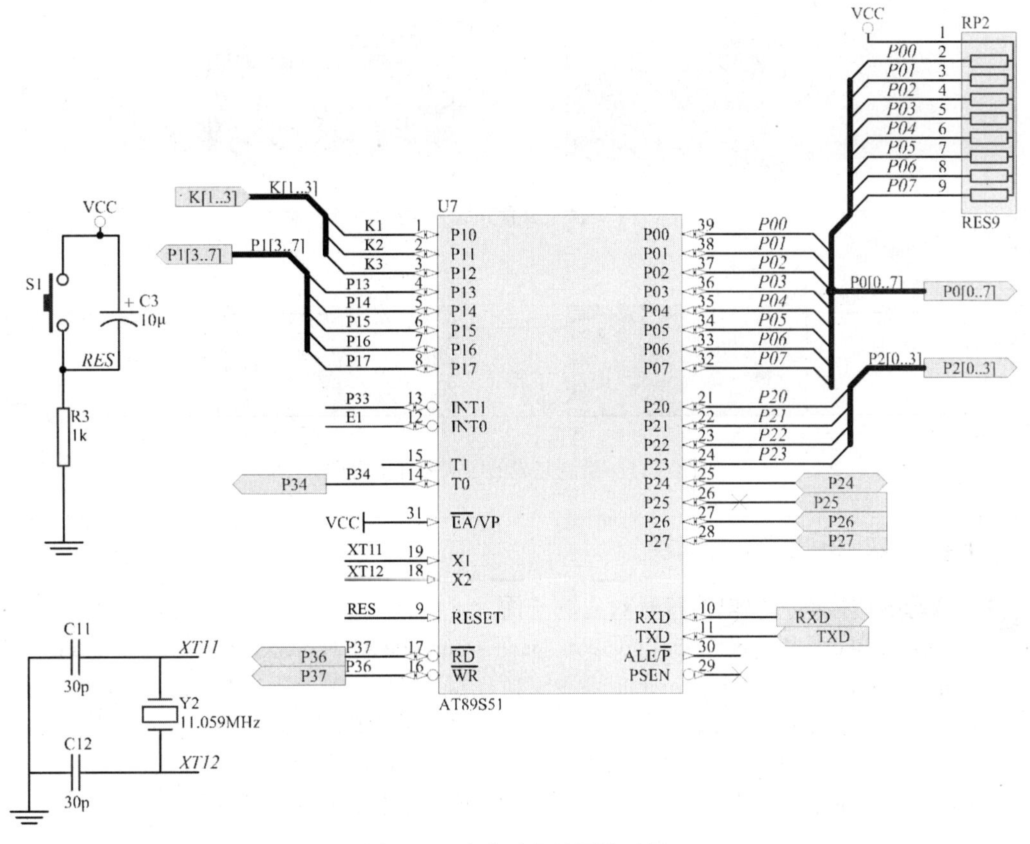

图 3-12 生成对应母图的子图

（1）新建项目文件。在新建项目文件中绘制好本电路中的各个子原理图，并且将各子原理图之间的连接用 I/O 端口绘制出来。

（2）在新建项目中新建一个名为 DownToUp.SchDoc 的原理图文件。

（3）在 DownToUp.SchDoc 工作界面执行菜单命令 Design→Create Sheet Symbol From Sheet or HDL，弹出如图 3-13 所示的生成方块电路的 Choose Document to Place 对话框。

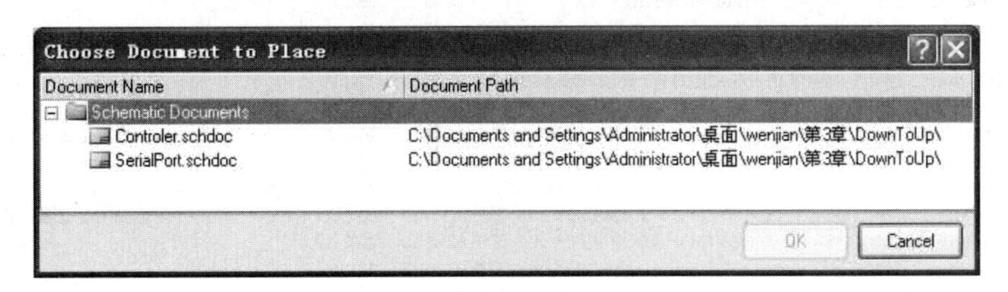

图 3-13 选择文件放置对话框

（4）选中该对话框中的任一子原理图，然后单击 OK 按钮，系统将在 DownToUp.SchDoc 原理图中生成该子原理图所对应的方块电路符号。执行以上操作后，在 DownToUp.SchDoc 原理图中生成随光标移动的方块电路符号，如图 3-14 所示。用同样的方法放置其他模块电路。放置好各方块电路符号。

（5）分别对各个方块电路符号和 I/O 端口进行属性修改和位置调制，然后将方块电路之间具有电气连接关系的端口用导线或总线连接起来，就得到如图 3-15 所示的层次原理图母图。

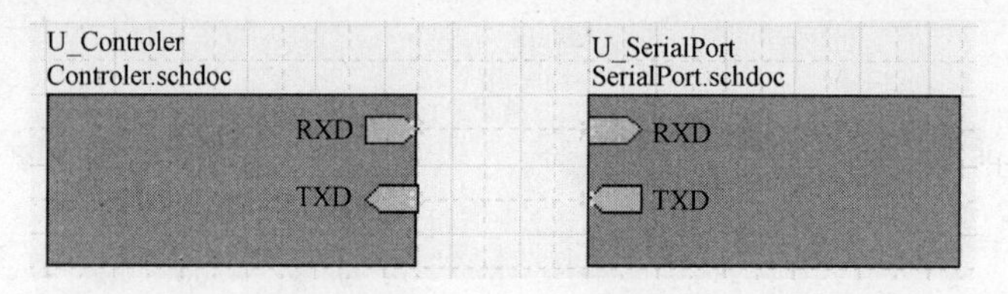

图 3-14 放置完成方块图

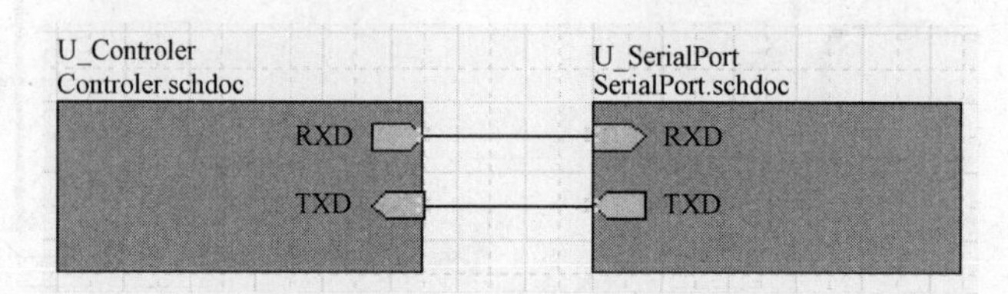

图 3-15 绘制完成的层次原理图母图

3.1.4 层次原理图之间的切换

1．从母图切换到方块电路符号对应的子图

（1）执行菜单命令 Project→Design Workspace→Compile All Projects，或单击 Navigate 标签，打开 Navigator 面板，右键选择 Compile 命令，执行编译操作。编译后的 Messages 面板如图 3-16 所示。编译后的 Navigator 面板如图 3-17 所示，其中显示了各原理图的信息和层次原理图的结构。

（2）执行菜单命令 Tools→Up/Down Hierarchy 或在 Navigator 面板中 Document For PCB 栏目下双击要进入的母图或者子图的文件名，则可以快速切换到对应的层次原理图。

（3）执行菜单命令 Tools→Up/Down Hierarchy 后，光标变成“十”字形。将光标移至母图中的方块电路上单击就可以完成切换。

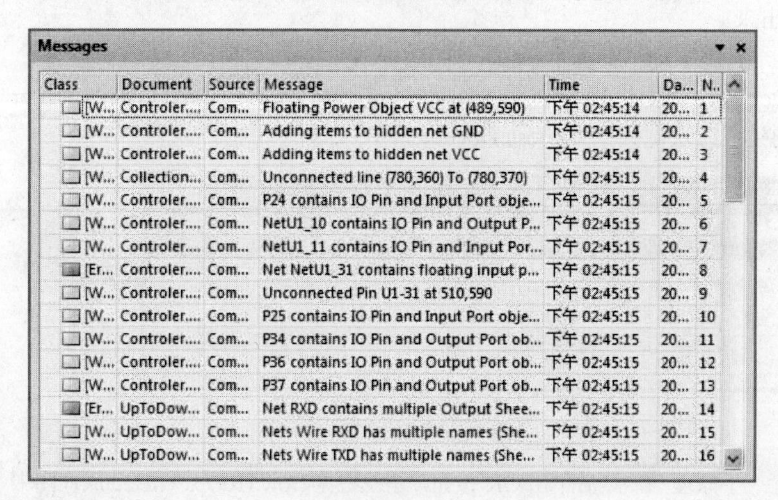

图 3-16 编译后的 Messages 面板

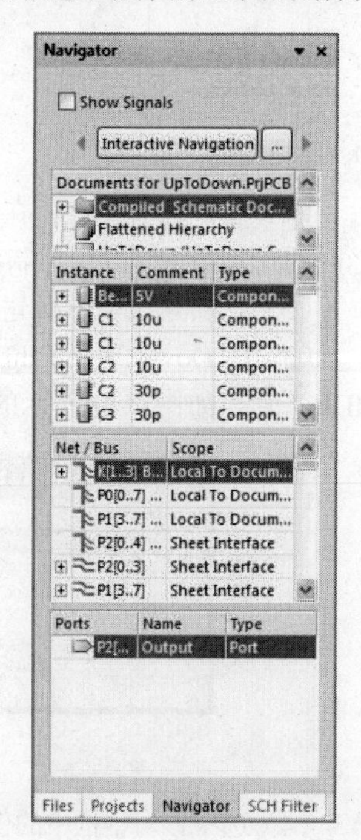

图 3-17 编译后的 Navigator 面板

2．从子图切换到母图

（1）执行菜单命令 Tools→Up/Down Hierarchy，或在 Navigator 面板中选择相应母图文件，执行从子原理图到母图切换的命令。

（2）执行菜单命令 Tools→Up/Down Hierarchy 后，光标变成“十”字形，移动光标到子图中任一元件上单击，即完成切换。

3.2 原理图后期处理

3.2.1 文本的查找与替换

Altium Designer 具备文本的查找和替换功能。这项功能和 Word 等通用文字处理软件相同，能够对原理图中所有的文本和网络标号进行查找和替换操作。

1．查找文本

执行菜单命令 Edit→Find Text，弹出如图 3-18 所示的 Find Text 对话框，在该对话框中设置好查找内容、查找范围和查找方式后，即可进行查找。其中主要的选项如下。

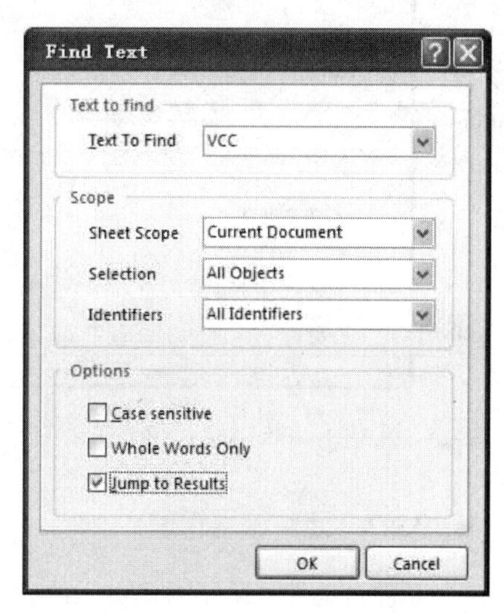

图 3-18　Find Text 对话框

（1）Text To Find：输入要查找的文本信息，可以使用通配符*和?。

（2）Sheet Scope：设置需要查找的原理图范围。

（3）Selection：设置在选定的原理图中需要查找的范围。

（4）Identifiers：设置查找的标号范围。

（5）Case sensitive：设置查找时是否区分大小写，勾选该项表示区分。

（6）Whole Words Only：设置是否完全匹配。

（7）Jump to Results：设置是否跳转到查找结果。

设置好查找选项后，单击 OK 按钮，即可返回原理图编辑环境，并使找到的文本信息呈高亮度显示状态，如图 3-19 所示，查找到两个结果，当前处在第一个查找结果。按下快捷键 F3 便能继续查找下一处。

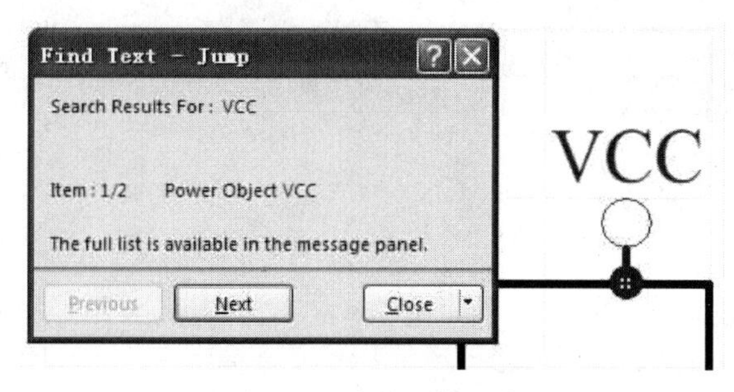

图 3-19　查找到的文本

单击 Close 按钮，进入如图 3-20 所示的窗口，双击如图 3-20 所示的条目可在查找结果中跳转。

图 3-20　Messages 窗口

2．替换文本

执行菜单命令 Edit→Replace Text，弹出如图 3-21 所示的 Find and Replace Text 对话框。该对话框中主要选项的含义如下。

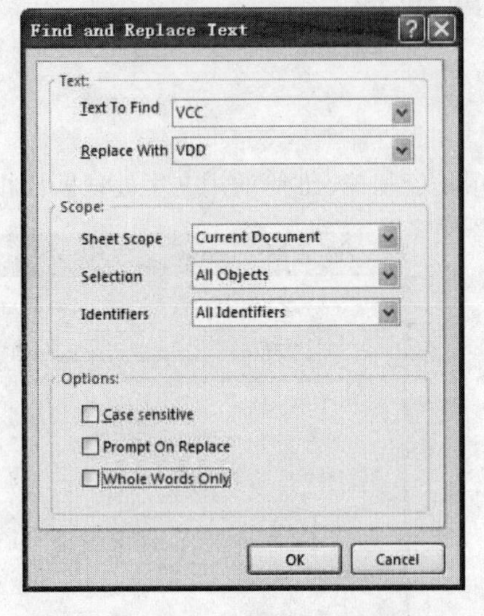

图 3-21　Find and ReplaceText 对话框

（1）Text To Find：输入被替换的文本信息。

（2）Replace With：输入替换的文本信息。

（3）Prompt On Replace：提示替换复选项，用于设置是否在替换前给出提示信息。勾选该项后，会在每次替换前出现是否替换的提示信息。

单击 OK 按钮确认，弹出如图 3-22 所示的对话框，单击 OK 按钮确认，完成文本替换。

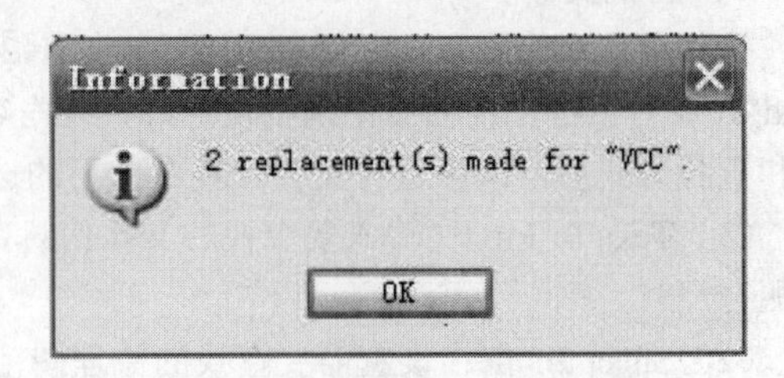

图 3-22　文本替换确认信息

3.2.2　元件编号管理

元件自动编号除了手工对元件进行编号之外，Altium Designer 为用户提供了元件自动编号的功能。当电路比较复杂、元件数目较多时，可以大大提高编号的效率，避免出现重复编号、跳对话框号等错误。自动编号的操作步骤如下。

（1）执行菜单命令 Tools→Annotate Schematic，打开如图 3-23 所示的 Annotate 对话框。

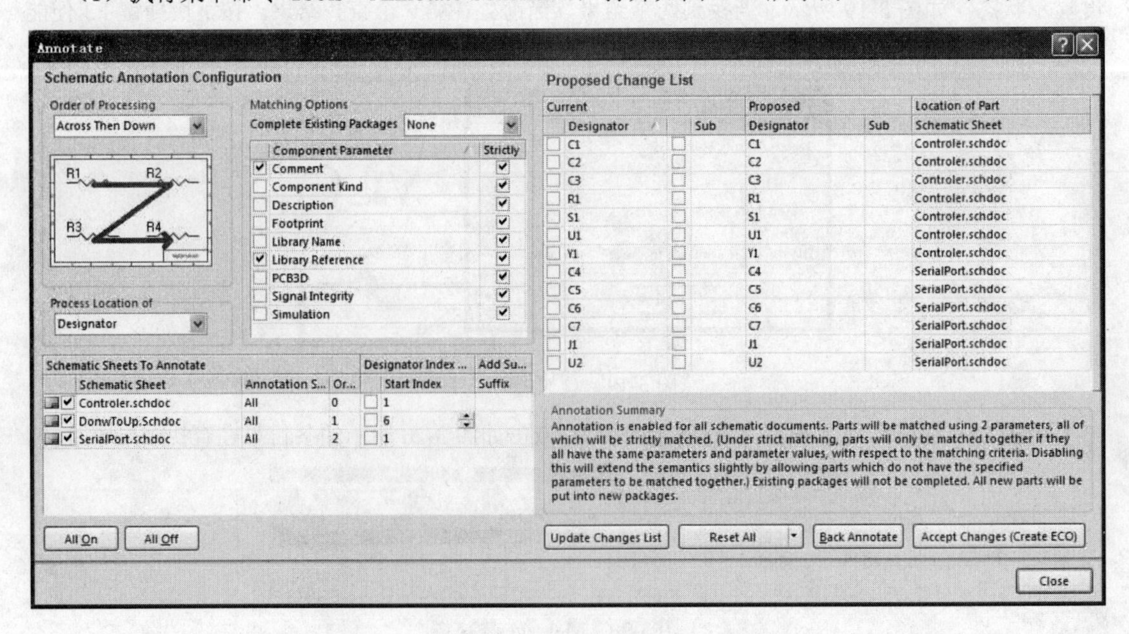

图 3-23　Annotate 对话框

（2）在 Annotate 对话框中可以设置自动元件编号的规则及编号的范围等，Annotate 对话框左侧是 Schematic Annotation Configuration 区域，用于设置元件编号的顺序及其匹配条件。右侧的 Proposed Change List 列表用于显示新旧元件编号的对照关系。具体介绍如下。

Order of Processing 选项区域用于设置自动编号的顺序，该区域内包含一个下拉列表和一个显示编号顺序的示意图，下拉列表中共有 4 个选项，分别介绍如下。

1）Up Then Across 单选项：表示根据元件在原理图上的位置，先按由下至上、再按由左至右的顺序自动递增编号。

2）Down Then Across 单选项：表示根据元件在原理图上的位置，先按由上至下、再按由左至右的顺序自动递增编号。

3）Across Then Up 单选项：表示根据元件在原理图上的排列位置，先按由左至右、再按由下至上的顺序自动递增编号。

4）Across Then Down 单选项：表示根据元件在原理图上排列位置，先按由左至右、再按由上至下的顺序自动递增编号。系统默认选择此项。

以上 4 种编号顺序如图 3-24 所示。

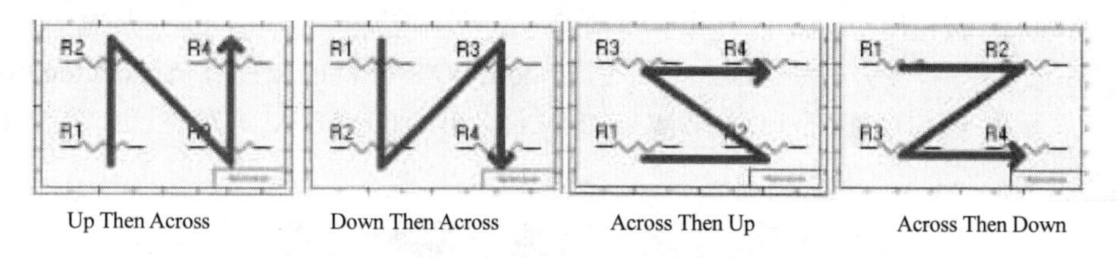

图 3-24　4 种编号顺序示意图

（3）Match Options 选项区域用于设置查找需要自动编号的对象的范围和条件，其中 Complete Existing Package 下拉列表用来设置需要自动编号的作用范围，该列表有 3 个选项，介绍如下。

1）None：表示无设定范围。

2）Per sheet：表示范围是单张图纸文件。

3）Whole Project：表示范围是整个项目。

在下拉列表下方是一个表格，用于选择自动编号对象的匹配参数。系统要求至少选择一个参数，默认值为 Comment。

Schematic Sheets To Annotate 区域用来选择要进行自动编号一些参数，包括执行自动编号操作的图纸、自动编号的起始下标及后缀字符。

Schematic Sheet 栏列出所有待选的图纸文件，勾选 Schematic Sheet 栏中对应图纸名称前的复选框，即可选中该图纸。单击 All On 按钮表示选中所有文件。单击 All Off 按钮表示不选择任何文件。系统要求至少要选中一个文件。

Annotation Scope 栏用于设置每个文件中参与自动编号的元件范围。该栏共有 3 种选项，分别是 All、Ignore Selected Parts 和 Only Selected Parts。A11 表示对原理图中的所有元件都进行自动编号；Ignore Selected Parts 项表示对除选中的元件外的其他元件进行自动编号；Only Selected Parts 项表示仅仅对选中的元件进行自动编号。

Designator Index Control 项用来设置使用编号索引控制。当勾选该复选项时，可以在 Start Index 下面的输入栏内输入编号的起始下标。Add Suffix 项用于设定元件编号的后缀。在该项中输入的字符将作为编号后缀，添加到编号后面，在对多通道电路进行设计时，可以用后缀区别各个通道的对应元件。Reset All 按钮用来复位编号列表中的所有自动编号。单击 Reset All 按钮，系统弹出如图 3-25 所示的 Information 消息框，单击 OK 按钮，即可使 Proposed Change List 列表中 Proposed 列中的自动元件编号都以问号“？”结束，如图 3-26 所示。

Update Change List 按钮用于按照设置的自动编号参数，更新自动编号列表。当对自动编号的设置进行改变后，需要单击该按钮，对自动编号列表进行重新更新。

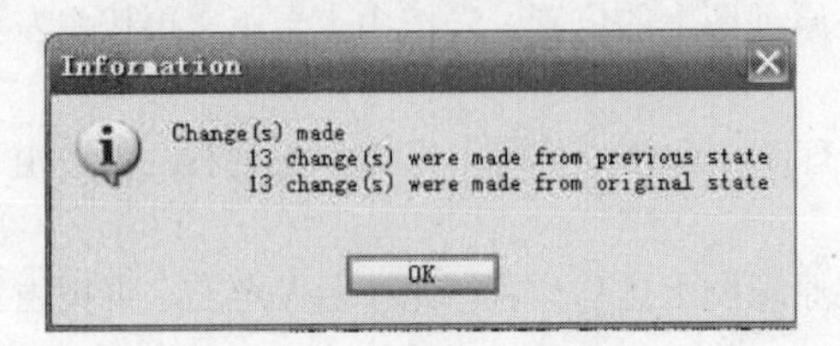

图 3-25　Information 对话框

Proposed Change List

Current		Proposed		Location of Part
Desi...	Sub	Desig...	Sub	Schematic Sheet
C1		C?		Controler.schdoc
C2		C?		Controler.schdoc
C3		C?		Controler.schdoc
R1		R?		Controler.schdoc
S1		S?		Controler.schdoc
U1		U?		Controler.schdoc
Y1		Y?		Controler.schdoc
C4		C?		SerialPort.schdoc
C5		C?		SerialPort.schdoc
C6		C?		SerialPort.schdoc
C7		C?		SerialPort.schdoc
J5		J?		SerialPort.schdoc
U8		U?		SerialPort.schdoc

图 3-26　复位后的 Proposed Change List 列表

Back Annotate 按钮用于导入 PCB 中已有的编号文件，使原理图的自动编号与对应的 PCB 图同步。当单击该按钮后，会打开如图 3-27 所示的 Choose WAS-IS File for Back-Annotation from PCB 对话框，在对话框中选择对应的 ECO 或 WAS-IS 文件，单击 OK 按钮，即可将该文件中的编号信息导入自动编号列表。

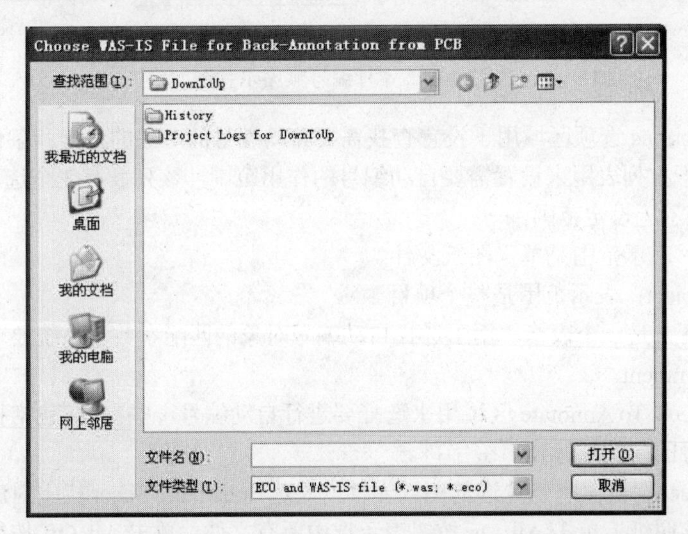

图 3-27　Choose WAS-IS File for Back-Annotation from PCB 对话框

（4）在图 3-23Annotate 对话框中设置元件自动编号规则，单击 Accept Changes（Create ECO）按钮，打开如图 3-28 所示的 Engineering Change Order 对话框。

Engineering Change Order 对话框中列出了所有的更改操作列表，用户可以根据需要决定哪些更改需要执行，如果不需要执行某一项更改，只用取消选中该项更改前的复选框即可。

（5）单击图 3-28Validate Changes 按钮检查所有的改变是否有效，当检查通过后，在每一项更改后的 Check 栏将出现一个绿色的“√”标记，当所有的改变经过验证是正确的以后，单击 Execute Changes 按钮，执行所有改变。执行完成后，每一项更改后的 Done 栏将出现一个绿色的“√”标记，表示该项更改已经完成，如图 3-29 所示。

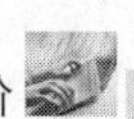

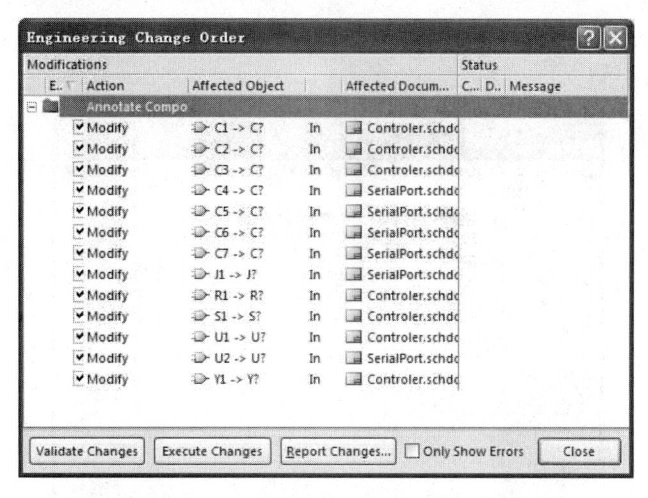

图 3-28 Engineering Change Order 对话框

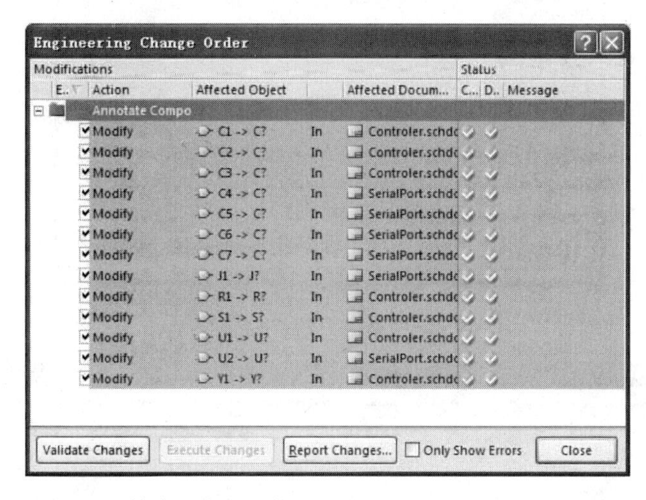

图 3-29 检查、执行后的 Engineering Change Order 对话框

（6）单击图 3-28 Report Changes 按钮，打开如图 3-30 所示的 Report Preview 窗口。

（7）单击图 3-30 Export 按钮，打开 Export From Project 对话框，设置报告的文件名，在保存类型中选择 Adobe PDF，单击“保存”按钮，将更新报告保存为 PDF 文件。

（8）单击 Close 按钮，关闭 Report Preview 窗口，单击 Engineering Change Order 对话框中的 Close 按钮关闭该对话框，并返回到 Annotate 对话框。

（9）在 Annotate 对话框中单击 Close 按钮，即可完成元件编号自动更改。

3.2.3 原理图电气检测及编译

Altium Designer 提供的电气规则检查，可对原理图的电气连接特性进行自动检测，检测后的错误信息可在 Messages 面板中列出，同时也在原理图中标注出来。设计者可设置检测规则，根据检测结果修改原理图中的错误。但是，软件设计的电气检查只针对原理图中的连接进行，而原理图中的设计问题要由设计者本人把握，因此，电气规则检查只能作为辅助工具使用。

执行菜单命令 Project→Project Options，打开工程设置面板 Options for PCB Project，如图 3-31 所示。其上方的选项卡分别有 Error Reporting（错误报告）、Connection Matrix（连接阵图）、Class

Generation（创建层级）、Comparator（对照描述）、ECO Generation（创建类型）等。此处，只对几个常用的设置加以介绍。

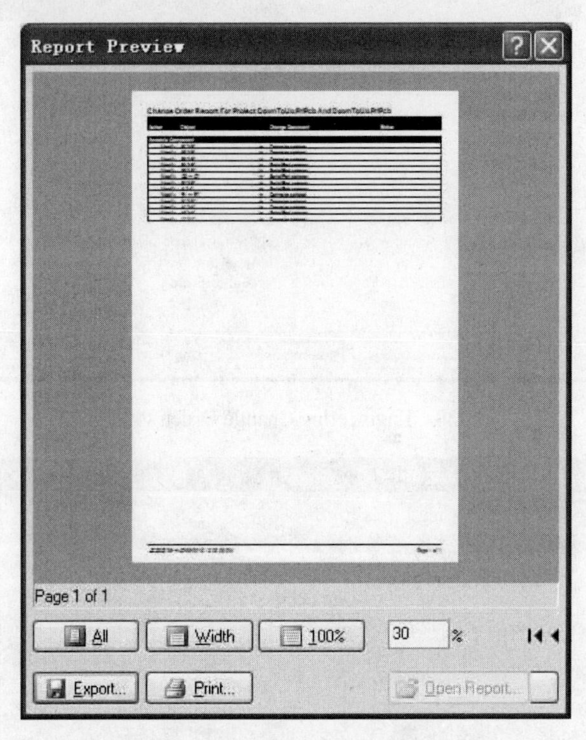

图 3-30　Report Preview 窗口

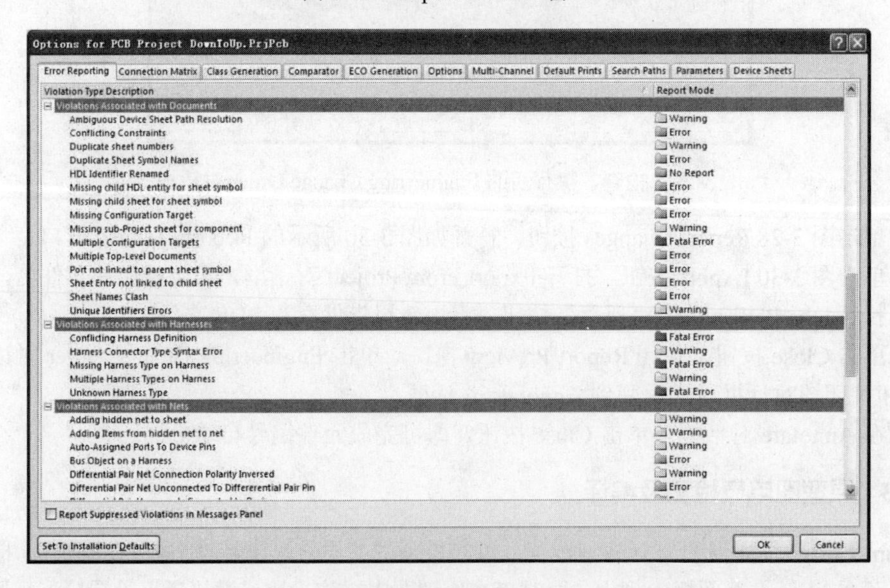

图 3-31　工程设置面板 Options for PCB Project

1．错误报告

Error Reporting 用于对设计图进行检查并显示。报告模式分别用不同颜色的标志表示错误级别。

（1）绿色：不报告或关闭。

（2）浅黄：警告（Warning）。

（3）橘黄：错误。

（4）红色：致命错。

编译中出现警告可忽略不管，但出现后两种错误时，必须纠正才能通过编译。对每种检查的通行级别可根据情况设置，单击图例即可选择。右击面板可通过表单命令设置所有选项，如图 3-32 所示。

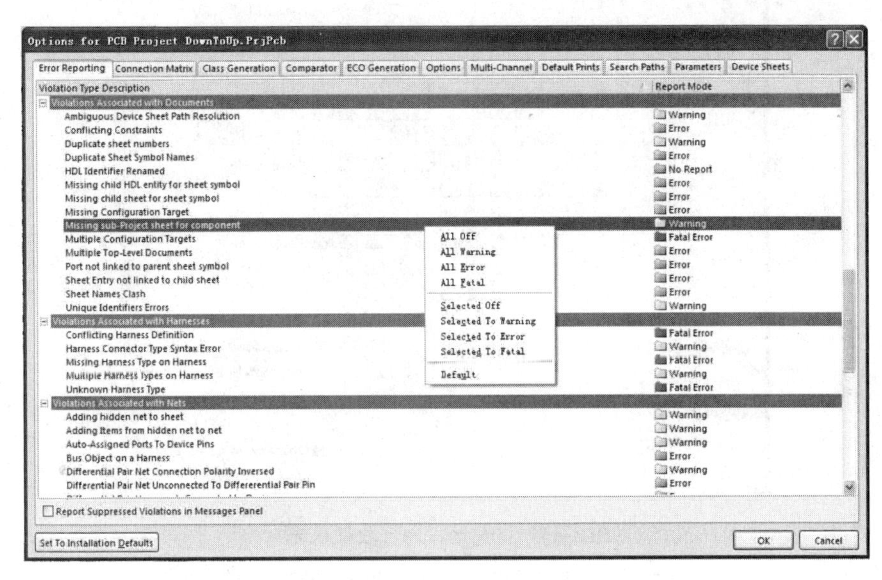

图 3-32 设置检查标志

2．连接阵图

Connection Matrix 主要是检查每个元件引脚的电气特性，以及引脚的连接是否正确。用连接阵图表明 Error Reporting 中是否允许相应的电气连接，连续单击色块可循环设置上述“绿”“黄”“橙”“红”四种错误类型。例如：在连接阵图中右列先找出 IO Pin，在其所在行中找到上方为 Open Collector Pin 列，行列相交的小方块呈绿色，表示在编译工程时，这两种类型引脚相连时不报告，若将其设置为橘黄色，当两种类型引脚相连接时会出现错误指示，表示编译时这两种类型引脚的连接是不允许的，如图 3-33 所示。

在面板上右击，在弹出的快捷菜单中可设置 All Off（关闭所有）、All Warning（所有警告）、All Error（所有错误）、All Fatal（所有致命错误）。若不知道如何设定，可选择 Defaults（默认）命令或单击左下方的 Set To Installation Defaults（设置成安装默认）按钮，弹出如图 3-34 所示的确认对话框，选择 Yes 按钮就能恢复默认值。

3．原理图编译

对原理图电气检查设置完成后，设计者便可对原理图进行编译操作，进入原理图调试阶段。编译可以检查设计文件中的电气规则错误并指出错误之处，帮助设计者排除错误。编译过程还可生成网络表文件，网络表在不同的设计工具中能够传递电路的连接信息，用于 PCB 板自动形成电气连接。编译可对某个文档进行，也可对整个工程进行。下面分别进行说明。

（1）对原理图文档进行编译。执行菜单命令 Project→Compile Document *.SchDoc，开始编译当前文档，或在 Project 面板中右击需要编译的原理图文档，并在弹出的快捷菜单中选择 Compile Document *.SchDoc 进行编译。

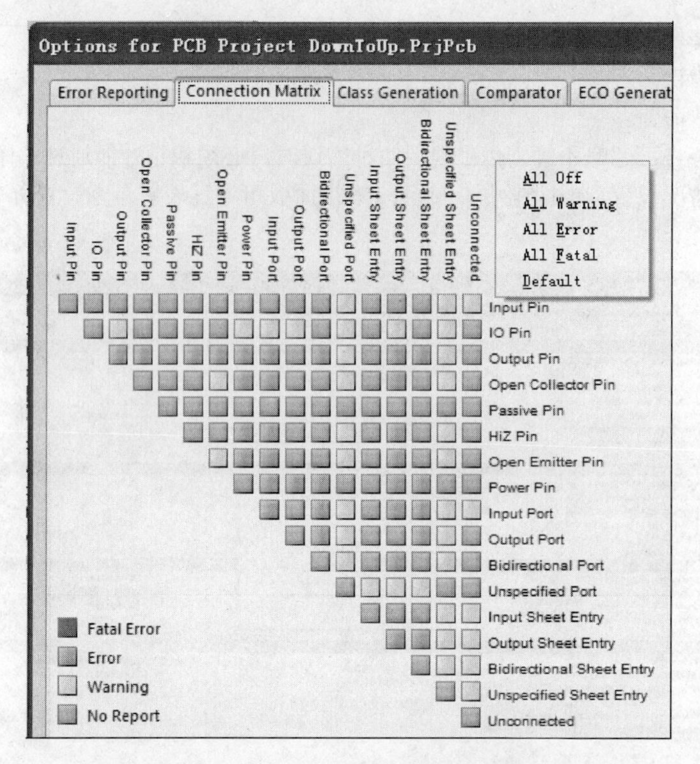

图 3-33　设置是否允许连接关系

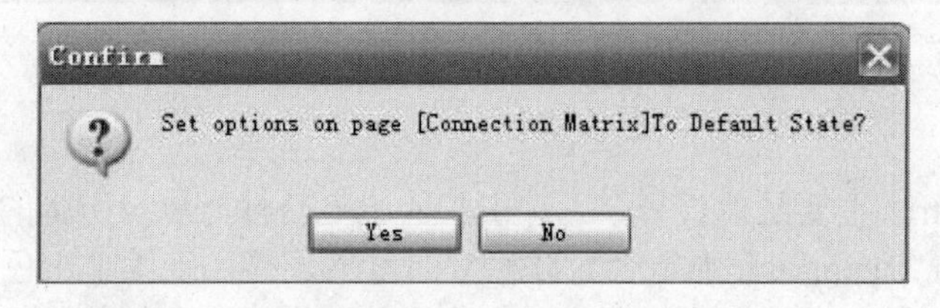

图 3-34　Confirm 对话框

编译后如果有错误或警告，会在弹出的 Message 面板中显示，如果仅是 Warning，可不必理睬。若有致命错误，在 Class 栏单击相应的 Error，则在 Compile Error 面板中指出电路原理图上的错误之处，并高亮显示出错处，电路其他部分被遮蔽淡化，如图 3-35 所示。将错误处修改后再编译，编译通过后，Messages 面板中将无任何显示内容。

Messages

Class	Document	Sour...	Message	Time	Date	No.
[Error]	SerialPort.schdoc	Com...	Net NetU2_11 contains floating input...	下午 07...	2013-...	1
[Warning]	SerialPort.schdoc	Com...	Unconnected Pin U2-11 at 642,390	下午 07...	2013-...	2
[Error]	SerialPort.schdoc	Com...	Net NetU2_13 contains floating input...	下午 07...	2013-...	3
[Warning]	SerialPort.schdoc	Com...	Unconnected Pin U2-13 at 642,410	下午 07...	2013-...	4
[Warning]	SerialPort.schdoc	Com...	Net NetJ1_3 has no driving source (P...	下午 07...	2013-...	5
[Warning]	SerialPort.schdoc	Com...	Net NetU2_11 has no driving source ...	下午 07...	2013-...	6
[Warning]	SerialPort.schdoc	Com...	Net NetU2_13 has no driving source ...	下午 07...	2013-...	7

图 3-35　编译错误显示

（2）对工程进行编译。若对工程*.PrjPcb 进行编译，执行菜单命令 Project→Compile Document

*.PrjPCB，开始编译。查看修改方法同原理图编译相似。编译通过后，可以开始创建PCB文档了。

3.2.4 元件的过滤

在进行原理图或PCB设计时，设计者经常希望能够查看并且编辑某些对象，但是在复制的电路中，尤其是在PCB设计时，要将某个对象从中区分出来则十分困难。因此，Altium Designer提供了一个十分个性化的过滤功能。经过过滤，被选定的对象将清晰地显示在工作窗口中，而其他未被选定的对象则呈现半透明状态。同时，未被选定的对象将变为不可操作状态。

1. Navigator 面板

（1）打开项目*.prjPCB并编译。然后会在页面的右侧底部面板可以看到如图3-36所示的菜单栏。

（2）单击 Design Compiler，然后在弹出的菜单中选择Navigator，会出现如图3-37所示的Navigator面板，单击元件或网络，则系统会自动跳转到相应的元件位置。如果选择其中的U1，则页面如图3-38所示。

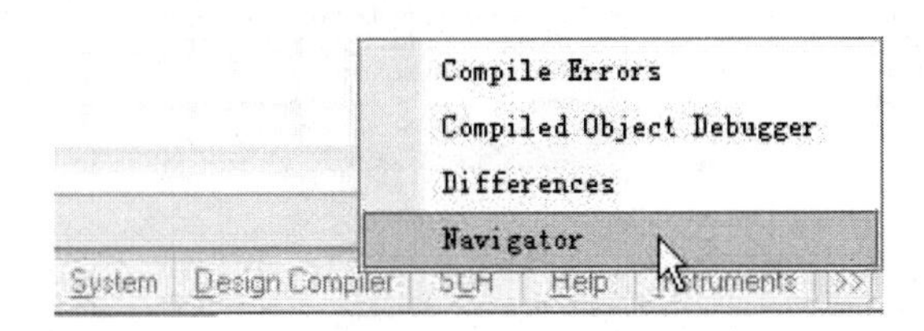

图3-36 底部菜单栏

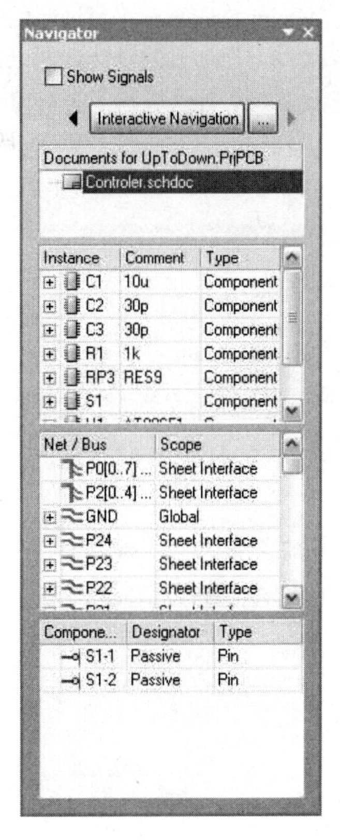

图3-37 Navigator 面板

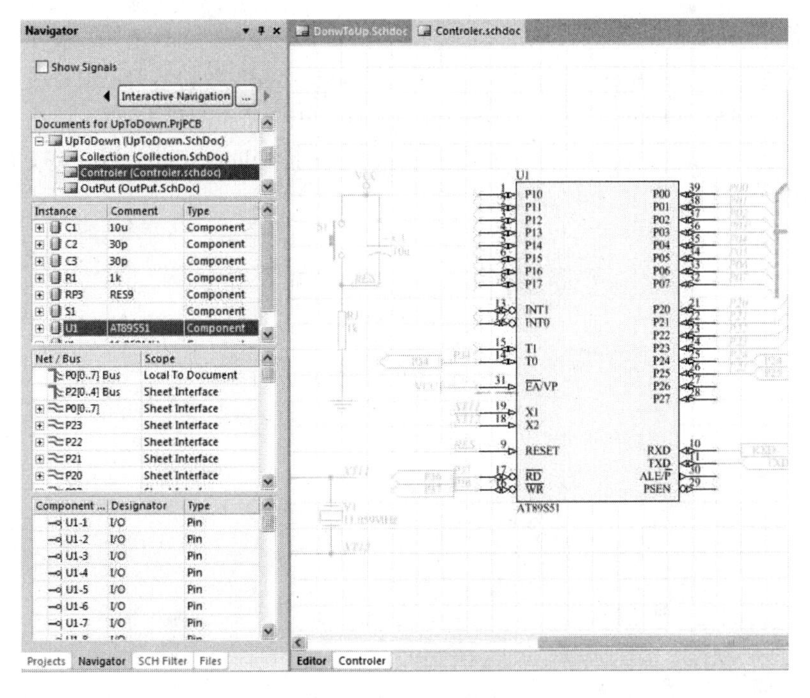

图3-38 U1被过滤

2．使用过滤器选择批量目标

Altium Designer 将通过新的数据编辑系统得到定位，选中以及修改对象的要求。通过这个系统，可以方便地过滤设计数据以便找到对象，选中对象以及编辑对象。以下内容将示意如何在工作中过滤，选择及编辑多个对象。

（1）单击图 3-36 所示的 SCH 菜单，然后选择弹出菜单中的 SCH Filter，则会弹出如图 3-39 所示的对话框。在 SCH Filter 面板中，选中 Helper 按钮，打开 Query Helper 对话框，如图 3-40 所示。

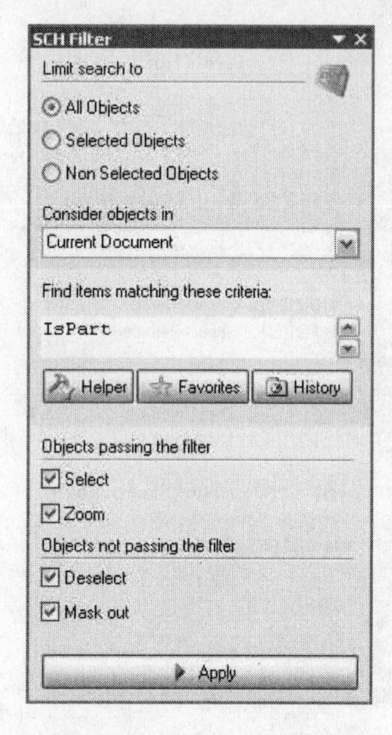

图 3-39　SCH Filter 面板

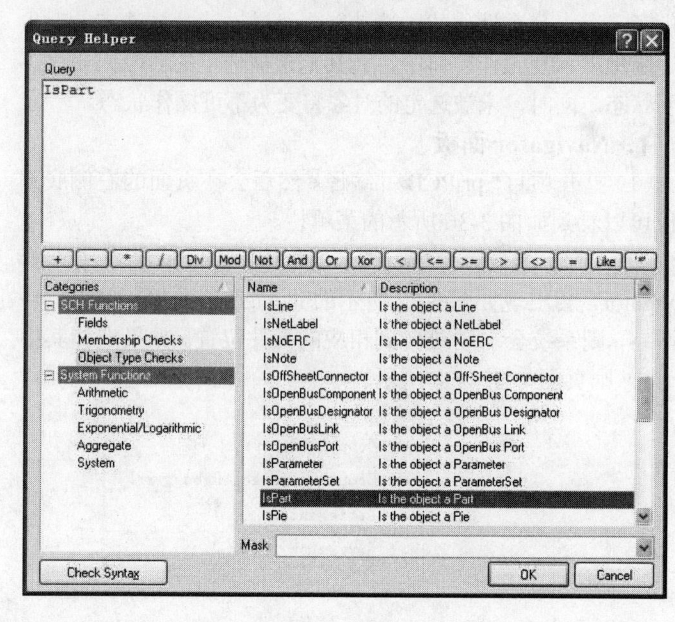

图 3-40　Query Helper 对话框

（2）选择 SCH Function→Object Type Checks，右边窗口出现一列条件语句，选择语句如 Ispart，则在上面 Query 框中出现该语句。中间“+，–，Div，Mod，And”等符号可以组合成复杂条件语句。单击 OK 按钮，返回 SCH Filter 面板。勾选 Select 复选框，单击 Apply 按钮，就可以选择全部的元件。

（3）在原理图界面下，单击右键，在弹出的菜单中选择 Filter→Filter For 或按快捷键 Y 可以输入条件语句进行选择，如图 3-41 所示。

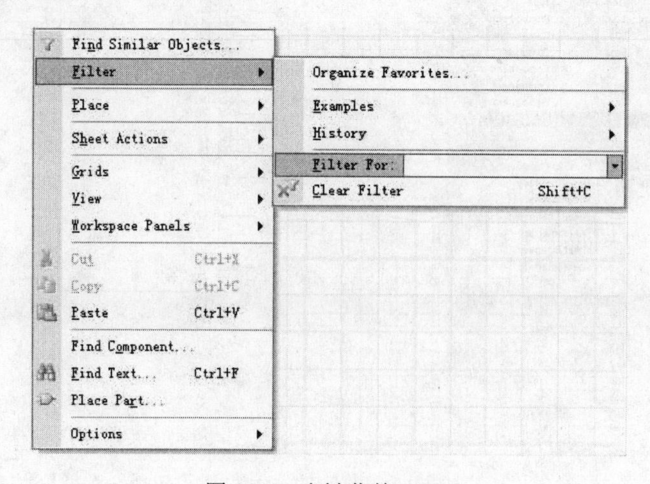

图 3-41　右键菜单 Filter

3．SCH List 面板

选中一个对象或多个对象，单击图 3-36 所示的 SCH 菜单，然后选择弹出菜单中的 SCH List，打开 SCH List 面板，如图 3-42 所示。用户可以配置和编辑多个设计对象。在“SCH List 面板”中，用户可以通过单击顶部面板的 View→Edit 下拉菜单中的 Edit 命令来改变对象的属性。

在 SCH List 面板中的 Object Kind 图纸内双击对象以显示其属性对话框。

SCH List

View selected objects from current document Include all types of objects

Object Kind	X1	Y1	Orientation	Description	Locked	Mirrored	Lock Designator
Part	390	620	90 Degrees		☐	☐	☐
Part	390	690	90 Degrees		☐	☐	☐
Part	420	710	0 Degrees	Capacitor	☐	☐	☐

3 Objects (3 Selected)

图 3-42　SCH List 面板

4．过滤的调节和清除

单击原理图工作窗口右下角的 Mask Level 标签，即可对过滤的透明度进行调节，如图 3-43 所示。

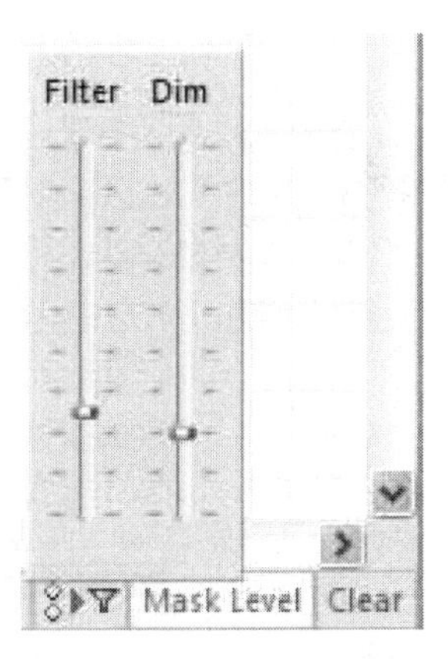

图 3-43　调节过滤的透明度

单击原理图工作窗口右下角的 Clear 标签，或单击原理图标准工具栏 按钮，即可清除过滤显示。

3.2.5　封装管理器的使用

封装管理器可检查整个工程中每个元件所用的封装，支持多选功能，方便进行多个元件的指定、封装连接、修改元件当前的封装。

在原理图编辑器执行菜单命令 Tools→Footprints Manager，打开 Footprint Manager 面板，在其间可以选择多项，进行添加、删除、编辑、复制等操作，并可根据需要更新原理图和 PCB，但需执行如图 3-44 所示对话框右下角的 Creat ECO 命令后，才能进行修改。

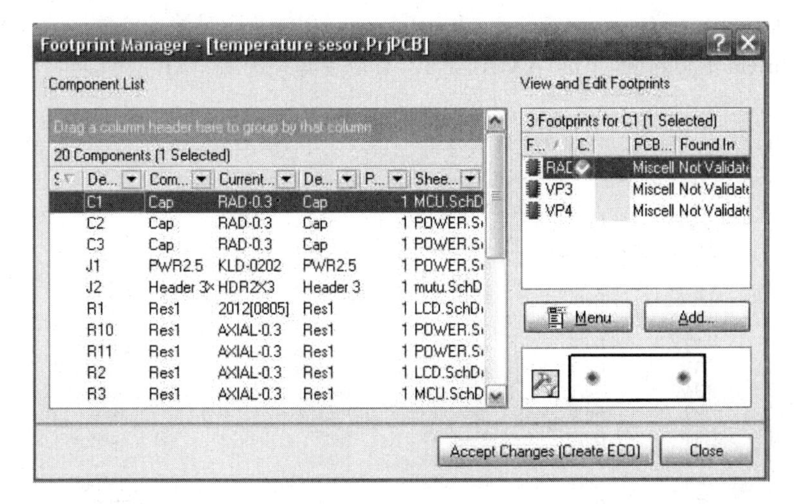

图 3-44　封装管理器

1．元件的过滤

在封装管理器中提供了丰富的元件过滤操作方式，设计者可以根据需要操作某一个元件、某一类元件或全部元件。注意，图 3-44 封装管理器的 Component List 列表框，有一个元件过滤条，如图 3-45 所示。

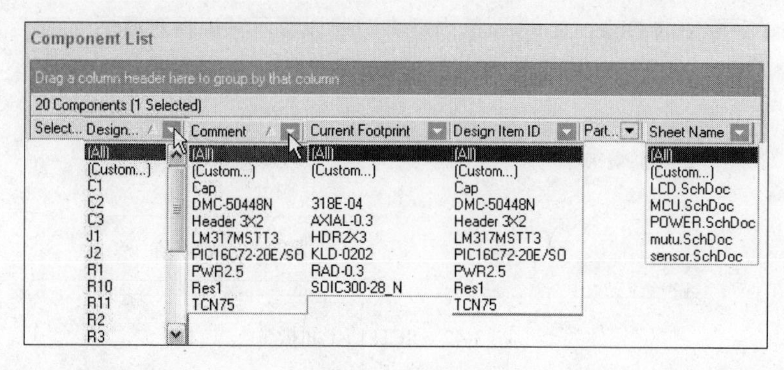

图 3-45 过滤条

在图 3-45 的所有过滤条选项中，默认情况均为［All］，此时，元件列表中显示当前项目中所有原理图的所有元件。过滤条包括 Designator、Comment、Current Footprint、Design Item ID、Sheet Name 等项。

如图 3-45 Designator 过滤项，是按照当前项目下的所有元件编号进行过滤的，适用于对某个元件的信息进行操作，若选中其中的 C1，其他过滤条选中［All］，此时将显示元件 C1 信息，如图 3-46 所示。

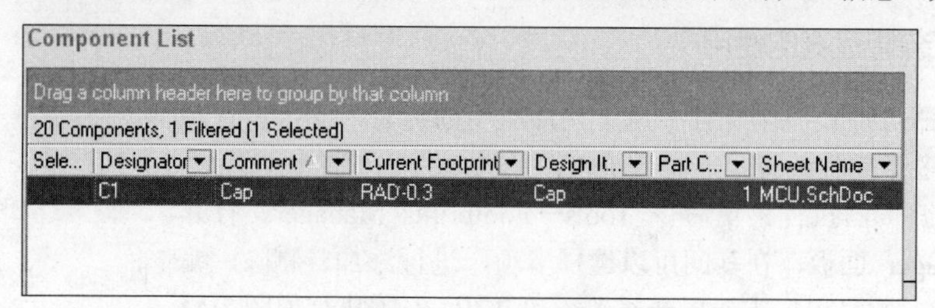

图 3-46 显示某个元件信息

如图 3-45 Comment、Current Footprint 和 Design Item ID 几个过滤项，是显示某类元件信息列表，如选中 Current Footprint 下的 AXIAL-0.3，其他过滤条选中［All］，此时将显示元件封装为 Axial-0.3 信息，如图 3-47 所示。

Component List

Drag a column header here to group by that column

20 Components, 11 Filtered (0 Selected)

Sele...	Designator	Comment	Current Footprint	Design It...	Part C...	Sheet Name
	R1	Res1	AXIAL-0.3	Res1	1	LCD.SchDoc
	R10	Res1	AXIAL-0.3	Res1	1	POWER.SchDoc
	R11	Res1	AXIAL-0.3	Res1	1	POWER.SchDoc
	R2	Res1	AXIAL-0.3	Res1	1	LCD.SchDoc
	R3	Res1	AXIAL-0.3	Res1	1	MCU.SchDoc
	R4	Res1	AXIAL-0.3	Res1	1	MCU.SchDoc
	R5	Res1	AXIAL-0.3	Res1	1	MCU.SchDoc
	R6	Res1	AXIAL-0.3	Res1	1	MCU.SchDoc
	R7	Res1	AXIAL-0.3	Res1	1	MCU.SchDoc
	R8	Res1	AXIAL-0.3	Res1	1	MCU.SchDoc
	R9	Res1	AXIAL-0.3	Res1	1	POWER.SchDoc

图 3-47 显示某类元件信息

如图 3-45 Sheet Name 过滤项，是按照当前项目下的某个原理图进行过滤，如选中 MCU.SchDoc，将显示此原理图下的所有元件信息，如图 3-48 所示。

Component List

Drag a column header here to group by that column

20 Components, 8 Filtered (0 Selected)

Sele...	Designator	Comment	Current Footprint	Design It...	Part C...	Sheet Name
	C1	Cap	RAD-0.3	Cap	1	MCU.SchDoc
	U2	PIC16C72-20E/S	SOIC300-28_N	PIC16C72-20E	1	MCU.SchDoc
	R3	Res1	AXIAL-0.3	Res1	1	MCU.SchDoc
	R4	Res1	AXIAL-0.3	Res1	1	MCU.SchDoc
	R5	Res1	AXIAL-0.3	Res1	1	MCU.SchDoc
	R6	Res1	AXIAL-0.3	Res1	1	MCU.SchDoc
	R7	Res1	AXIAL-0.3	Res1	1	MCU.SchDoc
	R8	Res1	AXIAL-0.3	Res1	1	MCU.SchDoc

图 3-48 显示某个原理图信息

设计者可以根据需要合理使用过滤功能来操作元件列表，从而达到操作某个元件或某类元件信息的目的。

2．元件封装的添加与设定

如图 3-47 所示，可以看到所有电阻元件的封装均为 AXIAL-0.3，选中 R1 信息条，在图 3-44 中的右侧 View and Edit Footprints 选项框中可显示和编辑元件封装，如图 3-49 所示。

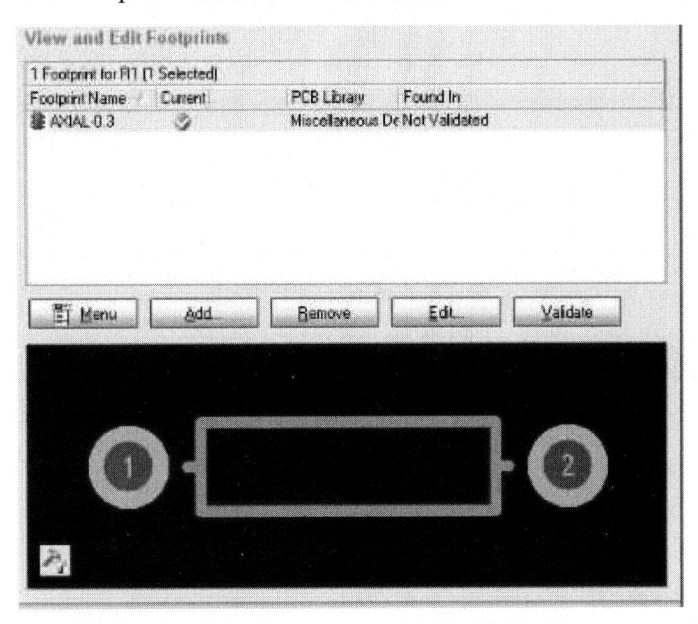

图 3-49 View and Edit Footprints 选项框

（1）添加封装。在图 3-49 中，单击 Add 按钮，弹出如图 3-50 所示的对话框，单击 Browse 按钮选择封装，如图 3-51 所示。单击 OK 按钮添加元件封装。

（2）设定封装。如图 3-52 所示，其中有✓的为当前元件的封装，若想更换封装，可在封装列表中选择元件封装并右击，在弹出的菜单中选择 Set As Current 完成封装的设定，如图 3-52 所示。

（3）验证封装及更改。如图 3-53 所示，在封装列表中的 Fond In 项显示的元件搜寻状态为 Not Validated，表示元件封装没有与元件库链接，即此时的封装还未生效，需要链接到元件库，单击 Validate 按钮进行链接，使封装生效，结果如图 3-54 所示，显示了封装所在的封装库。

PCB Model
Footprint Model
Name
Browse...
Pin Map...
Description
Footprint not found
PCB Library
Any
Library name
Library path
Choose...
Use footprint from component library Miscellaneous Devices.IntLib
Selected Footprint
Enter a footprint name
Found in:
OK
Cancel

图 3-50　PCB Model 对话框

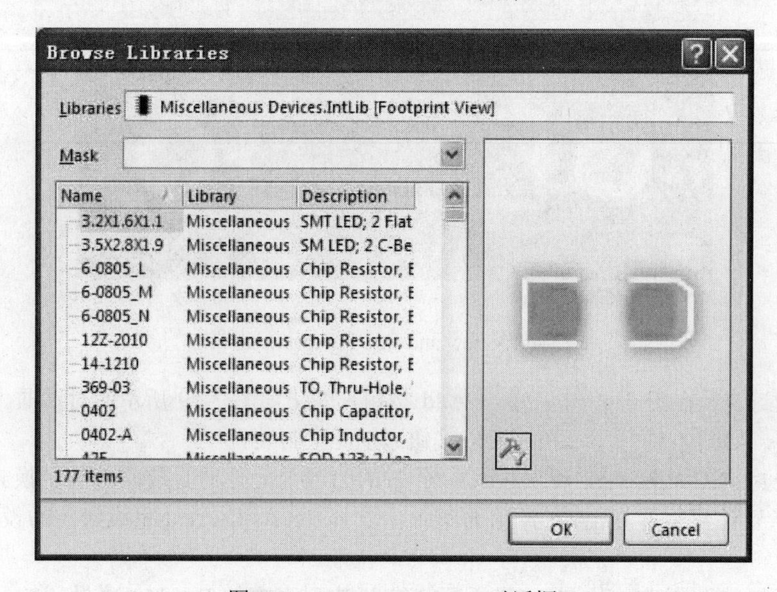

图 3-51　Browse Libraries 对话框

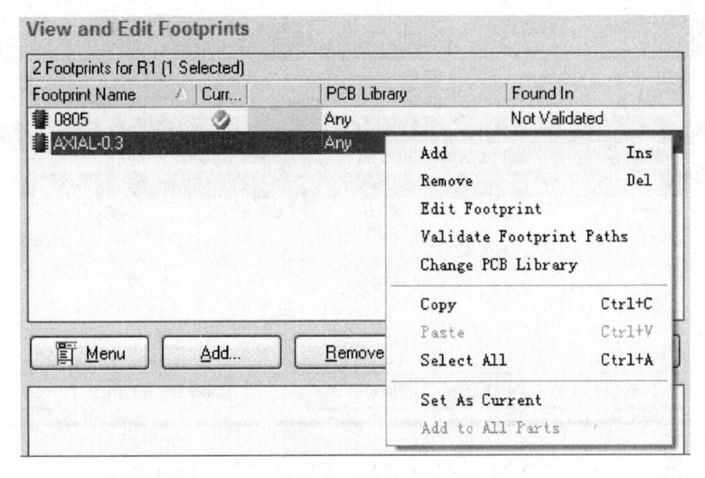

图 3-52 设定封装

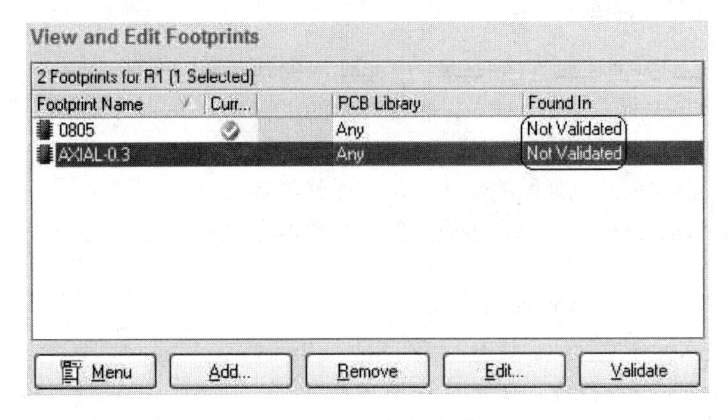

图 3-53 封装未生效

单击图 3-44 右下角的 Accept Changes［Creat ECO］按钮，完成对封装修改的验证，弹出如图 3-55 所示的 Engineering Change Order 对话框。单击 Validate Changes 按钮，可使改变生效，在 Check 项将显示☑，表示已经生效；单击 Execute Changes 按钮，可使改变执行，在 Done 项将显示☑，表示已经执行；同时，可单击 Report Changes 按钮，生成改变报告。如果改变都通过，可单击 Close 按钮完成验证。

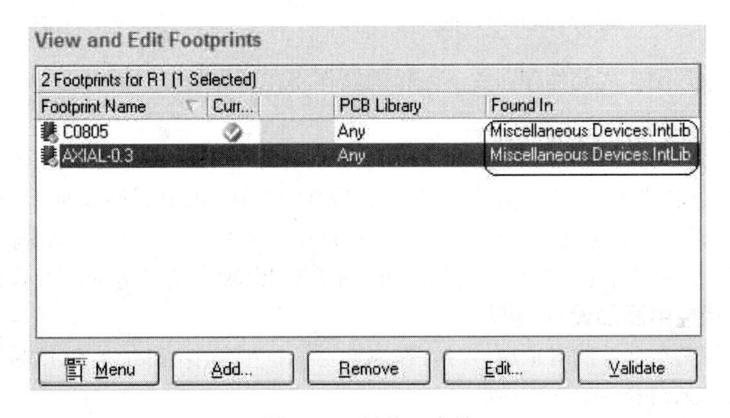

图 3-54 封装已生效

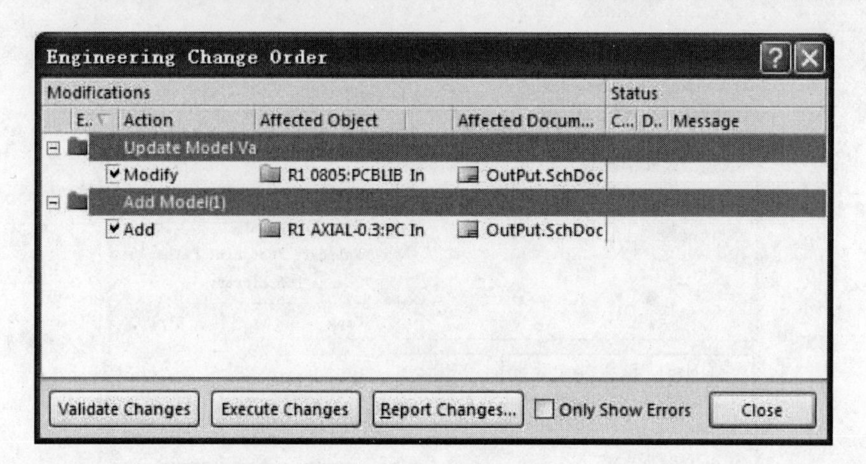

图 3-55　Engineering Change Order 对话框

3.2.6　自动生成元件库

Altium Designer 提供了原理图自动生成元件库的功能，即在已经设计完成的原理图文件中，将文件中的所有元件生成元件库。

（1）进入已绘制完成的原理图编辑状态，执行菜单命令 Design→Make Schematic Library，生成元件库并弹出确认信息，如图 3-56 所示。

（2）确认后产生一个与原理图同名的元件库文件 *.SCHLIB，此时进入元件库管理器状态，可在 SCH Library 面板中对所生成的元件进行操作，如图 3-57 所示。

图 3-56　Information 对话框

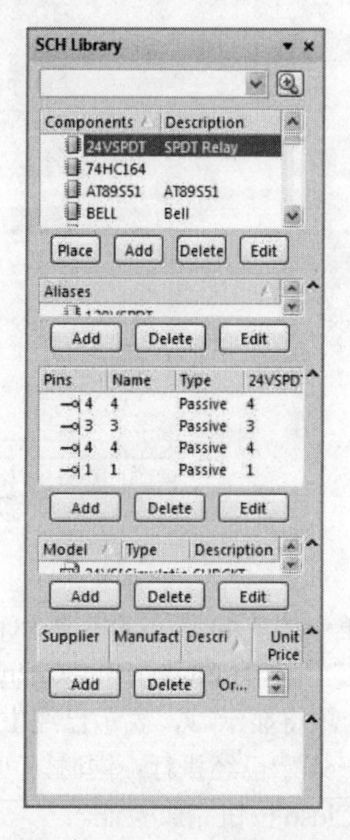

图 3-57　SCH Library 面板

此处是利用原理图生成元件库，关于元件的制作将在后面章节讲解。

3.2.7　原理图中添加 PCB 规则

Altium Designer 提供了在原理图添加 PCB 设计规则的功能。PCB 设计规则可以在 PCB 编辑器中定义。在 PCB 编辑器中定义的设计规则的作用范围是在规则中定义，而原理图编辑器定义的设计规则的作用范围是添加规则所处的位置。因此，原理图中设计规则的定义是为 PCB 设计做准备的。

1．在对象属性中添加设计规则

在编辑原理图某个元件的对象属性时，在属性对话框中单击 Add as Rule 按钮，将弹出如图 3-58 所示的 Parameter Properties 对话框。

单击对话框中的 Edit Rule Values 按钮，将弹出如图 3-59 所示的 Choose Design Rule Type 对话

框，在该对话框中可以选择要添加的设计规则。

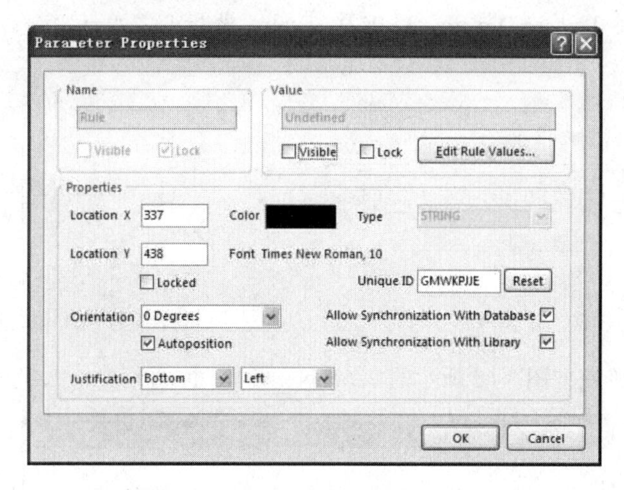

图 3-58　Parameter Properties 对话框

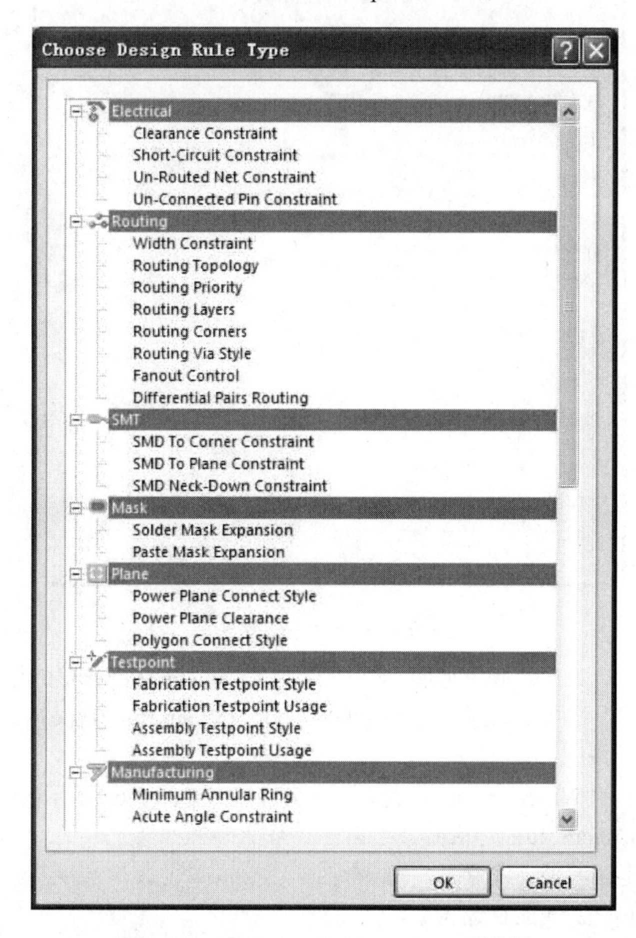

图 3-59　Choose Design Rule Type 对话框

2．在原理图中放置 PCB Layout 标志

针对原理图中的网络，需要采用放置 PCB Layout 标志来设置 PCB 设计规则。在图 3-60 所示

的电路，在其 VCC 网络和 GND 网络添加一条设计规则，设置两个网络走线宽度为 20mil。

（1）执行菜单命令 Place→Directives→PCB Layout，光标变成"十"字形，并出现 PCB Layout 标志，如图 3-61 所示。

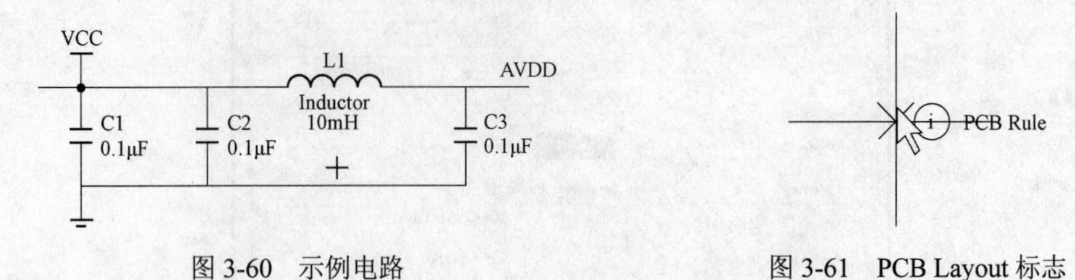

图 3-60　示例电路　　　　图 3-61　PCB Layout 标志

（2）按 Tab 键，弹出如图 3-62 所示的 Parameters 对话框。

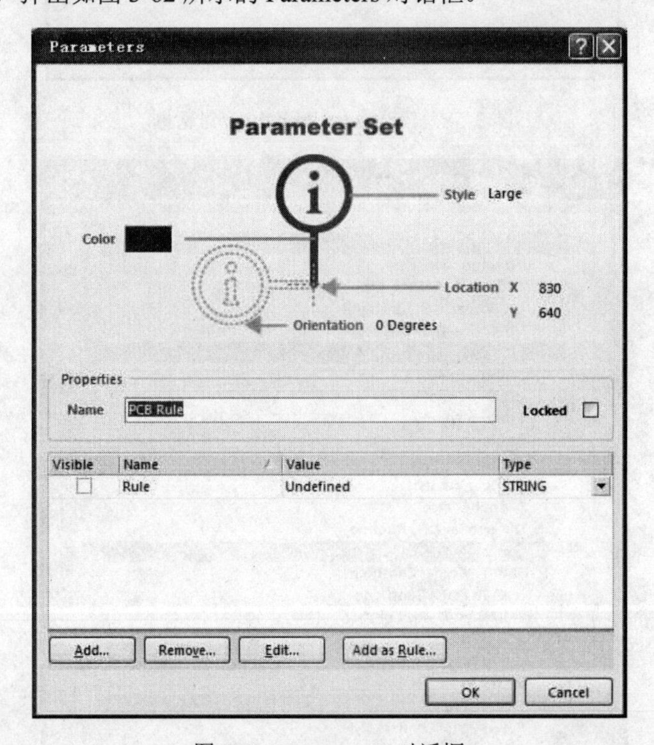

图 3-62　Parameters 对话框

（3）单击 Edit 按钮，系统将弹出如图 3-58 所示的 Parameter Properties 对话框。单击对话框中的 Edit Rule Value 按钮，将弹出如图 3-59 所示的 Choose Design Rule Type 对话框，在该对话框中可以选择要添加的设计规则。

（4）双击图 3-59 中的 Width Constraint 选项，系统将弹出如图 3-63 所示的 Edit PCB Rule（From Schematic）-Max-Min Width Rule 对话框。

1）Min Width：走线的最小线宽。

2）Preferred Width：走线的首选线宽。

3）Max Width：走线的最大线宽。

（5）将 Preferred Width 项设置为要设置的线宽 20mil，其他两项设置成将此宽度包含，如图 3-63 所示。

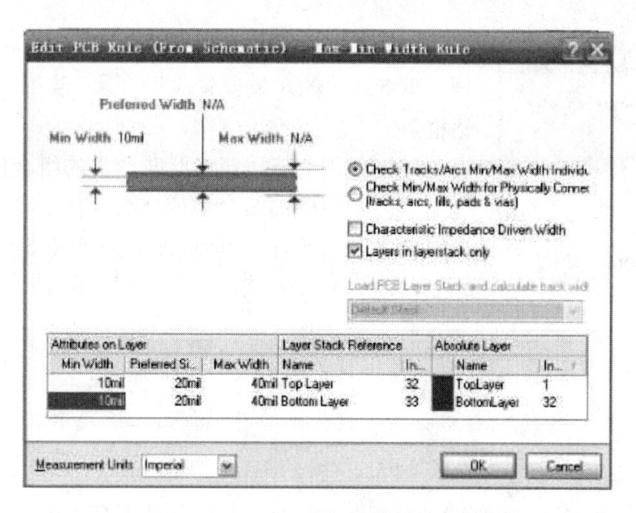

图 3-63　Edit PCB Rule 对话框

（6）将设置完成的 PCB Layout 标志放置到相应的网络中，完成网络线宽的设置，如图 3-64 所示。

3.2.8　创建 Union 组合体和通用电路片段

1．创建 Union 组合体

原理图设计过程中，涉及电路编辑时，需要对某些元件或是某块电路进行整体移动操作，必须将要移动的对象全部选中后才能进行整体移动，如图 3-65 所示。如操作不当将反复执行，造成操作不便，Altium Designer 提供了创建组合体的功能为操作提供了方便。

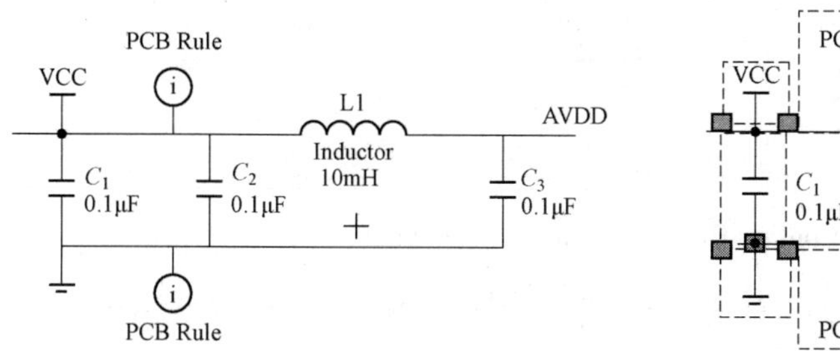

图 3-64　放置 PCB Layout 标志电路

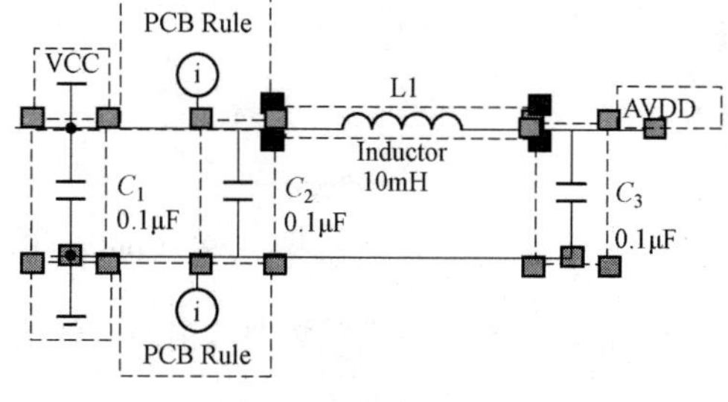

图 3-65　选中的电路

（1）按照图 3-65 选中的电路，在选中的电路上右击，选择 Unions 菜单如图 3-66 所示。

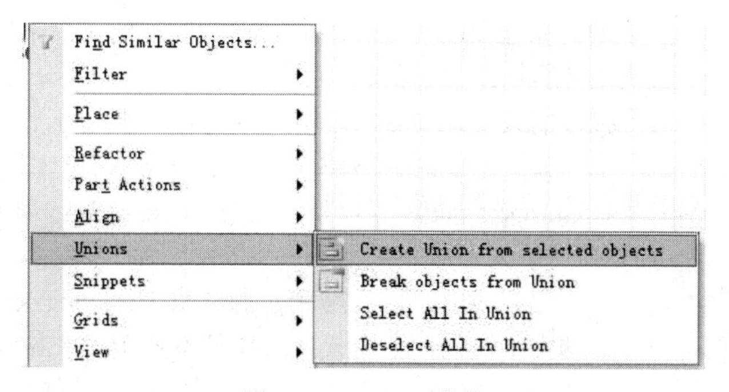

图 3-66　Unions 菜单

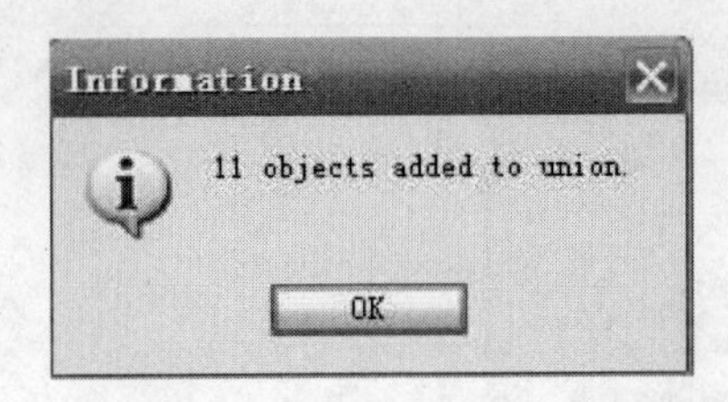

图 3-67 Information 对话框

（2）在弹出的菜单中选择 Create Union from selected objects 项，即将选中的对象设置成组合体，将弹出如图 3-67 所示的对话框。

（3）单击 OK 按钮，此时产生的组合体可整体移动。

（4）若要取消组合体或将组合体中某个对象取消组合，可在组合上右击选择 Unions 菜单，如图 3-68 所示，选择 Break objects from Union 项，弹出如图 3-69 所示的对话框。

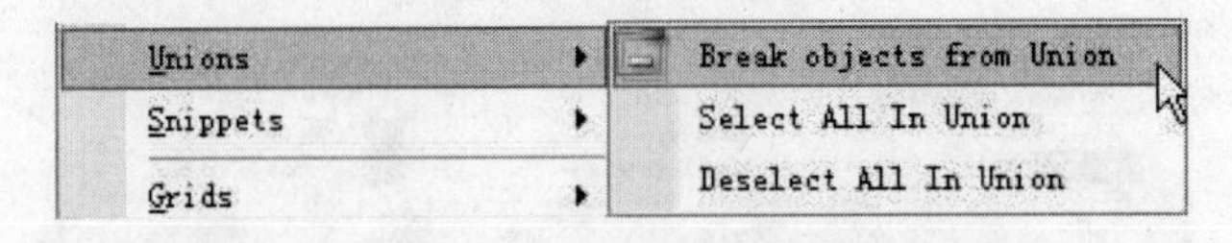

图 3-68 取消组合体菜单

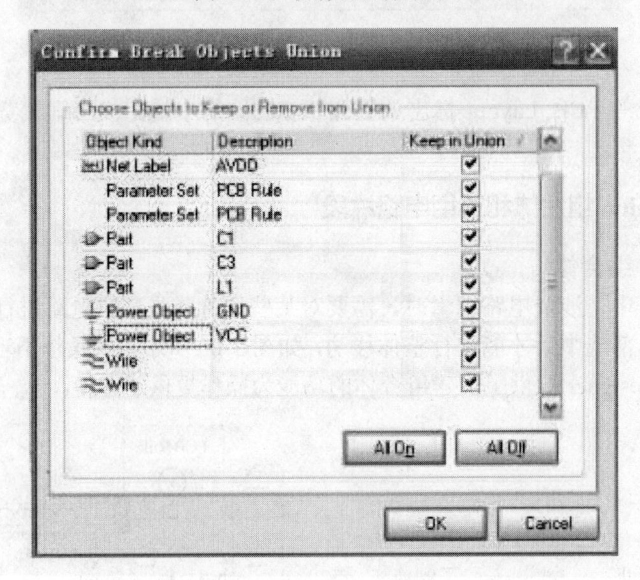

图 3-69 Confirm Break Objects Union 对话框

（5）在对话框中可设置将要取消组合体的对象，根据设计者的需求选择，设置后可单击 OK 按钮。

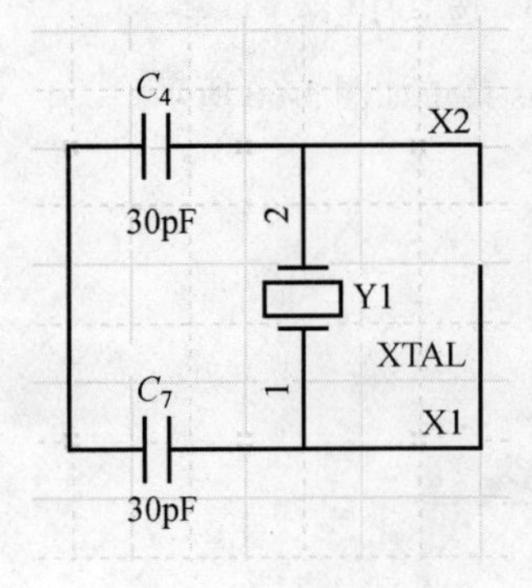

图 3-70 晶振电路

2．创建电路片段

对于专业的电路板设计者，经常进行大量的原理图设计，在长期的原理图设计过程中必会遇到同样电路的重复绘制，例如单片机的晶振电路，如图 3-70 所示。在 Altium Designer 中可通过创建电路片段的方式来积累常用电路，提高原理图的设计效率。

（1）选中晶振电路，在选中的电路上右击，在弹出的菜单中选择 Snippets，如图 3-71 所示，选中 Create Snippet from selected objects 项。

（2）弹出如图 3-72 所示的 Add New Snippet 对话框，可在 Name 后的文本输入框中设置电路片段的名称，单击 OK 按钮保存片段。

（3）在原理图编辑环境页面的右下菜单条中选择 System 项。

如图 3-73 所示，在弹出的菜单中选择 Snippets 项，将弹出如图 3-74 所示的 Snippets 面板，可对生成的电路片段进行应用。

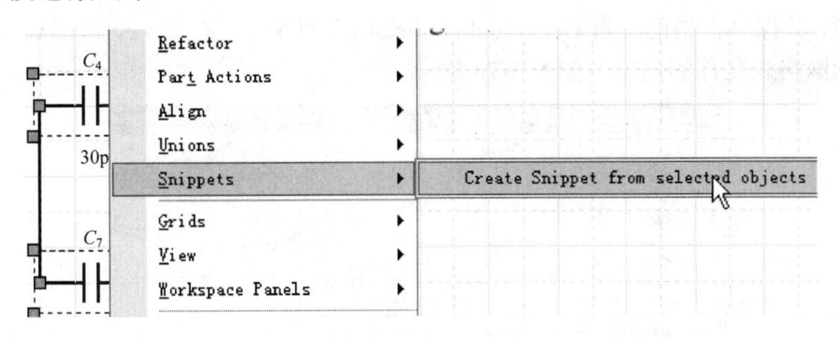

图 3-71 Snippets 菜单

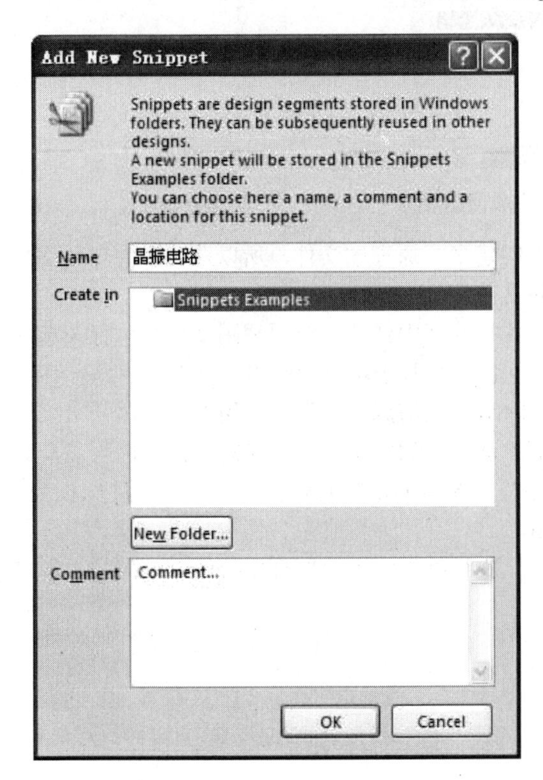

图 3-72 Add New Snippet 对话框

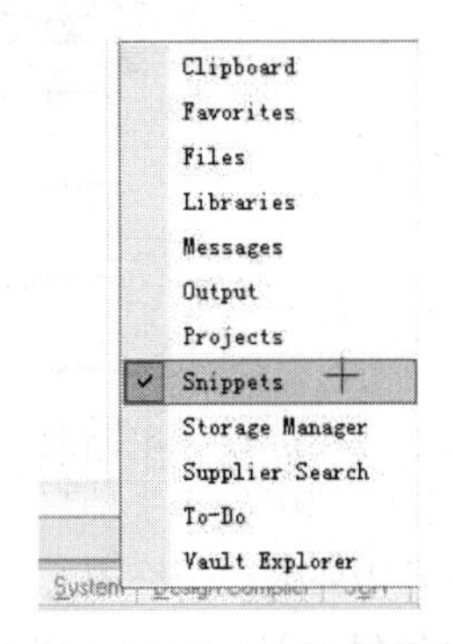

图 3-73 Snippets 菜单

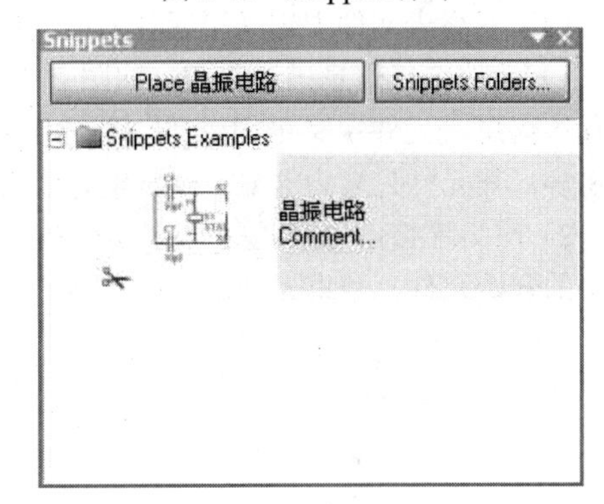

图 3-74 Snippets 面板

3.2.9 原理图报表生成

Altium Designer 具有丰富的报表功能，能方便地生成各种不同类型的报表，通过这些报表，可以掌握整个项目工程中的各种主要信息，以便及时对设计进行校对和修改等。常用的报表有网络表、材料清单报表等。

1. 生成网络表

对于电路设计而言，网络表的地位不亚于电路图。网络表是自动布线的基础，也是电路原理图与 PCB 设计之间的接口。网络表文件用文本的形式表示原理图文件中所有的网络连接信息和元件的电气信息，使用网络表文件，可以快速创建 PCB 印制电路板文件。创建网络表如下：

（1）打开电路原理图文档，进入原理图编辑环境。执行菜单命令 Design→Netlist For Document→Protel，系统会生成当前电路图的网络表文件*.NET，系统默认的网络表文件名与原理图文件名相同，并保存在当前项目 Generated\Netlistsfiles 目录下，在 Projects 面板中双击网络表文件，即可看到网络表文件的内容，如图 3-75 所示。

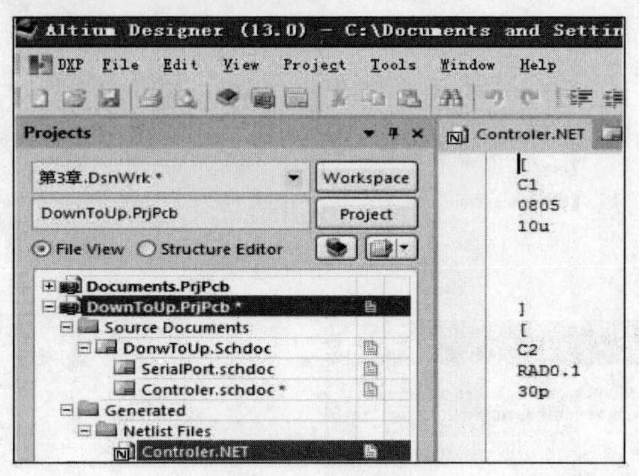

图 3-75　生成网络表

（2）由于在实际设计电路时，需要在项目下创建多个原理图文件，所以还可以为项目文件创建网络表文件，其中包含了项目中全部原理图的文件信息。

（3）打开需要创建网络表文件的项目文件，并打开其中任意一个原理图文件，执行菜单命令 Design→Netlist For Document→Protel，即可自动创建一个基于项目的网络表文件。

（4）网络表文件中定义了元件的电气信息和网络连接信息，它们分别用不同的语句来描述。

1）元件电气信息描述语句：如图 3-76 所示。这些语句定义了元件封装、元件标号以及元件注释等信息，元件定义语句以“[ ]”号作为分隔符。图中的语句具体描述了一个元件标识为 C1 的电容，其元件封装为 RAD-0.1，电容值为 0.1μF。

2）网络连接信息描述语句：如图 3-77 所示。这些语句以“()”号作为分隔符，其中定义了网络的开始元件、结束元件以及网络名称。

图 3-76　元件电气信息描述语句　　　　图 3-77　网络连接信息描述语句

2．生成材料清单报表

材料清单报表包括两部分：整个项目总的材料清单报表和项目中各原理图的材料清单报表。下面将介绍如何生成项目总的材料清单报表。

（1）生成材料清单报表。打开需要生成材料清单报表的项目文件，执行菜单命令 Report→Bill of Materials，打开 Bill of Materials 对话框，如图 3-78 所示。

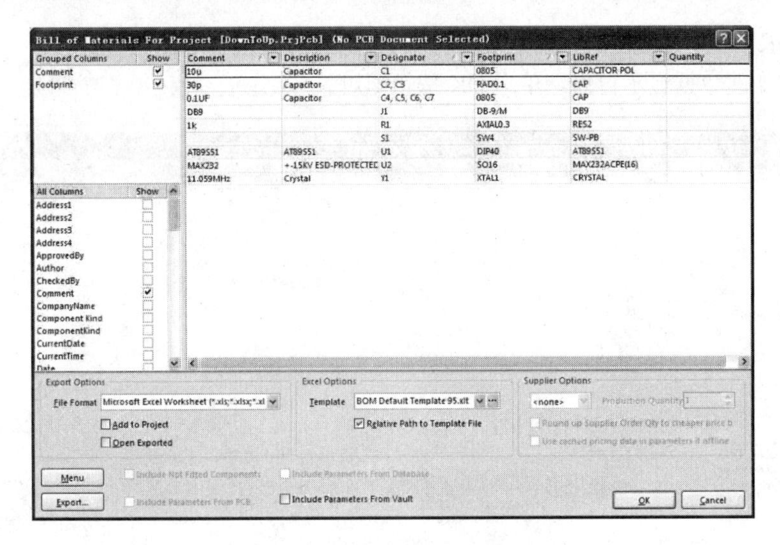

图 3-78　Bill of Materials 对话框

（2）使用 Bill of Materials 对话框在生成材料清单报表时，可以利用 Bill of Materials 对话框来帮助设计者设置报表的格式。在该对话框中可以显示、隐藏或移动元件所在的列，然后在打印报表之前过滤列中的数据。下面就对报表的格式进行设置，对列进行操作。

1）对元件所在的列进行操作。如图 3-78 所示的对话框中的左半部分包括 Grouped Columns（群列）和 All Columns（所有行）两部分，“所有行”部分包含了当前激活的工程中的所有元件。如果需要将哪一行显示，只需勾选该行即可。如果需要规划哪一行，只需要单击相应的行，然后将其拖曳到群列部分中即可。如果将 LibRef 和 Comment 这两列也加入到群列部分，就可以对群列内显示的元件设置挑选的顺序。为进行下面对数据的挑选和过滤，将 LibRef 和 Comment 这两列拖曳到 Grouped Columns 部分，如图 3-79 所示。设置列及列中元件的挑选顺序，利用单击后拖曳的方式即可完成。

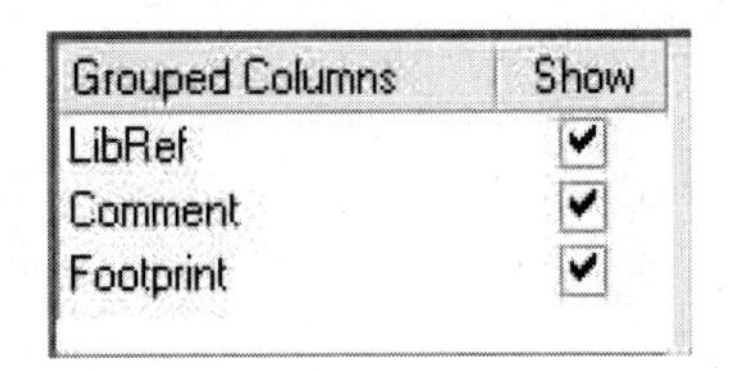

图 3-79　将 LibRef 和 Comment 加入到群列中

2）对数据进行过滤。就是用户在所有元件中将需要显示的个别数据挑选出来。过滤的步骤如下。

①单击 LibRef 或其他选项部分的下拉列表，在弹出的列表中选择 Custom 项，如图 3-80 所示（通过哪个选项对数据进行过滤，单击哪个选项后面的下拉列表即可）。

②这时会出现如图 3-81 所示的对话框，在该对话框中的空白框内填入需要滤出的数据项。例如，想要将原理图中电阻的数据列出，在空白框内填入 Res1 即可。

图 3-80　选择 Custom 项进行数据的过滤

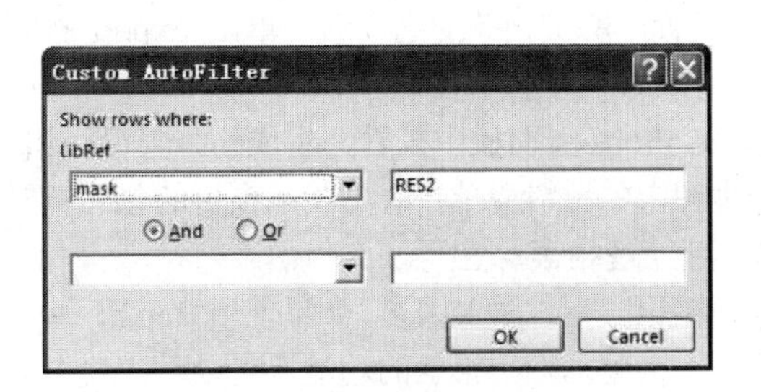

图 3-81　过滤数据对话框

③单击 OK 按钮，则系统将开始过滤数据，过滤好的数据如图 3-82 所示。

④关闭过滤的数据显示窗口，单击 OK 按钮即可。

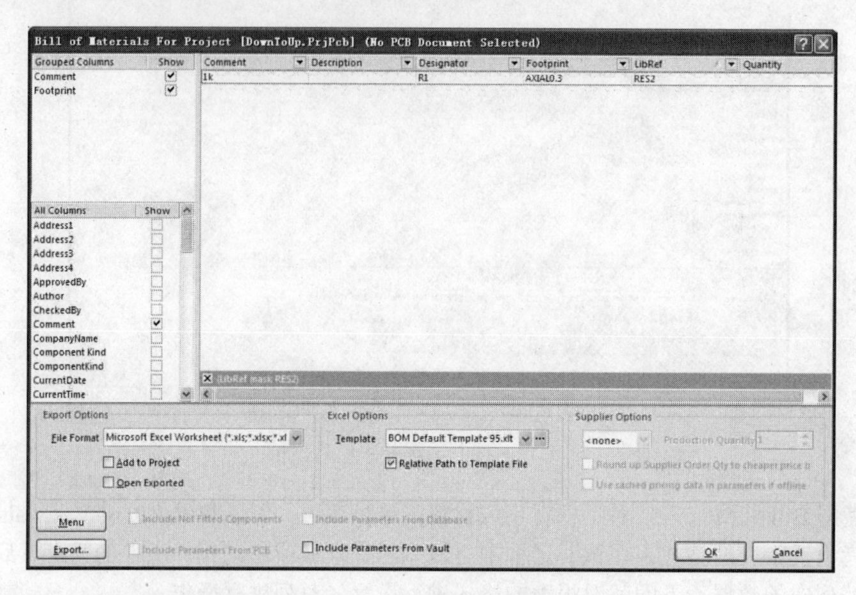

图 3-82　显示过滤好的数据

（3）输出材料清单报表。输出材料清单报表的操作步骤如下。

1）设置报表格式，软件环境共提供了 5 种格式，用户可根据自己的要求选择所需要的格式。本例中选择 Excel 格式，如图 3-83 所示。

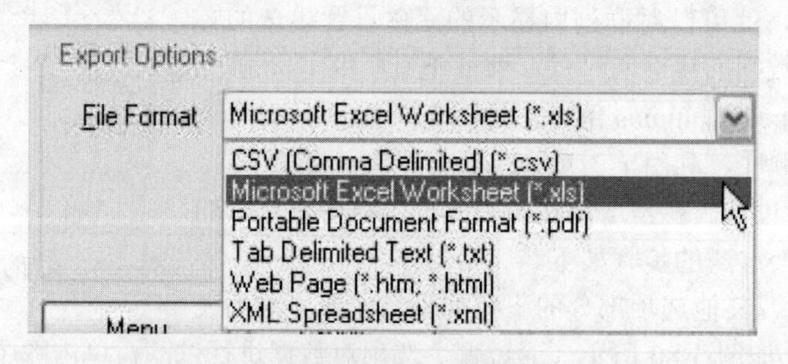

图 3-83　设置生成的报表的格式

2）如果需要应用相关的软件，例如 Microsoft Excel 软件来打开保存的报表，选中 Open Exported 复选框，如果需要将生成的报表加入到所设计的工程中，选中 Add to Project 复选框。

3）设置好所有相关的选项后，单击 Export 按钮，弹出保存对话框，保存后自动打开生成的报表，如图 3-84 所示。

4）在 Projects 面板中查看，生成的报表已经加到项目文件中，如图 3-85 所示。生成项目中的各原理图中的材料清单报表与生成项目的总的材料清单报表过程一样。

3．批处理报表输出

原理图报表文件种类繁多，如果使用 Report 菜单中的命令生成，效率低。为此，Altium Designer 提供了一个批处理输出报表的功能，可以一次性生成各种报表文件。下面举例说明使用批处理的功能生成报表文件的方法。

（1）打开需要采用批处理方法输出各种报表的项目文件。

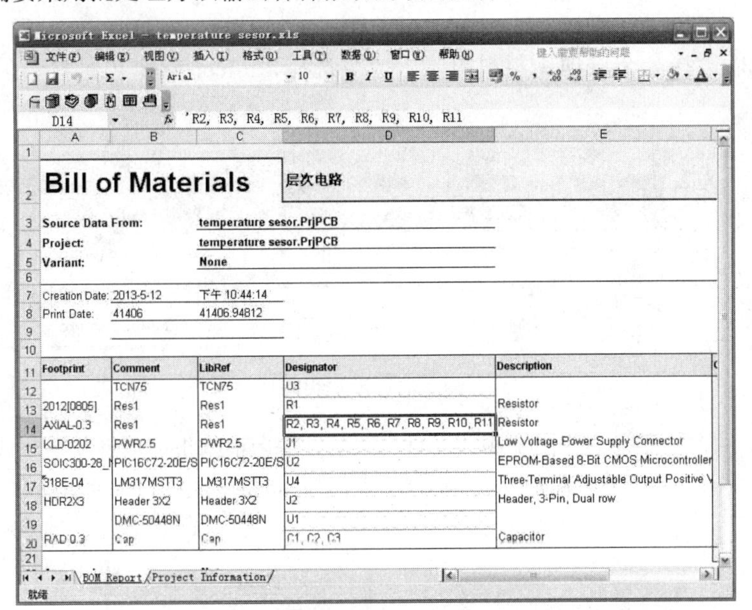

Microsoft Excel - temperature sesor.xls

D14 'R2, R3, R4, R5, R6, R7, R8, R9, R10, R11

Bill of Materials 层次电路

Source Data From:	temperature sesor.PrjPCB
Project:	temperature sesor.PrjPCB
Variant:	None
Creation Date: 2013-5-12	下午 10:44:14
Print Date: 41406	41406.94812

Footprint	Comment	LibRef	Designator	Description
	TCN75	TCN75	U3	
2012[0805]	Res1	Res1	R1	Resistor
AXIAL-0.3	Res1	Res1	R2, R3, R4, R5, R6, R7, R8, R9, R10, R11	Resistor
KLD-0202	PWR2.5	PWR2.5	J1	Low Voltage Power Supply Connector
SOIC300-28_N	PIC16C72-20E/S	PIC16C72-20E/S	U2	EPROM-Based 8-Bit CMOS Microcontroller
318E-04	LM317MSTT3	LM317MSTT3	U4	Three-Terminal Adjustable Output Positive V
HDR2X3	Header 3X2	Header 3X2	J2	Header, 3-Pin, Dual row
	DMC-50448N	DMC-50448N	U1	
RAD 0.3	Cap	Cap	C1, C2, C3	Capacitor

BOM Report / Project Information

图 3-84 生成 Excel 格式的元件的报表

（2）执行菜单命令 File→New→Out job file，弹出如图 3-86 所示的 Out Job（输出工作）环境。其中，列出了所有可以输出的报表选项和文件内容的简要描述。

Netlist Outputs 报表文件栏输出网络表输出文件；Documentation Outputs 报表文件栏中输出原理图文档和 PCB 设计文档输出文件；Assembly Outputs 报表文件栏中输出 PCB 汇编数据输出文件；Fabrication Outputs 报表文件栏输出电路板加工文件；Report Outputs 报表文件栏输出报表文件输出项；Validation Outputs 报表文件输出电气检查报告。每个文件提供了名称、支持的工作环境、数据源和批处理等选项。

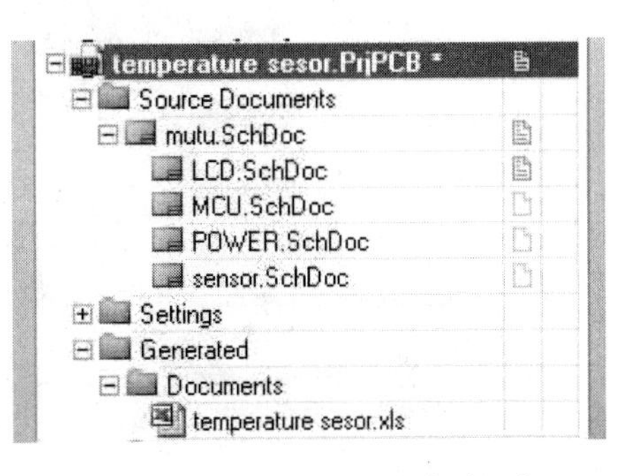

图 3-85 Projects 面板中查看报表

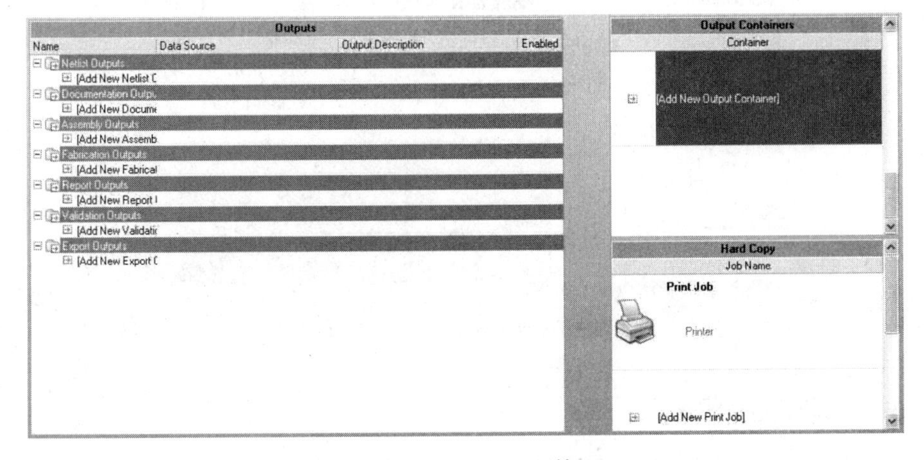

图 3-86 Out Job 环境

（3）要输出其中某种报表文件，需先添加某个报表，如单击 Report Outputs 下的 Add New Report Output，如图 3-87 所示。选择 Bil of Materials 材料报表，这里一个项目中可能包含多个原理图，可以选择某个原理图材料报表，也可选择 Project 整个项目材料报表。这里选择 Project。

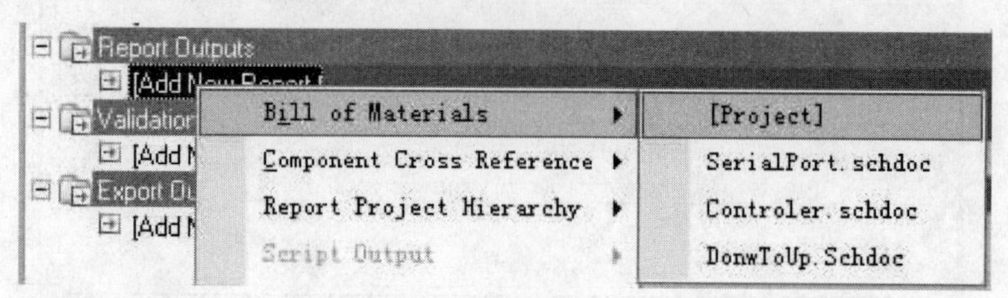

图 3-87　添加报表

（4）按上面的方法添加要生成的报表文件，添加完成后根据报表的性质可生成 PDF 文件、文本文件或打印输出。选择文本和要完成的操作，它们之间将产生链接关系，如图 3-88～图 3-90 所示。

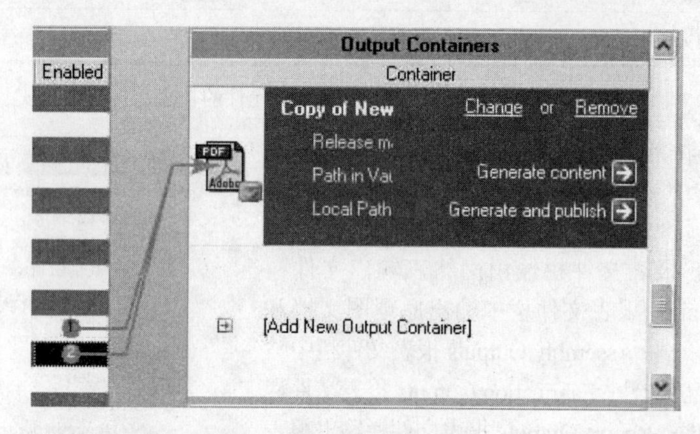

图 3-88　生成 PDF 文件

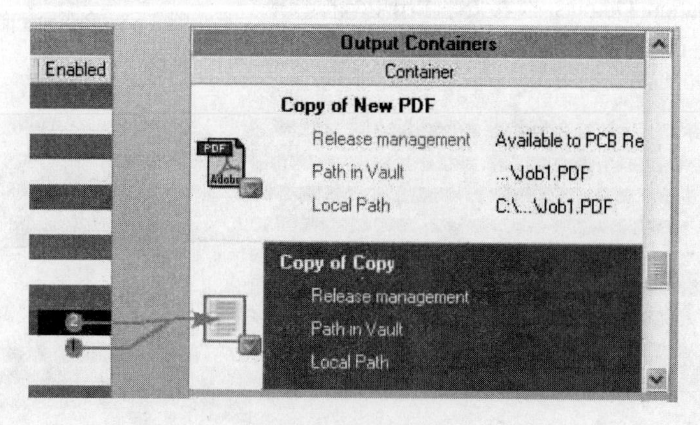

图 3-89　生成文本文件

3.2.10　原理图的打印输出

原理图绘制结束后，往往要通过打印机或绘图仪输出，以供设计人员参考、备档。用打印机

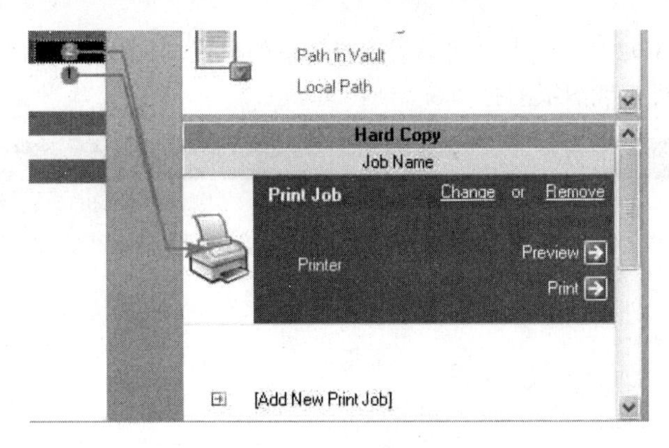

图 3-90 打印输出报表

打印输出，首先要对页面进行设置，然后设置打印机，包括打印机的类型设置、纸张大小的设定、原理图图纸的设定等内容。

1．页面设置

（1）打开要输出的原理图，执行菜单命令 File→Page Setup，系统将弹出如图 3-91 所示的原理图打印属性对话框。

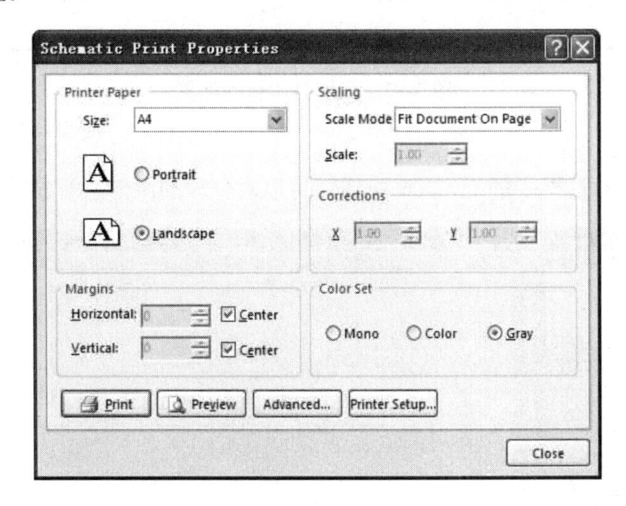

图 3-91 原理图打印属性对话框

（2）设置各项参数。在这个对话框中需要设置打印机类型，选择目标图形文件类型，设置颜色等。

1）Size：选择打印纸的大小，并设置打印纸的方向，包括 Portrait（纵向）和 Landscape（横向）。

2）Scale Mode：设置缩放比例模式，可以选择 Fit Document On Page（文档适应整个页面）和 Scaled Print（按比例打印）。当选择了 Scaled Print 时，Scale 和 Corrections 编辑框将有效，设计人员可以在此输入打印比例。

3）Margins：设置页边距，分别可以设置水平和垂直方向的页边距，如果选中 Center 复选框，则不能设置页边距，默认中心模式。

4）Color Set：输出颜色的设置，可以分别输出 Mono（单色）、Color（彩色）和 Gray（灰色）。

2．打印机设置

单击图 3-91 所示对话框中的 Printer Setup 按钮或者直接执行菜单命令 File→Print，出现打印机配置对话框，如图 3-92 所示。此时可以设置打印机的配置，包括打印的页码、份数等，设置完毕，单击 OK 按钮即可实现图纸的打印。

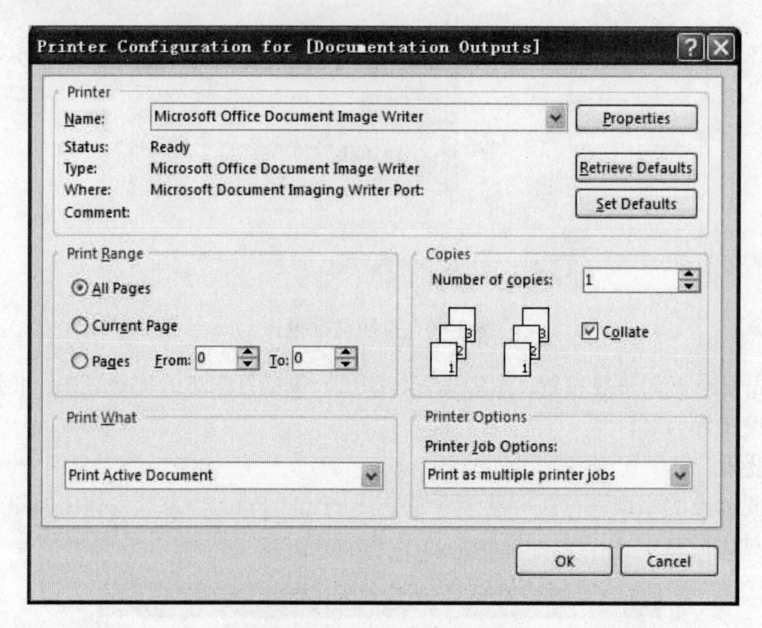

图 3-92　设置打印机的配置

3．打印预览

单击图 3-91 所示对话框中的 Preview 按钮，可以对打印的图形进行预览，如图 3-93 所示。

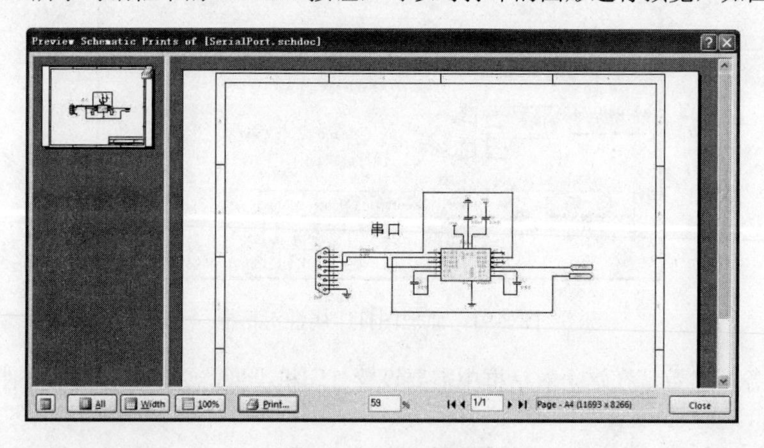

图 3-93　打印预览

4．打印

要执行打印操作，可选用以下三种方法之一：

方法 1：执行菜单命令 File→Print，进入打印机设置对话框。当设置完毕后单击 OK 按钮执行打印操作。

方法 2：页面设置完成，在页面设置对话框中单击 Print 按钮执行打印操作。

方法 3：任何时候都可以单击标准工具栏上的按钮执行打印操作。

绘制原理图元件

原理图元件是组成原理图必不可少的部分，Altium Designer 提供了丰富的原理图元件库，这些元件库中存放的元件可以满足一般原理图设计的要求。但是，随着电子技术的发展，新元件的不断出现，在实际项目中，仍有部分元器件在库中没有收录或库中的元件与实际元器件存在一定的差异。这时，就要根据实际元件的电气特性和外形去创建需要的原理图元件。

本章要点

（1）元件库编辑管理器。
（2）元件符号模型添加。
（3）多个部件元件的绘制。
（4）原理图元件的同步更新。

4.1　原理图元件库

4.1.1　元件库编辑器的启动

（1）执行菜单命令 File→New→Project→PCB Project，创建一个 PCB 项目文档，命名为 Mylib.PrjPCB。

（2）执行菜单命令 File→New→Library→Schematic Library，创建一个原理图元件库文档，另存为 Myuse.SCHLIB，启动进入原理图元件库编辑器的工作界面，如图 4-1 所示。

4.1.2　元件库编辑管理器

单击如图 4-2 所示的元件库编辑管理器的选项卡 SCH Library，就可以看到元件库编辑管理器。

元件库编辑管理器有四个区域：Components（元件）区域、Aliases（别名）区域、Pins（引脚）区域、Model（元件模式）区域。图 4-2 中的第一行为空白编辑框，用于筛选元件。当在该编辑框输入元件名的开头字符时，在元件列表中将会只显示以这些字符开头的元件，例如 LM。

1．Components 区域

此区域的主要功能是查找、选择及取用元件。当打开一个元件库时，元件列表就会列出本元件库内所有元件的名称。要取用元件，只要将光标移到该元件名称上，然后单击 Place 按钮即可。如果直接双击某个元件名称，也可以取出该元件。

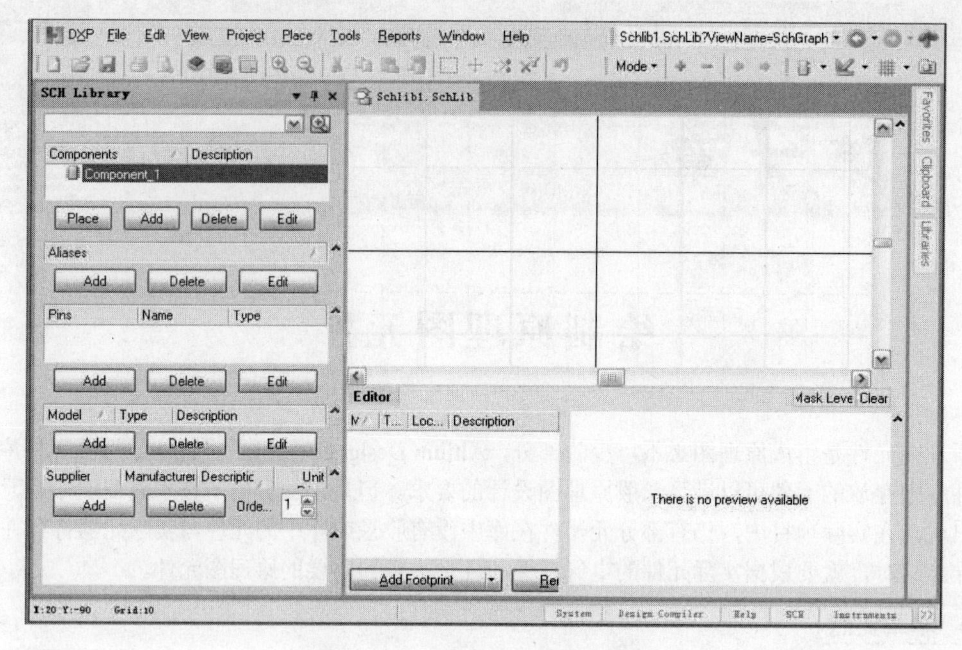

图 4-1　原理图元件库编辑器界面

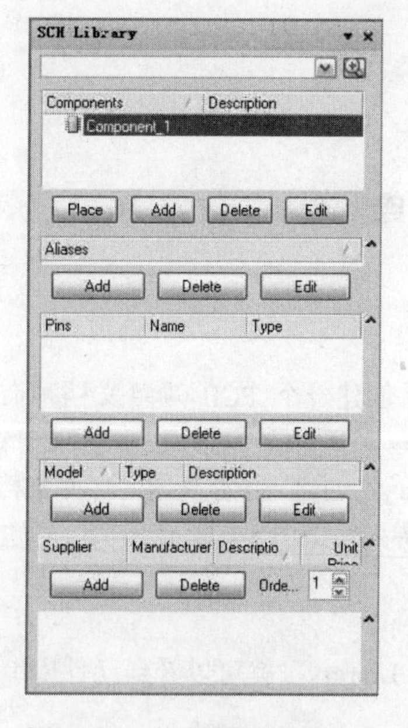

（1）Place 按钮：将所选元件放置到原理图中。单击该按钮后，系统自动切换到原理图设计界面，同时原理图元件库编辑器退到后台运行。

（2）Add 按钮：添加元件，将指定的元件名称添加到该元件库中，单击该按钮后，会出现如图 4-3 所示的对话框。输入指定的元件名称，单击 OK 按钮即可将指定元件添加进元件库。

（3）Delete 按钮：用于删除选定的元件。

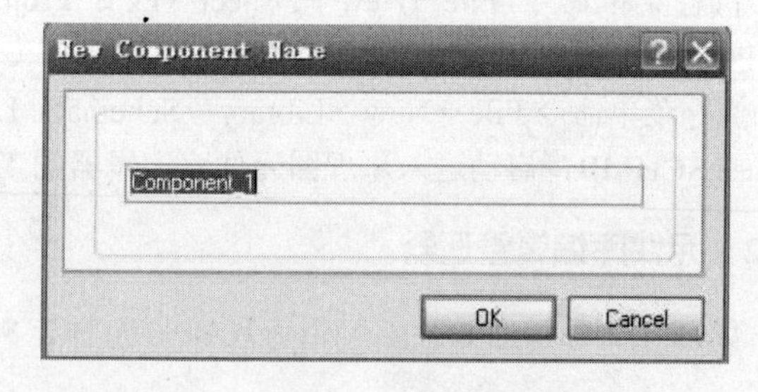

图 4-2　元件库编辑管理器

图 4-3　添加元件对话框

（4）Edit 按钮：单击该按钮后系统将启动元件属性对话框，如图 4-4 所示，此时可以设置元件的相关属性。

2．Aliases 区域

此区域主要用来设置所选元件的别名。可以为同一个元件的原理图符号设置别名。例如，有些库元件的功能、封装和引脚形式完全相同，只是由于产自不同的厂家，其元件型号并不完全一致。对于这类库元件，无需再单独创建一个新的原理图符号，只需将已创建的库元件添加一个或多个别名即可。其中，按钮功能：

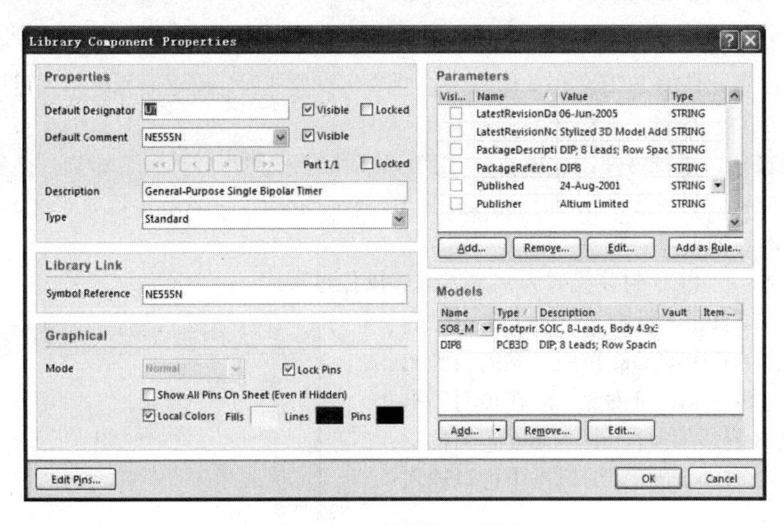

图 4-4　元件属性对话框

（1）Add 按钮：为选定元件添加一个别名。

（2）Delete 按钮：删除选定的别名。

（3）Edit 按钮：编辑选定的别名。

3．Pins 区域

此区域的主要功能是将当前工作区域中元件引脚的名称及状态列于引脚列表中，引脚区域用于显示引脚信息。

（1）Add 按钮：可以向选中元件添加新的引脚。

（2）Delete 按钮：可以从所选中的元件中删除引脚。

（3）Edit 按钮：单击该按钮系统将会弹出如图 4-5 所示的元件引脚属性对话框，可对元件引脚的相关属性进行设置。

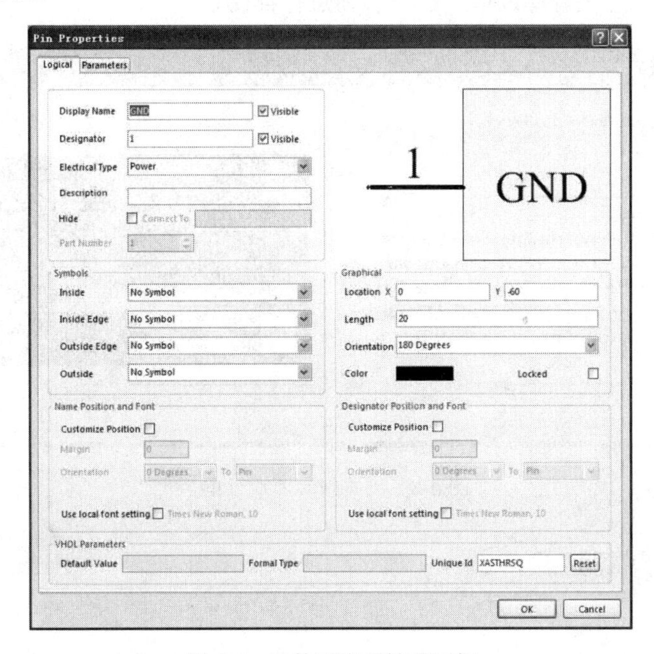

图 4-5　元件引脚属性对话框

4．Model 区域

其功能是指定元件的 PCB 封装、信号完整性或仿真模式等。指定的元件模式可以连接和映射到原理图的元件上。

单击 Add 按钮，系统将弹出如图 4-6 所示的对话框，此时可以为元件添加一个新的模式。然后在 Model 区域就会显示一个刚刚添加的新模式，双击该模式，或者选中该模式后单击 Edit 按钮，可以对该模式进行编辑。

下面以添加一个 PCB 封装模式为例讲述具体操作过程。

（1）单击 Add 按钮，添加一个 Footprint 模式。

（2）单击图 4-6 中的 OK 按钮，系统将弹出如图 4-7 所示的 PCB Model 对话框，在该对话框中可以设置 PCB 封装的属性。在 Name 编辑框中可以输入封装名，Description 编辑框中可以输入封装的描述。

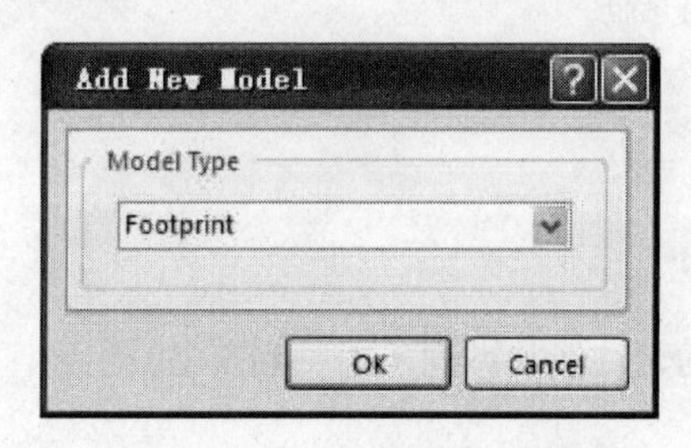

图 4-6　添加一个新的元件模式

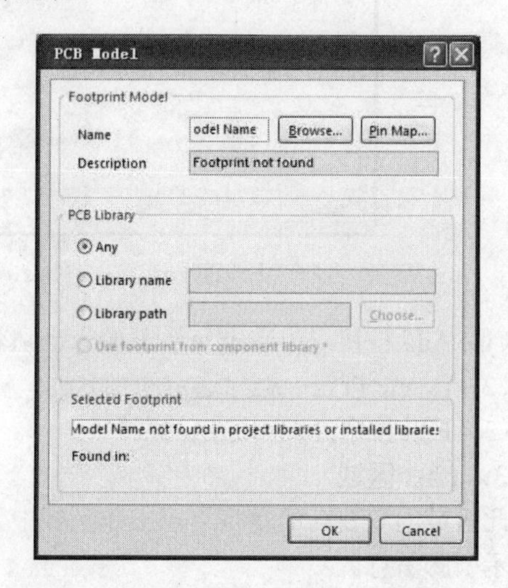

图 4-7　PCB Model 对话框

（3）单击图 4-7 中的 Browse 按钮可以选择封装类型，并弹出如图 4-8 所示的对话框，此时可以选择封装类型，然后单击 OK 按钮即可。如果当前没有装载需要的元件封装库，则可以单击图 4-8 中的…按钮装载一个元件库或单击 Find 按钮进行查找。

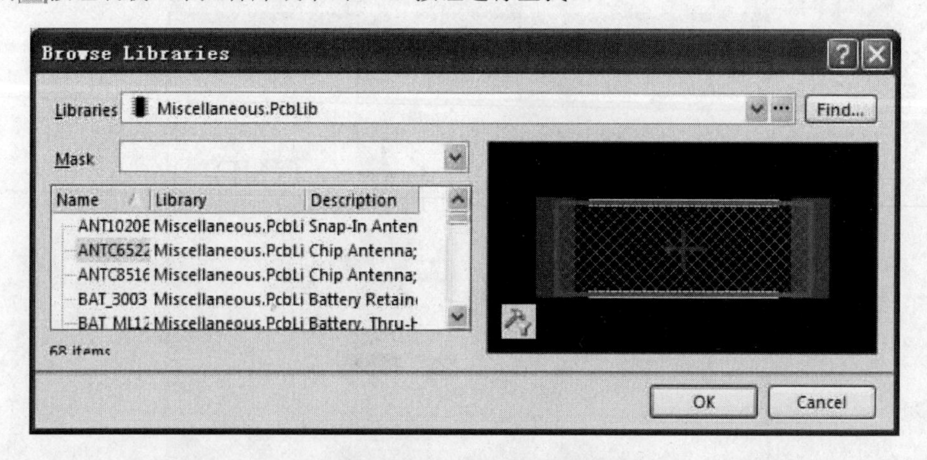

图 4-8　浏览封装库对话框

4.1.3　元件库编辑器工具

1．绘图工具

执行菜单命令 View→Toolbars→Utilities，显示 Utilities 工具栏，单击 Utilities 工具栏 按

钮，弹出如图 4-9 所示的绘图工具。绘图工具栏上各按钮的功能见表 4-1。绘图工具中的命令也可以从 Place 下拉菜单中直接选取。

表 4-1　　绘图工具功能

按钮	功　能	按钮	功　能
	（Line）绘直线		（Beziers）绘曲线
	（Elliptical Arc）绘椭圆弧		（Polygon）绘多边形
	（Text）放置文字		（Text Frame）放置文本框
	（Component）创建元件		（Part）创建元件的一个部分
	（Rectangle）绘实心矩形		（Round Rectangle）绘圆角矩形
	（Ellipse）绘椭圆		（Graphic）放置图片
	（Pin）放置引脚		

2．IEEE 工具栏

单击 Utilities 工具栏按钮，得到如图 4-10 所示的 IEEE 工具栏。IEEE 工具栏的打开与关闭是通过执行 View→Toolbars→Sch Lib IEEE 菜单命令实现的。IEEE 工具栏中的命令也对应 Place 菜单中 IEEE Symbols 子菜单上的各命令，因此也可以从 Place→IEEE Symbols 下拉菜单中直接选取命令。

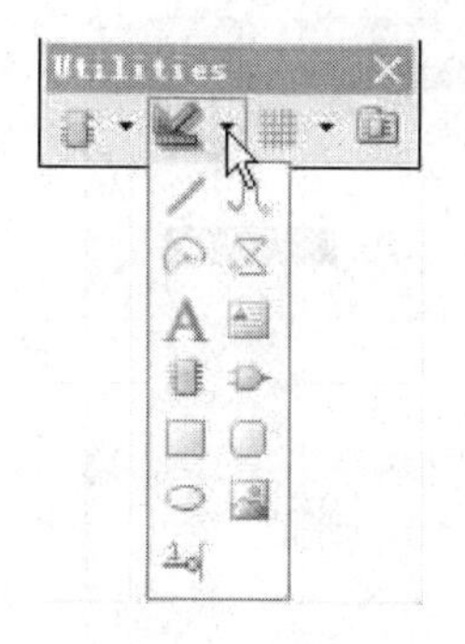

图 4-9　绘图工具

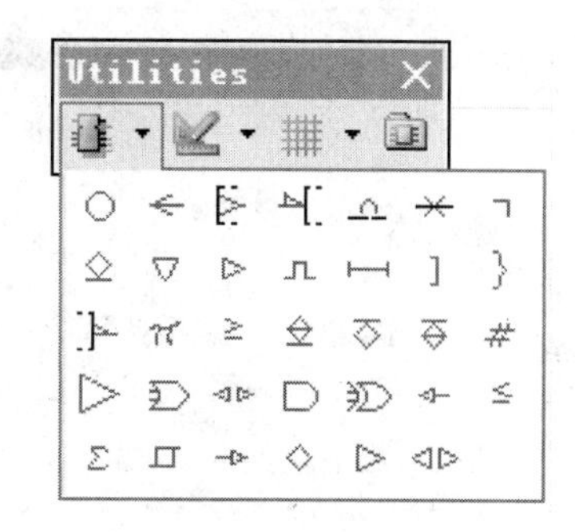

图 4-10　IEEE 工具栏

4.2　绘制简单元件

4.2.1　新建一个元件符号

在实际应用中，若遇到所需要的元件在自带的库里找不到的情形，需要自己绘制新元件。设计者可在一个已打开的库中执行 Tools→New Component 菜单命令新建一个原理图元件。由于新建的库文件中通常已包含一个空的元件图纸，因此一般只需要将 Component_1 重命名就可以开始对第一个元件进行设计。下面以图 4-11 时基集成电路 NE555N 为例详细介绍绘制新元件的操作方法。

1．元件命名

（1）在图 4-2 SCH Library 面板上的 Components 列表中选中 Component_1 选项，执行菜单命令 Tools→Rename，在重命名元件对话框里输入一个新的、可唯一标识该元件的名称，如图 4-12

所示。如 NE555N，单击 OK 按钮。

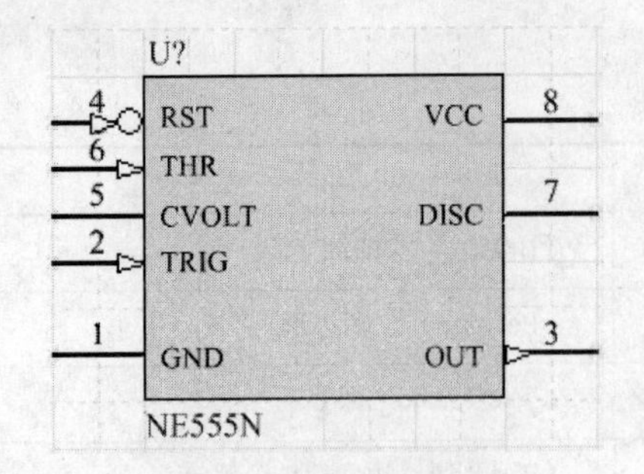

图 4-11　NE555N 元件图

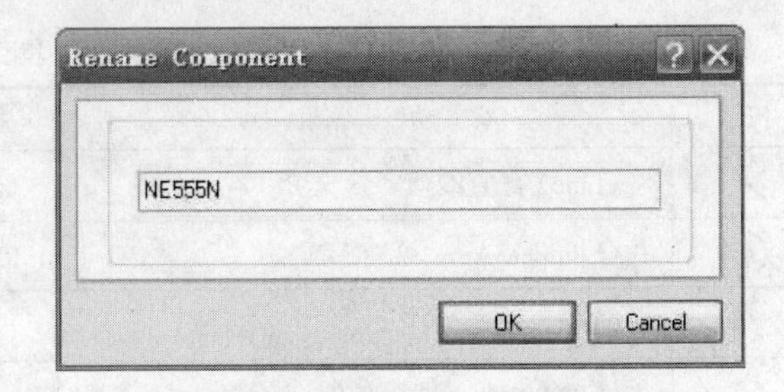

图 4-12　Rename Component 对话框

（2）如有必要，执行菜单命令 Edit→Jump→origin，将设计图纸的原点定位到设计窗口的中心位置。检查窗口左下角的状态栏，确认光标已移动到原点位置。新的元件将在原点周围生成，此时可看到在图纸中心有一个十字准线。设计者应该在原点附近创建新的元件，因为在以后放置该元件时，系统会根据原点附近的电气热点定位该元件。

（3）执行菜单命令 Tools→Document Options 可在如图 4-13 所示的 Library Editor Workspace 对话框中设置单位、捕获网格和可视网格参数。针对当前使用的例子，单击图 4-13 的 Units 标签，此处需要在图 4-14 中设置各项参数。选中 Imperial unit used 复选框，使用 Dxp Defaults。单击 OK 按钮关闭对话框。

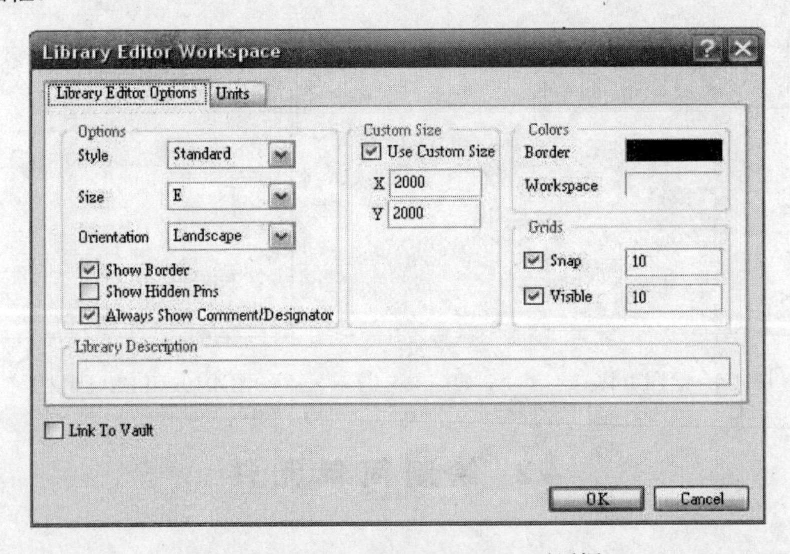

图 4-13　Library Editor Workspace 对话框

如果关闭对话框后看不到原理图元件库编辑器的网格，可按 PageUp 键进行放大，直到栅格可见。注意，缩小和放大均围绕光标所在位置进行，所以在缩放时需保持光标在原点位置。

2. 绘制标识图

对于集成电路，由于内部结构较复杂，不可能用详细的标识图表达清楚，因此一般是画个矩形方框来代表。

执行菜单命令 Place→Rectangle 或单击绘图工具栏上的▨按钮，此时鼠标指针旁边会多出一个大“十”字形，将大“十”字指针中心移到坐标轴原点处单击，把它定为直角矩形的左上角，移动鼠标指针到矩形的右下角处单击，即可完成矩形的绘制。

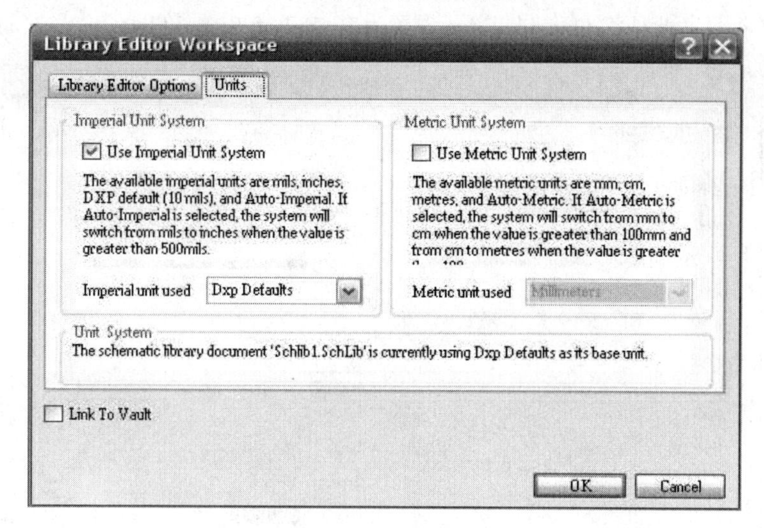

图 4-14　Units 页面

注意，所绘制的元件符号图形一定要位于靠近坐标原点的第四象限内，如图 4-15 所示。

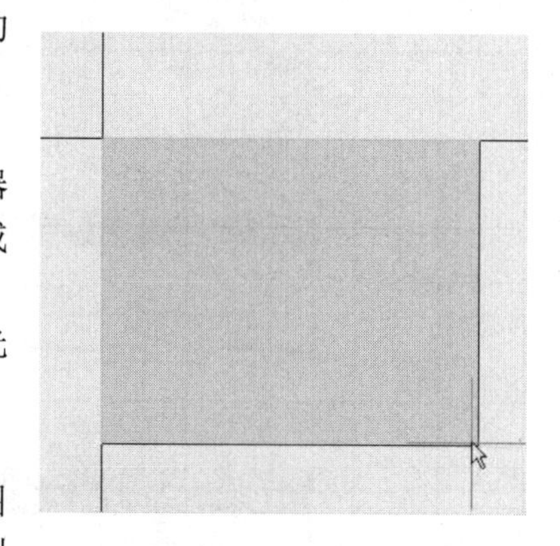

图 4-15　绘制标识图

3．放置引脚

元件引脚必须真实地反映该元器件电气特性，它是该元器件的固有属性，是该元件制成既已确定的，绝不可随意设置或更改。

（1）执行菜单命令 Place→Pin 或单击工具栏 按钮，光标处浮现引脚，带电气属性，其放置位置必须远离元件主体，可视为电气节点。

（2）放置之前，按 Tab 键打开 Pin Properties 对话框，如图 4-16 所示。如果设计者在放置引脚之前先设置好各项参数，则放置引脚时，这些参数成为默认参数，连续放置引脚时，引脚的编号和引脚名称中的数字会自动增加。

（3）在 Pin Properties 对话框中 Display Name 文本框输入引脚的名称 GND，在 Designator 文本框中输入唯一（不重复）的引脚编号“1”。此外，如果设计者想在放置元件时，引脚名和标识符可见，则需选中 Visible 复选框。

（4）从下拉列表中设置引脚 Electrical Type。该参数可用于在原理图设计图纸中编译项目或分析原理图文档时检查电气连接是否错误。在本例 NE555N 中，引脚 1 的 Electrical Type 设置成 Power。

（5）设置引脚长度（所有引脚长度设置为 20），并单击 OK 按钮。

（6）当引脚浮现在光标上时，设计者可按 Space 以 90°间隔逐级增加来旋转引脚。记住，引脚只有其末端具有电气属性（也称 Hot End），只能使用末端来放置引脚。不具有电气属性的另一末端毗邻该引脚的名字字符。

（7）继续添加元件剩余引脚，确保引脚名、编号、符号和电气属性是正确的，如图 4-17 中“2”引脚的设置，Symbols 在该操作框中可以分别设置引脚的输入输出符号，Inside 用来设置引脚在元件内部的表示符号；Inside Edge 用来设置引脚在元件内部边框上的表示符号；Outside 用来设置引脚在元件外部的表示符号；Out side Edge 用来设置引脚在元件外部边框上的表示符号。这些符号是标准的 IEEE 符号。此处将 Out side Edge 设置为 Right Left Signal Flow。

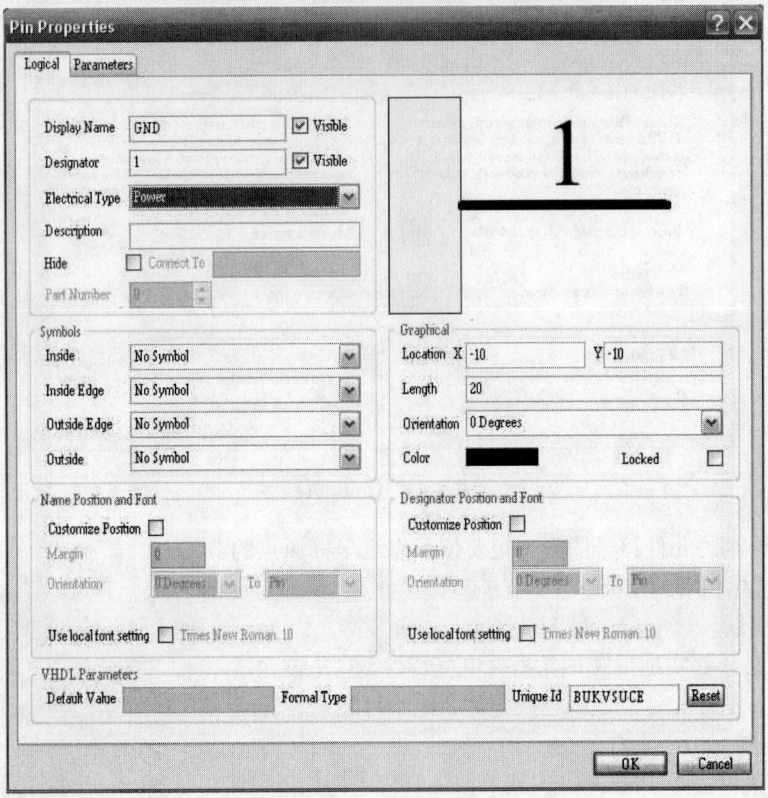

图 4-16　引脚属性对话框

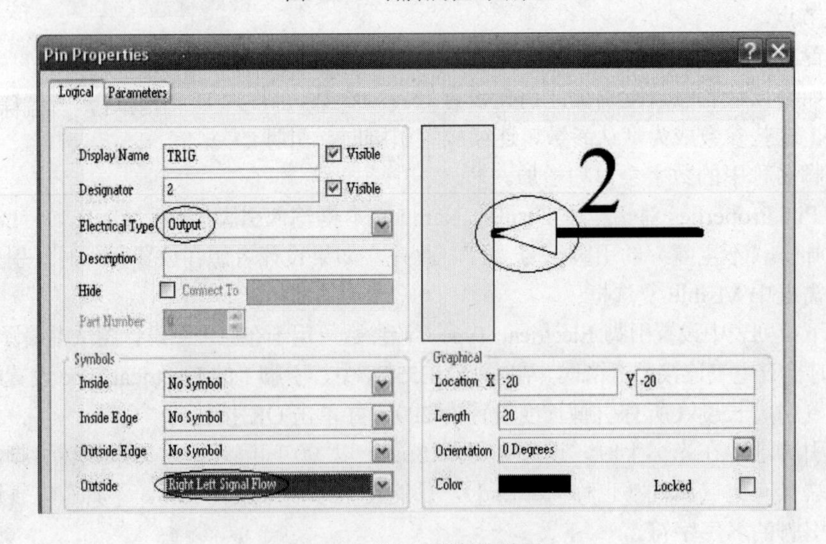

图 4-17　“2”引脚的设置

（8）若设计者设置了引脚的名称和编号可见，则可一次编辑方便地改变显示状态：按住 Shift 键，依次选定每个引脚，再按 F11 键显示 Inspector 面板，取消 Show Name 和 Show Designator 复选框。

（9）完成元件图绘制后保存。

4．添加引脚注意事项

（1）放置元件引脚后，若想改变或设置其属性，可双击该引脚或在 SCH Library 面板 Pins 列表中双击引脚，打开 Pin Properties 对话框。可用同样的方法在 Inspector 面板中编辑多个引脚。

（2）在字母后使用\（反斜线符号）表示引脚名中该字母带有上画线，如 T\R\I\G\将显示为如图 4-18 所示的形式。

（3）若希望隐藏电源和接地引脚，可选中 Hide 复选框。当这些引脚被隐藏时，系统将按 Connect To 区的设置将它们连接到电源和接地网络，如 GND 引脚被放置时将连接到 GND 网络，如图 4-19 所示。

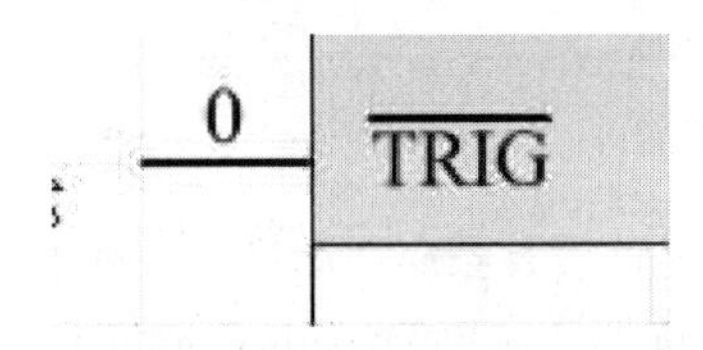

图 4-18　字母加上画线

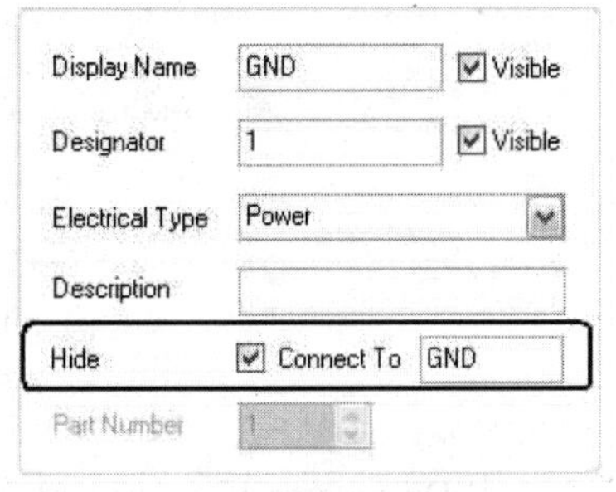

图 4-19　引脚隐藏设置

（4）执行菜单命令 View→Show Hidden Pins，可查看隐藏引脚或隐藏引脚的名称和编号。

（5）如图 4-20 所示 SCH Library 面板，单击 Edit 按钮，进入 Library Component Properties 对话框，单击 Edit Pins 按钮打开 Component Pin Editor 对话框，如图 4-21 所示。设计者可在 Component Pin Editor 对话框中直接编辑若干引脚属性，而无须通过 Pin Properties 对话框逐个编辑引脚属性。

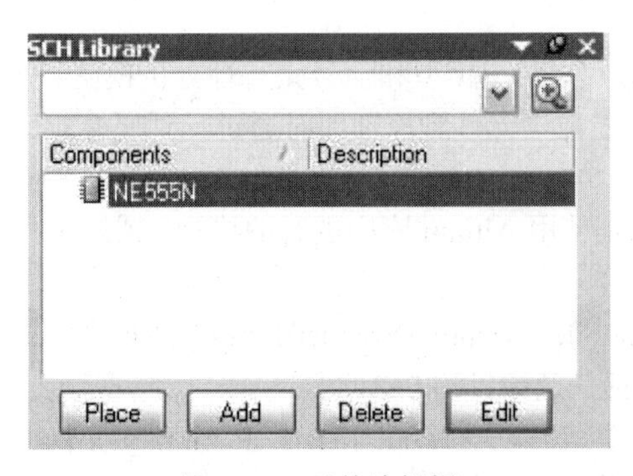

图 4-20　元件编辑框

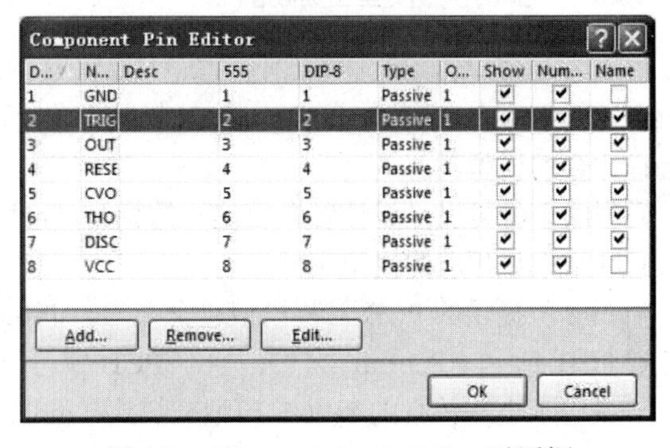

图 4-21　Component Pin Editor 对话框

（6）对于多部件的元件，被选中部件的引脚在 Component Pin Editor 对话框中将以白色背景方式加以突出，其他部件的引脚为灰色。但设计者仍可以直接选中那些当前未被选中的部件的引脚，单击图 4-21 的 Edit 按钮打开 Pin Properties 对话框进行编辑。

5．设置原理图元件属性

每个元件的参数都跟默认的标识符、PCB 封装、模型以及其他所定义的元件参数相关联。设置元件参数步骤如下所示。

（1）在 SCH Library 面板的 Components 列表中选择元件，单击 Edit 按钮或双击元件名，打开 Library Component Properties 对话框，如图 4-22 所示。

（2）将 Default Designator 设置为“U?”，如果放置元件之前已经定义好了其标识符（按 Tab 键进行编辑），则标识符中的“?”将使标识符数字在连续放置元件时自动递增，如 U1，U2…

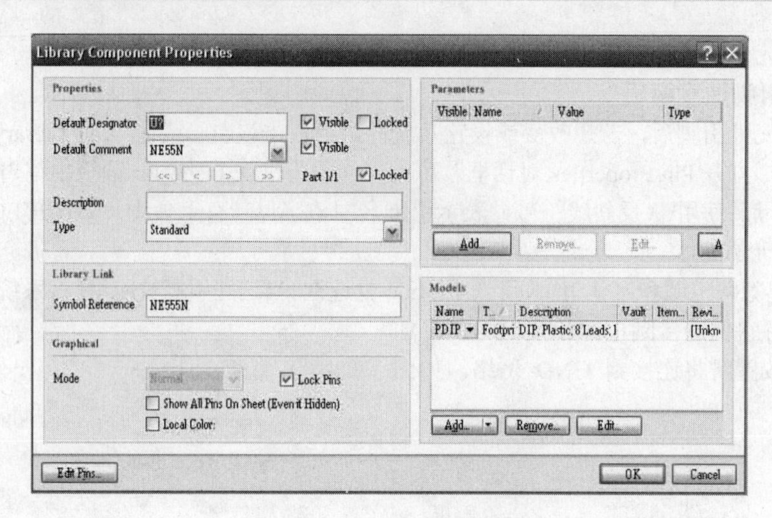

图 4-22　元件基本参数设置

（3）为元件输入注释内容，如 NE555N，该注释会在元件放置到原理图设计图纸上时显示。该功能需要选中 Designator 和 Comment 区的“Visible”复选框。如果 Default Comment 栏是空白的，放置时系统使用默认的 Symbol Reference。

（4）在 Description 区输入描述字符串，如对于 NE555N 可输入“timer”，该字符串在库搜索时会显示在 Libraries 面板上。

（5）根据需要设置其他参数。

4.2.2 元件符号模型的添加

可以为一个原理图元件添加任意数目的 PCB 封装模型、仿真模型和信号完整性分析模型。如果一个元件包含多个模型，如多个 PCB 封装，设计者可在放置元件到原理图时通过元件属性对话框选择适合的模型。

模型的来源可以是设计者自己建立的模型，也可以是使用 Altium 库中现有的模型，或从芯片提供商网站下载相应的模型文件。

Altium 所提供的 PCB 封装模型包含在 C：\Program Files\Altium Designer\Library\Pcb\目录下的各类 PCB 库中（.PcbLib 文件）。一个 PCB 库可以包括任意数目的 PCB 封装。

一般用于电路仿真的 SPICE 模型（.ckt 和.mdl 文件）包含在 A1tium 安装目录 Library 文件夹下的各类集成库中。如果设计者自己建立新元件，一般需要通过该器件供应商获得 SPICE 模型，设计者也可以执行菜单命令 Tools→XSpice Model Wizard，使用 XSpice Model Wizard 功能为元件添加某些 SPICE 模型。

元件库编辑器提供的模型管理对话框允许设计者预览和组织元件模型，如可以为多个被选中的元件添加同一模型，执行菜单命令 Tools→Model Manager 可以打开模型管理对话框。

设计者可以通过单击 SCH Library 面板中模型列表下方的 Add 按钮为当前元件添加模型，如图 4-23 所示；也可以在元件库编辑器工作区的模型显示区域，通过单击右下方的按钮来显示模型，如图 4-24 所示。

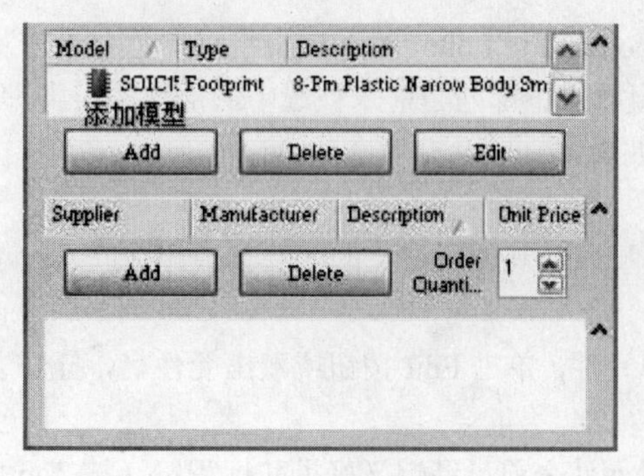

图 4-23　添加模型按钮

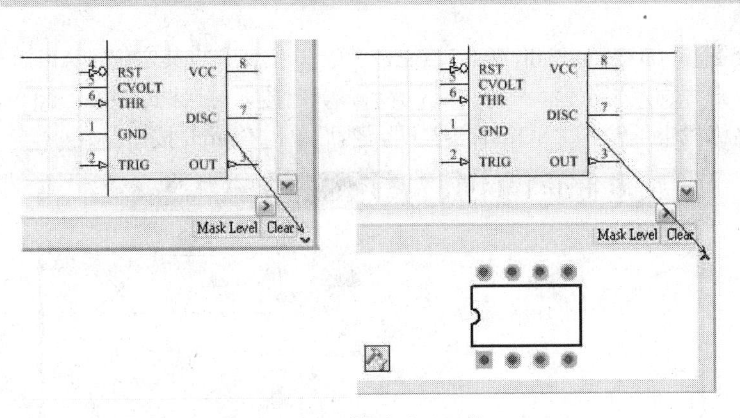

图 4-24 模型显示开关

1. 向原理图元器件添加 PCB 封装模型

开始要添加一个当原理图同步到 PCB 文档时用到的封装。已经设计的元件用到的封装被命名为 SOIC150-8_L。注意，在元件库编辑器中，当将一个 PCB 封装模型关联到一个原理图元器件时，这个模型必须存在于一个 PCB 库中，而不是一个集成库中。

（1）单击如图 4-23 所示的 Add 按钮，弹出 Add New Model 对话框，如图 4-25 所示。可以在下拉列表中选择与该元器件关联的何种模型。

（2）在模型类型下拉列表中选择 Footprint 项，单击 OK 按钮，弹出 PCB Model（模型）对话框，如图 4-26 所示。

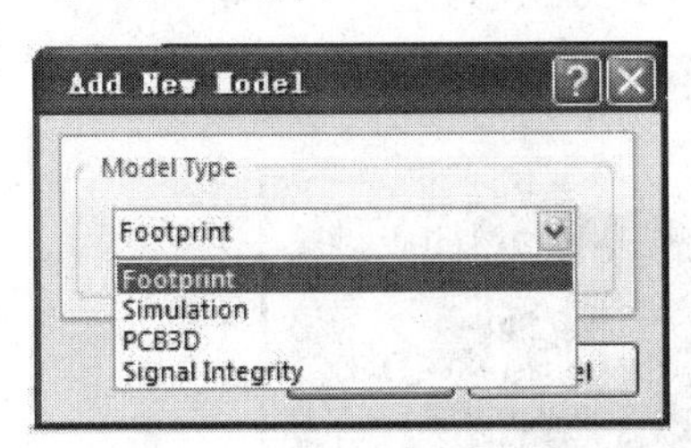

图 4-25 Add New Model 对话框

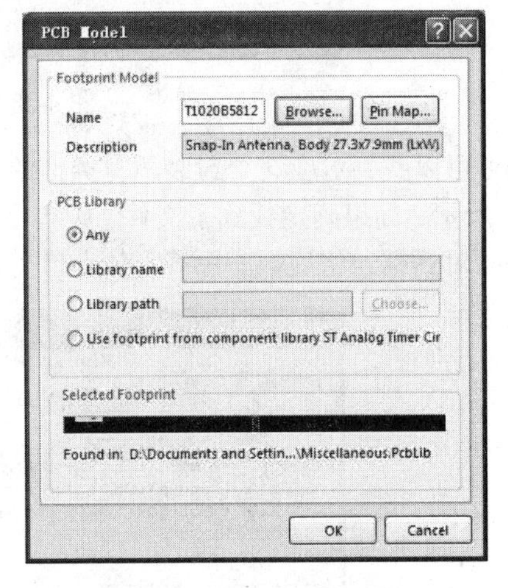

图 4-26 PCB Model 对话框

（3）单击图 4-26 中的 Browse 按钮，弹出 Browse Libraries 对话框，如图 4-27 所示，在查阅库对话框中，单击 Find 按钮，弹出搜索库对话框，如图 4-28 所示。

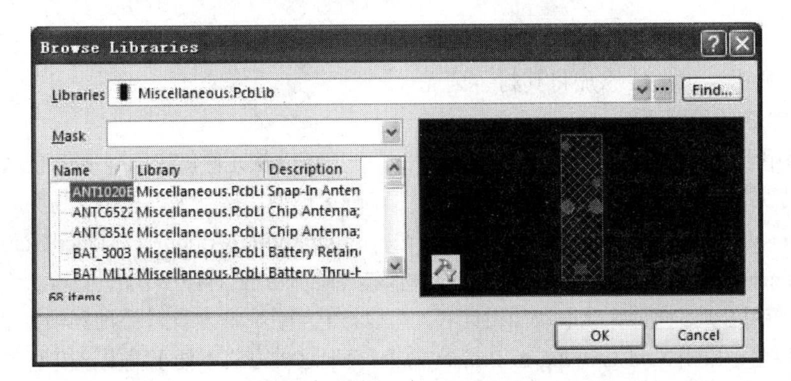

图 4-27 Browse Libraries 对话框

（4）选择查看 Libraries on Path，单击路径栏旁的按钮，将其定位至 AltiumDesigner\Library 路径下，然后单击“确定”按钮，如图 4-28 所示。确定搜索对话框中的 Include Sub directories 选项被选中。在名称栏中，输入“SOIC150-8_L”，然后单击 Search 按钮。

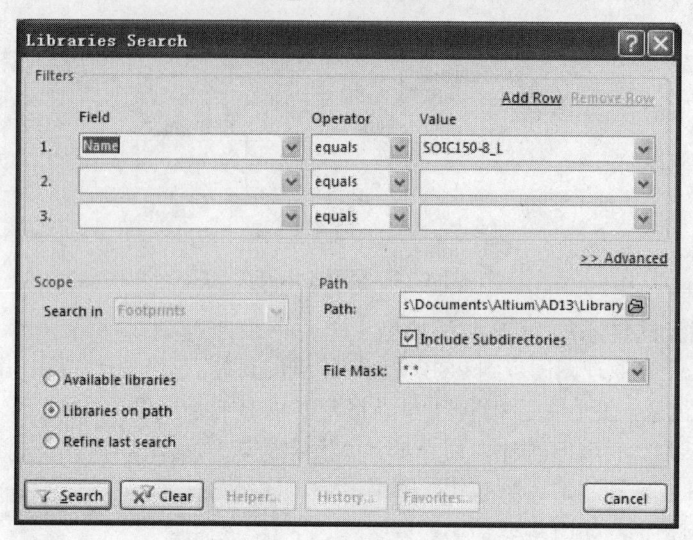

图 4-28　封装搜索对话框

（5）可以找到对应这个封装所有类似的库文件 Microchip Footprints.PcbLib 等 3 个库文件，如图 4-29 所示。如果确定找到了文件，则单击 Stop 按钮停止搜索。选择找到的封装文件后单击 OK 按钮关闭对话框。将这个库加载在浏览库对话框中，如图 4-30 所示。

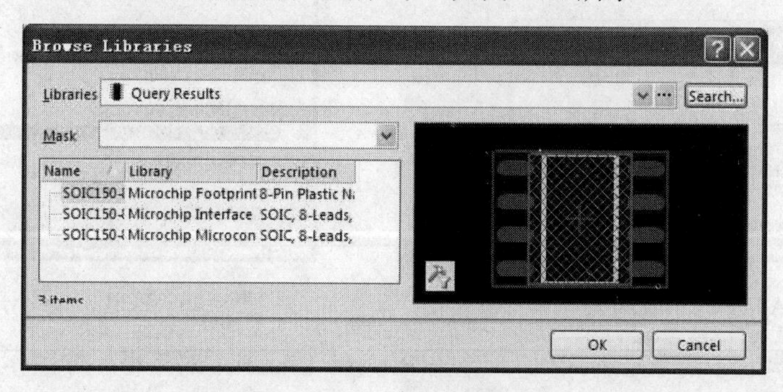

图 4-29　搜索结果

（6）单击 OK 按钮，向元器件加入这个模型。模型的名字列在元器件属性对话框的模型列表中，如图 4-31 所示。可继续添加将其封装到元件。

2．添加电路仿真模型

Spice 模型用于电路仿真(文件格式为.ckt 和.Mdl)，一般可以从元件供应商网站获得。Altium Designer 为设计者提供了常用的一些器件，这些器件已包含了 Spice 模型。接下来以三极管为例，说明 Spice 模型的应用方法：从 Altium Designer 的安装目录 C：\ProgramFiles\Altium Designer\Examples\Tutorials\Creating Components 目录下找到 NPN 模型文件，将该文件复制到目标库所在的目录。

（1）如何应用 Spice 模型完全取决于设计者，可以把它当作一种源文件添加到项目（在 Projects 面板右击项目文件名，单击 Add Existing to Project 命令），但这种方式不便于编辑该模型文件，设计者不能将其作为普通项目文件。在这种情况下引用该模型文件最适当的方法是在搜索路径中将该模型文件添加进去，具体操作是执行菜单命令 Project→Project Options，再单击 Search Paths 标签，如图 4-32 所示。

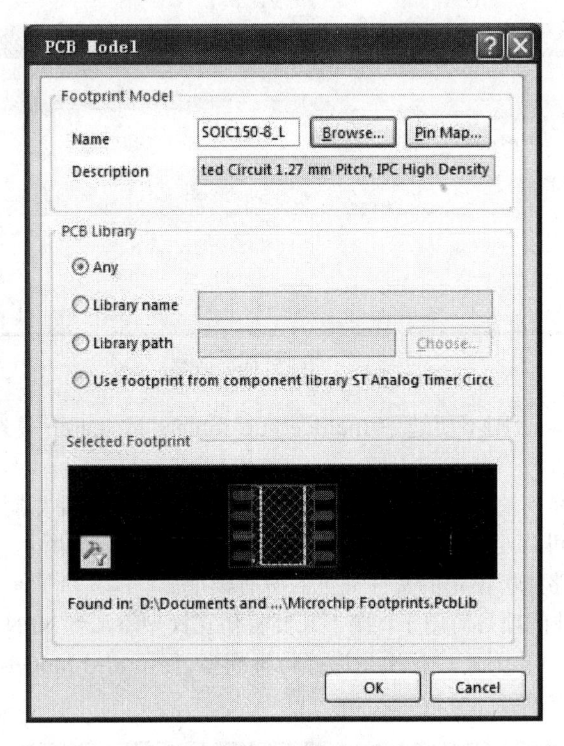

图 4-30　加载模型

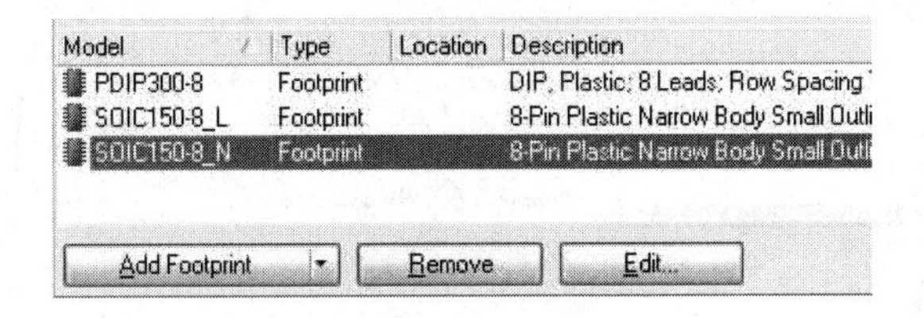

图 4-31　模型列表

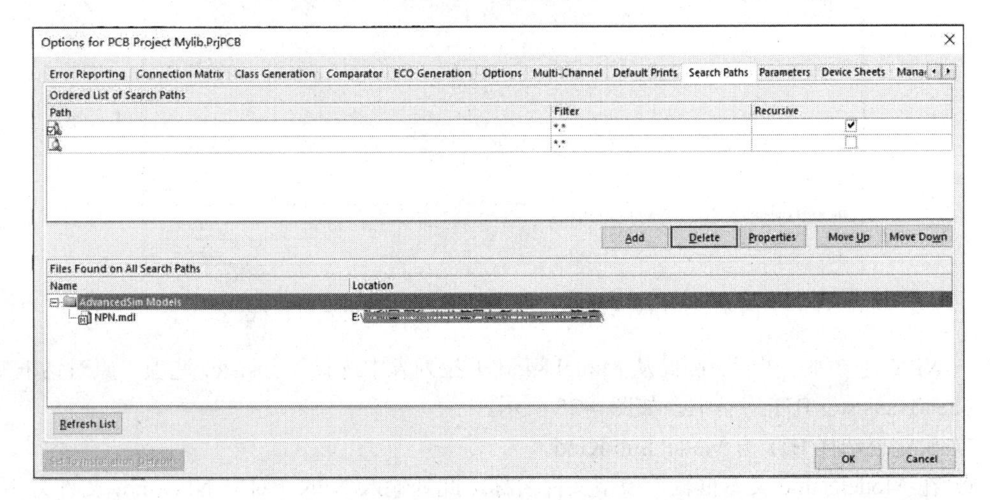

图 4-32　搜索路径

（2）单击 Add 按钮添加新的搜索路径，显示 Edit Search Path 对话框，如图 4-33 所示。

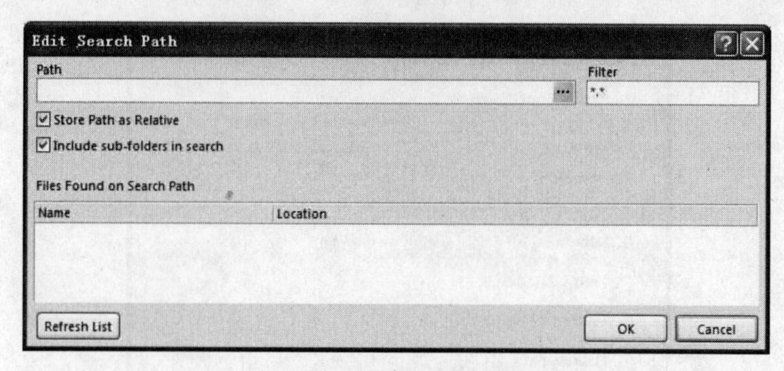

图 4-33　编辑搜索路径

（3）除非特别需要，否则不要选中 Include sub-folders in search 复选框，该功能会降低搜索速度。

（4）默认搜索路径是当前项目文件夹，因为之前已经将模型文件复制到了目标库目录下，所以直接单击 OK 按钮即可。要确认模型是否找到，可以单击图 4-32 所示对话框中的 Refresh List 按钮，系统会显示搜索路径所指定的文件夹下的所有模型。

（5）现在模型对新建的项目可用了，接下来要将仿真模型添加到 NPN 元件中，这一步的操作跟添加封装模型到元件一样，只不过这次是选择仿真模型，显示 SIM Model- General /Generic Editor 对话框，如图 4-34 所示。

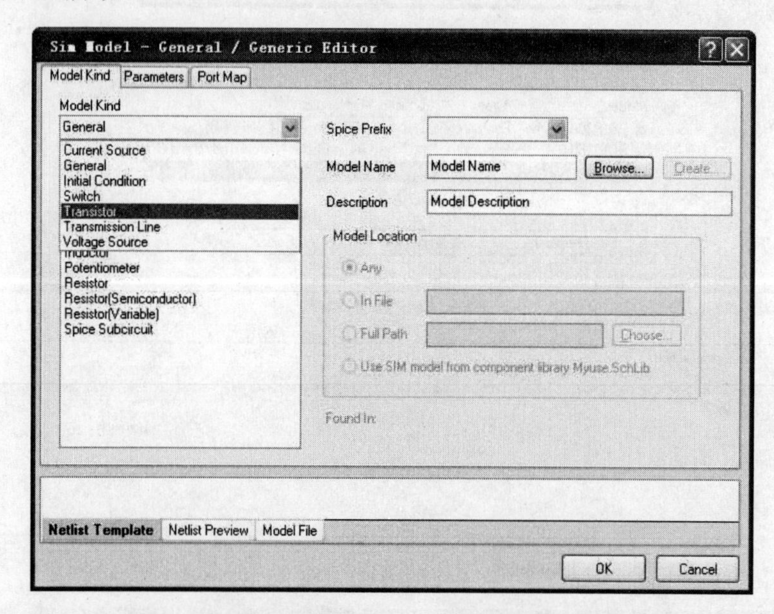

图 4-34　SIM Model- General /Generic Editor 对话框

（6）NPN 是一种三极管，因此从 Model Kind 下拉列表中选择 Transistor 选项，原对话框变为 Sim Model-Transistor/BJT 对话框，如图 4-35 所示。

（7）确定已选择 BJT 为 Model Sub-Kind。

（8）在 ModelName 文本框输入模型文件名称，此处输入 NPN（对应 NPN.mdl 文件），系统会立即检测该模型，如果正常检测到，在 Found In 栏会显示该模型路径和文件名，如图 4-36 所示。

注意，输入的模型名称必须是有效模型文件名。

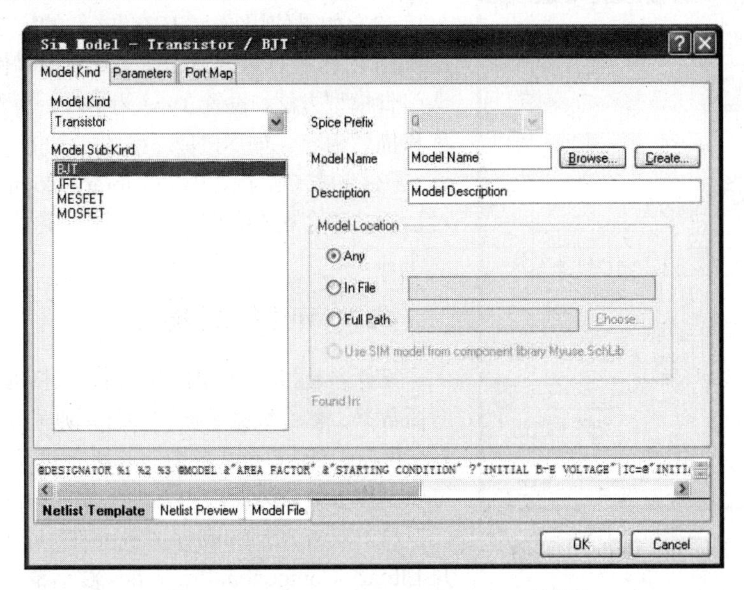

图 4-35 Sim Model-Transistor/BJT 对话框

（9）为模型输入适当的描述内容，如 Generic NPN。如果没有现成的模型文件，可以单击 Create 按钮，启动 Spice Model Wizard 为元件创建一个仿真模型。

（10）将 NPN 模型成功添加到模型列表后，单击 OK 按钮返回到 Library Component Properties 对话框，如图 4-37 所示。

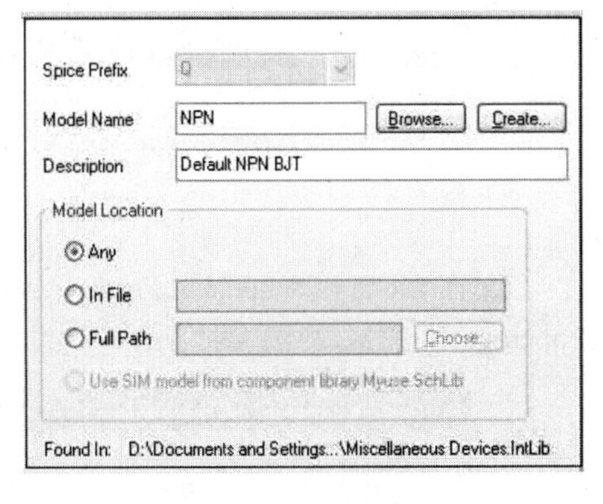

图 4-36 输入模型名称

3．添加信号完整性模型

信号完整性模拟器（Signal Integrity Simulator）使用引脚模型而不是元件模型。为一个元件配置信号完整性模拟器，需要同时设置 Type 和 Technology 选项，通过元件内置引脚模型来实现。也可以通过导入 IBIS 模型，其本质也是设置引脚模型。

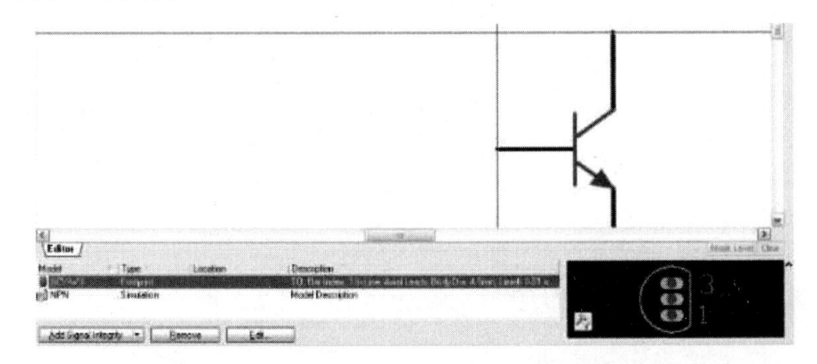

图 4-37 Models View 中显示 NPN 拥有封装模型和仿真模型

（1）添加 Signal Integrity 的步骤与添加封装模型类似，不同的是选择 Signal Integrity 后，显示

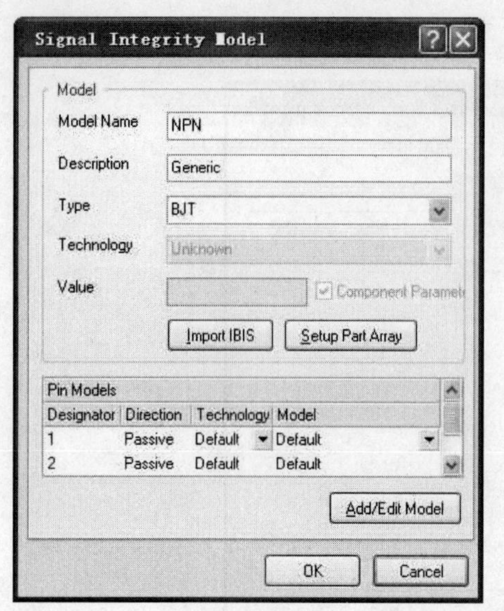

图 4-38　Signal Integrity Model 编辑器

Signal Integrity Model 对话框。

（2）如果使用导入 IBIS 文件的方法，则需要单击 ImportI IBIS 按钮和添加 ibs 文件。本书例子使用内置默认引脚模型方法，设置 Type 为 BJT，输入适当的模型名称和描述内容（如 NPN），如图 4-38 所示。

（3）单击 OK 按钮返回 Library Component Properties 对话框，将会在 Model 列表中看到模型已经添加，如图 4-39 所示。

4.2.3　元件参数的添加

元件参数指元件的附加信息，包括 BOM 表数据、制造商数据、器件数据手册、设计规则和 PCB 分配等设计指导信息、Spice 仿真参数等，所有对元件有用的信息均可以当作参数。为原理图元件添加参数的步骤如下。

（1）双击 Sch Library 面板元件列表中的元件名，打开 Library Component Properties 对话框如图 4-40 所示。如果对库里面所有元件进行编辑和管理，可使用 Parameter Manager。

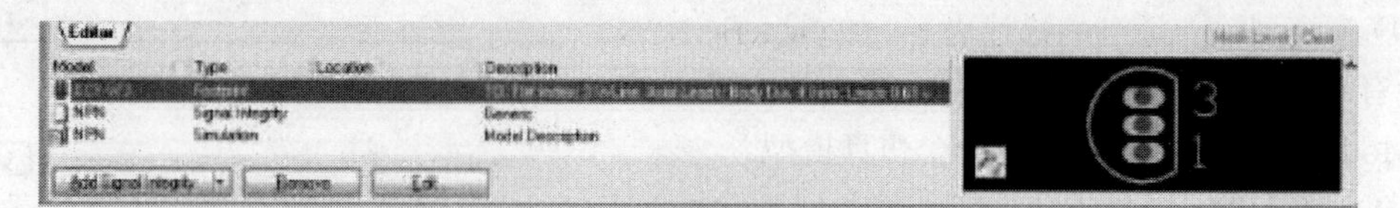

图 4-39　Signal Integrity 模型已添加

（2）在 Library Component Properties 对话框中 Parameters 区域单击 Add 按钮，弹出 Parameter Properties 对话框，如图 4-41 所示。

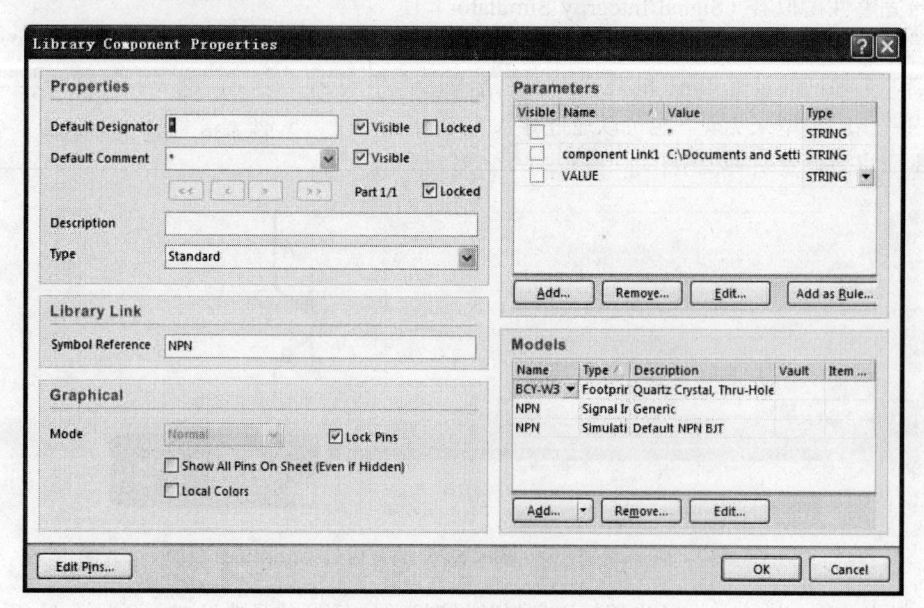

图 4-40　库元件属性对话框

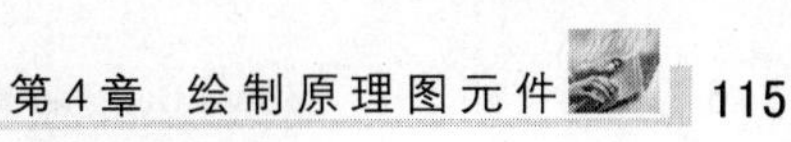

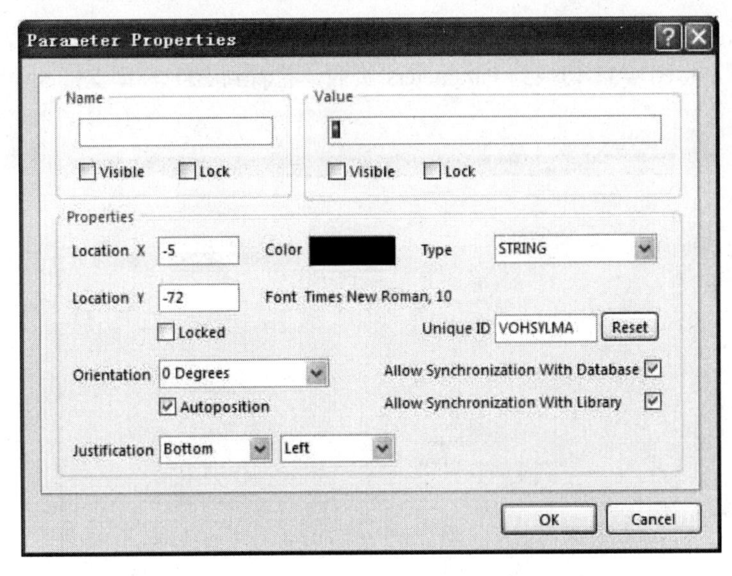

图 4-41 Parameter Properties 对话框

（3）输入参数名称和数值，参数 Type 选择 String 选项，如果想要在放置元件时能够显示参数值，则一定要选中 Visible 复选框。单击 OK 按钮，所配置的参数将添加到 Library Component Properties 对话框的 Parameter 列表中。

1．间接字符串

用间接字符串可以为元器件设置一个参数项，当摆放元件时这个参数可以显示在原理图上，也可以在 Altium Designer 进行电路仿真时使用。所有添加的元器件参数都可以作为间接字符串。当参数作为间接字符串时，参数名前面有一个"="号作为前缀。

一个值参数可以作为元器件的普通信息，但是在分立式件，如电阻和电容中，将值参数用于仿真。

可以设置元器件注释读取作为间接字符串加入的参数值，注释信息会被绘制到 PCB 编辑器中。相对于两次输入这个值来说（就是说在参数命名中输入一次，然后在注释项中再输入一次），Altium Designer 支持利用间接参数用参数的值替代注释项中的内容。

（1）在图 4-40 所示的 Parameters 列表中，单击 Add 按钮，弹出参数属性对话框，如图 4-41 所示。

（2）在图 4-41 中，Name 输入名称，Value 输入参数值 10K。当这个元器件放置在原理图中，运行原理图仿真时会用到这个值。确定参数类型被定为 String 且值的 Visible 框勾选。设置字体、颜色以及方向选项，然后单击 OK 按钮将新的参数加入元器件属性对话框的元器件列表中。

（3）在图 4-40 所示的 Properties 栏中，单击 Default Comment 栏，在下拉框中选择"=Value"选项，关闭 Visible 属性，如图 4-42 所示。

（4）执行菜单命令 File→Save，存储元件的图样及属性。

（5）当在原理图编辑器中查看特殊字符串时，确定属性对话框图形编辑标签下的转换特殊字符选项 Convert Special Strings 被使能。如果当从原理图转换到 PCB 文档时注释不显示，确认是否封装元器件对话框中的注释没有被隐藏。

2．仿真参数

如上所述，间接字符串功能可用于将参数映射到元件的 Comment 部分。按照 4.2.2 节的添加仿真模型的方法打开图 4-35 所示 Sim Model-Transistor/BJT 对话框，假如设计者对一个三极管仿真模型进行编辑，将图 4-35 切换到 Parameters 页面，将看到 BJT 模型支持 5 个仿真参数，如图 4-43 所示。

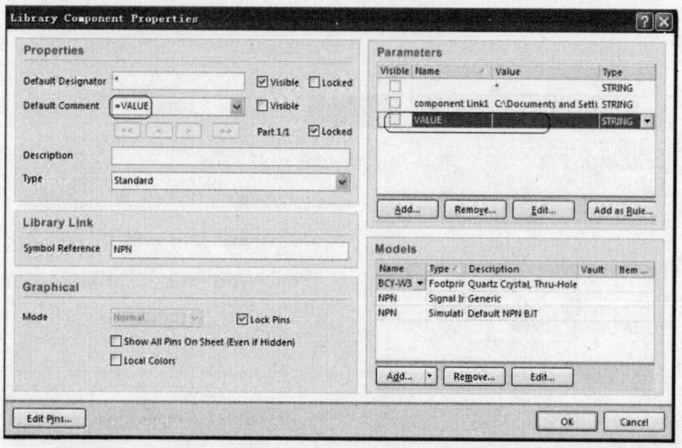

图 4-42　库元器件属性对话框

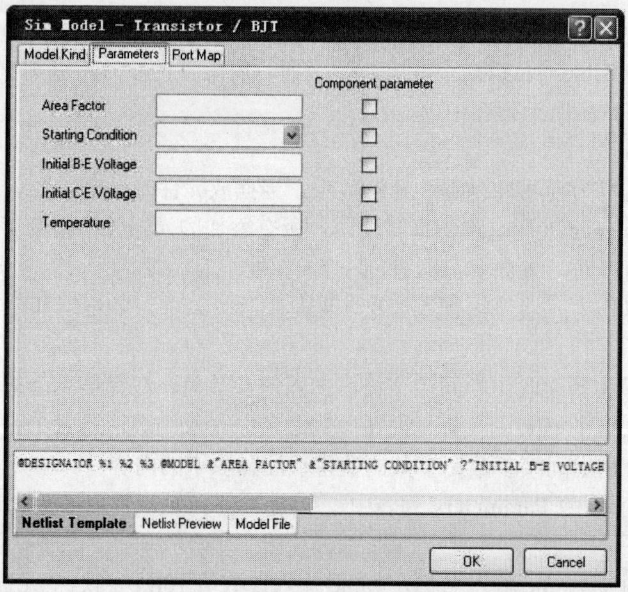

图 4-43　定义仿真参数

如果设计者想简化仿真参数的使用，或者想在原理图上显示这些参数，或者需要在输出设计文档中包含这些参数，则可以通过使用 Component parameter 功能，将这些参数逐个变为元件参数。

4.3　绘制含有多个部件的元件

4.3.1　分部分绘制元件

上节绘制简单元件，是单一模型代表了元件制造商所提供的全部物理意义上的信息（如封装）。但有时候，一个物理意义上的元件只代表某一部件会更好。如定时器芯片 NE556，该芯片包括两个定时器，这两个定时器可以独立地随意放置在原理图上的任意位置，此时将该芯片描述成 2 个独立的定时器部件，比将其描述成单一模型更方便、实用。

多部件元件就是将元件按照独立的功能块进行描绘的一种方法。作为示例，创建 NE556ZJQJ 定时器的步骤如下。

（1）在 Schematic Library 编辑器中执行菜单命令 Tools→Rename Component，弹出 Rename Component Name 对话框，如图 4-44 所示。

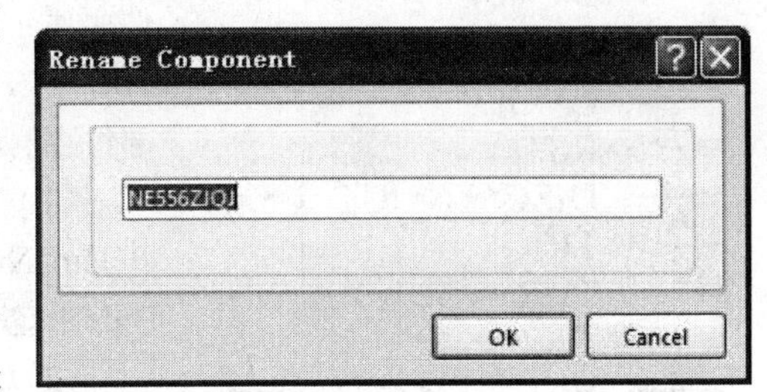

图 4-44　输入新元件的名字

（2）输入新元件名称，如 NE556ZJQJ，单击 OK 按钮，在 SCH Library 面板 Components 列表中将显示新文件名，同时显示一张中心位置有一个巨大十字准线的空元件图纸以供编辑。

（3）下文将详细介绍如何为上文所述文件建立第一个部件及其引脚，其他部件将以第一个部件为基础来建立，只需要更改引脚序号即可。

4.3.2　绘制元件的一个部分

绘制元件标识图，即建立元件轮廓，执行菜单命令 Edit→Jump→origin 使元件原点在编辑页的中心位置，同时要确保网格清晰可见。

1．绘制标识图

（1）对于集成电路，由于内部结构较复杂，此处采用画个矩形方框来代表。

（2）执行菜单命令 Place→Rectangle 或单击绘图工具栏上的▧按钮，此时鼠标指针旁边会多出一个大“十”字符号，将大“十”字指针中心移动到坐标轴原点处，单击鼠标左键，把它定为直角矩形的左上角，移动鼠标指针到矩形的右下角，再单击，即可完成矩形的绘制。

注意，所绘制的元件符号图形一定要位于靠近坐标原点的第四象限内，如图 4-45 所示。

2．放置引脚

设计者可利用 4.2.1 节所介绍的方法为元件第一部件添加引脚，如图 4-46 所示，引脚 2、3、4 和 6 在电气上为输入引脚，引脚 5 为输出引脚，引脚 1 为集电极开路引脚，所有引脚长度均为 20。

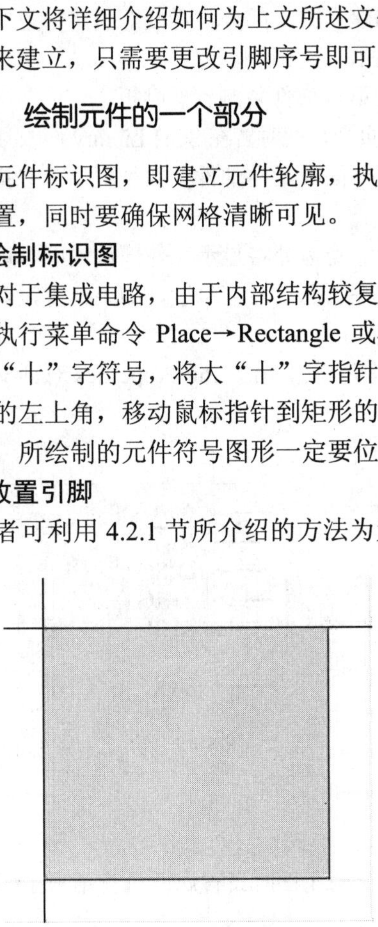

图 4-45　绘制标识图

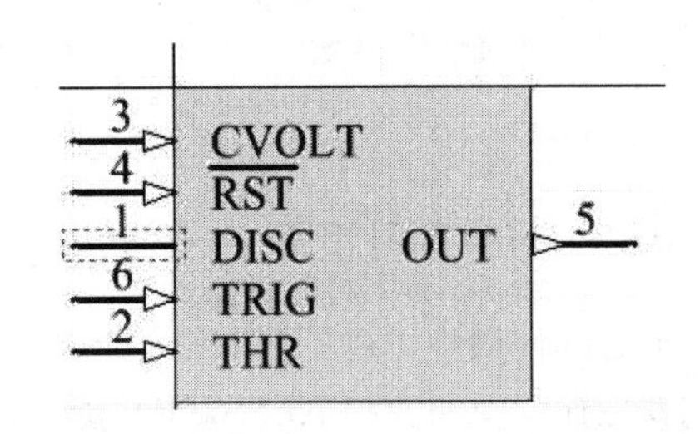

图 4-46　放置引脚

为元件定义电源引脚有两种方法：第一种是建立元件的独立部件，在该部件上添加 VCC 引脚和 GND 引脚，这种方法需要选中 Component Properties 对话框的 Locked 复选框，以确保在对元件部件进行重新注释时电源部分不会跟其他部件交换。第二种方法是将电源引脚设置成隐藏引脚，元件被使用时系统自动将其连接到特定网络。在多部件元件中，隐藏引脚不属于某一特定部件而属于所有部件（不管原理图是否放置了某一部件，它们都会存在），只需要将引脚分配给一种特殊的部件-zero 部件，该部件存有其他部件都会用到的公共引脚。

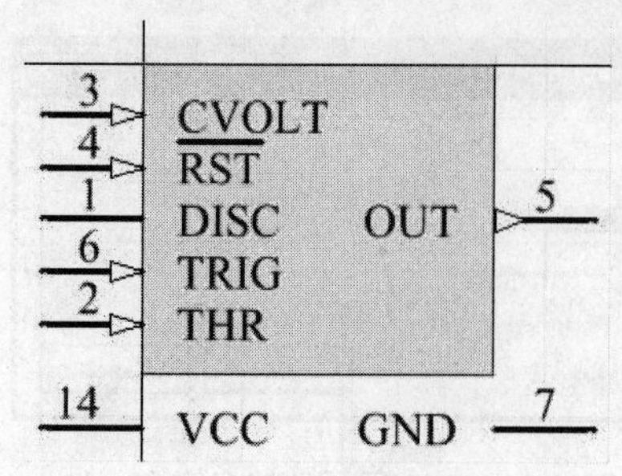

图 4-47　部件 A 的电源引脚

（1）为元件添加 VCC（Pin14）和 GND（Pin7）引脚，将其 Part Number 属性设置为 0，Electrical Type 设置为 Power，Hide 状态设置为 hidden，Connect to 分别设置为 VCC 和 GND。

（2）从菜单栏中执行菜单命令 View→Show Hidden Pins 以显示隐藏目标，则能看到完整的元件部件如图 4-47 所示，注意检查电源引脚是否在每一个部件中都有。

4.3.3　新建元件另一部分

第二部分与第一部分类似，可以利用第一部分来建立第二部分，需要对引脚号进行修改。

（1）在第一部分，执行菜单命令 Edit→Select→All，选择目标元件。

（2）执行菜单命令 Edit→Copy，将前面所建立的第一部件复制到剪贴板。

（3）执行菜单命令 Tools→New Part 显示空白元件页面，此时若在 SCH Library 面板 Components 列表中单击元件名左侧“+”标识，将看到 SCH Library 面板元件部件计数被更新，包括 Part A 和 Part B 两个部分，如图 4-48 所示。

（4）进入 Part B 页面，执行菜单命令 Edit→Paste，光标处将显示元件部件轮廓，以原点（黑色十字准线为原点）为参考点，将其作为部件 B 放置在页面的对应位置，如果位置没对应好，可以移动部件以调整位置。

（5）对部件 B 的引脚编号逐个进行修改。双击引脚，在弹出的 Pin Properties 对话框中修改引脚编号和名称，修改后的部件 B 如图 4-49 所示。

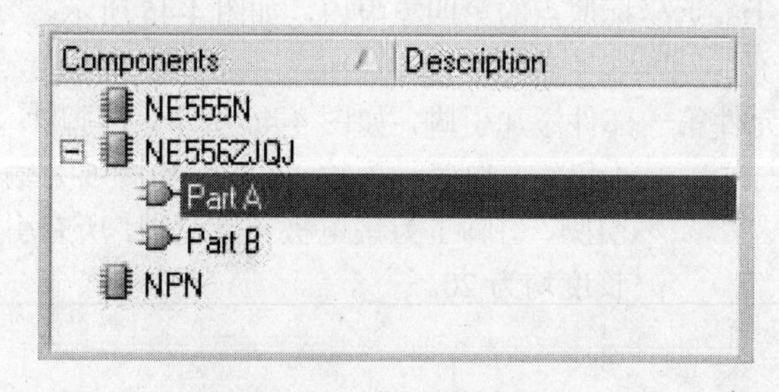

图 4-48　部件 B 被添加

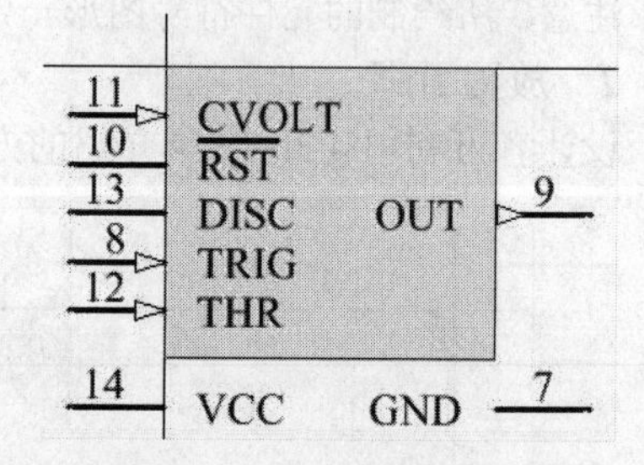

图 4-49　绘制完成 B 部件

4.3.4　元件属性设置

通过元件属性可以了解元件的基本信息，所以在绘制元件时设置属性是让用户了解元件特性的主要途径，下面介绍 NE556ZJQJ 的属性设置方法。

（1）在 SCH Library 面板 Components 列表中选中目标元件后，单击 Edit 按钮进入 Library Component Properties 对话框，如图 4-50 所示。设置 Default Designator 为“U?”，Description 为 2-Timer，并在 Models 列表中添加名为 DIPl4 的封装。

（2）可利用 4.2.2 节添加封装模型 PDIP300-14，此模型在 Microchip Footprints.pcblib 封装库中。

（3）执行菜单命令 File→Save 保存该元件。

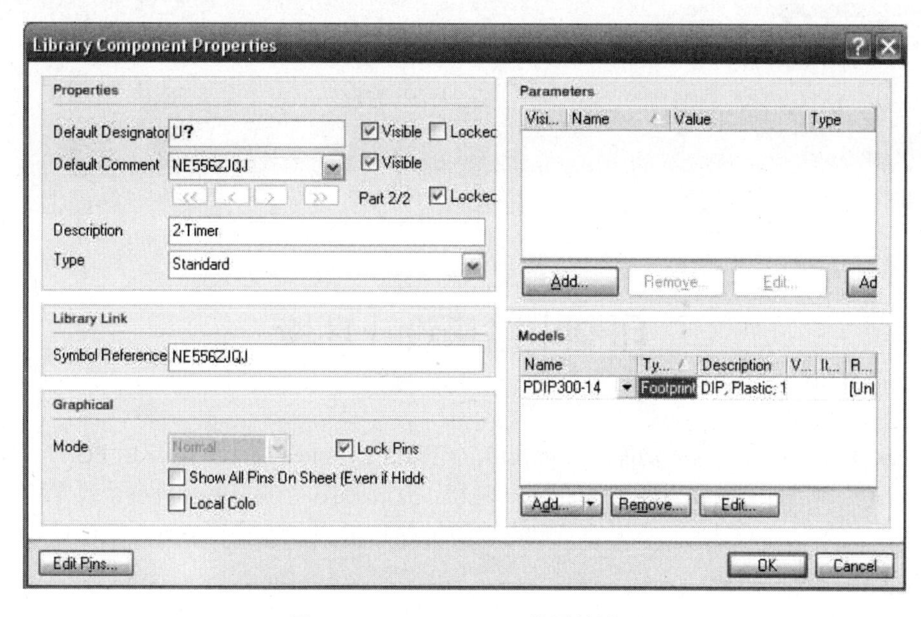

图 4-50　NE556ZJQJ 元件属性设置

4.3.5　原理图的同步更新

自制元件在原理图绘制的使用过程中，可能在原理图已经绘制完成时，涉及原理图已使用的自制元件的修改。在自制元件修改完成后，要进行原理图元件的更新，如若将原理图中的旧元件删除，工作量较大又麻烦。此时，可利用系统提供的原理图元件库和原理图之间的同步更新操作来实现替换。下面举例说明。

（1）打开之前创建的原理图元件库，将元件 NE556ZJQJ 放置在原理图中，如图 4-51 所示。

（2）进入 NE556ZJQJ 元件编辑状态，将该元件 7 引脚和 14 引脚的隐藏属性去掉，保存元件到元件库。

（3）在元件编辑管理器中，执行菜单命令 Tools→UpdateSchematics，弹出如图 4-52 所示的对话框，提示修改的当前打开的原理图和原理图中该元件的数量，单击 OK 按钮。更新后，原理图中的 NE556ZJQJ 如图 4-53 所示。此时实现了同步更新。

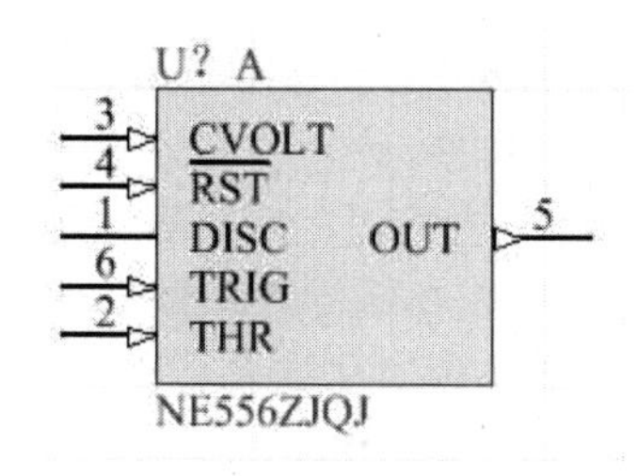

图 4-51　NE556ZJQJ 原图

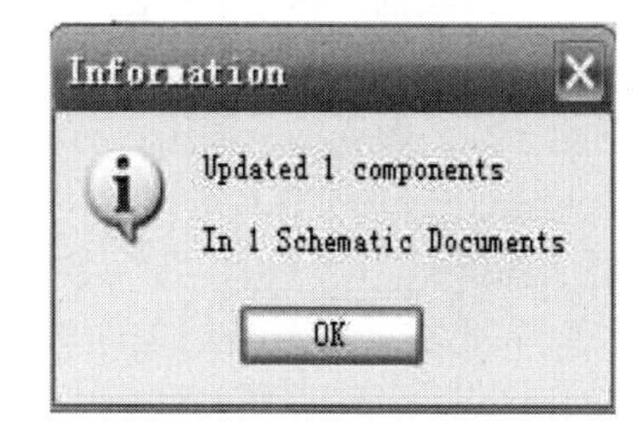

图 4-52　Information 对话框

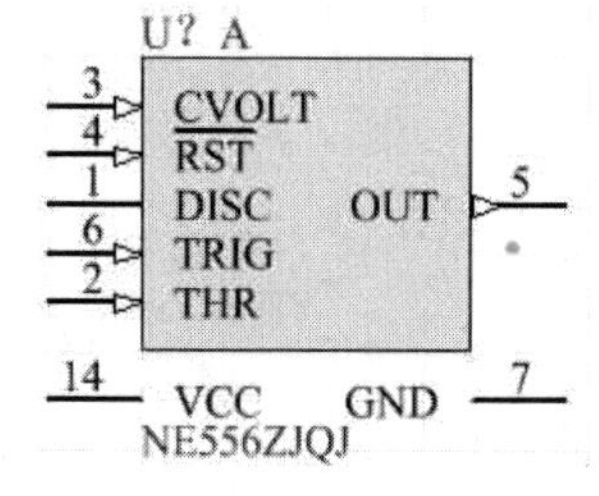

图 4-53　2NE556ZJQJ 更新后的原理图

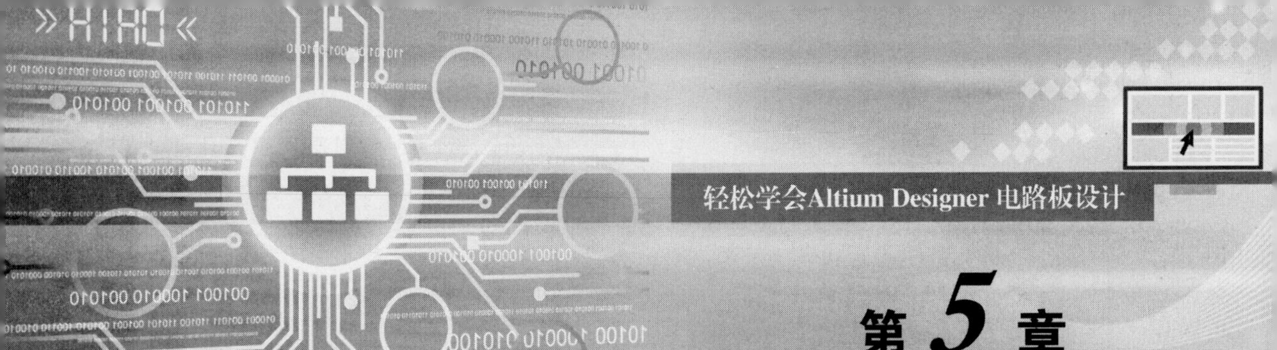

印制电路板设计环境

Altium Designer 最强大的功能就体现在印制电路板（Printed Circuit Board，PCB）的设计上，在进行 PCB 绘制前，首先要了解 PCB 的编辑环境，完成 PCB 绘制前的环境参数设置和绘制前的准备工作。了解 PCB 设计的一些基本规则，以满足对 PCB 的绘制进行指导，帮助设计者能够快速理解与掌握 PCB 的绘制。

本章要点

（1）电路板的规划。

（2）布线板层设置。

（3）编辑环境参数设置。

（4）元件封装库的使用。

（5）PCB 设计基本规则。

5.1 PCB 设计基础

5.1.1 PCB 种类与结构

1．PCB 种类

印制电路板种类很多，根据布线层次可分为单面电路板（简称单面板）、双面电路板（简称双面板）和多层电路板，目前单面板和双面板的应用最为广泛。

（1）单面板。又称单层板（Single Layer PCB），只有一个面敷铜，另一面没有敷铜的电路板。元器件一般情况是放置在没有敷铜的一面，敷铜的一面用于布线和元件焊接。

（2）双面板。又称双层板（Double Layer PCB）是一种双面敷铜的电路板，两个敷铜层通常称为顶层（Top Layer）和底层（Bottom Layer），两个敷铜面都可以布铜导线，顶层一般为放置元器件面，底层一般为元件焊接面。上下两层之间的连接是通金属化过孔（Via）来实现的。

（3）多面板。又称多层板（Multi Layer PCB）就是包括多个工作层面的电路板，除了有顶层（Top Layer）和底层（Bottom Layer）之外还有中间层，顶层和底层与双层面板一样，中间层可以是导线层、信号层、电源层或接地层，层与层之间是相互绝缘的，层与层之间的连接需要通过孔来实现，它的结构如图 5-1 所示。

另外，印制电路板按基材的性质不同，又可分为刚性印制板和柔性印制板两大类。

（1）刚性印制板。具有一定的机械强度，用它装成的部件具有一定的抗弯能力，在使用时处于平展状态。如图 5-2 所示，一般电子设备中使用的都是刚性印制板 PCB。

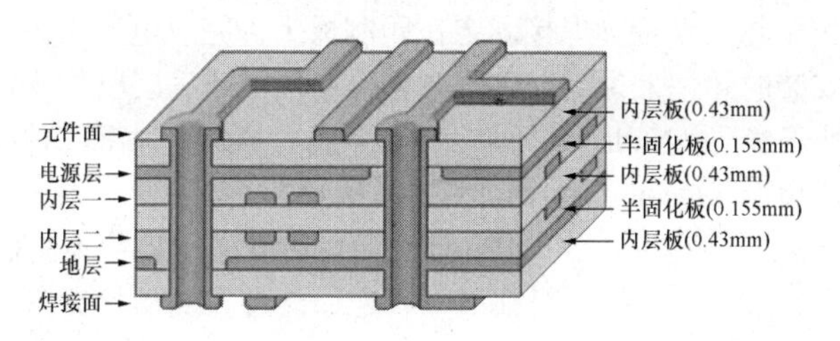

图 5-1　多层板结构

（2）柔性印制板。是以软层状塑料或其他软质绝缘材料为基材制成。它所制成的部件可以弯曲和伸缩，在使用时可根据安装要求将其弯曲，如图 5-3 所示。柔性印制板一般用于特殊场合，如：某些数字万用表的显示屏是可以旋转的，其内部往往采用柔性印制板。

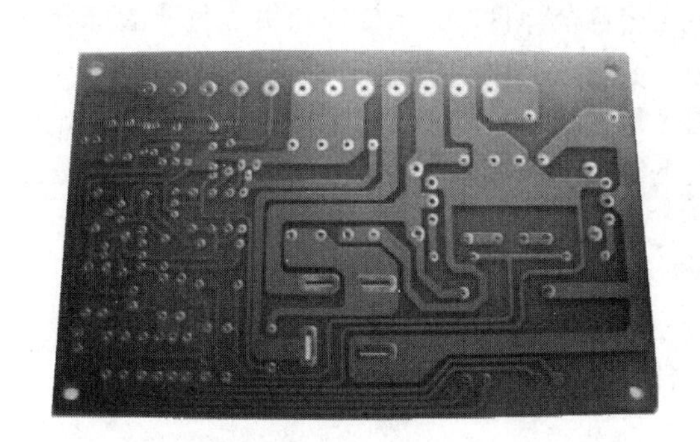

图 5-2　刚性印制板

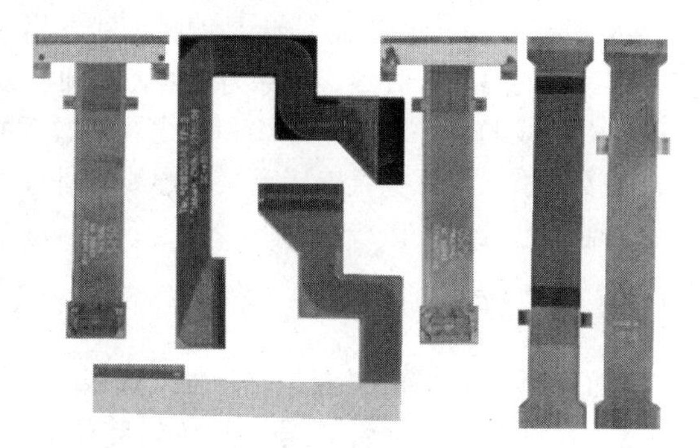

图 5-3　柔性印制板

2．印制电路板结构组成

一块完整的印制电路板主要包括绝缘基板、铜箔、孔、阻焊层、文字印刷等部分。下面来具体介绍印制板的基本组成部分。

（1）层（Layer）。印制电路板上的“层”不是虚拟的，而是印制材料本身实际存在的层。PCB 板包含许多类型的工作层，在计算机软件中是通过不同的颜色来区分的。下面介绍几种常用的工作层面。

1）信号层（Signal Layer）：信号层主要用于布铜导线。对于双面板来说就是顶层（Top Layer）和底层（Bottom Layer）。Altium Designer 提供了 32 个信号层，包括顶层（Top Layer）、底层（Bottom Layer）和 30 个中间层（Mid Layer），顶层一般用于放置元件，底层一般用于焊锡元件，中间层主要用于放置信号走线。

2）丝印层（Silkscreen）：丝印层主要用于绘制元件封装的轮廓线和元件封装文字，以便用户读板。Altium Designer 提供了顶丝印层（Top Overlayer）和底丝印层（Bottom Overlayer），在丝印层上做的所有标示和文字都是用绝缘材料印制到电路板上的，不具有导电性。

3）机械层（Mechanical Layer）：机械层主要用于放置标注和说明等，例如尺寸标记、过孔信息、数据资料、装配说明等，Altium Designer 提供了 16 个机械层 Mechanical 11~Mechanicall 16。

4）阻焊层和锡膏防护层（Mask Layers）：阻焊层主要用于放置阻焊剂，防止焊接时由于焊锡扩张引起短路，Altium Designer 提供了顶阻焊层（Top Solder）和底阻焊层（Bottom Solder）两个阻焊层。锡膏防护层主要用于安装表面粘贴元件（SMD），Altium Designer 提供了顶防护层（Top

Paste）和底防护层（Bottom Paste）两个锡膏防护层。

（2）焊盘。焊盘用于将元件管脚焊接固定在印制板上，完成电气连接。它可以单独放在一层或多层上，对于表面安装的元件来说，焊盘需要放置在顶层或底层单独放置一层，而对于针插式元件来说，焊盘应是处于多层（Multi Layer）。通常焊盘的形状有以下三种，即圆形（Round）、矩形（Rectangle）和正八边形（Octagonal），如图 5-4 所示。

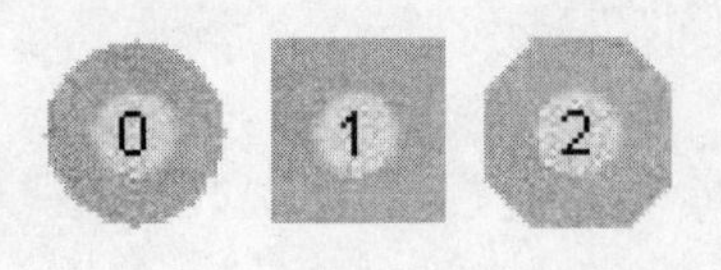

图 5-4 焊盘

（3）过孔（Via）。过孔用于连接不同板层之间的导线，其内侧壁一般都由金属连通。过孔的形状类似与圆形焊盘，分为多层过孔、盲孔和埋孔 3 种类型。

1）多层过孔：从顶层直接通到底层，允许连接所有的内部信号层。

2）盲孔：从表层连到内层。

3）埋孔：从一个内层连接到另一个内层。

（4）导线（Track）。导线就是铜膜走线，用于连接各个焊盘，是印制电路板最重要的部分。与导线有关的另外一种线，常称为飞线，即预拉线。飞线是导入网络表后，系统根据规则生成的，用来指引布线的一种连线。导线和飞线有着本质的区别，飞线只是一种在形式上表示出各个焊盘间的连接关系，没有电气连接意义。导线则是根据飞线指示的焊盘间的连接关系而布置的，是具有电气连接意义的连接线路。

5.1.2 元件封装概述

在了解元件封装的概念之前，先来认识一下元件实物、元件符号和元件封装三个概念。

1．元件实物、元件符号、元件封装

（1）元件实物。元件实物是指组装电路时所用的实实在在的元件，如图 5-5 所示的电阻、电容、二极管、三极管。

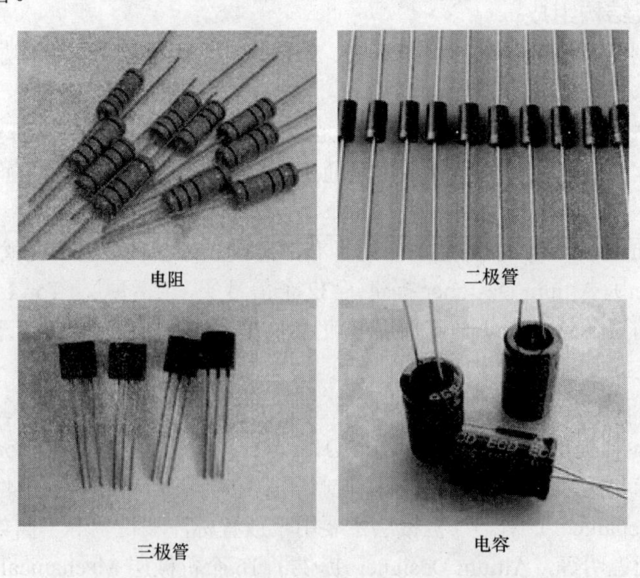

图 5-5 常见电子元件

（2）元件符号。元件符号是指在画电路原理图时用元件的表示图形，是在电路图中代表元件的一种符号，如图 5-6 所示的电阻、电容、二极管、三极管的符号。

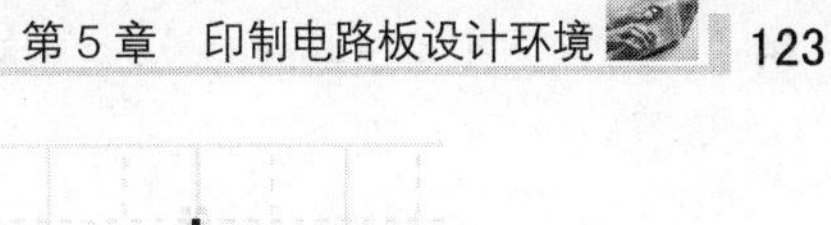

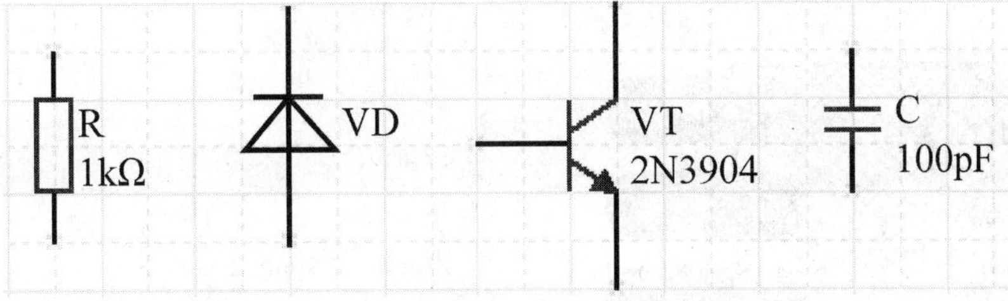

图 5-6　电阻、电容、二极管、三极管的符号

（3）元件封装。元件封装是指实际元件焊接到印制电路板时的焊接位置与占用空间的大小，包括实际元件的外形尺寸，所占空间位置以及各引脚之间的间距等，元件封装是一个空间的概念，对于不同的组件可以有相同的封装，同样一种封装可以用于不同的元件。因此，在制作电路板时必须知道元件的名称，同时也要知道该元件的封装形式。常用的分立元件的封装有二极管类、晶体管类、可变电阻类等。常用的集成电路的封装有 DIP-XX 等。

Altium Designer 将常用的封装集成在 Miscellaneous Devices PCB.PcbLib 集成库中。

如图 5-7 所示的电阻、电容、二极管、三极管的封装。

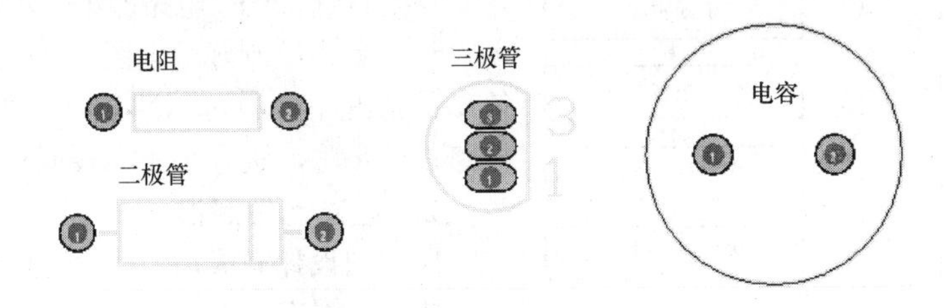

图 5-7　电阻、电容、二极管、三极管封装

2．元件封装的分类

普通的元件封装有插针式封装和表面粘着式封装两大类。

插针式封装的元件必须把相应的针脚插入焊盘过孔中，再进行焊接。因此所选用的焊盘必须为穿透式过孔，设计时焊盘板层的属性要设置成 Multi-Layer，如图 5-8 和图 5-9 所示。

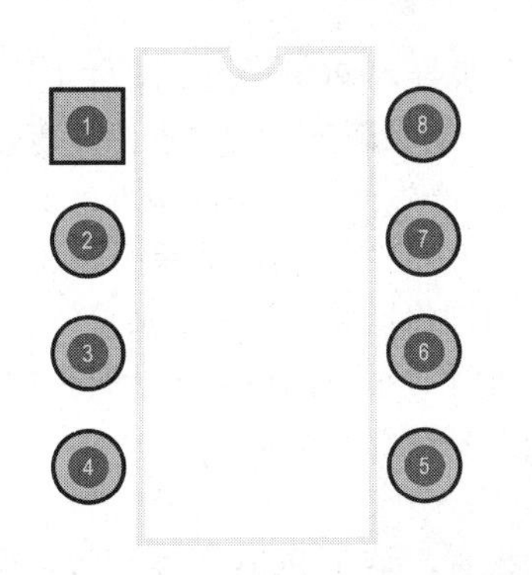

图 5-8　针脚式封装

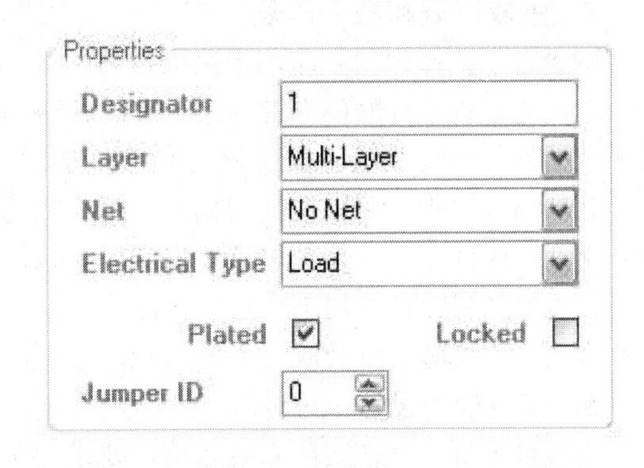

图 5-9　针脚式封装组件焊盘属性设置

SMT（表面粘着式封装），这种元件的管脚焊点不只用于表面板层，也可用于表层或者底层，焊点没有穿孔。设计的焊盘属性必须为单一层面，如图 5-10 和图 5-11 所示。

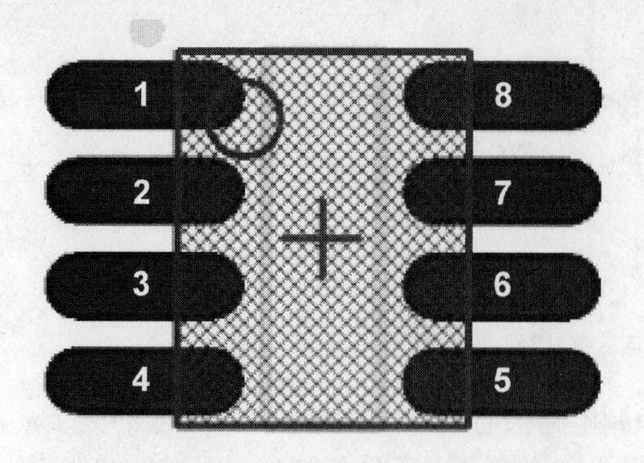

图 5-10　表面粘着式组件的封装

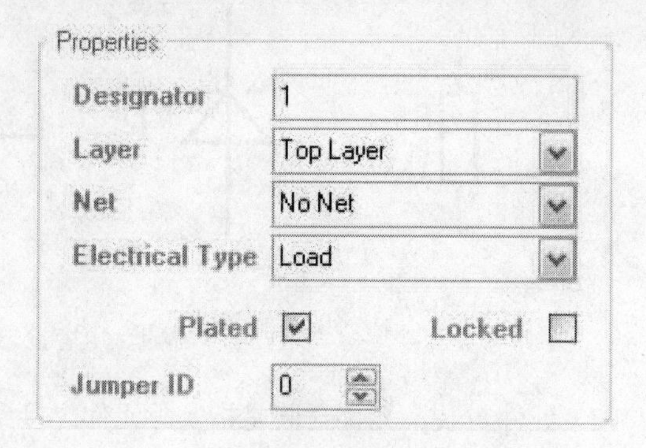

图 5-11　表面粘着式封装焊盘属性设置

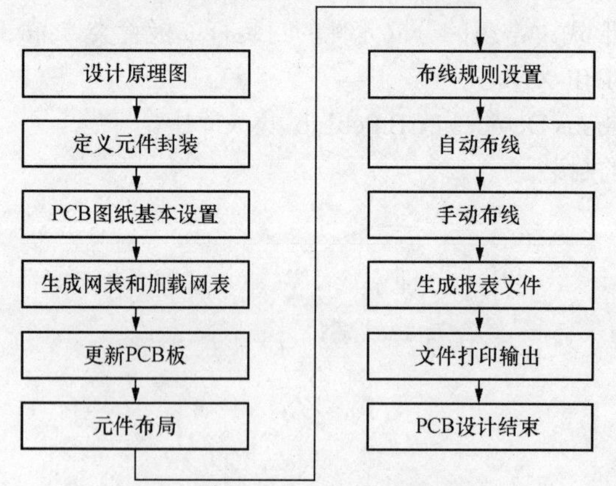

图 5-12　PCB 板设计流程图

5.1.3　PCB 设计流程

PCB 电路板设计流程如图 5-12 所示。

1．设计原理图

这是设计 PCB 电路的第一步，就是利用原理图设计工具先绘制好原理图文件。如果在电路图很简单的情况下，也可以跳过这一步直接进入 PCB 电路设计步骤，进行手工布线或自动布线。

2．定义元件封装

原理图设计完成后，组件的封装有可能被遗漏或有错误。正确加入网表后，系统会自动地为大多数元件提供封装。但是对于用户自己设计的元件或者是某些特殊元件必须由用户自己定义或修改元件的封装。

3．PCB 图纸的基本设置

这一步用于 PCB 图纸进行各种设计，主要有：设定 PCB 电路板的结构及尺寸，板层数目，通孔的类型，网格的大小等，既可以用系统提供 PCB 设计模板进行设计，也可以手动设计 PCB 板。

4．生成网表和载入网表

网表是电路原理图和印制电路板设计的接口，只有将网表导入 PCB 系统后，才能进行电路板的自动布线。在设计好的 PCB 板上生成网表和加载网表，必须保证产生的网表已没有任何错误，其所有元件能够很好地加载到 PCB 板中。加载网表后系统将产生一个内部的网表，形成飞线。

元件布局是由电路原理图根据网表转换成的 PCB 图，一般元件布局都不是很规则，甚至有的相互重叠，因此必须将元件进行重新布局。元件布局的合理性将影响到布线的质量。在进行单面板设计时，如果元件布局不合理将无法完成布线操作。在进行对于双面板等设计时，如果组件布局不合理，布线时，将会放置很多过孔，使电路板走线变得复杂。

5．布线规则设置

飞线设置好后，在实际布线之前，要进行布线规则的设置，这是 PCB 板设计所必须的一步。在这里用户要定义布线的各种规则，如安全距离、导线宽度等。

6．自动布线

Altium Designer 提供了强大的自动布线功能，在设置好布线规则之后，可以用系统提供的自动布线功能进行自动布线。只要设置的布线规则正确、组件布局合理，一般都可以成功完成自动布线。

7．手动布线

在自动布线结束后，有可能因为组件布局或别的原因，自动布线无法完全解决问题或产生布线冲突时，即需要进行手动布线加以设置或调整。如果自动布线完全成功，则可以不必手动布线。

在元件很少且布线简单的情况下，也可以直接进行手动布线，当然这需要一定的熟练程度和实践经验。

8．生成报表文件

印制电路板布线完成之后，可以生成相应的各类报表文件，如元件清单、电路板信息报表等。这些报表可以帮助用户更好地了解所设计的印刷板和管理所使用的元件。

9．文档打印输出

生成了各类文档后，可以将各类文档打印输出保存，包括 PCB 文件和其他报表文件均可打印，以便永久存档。

5.2　规划 PCB 及环境参数设置

5.2.1　电路板规划

规划 PCB 有两种方法：①利用 Altium Designer 提供的向导工具生成；②手动设计规划电路板。

1．利用向导生成

Altium Designer 提供了 PCB 板文件向导生成工具，通过这个图形化的向导工具，可以使复杂的电路板设置工作变得简单。下面具体介绍其操作步骤：

（1）启动 Altium Designer，单击工作区底部菜单 System 的 File 按钮，弹出如图 5-13 所示的 Files 工作面板。单击 Files 工作面板中 New from template 选项下的 PCB Board Wizard 选项，启动 Altium Designer New Board Wizard（PCB 板设计向导），如图 5-14 所示。

（2）单击 Next 按钮进行下一步，将会弹出如图 5-15 所示的 Choose Board Units（选择度量单位）对话框，默认的度量单位为 Imperial（英制），也可以选择 Metric（公制），二者的换算关系为 1in=25.4mm。本例选择 Metric。

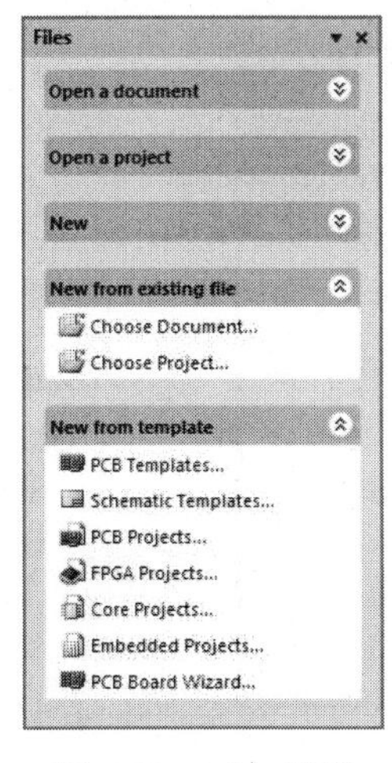

图 5-13　Files 面板

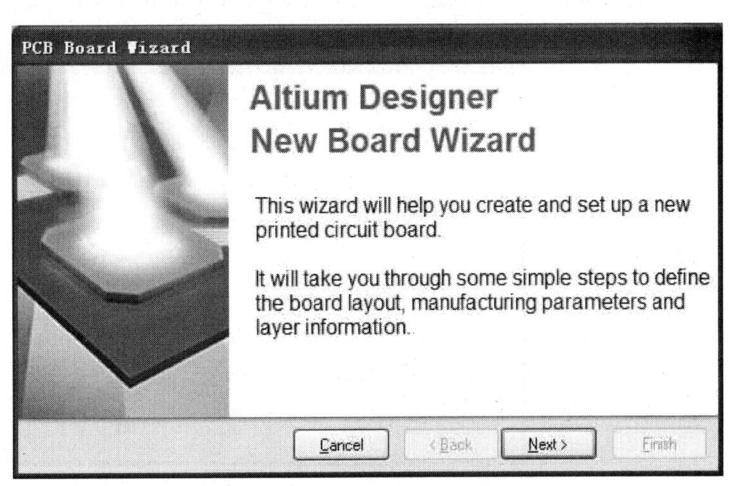

图 5-14　启动 PCB 向导

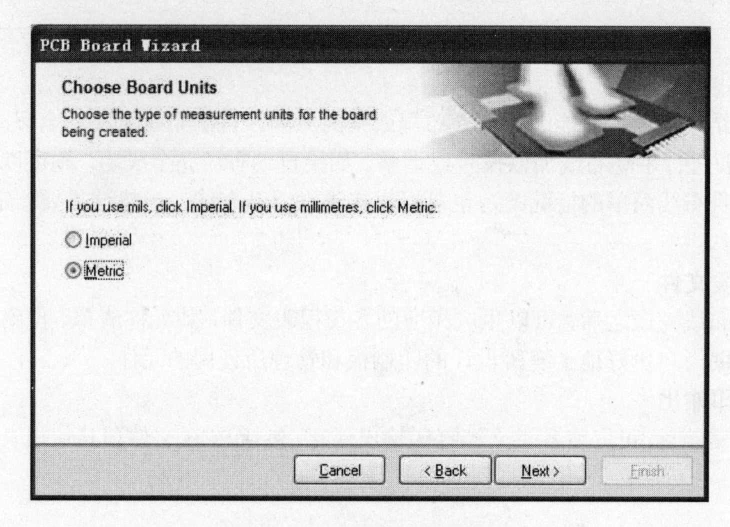

图 5-15 度量单位对话框

（3）单击 Next 按钮，将会弹出如图 5-16 所示 Choose Board Profiles（选择 PCB 板类型）对话框。在对话框中给出了多种工业标准板的轮廓或尺寸，根据设计的需要选择。本例选择 Custom（自定义电路板的轮廓和尺寸）。

（4）单击 Next 按钮，将会弹出如图 5-17 所示的 Choose Board Details（选择板参数）设置对话框。Outline Shape 确定 PCB 的形状，有矩形（Rectangular）、圆形（Circular）和自定义形三种。Board Size 定义 PCB 的尺寸，在 Width 和 Height 栏中输入尺寸即可。本例定义 PCB 尺寸为 50mm×30mm 的矩形电路板。

（5）单击 Next 按钮，将会弹出 Choose Board Layers（选择层数）设置对话框，如图 5-18 所示。设置信号层（Signal Layers）数和电源层（Power Planes）数。本例设置了两个信号层，不需要电源层。

（6）单击 Next 按钮，将会弹出如图 5-19 所示的 Choose Via Style（选择过孔类型）对话框。有两种类型供选择，即穿透式导孔（Thruhole Vias）、盲导孔和隐藏导孔（Blind and Buried Vias）。如果是双面板，则选择穿透式导孔。本例选择 Thruhole Vias。

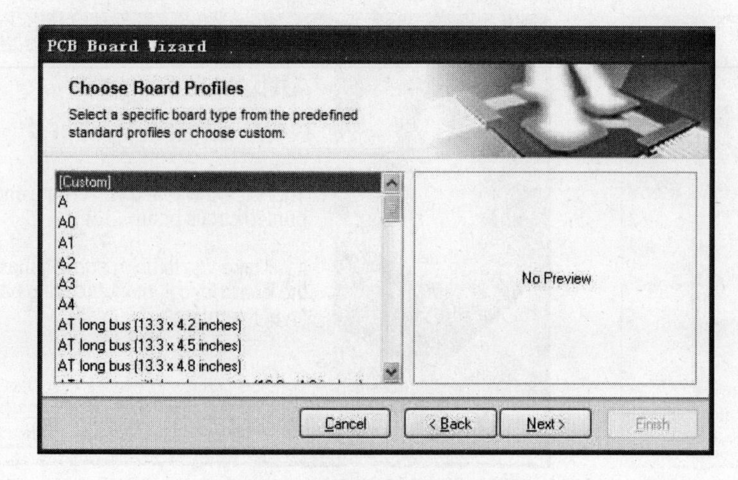

图 5-16 电路板轮廓选择对话框

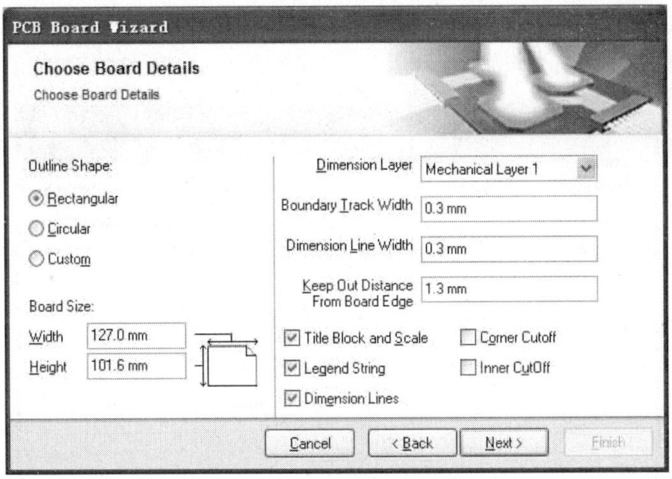

PCB Board Wizard
Choose Board Details
Choose Board Details
Outline Shape:
Rectangular
Circular
Custom
Board Size:
Width 127.0 mm
Height 101.6 mm
Dimension Layer Mechanical Layer 1
Boundary Track Width 0.3 mm
Dimension Line Width 0.3 mm
Keep Out Distance From Board Edge 1.3 mm
Title Block and Scale
Legend String
Dimension Lines
Corner Cutoff
Inner CutOff
Cancel < Back Next > Finish

图 5-17　自定义电路板选项

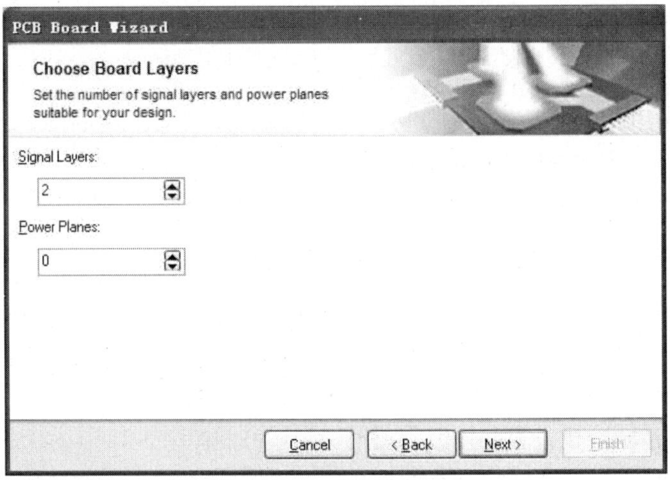

PCB Board Wizard
Choose Board Layers
Set the number of signal layers and power planes suitable for your design.
Signal Layers:
2
Power Planes:
0
Cancel < Back Next > Finish

图 5-18　电路板层数设置对话框

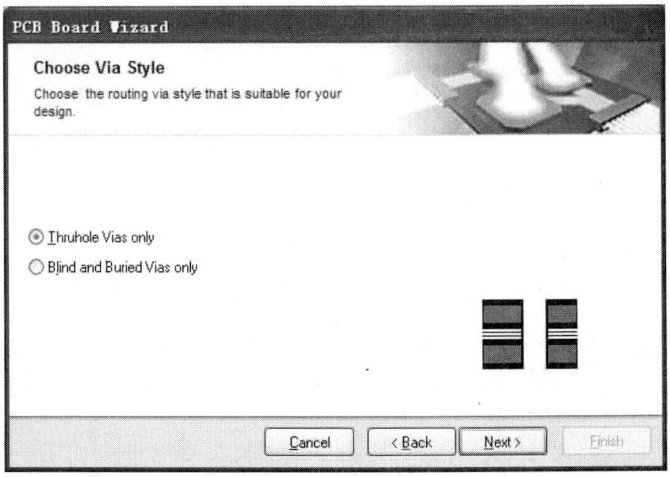

PCB Board Wizard
Choose Via Style
Choose the routing via style that is suitable for your design.
Thruhole Vias only
Blind and Buried Vias only
Cancel < Back Next > Finish

图 5-19　导孔类型选择对话框

（7）单击 Next 按钮，将会弹出如图 5-20 所示的 Choose Component and Routing Technologies（PCB 板元件类型及布线策略）设置对话框。

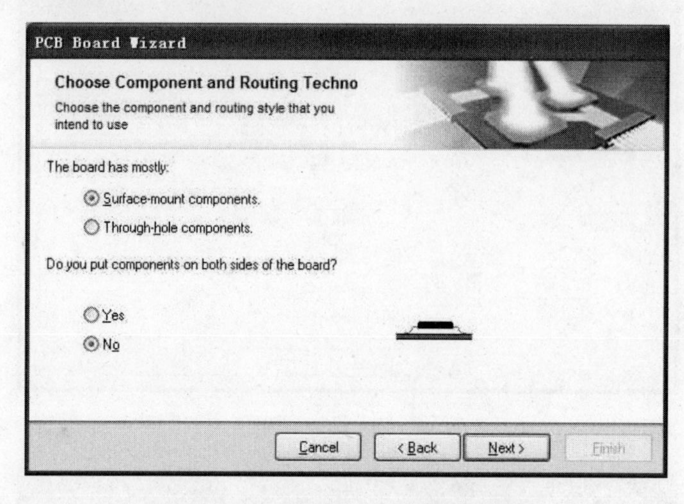

图 5-20　设置元件和布线技术对话框

该对话框包括两项设置：电路板中使用的元件是表面安装元件（Surface-mount components），还是穿孔式安装元件（Through-Hole components）。

如果 PCB 中使用表面安装元件，则要选择元件是否放置在电路板的两面，如图 5-20 所示。如果 PCB 中使用的是穿孔式安装元件，如图 5-21 所示，则要设置相邻焊盘之间的导线数。本例中选择 Through-hole components 选项，相邻焊盘之间的导线数设为 Two Track。

（8）单击 Next 按钮，将会弹出如图 5-22 所示的 Choose Default Track and Via sizes（默认导线和过孔尺寸）设置对话框。主要设置导线的最小宽度、导孔的尺寸和导线之间的安全距离等参数。单击要修改的参数位置即可进行修改。

（9）单击 Next 按钮，将会弹出 PCB 向导完成对话框，如图 5-23 所示。

（10）单击 Finish 按钮，将会启动 PCB 编辑器，新建的 PCB 板文件被默认命名为 PCB1.PcbDoc，PCB 编辑区会出现设计好的 50mm×30mm 的 PCB，如图 5-24 所示。

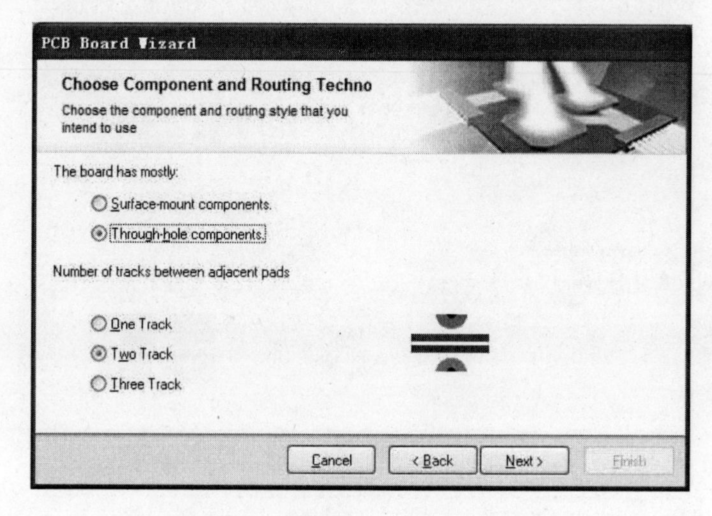

图 5-21　设置元件和布线技术对话框

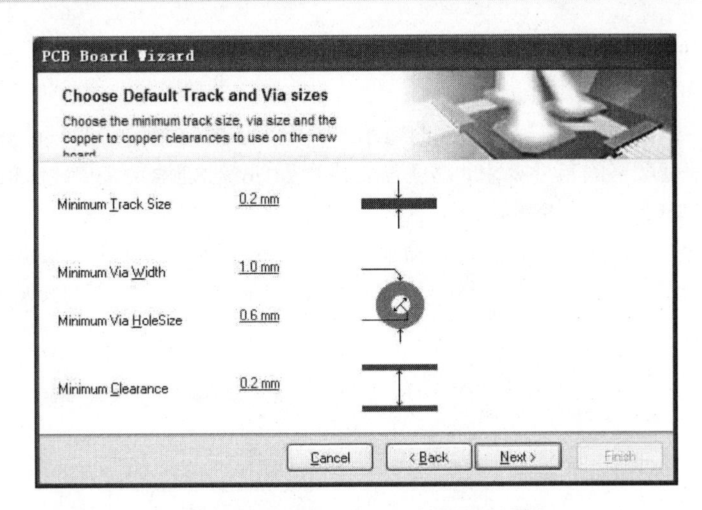

图 5-22　导线、过孔尺寸设置对话框

图 5-23　向导完成对话框

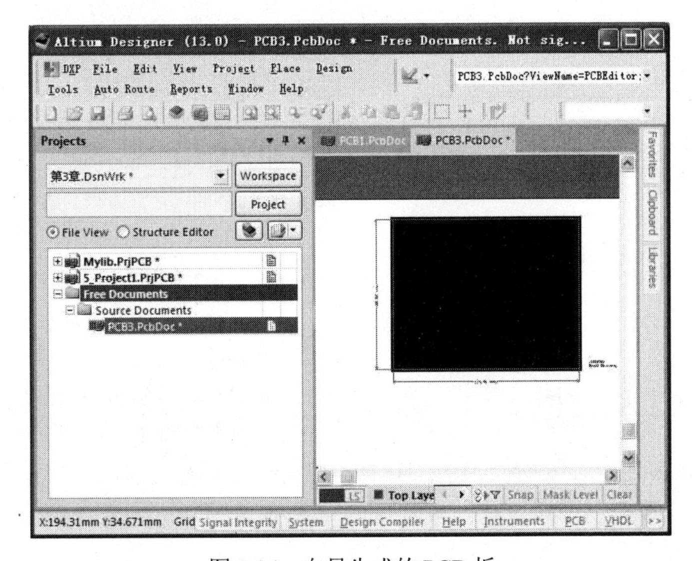

图 5-24　向导生成的 PCB 板

至此，完成了创建 PCB 新文档的工作。

2．手动规划电路板

虽然利用向导可以生成一些标准规格的电路板，但更多的时候，需要自己规划电路板。在实际设计的 PCB 板都有严格的尺寸要求，这就需要认真规划，准确地定义电路板的物理尺寸和电气边界。手动规划电路板的一般步骤如下：

（1）创建空白的 PCB 文档，执行菜单命令 Files→New→PCB，如图 5-25 所示，启动 PCB 编辑器。新建的 PCB 板文件默认名称为 PCB1.Pcbdoc，此时在 PCB 编辑区会出现空白的 PCB 图纸，如图 5-26 所示。

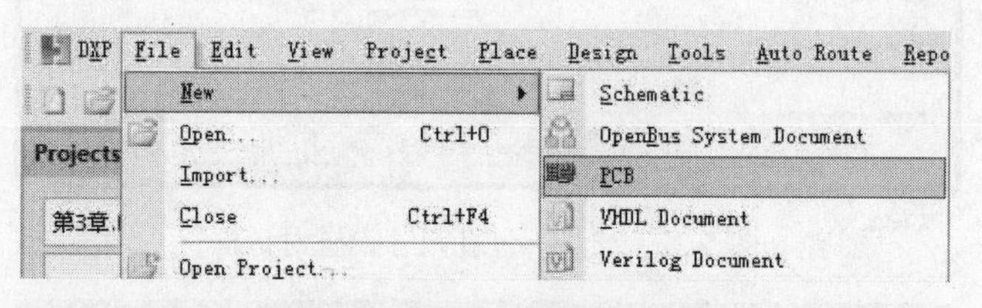

图 5-25　创建新的 PCB 板文件

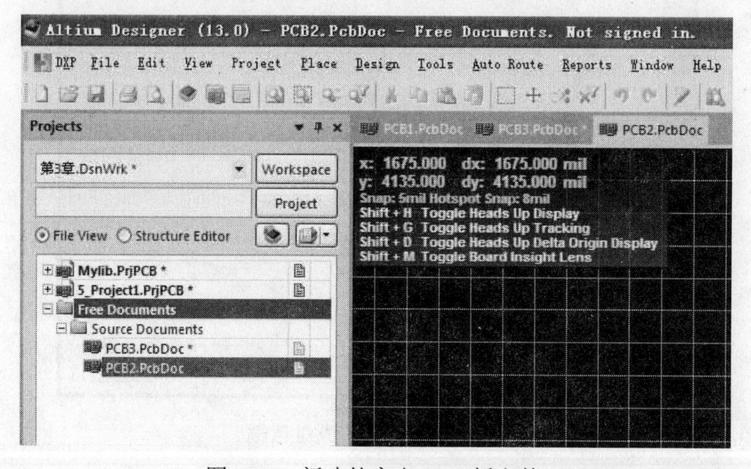

图 5-26　新建的空白 PCB 板文件

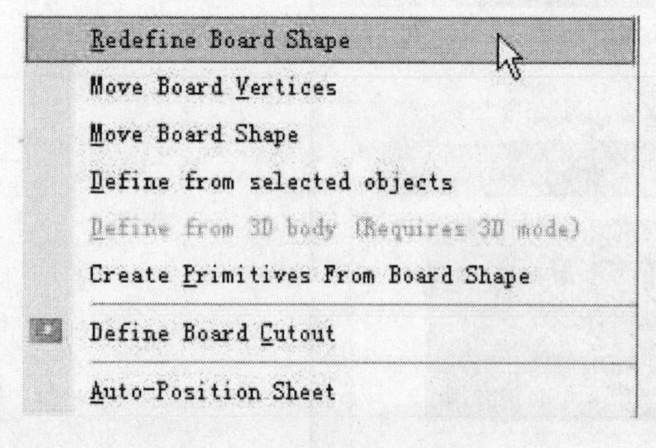

图 5-27　Board Shape 菜单

（2）设置 PCB 物理边界，PCB 板物理边界就是 PCB 板的外形。执行菜单命令 Design→Board Shape，子菜单中包含以下几个选项：

1）Redefine Board Shape：重新定义 PCB 板的外形。

2）Move Board Vertices：移动 PCB 板外形的顶点。

3）Move Board Shape：移动 PCB 板的外形。

4）Define from Selected objects：从选中的物体定义 PCB 板的外形。

5）Auto-Position Sheet：自动定位图纸。

下面为新建的 PCB 板绘制物理边界。将当前的工作层切换到 Mechanical1（第一机械层），执行菜单命令 Design→Board Shape→Redefine Board Shape，光标呈“十”字形状，系统进入编辑 PCB 板外形状态，如图 5-28 所示，绘制一个封闭的矩形。设置了物理边界后如图 5-29 所示。

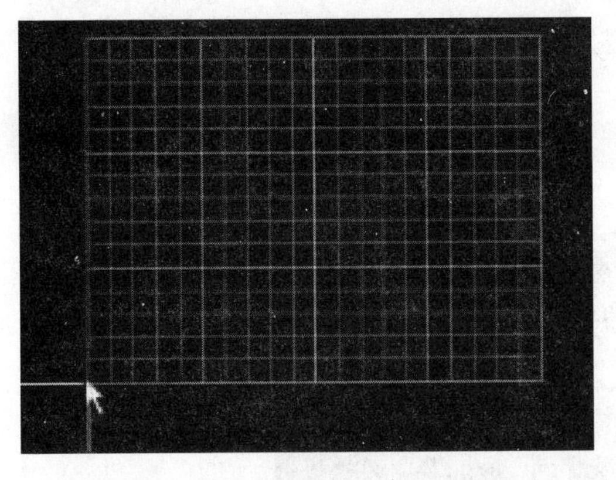

图 5-28　编辑 PCB 板外形

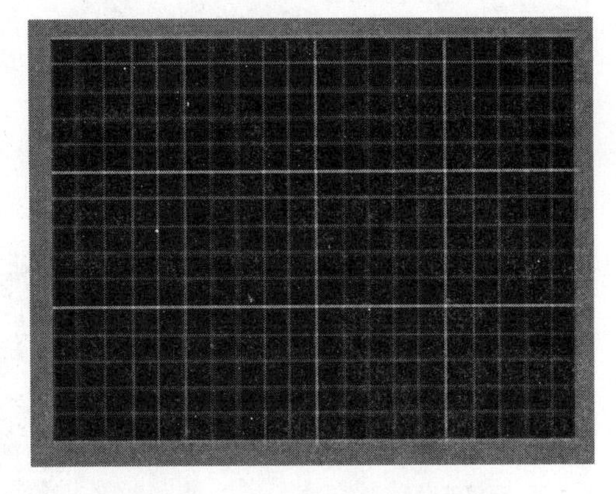

图 5-29　设置的 PCB 板物理边界

如果要调整 PCB 板的物理边界。可以执行菜单命令 Design→Board Shape→Move Board Vertices，将光标移到板子边缘需要修改的地方拖动。

（3）设置 PCB 板电气边界，PCB 板的电气边界用于设置元件以及布线的放置区域范围，它必须在 Keep-Out-Layer（禁止布线层）绘制。

规划电气边界的方法与规划物理边界的方法完全相同，只不过是要在 Keep-Out-Layer（禁止布线层）上操作。方法是先将 PCB 编辑区的当前工作层切换为 Keep-Out-Layer，然后执行菜单命令 Place→Keep Out→Track，绘制一个封闭图形即可，如图 5-30 所示。

图 5-30　设置 PCB 板电气边界

5.2.2　PCB 界面介绍

在进行 PCB 档的创建之后，即启动了 PCB 板编辑器，如图 5-31 所示。PCB 编辑环境接口与 Windows 资源管理器的风格类似。主要由以下几部分构成。

1．主菜单栏

PCB 编辑环境的主菜单与 SCH 环境的编辑菜单风格类似，不同的是提供了许多用于 PCB 编辑操作的功能选项。

1）DXP：该菜单提供了 Altium Designer 中系统的高级设定。

2）File：文件菜单提供了常见的文件操作，如新建、打开、保存等。

3）Edit：编辑菜单提供 PCB 设计的编辑操作命令，如选择、复制、粘贴、移动等。

4）View：查看菜单提供 PCB 文档的缩放查看，以及面板操作等功能。

5）Project：工程菜单提供整个工程的管理。

6）Place：放置菜单提供各种电气图件的放置命令。

7）Design：设计菜单提供设计规则检查、原理图同步、PCB 层管理、库操作等功能。

8）Tool：工具菜单提供设计规则检查、覆铜、密度分析等 PCB 设计高级功能。

9）Auto Route：自动布线菜单提供自动布线功能设置及布线操作。

10）Reports：报告菜单提供了 PCB 信息输出及电路板测量的功能。

11）Windows：窗口菜单提供主界面窗口的管理功能。

12）Help：帮助菜单提供系统的帮助功能。

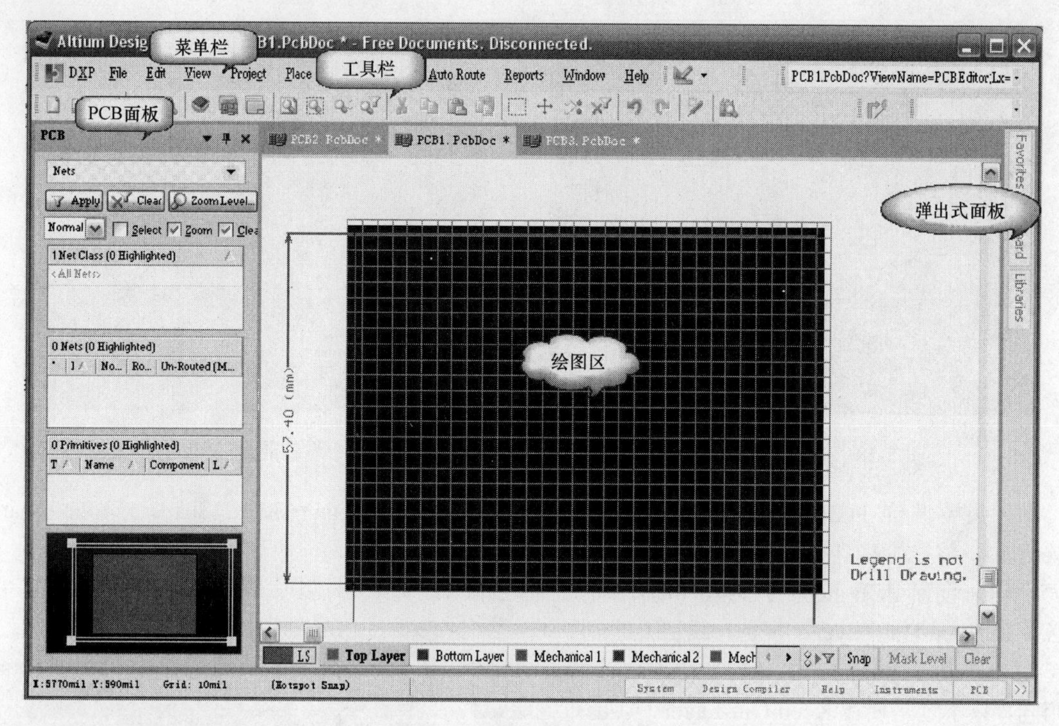

图 5-31　PCB 编辑器界面

2．常用工具栏

Altium Designer 的 PCB 编辑器提供了标准工具栏 PCB Standard、布线工具栏 Wiring、公用工具栏 Utilities、导航栏 Navigation 等，这些常用工具都可以从主菜单栏中的下拉菜单里找到相应的命令。

（1）标准工具栏，如图 5-32 所示，提供软件操作常使用到的操作功能，各按钮的主要功能包括文档操作、打印和预览、视图功能、对象编辑功能、对象选择功能等。

（2）布线工具栏，如图 5-33 所示，PCB 编辑器中的工具栏提供了各种电气走线功能，该工具栏中各按钮的功能见表 5-1。

（3）公用工具栏，如图 5-34 所示，与原理图编辑环境中的公用工具栏相似，提供 PCB 设计过程中的编辑、排列等操作命令，每个按钮对应一组相关命令，功能参照表 5-2。

图 5-32　标准工具栏

表 5-1　　布线工具栏各按钮功能

按钮	功　　能	按钮	功　　能
	交互式布线		圆弧走线
	灵巧交互式布线		矩形填充
	差分对布线		多边形填充
	放置焊盘	A	字符串
	放置过孔		放置元件

图 5-33　布线工具栏

图 5-34　公用工具栏

表 5-2　公用工具栏按钮组功能

按钮	功　　能	按钮	功　　能
	绘图工具组		尺寸标注工具组
	对齐工具组		放置工作区工具组
	查找选择工具组		网格工具组

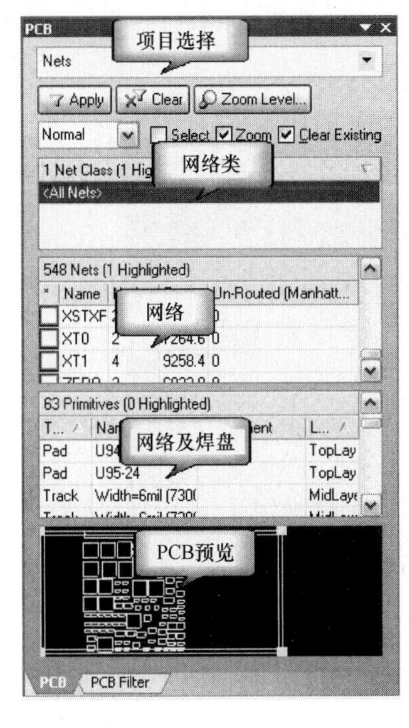

图 5-35　PCB 设计面板

3．PCB 设计面板

Altium Designer PCB 编辑器提供了功能强大的 PCB 设计面板，如图 5-35 所示，该面板可以对 PCB 中所有的网络、元件、设计规则等进行定位或设置属性。在面板上部的下拉菜单中可以选择需要查找的项目类别，单击下拉菜单可以看到系统所支持的所有项目分类如图 5-36 所示。

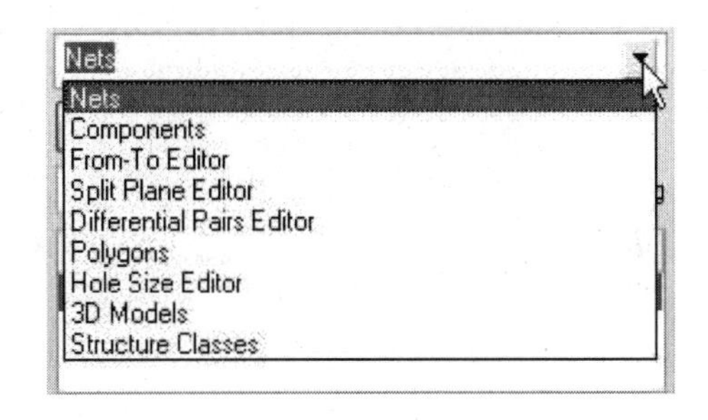

图 5-36　项目选择

若对 PCB 中某条走线定位，首先选择项目下的 Nets 网络项，则在网络类列表框中列出 PCB 中的所有网络类。选择一个网络类，网络列表中显示网络类所有网络。选择一条网络对应列表列出该网络的所有走线及焊盘。

4．PCB 观察器

当光标在 PCB 编辑器绘图区移动时，绘图区左上角将显示一组数据，如图 5-37 所示。这是 Altium Designer 提供的 PCB 观察器，可实时显示光标所在位置的网格和元件信息。

1）x，y：当前光标所在的位置。

2）dx，dy：当前光标位置相对于上次单击

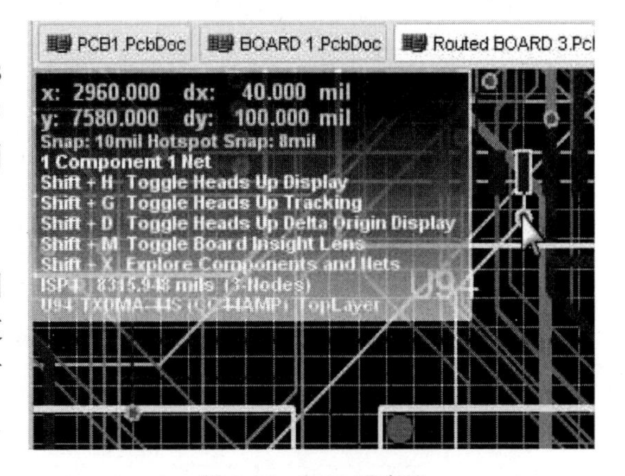

图 5-37　PCB 观察器

时位置的位移。

3）Snap，Hostspot Snap：当前的捕获网络和电气网络数值。

4）1 Component 1 Net：光标所在点有一个元件和一个电气网络。

5）Shift+H Toggle Heads Up Display：按 Shift+H 快捷键可以设置是否显示 PCB 观察器所提供的数据，按一次关闭显示，再按一次即可重新打开显示。

6）Shift+G Toggle Heads Up Tracking：按 Shift+G 快捷键可以设置 PCB 观察器所提供的数据是否随光标移动，还是固定在某一位置。

7）Shift+D Toggle Heads Up Delta Origin Display：按 Shift+D 快捷键设置是否显示 dx 和 dy。

8）Shift+M Toggle Board Insight Lens：按 Shift+M 快捷键可以打开或关闭放大镜工具，执行该命令后，绘图区出现一个矩形区域，该区域内的图像将放大显示，如图 5-38 所示，这个功能在观察比较密集的 PCB 文档时较为有用。当处在放大镜状态时在此执行 Shift+M 可退出放大状态。

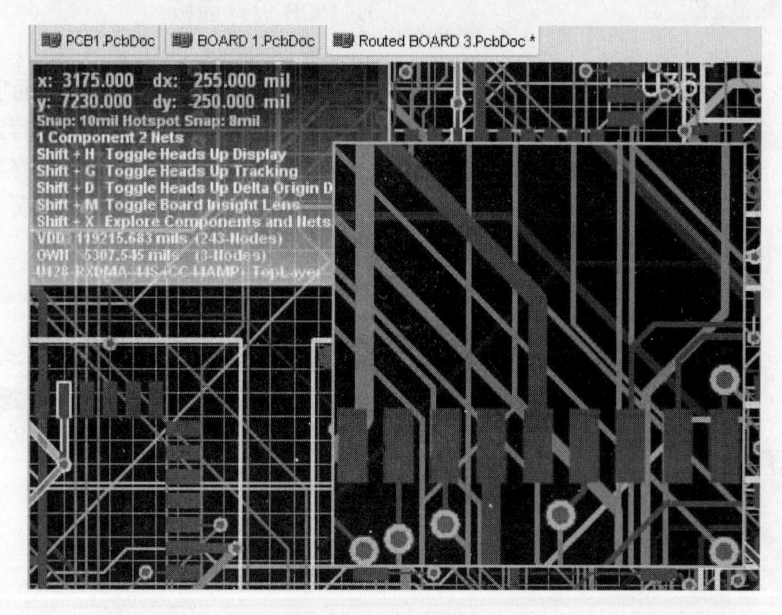

图 5-38 放大镜显示

9）Shift+X Explore Components and Nets：按 Shift+X 快捷键可以打开 PCB 浏览器，如图 5-39 所示，在该浏览器中可以看到网络和元件的详细信息。

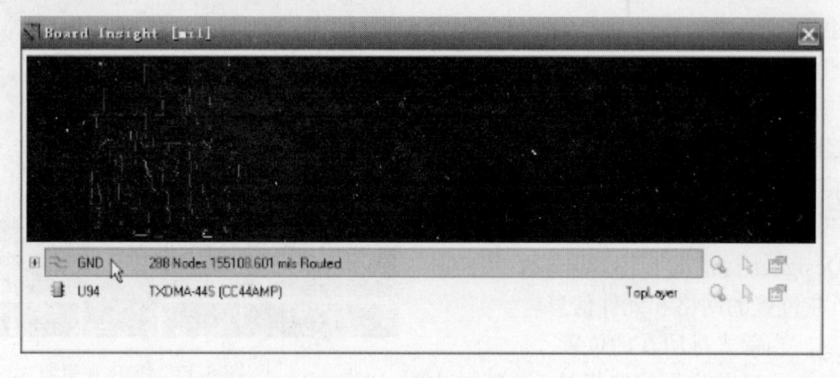

图 5-39 PCB 浏览器

10）其余为光标所在处网络或元件的具体信息。

5.2.3　PCB 板层介绍

从物理结构上看，印制电路板的构成有单面板、双面板和多面板之分。

单面板是最简单的 PCB，它仅仅是在一面进行敷铜走线，另一面放置元件，结构简单，成本较低。但受制于结构，当布线复杂时的布通率较低，因此，单面板适合应用于电路布线相对简单、批量生产和低成本的场合。

双面板可在 PCB 的顶层和底层进行敷铜走线，两层之间的走线连接通过导孔或焊盘连接实现，相对于单面板来说走线更加灵活，相对多层板成本又低得多，因此，在当前的电子产品中双面板得到了广泛地应用。

多层板就是包括多个工作层面的 PCB，最简单的多层板是四层板。四层板是在顶层和底层中间加上了电源层和地线层，通过这样的处理可以大大提高 PCB 的电磁干扰问题。对于电路复杂集成度高的精密仪器所采用的电路板为多层板，就是在四层板的基础上再根据需要增加信号层，如计算机的主板多采用六层板或八层板。

在 Altium Designer 电路板设计中，将电路板的物理层结构和电路板的信息又进行了板层区分的处理，这样有利于进行 PCB 的设计。在 PCB 的设计中，要接触到下面几个层。它们分别是：

（1）Signal Layer（信号层）：总共有 32 层。可以放置走线、文字、多边形（敷铜）等。常用的有两种：TopLayer（顶层）和 BottomLayer（底层）。

（2）Internal Plane（内电层）：总共有 16 层。主要作为电源层使用，也可以把其他的网络定义到该层。内电层可以任意分块，每一块可以设定一个网络。内电层是以“负片”格式显示，如有走线的地方表示没有铜皮。

（3）Mechanical Layer（机械层）：机械层一般用于有关制版和装配方面的信息。

（4）Mask Layer：顶部阻焊层（Top Solder Mask）和底部阻焊层（Bottom Solder Mask）两层，是 Altium Designer 对应于电路板文件中的焊盘和过孔数据自动生成的板层，主要用于铺设阻焊漆（阻焊绿膜）。本板层采用负片输出，所以板层上显示的焊盘和过孔部分代表电路板上不铺阻焊漆的区域，也就是可以进行焊接的部分，其余部分铺设阻焊漆。顶部锡膏层（Top Paste Mask）和底部锡膏层（Bottom Paste Mask）两层，是过焊炉时用来对应 SMD 元件焊点的，是自动生成的，也以负片形式输出。

（5）Keep-out Layer：这层主要用来定义 PCB 边界，如可以放置一个长方形定义边界，则信号走线不会穿越这个边界。

（6）Drill Drawing（钻孔层）：钻孔层主要为制造电路板提供钻孔信息，该层是自动计算的。

（7）Multi-Layer（多层）：多层代表信号层，任何放置在多层上的元器件会自动添加到所在的信号层上，所以可以通过多层，将焊盘或穿透式过孔快速地放置到所有的信号层上。

（8）Silkscreen Layer（丝印层）：丝印层有 Top Overlay（顶层丝印层）和 Bottom Overlay（底层丝印层）两层。主要用来绘制元件的轮廓，放置元件的标号（位号）、型号或其他文本等信息。以上信息是自动在丝印层上产生的。

5.2.4　设置布线板层

Altium Designer 提供了一个板层管理器对各种板层进行设置和管理，设置板层步骤如下：

（1）启动板层管理器的方法有两种：①执行主菜单命令 Design→Layer Stack Manager；②在

右侧 PCB 图纸编辑区内右击，从弹出的右键菜单中执行 Option→Layer Stack Manager 命令。均可启动板层管理器。启动后的接口如图 5-40 所示。

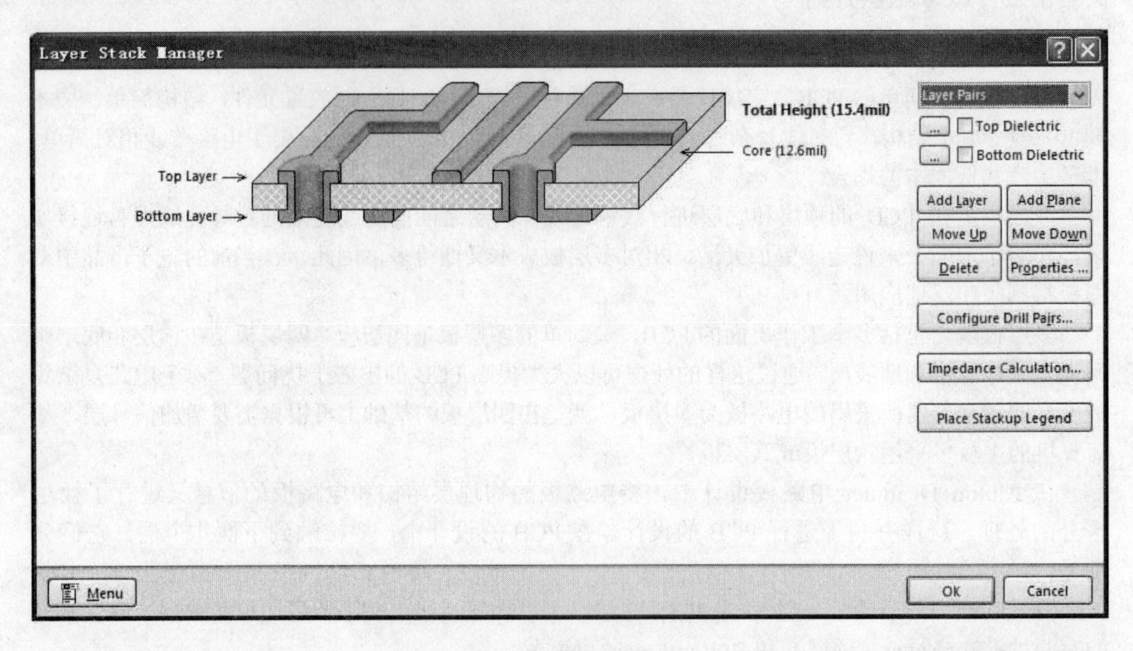

图 5-40　板层管理器

（2）双击如图 5-40 所示的 Top Layer 或 Bottom Layer，弹出 Layer Properties 对话框，如图 5-41、图 5-42 所示，可以修改层的名字及铜箔的厚度。

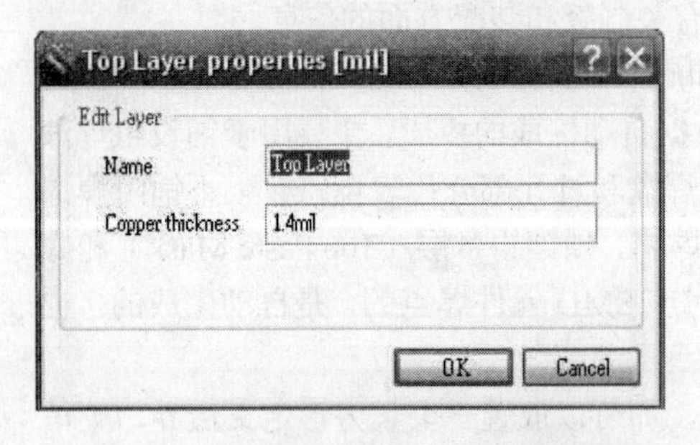

图 5-41　Top Layer 属性设置

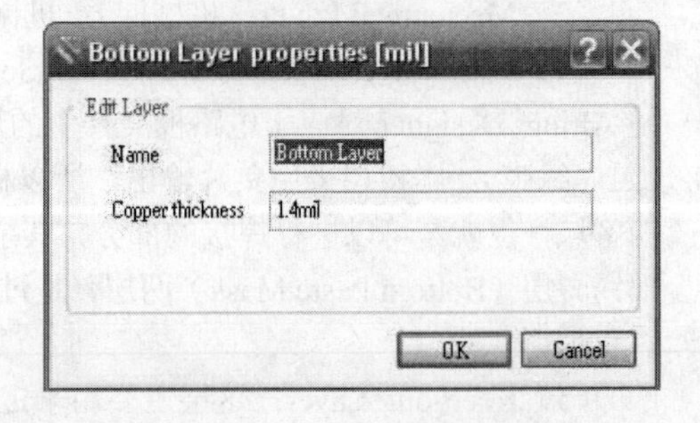

图 5-42　Bottom Layer 属性设置

（3）Top Dielectric 和 Bottom Dielectric 复选框，表示在 PCB 板的顶层和底层添加阻焊层，如图 5-43 所示。

（4）板层管理器默认双面板设计，即给出了两层布线层即顶层和底层。板层管理器的设置及功能如下：

1）Add Layer 按钮：用于向当前设计的 PCB 板中增加一层中间层。

2）Add Plane 按钮：用于向当前设计的 PCB 板中增加一层内层。新增加的层面将添加在当前层面的下面。

3）Move Up 和 Move Down 按钮：将当前指定的层进行上移和下移操作。

4）Delete 按钮：可以删除所选定的当前层。

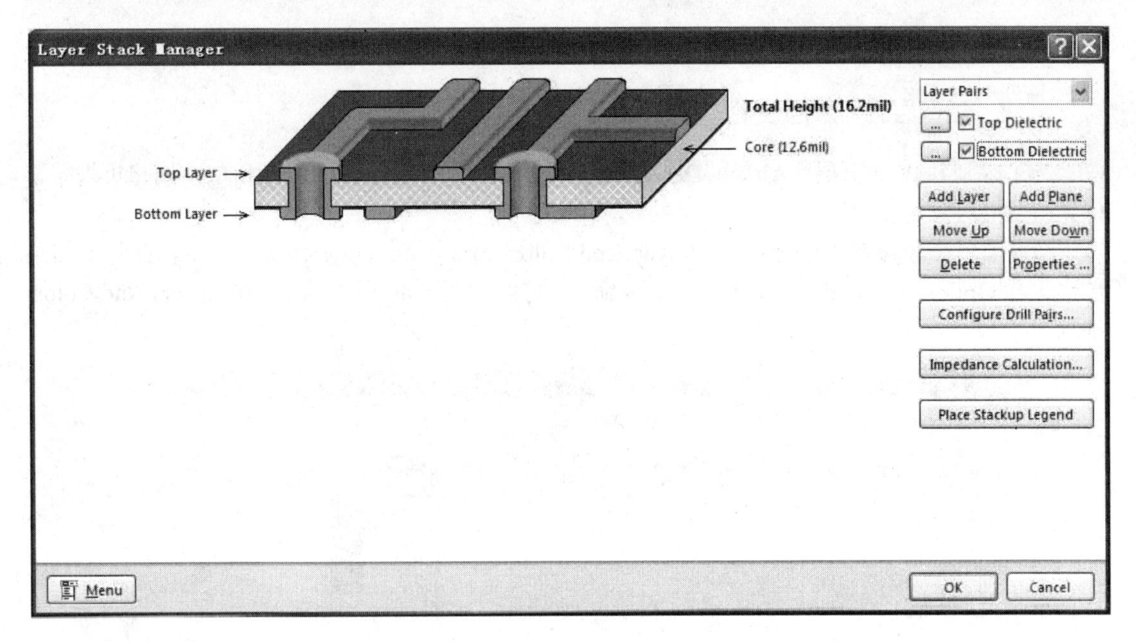

图 5-43　添加阻焊层

5）Properties 按钮：将显示当前选中层的属性。

6）Configure Drill Pairs 按钮用于设计多层板中，添加钻孔的层面对，主要用于盲过孔的设计。

（5）单击图 5-43 的 Menu 按钮，如图 5-44 所示。此菜单项中的大部分项可通过图 5-43 右侧的按钮进行操作。Example Layer Stacks（层栈样例）菜单项提供了常用的不同层数的电路板层数设置，可以直接选择进行快速板层设置。

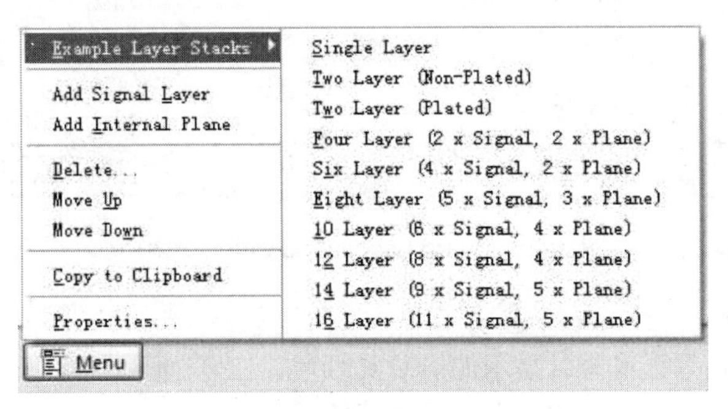

图 5-44　Menu 菜单项

（6）层站类型的设置，可通过如图 5-43 右侧的下拉菜单选项完成，如图 5-45 所示。电路板层栈结构不仅包括电气特性的信号层，还包括无电气特性的绝缘层，两种典型的绝缘层主要是指 Core（填充层）和 Prepreg（塑料层）。

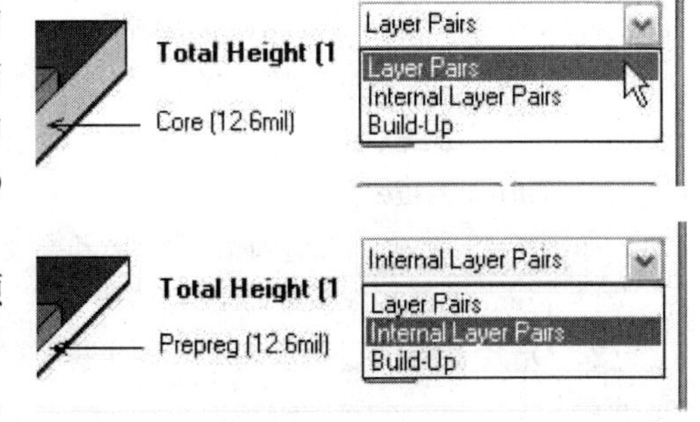

图 5-45　层栈设置

层栈类型主要是指绝缘层在电路板中的排列顺序，默认的 3 种栈类型包括 Layer Pairs（层组合）、Internal Layer Pairs（内部层组合）和 Build-up（组建）。改变层的栈类型将会改变Core 和 Prepreg 在层栈中的分布，只有在信号完整性分析需要用到盲孔或深埋孔的时候才需要进行层栈类型的设置。

5.2.5 工作层面与颜色设置

为了区别各 PCB 板层，Altium Designer 使用不同的颜色绘制不同的 PCB 层，用户可根据喜好调整各层对象的显示颜色。

在主菜单中选择 Desigll→Board Layers and Colors 命令，或者在工作区中右击，在弹出的菜单中选择 Options→Board Layers and Colors 命令，打开如图 5-46 所示的 Board Layers And Colors 选项卡。

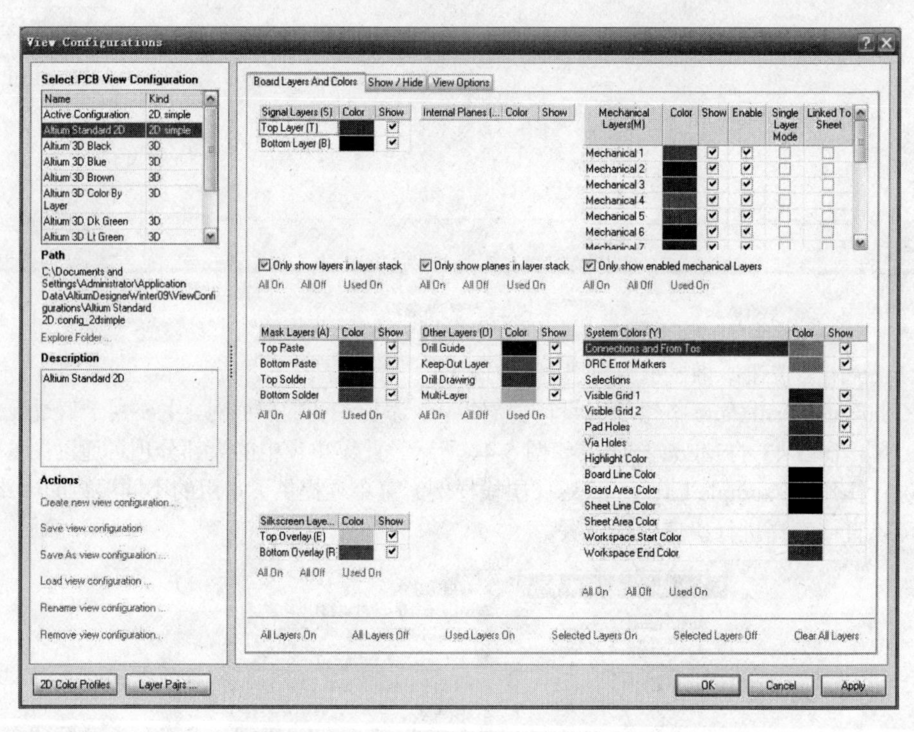

图 5-46 Board Layers And Colors 选项卡

1．Board Layers And Colors 选项卡

共有 7 个列表，设置工作区中显示的层及其颜色。在每个区域中有一个 Show 复选框，勾选该复选框后，PCB 板工作区下方将显示该层的标签。

单击对应的层名称 Color 列下的色彩条，打开 2D System Color．Drill Drawing 对话框，在该对话框中设置所选择的电路板层的颜色。在 System Colors 区域中可设置包括可见栅格（Visible Grid）、焊盘孔（Pad Holes）、过孔（Via Holes）和 PCB 工作区等系统对象的颜色及其显示属性。当设置完毕后单击 OK 按钮，完成 PCB 板层的设置。

2．Show/Hide 选项卡

如图 5-47 所示，该选项卡用于设定各类元件对象的显示模式。

1）Final 单选按钮：表示以完整型模式显示对象，其中每一个图素都是实心显示的。

2）Draft 单选按钮：表示以草稿型模式显示对象，其中每一个图素都是以草图轮廓形式显示的。

3）Hide 单选按钮：表示隐含，不显示对象。

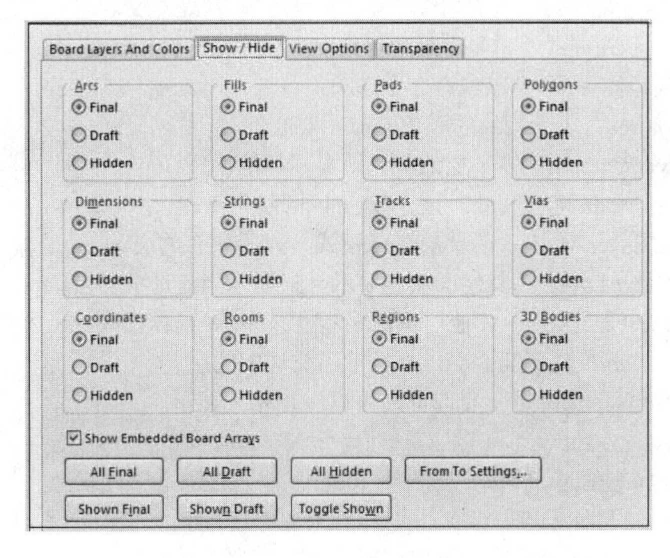

图 5-47　Show/Hide 选项卡

Show/Hide 选项卡中可设置的对象有 Arcs（圆弧）、Fills（填充）、Pads（焊盘）、Polygons（多边形）、Dimensions（尺寸标注）、Strings（字符串）、Tracks（线）、Vias（过孔）、Coordinates（标尺）、Rooms（区域）等。

3．View Options 选项卡

如图 5-48 所示，该选项卡内主要包括显示方面的设置。

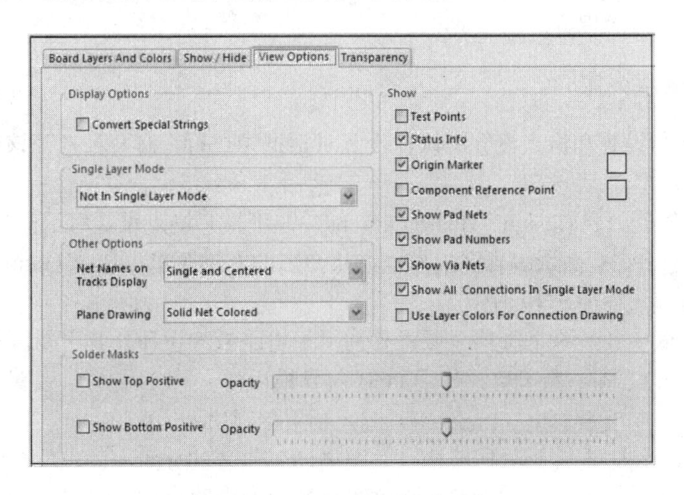

图 5-48　View Options 选项卡

（1）Display Options 选项区域。选择 Convert Special Strings（转换特殊字符）复选框，允许显示特殊的字符以改变字符原来的意义。选择 Use Transparent Layers（使用透明层）复选框，所有层上的物体稍微有点透明，所以用户能通过一个物体看到其他层上的物体。

（2）Other Options 其他选项区域。Net Names on Tracks Display（在导线上显示网络名），该项有 3 个选项：

1）Do Not Display：选择它，表示在导线上不显示网络名。

2）Single and Centered：表示在导线的中心上显示单个网络名。

3）Repeated：表示在导线上重复地显示网络名。

Plane Drawing（绘图标准），该项有 2 个选项：

1）Solid Net Colored：表示网络的颜色，显示实心的。

2）Outlined Layer Colored：表示层的颜色，显示轮廓。

（3）Single Layer Mode 选项区域。该区域有 4 个选项：

1）Not In Single Layer Mode：非单层显示模式，显示所有的层。

2）Gray Scale Other Layers：其他层灰色显示，只显示当前选中的层。

3）MonochromeOtherLayers：其他层黑白显示，只显示当前选中的层。

4）Hide Other Layers：隐藏其他层，只显示当前选中的层。

（4）Show 选项区域，选择以下复选框，可以进行相关显示。

1）Test Points：测试点。

2）Status Info：状态信息。

3）Origin Marker：坐标原点。

4）Component Reference Point：元件的参考点。

5）Show Pad Nets：显示焊盘网络。

6）Show Pad Numbers：显示焊盘数。

7）Show Via Nets：显示过孔网络。

（5）Solder Masks 选项区域。

1）Show Top Positive：选择该复选框，显示顶层（Top）阻焊层（正片）。

2）Show Bottom Positive：选择该复选框，显示底层（Bottom）阻焊层（正片）。滑块（Opacity）设置显示阻焊层透明度的程度。

5.2.6 PCB 格点设置

PCB 的使用环境设置和格点设置可以在设置对话框中进行，有两种打开该对话框的方法，分别如下。

方法 1：执行菜单命令 Design→Board Options，即可打开格点设置对话框。

方法 2：在右边 PCB 图纸编辑区内右击，从弹出的右键菜单中选择 Option→Grids 命令，打开的格点设置对话框，如图 5-49 所示。

格点设置对话框中共有 6 个选项区域，分别用于电路板的设计，其主要设置及功能如下：

（1）Measurement Unit：用于更改使用 PCB 向导模板建立 PCB 板时，设置的度量单位。单击下拉菜单，可选择英制度量单位（Imperial）或公制单位（Metric）。

（2）Snap Grid：用于设置图纸捕获格点的距离即工作区的分辨率，也就是鼠标移动时的最小距离。此项根据需要进行设置，对于设计距离要求精确的电路板，可以将该值取得较小，系统最小值为 1mil。可分别对 *X* 方向和 *Y* 方向进行格点设置。

（3）Electrical Grid：用于系统在给定的范围内进行电气格点的搜索和定位，系统默认值为 8mil。

（4）Visible Grid：选项区域中的 Markers 选项用于选择所显示格点的类型，其中一种是 Lines（线状），另一种是 Dots（点状）。Grid1 和 Grid2 分别用于设置可见格点 1 和可见格点 2 的值，也可以使用系统默认的值。

（5）Sheet Position：选项区域中的 *X* 和 *Y* 用于设置从图纸左下角到 PCB 板左下角的 *x* 坐标和 *y* 坐标的值；Width 用于设置 PCB 板的宽度；Height 用于设置 PCB 板的高度。用户创建好 PCB 板后，如果不需要对 PCB 板大小进行调整，这些值可以不必更改。

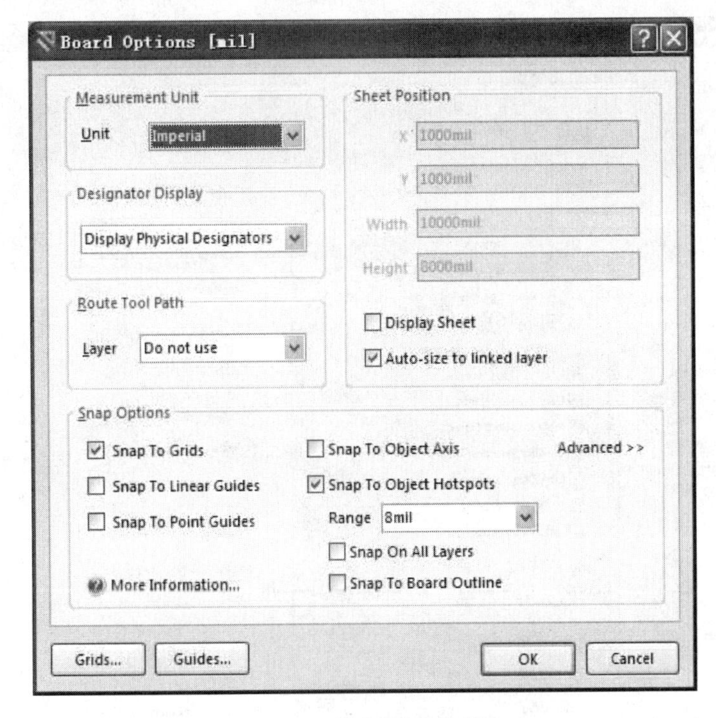

图 5-49　格点设置对话框

（6）Component Grid：分别用于设置 *X* 和 *Y* 方向的组件格点值，一般选择默认值。

5.3　PCB 编辑环境设置

Altium Designer 为用户进行 PCB 编辑提供了大量的辅助功能，以方便用户的操作，同时系统允许用户对这些功能进行设置，使其更符合自己的操作习惯，本小节将介绍这些设置的方法。

启动 Altium Designer，在工作区打开新建的 PCB 文件，启动 PCB 设计界面。执行菜单命令 Tools→Preferences，打开如图 5-50 所示的 Preferences 对话框，或者在主菜单执行菜单命令 DXP→Preferences，也可打开如图 5-50 所示的 Preferences 对话框。

在 Preferences 对话框左侧的树形列表内，PCB Editor 文件夹内有 13 个子选项，通过这些选项，用户可以对 PCB 设计模块进行系统地设置。下面介绍这些选项内常用的选项功能。

5.3.1　常规参数设置

General 选项卡如图 5-50 所示，该选项卡主要用于进行 PCB 设计模块的通用设置，General 选项卡包含 4 个选项区域，各参数介绍如下：

（1）Editing Options 选项区域。

1）Online DRC 复选框：表示进行在线规则检查，一旦操作过程中出现违反设计规则，系统会显示错误警告。建议选中此项。

2）Snap to Center 复选框：表示移动焊盘和过孔时，鼠标定位于中心。移动元件时定位于参考点，移动导线时定位于定点。

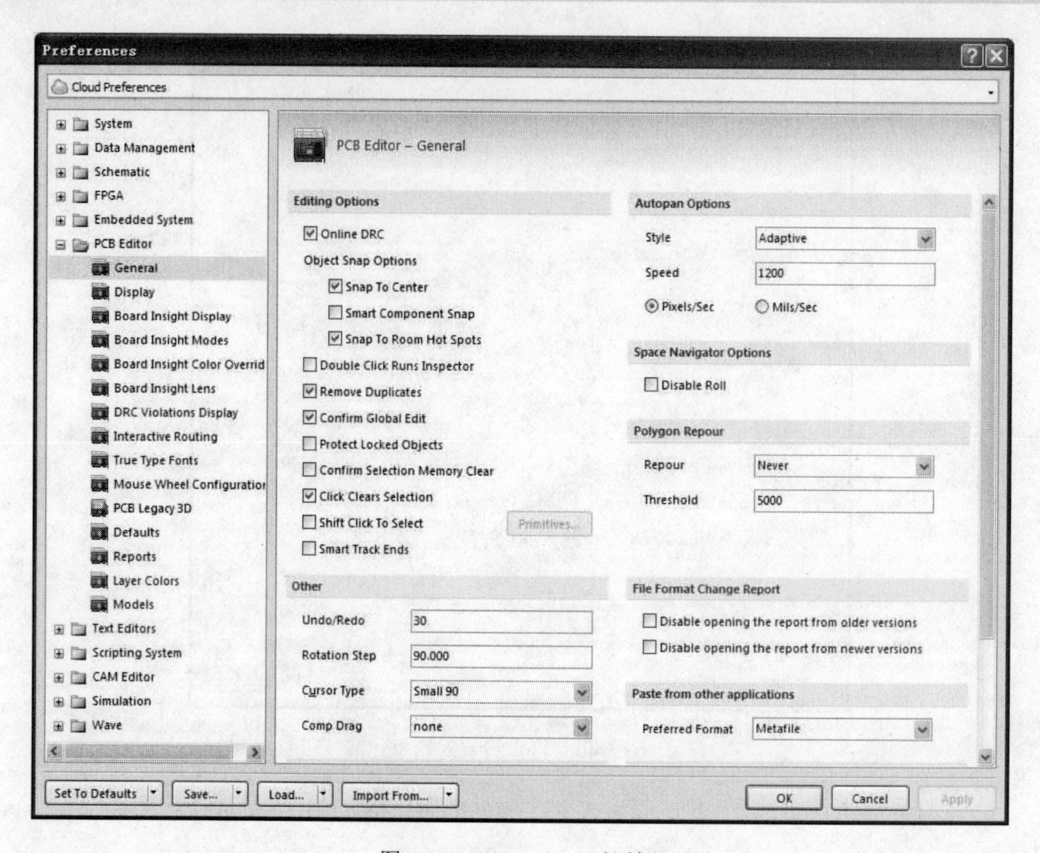

图 5-50 Preferences 对话框

3）Smart Component Snap 复选框：表示在对元件对象进行操作时，指针会自动捕获小的元件对象。当左键按住元件时，光标将移至图件最近的焊盘。

4）Double Click Runs Inspector 复选框：表示在双击元件对象时，将打开 Inspector 工作面板，用户可在里面对 PCB 元件对象的属性进行修改。

5）Remove Duplicates 复选框：表示系统会自动删除重复的输出对象，选中该复选框后，数据在准备输出时将检查输出数据，并删除重复数据。删除重复图件。

6）Confirm Global Edit 复选框：表示在进行全局编辑时，如从原理图更新 PCB 图时，会弹出确认对话框，要求用户确认更改。

7）Protect Locked Objects 复选框：表示保护已锁定的元件对象，避免用户对其进行误操作。被锁定对象编辑时需要确认。

8）Confirm Selection Memory Clear 复选框：表示在清空选择存储器时，会弹出确认对话框，要求用户确认。

9）Click Clears Selection 复选框：表示当用户单击其他元件对象时，之前选择的其他元件对象将会自动解除选中状态。

10）Shift Click To Select 复选框：表示只有当用户按住 Shift 键后，再单击元件对象才能将其选中。选中该项后，用户可单击 Primitives 按钮，打开 Shift Click To Select 对话框，在该对话框中设置需要按住 Shift 键的同时单击才能选中的对象种类。

11）Smart Track Ends 复选框：表示在交互布线时，系统会智能寻找铜箔导线结束端，显示光标所在位置与导线结束端的虚线，虚线在布线的过程中自动调整。

（2）Other 选项区域。

1）Undo/Redo 编辑框：用于设置操作记录堆栈的大小，指定最多取消多少次和恢复多少次以前的操作。在此编辑框中输入“0”，会清空堆栈，输入数值越大，则可恢复的操作数越大，但占用系统内存也越大，用户可自行配制合适的数据。

2）Rotation Step 编辑框：用于设置放置元件时按空格键，元件默认旋转的角度。

3）Cursor Type 编辑框：用于光标类型设置，可以设置为 Large 90，即跨越整个编辑区的大“十”字形指针；“Small 90”小“十”字形指针；“Small 45”小的“×”字形指针。

4）Comp Drag 编辑框：用于设定元件移动的方式，选择 none，则元件移动时，连接的导线不跟随移动，导致断线；选择 Connected Tracks 时，导线随着元件一起移动，相当于原理图编辑环境中的拖曳。

（3）Autopan Options 选项区域。

用于设定平移窗口的类型，当光标移至编辑区的边缘时图纸移动的样式和速度设定。Style 提供了 7 种自动边移动的样式。

1）Disalbe：禁止自动边移。

2）Re-Center：每次边移半个编辑区的距离。

3）Fixed Size Jump：规定长度边移。

4）Shift Accelerate：边移的同时按住 Shift 键使边移加速。

5）Shift Decelerate：边移的同时按住 Shift 键使边移减速。

6）Ballistic：变速边移，指针越靠近编辑区边缘，边移速度越快。

7）Adaptive：自适应边移，选择此项后还需设置边移的速度。

（4）Space Navigator Options 导航选项。选中 Disable Roll 将禁止导航滚动。

（5）Polygon Repour 选项区域。用于设置多边形敷铜区域被修改后，重新敷铜时的各种参数，该区域中的 Repour 下拉列表用于选择多边形敷铜区域被修改后重新敷铜的方式。该列表中共有三种选项，其中：

1）Never 选项：表示不启动自动重新敷铜。

2）Threshold 选项：表示当超过某限定值自动重新敷铜。

3）Always 选项：表示只要多边形发生变化，就自动重新敷铜。

Threshold 文件输入框用于设定重新敷铜的极限值。

5.3.2　显示参数设置

Display 选项卡如图 5-51 所示，该选项卡用于设置所有有关工作区的显示方式，具体功能介绍如下。

（1）DirectX Options 选项区域。如果选中 Use DirectX if possible 复选框，单击 Test DirectX 按钮可测试显卡是否支持 DirectX。

（2）Draft Thresholds 选项区域。用于设置线及字符串显示模式转换阈值。

1）Tracks 文本输入框：用于设置草图模式下，工作区显示线条的模式转换宽度值，宽度低于此设置值的线条将用单个线条显示，所有大于此宽度的线条会以轮廓线的方式显示。

2）Strings 文本输入框：用于文字显示模式的转换阈值，在当前视图下，所有小于此像素点的文本将以轮廓框的形式显示，只有大于此阈值的文本以字符的形式显示。

（3）Default PCB View Configurations 选项区域。

1）PCB 2D：平面显示 PCB 的显示设置，默认采用 Altium Standard 2D。

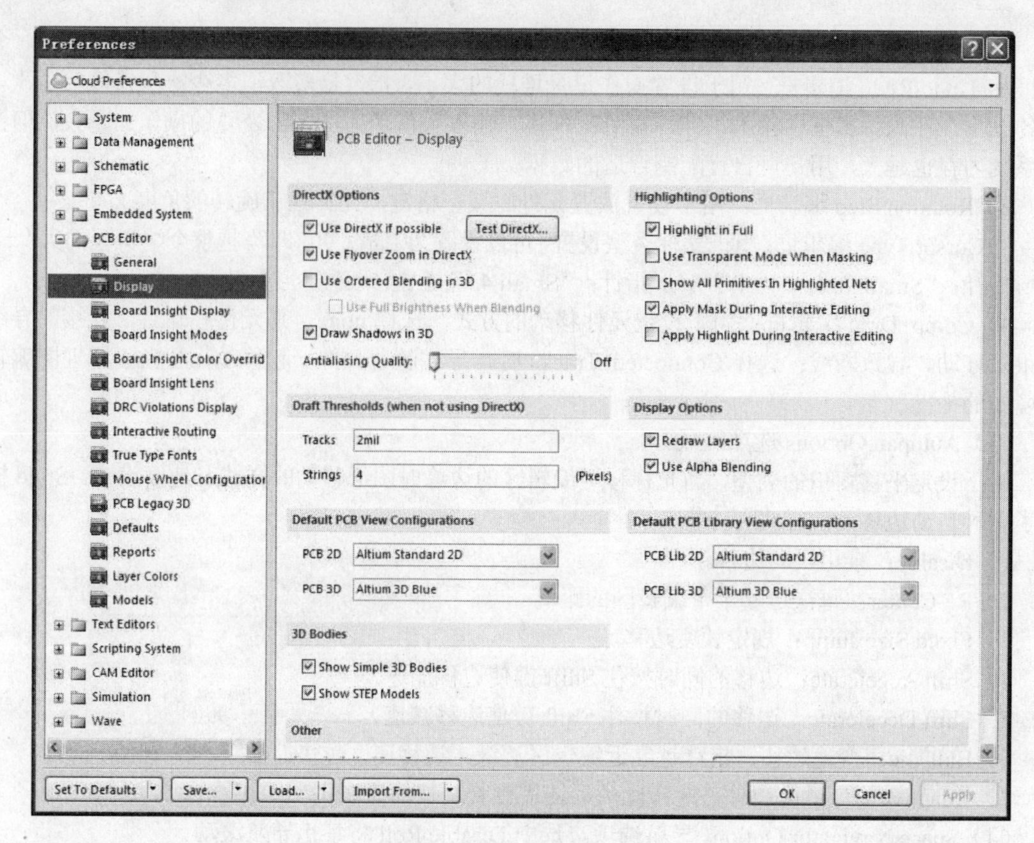

图 5-51　Display 选项卡

2）PCB 3D：3D 形式显示 PCB 的显示设置，默认的是 Altium 3D Blue，可在右边的下拉菜单中自行设置配置方案。

（4）Highlighting Options 选项区域。用于进行工作区高亮显示元件对象时的设置，其中的选项介绍如下。

1）Highlight In Full 复选框：表示选中的对象会全部高亮显示。若未选中该复选框，所选择器件仅以轮廓高亮显示。

2）Use Net Color For Highlight 复选框：选中该复选框后，使用网络色彩高亮显示被选中的网络，该复选框与 Highlight In Full 复选框一起使用可得到更好的效果。

3）Use Transparent Mode When Masking 复选框：表示元件对象在被蒙版遮住时，使用透明模式。

4）Show All Primitives In Highlighted Nets 复选框：表示显示高亮状态下网络的所有元件对象内容。

5）Apply Mask During Interactive Editing 复选框：表示在进行交互编辑操作时，使用蒙板标记。

6）Apply Highlight During Interactive Editing 复选框：表示在进行交互编辑操作时，使用高亮标记。

（5）Display Options 选项区域。

1）Redraw Layers：层刷新，设计切换层面时自动刷新界面。

2）Use Alpha Blending：使用 Alpha Blending 技术，移动图件时产生透明感。

（6）Default PCB Library View Configurations 选项区域。

1）PCB Lib 2D：平面显示 PCB 元件库时的显示设置，默认采用 Altium Standard 2D。

2）PCB Lib 3D：以 3D 形式显示 PCB 元件库时的显示设置，默认的是 Altium 3D Blue，可在右边的下拉菜单中自行设置配置方案。

（7）Layer Drawing Order 按钮。层绘制顺序设置按钮，即重新显示 PCB 时各层显示的顺序。单击后弹出如图 5-52 所示的层绘制顺序对话框。可在下拉列表中选择需要改变绘制顺序的层，单击相应的按钮完成。

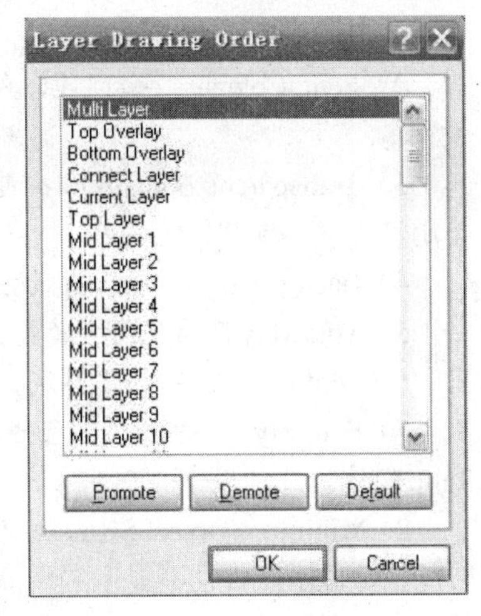

图 5-52　层绘制顺序设置

5.3.3　板观察器参数设置

复杂的多层 PCB 设计使得 PCB 的具体信息很难在工作空间表现出来。Altium Designer 提供了 Board Insight 板观察器进行 PCB 板的观察，Board Insight 具有 Insight 透镜、堆叠鼠标信息、浮动图形浏览、简化的网络显示等功能。下面分别介绍几类 PCB 板观察器参数设置。

1．Board Insight Display 参数设置

Board Insight Display 选项卡如图 5-53 所示，这里主要设置板观察器显示参数。

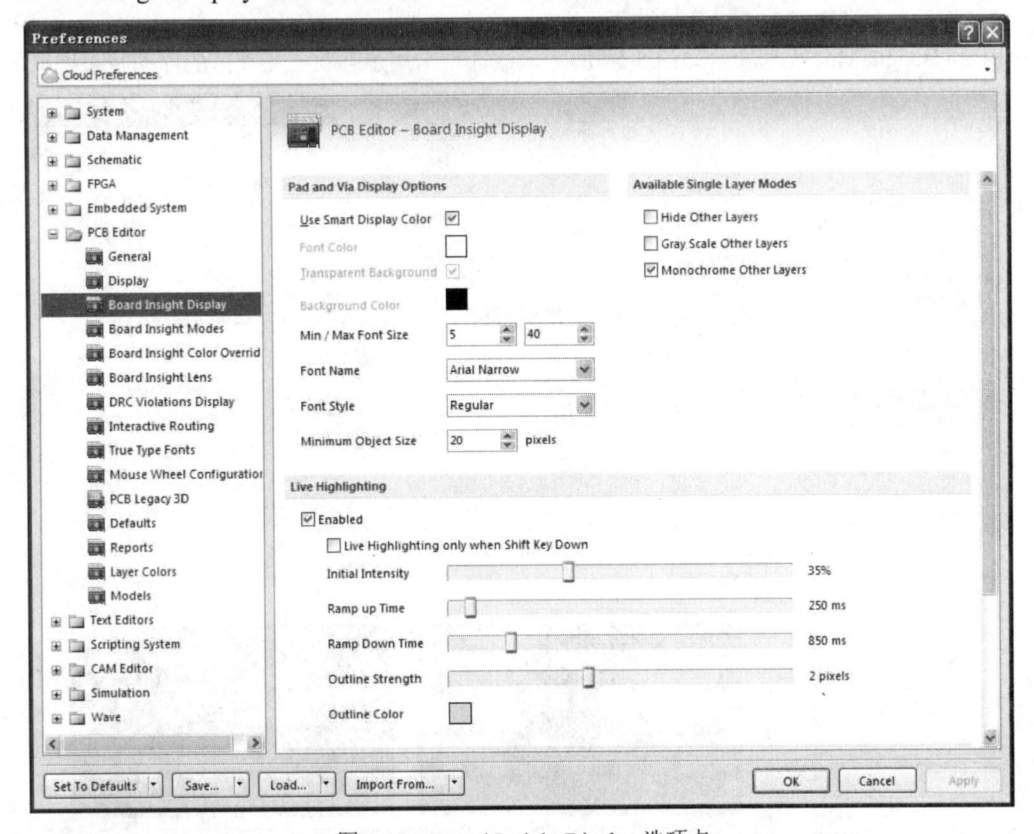

图 5-53　Board Insight Display 选项卡

（1）Pad and Via Display Options 选项区域。

1）Use Smart Display Color：使用智能颜色显示，焊盘和过孔上显示网络名和焊盘号的颜色由系统自动设置，若不选择该项，还需自行设定下面的几项参数。

2）Font Colors：字体颜色，焊盘和过孔上显示网络名和焊盘号的颜色，单击后面的颜色块进行设置。

3）Transparent Backgroud：使用透明的背景，针对焊盘和过孔上字符串的背景，选择该项后不用设置下一项背景颜色。

4）Background Color：背景颜色，焊盘和过孔上显示网络名和焊盘号的颜色。

5）Min/Max Font Size：最大/最小字体尺寸，针对焊盘和过孔上的字符串。

6）Font Name：字体名称选择，在后面的下拉菜单中选择字体。

7）Font Style：字体风格选择，可以选择 Regular 正常字体、Bold 粗体、Bold Italic 粗斜体和 Italic 斜体。

8）Minimum Object Size：对象最小尺寸，设置字符串的最小像素。字符串的尺寸大于设定值时能正常显示，否则不能正常显示。

（2）Available Single Layer Modes 选项区域。

1）Hide Other Layer：非当前工作板层不显示。

2）Gray Scale Other Layers：非工作板层以灰度的模式显示。

3）Monochrome Other Layers：非工作板层以单色模式显示。

（3）Live Highlingting 选项区域。PCB 实时高亮显示设置区域，选择区域实时高亮相关参数设置。

2．Board Insight Modes 参数设置

Board Insight Modes 选项卡如图 5-54 所示，该选项卡用于自定义工作区的浮动状态框显示选

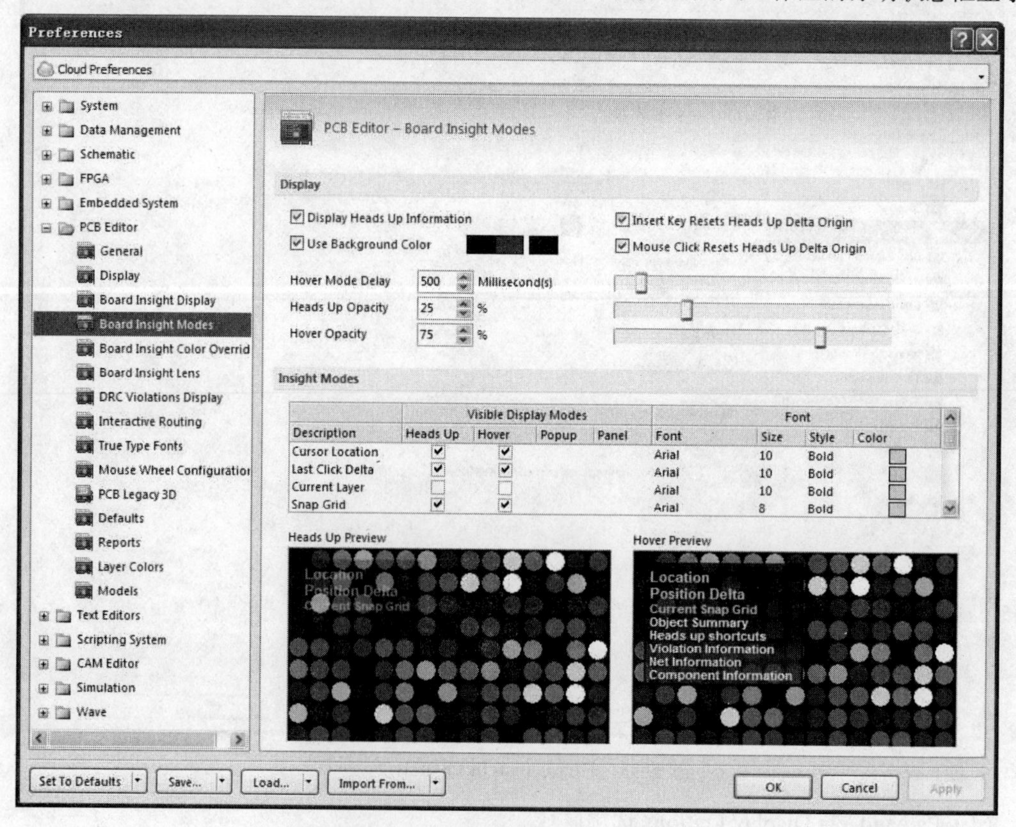

图 5-54 Board Insight Modes 选项卡

项。浮动状态框是 Altium Designer 的 PCB 编辑器新增的一项功能，改半透明的状态框悬浮于工作区上方，如图 5-55 所示。

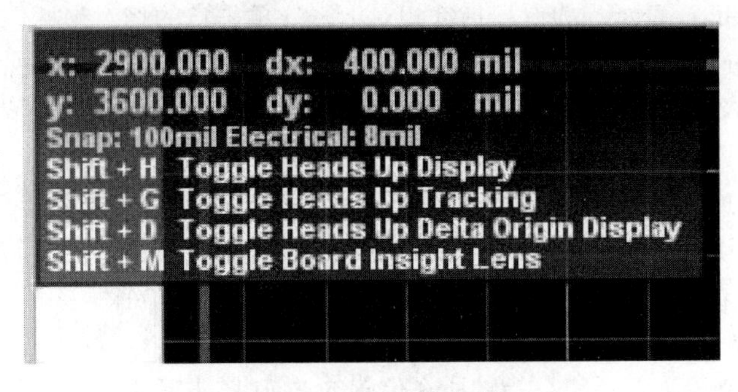

图 5-55　浮动状态框

通过该浮动状态框，用户可以方便地从浮动状态框中获取当前鼠标指针的位置坐标、相对移动坐标等操作信息。为了避免浮动状态框影响用户的正常操作，Altium Designer 给浮动状态框设置了两个模式：①Hover 模式，当鼠标指针处于移动状态时，浮动状态框处于该模式，此时，为避免影响鼠标移动，显示较少的信息；②Head Up 模式，当鼠标指针处于静止状态时，浮动状态栏处于 Head Up 模式，此时可以显示较多信息。为了充分发挥浮动状态框的作用，用户可在 Board Insight Modes 选项卡内对其进行设置，满足自己的操作习惯，Board Insight Modes 选项卡内的各选项功能介绍如下。

（1）Display 选项区域。用于设置浮动状态框的显示属性，其中包含 7 个选项，介绍如下。

1）Display Heads up Information 复选框：表示显示浮动状态框，选中该项后，浮动状态框将被显示在工作区中。在工作过程中用户也可以通过快捷键 Shift+H 来切换浮动状态框的显示状态。

2）Use Background Color 色彩选择块：用于设置浮动状态框的背景色，单击该色块将打开 Choose Color 对话框，用户可以选择任意颜色作为浮动状态框的背景色彩。

3）Insert Key Resets Heads Up Delta Origin 复选框：表示使用 Insert 键，设置浮动状态框中显示的鼠标相对位置坐标零点。

4）Mouse Click Resets Heads Up Delta Origin 复选框：表示使用左键，设置浮动状态框中显示的鼠标相对位置坐标零点。

5）Hover Mode Delay 编辑框：用于设置浮动状态框从 Hover 模式到 Heads Up 模式转换的时间延迟，即当鼠标指针静止的时间大于该延迟时，浮动状态框从 Hover 模式转换到 Heads Up 模式。用户可以在编辑框中直接输入设置的时间，或者拖动右侧的滑块设置延迟时间，时间的单位为 ms。

6）Heads Up Opacity 编辑框：用于设置浮动状态框处于 Heads Up 模式下的不透明度，不透明度数值越大，浮动状态框越不透明，用户可以在编辑框中直接输入数值，或者拖动右侧的滑块设置透明度数值，在调整过程中，用户可通过选项卡左下方的 Heads Up Preview 图例预览透明度显示效果。

7）Hover Opacity 编辑框：用于设置浮动状态框处于 Hover 模式下的不透明度，不透明度数值越大，浮动状态框越不透明，用户可以在编辑框中直接输入数值，或者拖动右侧的滑块设置透明度数值，在调整过程中，用户可通过选项卡右下方的 Hover Preview 图例预览透明度显示效果。

（2）浮动状态框显示内容列表。用于设置相关操作信息在浮动状态框中的显示属性，该列表分为两大栏：①Visible Display Modes，用于选择浮动状态框在各种模式下显示的操作信息内容，用户只需勾选对应内容项即可，显示效果可参考下方的预览。②Font，用于设置对应内容显示时的字体样式信息。Altium Designer 共提供了 l0 种信息供用户选择在浮动状态框中显示，现分别介绍如下。

1）Cursor Location：表示当前鼠标指针的绝对坐标信息。

2）Last Click Delta：表示当前鼠标指针相对上一次单击点的相对坐标信息。

3）Cullrent Layer：表示当前所在的 PCB 图层名称。

4）Snap Grid：表示当前的对齐栅格参数信息。

5）Summary：表示当前鼠标指针所在位置的元件对象信息。

6）Heads Up Shortcuts：表示鼠标静止时与浮动状态框操作的快捷键及其功能。

7）Violation Details：表示鼠标指针所在位置的 PCB 图中违反规则的错误的详细信息。

8）Net Details：表示鼠标指针所在位置的 PCB 图中网络的详细信息。

9）Component Details：元件的详细信息。

10）Primitive Details：表示鼠标指针所在位置的 PCB 图中基本元件对象的详细信息。

（3）Heads Up Preview 和 Hover Preview 预览区。视图便于用户对设置的浮动状态框的两种模式显示效果进行预览。

3．Board Insight Lens 选项卡

为了方便用户对 PCB 板中较复杂的区域细节进行观察，Altium Designer 在 PCB 编辑器中新增了放大镜功能，通过放大镜，用户能对鼠标指针所在位置的电路板中的细节进行观察，同时又能了解电路板的整体布局情况。为了让放大镜更适合用户的操作习惯，Altium Designer 允许用户对放大镜的显示属性进行自定义，Board Insight Lens 选项卡就是专门设置放大镜显示属性的，如图 5-56 所示，其中的选项功能介绍如下。

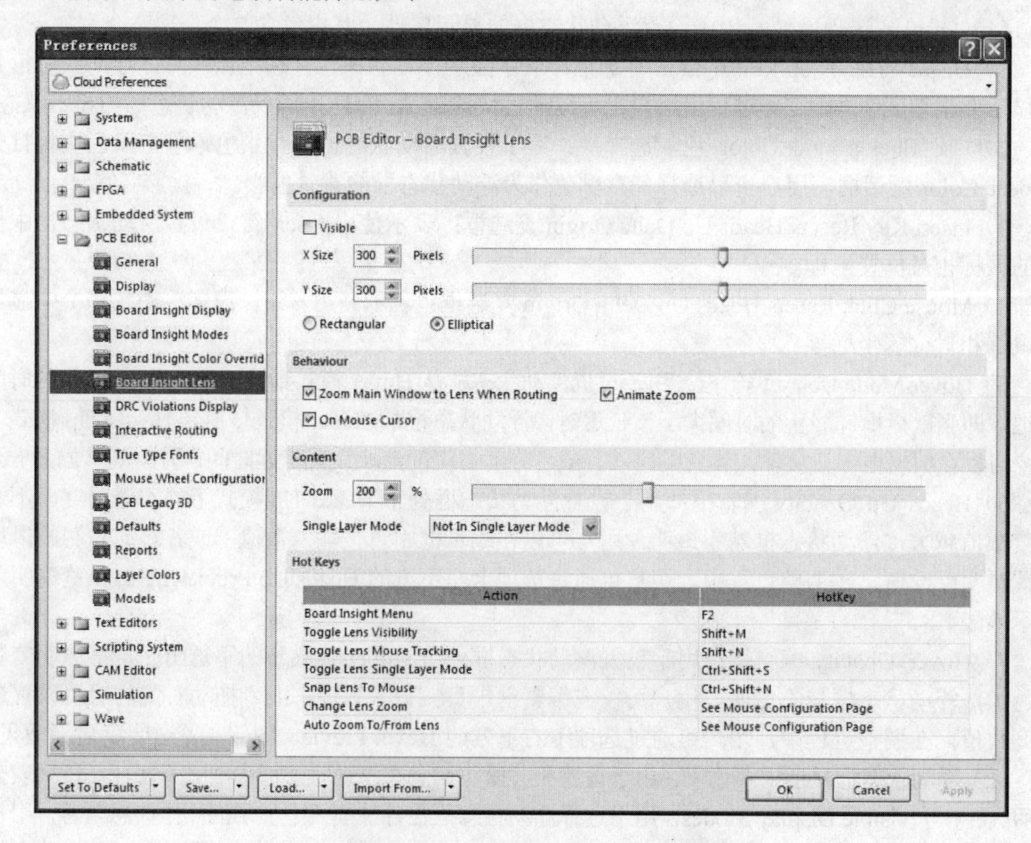

图 5-56　Board Insight Lens 选项卡

（1）Configuration 选项区域。用于设置放大镜视图的大小和形状。

1）Visible：是否使用板观察器提供的透视镜放大显示对象。

2）X Size 编辑框：用于设置放大镜视图的 X 轴向尺寸，即宽度，单位是像素点，编辑框中直接输入设置的数值，或者拖动右侧的滑块设置尺寸数值。

3）Y Size 编辑框：用于设置放大镜视图的 Y 轴向尺寸，即高度，单位是像素点，编辑框中直接输入设置的数值，或者拖动右侧的滑块设置尺寸数值。

4）Rectangular 单选按钮：表示使用矩形的放大镜。

5）Elliptical 单选按钮：表示使用椭圆形的放大镜。

（2）Behaviour 选项区域。用于设置放大镜的动作，其中有三个选项。

1）Zoom Main Window to Lens When Routing 复选框：表示在进行布线时，使用放大镜缩放主窗口。

2）Animate Zoom 复选框：表示使用动画形式缩放。

3）On Mouse Cursor 复选框：表示放大镜总是位于鼠标指针的位置。

（3）Content 选项区域。用于设置放大镜视图中的显示内容。其中有两个选项。

1）Zoom 编辑框：用于设置放大镜的放大比例，用户可以在编辑框中直接输入放大比例数值，或者拖动右侧的滑块设置放大比例数值。

2）Single Layer Mode 下拉列表：用于设置在放大镜视图中使用单层模式，其中有三个选项，Not In Single Layer Mode 项表示不使用单层显示模式，显示所有 PCB 图层。

（4）Hot Keys 列表。用于设置与放大镜视图有关的快捷键，列表左侧是动作行为描述，右侧是设置的快捷键，系统默认的设置如下。

1）快捷键 F2：用于启动 Board Insight 菜单，设置浮动状态框和放大镜视图。

2）快捷键 Shift+M：用于切换放大镜视图的显示和隐藏状态。

3）快捷键 Shift+N：用于将放大镜视图绑定到鼠标指针上。

4）快捷键 Ctrl+Shift+S：用于在放大镜视图内切换单层模式。

5）快捷键 Ctrl+Shift+N：用于将放大镜视图设置到鼠标指针位置，并随鼠标指针移动。

5.3.4　交互式布线参数设置

Interactive Routing 选项卡如图 5-57 所示，该选项卡用于定义交互布线的属性，其中选项的功能和意义如下。

1．Routing Conflict Resolution 选项区域

用于设置交互布线过程中出现布线冲突时的解决方式，共有 4 个选项供选择。

（1）None：表示不解决冲突，继续进行交互式布线。

（2）Push Conflicting Objects：表示推开发生冲突的对象，继续进行布线。

（3）Walk around Conflicting Objects：表示绕开发生冲突的对象，继续进行布线。

（4）Hug And Push Conflicting Objects：表示紧靠和推开发生冲突的对象。

2．Dragging 选项区域

只有选择 Preserve Angle When Dragging 选项，表示拖移时保持任意角度。才可以选择下面的选项。

（1）Ignore Obstacles：表示忽略障碍物。

（2）Avoid Obstacles（Snap Grid）：表示避开障碍物，走线捕获网格。

（3）Avoid Obstacles：表示避开障碍物，走线不捕获网格。

3．Interactive Routing Options 选项区域

用于设置交互布线属性，其中有 6 个选项。

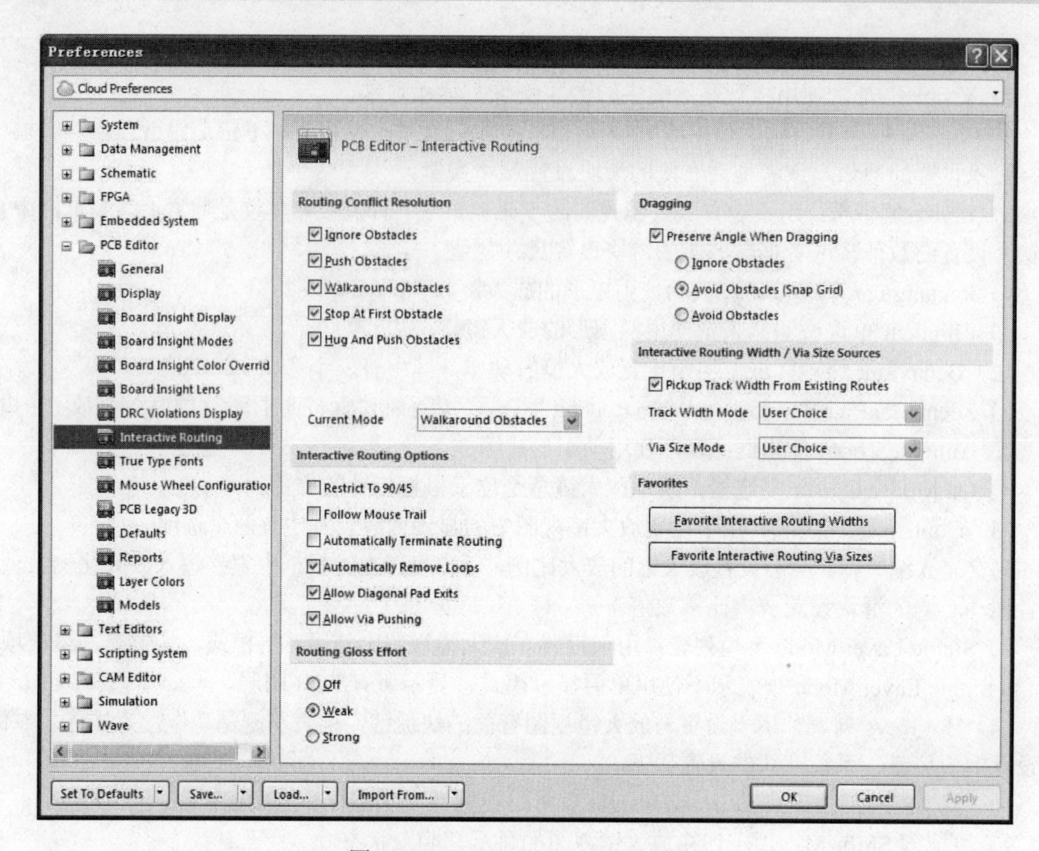

图 5-57 Interactive Routing 选项卡

（1）Restrict To 90/45 复选框：表示设置布线角度为 90°或 45°。

（2）Follow Mouse Trail（Push Modes）复选框：表示跟随鼠标轨迹（推压方式）。

（3）Automatically Terminate Routing 复选框：表示自动判断布线终止时机。

（4）Automatically Remove Loops 复选框：表示自动删除布线过程中出现的回路。

（5）Hug Existing Traces（Walk Around Mode）复选框：表示拥抱现有的布线（绕开方式）。

（6）Allow Diagonal Pad Exits 复选框：表示允许斜线焊盘退出。

4. Routing Gloss Effort 选项区域

用于设置布线光滑情况。

（1）Weak：表示弱的。

（2）Strong：表示强有力的。

5. Interactive Routing Width/Via Size Sources 选项区域

用于设置在交互布线中的铜膜导线宽度和过孔尺寸的选择属性。

（1）Pickup Track Width From Existing Routes 复选框：表示拾取现有走线的宽度，选择该项后当在现有走线的基础上继续走线时，系统直接采用现有走线宽度。

（2）Track Width Mode 下拉列表：用于设置交互布线时铜膜导线宽度，默认的一个选项：User Choice 表示用户选择；Rule Minimum 使用布线规则中的走线最小宽度；Rule Preferred 使用布线规则中首选宽度；Rule Maximum 使用布线规则中的走线最大宽度。

（3）Via Size Mode 下拉列表：用于设置交互布线时过孔的尺寸。User Choice 表示用户选择过孔尺寸；Rule Minimum 使用布线规则中的最小过孔尺寸；Rule Preferred 使用布线规则中首选过孔尺寸；Rule Maximum 使用布线规则中的最大过孔尺寸。

6．Favorite Interactive Routing Widths 按钮：用于设置合适的交互布线的宽带。

7．Favorite Interactive Routing Via Sizes 按钮：用于设置合适的交互布线过孔的尺寸。

5.3.5　字体与鼠标滚轮参数设置

1．True Type Fonts 选项卡

True Type Fonts 选项卡如图 5-58 所示。

（1）Embed True Type fonts inside PCB documents 用于设定在 PCB 文件中嵌入 True Type 字体，不用担心目标计算机系统不支持该字体。

（2）Substitution font 用于设定替换字体，即找不到原先字体时用什么字体来替换。

图 5-58　True Type Fonts 选项卡

2．Mouse Wheel Configuration 选项卡

如图 5-59 所示，该选项卡主要设置鼠标滚轮在 PCB 编辑器中的功能。

PCB Editor – Mouse Wheel Configuration

Action	Button Configuration			
	Ctrl	Shift	Alt	Mouse
Zoom Main Window	✔			Wheel
Vertical Scroll				Wheel
Horizontal Scroll		✔		Wheel
Launch Board Insight	✔			Wheel Click
Change Layer	✔	✔		Wheel
Zoom Insight Lens			✔	Wheel
Insight Lens Auto Zoom			✔	Wheel Click

图 5-59　Mouse Wheel Configuration 选项卡

在 Mouse Wheel Configuration 选项卡左侧的 Action 栏中列出了需要鼠标滚轮参与的操作，在 Button Configuration 栏列出执行左侧的操作所需要的组合键，用户可通过勾选对应的复选框设置组合键，以适应自己的操作习惯。系统默认的组合键如下。

1）Ctrl+滚轮组合键：用于调整当前工作区域的显示比例。

2）滚动鼠标滚轮可以竖直移动工作区的显示区域。

3）Shift+滚轮组合键：用于横向移动工作区的显示区域。

4）Ctrl+鼠标中键组合键：用于显示 Board Insight 视图窗口。

5）Ctrl+Shift+滚轮组合键：用于切换显示 PCB 图层。

6）Alt+滚轮组合键：用于调整放大镜视图的缩放比例。

7）Alt+鼠标中键组合键：用于自动将放大镜视图的缩放比例应用于工作区。

5.3.6 默认参数与 3D 设置

1．Defaults 选项卡

Defaults 选项卡如图 5-60 示，PCB 编辑器中各种元件对象的默认值都是在该选项卡中进行配置的。其中，Primitive 区域内列出了所有的图件，可以双击选定的图件或是选定图件后单击下面的 Edit Values 按钮，在弹出的图件属性对话框中设置图件的默认属性。

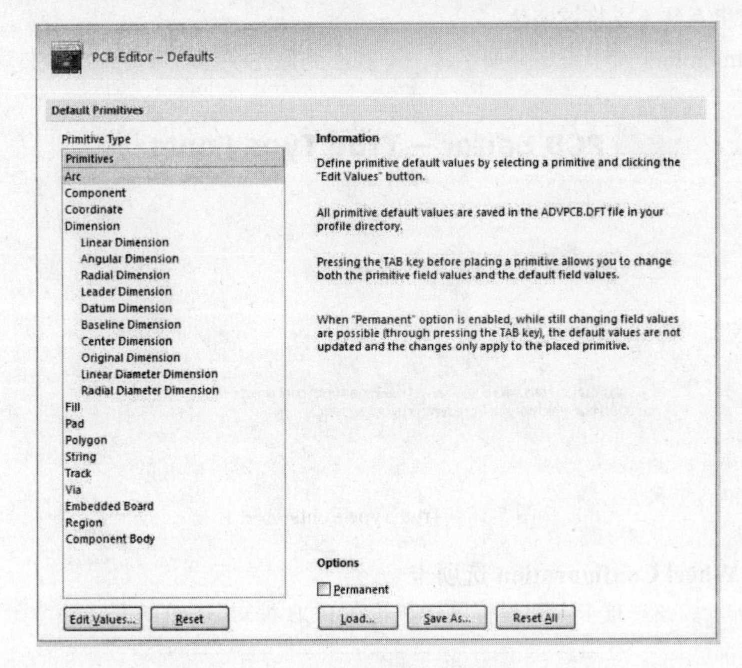

图 5-60 Defaults 选项卡

2．PCB Legacy 3D 选项卡

PCB Legacy 3D 选项卡如图 5-61 所示，该选项卡用于设置 PCB 板的三维模型显示属性。

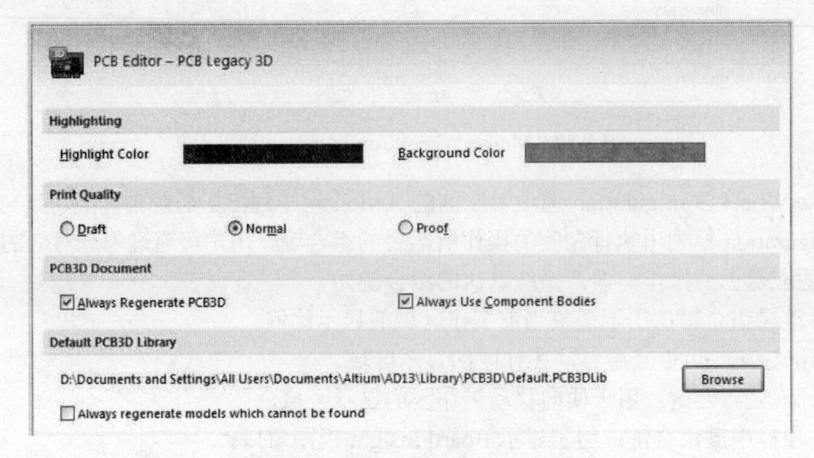

图 5-61 PCB Legacy 3D 选项卡

（1）Highlighting 选项区域用于设置三维视图中高亮显示的三维元件对象的色彩和背景色彩，用户单击对应的色彩块即可打开 Choose Color 对话框，选择色彩。默认高亮显示的元件对象色彩为红色，三维视图背景为淡黄色。

（2）Print Quality 选项区域用于设置三维视图的打印质量，共提供了三种质量选项，Draft 项打印质量最差，只显示三维视图的草图轮廓；Normal 项质量较好；Proof 项的打印质量最好。

（3）PCB3D Document 选项区域用于设置 PCB3D 文件的属性，共有两个选项。

1）Always Regenerate PCB3D 复选框：表示一直重建 PCB 的三维模型。

2）Always Use Component Bodies 复选框：表示一直显示元件形体。

（4）Default PCB3D Library 选项区域用于设置 PCB3D 库的选项，单击 Browse 按钮打开“打开”对话框，选择 PCB3D 库文件作为系统默认的 PCB 三维元件库。

5.3.7　报告参数与层颜色设置

1．Reports 选项卡

Reports 选项卡用于设置 PCB 输出文件类型，如图 5-62 所示。用户在该选项卡中设置需要输出的文件类型，以及输出路径和文件名称。这样在完成 PCB 设计后，系统会自动显示和生成已设置好的输出文件。

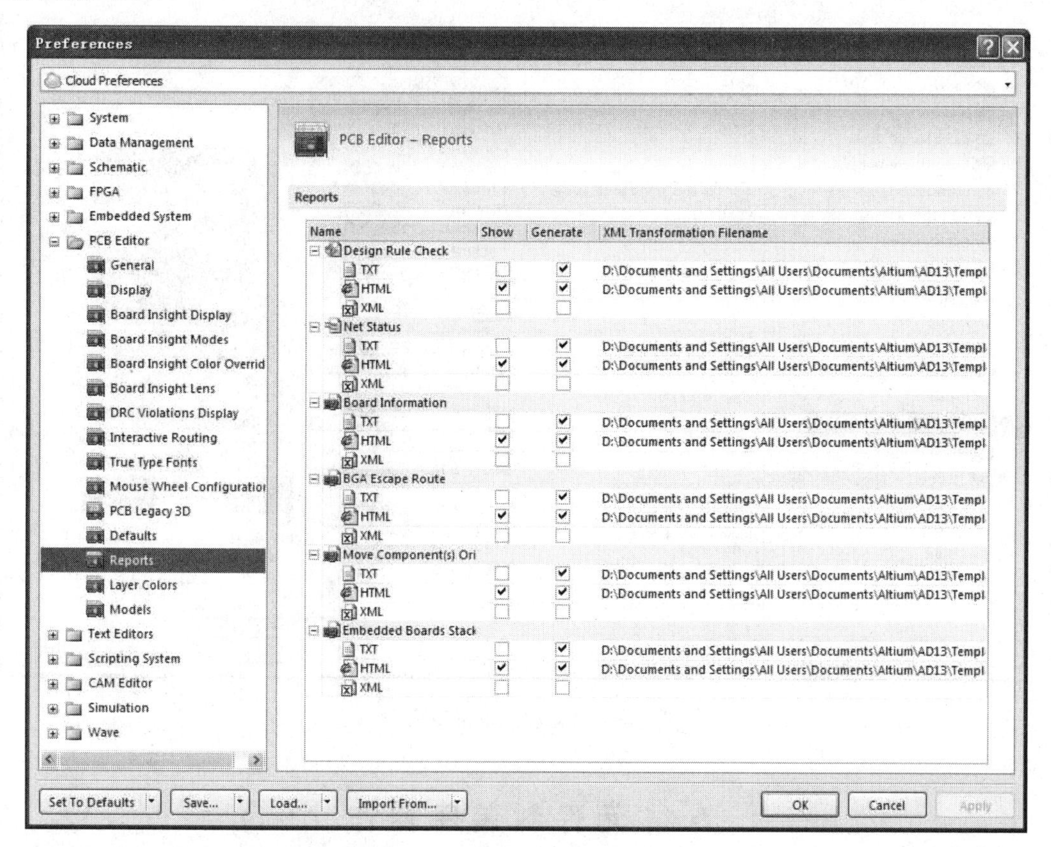

图 5-62　Reports 选项卡

Altium Designer 支持 6 种报表。

1）Design Rule Check：设计规则检查报告。

2）Net Status：网络状态报告。

3）Board Information：PCB 信息报告。

4）BGA Escape Route：逃逸布线报告。

5）Move Component Origin To Grid：移动原点到网格报告。

6）Embedded Board Stack up Compatibility：嵌入式 PCB 堆栈兼容性报告。

其中，每一种报表又提供了 TXT、HTML 和 XML 三种文件格式。

2．Layer Colors 选项卡

Layer Colors 选项卡用于设置 PCB 板各层的颜色，如图 5-63 所示。

在选项卡的 Active color profile 区域中列出了当前所使用的配色方案中各板层颜色的设置，若是需要改变某层的颜色只需单击选择该层，然后在右边的颜色设置框中选择所需的颜色。另外，也可以在选项卡左边的 Saved Color Profiles 栏中选择现有的配色方案。

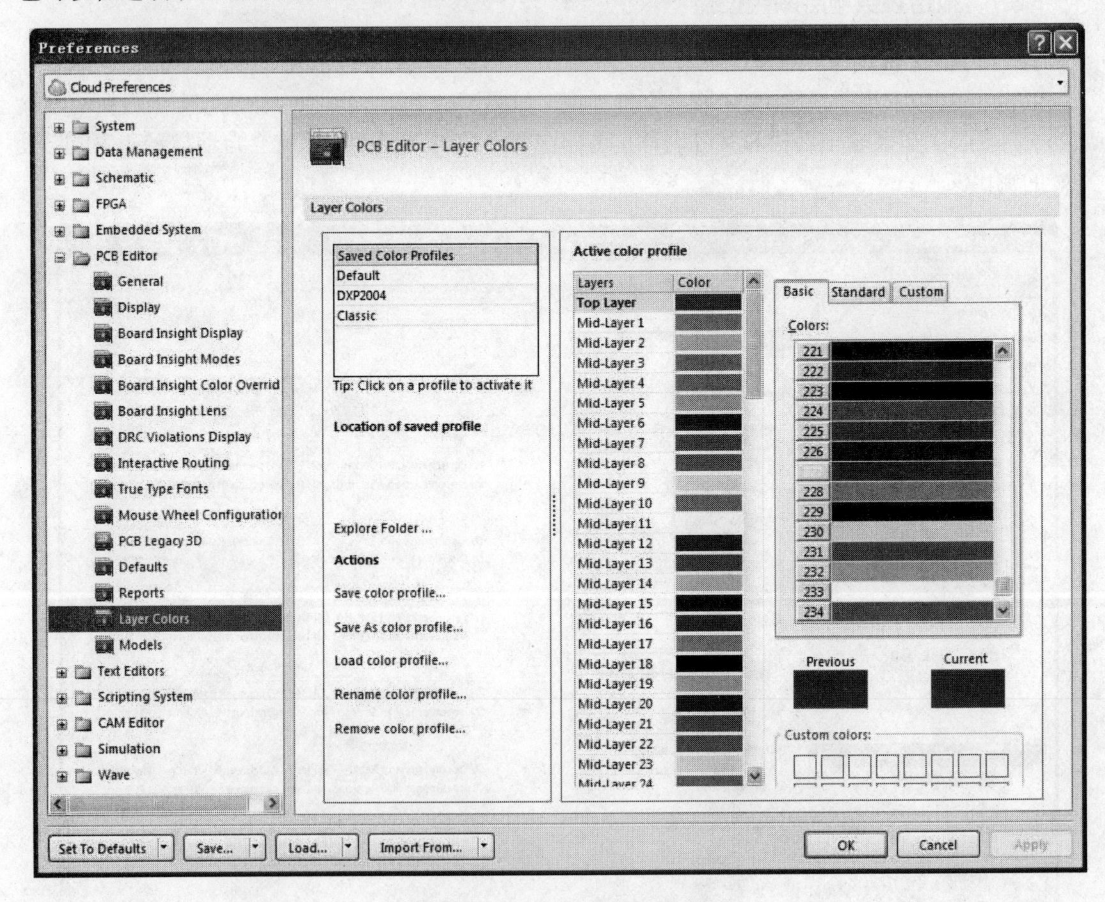

图 5-63　Layer Colors 选项卡

5.4　元件封装库操作

电路板规划好后，接下来的任务就是装入网络和元件封装。在装入网络和元件封装之前，必须装入所需的元件封装库。如果没有装入元件封装库，在装入网络及元件的过程中系统将会提示用户装入过程失败。

5.4.1　加载元器件封装库

根据设计的需要，装入设计印制电路板所需要使用的几个元件库，其基本步骤如下：

（1）执行菜单命令 Design→Add/Remove Library，或单击控制面板上的 Libraries 按钮打开元件库浏览器，如图 5-64 所示，再单击 Libraries 按钮即可。

（2）执行该命令后，系统会弹出可用元件库对话框，如图 5-65 所示。在该对话框中，可以看到有三个选项卡。

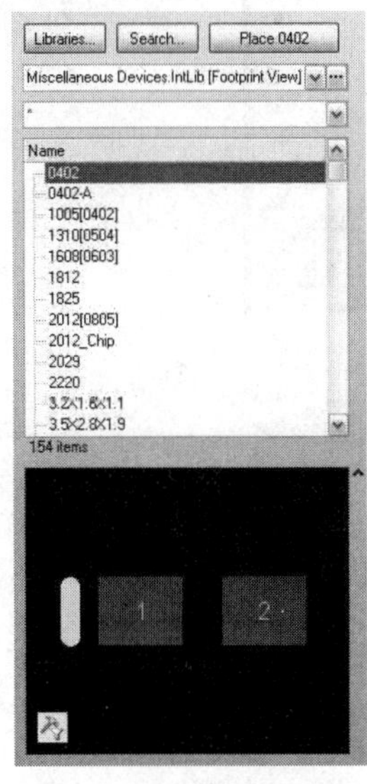
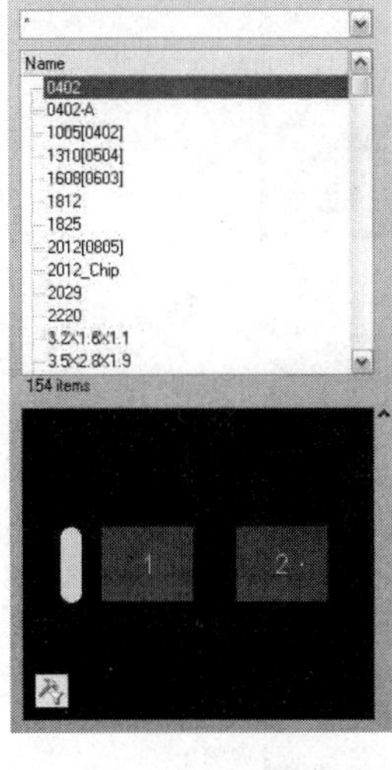

图 5-64　元件库浏览器

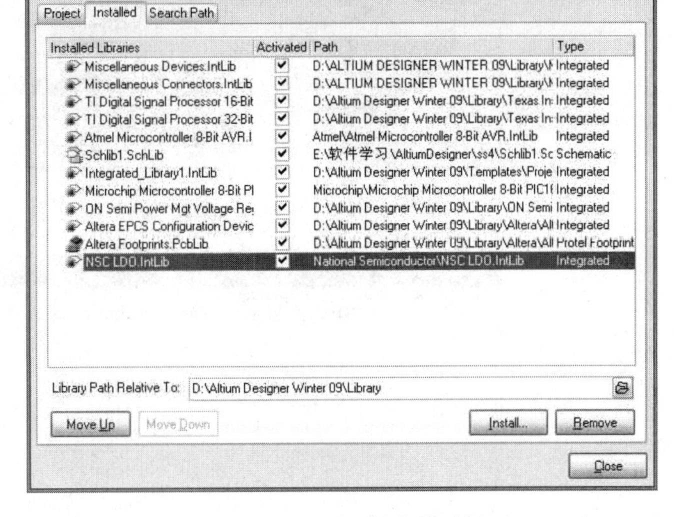

图 5-65　可用元件库对话框

1）Project 选项卡：显示当前项目的 PCB 元件库，在该选项卡中单击 Add Library 即可向当前项目添加元件库。

2）Installed 选项卡：显示已经安装的 PCB 元件库，一般情况下，如果要装载外部的元件库，则在该选项卡中实现。在该选项卡中单击 Install 即可装载元件库到当前项目。

3）Search Path 选项卡：显示搜索的路径，即如果在当前安装的元件库中没有需要的元件封装，则可以按照搜索的路径进行搜索。

（3）单击图 5-65 的 Install 按钮，将弹出如图 5-66 所示的添加组件库对话框。该对话框列出了 Altium Designer 安装目录下的 Library 中的所有组件库。Altium Designer 的组件库以公司名分类，因此对一个特定组件进行封装时，即可要知道它的提供商。

对于常用的组件库，如电阻、电容等元器件，Altium Designer 提供了常用杂件库 Miscellaneous Devices.IntLib。对于常用的接插件和连接器件，Altium Designer 提供了常用接插件库 Miscellaneous Connectors.IntLib。

（4）在弹出的打开文件对话框中找出原理图中的所有元件所对应的元件封装库。选中这些库，然后用鼠标单击“打开”按钮，即可添加这些元件库。用户可以选择一些自己设计的封装库。

5.4.2　搜索元件封装

在图 5-64 所示的对话框中，单击 Search 按钮，系统弹出搜索元件库对话框，如图 5-67 所示，此时可以进行元件的搜索操作。

图 5-66 添加组件库对话框

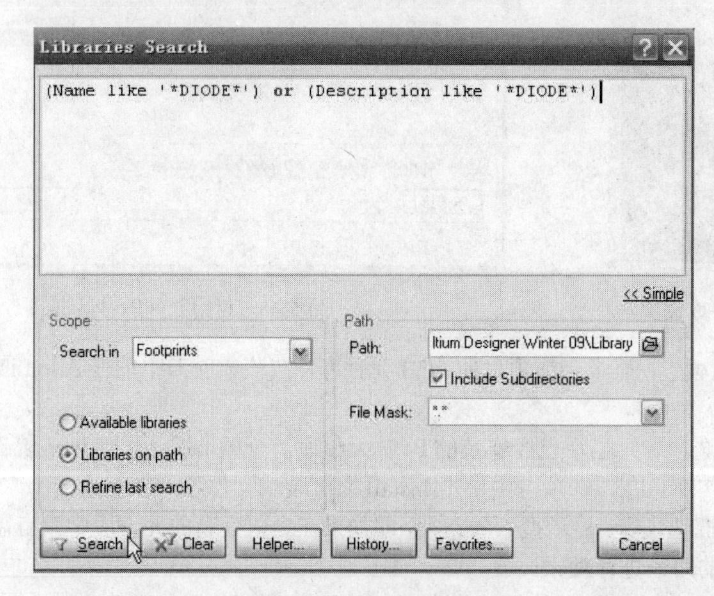

图 5-67 搜索元件库对话框

1. 查找元件

在该对话框中，可以设定查找对象以及查找范围，可以查找的对象为包含在.1ib 文件中的元件封装库。

（1）Scope 操作框用来设置查找的范围。当选中 Available Libraries 时，在已经装载的元件库中查找；当选中 Libraries on path 时，则在指定的目录中进行查找。

（2）Path 操作框用来设定查找对象的路径，该操作框的设置只有在选中 Libraries on path 时有效。Path 编辑框设置查找的目录，选中 Include Subdirectories 则包含指定目录中的子目录也进行搜索。如果单击 Path 右侧的按钮，则系统会弹出浏览文件夹，可以设置搜索路径。File Mask 可以设定查找对象的文件匹配域，“*”表示匹配任何字符串。

（3）Search in 下拉列表可以选择查找对象的模型类别，如元件库、封装库或 3D 模型库。

（4）最上面的空白编辑框中可以输入需要查询的元件或封装名称。如本例的 DIODE*封装。

然后就可以单击 Search 按钮，Altiurn Designer 就会在指定的目录中进行搜索。同时图 5-67 的对话框会暂时隐藏，并且图 5-64 所示界面中的 Search 按钮会变成 Stop 按钮，如图 5-68 所示。如果需要停止搜索，则可以单击 Stop 按钮。

2．找到元件

当找到元件封装后，系统将会在如图 5-68 所示的浏览元件库对话框中显示结果。在上面的信息框中显示该元件封装名，如本例的 DIODE*，会查找出具有 DIODE 字符串的所有元件封装，并显示其所在的元件库名，在下面显示元件封装形状，如图 5-68 所示。查找到需要的元件后，可以将该元件所在的元件库直接放置到 PCB 文档中进行设计。

5.4.3　放置元件封装

在查找到所需元件的封装后，需要将封装放置到 PCB 绘图区，有如下两种封装放置的方法：

方法 1：在组件库管理器中选中某个封装，单击如图 5-68 所示的 Place 按钮，即可在 PCB 设计图纸上放置封装。

方法 2：在组件搜索结果对话框中选中某个封装，双击封装名称，即可在 PCB 设计图上进行封装的放置。进行封装放置时，系统将弹出如图 5-69 所示的 Place Component（组件放置）对话框，显示放置的组件信息。

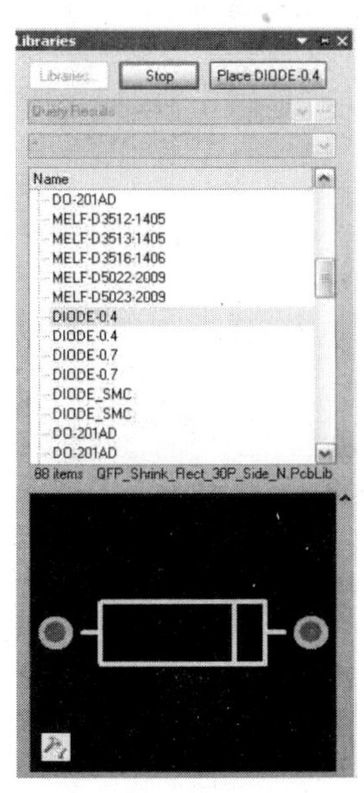

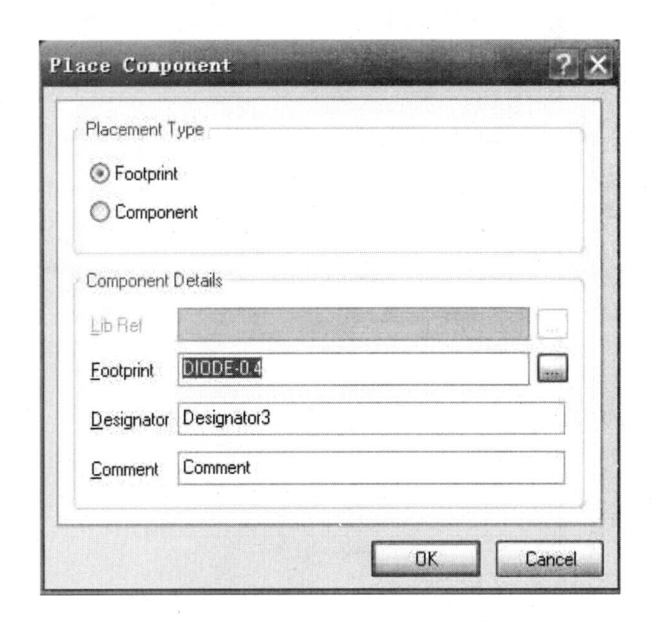

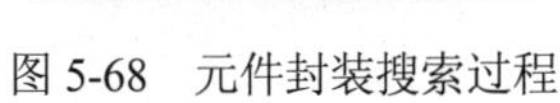
图 5-68　元件封装搜索过程

图 5-69　Place Component 对话框

Place Component 设置对话框中，可为 PCB 组件选择放置类型，选项区域的 Footprint 单选项。Component Details 选项区域的常用封装及功能如下：

（1）Footprint 文本框：组件的封装形式。

（2）Designator 文本框：组件名。

（3）Comment 文本框：对该组件的注释，可以输入组件的数值大小等信息。

单击 OK 按钮后，鼠标将变成“十”字形状。在 PCB 图纸中移动鼠标到合适位置并单击左键，完成组件的放置。

5.4.4 修改封装属性

有如下两种组件封装的修改方式：

方法 1：在组件放置状态下，按 Tab 键，将会弹出 Component Designator 8（组件属性）对话框，如图 5-70 所示。

方法 2：对于 PCB 板上已经放置好的组件，可直接双击该组件，即可打开组件属性对话框，如图 5-70 所示。

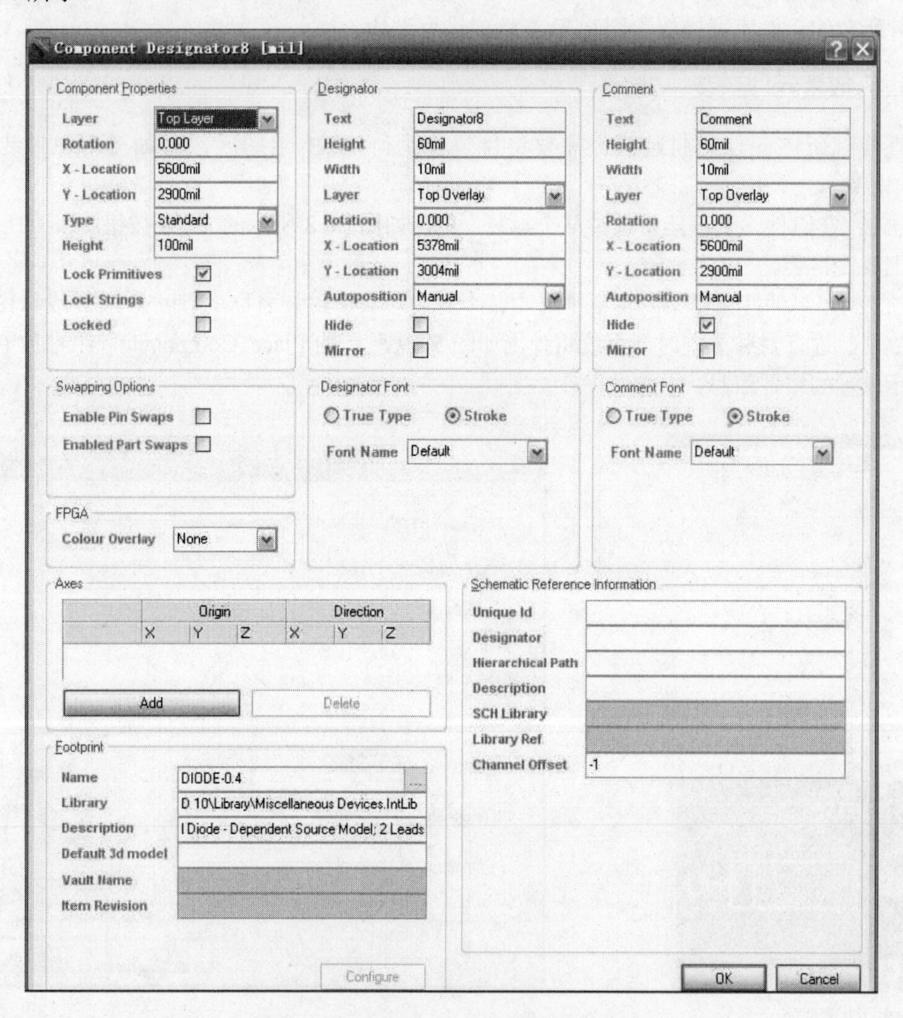

图 5-70　Component Designator 8 对话框

组件属性对话框中设有 Component Properties、Designator、Comment、Footprint 等选项区域。

（1）Component Properties 选项区域的设置及功能如下：

1）FootPrint 文本框：用于设置组件的封装形式。

2）Layer 下拉列表框：用于设置组件的放置层。

3）Rotation 文本框：用于设置组件的放置角度。

4）X-Location 文本框：用于设置组件放置的 X 坐标。

5）Y-Location 文本框：用于设置组件放置的 *Y* 坐标。

6）Type 下拉列表框：用于设置组件放置的形式，可以为标准形式或者图形方式。

7）Lock Prints 复选项：选择该选项表示选择将该组件做为整体使用，即不允许将组件和管脚拆开使用。

8）Locked 复选项：选中此项即将组件放置在固定位置。

（2）Designator 选项区域与 Comment 选项区域的设置及功能如下：

1）Text 文本框：用于设置组件的序号。

2）Height 文本框：用于设置组件文字的高度。

3）Width 文本框：用于设置组件文字的宽度。

4）Layer 下拉列表框：用于设置组件文字所在的层。

5）Rotation 文本框：用于设置组件文字放置的角度。

6）X-Location 文本框：用于设置组件文字的 *X* 坐标。

7）Y-Location 文本框：用于设置组件文字的 *Y* 坐标。

8）Font 下拉列表框：用于设置组件文字的字体。

9）Hide 复选项：用于设置是否隐藏组件的文字。

10）Autoposition 下拉列表框：用于设置组件文字的布局方式。

11）Mirror 复选项：用于设置组件封装是否反转。

（3）Footprint 等选项区域。

1）Name：封装名称。

2）Library：封装所在封装库路径。

3）Description：元件功能、封装形式等的描述。

5.5　PCB 设计基本规则

PCB 的设计规则是指在进行 PCB 设计时必须遵循的基本规则。根据这些规则，Altium Designer 进行自动布局和自动布线。在很大程度上，布线是否成功和布线质量的高低取决于设计规则的合理性，也依赖于用户的设计经验。

自动布线的参数包括层面布线、布线优先级、导线宽度、走线拐角模式、过孔孔径类型和尺寸等。一旦参数设定后，自动布线就会根据这些参数进行相应的布线。因此，自动布线参数的设定决定着自动布线的好坏。

对于具体的电路可以采用不同的设计规则，如果是设计双面板，很多规则可以采用系统默认值，系统默认值就是对双面板进行布线的设置。

进入 PCB 编辑环境，执行菜单命令 Design→Rules，将弹出如图 5-71 所示的 PCB Rules and Constraints Editor PCB（规则和约束编辑器）对话框。对话框的左窗格中列出了全部设计规则的类型，在左窗格的列表中选定某类设计规则后，将在右窗格中出现该类设计规则的设置选项，利用这些选项便能设置具体的规则。

5.5.1　电气设计规则

Electrical（电气）设计规则是指进行 PCB 布线时应遵循的电气规则。电气规则的设置主要是用于 DRC 电气校验。布线过程中违反了电气特性规则时，DRC 设计校验器将会自动报警，提醒对布线进行修改。

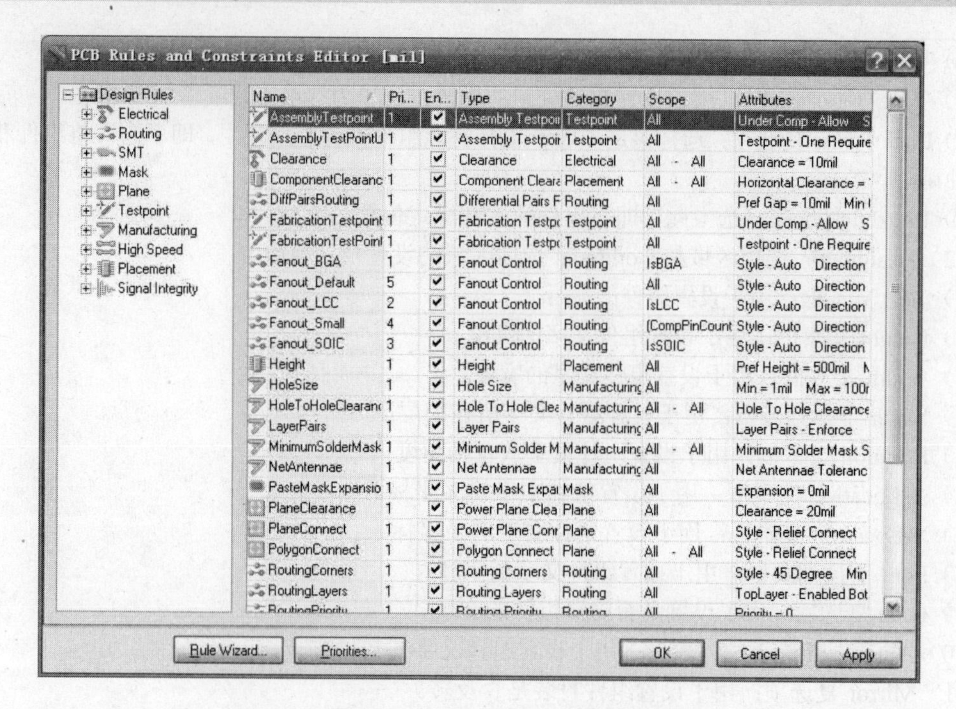

图 5-71　PCB Rules and Constraints Editor 对话框

电气设计规则的设置选项有 Clearance（安全距离）、Short-Circuit（短路）、UnRouted Net（无走线网络）和 Un-Connected Pin（无连接引脚），如图 5-72 所示。

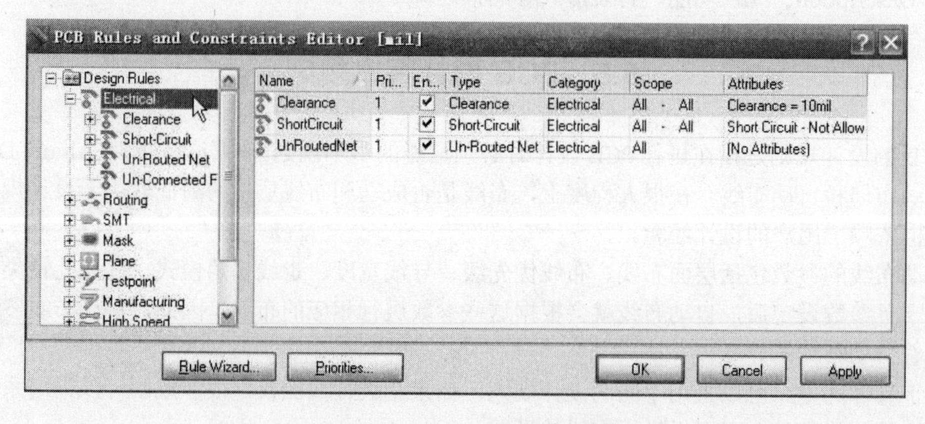

图 5-72　Electrical 设计规则

1．安全距离设置

Clearance（安全距离）是指 PCB 中的导线、导孔、焊盘和矩形填充区域之间保证电路板正常工作的前提下的最小距离，是彼此之间不会因为太近而产生干扰的距离。

单击如图 5-72 所示的 Clearance 规则，安全距离的各项名称以树形结构展开。系统默认一个名称为 Clearance 的安全距离规则设置，单击选择这个规则名称，对话框的右边区域将显示这个规则使用的范围和规则约束特性，相应设置界面如图 5-73 所示。默认的板面安全距离为 10mil。

下面以新建一个安全规则，设置 VDD 和 GND 网络之间的安全距离为例，简单介绍安全距离的设置方法。

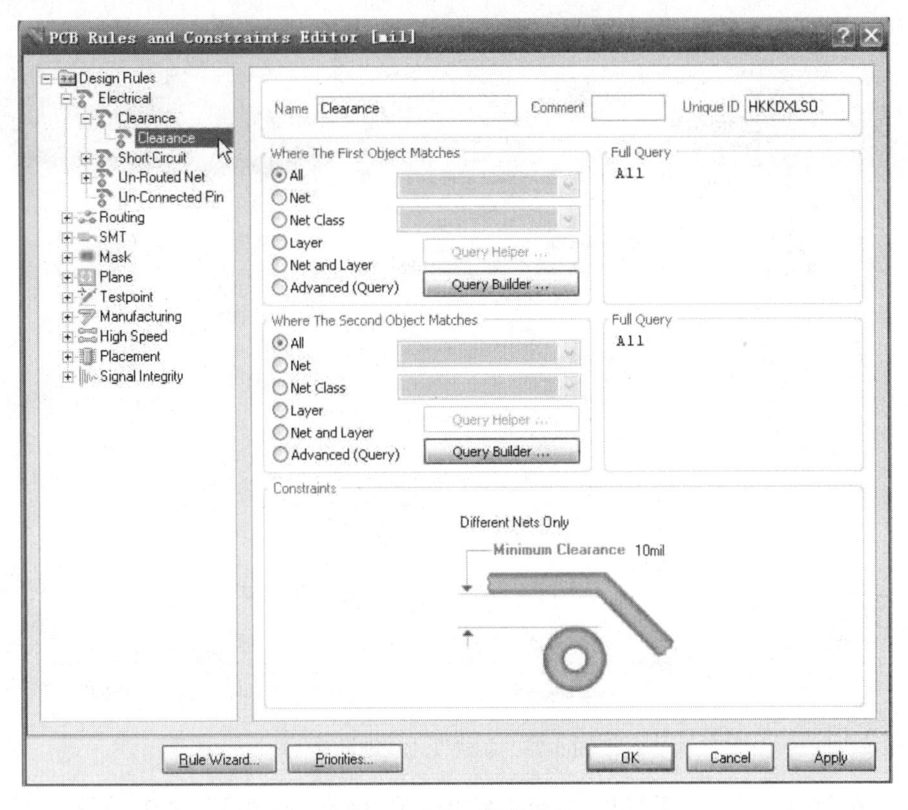

图 5-73　安全距离设置界面

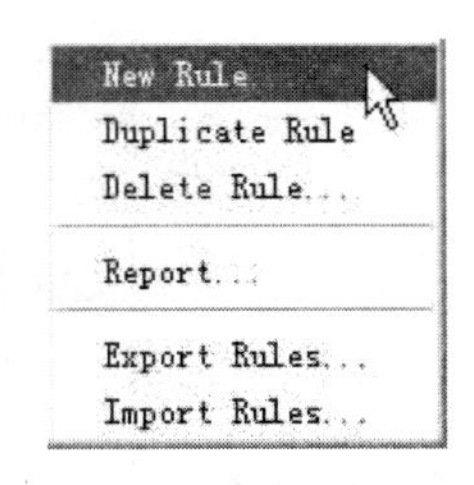

图 5-74　新建规则菜单

（1）在 Clearance 规则上右击，从弹出的快捷菜单中选择 New Rule 命令，如图 5-74 所示。即可新建一个名为 Clearance_1 的设计规则，展开树形目录，选中 Clearance _1 设计规则，即可在右窗格中出现相应的设置选项，如图 5-75 所示。

（2）在 Where The First Object matches 选项区中选中 Net 单选项，再从其右侧的下拉菜单中选择 VDD 网络选项，如图 5-76 所示。

（3）在 Where The Second Object matches 选项区中选中 GND 网络选项，表示和 VDD 网络对应的设置网络为 GND 的网络。将光标移动到 Constraints 单元，将 Minimum Clearance 修改为 30mil，如图 5-77 所示。

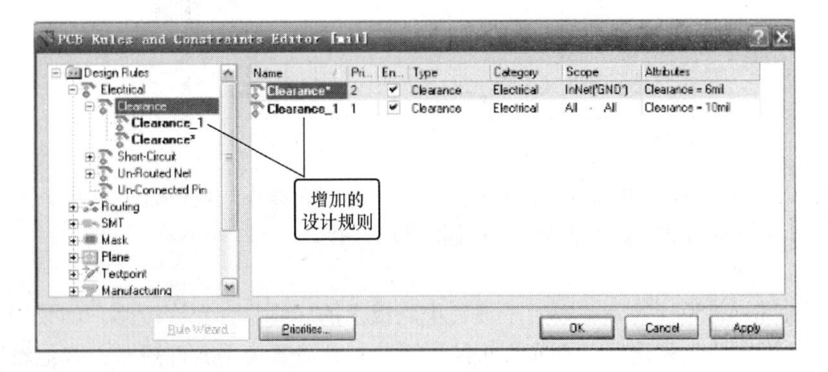

图 5-75　增加一条设计规则

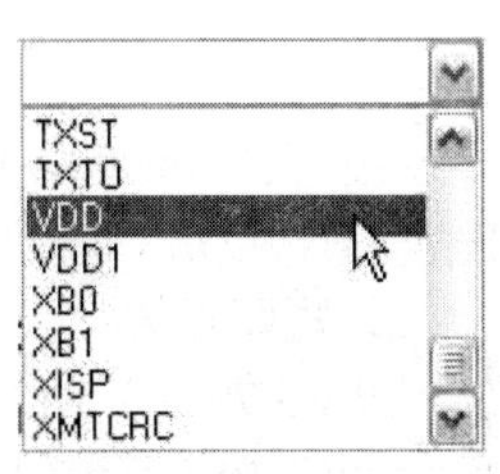

图 5-76　选择 VDD 网络选项

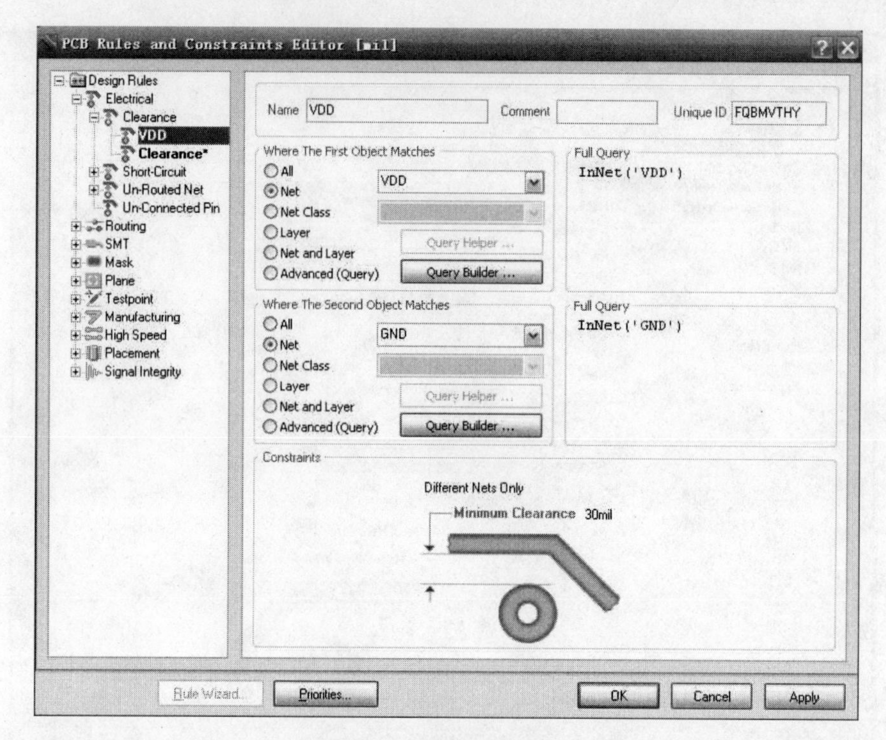

图 5-77　新建设计规则设置

此时，在 PCB 设计中有两条电气安全距离的规则，因此，必须设置它们之间的优先权。单击图 5-77 所示对话框左下的 Prioities 按钮打开 Edit Rule Priorities 对话框，如图 5-78 所示。

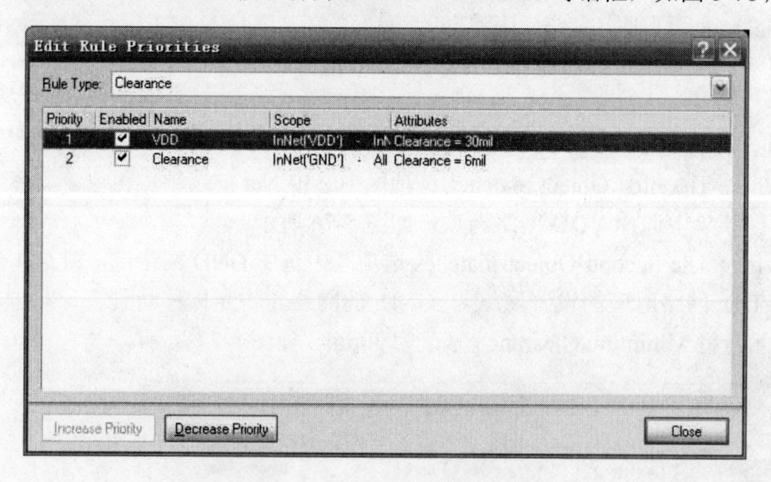

图 5-78　Edit Rule Priorities 对话框

（4）执行 Increase Priori 和 Decrease Priority 这两个按钮，可改变布线中规则的优先次序。设置完毕后，单击 Close 按钮关闭对话框，新的规则优先级将自动保存。

2．短路设置

如图 5-79 所示的 ShortCircuit 设计规则主要用于设置电路板上的导线是否允许短路。如果选中“约束”选项区中的“允许短路”复选项，则允许短路，系统默认设置为不允许短路。其他设置选项和安全距离的设置选项相似。

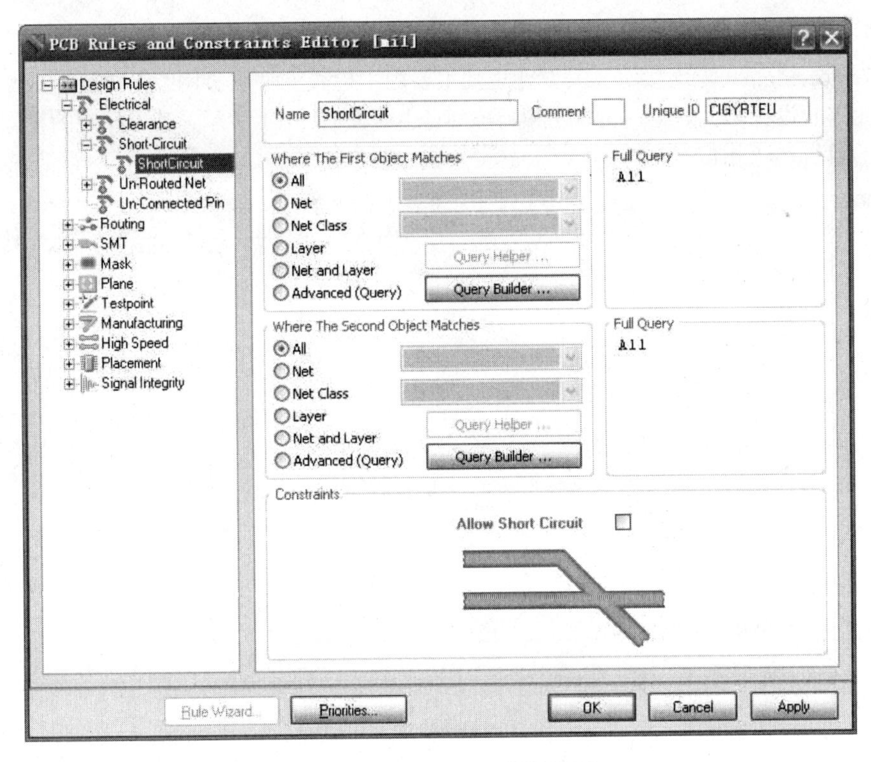

图 5-79　ShortCircuit 设计规则

3．无走线网络设置

Un-Routed Net（无走线网络）设计规则主要用于设置是否将电路板中没有布线的网络以飞线连接，表达的是同一网络之间的连接关系，其设置选项如图 5-80 所示。可以指定网络、检查网络布线是否成功，如果不成功，将保持用飞线连接。其中，相应的设置选项和安全距离的设置选项相似。

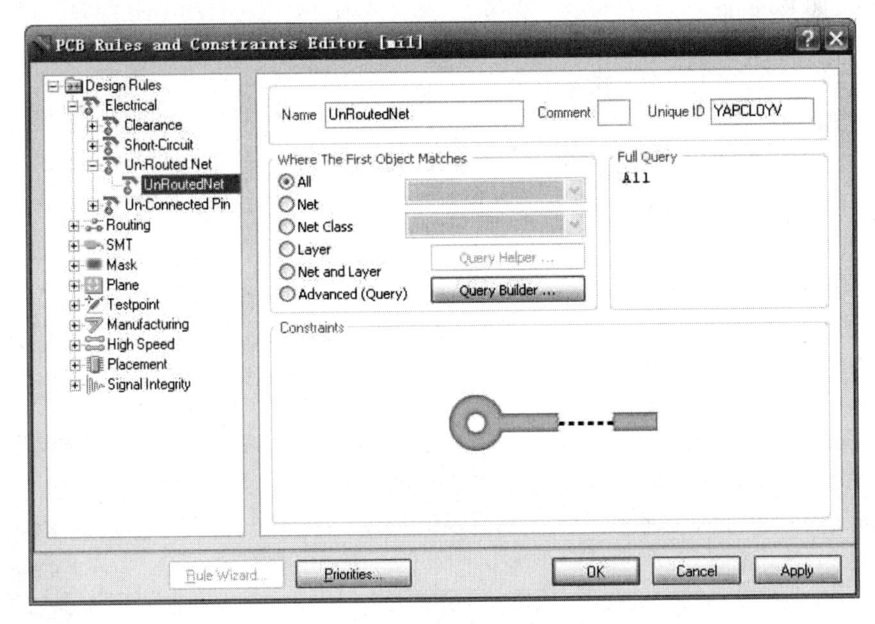

图 5-80　UnRouted Net 设计规则

4．无连接引脚设置

Un-Connectedpin（无连接引脚）设计规则主要用于检查元件引脚网络是否连接成功，默认为空规则，如需要设置相关规则，可单击鼠标右键添加，如图 5-81 所示，其中相应的设置选项也和安全距离的设置选项相似。

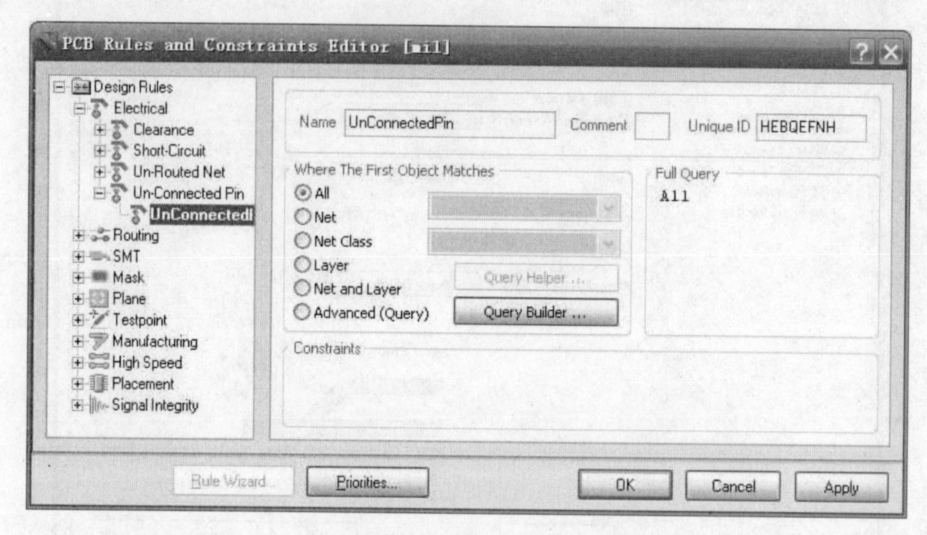

图 5-81　Un-Connectedpin 设计规则

5.5.2　布线设计规则

Routing（布线）设计规则是指与布线相关的设计规则，主要包括 Width（线宽）、Routing Topology（布线拓扑结构）、Routing Priority（布线优先级）、Routing Layers（布线板层）、Routing Comers（布线转折角度）、Routing Via Style（布线导孔类型）、FanoutControl（扇出型控制）和 Differential Pairs Routing（差分对布线）等内容，布线规则主要用在自动布线过程中，是布线器布线的依据，布线规则设置是否合理地将直接影响自动布线的结果。单击 Routing 选项，即可弹出如图 5-82 所示的布线规则设置对话框。

1．导线宽度设置

Width 设计规则用于设置布线所用的导线宽度，双击 Width 选项，会弹出如图 5-82 所示的导线宽度设置对话框。在 Constraints 选项区中提供了导线宽度的约束条件，系统对导线宽度的默认值为 l0mil，单击每项直接输入数值进行更改。

Constraints 区域有设置约束值和两个复选框。

（1）Min Widm：最小宽度。

（2）Preferred Width：首选宽度。

（3）Max Width：最大宽度。

（4）Characteristic Impedance Driven Width：阻抗驱动线宽。选中该复选框后，将显示铜模导线的特征阻抗值，设计者可以对最大、最小和最优阻抗值进行设置。

（5）Layers in Layerstack only：只有板层堆栈中的层。选中该复选项后，将使布线线宽子规则只对板层堆栈中打开的层有效，如果不选中，则对所有信号层都有效。

由于自动布线引擎的功能很强大，根据不同网络的不同需求，可以分别设定导线的宽度，例如：将电源线（VCC）的宽度定义得粗一点，使之能承受较大电流，而将其他一些导线定义得细一点，这样可以使 PCB 面积做到更小，如图 5-83 所示。

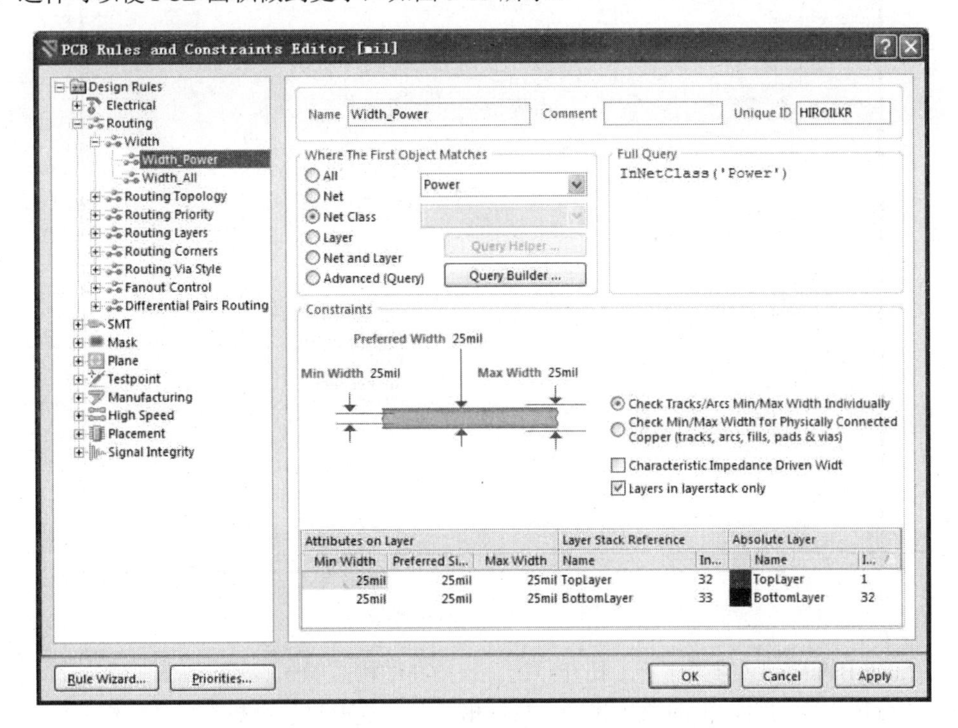

图 5-82　布线规则设置对话框

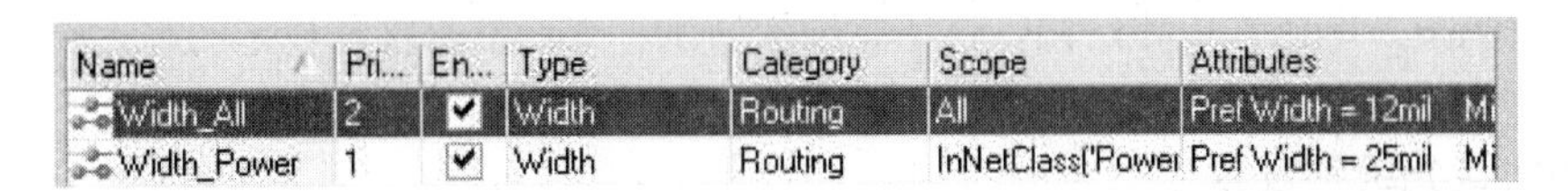

Name	Pri...	En...	Type	Category	Scope	Attributes
Width_All	2	✔	Width	Routing	All	Pref Width = 12mil Mi
Width_Power	1	✔	Width	Routing	InNetClass('Power	Pref Width = 25mil Mi

图 5-83　同一设计中的线宽规则

2．布线拓扑

Routing Topology 设计规则主要用于定义引脚到引脚（Pin To Pin）之间的布线规则。双击 Routing Topology 选项，会弹出如图 5-84 所示的布线拓扑结构设置对话框。Altium Designer 中常用的布线约束为统计最短逻辑规则，用户可以根据具体设计选择不同的布线拓扑规则。

在“约束”选项区中提供了 7 种飞线拓扑结构选项，如图 5-84 所示。

（1）Shortest（最短）拓扑结构。该拓扑结构在 PCB 中生成一组连通所有节点的飞线，并使飞线总长度最短。

（2）Horizontal（水平）拓扑结构。该拓扑结构在 PCB 中生成一组连通所有节点的飞线，并使水平方向总长度最短。

（3）Vertical（垂直）拓扑结构。该拓扑结构在 PCB 中生成一组连通所有节点的飞线，并使垂直方向总长度最短。

（4）Daisy-Simple（简单雏菊）拓扑结构。该拓扑结构用最短的飞线连接指定网络从指定起点到指定终点之间的所有点。但在没有选中起点和终点位置时，其飞线连接与 Shortest 拓扑结构生成的飞线连接一样。

（5）Daisy-MidDriven（雏菊中点）拓扑结构。该拓扑结构以设定的一个点为中点向两边端点连通所有节点，并且在中点两端的节点数目相同，而飞线连接长度最短。

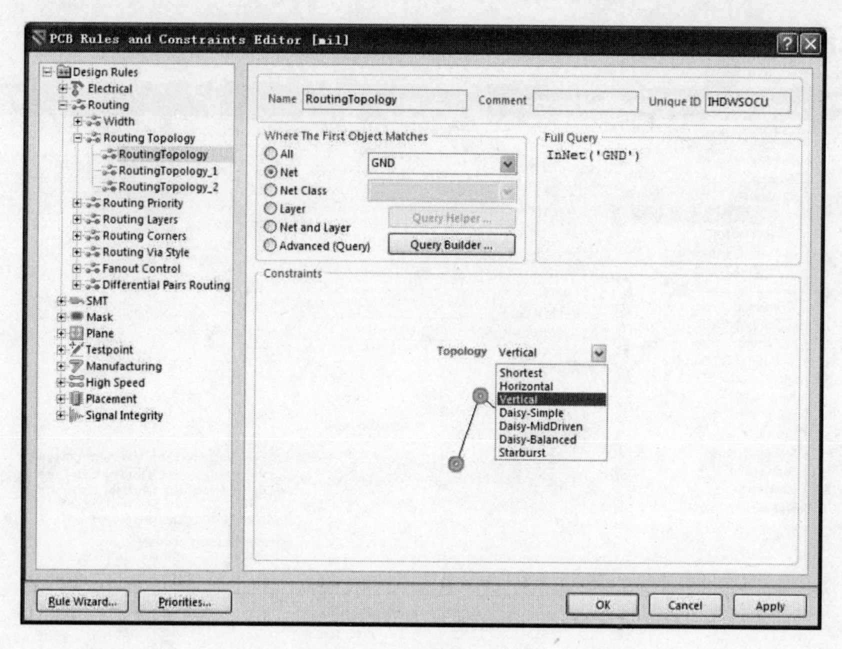

图 5-84　布线拓扑规则

（6）Daisy-Balanced（雏菊平衡）拓扑结构。该拓扑结构需要先设置一个起点和终点，并将中间节点平均分成不同的组，组的数目和终点数目相同，一个中间节点和一个终点相连接，所有的组都连接到同一个起点上，且所有飞线长度和最小。

（7）Starburst（星形）拓扑结构，该拓扑结构的所有节点都直接与设定的起点相连接。如果指定了终点，终点将不直接与起点连接，所有连接线长度和最短。

3．布线优先级别设置

Routing Priority 设计规则用于设置布线时网络的优先级，优先级高的网络在自动布线时优先布线。设置时，先在规则应用范围内选择需要设置优先级的网络，然后在优先级设置区域内设置该网络的布线优先级，设置范围为 0～100，0 的优先级最低，如图 5-85 所示。

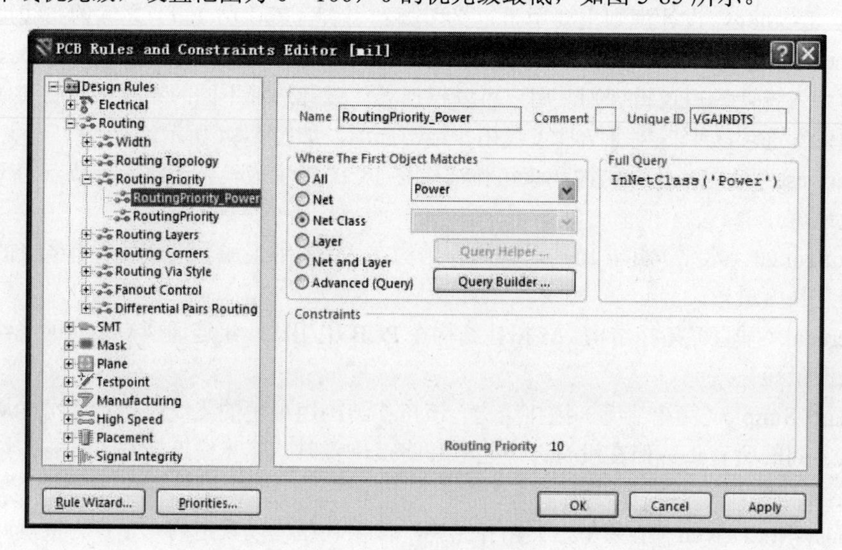

图 5-85　布线优先规则

4．布线板层设置

Routing Layers 设计规则用于设置板层的布线状况，其设置选项如图 5-86 所示。在 Constraints 选项区中列出了各个布线板层的名称，可以选择是否允许对某个板层布线。

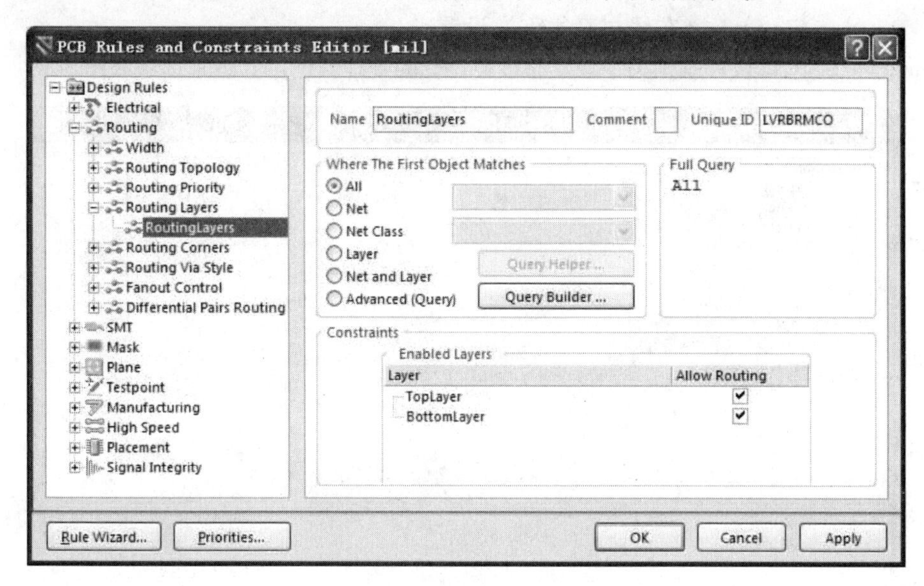

图 5-86　布线板层设置

5．布线转折角度设置

Routing Comers 设计规则用于设置导线的转角，其设置选项如图 5-87 所示。

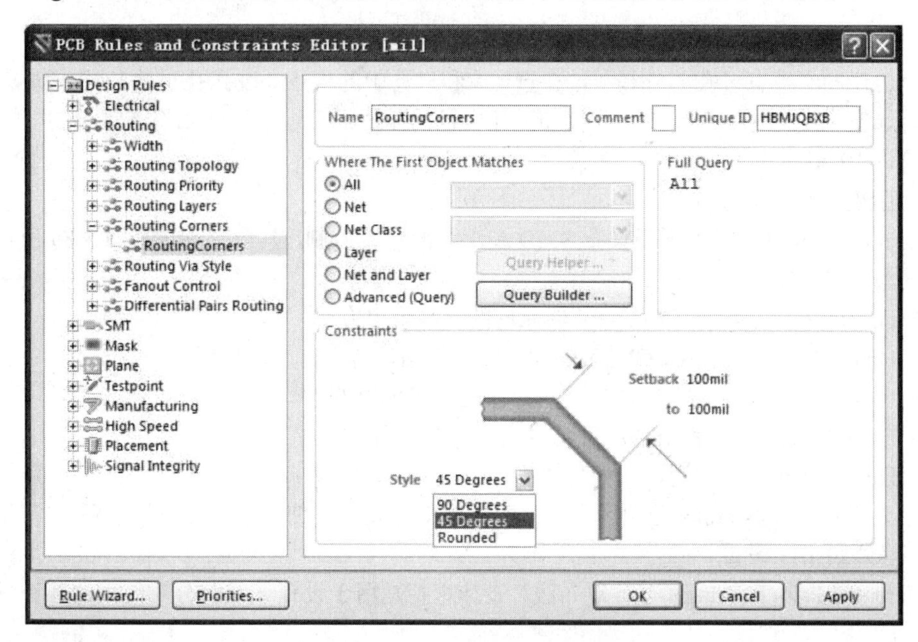

图 5-87　布线转折角度设置

在 Constraints 选项区中提供了以下 3 个选项。

（1）Style 下拉列表：用于选择导线转角的形式，可以选择 90 Degree（90°转角）、45 Degree

（45°转角）和 Rounded（圆弧转角）。

（2）Setback 文本框：用于设置导线的转角长度。

（3）to 文本框：用于设置导线的最大转角。

6．Routing Via Style（布线过孔类型）设置

Routing Via Styrle 设计规则用于设置布线中过孔的各种属性，其设置选项如图 5-88 所示。

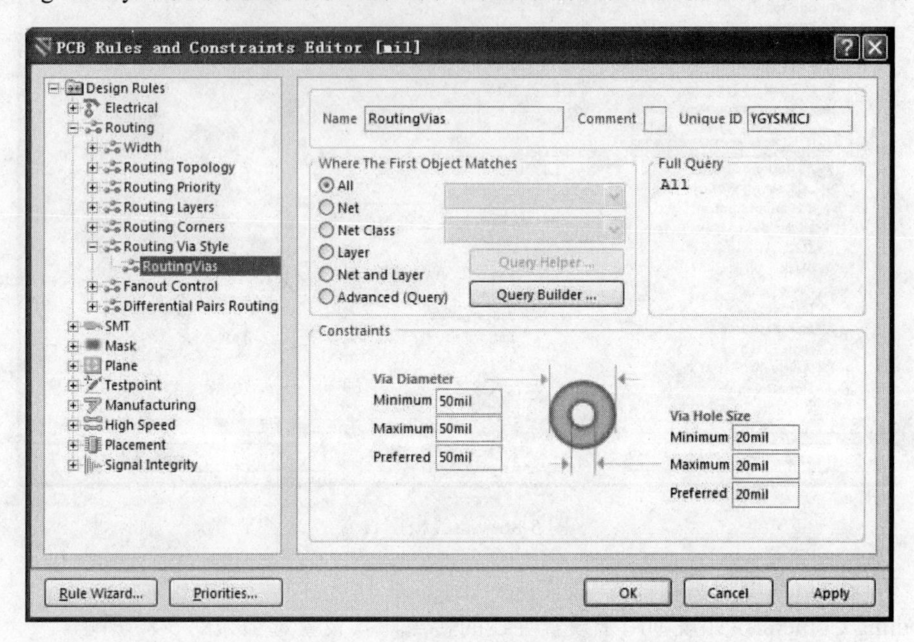

图 5-88　布线过孔类型设置

可以协调的参数有过孔的外径（过孔直径）和过孔中的内径（过孔孔尺寸），包括最大值、最小值和首选值。设置时需注意过孔外径和过孔内径的差值不宜过小，否则将不宜于制板加工。合适的差值在 10mil 以上。

7．扇出型控制设置

Fanout Control 设计规则用于设置 SMD 扇出型的布线控制，其设置选项如图 5-89 所示，其中各选项的意义如下。

（1）Fanout BGA：设置 BGA 封装的元件的导线扇出方式。

（2）Fanout LCC：设置 LCC 封装的元件的导线扇出方式。

（3）Fanout SOIC：设置 SOIC 封装的元件的导线扇出方式。

（4）Fanout-Small：设置小外形封装的元件的导线扇出方式。

（5）Fanout Default：设置默认的导线扇出方式。

实际设置时，Constraints 选项区中的参数一般都可以直接使用系统的默认设置。

8．差分对布线设置

Differential Pairs Routing（差分对布线）设计规则是用于设置一组差分对约束的各种规则，如图 5-90 所示。

在 Constraints 选项区中提供了以下 4 个设置选项。

（1）Min Gap：层属性的差分对布线最小间隙。

（2）Max Gap：层属性的差分对布线最大间隙。

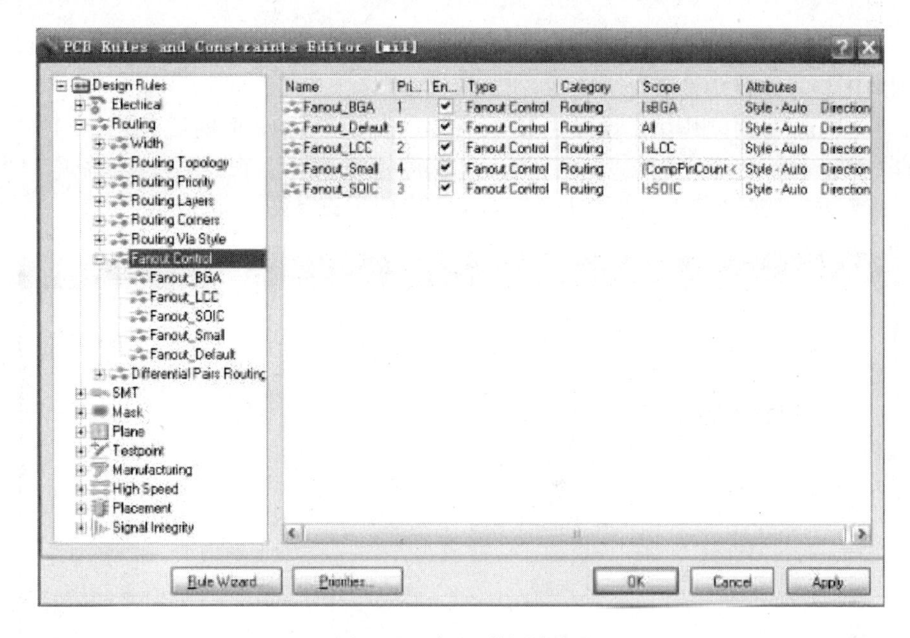

图 5-89　扇出型控制设置

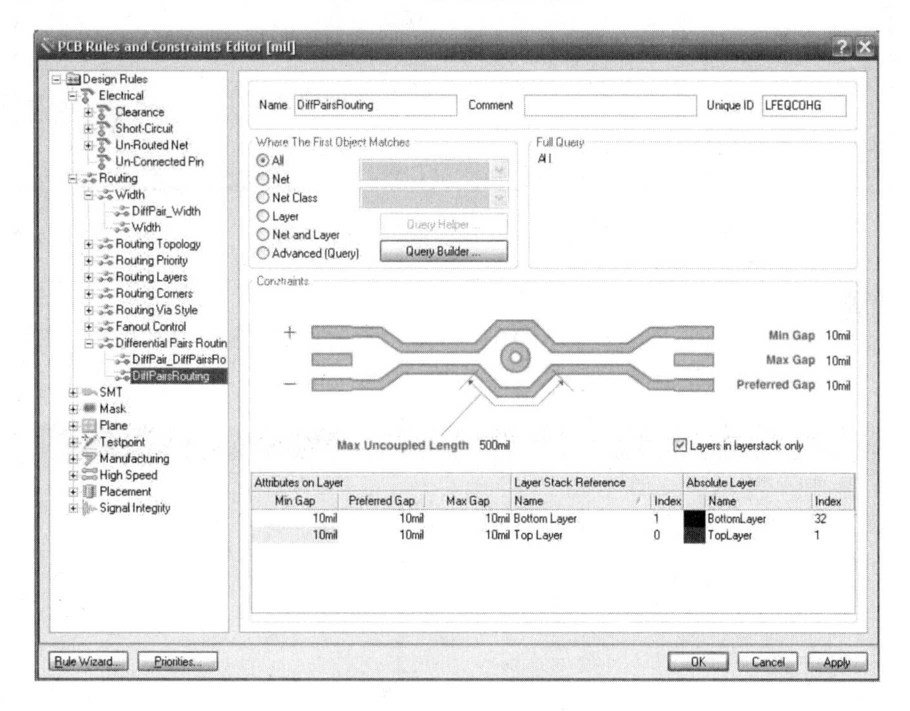

图 5-90　差分对布线设置

（3）Preferred Gap：层属性的差分对布线首选间隙。

（4）Max Uncoupled Length：最大单条布线长度。

5.5.3　表贴元件设计规则

SMT 设计规则用于设置 SMD（表贴式焊盘）与布线之间的规则，主要包括 SMD To Comer

（SMD 与导线转角）、SMD To Plane（SMD 与内层）和 SMD NeckDown（SMD 引线）等内容。

1．SMD 与导线转角设置

SMD To Comer 设计规则用于设置 SMD 元件焊盘与导线转角之间的最小距离。其中，最重要的参数是 Constraints 选项区中的“距离”选项，如图 5-91 所示。在其数值框中输入的数值即为 SMD 到导线转角间的最小距离。其他设置选项和安全距离的设置选项相似。

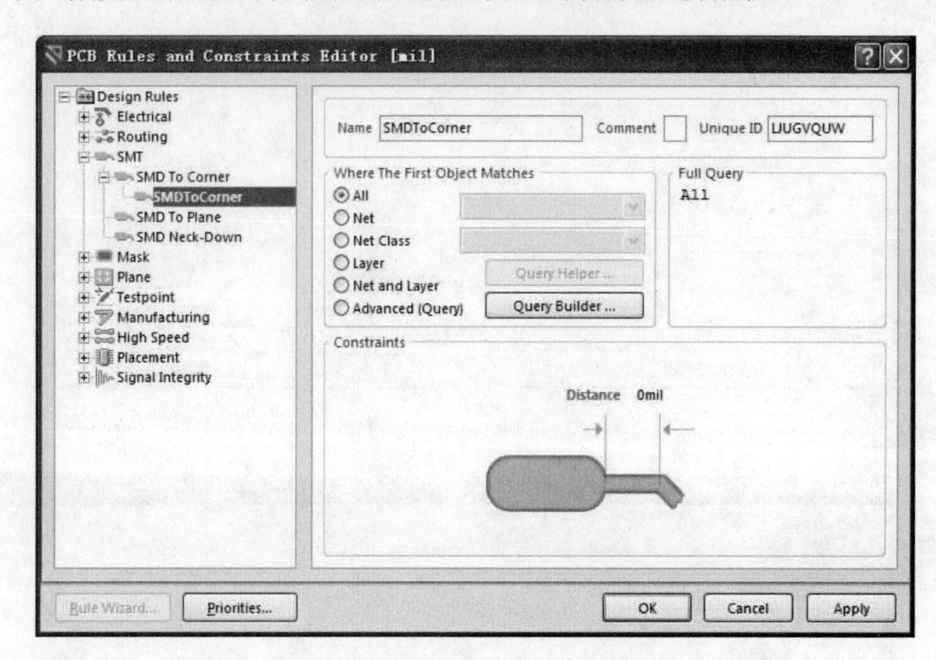

图 5-91　SMD 与导线转角设置选项

2．SMD 与内层设置

SMD To Plane 设计规则用于设置 SMD 与内层的焊盘或者导孔之间的距离，其设置选项如图 5-92 所示，设置方法和 SMD 与导线转角设置相同。距离 0mil。

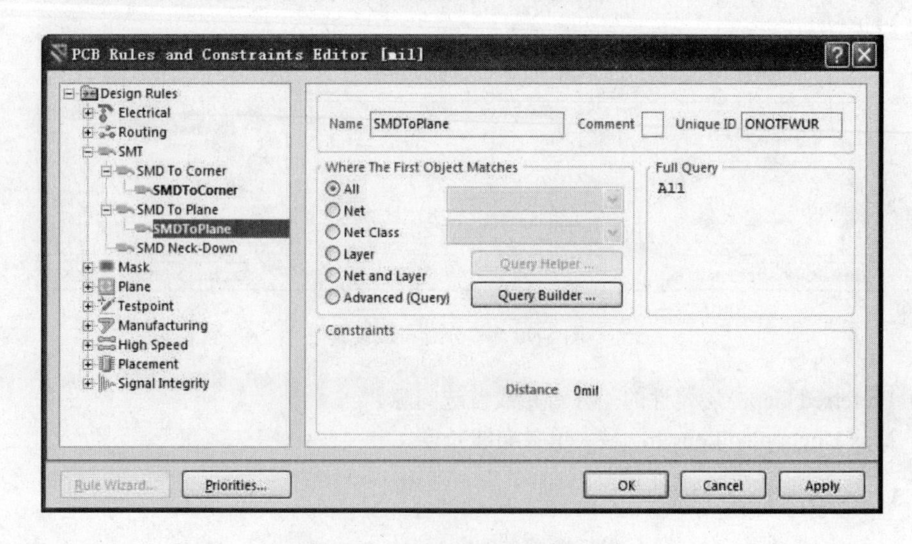

图 5-92　SMD 与内层设置选项

3．SMD 引线设置

SMD NeckDown 设计规则用于设置 SMD 引出导线的宽度和 SMD 元件焊盘宽度之间的比值，其设置选项如图 5-93 所示。

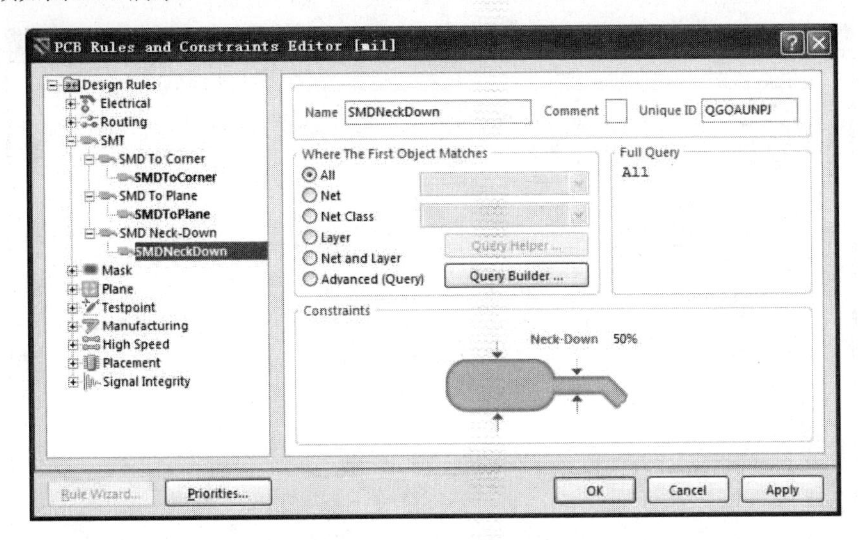

图 5-93　SMD 引线设置

5.5.4　掩膜设计规则

Mask 设计规则用于设置焊盘到阻焊层的距离，其中包括 Solder Mask Expansion（阻焊层延伸量）和 Paste Mask Expansion（SMD 延伸量）两项内容。延伸量是指焊盘预留孔半径和焊盘半径之间的差值。

1．阻焊层延伸量设置

Solder Mask Expansion 设计规则用于设置阻焊层焊盘的延伸量，其设置选项如图 5-94 所示。设置时，主要是在“展开”文本框中输入合适的延伸量。

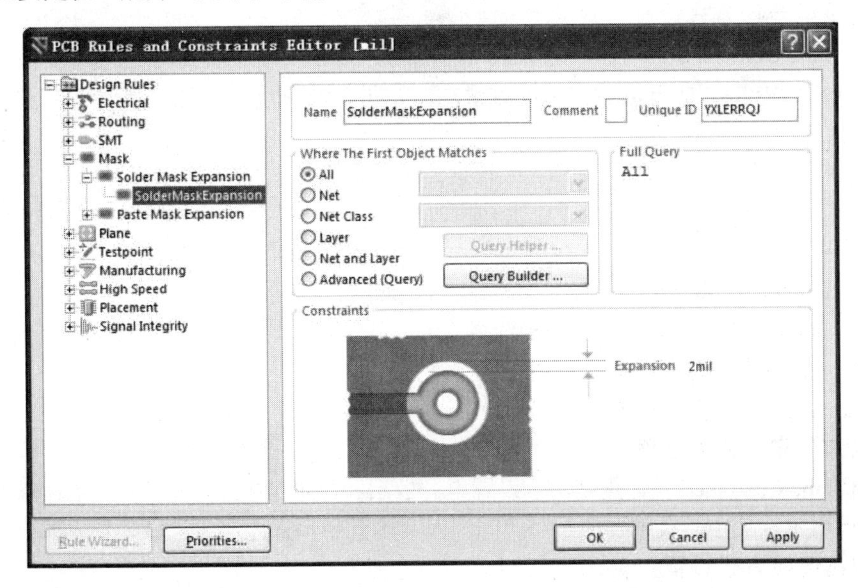

图 5-94　阻焊层延伸量设置选项

2．SMD 延伸量设置

Paste Mask Expansion 设计规则用于设置 SMD 焊盘的延伸量（也就是 SMD 焊盘和焊锡膏层之间的距离），其设置选项如图 5-95 所示，也只需要设置 Expansion 的数值即可。

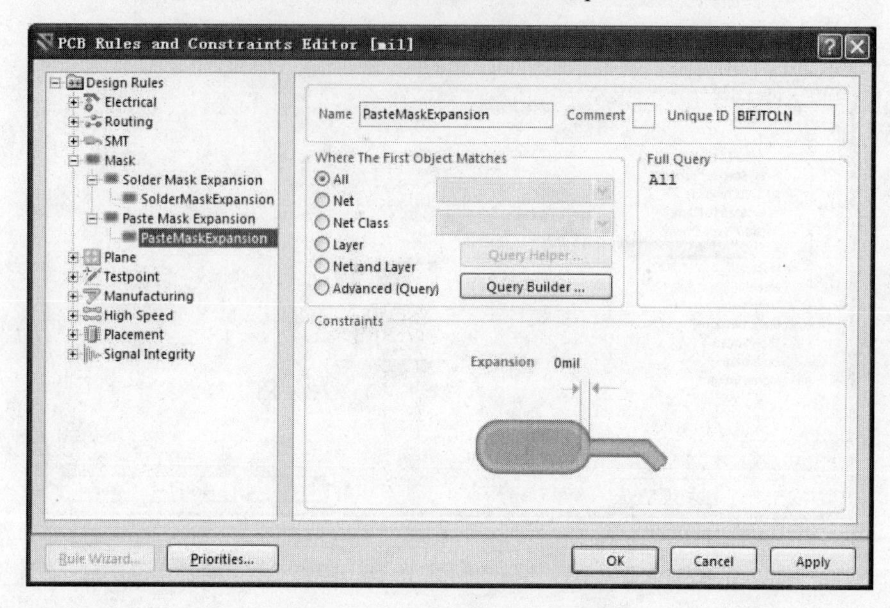

图 5-95　SMD 延伸量设置选项

5.5.5　内层设计规则

Plane 设计规则用于设置电源层和信号层之间的布线方法，用于多层板设计中时，主要设置内容包括 Power Plane Connect Style（电源层连接方式）、Power Plane Clearance（电源层安全距离）和 Polygon Connect Style（敷铜连接方式）等。

1．电源层连接方式设置

Power Plane Connect Style 设计规则用于设置过孔（或焊盘）与电源层之间的连接方式，执行菜单命令 Design-Rules，打开其设置选项对话框，如图 5-96 所示。

主要设置选项如下。

连接样式下拉列表：用于设置过孔（或焊盘）与电源层之间的连接方式，可以从 Relief Connect（放射状连接）、Direct Connect（直接连接）和 No Connect（不连接）3 种方式中进行选择；工程制板中多采用发散状连接风格。

（1）Conductor width（导线宽度）文本框：设置连接铜膜的宽度。

（2）Conductor（导线）单选项：用于选择连通导线的数目，可以有两条或者 4 条导线供选择。

（3）Air-Gap（空气隙）文本框：用于设置连接点间隙大小。

（4）Expansion（展开）文本框：用于设置焊盘或过孔之间的间隙。

2．电源层安全距离设置

Power Plane Clearance 设计规则用于设置电源板层和焊盘（或过孔）间的安全距离，其设置选项如图 5-97 所示。其中，最主要的是在“间隙”文本框中输入距离参数。

3．敷铜连接方式设置

Polygon Connect Style 设计规则用于设置敷铜与焊盘之间的连接方式，其设置选项如图 5-98

所示。

该设置对话框中连接样式、导线、导线宽度的设置与 Power Plane Connect Style 选项设置意义相同，在此不再赘述。最后可以设定敷铜与焊盘之间的连接角度，有 90Angle（90°）和 45Angle（45°）角两种方式可选。

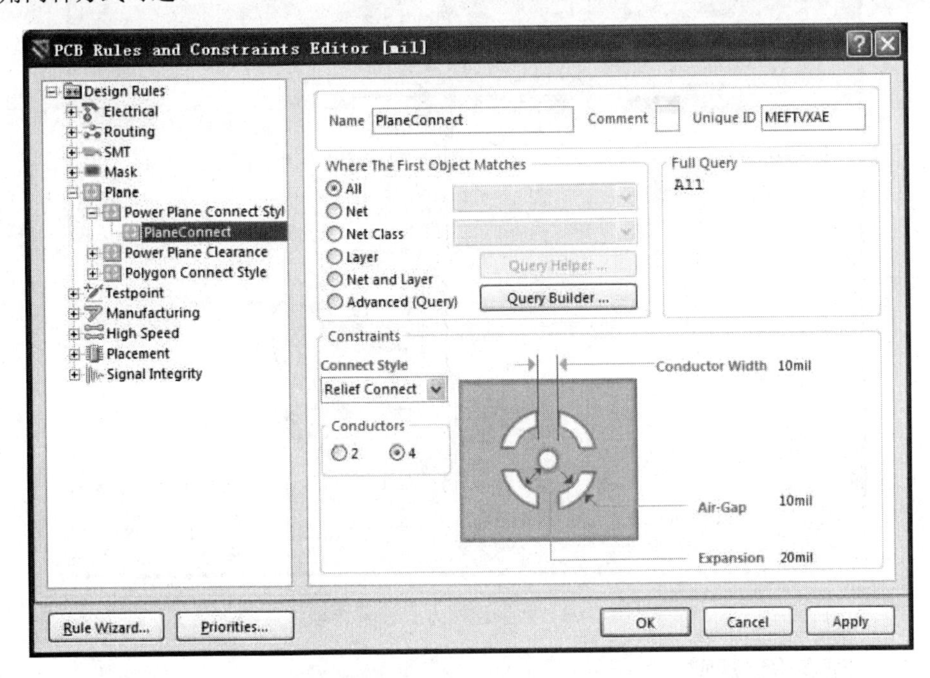

图 5-96　电源层连接方式设置选项

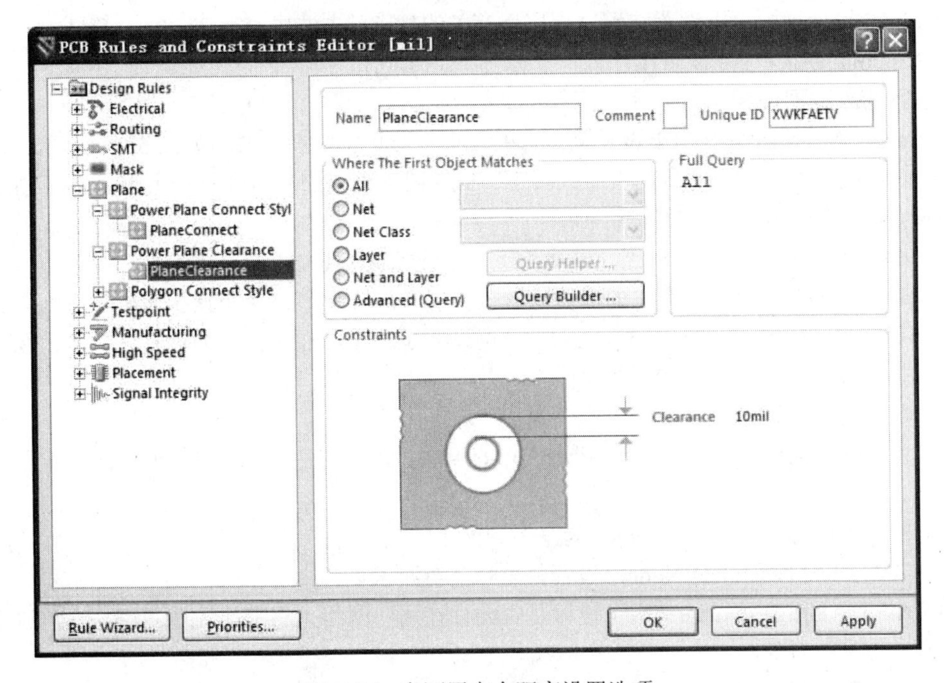

图 5-97　电源层安全距离设置选项

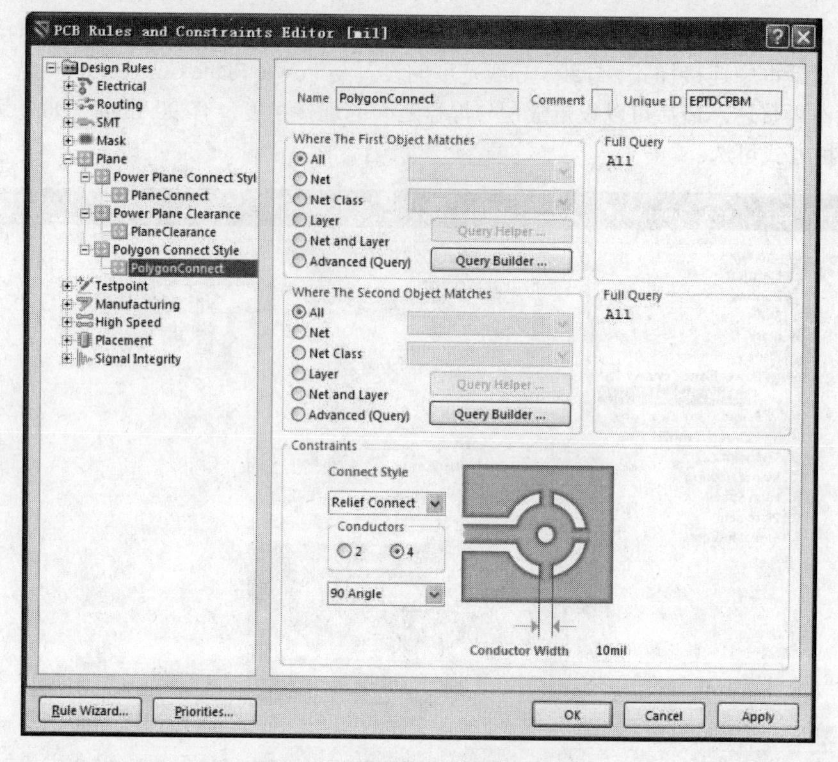

图 5-98　敷铜连接方式设置选项

5.5.6　测试点设计规则

Testpoint 设计规则用于设置与测试点属性有关的规则，主要内容有 Testpoint Style（测试点类型）和 Testpoint Usage（测试点用法）。

1. 测试点类型设置

Testpoint Style 设计规则用于设置测试点的大小和形状，其设置选项如图 5-99 所示。

1）Sezes：用于设置测试点的大小；其中，Size 用于设置测试点的外径大小，Hole Size 用于设置测试点的内径大小。

2）Grid Size：用于设置测试点的网格大小，系统默认为 lmil。

3）Allowed Side：设置所允许的测试点的放置层和放置次序，系统默认为所有规则都选中。

4）Allowed testpoint under component：用于设置是否允许在元件下面设置测试点，复选项、底部等选择可以将测试点放置在哪些层面上。

2. 测试点用法设置

Test Point Usage 设计规则用于设置测试点的用法，其设置选项如图 5-100 所示。主要选项的含义如下。

（1）Single Testpoint per Net：设置为某个网络单一的测试点。

（2）Testpoint At each leaf Node：设置每个叶节点测试点。

（3）Allow More Testpoints：用于设置是否允许在同一网络上有多个测试点存在。测试点：用于设置测试点是否有效。

3. 装配测试点

如图 5-101 为装配测试点设置界面，完成相关设置如下。

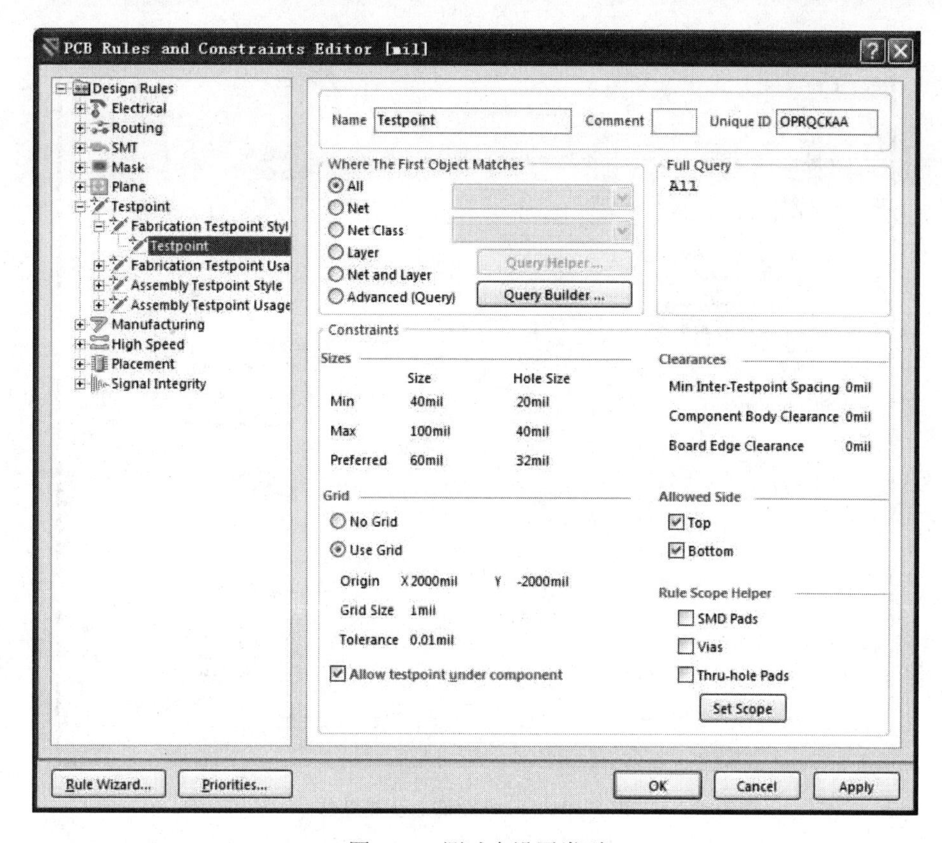

图 5-99　测试点设置类型

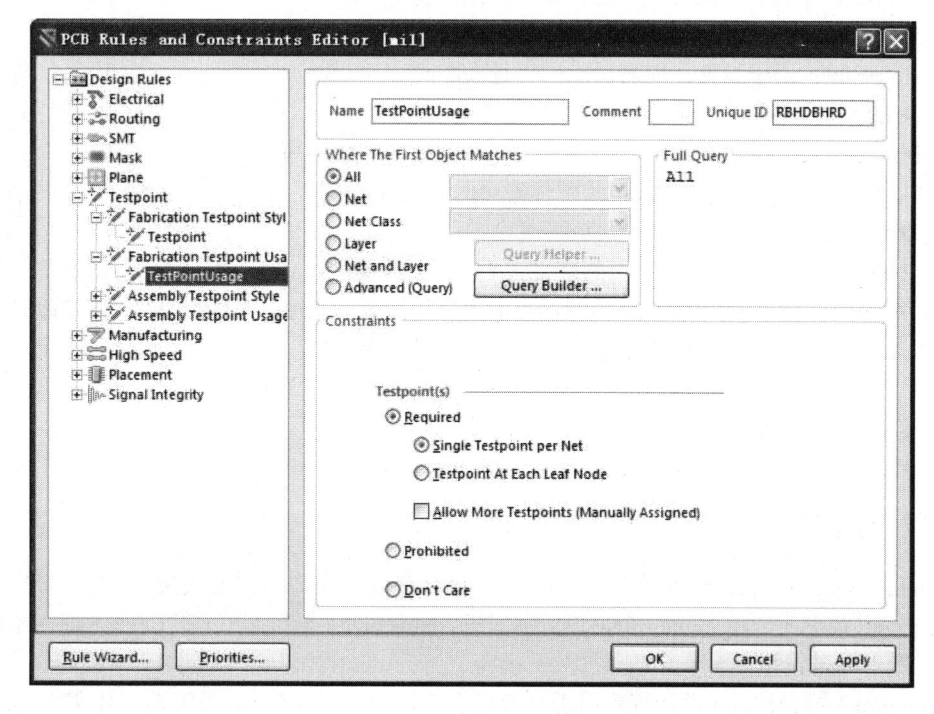

图 5-100　测试点用法设置选项

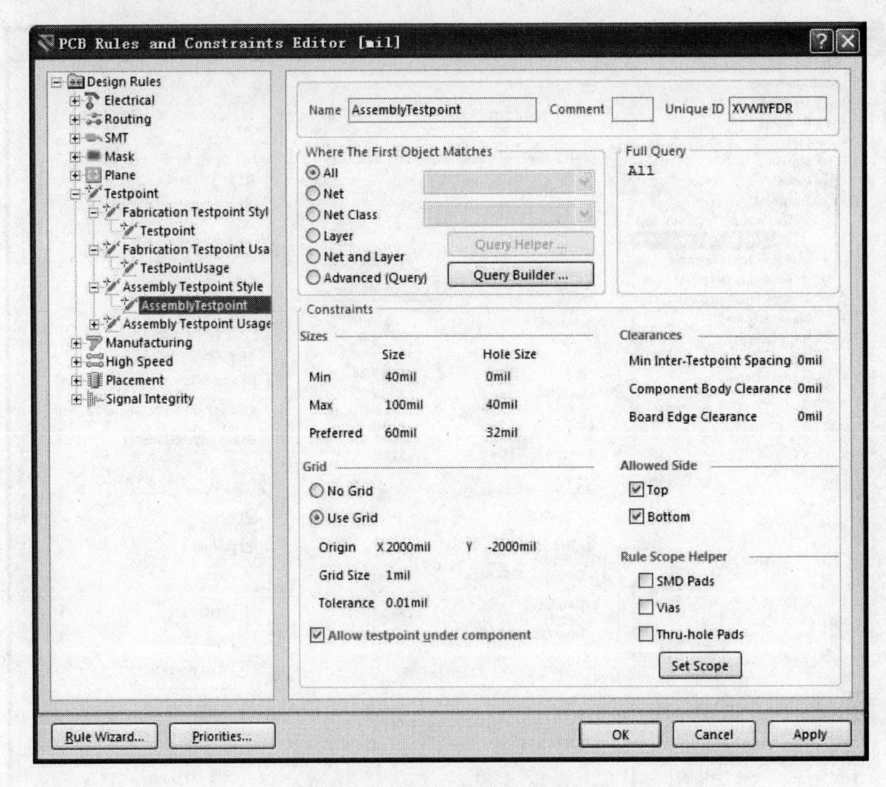

图 5-101　装配测试点设置界面

（1）Sezes 用于设置装配测试点的大小。

1）Size：用于设置装配测试点的外径大小。

2）Hole Size：用于设置装配测试点的内径大小。

（2）Clearances 设置安全距离。

1）Min Iner-Testpoint Spacing：设置内测试点的最小安全距离。

2）Component Body Clearance：元件体安全距离设置。

3）Board Edge clearance：板边安全距离设置。

（3）Grid Size：用于设置测试点的网格大小，系统默认为 lmil。

（4）Allowed Side：设置所允许的测试点的放置层和放置次序，系统默认为所有规则都选中。

（5）Allowed testpoint under component：用于设置是否允许在元件下面设置测试点，复选项、底部等可以选择将测试点放置在哪些层面上。

4．装配测试点用法设置

如图 5-102 为装配测试点用法设置界面，其设置选项与图 5-100 一致。

5.5.7　制造设计规则

Manufacturing 设计规则用于设置与电路板制造有关的规则，主要设置内容包含 Minimum Annular Ring（最小环带）、Acute Angle（敏感角度）、Hole Size（导孔大小）和 Layer Pairs（板层对）。

1．最小环带设置

Minimum Annular Ring 设计规则用于设置最小环带的电气属性，其设置选项如图 5-103 所示。可以在 Minimum annular Ring（x，y）文本框中输入最小环带值。

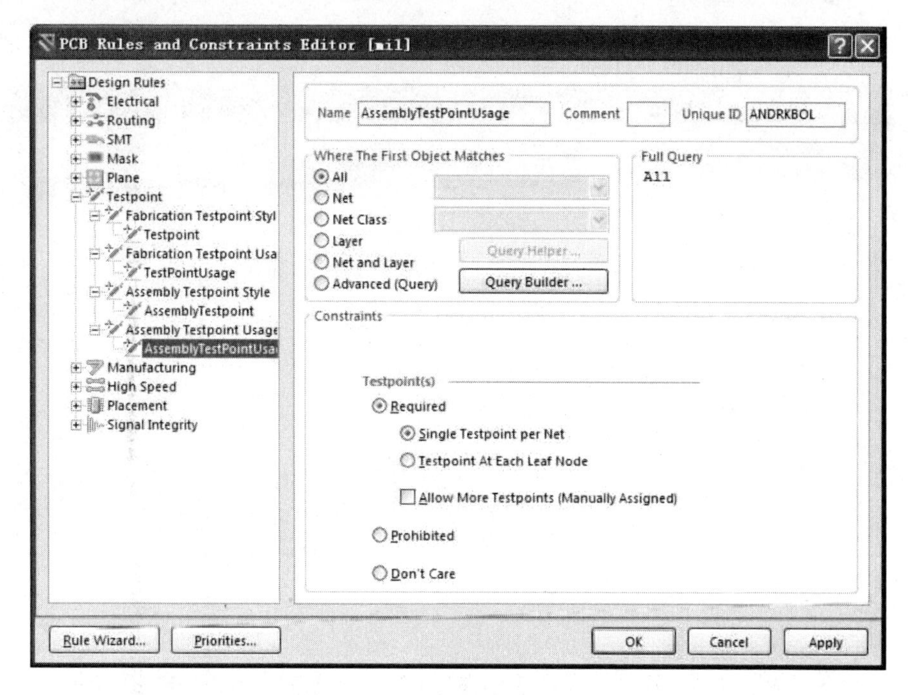

图 5-102　装配测试点用法设置

2．敏感角度设置

Acute Angle 设计规则用于设置导线和导线之间允许的最小夹角，其设置选项如图 5-104 所示。其中，Minimum Angle 的设置值一般不应小于 90°。

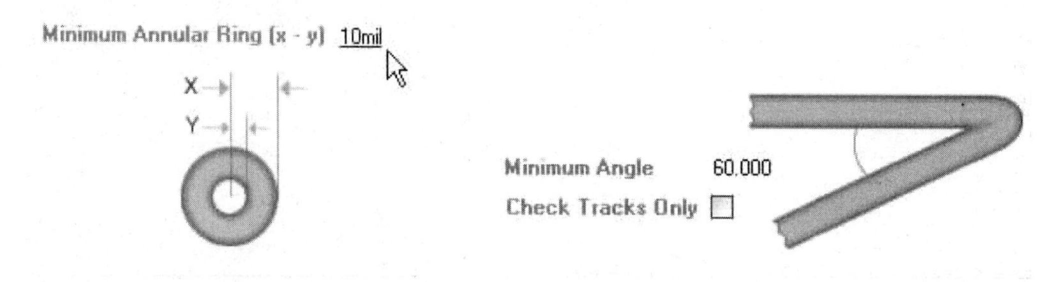

图 5-103　最小环带设置选项　　　　图 5-104　敏感角度设置选项

3．过孔大小设置

Hole size 设计规则用于设置过孔的内径的最大值和最小值，其设置选项如图 5-105 所示。

测量方法下拉列表用于设置过孔大小的方式，有两种选项：Absolute 以绝对尺寸来设计，Percent 以相对的比例来设计。

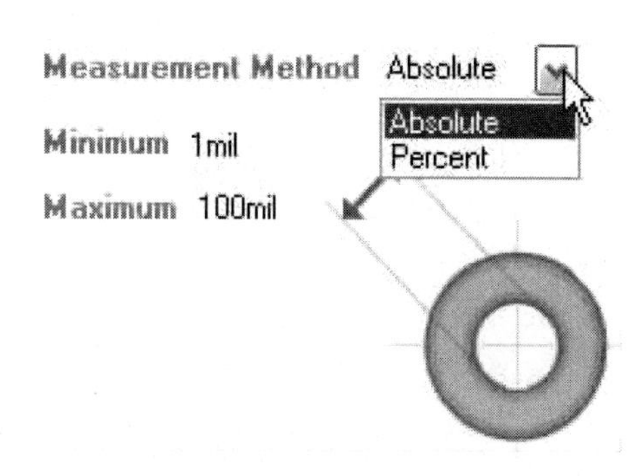

图 5-105 过孔大小设置

4．板层对设置

Layer Pairs 设计规则主要用于设置在板层管理器中是否允许设置板层对和钻孔层对，在设计多层板时，如果使用了盲导孔，就要在这里对板层对进行设置。对话框中的复选项用于选择是否允许使用板层对（Layers Pairs）设置。其设置选项如图 5-106 所示。

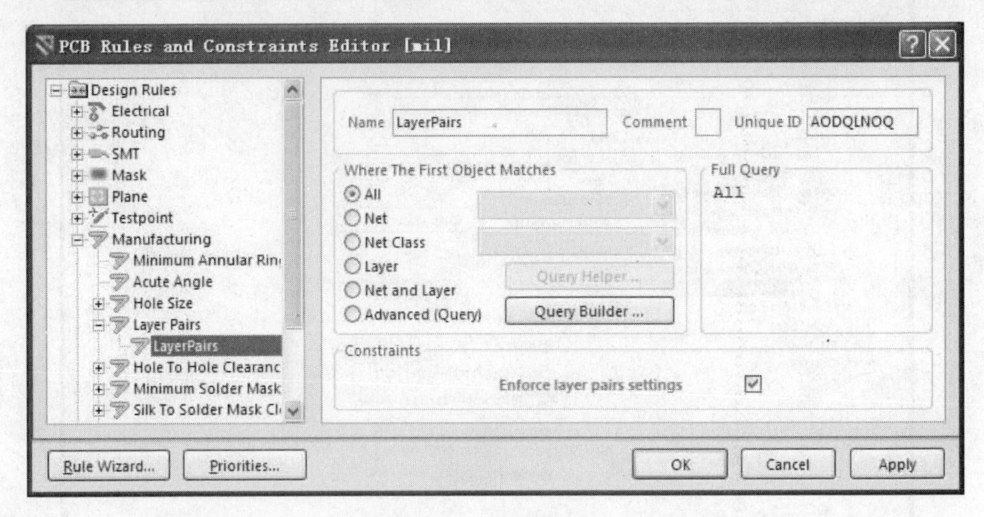

图 5-106　板层对设置

5. 孔与孔安全距离设置

孔与孔安全距离设置，主要设置焊盘与焊盘，过孔与焊盘之间的安全距离，如图 5-107 所示，设置安全距离允许与安全距离数值，系统默认数值为 10mil。

6. 最小焊条设置

最小焊条设置如图 5-108 所示，用于设置焊盘，如贴片式元件焊盘大小，保证元件焊接。

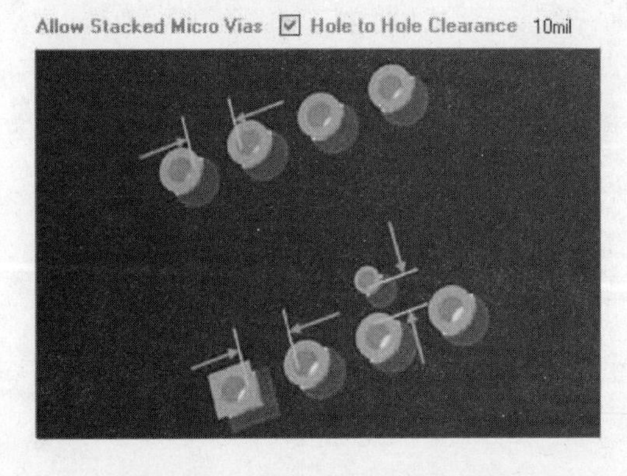

图 5-107　孔与孔安全距离设置

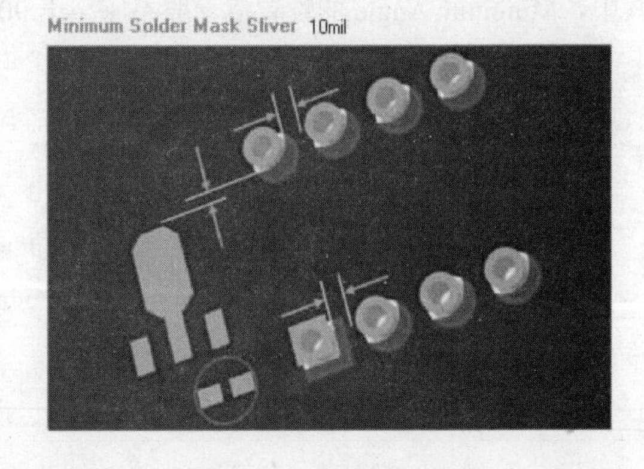

图 5-108　最小焊条设置

7. 丝印覆盖焊盘间隙

丝印覆盖焊盘间隙如图 5-109 所示，用于设置覆盖焊盘的丝印允许的间隙。

8. 丝印间距

丝印间距如图 5-110 所示，用于设置丝印层的文字或图形的间距。

9. 网络天线

网络天线如图 5-111 所示。

5.5.8　高频电路设计规则

High Speed 设计规则用于设置与高频电路相关的规则，主要内容有 Parallel Segment（并行线段）、Length（长度）、Matched Net Lengths（匹配网络长度）、Daisy Chain Stub Length（菊花状布线分支长度）、Vias Under SMD（SMD 下面的导孔）和 Maxi．mumⅥa Count（最大导孔数）等。

图 5-109　丝印覆盖焊盘间隙

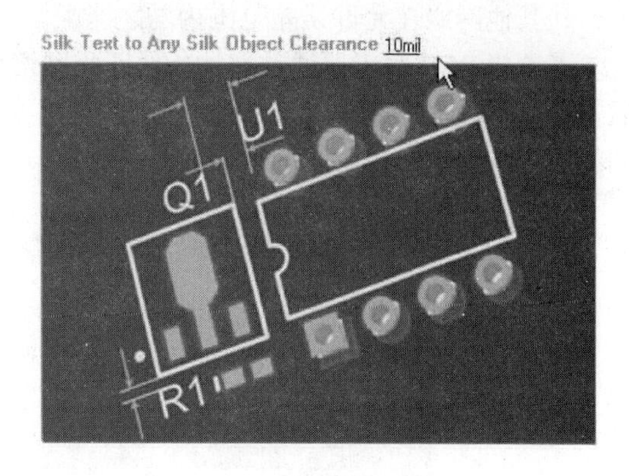

图 5-110　丝印间距

1．并行线段设置

Parallel Segmcnt 设计规则用于设置并行导线的长度和距离，其设置选项如图 5-112 所示。

图 5-111　网络天线

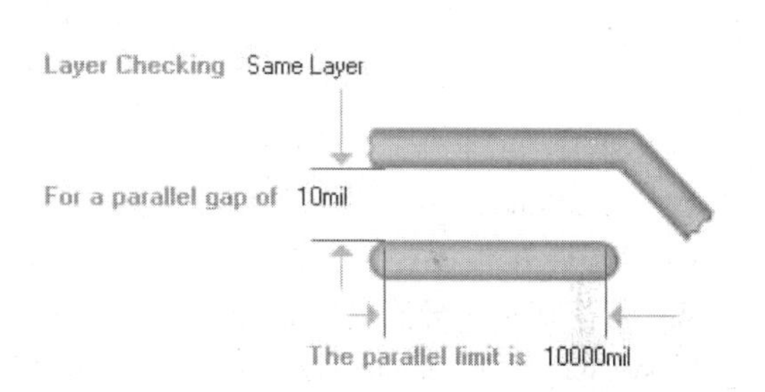

图 5-112　并行线段设置

主要的设置选项如下：

（1）Layer Checking 下拉列表：用于选择最适合的板层，可以从 Same Layer（同一板层）和 Adjacent Layer（相近的板层）中选择。

（2）For a parallel gap of 文本框：用于设置并行走线的距离。

（3）The parallel limit is 文本框：用于设置并行走线。

2．长度设置

Length 设计规则用于设置导线的长度，其设置选项如图 5-113 所示。

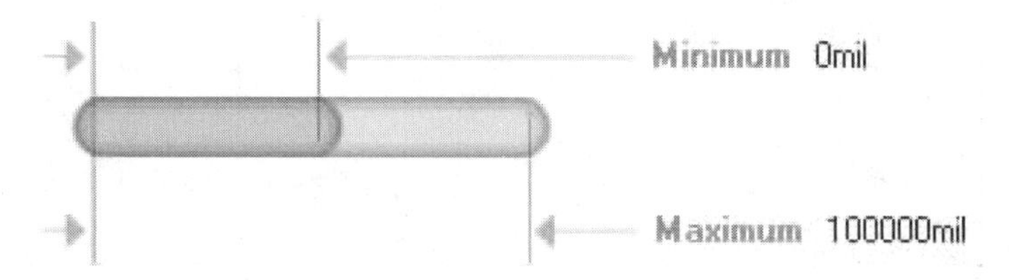

图 5-113　并行线段设置选项

3．匹配网络长度设置

Matched Net Lengths 设计规则用于设置匹配网络的导线长度，该规则以规定的最长导线为基准，让其他网络在允许误差范围内与之匹配。

若希望 PCB 编辑器通过增加折线匹配网络长度，就可以设置 Matched Net Lengths 规则，然后执行菜单命令 Tools→Equalizer Nets，弹出如图 5-114 所示 Equalizer Nets 对话框。匹配长度规则将被应用到规则指定的网络，而且折线将被加到那些超过公差的网中。

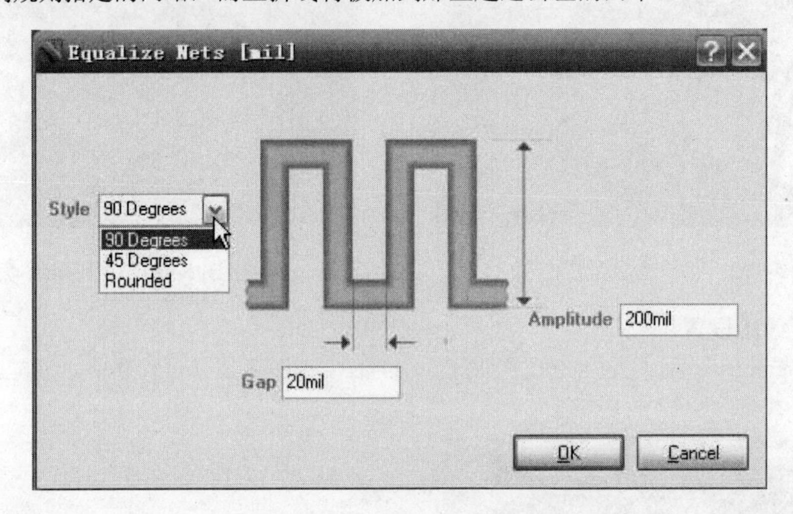

图 5-114　Equalizer Nets 对话框

（1）Style：用于选择走线方式。

（2）Amplitude：用于设置导线的振幅。

（3）Gap：用于设置导线的间距。

4．菊花状布线分支长度设置

Daisy Chain Stub Length 设计规则用于设置菊花状布线分支的最大长度，其设置选项如图 5-115 所示。一般情况下，只需在 Maximum Stub Length 文本框输入合适的数值即可。

5．SMD 下面的导孔设置

Vias Under SMD 设计规则用于设置是否允许在 SMD 焊盘下放置导孔，其设置选项如图 5-116 所示。

图 5-115　菊花状布线分支长度设置　　　图 5-116　SMD 下面的导孔设置

6．最大过孔数

Maximum Via Count 设计规则用于设置 PCB 中最多允许的过孔数，其设置选项如图 5-117 所示。

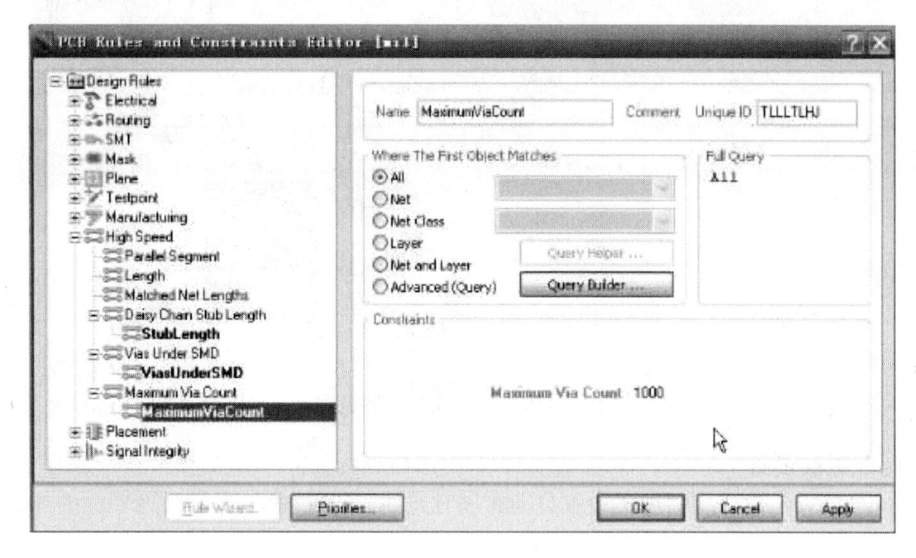

图 5-117　最大过孔数

5.5.9　布局设计规则

Placement 设计规则用于设置元件布局的规则，主要包括 Room Definition（元件集合定义）、Component Clearance（元件安全距离）、Component Orientations（元件方向）、PermittedLayers（允许板层）、Nets to Ignore（忽略网络）和 Height（高度）等内容。

1．元件集合定义设置

Room Definition 设计规则用于定义元件集合板层和大小，其设置选项如图 5-118 所示。

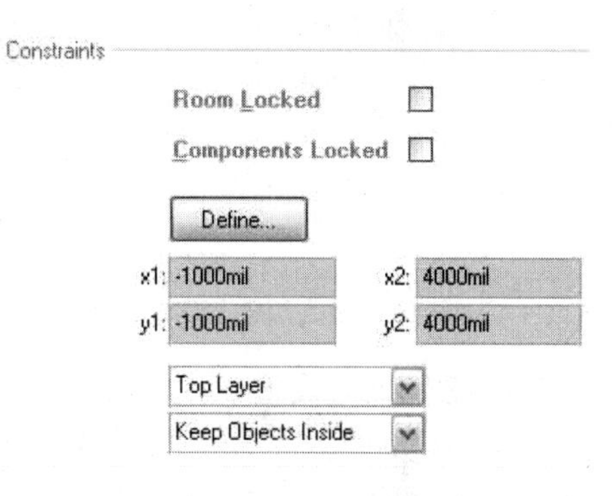

图 5-118　元件集合定义设置选项

其中，主要选项的含义如下：

（1）Room Locked 复选项：用于设置是否锁定当前元件集合。

（2）Components Locked 复选项：用于设置是否锁定当前元件。

（3）Xl、Y1、X2、Y2 数值框：用于设置元件集合的大小。

元件放置位置下拉列表：用于设置元件放置的位置，其选项有 Keep Objects outside（放置对象在外部）和 Keep Objects Inside（放置对象在内部）。

2．元件安全距离设置

Component Clearance 设计规则用于设置元件之间的最小距离，其设置选项如图 5-119 所示。

（1）Vertical Check Mode 区域设置垂直方向的校验模式。

1）Infinited：无特指情况。

2）Specified：有特指情况。

（2）Minimum Horizontal Gap：水平间距最小值。

（3）Minimum Vertical Gap：垂直间距最小值。

3．元件方向设置

Component Orientations 设计规则用于设置元件的放置方向，其设置选项如图 5-120 所示。

元件方向选项主要有 0°、90°、180°、270°和全部方向。

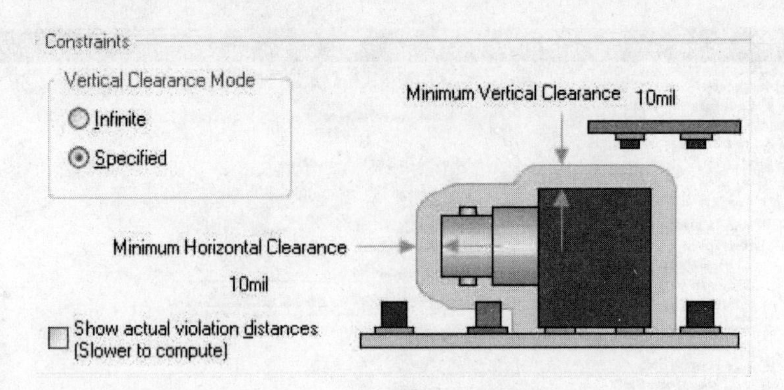

图 5-119　元件安全距离设置

4．允许板层设置

Permitted Layers 设计规则用于设置自动布局时元件的放置板层，其设置选项如图 5-121 所示，有“顶层”和“底层”两项。

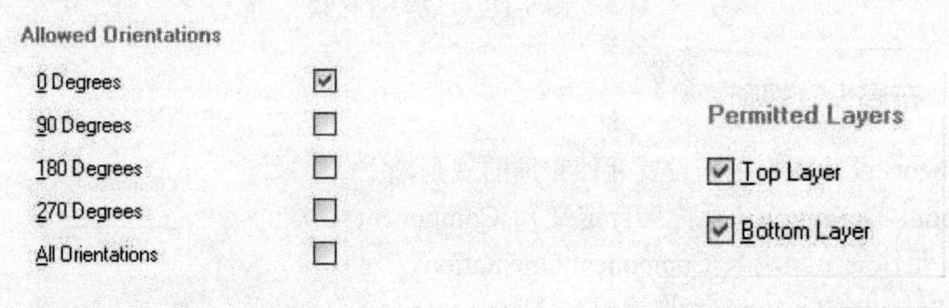

图 5-120　元件方向设置　　　　图 5-121　允许板层设置

5．忽略网络设置

Nets to Ignore 设计规则用于设置自动布线时需要忽略的网络。忽略部分网络（如电源和地网络）后，自动布线的效率将会明显改善。忽略网络设置选项如图 5-122 所示，可以从中选择要忽略的网络。

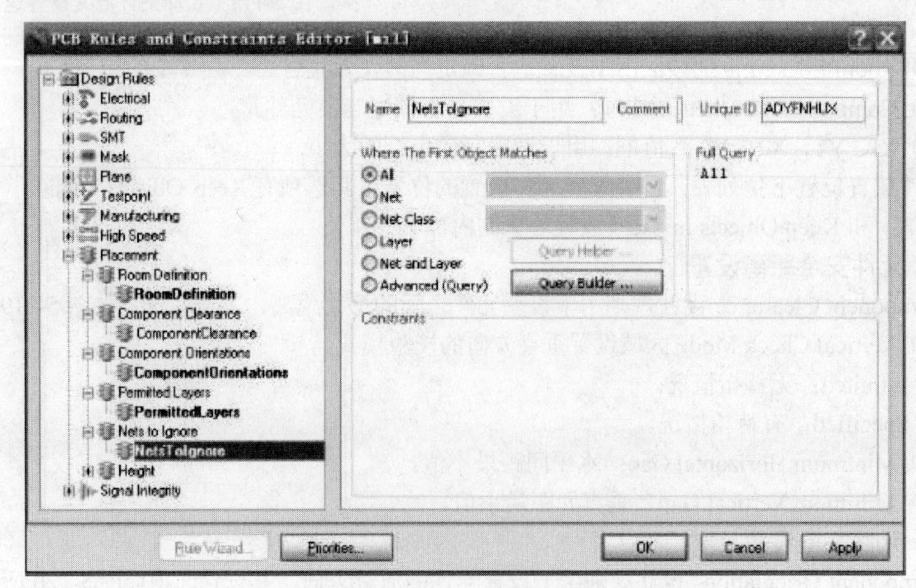

图 5-122　忽略网络设置

6. 高度设置

Height 设计规则用于设置 PCB 上所放置的元件的高度，其设置选项如图 5-123 所示，可以在其中设置元件的最大高度和最小高度。

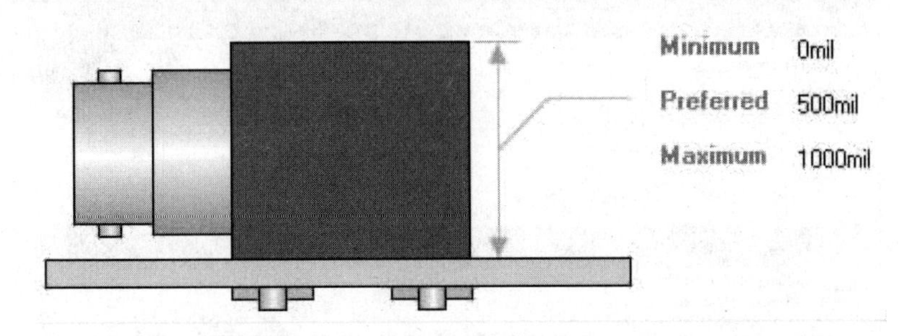

图 5-123　高度设置选项

5.5.10　设计规则向导

PCB 的设计规则可以应用规则向导来建立。规则向导为使用者提供了另一种设置设计规则的方式。一个新的设计向导，总是针对某一个特定的网络或者对象而设置，下面通过设置一个安全距离规则，介绍规则向导的使用方法。

（1）执行菜单命令 Design→Rule Wizard，或者在 PCB Rules and Constraints Editor 对话框的左下角，单击 Rule Wizard 按钮，都可以打开规则向导，如图 5-124 所示。

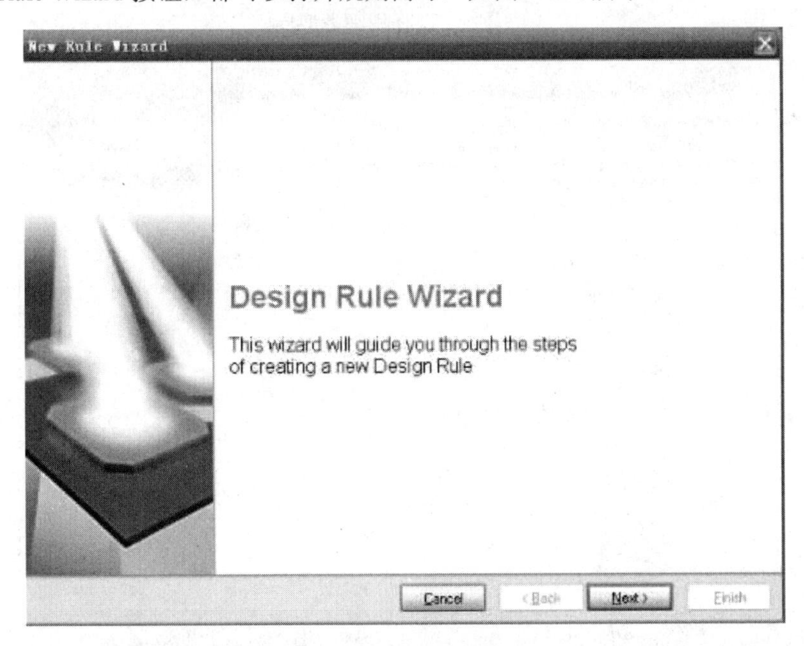

图 5-124　规则向导启动界面

（2）规则向导打开后，单击 Next 按钮进入下一步，出现 Choose the Rule Type 页面，如图 5-125 所示。这里可以选择要新创建规则的类型，例如 Clearance 规则（CIearance Constraint），并且为其命名（Name）和添加注释（Comment）。

（3）规则类型选定后，单击 Next 按钮进入下一步，出现 Choose the Rule Scope 页面，如图 5-126 所示。这里可以指定该规则起作用的范围，例如全部板卡（Whole Board）或者其中的一个网络（1 Net）。

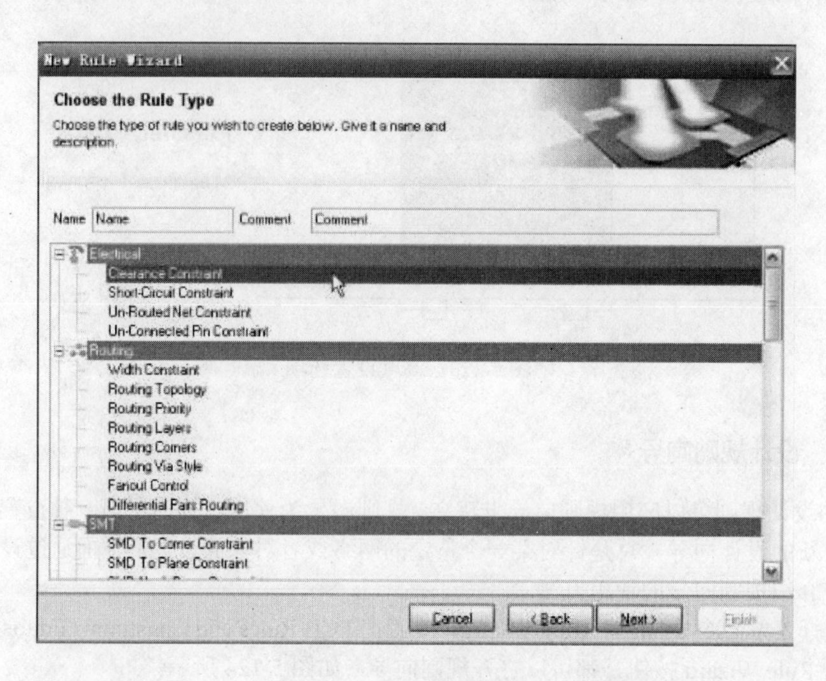

图 5-125　选择规则类型界面

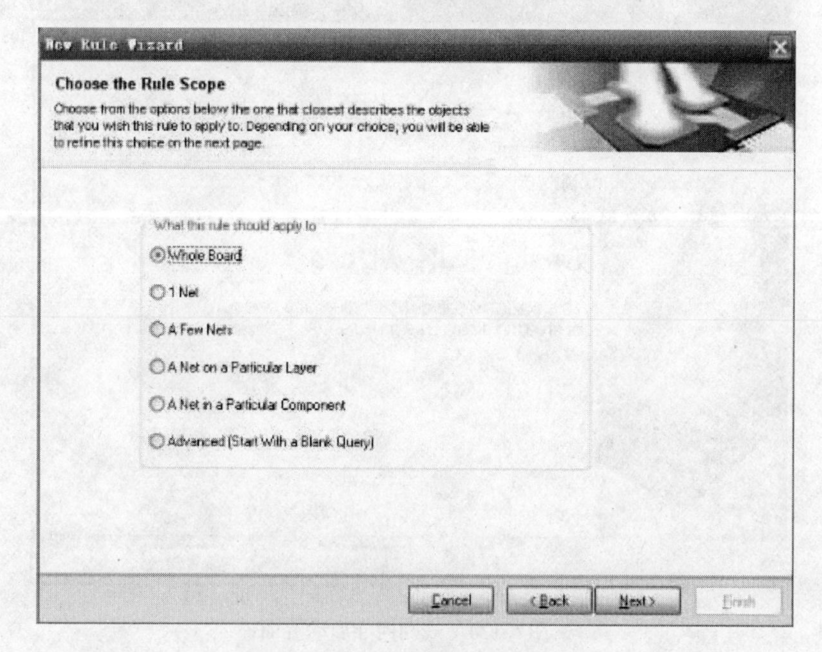

图 5-126　选择规则适用范围

（4）规则作用范围选定后，单击 Next 按钮进入下一步，出现 Choose the Rule Priority 页面，如图 5-127 所示，用以指定该规则内所有子规则的优先权，可以通过单击 Increase Priority 按钮和

Decrease Priority 按钮来实现。

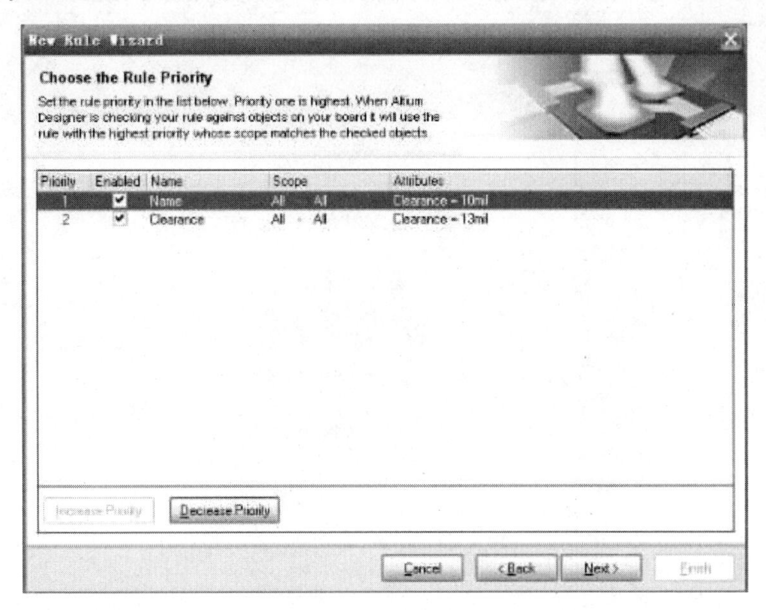

图 5-127　选择规则优先级别

（5）规则优先权选定后，单击 Next 按钮进入下一步，出现 The New Rule is Complete 页面，如图 5-128 所示，这里可以查看新加入的子规则。

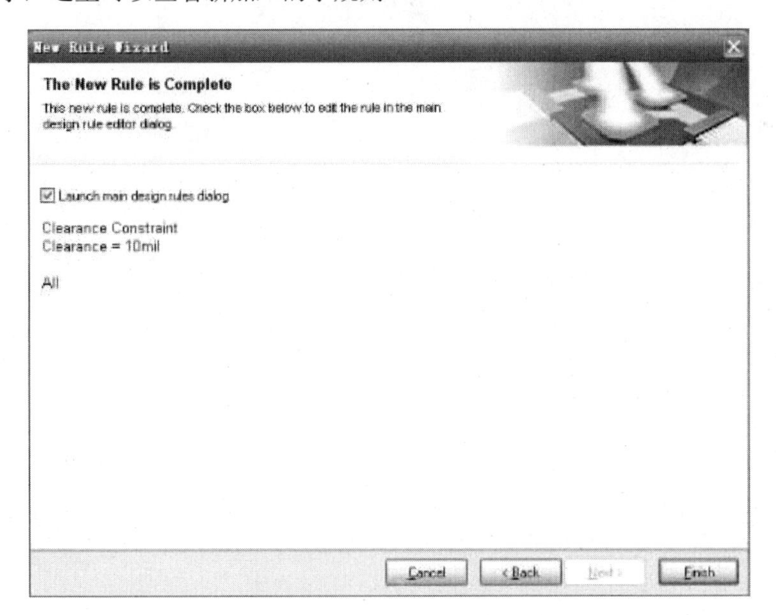

图 5-128　新规则完成

（6）如果没有问题，单击 Next 按钮完成规则的添加并关闭规则向导对话框。在 The New Ruleis Complete 页面，如果 Launch maindesign rulesdialog 选项被选中，那么在关闭规则向导对话框后，PCB Rules and Constraints Editor 对话框将被打开，新加入的规则也会出现在其中，如图 5-129 所示，以便进一步设置设计规则。

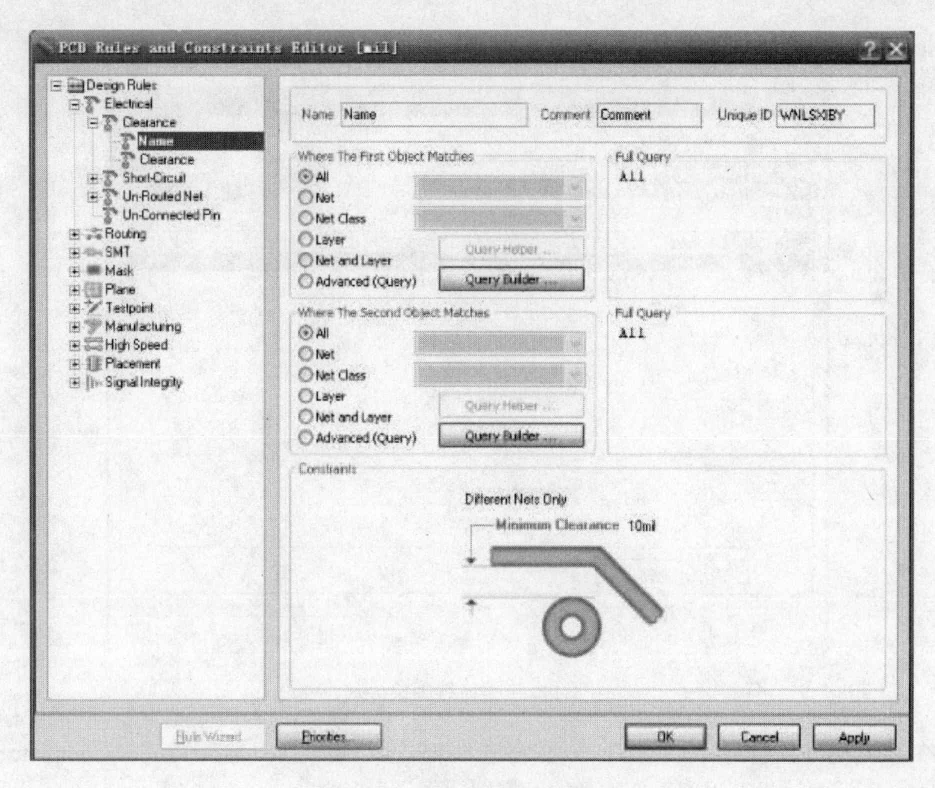

图 5-129　新建安全距离规则

第6章

印制电路板绘制

印制电路板是装配电子零件时使用的基板，主要用于提供各种电子元器件固定和装配的机械支撑，实现电路中各种电子元器件之间的布线和电气连接或电绝缘，提供电路要求的电气特性（如特性阻抗等）。此外，还为自动焊锡提供阻焊图形，为元件插装、检查、维修提供识别字符和图形。本章将依据PCB的设计流程，通过实例详细介绍网络表的载入、元器件的布局、布线规则的设置、自动布线以及手工布线等操作，使读者完全掌握PCB设计中的常用操作和技巧。

本章要点

（1）原理图与PCB同步更新。
（2）元件封装的自动布局。
（3）手动调整元件封装布局。
（4）自动布线功能的使用。
（5）手动调整布线。

6.1 PCB加载网络表

网络表是原理图与PCB图之间连接的桥梁，原理图的信息可以通过网络表的形式同步到PCB图中。在进行网络表的导入之前，需要装载元件的封装库及对同步比较器的比较规则进行设置。

6.1.1 设置同步比较规则

同步设计是Altium Designer软件绘图的最基本方法，简单的理解就是原理图绘图与PCB绘图实时的保持同步。即，无论原理图与PCB绘制的先后，始终保持原理图元件的电气连接意义和PCB上的电气连接意义完全相同，这就是同步。实现这个目的的方法是通过同步器来实现，此概念成为同步设计。

要完成原理图与PCB图的同步更新，同步比较规则的设置至关重要。设置同步比较器的步骤如下：

（1）在任一PCB项目下，执行菜单命令Project→Project Options，弹出Options for PCB Project+（项目文件名称）对话框，然后单击Comparator标签，在该选项页中可以对同步比较规则进行设置，如图6-1所示。

（2）单击Set To Installation Defaults按钮将恢复该对话框中的默认设置。

（3）单击OK按钮即可完成同步比较规则的设置。

同步器的主要作用是完成原理图与PCB图之间的同步更新，但这只是对同步器狭义上的理解。广义上的同步器可以完成任何两个文档之间的同步更新，可以是两个 PCB 文档之间，网络表文件和 PCB 文件之间，也可以是两个网络表文件之间的同步更新。用户可以在 Differences 面板中查看两个文件之间的不同之处。

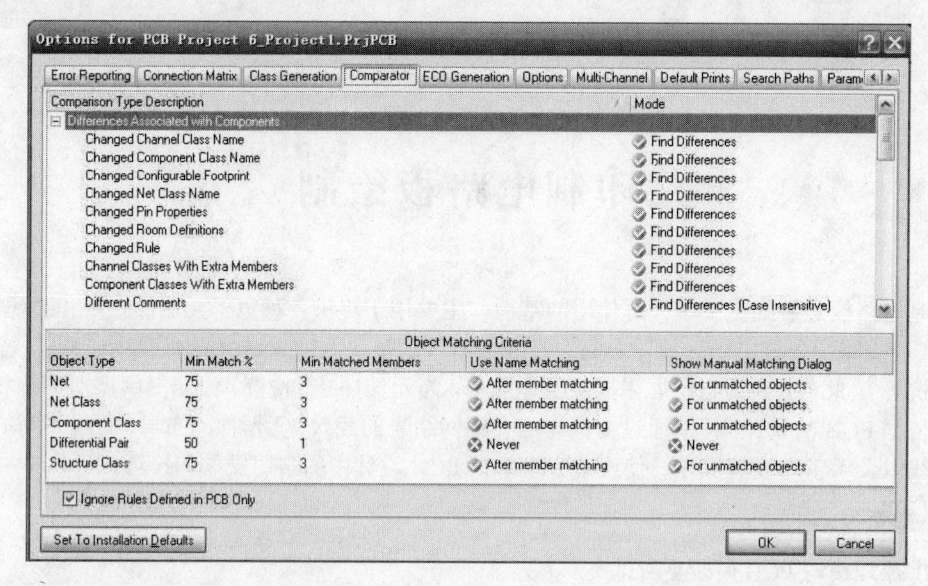

图 6-1　Options for PCB Project+（项目文件名称）对话框

6.1.2　网络表的导入

完成同步比较规则的设置后即可进行网络表的导入工作。这里将如图 6-2 所示的原理图的网络表导入当前的 PCB1 文件中，原理图文件名为 MCUexample.SchDoc。

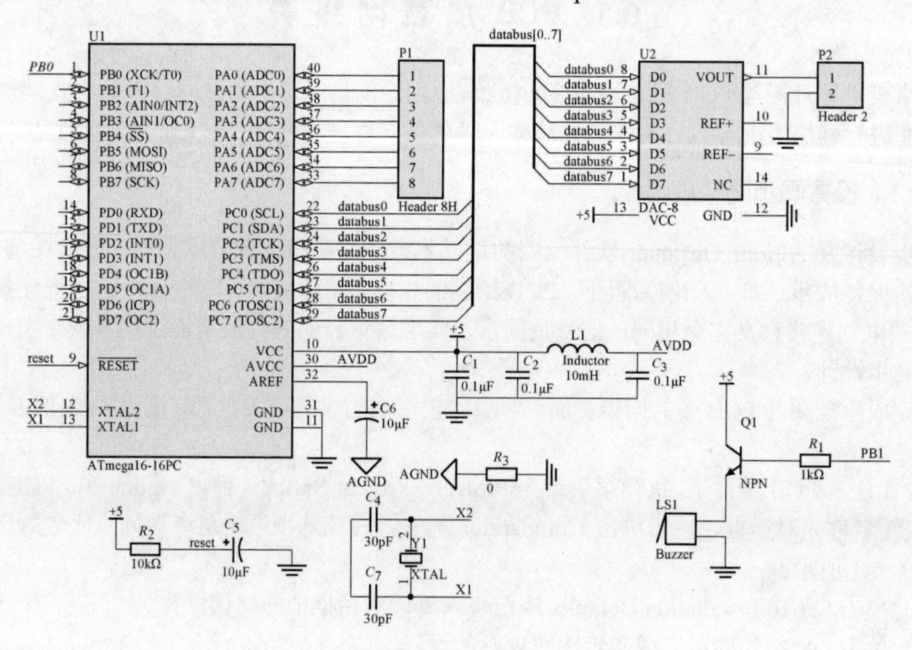

图 6-2　MCUexample.SchDoc 原理图

1．网络表的生成

Netlist（网络表）分为 External Netlist（外部网络表）和 Internal Netlist（内部网络表）两种。从 SCH 原理图生成的供 PCB 使用的网络表就称为外部网络表，在 PCB 内部根据所加载的外部网络表所生成的表称为内部网络表，用于 PCB 组件之间飞线的连接。一般用户所使用的也就是外部网络表，所以不用将两种网络表严格区分。

为单个 SCH 原理图文件创建网络表的步骤如下：

（1）打开要创建网络表的原理图文件。

（2）执行菜单命令 Design→Netlist for project→Protel。

所产生的网络表与原理图文件同名，后缀名为 NET，这里生成的网络表名称即为 MCUexample.NET。图示位于文件工作面板中该项目的 Generated 选项下，文件保存在 Netlist Files 文档夹下，如图 6-3 所示。双击 MCUexample.NET 图标，将显示网络表的详细内容。

2．网络表格式

Protel 网络表的格式由两部分组成：一部分是组件的定义，另一部分是网络的定义。

（1）组件的定义。网络表第一部分是对所使用的组件进行定义，一个典型的组件定义如下：

[：组件定义开始；

C1：组件标志名称；

RAD-0.1：组件的封装；

0.1uF：组件注释；

]：组件定义结束。

每一个组件的定义都以符号“[”开始，以符号“]”结束。第一行是组件的名称，即 Designator 信息；第二行为组件的封装，即 Footprint 信息；第三行为组件的注释。

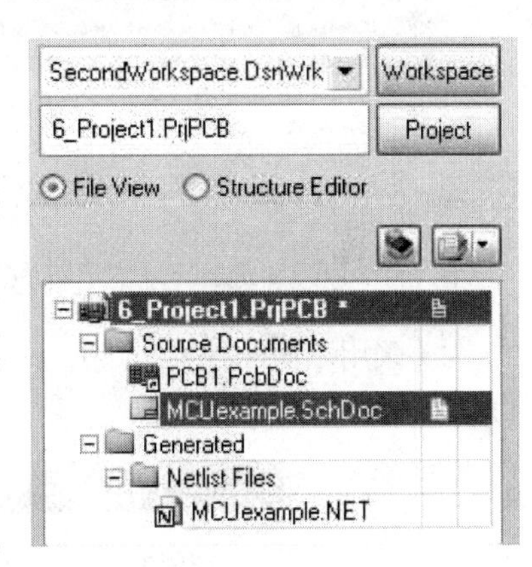

图 6-3　网络表的生成

（2）网络的定义。网络表的后半部分为电路图中所使用的网络定义。每一个网络意义就是对应电路中有电气连接关系的一个点。一个典型的网络定义如下：

（：网络定义开始；

NetQ1_2：网络的名称；

Q1-2：连接到此网络的所有组件的标志和引脚号；

R1-2：连接到此网络的组件标志和引脚号；

）：网络定义结束。

每一个网络定义的部分从符号“（”开始，以符号“）”结束。“（”符号下第一行为网络的名称。以下几行都是连接到该网络点的所有组件的组件标识和引脚号。如 Q1-2 表示三极管 Q1 的第 2 脚连接到网络 NetQ1_2；R1-2 表示还有电阻的第 2 脚也连接到该网络点上。

3．更新 PCB 板

生成网络表后，即可将网络表里的信息导入印制电路板，为电路板的组件布局和布线做准备。Altium Designer 提供了从原理图到 PCB 板自动转换设计的功能，它集成在 ECO 项目设计更改管理器中。新建 PCB 文件 MCU.PcbDoc，启动项目设计更改管理器的方法有两种。

方法 1：在原理图编辑环境下，本例先打开 MCUexample.SchDoc 文件。执行菜单命令 Design→Update PCB Document MCU.PcbDoc，如图 6-4 所示。

方法 2：先进入 PCB 编辑环境下，本例中打开 MCU.PcbDoc 文件，执行菜单命令 Design→Import

Changes From 6_Project1.PrjPCB，如图 6-5 所示。

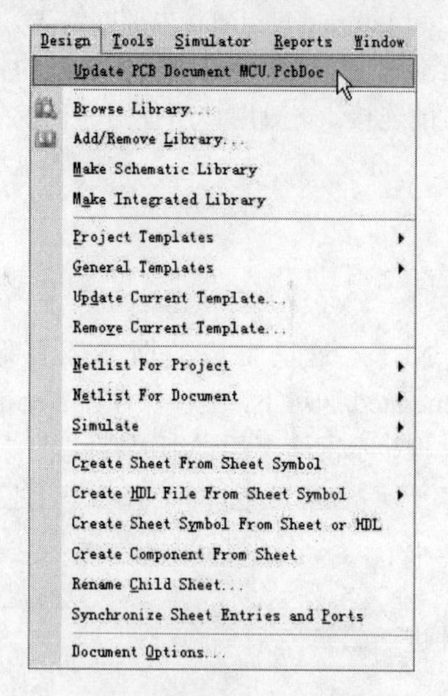

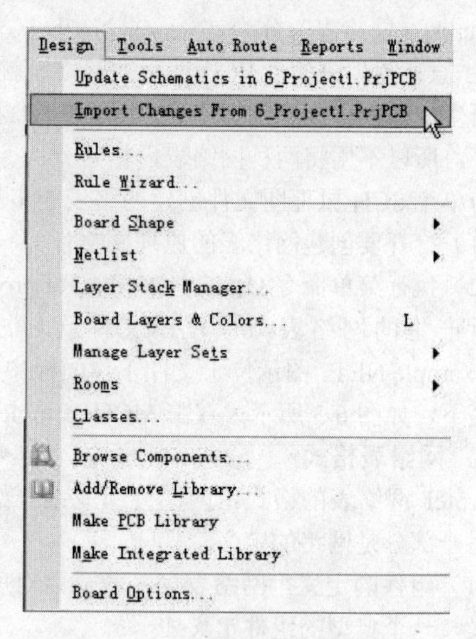

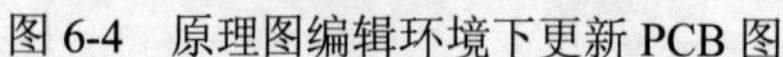

图 6-4　原理图编辑环境下更新 PCB 图　　图 6-5　PCB 编辑环境下更新 PCB 图

（1）采用上面一种方法，执行相应命令后，将弹出 Engineering Change Order（更改命令管理）对话框，如图 6-6 所示。

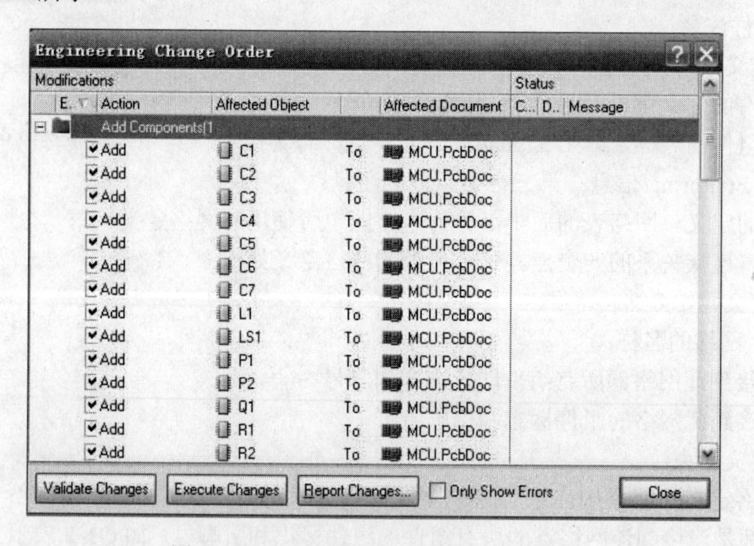

图 6-6　Engineering Change Order 对话框

更改命令管理对话框中显示出当前对电路进行的修改内容，左边为 Modifications（修改）列表，右边是对应修改的 Status（状态）。主要的修改有 Add Component、Add Nets、Add Components Classes 和 Add Rooms 等类。

（2）单击 Validate Changes 按钮，系统将检查所有的更改是否都有效，如果有效，将在右边 Check 栏对应位置打勾，如果有错误，Check 栏中将显示红色错误标识，如图 6-7 所示。

一般的错误都是由于组件封装定义不正确，系统找不到给定的封装，或者设计 PCB 板时没有添加对应的集成库。此时则返回到 SCH 原理图编辑环境中，对有错误的组件进行更改，直到修改完所有的错误即 Check 栏中全为正确内容为止。

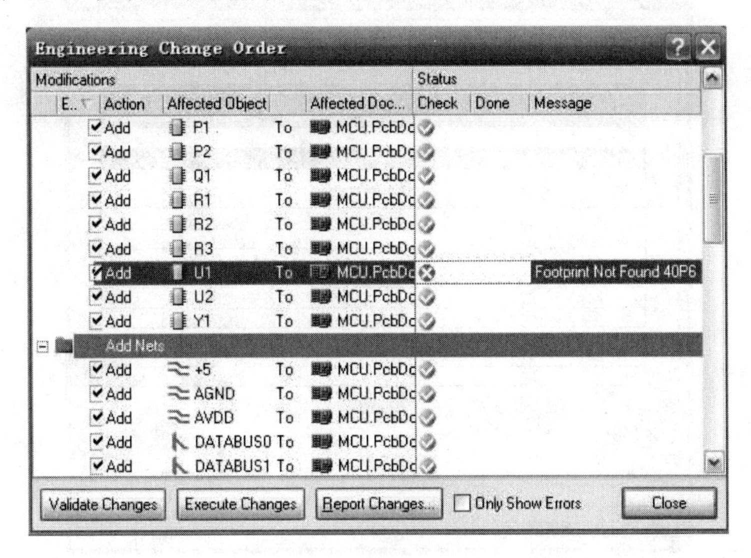

图 6-7　执行检查所有的更改是否都有效

（3）单击 Execute Changes 按钮，系统将执行所有的更改操作，如果执行成功，Status 下的 Done 列表栏将被勾选，执行结果如图 6-8 所示。

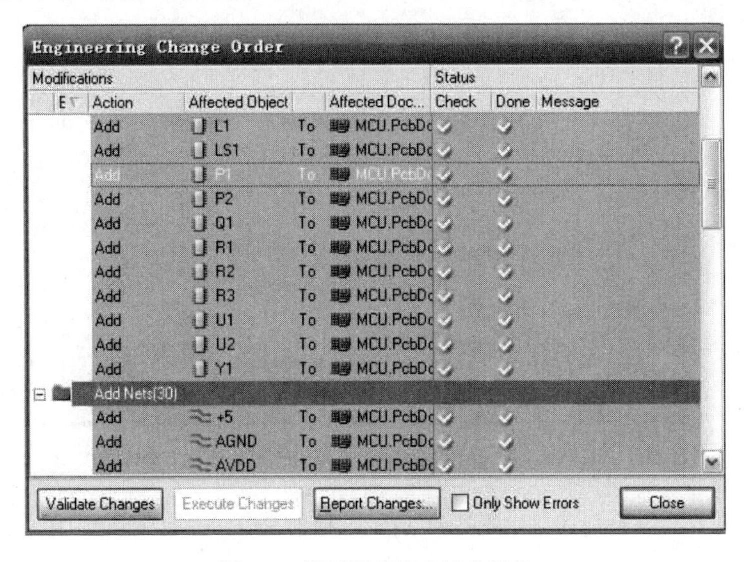

图 6-8　显示所有修改过的结果

（4）在更改命令管理对话框中，单击 Report Changes 按钮，将打开 Report Preview（报告预览）对话框，在该对话框中可以预览所有进行修改过的文档，如图 6-9 所示。

（5）在报告预览对话框中，单击 Export 按钮，将弹出文件保存对话框，如图 6-10 所示。在该对话框中，允许将所有更改过的文档以 Excel 格式保存。

（6）保存输出文件后，系统将返回到更改命令管理对话框，单击 Close 按钮，将关闭该对话框，进入 PCB 编辑接口。此时所有的组件都已经添加到 MCU.PCBDOC 文件中，组件之间的飞线也已经连接。

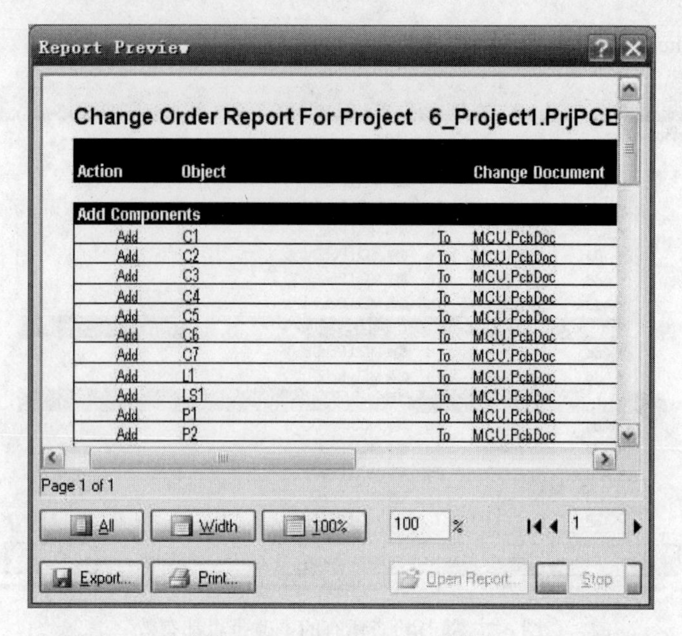

图 6-9 Report Preview 对话框

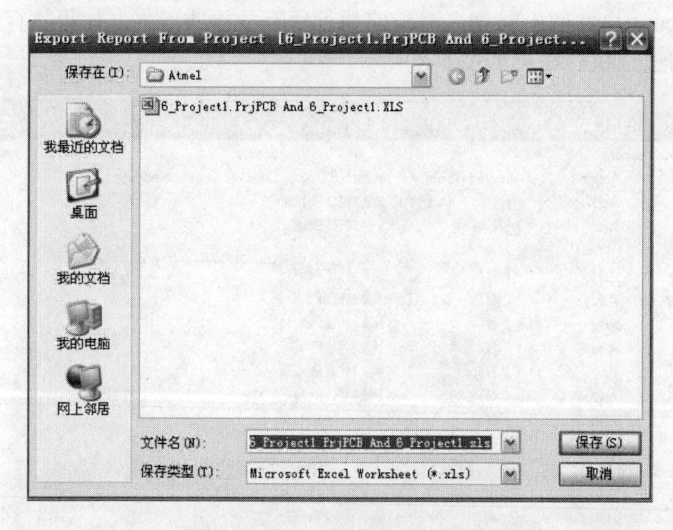

图 6-10 ECO 报告保存对话框

但是所有组件排列并不合理，如图 6-11 所示，超出 PCB 图纸的编辑范围，因此必须对组件进行重新布局。

6.1.3 原理图与 PCB 图的同步更新

如果是第一次进行网络表的导入时，可按 6.1.2 节的操作完成原理图与 PCB 图之间的同步更新。导入网络表后又对原理图或 PCB 图进行了修改，若要快速完成原理图与 PCB 图之间的双向同步更新，可以采用以下步骤实现。

（1）打开 MCU.PcbDoc 文件，使其处于当前工作窗口。

（2）执行菜单命令 Project→Show Differences，如图 6-12 所示，弹出 Choose Documents To Compare（选择比较文档）对话框，如图 6-13 所示，选择需要进行比较的文档，此处选择 MCU.PcbDoc 文件。

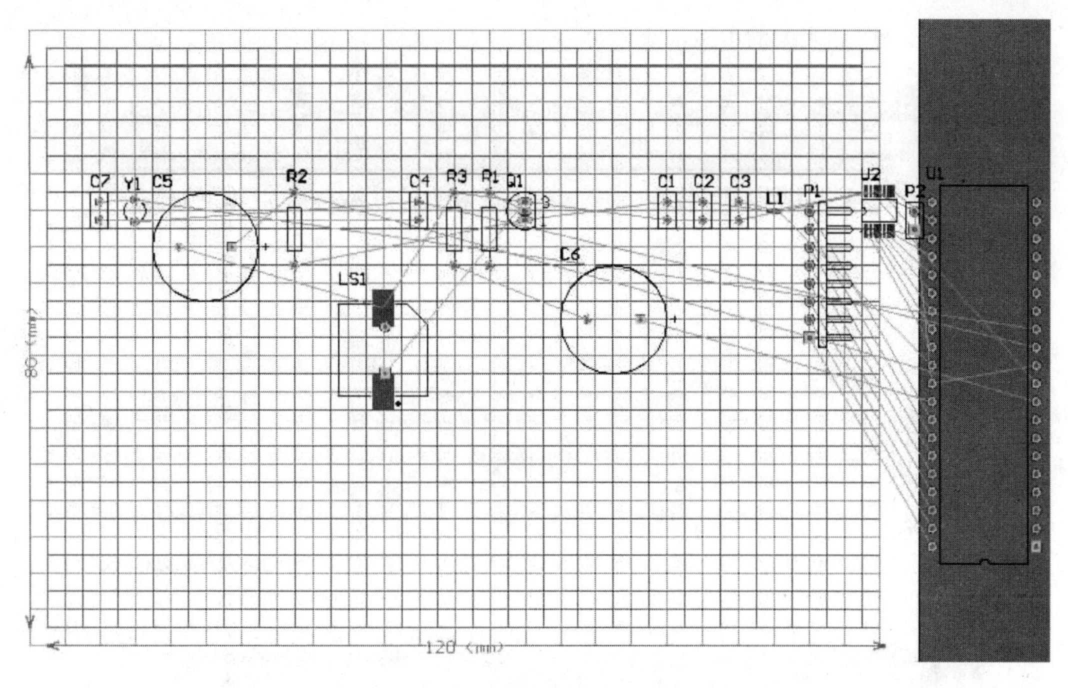

图 6-11　更新后生成的 PCB 图

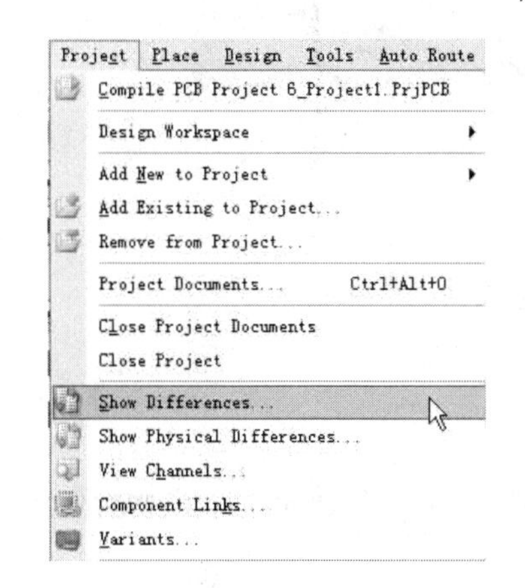

图 6-12　同步更新原理图菜单命令

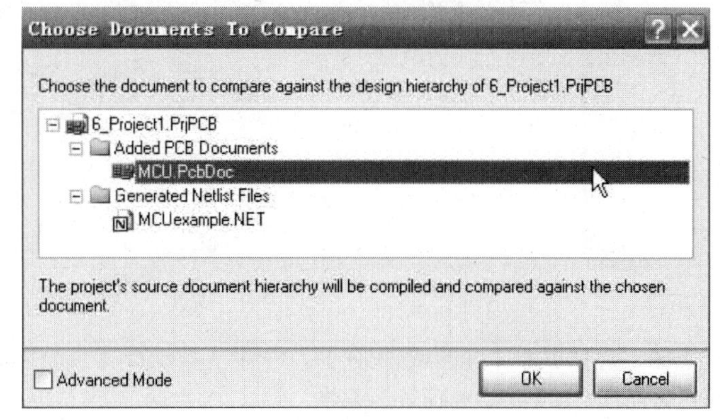

图 6-13　Choose Documents To Compare 对话框

（3）系统将对原理图和 PCB 图的网络报表进行比较，如没有不同，将弹出如图 6-14 所示的对话框。

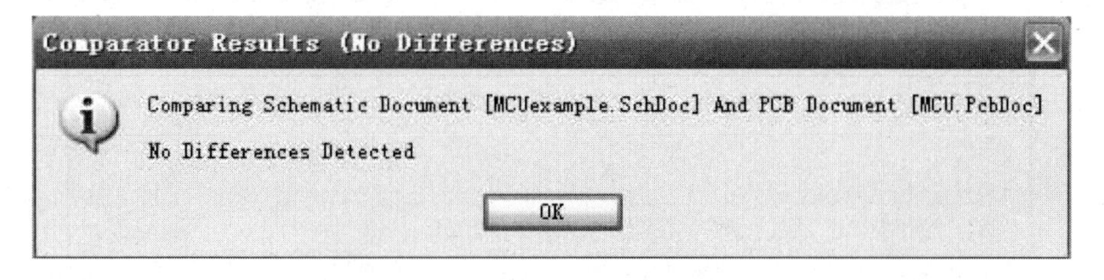

图 6-14　比较结果（无不同）

（4）如存在不同，将进入比较结果信息对话框，如图 6-15 所示。在该对话框中可以查看详细的比较结果，了解二者之间的不同之处。

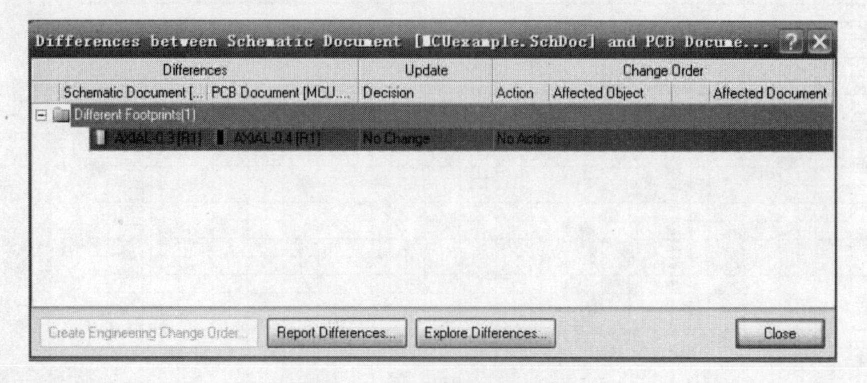

图 6-15　查看比较结果信息

（5）单击某一项信息的 Update 选项，系统将弹出一个小的对话框，如图 6-16 所示。用户可以选择更新原理图或 PCB 图，也可以进行双向同步更新。单击 No Update 按钮或 Cancel 按钮，可以关闭对话框而不进行任何更新操作。

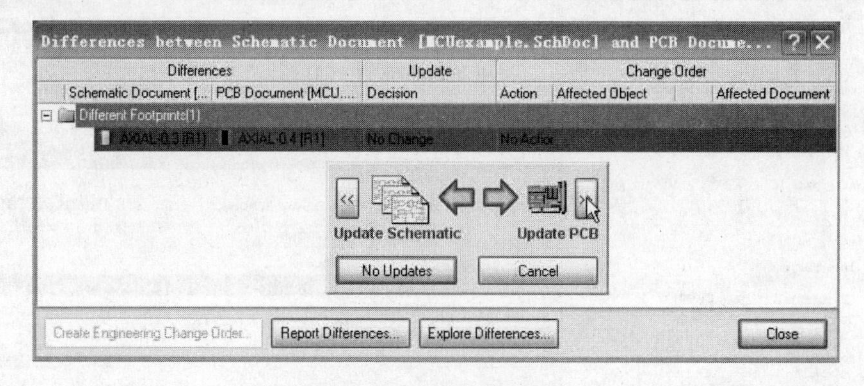

图 6-16　执行同步更新操作

（6）选择更新原理图或 PCB 图，产生更新动作信息，同时，Create Engineering Change Order 按钮被激活，如图 6-17 所示。

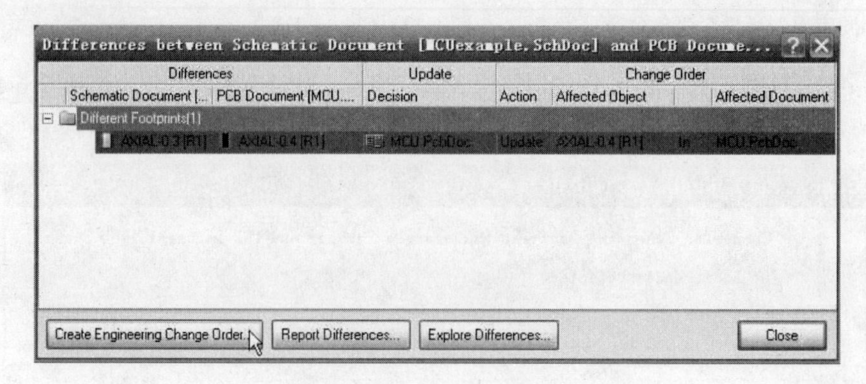

图 6-17　产生更新动作

（7）单击图 6-17Explore Differences 按钮，弹出 Differences 面板，从中可以查看原理图与 PCB

图之间的不同之处，如图 6-18 所示，从图中可以看出电阻 R1 封装已改变。

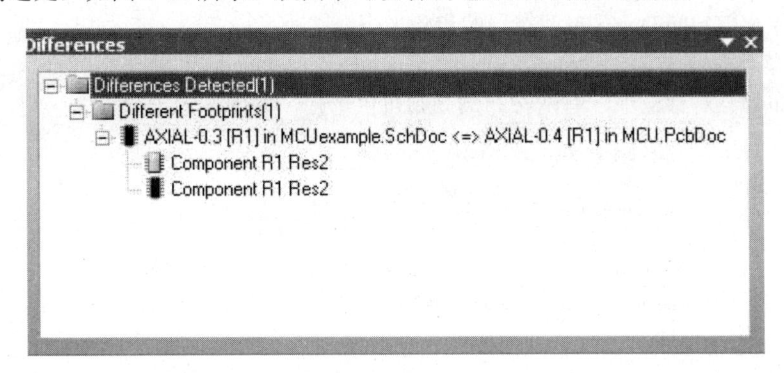

图 6-18　Differences 面板

（8）单击 Create Engineering Change Order 按钮，弹出如图 6-19 所示的 Engineering Change Order 对话框。单击 Execute Changes 按钮完成更新操作。

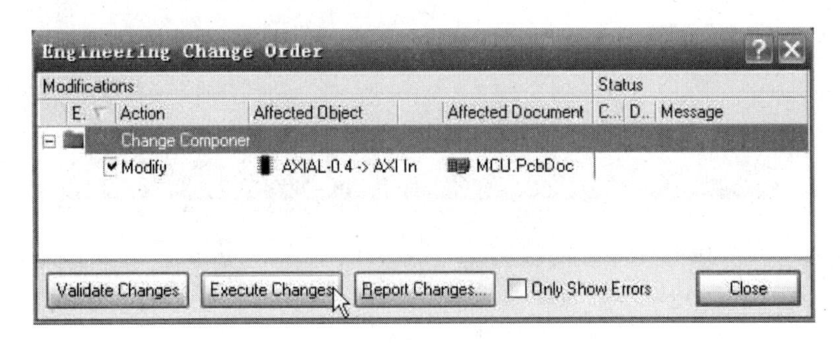

图 6-19　完成同步更新

6.2　元件封装的自动布局

Altium Designer 提供了强大的 PCB 自动布局功能，PCB 根据一套智能的算法可以自动地将元件分开，然后放置到规划好的布局区域内并进行合理的布局。

合理的布局是 PCB 板布线的关键。如果单面板设计组件布局不合理，将无法完成布线操作；如果双面板组件布局不合理，布线时将会放置很多过孔，使电路板导线变得非常复杂。合理的布局要考虑到很多因素，比如电路的抗干扰等，在很大程度上取决于用户的设计经验。

Altium Designer 提供了两种组件布局的方法：一种是自动布局，一种是手动布局。这两种方法各有优劣，用户应根据不同的电路设计需要选择合适的布局方法。自动布局前，首先要设置自动布局参数，合理的布局参数可以使自动布局结果更加完善，相对减少了手工布局调整的工作量，有关布局规则在 5.5.9 节已做介绍。

6.2.1　自动布局操作方法

元件封装的自动布局（Auto Place）适合于元件封装比较多的时候。Altium Designer 提供了强大的自动布局功能，定义合理的布局规则，采用自动布局将大大提高设计电路板的效率。在图 6-11 的基础上，完成元件封装的自动布局。

自动布局的操作方法是在 PCB 编辑环境下完成的，打开前面建立好的已经调入网络表和元件封装 PCB 文件 MCU.PcbDoc，自动布局的步骤如下：

（1）执行菜单命令 Tools→Component Placement→Auto Placer，如图 6-20 所示，在弹出的 Auto Placer（自动布局）对话框中，有两种布局规则可供选择，如图 6-21 所示。

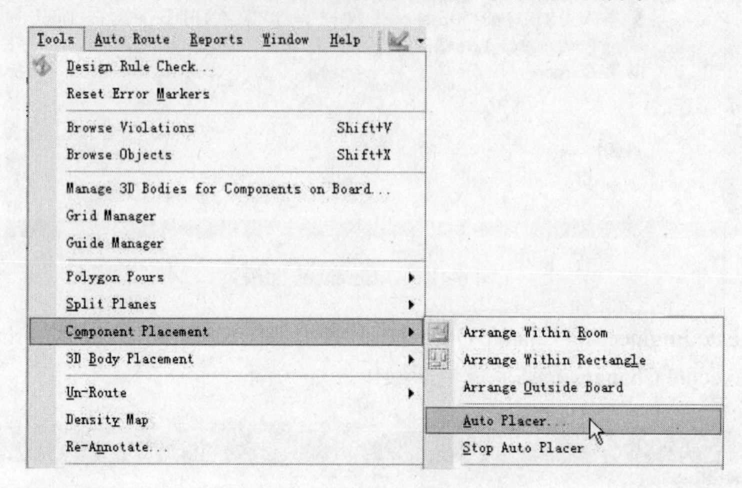

图 6-20　自动布局菜单命令

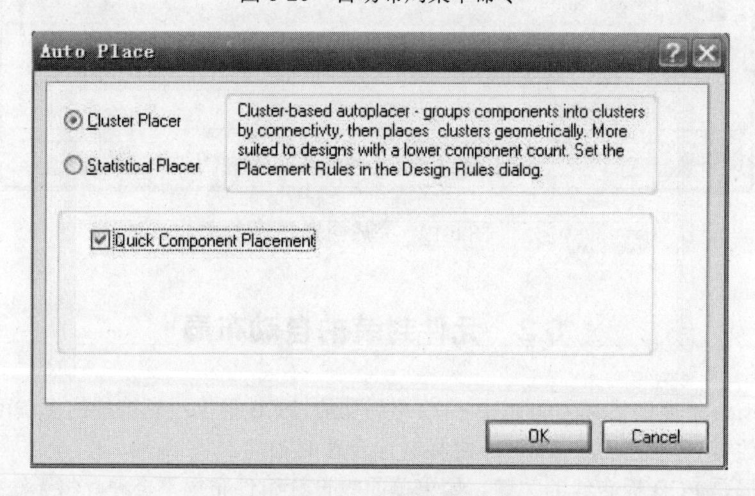

图 6-21　自动布局对话框

（2）选中 Cluster Placer（集群方法布局）选项，系统将根据组件之间的连接性将元件封装划分成一个个的集群（Cluster），并以布局面积最小为标准进行布局。这种布局适合于元件封装数量不太多的情况。选中 Quick Component Placement 复选项，系统将以高速进行布局。

（3）选中 Statistical Placer（统计方法布局）选项，系统将以元件封装之间连接长度最短为标准进行布局。这种布局适合于组件数目比较多的情况（如元件封装数目大于 100）。选择该选项后，对话框中的说明及设置将随之变化，如图 6-22 所示。统计方法布局对话框中的设置及功能如下：

1）Group Components 复选项：用于将当前布局中连接密切的元件封装组成一组，即布局时将这些元件封装作为整体来考虑。

2）Rotate Components 复选项：用于布局时对元件封装进行旋转调整。

3）Automatic PCB Update 复选项：用于在布局中自动更新 PCB 板。

Auto Place

Cluster Placer
Statistical Placer
Statistical-based autoplacer - places to minimize connection lengths. Uses a statistical algorithm, so is best suited to designs with a higher component count (greater than 100).

Group Components　Power Nets
Rotate Components　Ground Nets
Automatic PCB Update　Grid Size 0.127mm

OK　Cancel

图 6-22　统计方法布局对话框

4）Power Nets 文本框：用于定义电源网络名称。

5）Ground Nets 文本框：用于定义接地网络名称。

6）Grid Size 文本框：用于设置格点大小。

如果选择 Statistical Placer 单选项的同时，选中 Automatic PCB Update 复选项，将在布局结束后对 PCB 板进行自动组件布局更新。

（4）所有选项设置完成后，单击 OK 按钮，关闭设置对话框，进入自动布局。布局所花的时间根据组件数量的多少和系统配置高低而定，如图 6-23 为集群方法布局结果。

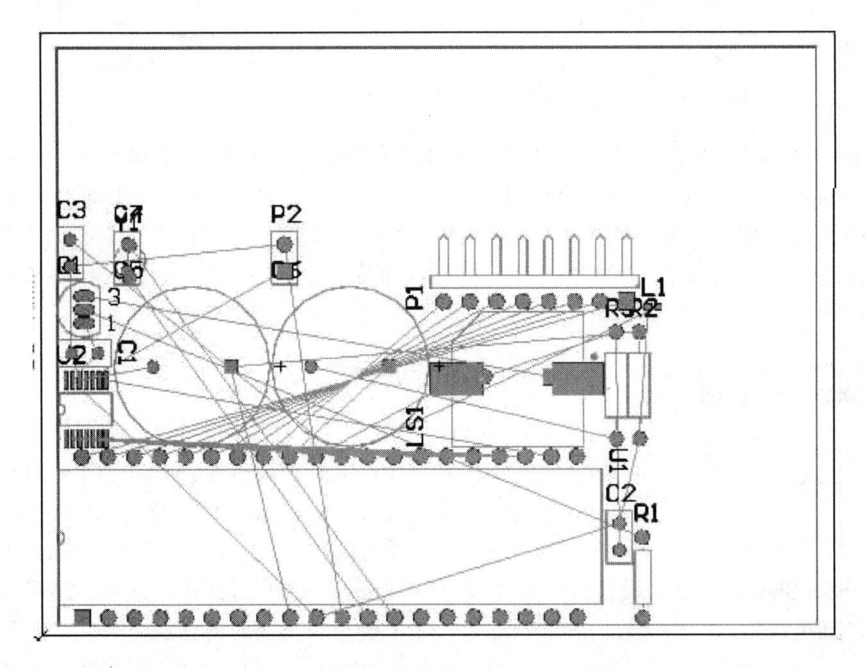

图 6-23　集群方法布局

采用统计方法布局完成后，系统出现布局结束对话框，单击 OK 按钮结束自动布局过程，此时所需元件封装将布置在 PCB 板内部，如图 6-24 所示。

（5）图 6-24 中的布局结果只是将元件封装布置在 PCB 中，但是飞线却没有布置。执行菜单命令 Design→Netlist→Clean All Nets 或者执行 Clean Nets 命令，将清除所有的网络，然后再撤销一次该操作，将在 PCB 图纸上显示飞线连接。

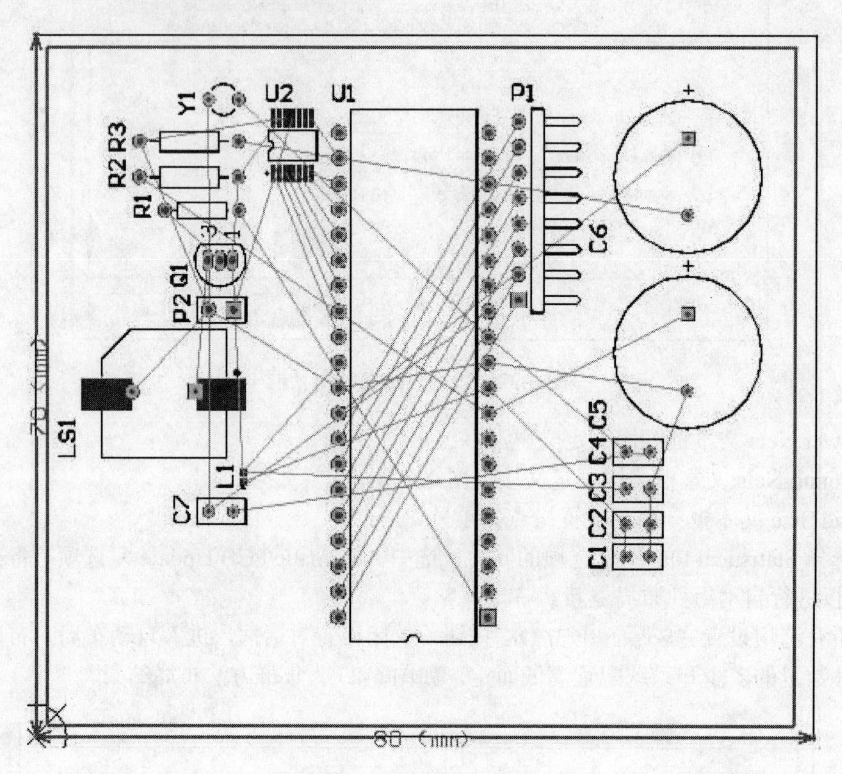

图 6-24　统计方法布局

在布局过程中，如果想中途终止自动布局的过程，可以执行主菜单命令 Tools→Auto Placement→Stop Auto Placer，即可终止自动布局。从图 6-23 和图 6-24 中可以看到，使用 Altium Designer 的元件封装自动布局功能，虽然布局的速度和效率都很高，但是布局的结果并不令人满意。元件封装之间的标志都有重叠的情况，有时布局后组件非常凌乱。因此，很多情况下必须对布局结果进行局部调整，即采用手动布局，按用户的要求进一步进行设计。

6.2.2　推挤式自动布局

在 PCB 设计中定义了元件的间距规则，执行推挤式自动布局后，系统将根据设置的元件间距规则，自动地平行移动违反了间距规则的元件及其连线，增加元件间距到符合元件间距规则为止。

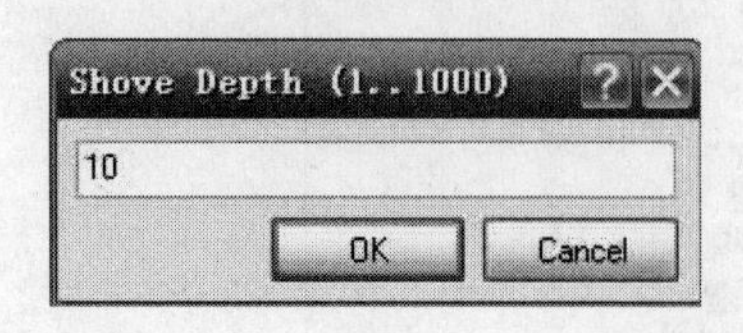

图 6-25　Shove Depth 对话框

（1）设置自动推挤参数，执行菜单命令 Tools→Component Placement→Set Shove Depth（设置推挤深度），打开 Shove Depth 对话框，如图 6-25 所示。推挤深度实际上是推挤次数，推挤次数设置适当即可，太大会使得推挤时间延长。

（2）执行菜单命令 Tools→Component Placement→Shove，光标变成十字形状，在堆叠的元件上单击，在弹出的出口单击任何一个元件，如图 6-26 所示，开始执行推挤，自动推挤布局结果如图 6-27 所示。

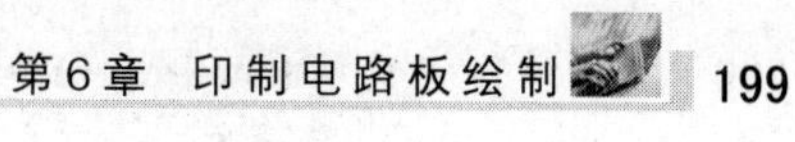

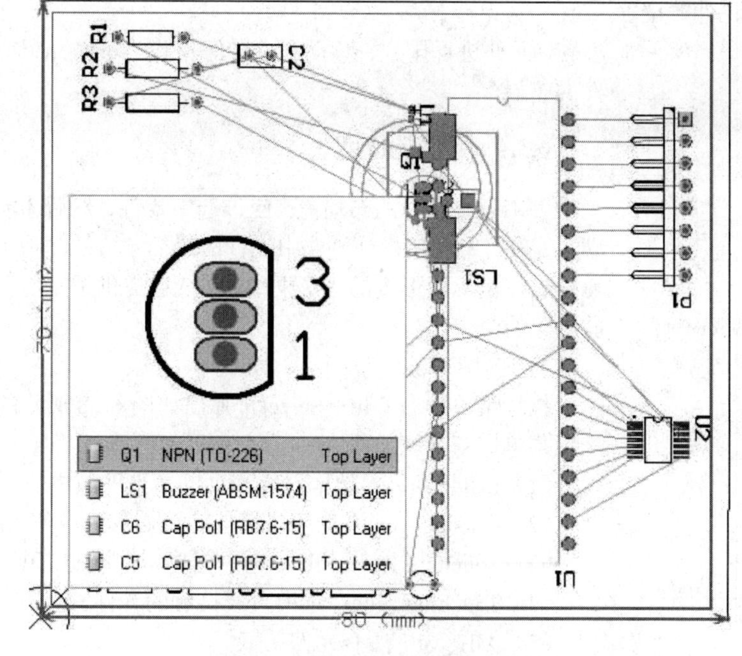

图 6-26 弹出式叠放列表和预览

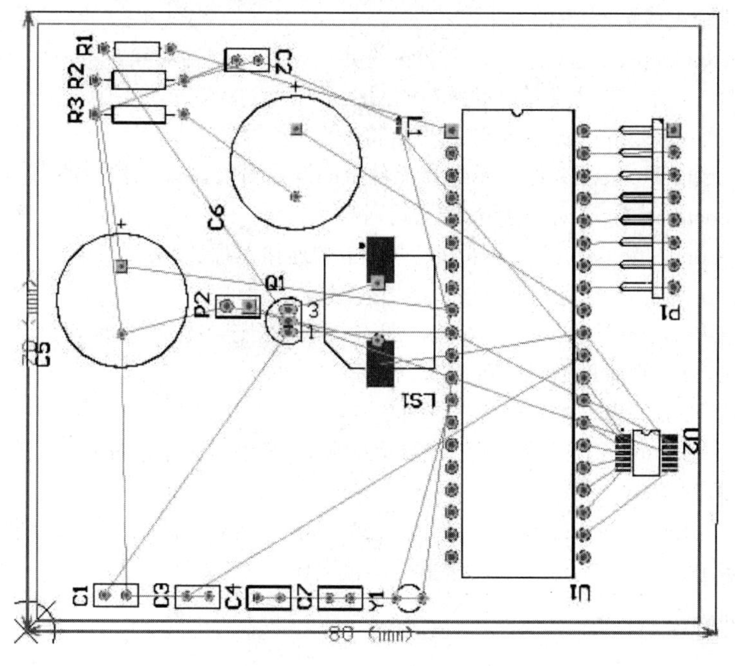

图 6-27 自动推挤布局结果

6.3 手工调整元件封装布局

系统对元件的自动布局一般以寻找最短布线路径为目标，因此元件的自动布局往往不太理想，需要用户手工调整。以图 6-27 为例，元件虽然已经布置好了，但元件的位置还不够整齐，因此必须重新调整某些元件的位置。

进行位置调整，实际上就是对元件进行排列、移动和旋转等操作。下面介绍如何手工调整元件的布局。

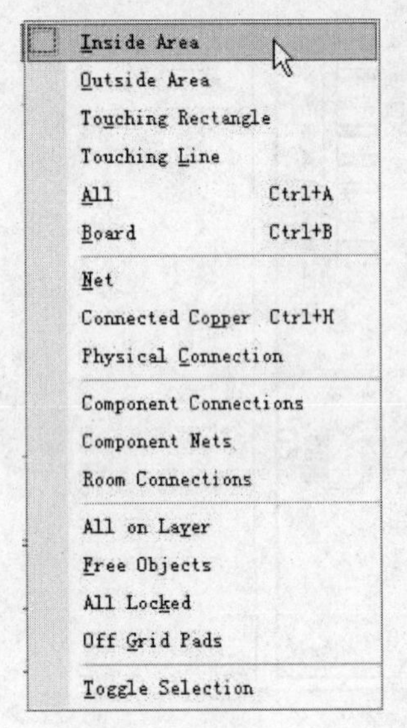

图 6-28　选取对象菜单

6.3.1　元件的选取

手工调整元件的布局前，应该选中元件，然后才能进行元件的移动、旋转、翻转等操作。选中元件的最简单方法是拖动鼠标，直接将元件放在鼠标所形成的矩形框中。系统也提供了专门的选取对象和释放对象的命令。

1．选取对象

执行菜单命令 Edit→Select，弹出如图 6-28 所示的菜单。

菜单命令功能如下：

（1）Inside Area：选中鼠标拖动的矩形区域中的所有元件。

（2）Outside Area：选中鼠标拖动的矩形区域外的所有元件。

（3）Touching Rectangle：选中矩形所接触的范围元件。

（4）Touching Line：选中直线接触的元件。

（5）All：选中所有元件。

（6）Board：选中整块 PCB。

（7）Net：选中组成某网络的元件。

（8）Connected Copper：通过敷铜的对象来选定相应网络中的对象。当执行该命令后，如果选中某条走线或焊盘，则该走线或者焊盘所在的网络对象上的所有元件均被选中。

（9）Physical Connection：表示通过物理连接来选中对象。

（10）Component Connection：表示选择元件上的连接对象，如元件上的引脚。

（11）Component Nets：表示选择元件上的网络。

（12）Room Connections：表示选择电气方块上的连接对象。

（13）All on Layer：选定当前工作层上的所有对象。

（14）Free Objects：选中所有自由对象，即不与电路相连的任何对象。

（15）All Locked：选中所有锁定的对象。

（16）OffGrid Pads：选中图中的所有焊盘。

（17）Toggle Selection：逐个选取对象，最后构成一个由所选中的元件组成的集合。

2．释放选取对象

执行菜单命令 Edit→Deselect，弹出如图 6-29 所示的菜单。释放选取命令的各选项与对应的选择对象命令的功能相反，操作类似，这里就不再赘述。

6.3.2　元件旋转与移动

1．元件旋转

从图 6-26 中可以看出有些元件的排列方向还不一致，这就需要将各元件的排列方向调整为一致，并对元件进行旋转操作。元件旋转的具体操作过程如下：

（1）执行菜单命令 Edit→select→Inside all，然后拖动鼠标选中需要旋转的元件。也可以直接拖动鼠标选中元件对象。

（2）执行菜单命令 Edit→Move→Rotate Selection 命令，系统将弹出如图 6-30 所示的旋转角度设置对话框。

（3）设定了角度后，单击 OK 按钮，系统将提示用户在图纸上选取旋转基准点。当用户在图纸上选定了一个旋转基准点后，选中的元件就实现了旋转。

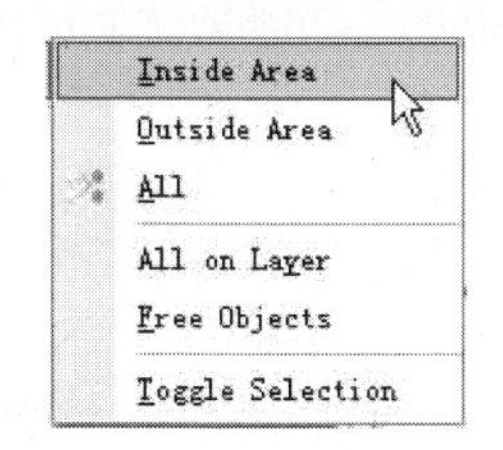

图 6-29　释放选取对象菜单

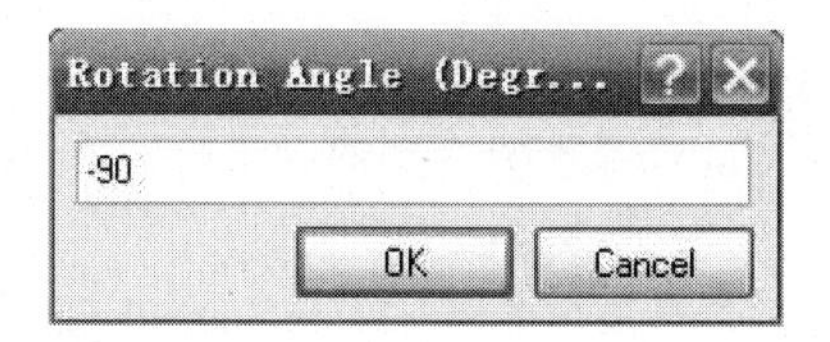

图 6-30　旋转角度设置对话框

2．元件的移动

在 Altium Designer 中，可以使用命令来实现元件的移动，当选择了元件后，执行移动命令就可以实现移动操作。元件移动的命令在菜单 Edit→Move 中，如图 6-31 所示。

Move
Drag
Component
Re-Route
Break Track
Drag Track End
Move / Resize Tracks
Move Selection
Move Selection by X, Y...
Rotate Selection...
Flip Selection
Polygon Vertices
Move Region Vertices

图 6-31　元件移动命令菜单

Move 子菜单中各个移动命令的功能如下：

（1）Move 命令：用于移动元件。当选中元件后，选择该命令，用户就可以拖动鼠标，将元件移动到合适的位置，这种移动方法不够精确，但很方便。当然在使用该命令时，也可以先不选中元件，可以在执行命令后再选择。

（2）Drag 命令：也是一个很有用的命令，启动该命令前，可以不选取元件，也可以选中元件。启动该命令后，光标变成“十”字状。在需要拖动的元件上单击，元件就会跟着光标一起移动，将元件移到合适的位置，再单击即可完成此元件的重新定位。

（3）Component 命令：与上述两个命令的功能类似，也是实现元件的移动，操作方法也与上述命令类似。

（4）Re-Route 命令：用来对移动后的元件重生成布线。

（5）Break Track 命令：用来打断某些导线。

（6）Drag Track End 命令：用来选取导线的端点为基准移动元件对象。

（7）Move/Resize Track 命令：用来移动并改变所选取导线的对象。

（8）Move Selection 命令：用来将选中的多个元件移动到目标位置，该命令必须在选中了元件（可以选中多个）后，才有效。

（9）Rotate Selection 命令：用来旋转选中的对象，执行该命令必须先选中元件。

（10）F1ip Selection 命令：用来将所选的对象翻转 180°，与旋转不同。

在进行手动移动元件期间，按 Ctrl+N 键可以使网络飞线暂时消失，当移动到指定位置后，网络飞线自动恢复。

6.3.3　元件的剪切、复制与删除

1．元件的剪切、复制

当需要复制元件时，可以使用 Altium Designer 提供的复制、剪切和粘贴元件的命令。

（1）复制。执行菜单命令 Edit→Copy，将选取的元件作为副本放入剪切板中。

（2）剪切。执行菜单命令 Edit→Cut，将选取的元件直接移入剪贴板，同时删除电路图上的被选元件。

（3）粘贴。执行菜单命令 Edit→Paste，将剪贴板中的内容作为副本，复制到电路图中。

这些命令也可以在主工具栏中选择执行。另外，系统还提供了功能热键来实现剪切、复制操作。

1）Copy 命令：Ctrl+C 键。

2）Cut 命令：Ctrl+X 键。

3）Paste 命令：Ctrl+V 键。

执行菜单命令 Edit→Paste Special 可以进行选择性粘贴，选择性粘贴是一种特别的粘贴方式，选择性粘贴可以按设定的粘贴方式复制元件，也可以采用阵列方式粘贴元件。

2．一般元件的删除

当图形中的某个元件不需要时，可以对其进行删除。可以使用 Edit 菜单中的两个删除命令删除元件，即 Clear 和 Delete 命令。

Clear 命令的功能是删除已选取的元件。启动 Clear 命令之前需要选取元件，启动 Clear 命令之后，已选取的元件立即被删除。

Delete 命令的功能也是删除元件，只是启动 Delete 命令之前不需要选取元件，启动 Delete 命令后，光标变成“十”字状，将光标移到所要删除的元件上单击，即可删除元件。

3．导线删除

选中导线后，按 Delete 键即可将选中的对象删除。下面为各种导线段的删除方法。

（1）导线段的删除。删除导线段时，可以选中所要删除的导线段（在所要删除的导线段上单击），然后按 Delete 键，即可实现导线段的删除。

另外，还有一个很好用的命令。执行 Edit→Delete 命令，光标变成“十”字状，将光标移到任意一个导线段上，光标上出现小圆点，单击，即可删除该导线段。

（2）两焊盘间导线的删除。执行菜单命令“Edit→select→Physical Connection”，光标变成“十”字状。将光标移到连接两焊盘的任意一个导线段上，光标上出现小圆点，单击，可将两焊盘间所有的导线段选中，然后按 Ctrl+Delete 键，即可将两焊盘间的导线删除。

（3）删除相连接的导线。执行菜单命令 Edit→select→Connected Copper，光标变成“十”字状。将光标移到其中一个导线段上，光标上出现小圆点，单击，可将所有有连接关系的导线选中，然后按 Ctrl+Delete 键，即可删除连接的导线。

（4）删除同一网络的所有导线。执行菜单命令 Edit→Select→Net，光标变成“十”字状。将光标移到网络上的任意一个导线段上，光标上出现小圆点，单击，可将网络上所有导线选中，然后按 Ctrl+Delete 键即可删除网络的所有导线。

6.3.4 元件的排列

可以通过两种方式实现元件排列：①执行菜单命令 Edit→Align，如图 6-32 所示，通过子菜单命令来实现，该子菜单有多个选项。②用户也可以从元件位置调整工具栏选取相应命令来排列元件，如图 6-33 所示。

（1）Align。选取该菜单将弹出对齐元件对话框 Align Objects，如图 6-34 所示，该命令也可以从工具栏上选择按钮来激活。Align Objects 对话框列出了多种对齐的方式，介绍如下：

1）Left：将选取的元件向最左边的元件对齐。

2）Right：将选取的元件向最右边的元件对齐。

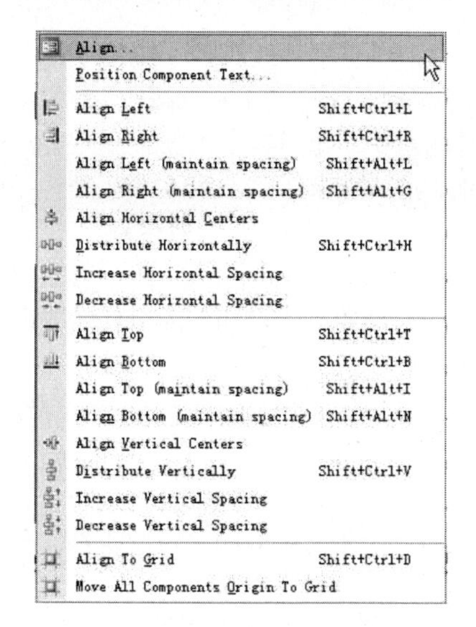

图 6-32 Align 子菜单

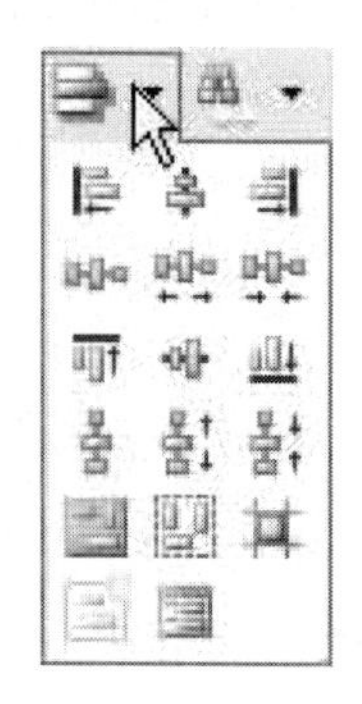
图 6-33 对齐工具栏

3）Center（Horizontal）：将选取的元件按元件的水平中心线对齐。

4）Space equally（Horizontal）：将选取的元件水平平铺，相应的工具栏按钮为 。

5）Top：将选取的元件向最上面的元件对齐。

6）Bottom：将选取的元件向最下面的元件对齐。

7）Center（Vertical）：将选取的元件按元件的垂直中心线对齐。

8）Space equaHy（Vertical）：将选取的元件垂直平铺，相应的工具栏按钮为 。

（2）Position Component Text 执行该命令后，系统弹出如图 6-35 所示的元件文本位置设置对话框，可以在该对话框中设置元件文本的位置，也可以直接手动调整文本位置。

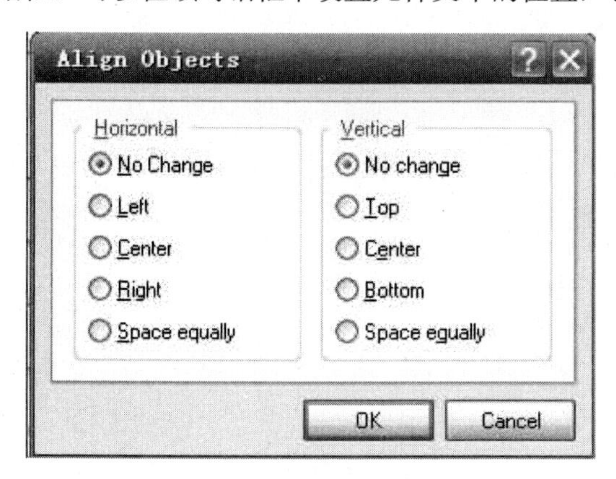

图 6-34 元件对齐对话框

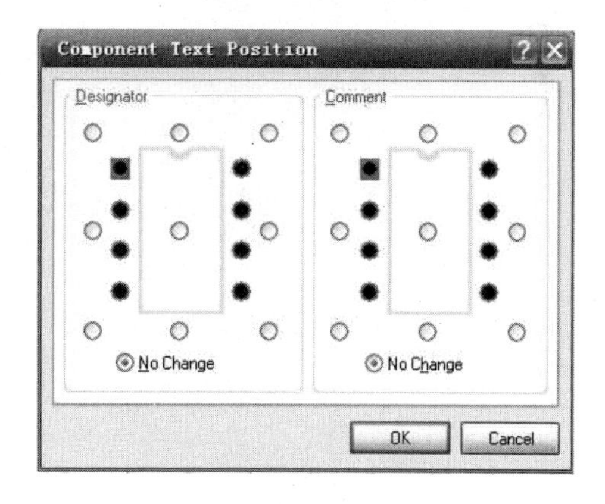

图 6-35 元件文本设置对话框

（3）Align Left。将选取的元件向最左边的元件对齐，相应的工具栏按钮为 。

（4）Align Right。将选取的元件向最右边的元件对齐，相应的工具栏按钮为 。

（5）Align Top。将选取的元件向最顶部的元件对齐，相应的工具栏按钮为 。

（6）Align Bottom。将选取的元件向最底部的元件对齐，相应的工具栏按钮为 。

（7）Align Horizontal Centers。将选取的元件按元件的水平中心线对齐，相应的工具栏按钮为 。

（8）Align Vertical Centers。将选取的元件按元件的垂直中心线对齐，相应的工具栏按钮为。

（9）Distribute Horizontally。将选取的元件水平平铺，相应的工具栏按钮为。

（10）Increase Horizontal Spacing。将选取元件的水平间距增大，相应的工具栏按钮为。

（11）Decrease Horizontal Spacing。将选取元件的水平间距减小，相应的工具栏按钮为。

（12）Distribute Vertically。将选取的元件垂直平铺，相应的工具栏按钮为。

（13）Increase Vertical Spacing。将选取元件的垂直间距增大，相应的工具栏按钮为。

（14）Decrease Vertical Spacing。将选取元件的垂直间距减小，相应的工具栏按钮为。

（15）Align To Grid。将选取的元件对齐到栅格。

（16）Move All Components Origin to Grid。将选取的所有元件的端点对齐到栅格。

6.3.5 调整元件标注

元件的标注虽然不会影响电路的正确性，但是对于一个有经验的电路设计人员来说，电路板面的美观也是很重要的。因此，用户可按如下步骤对元件标注加以调整。

（1）选中标注字符串，然后单击，从快捷菜单中选取 Properties 命令项，系统将会弹出如图 6-36 所示的字符串属性对话框，此时可以设置文字标注属性。

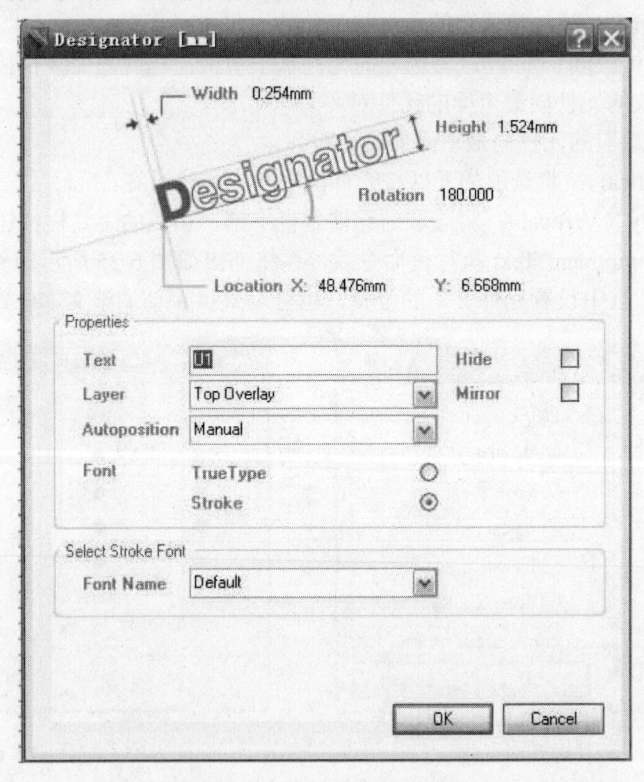

图 6-36　字符串属性对话框

（2）通过该对话框，可以设置文字标注。

6.4 PCB 的自动布线

布线是在 PCB 上用走线将器件引脚、焊盘、过孔连接的过程。对比较复杂的板子，软件可以进行自动布线。自动布线器（Situs）除了圆角的设计规则需另行定义之外，支持所有的电气特性并且依照设计规则布线。Altium Designer 提供先进的交互式布线工具和拓扑自动布线器，利用拓扑逻辑在电路板上计算布线路径，可自动跟踪已存在的连接、推挤和绕开障碍，使得布线得以直观简洁、高效灵活。这些功能都是基于设计规则进行的，布线设计规则可参照 5.4.2 节设置，合理的布线规则加之采用合适的布线策略，都将成为完成成功布线的基础。

6.4.1 设置 PCB 自动布线策略

1．布线策略

由 PCB 编辑窗口执行菜单命令 AutoRoute→Setup，打开 Situs Routing Strategies（布线策略）对话框，如图 6-37 所示，对布线进行设置。

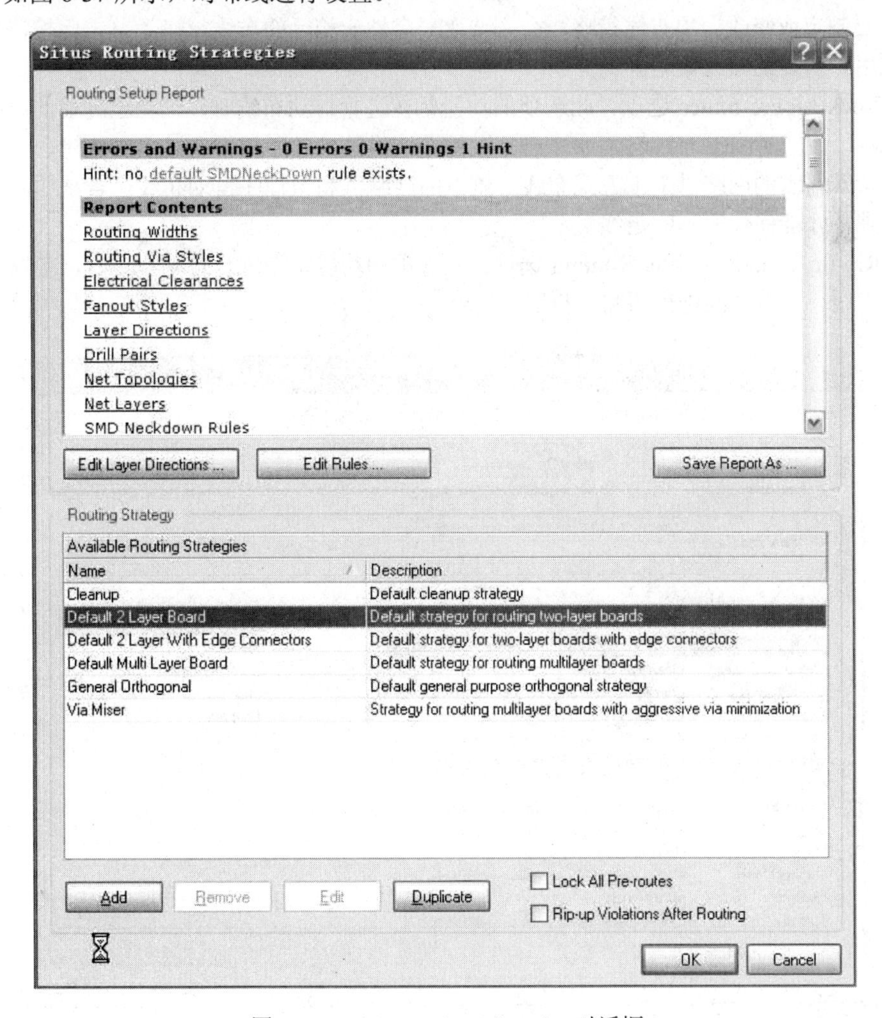

图 6-37 Situs Routing Strategies 对话框

在自动布线设定对话框下面的 Routing Strategy（布线策略）区域里，可进行布线策略的管理，其中的 Available Routing Strategies 区域里，针对不同的布线需求，列出 6 项程序所提供的布线策略，此处选择默认的 Default 2 Layer Board 选项。该区域下面提供的管理按钮与选项说明如下。

（1）Add 按钮。此按钮的功能是新增布线策略，单击此按钮后，屏幕出现如图 6-38 所示的 Situs Strategy Editor 对话框，用户就可在此制定新的布线策略。

（2）Remove 按钮。此按钮的功能是删除布线策略，不过，程序默认的布线策略是不可删，由用户新增的布线策略才能删除。在区域中选取所要删除的布线策略，再单击此按钮，即可删除。

（3）Edit 按钮。此按钮的功能是编辑布线策略，同样地，程序默认的布线策略是不可编辑的，由用户新增的布线策略才能编辑。在区域中选取所要编辑的布线策略，再单击此按钮，即可打开如图 6-38 所示的对话框，用户就可在此编辑该布线策略。

（4）Duplicate 按钮。此按钮的功能是复制布线策略，在区域中选取所要复制的布线策略，再单击此按钮，即可打开如图 6-38 所示的对话框，其中的布线策略内容与原本选取的布线策略相同。通常用户要制定或修改一项布线策略，会先选取一个性质相近的布线策略，单击此按钮后，再把它修改成用户所要的布线策略。

（5）Lock All Pre-routes 选项。此选项的功能是在进行自动布线时，锁住已完成的布线。若不选取此选项，则进行自动布线时，原本已完成的布线将被拆除后重新布线。布线时，通常会将其中重要或特殊需求的网络以手工方式布线，剩下的网络再利用程序自动布线。若是如此，则务必选取此选项，才能保住原本的走线。

（6）Rip-up Violations After Routing 选项。此选项的功能是在进行自动布线时，若发生违反设计规则的走线，则在布线结束后将它拆除。

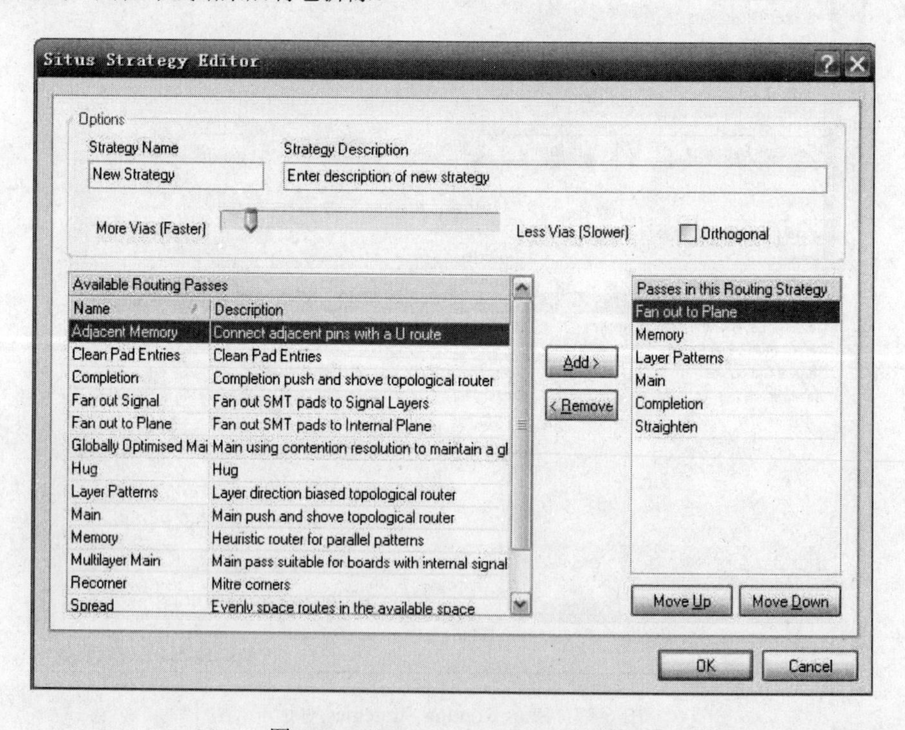

图 6-38　Situs Strategy Editor 对话框

2．布线策略编辑器

Situs 是 Atlium Designer 的重要布线引擎，而其布线策略就是靠 Situs Strategy Editor 对话框来编辑的。如图 6-38 所示，说明如下。

（1）Options 区域。此区域的功能是此布线策略的一般属性，其中各项说明如下：

1）Strategy Name 的功能是设定布线策略的名称（可使用中文）。

2）Strategy Description 的功能是设定布线策略的简介（可使用中文）。

3）滑块的功能是设定布线时的过孔用量，若往左移，则布线时，过孔的用量较多，布线速度较快；若往右移，则布线时，过孔的用量较少，布线速度较慢。

4）Orthogonal 选项的功能是设定采用直角走线的方式。

（2）Available Routing Passes 区域。此区域提供 14 个布线程序（Routing Passes），若要取用哪个布线程序，则选取，再单击 Add 按钮，即可将该布线程序放入右边的 Passes in this Routing Strategy（已通过这个布线策略）区域，成为此布线策略中的一个布线程序。当然，也可从 Passes in this Routing Strategy 区域将布线程序移回此区域，只要在 Passes in this Routing Strategy 区域选取布线程序，再单击 Remove 按钮即可。

（3）Passes in this Routing Strategy 区域。此区域为当前所编辑布线策略中所含的布线程序，执行此布线策略时，将由上而下顺序执行其中每一个布线程序。而布线程序的执行顺序将影响布线的结果，所以，用户可在此调整布线程序的执行顺序，只要选取所要调整的布线程序，再单击下面的 Move Up 按钮，即可将该布线程序上移，若单击 Move Down 按钮可将该布线程序下移。

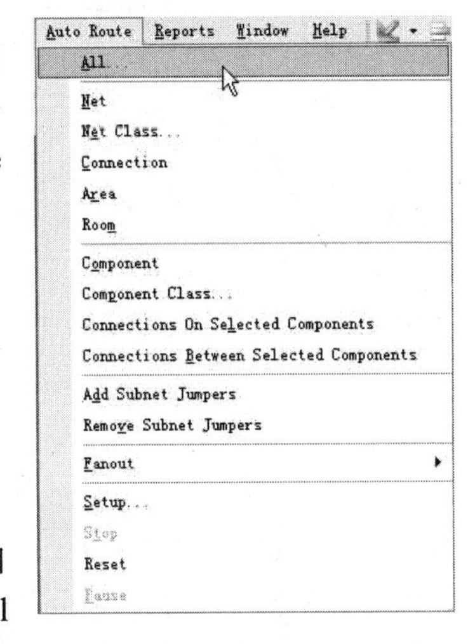

图 6-39 Auto Route 菜单

6.4.2 PCB 自动布线命令

Altium Designer 将自动布线命令集中在 Auto Route 菜单里，如图 6-39 所示其他各命令说明如下。

1. All 命令

此命令的功能是进行整块电路板的自动布线，启动此命令后，屏幕出现如图 6-40 所示的对话框。基本上此对话框与图 6-37 的自动布线设定对话框一样，只是在此对话框里，多出一个 Route All 按钮。用户可按 6.4.1 节所介绍的方法，定义布线策略，或直接选用 Routing Strategy 区域里的布线策略，再单击 Route All 按钮，程序即进行自动布线，同时，屏幕上将出现 Messages 窗口，其中显示并记录每个布线过程，如图 6-41 所示。

2. Net 命令

此命令的功能是进行指定网络的自动布线，启动此命令后，即进入网络自动布线状态。在所要布线的网络处，通常是焊盘，单击，屏幕出现如图 6-42 所示的菜单对话框，选取其中的焊盘，即可进行该焊盘上的网络自动布线。完成该网络自动布线后，其布线过程将记录在 Messages 窗口里；完成后，仍在网络自动布线状态，用户可指定其他网络，或右击，结束网络自动布线状态。

3. Net Class 命令

此命令的功能是进行网络分类的自动布线，启动此命令后，屏幕出现如图 6-43 所示的对话框。可在此对话框里，找到所要布线的网络分类，再单击 OK 按钮关闭对话框，程序即进行该网络分类的自动布线。完成该网络分类的自动布线后，将跳回网络分类自动布线对话框，用户可继续指定所要布线的网络分类，或单击 Cancel 按钮结束网络分类自动布线。

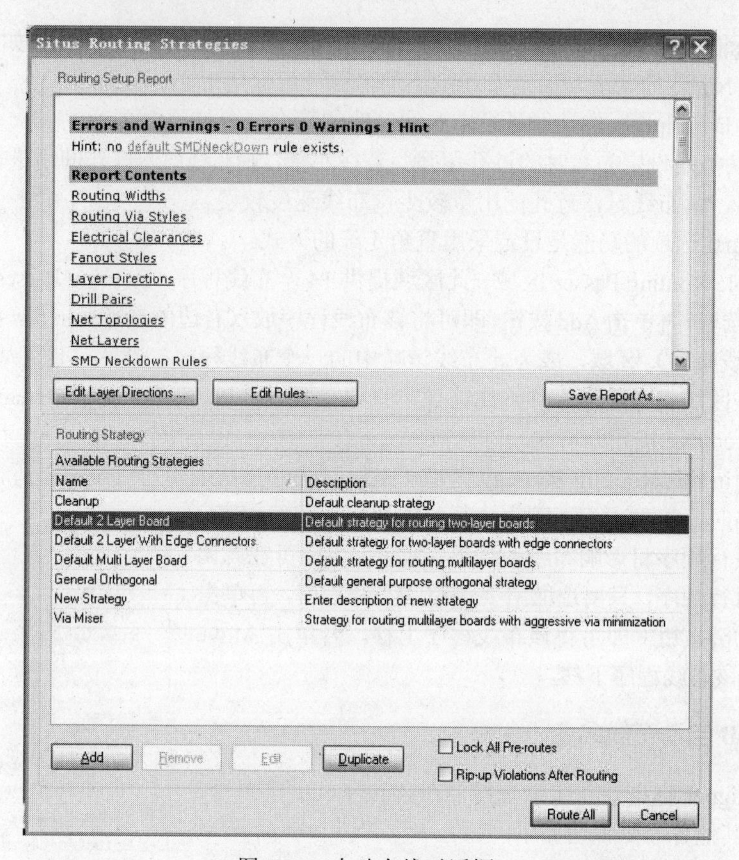

图 6-40　自动布线对话框

Messages

Class	Document	Source	Message	Time	Date	N...
Sit...	MCU1.Pcb...	Situs	Starting Memory	上午 11...	2013-11...	5
Sit...	MCU1.Pcb...	Situs	Completed Memory in 0 Seconds	上午 11...	2013-11...	6
Sit...	MCU1.Pcb...	Situs	Starting Layer Patterns	上午 11...	2013-11...	7
Ro...	MCU1.Pcb...	Situs	Calculating Board Density	上午 11...	2013-11...	8
Sit...	MCU1.Pcb...	Situs	Completed Layer Patterns in 0 Seconds	上午 11...	2013-11...	9
Sit...	MCU1.Pcb...	Situs	Starting Main	上午 11...	2013-11...	10
Ro...	MCU1.Pcb...	Situs	45 of 48 connections routed (93.75%) in 3 S...	上午 11...	2013-11...	11
Sit...	MCU1.Pcb...	Situs	Completed Main in 2 Seconds	上午 11...	2013-11...	12
Sit...	MCU1.Pcb...	Situs	Starting Completion	上午 11...	2013-11...	13
Ro...	MCU1.Pcb...	Situs	45 of 48 connections routed (93.75%) in 5 S...	上午 11...	2013-11...	14

图 6-41　自动布线过程信息

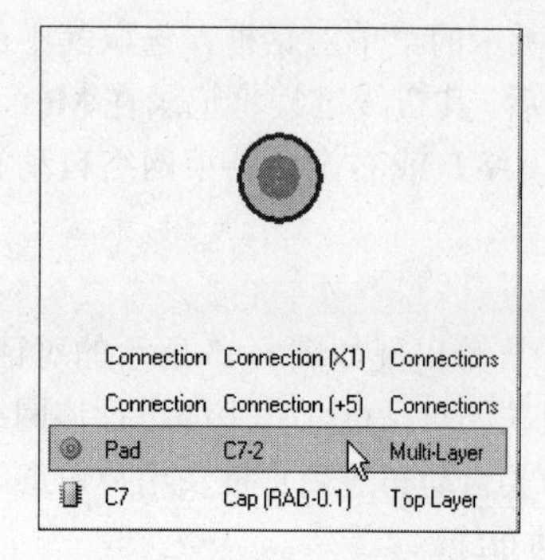

图 6-42　重叠组件菜单

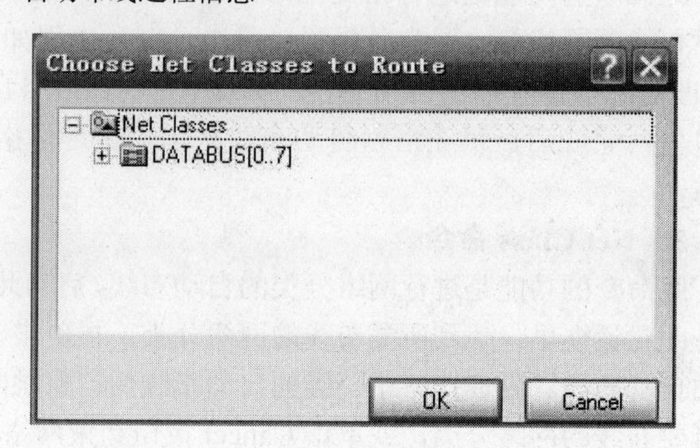

图 6-43　网络分类自动布线对话框

4．Connection 命令

此命令的功能是进行指定点对点的自动布线，与指定网络的自动布线类似，不过，网络的自动布线是对整条网络布线，而点对点的自动布线是为指定的焊盘与另一个焊盘之间的自动布线。启动此命令后，即进入点对点自动布线状态。找到所要布线的焊盘，单击，即可进行该焊盘上的自动布线。完成该点的自动布线后，其布线过程将记录在 Messages 窗口里；完成后，仍在点对点自动布线状态，用户可指定其他焊盘，或右击，结束点对点自动布线状态。

5．Area 命令

此命令的功能是进行指定区域的自动布线，也就是完全在区域内的连接线才会被布线。启动此命令后，即进入区域自动布线状态，找到所要布线区域的一角，单击，移动鼠标即可展开一个区域。当区域大小适当后，再单击，程序即进行区域内的自动布线，而布线过程与结果将显示并记录在 Messages 窗口里。完成后，仍在区域自动布线状态，用户可指定其他区域，或单击右键，结束区域布线命令。

6．Room 命令

此命令的功能是进行元件布置区间内的自动布线。启动此命令后，即进入元件布置区间自动布线状态，找到所要布线的元件布置区间，单击，程序即进行该元件布置区间内的自动布线，而布线过程与结果将显示并记录在 Messages 窗口里。完成后，仍在元件布置区间自动布线状态，用户可找到其他元件布置区间，或右击，结束元件布置区间自动布线状态。

7．Component 命令

此命令的功能是进行指定元件的自动布线，凡与该元件连接的网络，将被布线。启动此命令后，即进入元件自动布线状态，找到所要布线的元件，单击，程序即进行该元件自动布线，而布线过程与结果将显示并记录在Messages窗口里。完成后，仍在元件自动布线状态，用户可指定其他元件，或右击，结束元件自动布线状态。

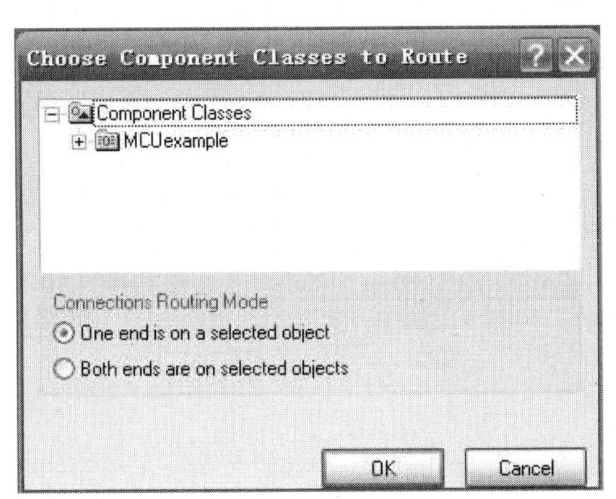

图 6-44　元件类自动布线对话框

8．Component Class 命令

此命令的功能是进行指定元件类的自动布线，凡与该元件类连接的网络，将被布线。启动此命令后，屏幕出现如图 6-44 所示的对话框。可在此对话框里，在所要布线的元件类处，再单击 OK 按钮关闭对话框，程序即进行该元件类的自动布线。完成该元件类的自动布线后，将跳回元件类自动布线对话框，用户可继续指定所要布线的元件类，或单击 Cancel 按钮结束元件类自动布线。

9．Connections On Selected Components 命令

此命令的功能是进行选取元件的自动布线，首先选取所要布线的元件，再启动此命令，程序即进行该元件的自动布线，而布线过程与结果将显示并记录在 Messages 窗口里。完成后，即结束选取元件自动布线状态。

10．Connections Between Selected Components 命令

此命令的功能是进行指定选取元件之间的自动布线。首先选取多个元件，再启动此命令，程序将进行这些元件之间的自动布线，而布线过程与结果将显示并记录在 Messages 窗口里。完成后，即结束选取元件之间的自动布线状态。

11．Add Subnet Jutnpers 命令

此命令的功能是进行自动补跳线，如图 6-45 所示，对于小段未连接的网络，可使用此命令自动补跳线。启动此命令后，在随即出现的对话框里，指定所要补跳线的长度范围，再单击 Run 按钮即可进行自动补跳线。

12．Remove Subnet Jumpers 命令

此命令的功能是将删除补跳线，与 Add Subnet Jumpers 命令相反。启动此命令后，即可删除补跳线。

13．Fanout 命令

此命令的功能是进行 SMD 元件的扇出式布线，启动此命令后，即可拉出扇出式布线功能菜单，如图 6-46 所示。

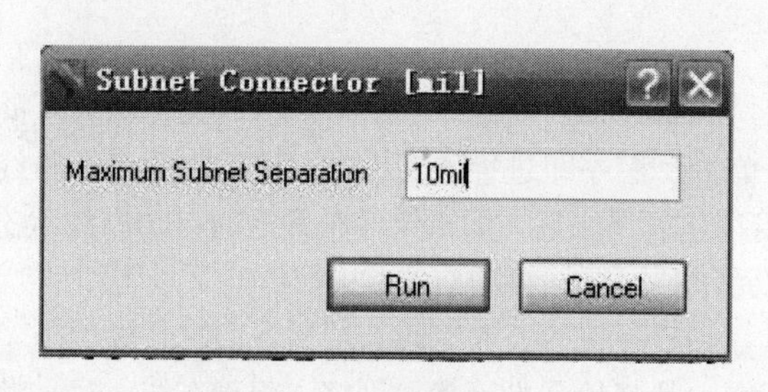

图 6-45　补跳线

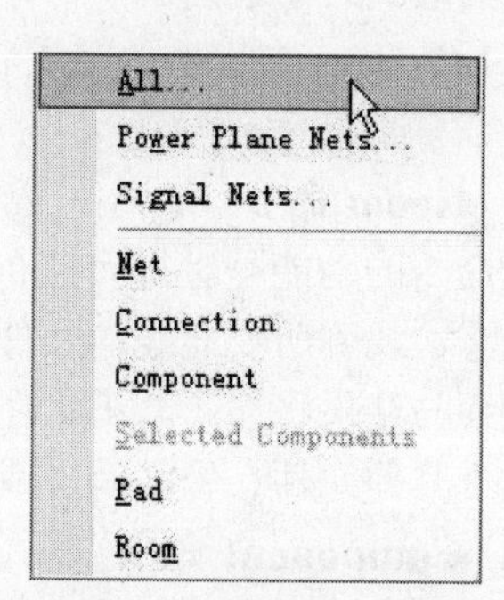

图 6-46　扇出式布线菜单

14．Setup 命令

此命令的功能是设定自动布线，详见 6.4.1 节。

15．Stop 命令

此命令的功能是停止进行中的自动布线。

16．Reset 命令

此命令的功能是重新进行整块电路板的自动布线。就像 All 命令一样，启动此命令后，屏幕出现如图 6-40 所示的对话框，重新定义布线策略或直接选用 Routing Strategy 区域里的布线策略，再单击 Route All 按钮，程序即进行自动布线，同时，屏幕上将出现 Messages 窗口，显示并记录每个布线过程。

17．Pause 命令

此命令的功能是暂停自动布线。启动此命令后，即暂停自动布线，而此命令也会变成 Resume 命令，如要继续布线，只需启动 Resume 命令即可。

6.4.3　扇出式布线

扇出式（Fanout）布线是针 SMD 元件的引出布线，当要进行扇出式布线时，执行菜单命令 Auto Route Fanout，即可弹出如图 6-46 所示的命令菜单，其中各命令说明如下。在进行扇出式布线前，可先参照 5.5.2 节中内容设置过孔类型。

1．All 命令

此命令的功能是对所有 SMD 元件进行扇出式布线，如图 6-47 和图 6-48 所示为扇出式布线前后的比较。启动此命令后，屏幕出现如图 6-49 所示的对话框，其中包括 5 个选项，说明如下：

（1）Fanout Pads Without Nets 选项：设定进行扇出式布线时，不管焊盘上有无网络，都要进行扇出式布线。

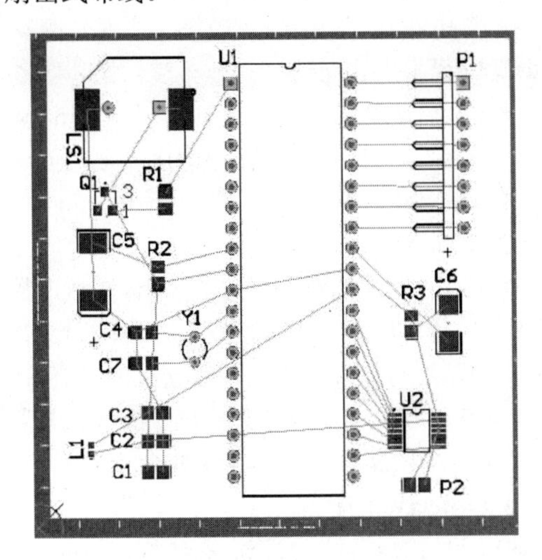

图 6-47　扇出前

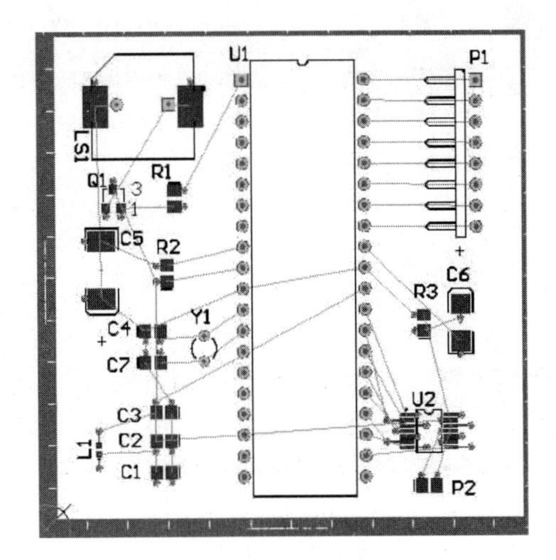

图 6-48　扇出后

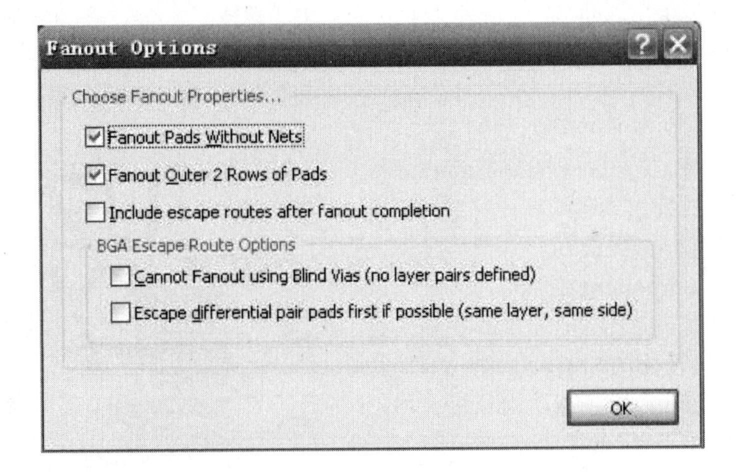

图 6-49　扇出式布线设置对话框

（2）Fanout Outer 2 Rows of Pads 选项：设定两列引出线。

（3）Include escape routes after fanout completion 选项：设定在完成扇出式布线后，并进行脱离布线（escape route）。

（4）Cannot Fanout using Blind Vias（no layer pairs defined）选项：在没有多层定义的情况下，若不能扇出就采用埋孔。

（5）Escape differential pair pads first if possible（same layer，same side）选项：如果可能就脱离不同对焊盘。

2．Power Plane Nets 命令

此命令的功能是针对连接到电源层的 SMD 焊盘进行扇出式布线，如图 6-50 所示为其结果范例。启动此命令后，屏幕出现如图 6-49 所示的对话框，单击 OK 按钮后程序即进行连接到电源层的扇出式布线，图中 U2 与电源层有连接关系。

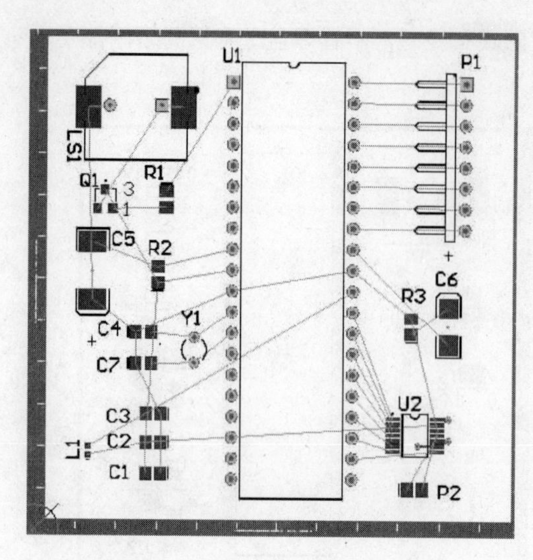

图 6-50　连接到电源层的扇出式布线

3．Signal Nets 命令

此命令的功能是针对非连接到电源层的SMD焊盘进行扇出式布线，也就是连接一般信号网络的SMD焊盘进行扇出式布线，此处布线结果与图6-48的结果一致。启动此命令后，屏幕出现如图6-49所示的对话框，单击OK按钮后程序即进行连接到一般信号网络的扇出式布线。

4．Net 命令

此命令的功能是针对所指定与SMD焊盘连接的网络，进行扇出式布线。启动此命令后，在所要SMD焊盘处，单击，则与该焊盘上的网络连接的所有SMD焊盘，立即进行扇出式布线。完成扇出式布线后，可继续指定下一个网络，或右击结束此命令。

5．Connection 命令

此命令的功能是针对所指定连接预拉线的SMD焊盘进行扇出式布线。启动此命令后，在预拉线处单击，则该预拉线所连接的SMD焊盘立即进行扇出式布线。完成扇出式布线后，可继续指定下一个预拉线。

6．Component 命令

此命令的功能是针对指定的SMD元件进行扇出式布线，如图6-51所示为其结果范例。启动此命令后，屏幕出现如图6-49所示的对话框，再找到所要操作的元件，单击，程序即进行该元件的扇出式布线。完成扇出式布线后，可继续指定下一个元件，或右击结束此命令。

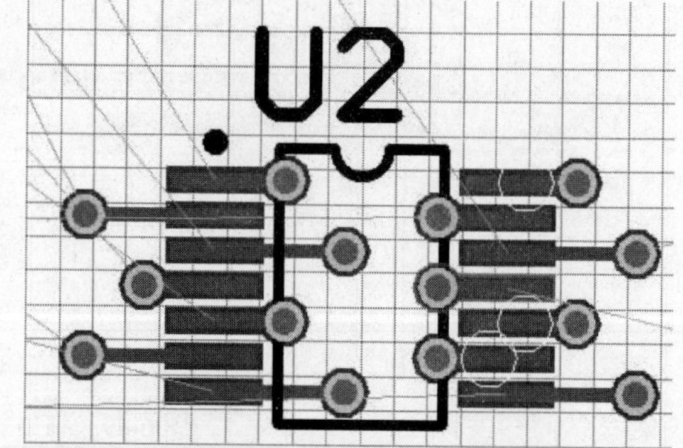

图 6-51　元件的扇出式布线

7．Selected Component 命令

此命令的功能是进行指定选取元件的扇出式布线。首先选取所要操作的SMD元件，再启动此命令，屏幕出现如图6-49所示的对话框，单击OK按钮后程序即进行该元件的扇出式布线。

8．Pad 命令

此命令的功能是针对指定的SMD焊盘进行扇出式布线。启动此命令后，屏幕出现如图6-49所示的对话框，单击OK按钮后，再找到所要操作的焊盘单击，程序即进行该焊盘的扇出式布线。

9．Room 命令

此命令的功能是针对指定元件布置区间内的SMD焊盘进行扇出式布线。启动此命令后，屏幕出现如图6-49所示的对话框，单击OK按钮后，再找到所要操作的元件布置区间单击，程序即进行该元件布置区间内的扇出式布线。完成扇出式布线后，可继续指定下一个元件布置区间，或右击结束此命令。

6.5　PCB 手动布线

交互式布线并不是简单地放置线路使得焊盘连接起来。自动布线虽然能够快速地实现焊盘之间的连接，但对于一些特殊的连接，如对走线的长度、宽度及走线线路等有特殊要求的连接，需要手动布线来完成。当开始进行交互式布线时，PCB 编辑器不单是给用户放置线路，它还能实现以下功能：

（1）应用所有适当的设计规则检测光标位置和单击动作。

（2）跟踪光标路径，放置线路时尽量减小用户操作的次数。

（3）每完成一条布线后检测连接的连贯性和更新连接线。

（4）支持布线过程中使用快捷键。

6.5.1　放置走线

Altium Designer 支持全功能的交互式布线，交互式布线工具可以通过以下 3 种方式调出。

方法 1：执行菜单命令 Place→Interactive Routing。

方法 2：在 PCB 标准工具栏中单击按钮。

方法 3：在 PCB 绘图区单击鼠标右键，在右键菜单中单击 Interactive Routing 命令（快捷键 P+T）。

（1）采用上面的一种方法进入走线状态，当进入交互式布线模式后，光标便会变成十字准线，单击某个焊盘开始布线。当单击线路的起点时，就在状态栏上或悬浮显示（如果开启此功能）当前的模式。此时向所需放置线路的位置单击或按 Enter 键放置线路。把光标的移动轨迹作为线路的引导，布线器能在最少的操作动作下完成所需的线路，如图 6-52 所示。

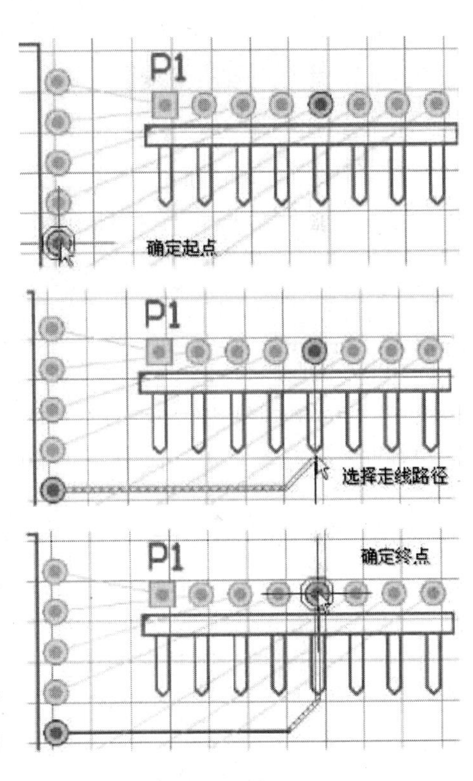

图 6-52　走线过程

（2）光标引导线路使得需要手工绕开阻隔的操作更加快捷、容易和直观。也就是说，只要用户用鼠标创建一条线路路径，布线器就会试图根据该路径完成布线，这个过程是在遵循设定的设计规则和不同的约束及走线拐角类型下完成的。

（3）在布线的过程中，在需要放置线路的地方单击，然后继续布线，这使得软件能精确根据用户所选择的路径放置线路。如果在离起始点较远的地方单击放置线路，部分线路路径将和用户期望的有所差别。

（4）在没有障碍的位置布线，布线器一般会使用最短长度的布线方式，如果在这些位置，用户要求精确控制线路，只得在需要放置线路的位置单击。

（5）如图 6-53 所示，图中指示了光标路径，光标所示的位置为需要单击的位置，该图说明了用很少的操作便可完成大部分较复杂的布线。

（6）若需要对已放置的线路进行撤销操作，可以依照原线路的路径逆序再放置线路，这样原已放置的线路就会撤销。必须确保逆序放置的线路与原线路的路径重合，使得软件可以识别出要进行线路撤销操作而不是放置新的线路。撤销刚放置的线路同样可以使用 Backspace 键完成。当已放置线路并右击退出本条线路的布线操作后，将不能再进行撤销操作。

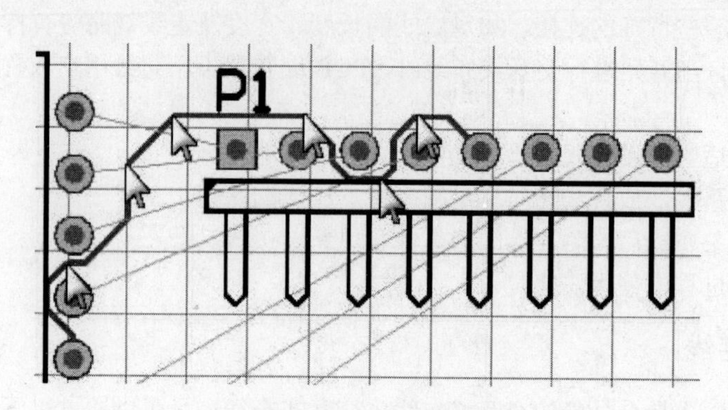

图 6-53　光标引导布线路径

6.5.2　走线过程的快捷键

在布线过程中，为提高布线的效率，可结合软件提供的一些快捷键操作来完成走线。以下的快捷键可以在布线时使用。

（1）Enter 键及单击，在光标当前位置放置线路。

（2）Esc 键退出当前布线，在此之前放置的线路仍然保留。

（3）Backspace 键撤销上一步放置的线路。若在上一步布线操作中其他对象被推开到别的位置以避让新的线路，它们将会恢复原来的位置。本功能在使用 Auto-Complete 时无效。

在交互式布线过程中，有不同的拐角类型，如图 6-54 所示。当在 Preferences 对话框里的 PCB Editor 中，Interactive Routing 下的 Restrict to 90/45 模式的复选框不被勾选，圆形拐角和任意角度拐角就可用。

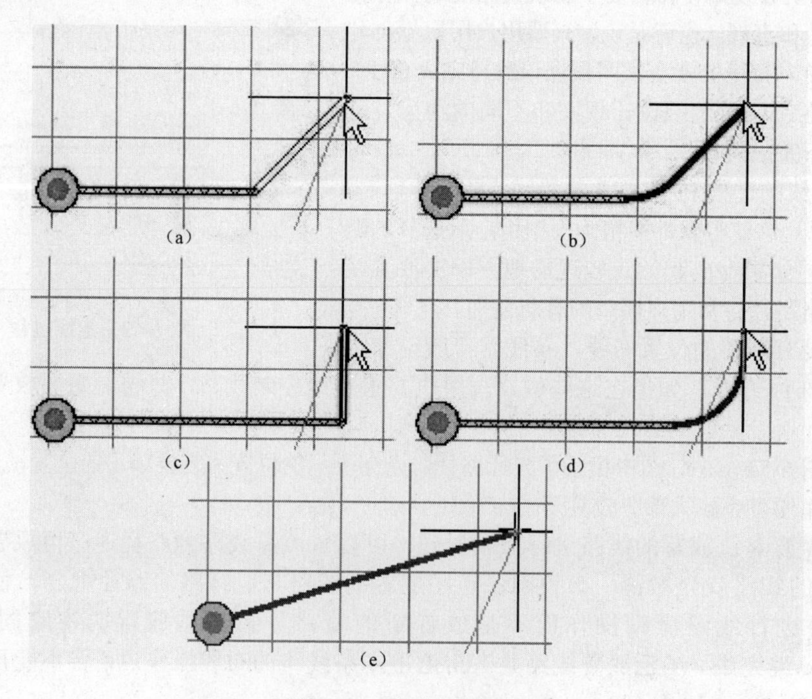

图 6-54　不同的拐角类型

Shift+ Space 键可以切换走线的拐角模式，可使用的拐角模式有：45°（A）、45°圆角（B）、90°（C）、90°圆角（D）、任意角度（E）。

弧形拐角的弧度可以通过快捷键“，”（逗号）或“。”（句号）进行增加或减小。使用 Shift+“。”快捷键或 Shift+“，”快捷键以 10 倍速度增加或减小控制。使用 Space 键可以对拐角的方向进行控制切换。

6.5.3　走线过程添加过孔和切换板层

在 Altium Designer 交互布线过程中可以添加过孔。过孔只能在允许的位置添加，软件会阻止在产生冲突的位置添加过孔（冲突解决模式选为忽略冲突的除外）。

1．添加过孔并切换板层

在布线过程中按“*”或“+”键添加一个过孔并切换到下一个信号层。按“−”键添加一个过孔并切换到上一个信号层。该命令遵循布线层的设计规则，也就是只能在允许布线层中切换，如图 6-55 所示。单击以确定过孔位置后可继续布线。

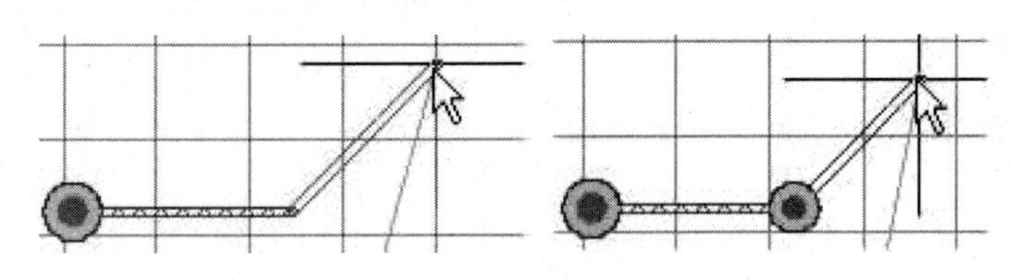

图 6-55　布线过程加过孔

2．添加过孔而不切换板层

按“2”键添加一个过孔，但仍保持在当前布线层，单击以确定过孔位置。

3．添加扇出过孔

按“/”键为当前走线添加过孔，单击确定过孔位置。按 Tab 键进入属性对话框，如图 6-56 所示。可以设置过孔的尺寸，导线的属性及走线方式。

用这种方法添加过孔后将返回原交互式布线模式，可以马上进行下一处网络布线。本功能在需要放置大量过孔（如在一些需要扇出端口的器件布线中）时能节省大量的时间。如图 6-57 所示，采用此方法放置扇出式过孔图例。

4．布线中的板层切换

当在多层板上进行焊盘或过孔布线时，可以通过快捷键 L 把当前线路切换到另一个信号层中。本功能在布线时当前板层无法布通而需要进行布线层切换时可以起到很好的作用。

5．PCB 板的单层显示

在 PCB 设计中，如果显示所有的层，有时显得比较零乱，需要单层显示，仔细查看每一层的布线情况，按快捷键 Shift+S 就可单层显示，选择哪一层的标签，就显示哪一层：在单层显示模式下，按快捷键 Shift+S 又可回到多层显示模式。

6.5.4　走线过程调整线路长度

在布线过程中，如果出于一些特殊因素的考虑（如信号的时序）需要精确控制线路的长度，Altium Designer 能提供对线路长度更直观的控制，使用户能更快地达到所需的长度。目标线路的长度可以从长度设计规则或现有的网络长度中手工设置（5.5.8 节）。Altium Designer 以此增加额外的线段使其达到预期的长度。

（1）在交互式布线时通过快捷键 Shift+A 进入线路长度调整模式。一旦进入该模式，线路便会随光标的路径呈折叠形以达到设计规则设定的长度，如图 6-58 所示。

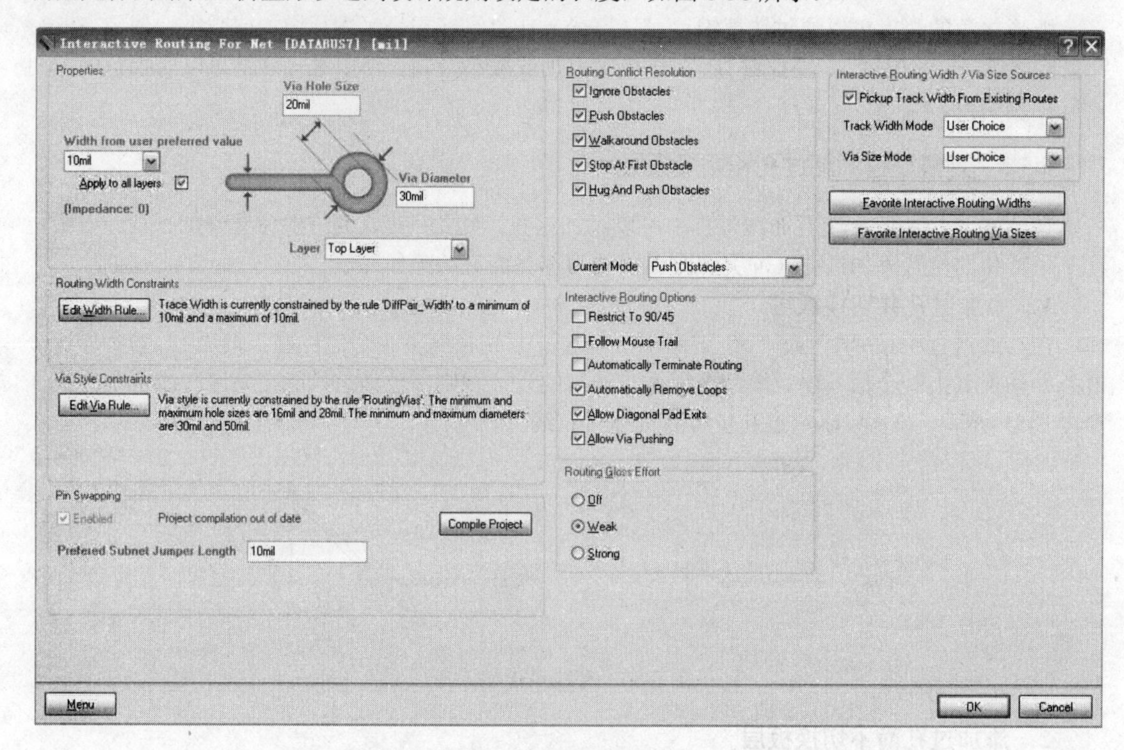

图 6-56　属性设置

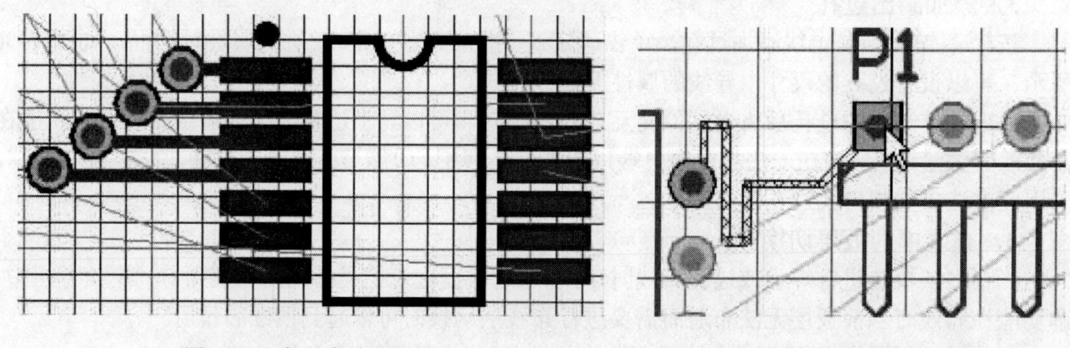

图 6-57　扇出式过孔图例　　　　图 6-58　固定长度走线

（2）在线路长度调整中按 Tab 键在 Interactive Length Tuning 对话框，如图 6-59 所示，用户可以对线路长度、折叠的形状等进行设置。

（3）按 Shift+G 快捷键显示长度调整的标尺，如图 6-60 所示。本功能更直观地显示出线路长度与目标对象之间的接近程度。它显示了当前长度（左下方）、期望长度（右上方）和容限值（中心与右进度条之间）。如果进度条变成红色，则指示长度已超过容限值。

（4）当按需要调整好线路长度后，建议锁定线路，以免在布线推挤障碍物模式下改变其长度。执行菜单命令 Edit→Select→Net，单击选中网络，右键菜单中选择 properties 菜单，打开如图 6-61 所示的对话框。在对话框中选中 Locked 复选框完成锁定功能。

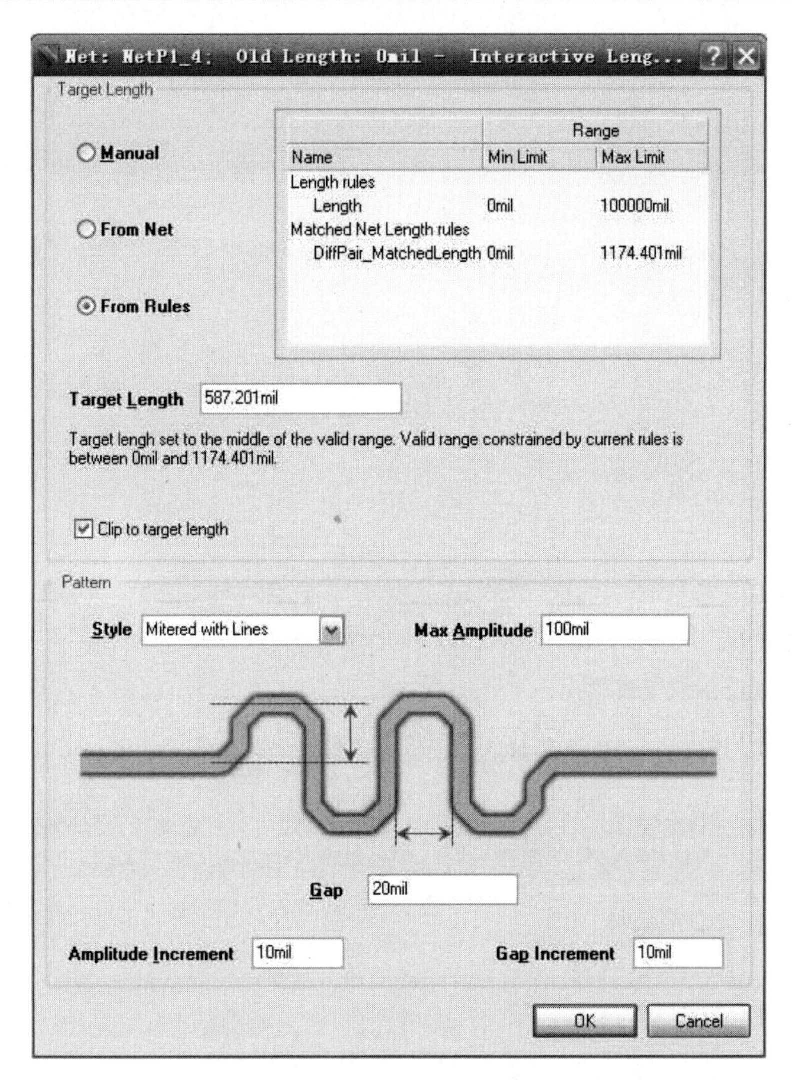

图 6-59　走线长度调整设置

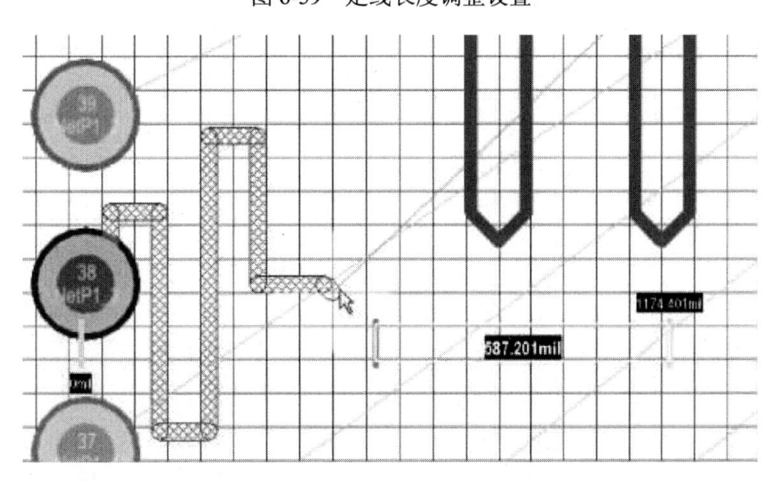

图 6-60　长度尺寸显示

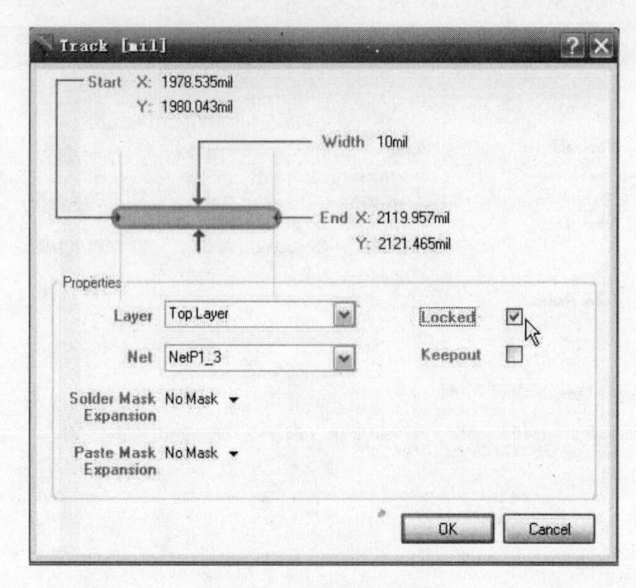

图 6-61　导线锁定设置

6.5.5　走线过程改变线宽

在交互式布线过程中，Altium Designer 提供了多种方法调节线路宽度。

1．设置约束

线路宽度设计规则定义了在设计过程中可以接受的容限值。一般来说，容限值是一个范围，例如，电源线路宽度的值为 0.4mm，但最小宽度可以接受 0.2mm，而在可能的情况下应尽量加粗线路宽度。

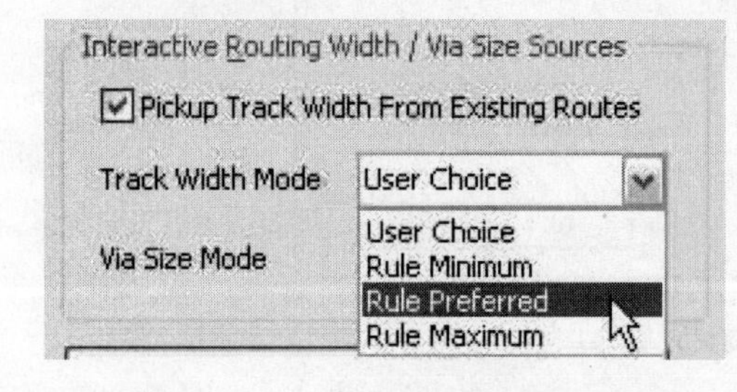

图 6-62　对一个网络指定布线宽度

线路宽度设计规则包含一个最佳值，它介于线路宽度的最大值和最小值之间，是布线过程中线路宽度的首选值。在开始交互式布线前应在 Preferences 对话框的 PCB Editor 的 Interactive Routing 页面中进行设置，如图 6-62 所示。

2．在预定义的约束中自由切换布线宽度

线路宽度的最大值和最小值定义了约束的边界值，而最佳值则定义了最适合的使用宽度，设计者可能需要在线宽的最大值与最小值中选取不同的值。Altium Designer 能够提供这方面的线宽切换功能。以下将介绍布线过程中线路宽度的切换方法。

（1）从预定义的喜好值中选取，在布线过程中按 Shift+W 快捷键调出预定义线宽面板，如图 6-63 所示，单击选取所需的公制或英制的线宽。

（2）在选择线宽中依然受设定的线宽设计规则保护。如果选择的线宽超出约束的最大、最小值的限制，软件将自动把当前线宽调整为符合线宽约束的最大值或最小值。

（3）图 6-63 为在交互布线中按 Shift+W 快捷键弹出的线宽选择面板，通过右击对各列进行显示和隐藏设置。选中 Apply To All Layers 复选框使当前线宽在所有板层上可用。

（4）喜好的线宽值也可以在 Preferences→PCB Editor→Interactive Routing 页面中单击 Favorite Interactive Routing Widths 按钮，如图 6-64 所示。

Choose Width

Imperial		Metric		System Units
Width	Units	Width	Units	Units
5	mil	0.127	mm	Imperial
6	mil	0.152	mm	Imperial
8	mil	0.203	mm	Imperial
10	mil	0.254	mm	Imperial
12	mil	0.305	mm	Imperial
20	mil	0.508	mm	Imperial
25	mil	0.635	mm	Imperial
50	mil	1.27	mm	Imperial
100	mil	2.54	mm	Imperial
3.937	mil	0.1	mm	Metric
7.874	mil	0.2	mm	Metric
11.811	mil	0.3	mm	Metric
19.685	mil	0.5	mm	Metric
29.528	mil	0.75	mm	Metric
39.37	mil	1	mm	Metric

Apply To All Layers

图 6-63　预定义线宽选择

Favorite Interactive Routing Widths

Imperial		Metric		System Units
Width	Units	Width	Units	Units
5	mil	0.127	mm	Imperial
6	mil	0.152	mm	Imperial
8	mil	0.203	mm	Imperial
10	mil	0.254	mm	Imperial
12	mil	0.305	mm	Imperial
20	mil	0.508	mm	Imperial
25	mil	0.635	mm	Imperial
50	mil	1.27	mm	Imperial
100	mil	2.54	mm	Imperial
3.937	mil	0.1	mm	Metric
7.874	mil	0.2	mm	Metric
11.811	mil	0.3	mm	Metric
19.685	mil	0.5	mm	Metric
29.528	mil	0.75	mm	Metric
39.37	mil	1	mm	Metric

Add...　Delete　Edit...　OK　Cancel

图 6-64　Favorite Interactive Routing Widths 对话框

如果想添加一种走线宽度，单击 Add 按钮进行添加，用户可以选择喜好的计量单位（mm 或 mil）。注意图 6-64 对话框里的阴影单元格。没有阴影的为线宽值的最佳单位，在选取这些最佳单位的线宽后，电路板的计量单位将自动切换到该计量单位上。

3．在布线中使用预定义线宽

图 6-62 为线宽模式选择，用户可以选择使用最大值、最小值、首选值及 User Choice 各种模式。

当用户通过 Shift+W 快捷键更改线宽时，Altium Designer 将更改线宽模式 User Choice 模式，并为该网络保存当前设置。该线宽值将在 Edit Net 对话框的 Current Interactive Routing Settings 选

项区域中保存，如图 6-65 所示。

右击网络对象，从 Net Actions 子菜单中单击 Properties 命令，打开 Edit Net 对话框，或在 PCB 面板中双击网络名称打开该对话框。在此可以定义高级选项或更改原布线中保存的参数。

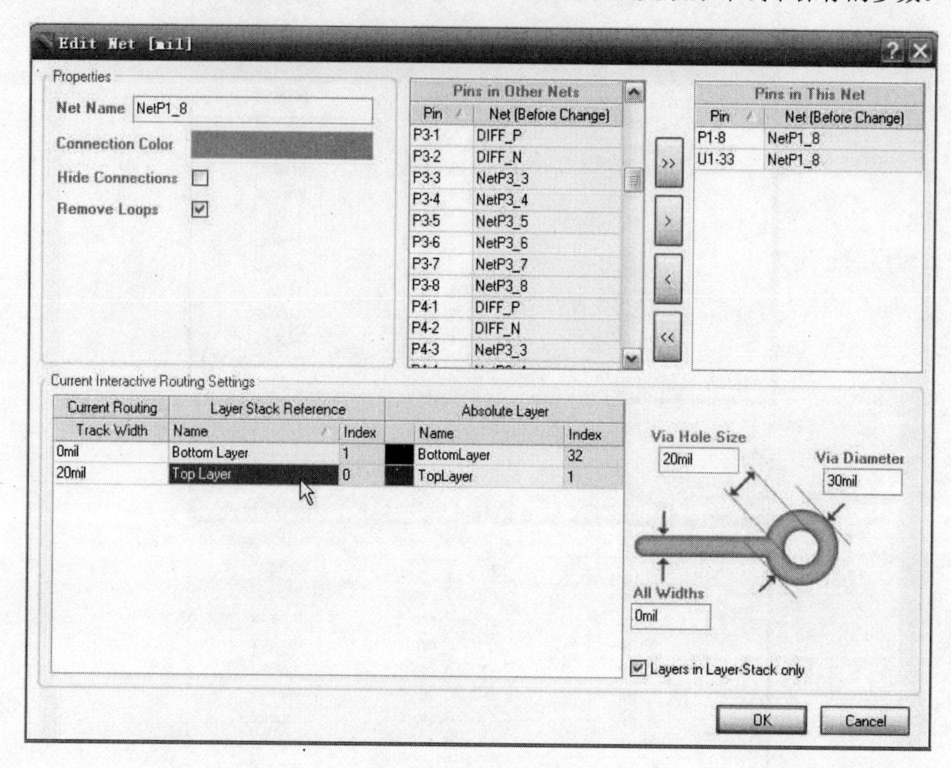

图 6-65 Edit Net 对话框

该参数同样受设计规则保护，如果用户在 Net Action 中设置的参数超出了约束的最大值、最小值，软件将自动调整为相应的最大值或最小值。

4．使用未定义的线宽

为了对线宽实现更详细的设置，Altium Designer 允许用户在原理图或 PCB 设计过程中对各个对象的属性进行设置。在 PCB 设计的交互式布线过程中按 Tab 键可以打开 Interactive Routing For Net 对话框。

在该对话框内可以对走线宽度或过孔进行设置，或对当前的交互式布线的其他参数进行设置，而无须退出交互式布线模式，再打开 Preferences 对话框。

用户所设置的参数将在 Interactive Routing For Net 对话框中保存，可通过打开 Edit Net 对话框得到确认。

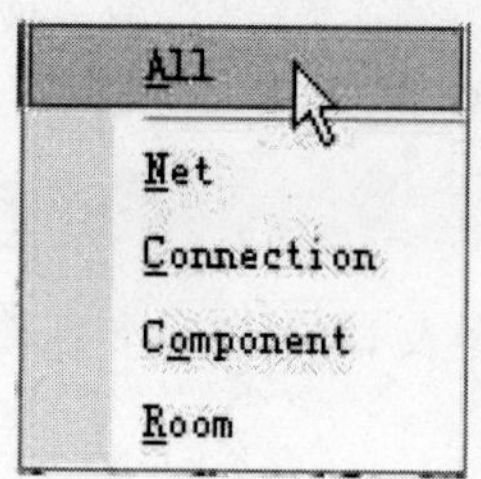

图 6-66 拆除走线菜单

6.5.6 拆除布线

在 Altium Designer 电路板设计环境里，也可以拆除走线（Un-route），其功能齐全。程序所提供的拆线功能，执行菜单命令 Tools→Un-route 命令所弹出来的命令菜单，如图 6-66 所示，其中各命令说明如下：

1．All 命令

此命令的功能是拆除整块电路板的走线，启动此命令后，程序即拆除所有走线。

2．Net 命令

此命令的功能是拆除指定网络上的走线，启动此命令后，即进入删除网络上的走线状态，再指向所要拆除的走线单击，若所指位置有多个图件，则会出现菜单，如图 6-67 所示，选取其中的走线（Track）或焊盘（Pad），都可删除整条网络上的走线。

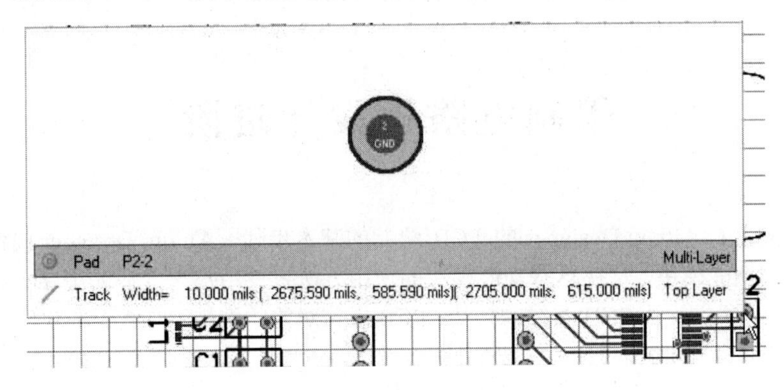

图 6-67　图件菜单

3．Connection 命令

此命令的功能是拆除指定连接线（焊盘间的走线）。启动此命令后，即进入删除连接线状态，再找到所要拆除的连接线单击，即可删除该连接线。这时，仍在删除连接线状态，可继续删除连接线，或右击，结束删除连接线状态。

4．Component 命令

此命令的功能是拆除指定元件的走线，启动此命令后，即进入删除元件上的走线状态，再找到所要拆除的元件，单击，即可删除该元件上的走线。而完成删除后，仍在删除元件上的走线状态，可继续删除其他元件上的走线，或右击，结束删除元件上的走线状态。

5．Room 命令

此命令的功能是指定元件布置区间内的走线，启动此命令后，即进入删除元件布置区间内的走线状态，再找到所要拆除的元件布置区间，单击，即可删除该元件布置区间内的走线。而完成删除后，仍在删除元件布置区间内的走线状态，可继续删除其他元件布置区间的走线，或右单，结束删除元件布置区间内的走线状态。

第 7 章

印制电路板设计进阶

前面章节讲述了 Altium Designer 的 PCB 绘制的基本步骤。Altium Designer 提供了许多提高 PCB 设计效率的功能模块，掌握这些功能模块的使用方法将使用户在今后的电路板设计中设计出更完美的产品。本章主要从 PCB 布线的技巧、PCB 操作对象的编辑、与低版本软件的兼容和 PCB 的后期处理等方面进行讲解。

本章要点

（1）PCB 布线技巧。
（2）补泪滴与放置覆铜。
（3）特殊粘贴的使用。
（4）多层板设计。
（5）与 Protel 99 SE 进行文件互用。
（6）DRC 检查。
（7）智能 PDF 生成。

7.1 PCB 布线技巧

7.1.1 循边走线

循边走线是利用 Altium Designer 提供的保持安全间距、严禁违规的功能进行交互式走线时，采取“靠过来”的策略，即可达到漂亮又实用的走线。

（1）如图 7-1 所示，先完成第一条布线，其他走线将循着第 1 条线走。

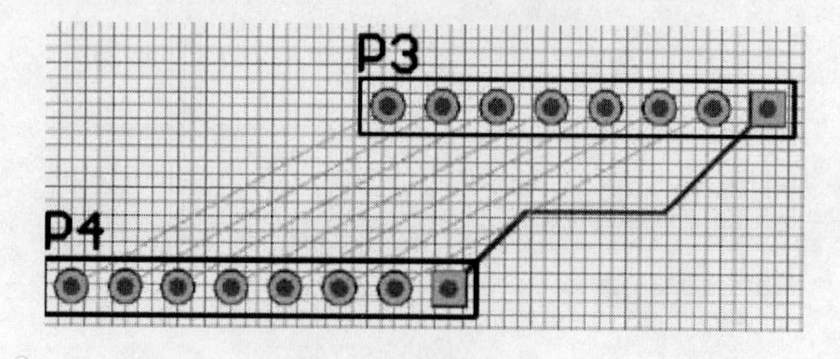

图 7-1　循边走线例

（2）若已完成第 1 条走线，则先确认操作设定是否适当。执行菜单命令 Tools→Preferences，切换到 Interactive Routing 页，在 Routing Conflict Resolution（布线冲突解决方案）区域的 Current Mode 后的下拉菜单选定 Stop at First Obstacles 选项后，如图 7-2 所示，单击 OK 按钮关闭对话框。

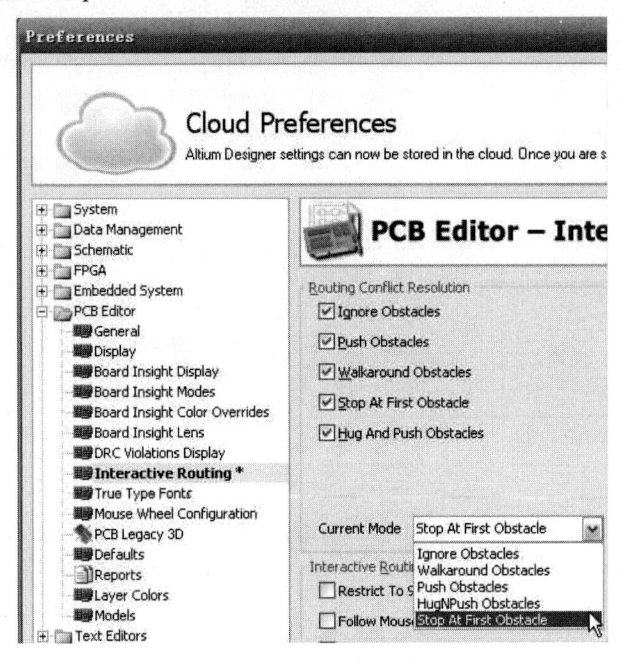

图 7-2 适合循边走线的设定

（3）循边走线的基本原则就是“靠过来”，单击“布线”按钮进入交互式走线状态，找到已完成布线旁边的焊盘单击，再往样板走线靠过去，游标超越样板走线，而超越样板走线的部分将不会出现走线，并左右移动以调整好该走线离开焊盘的形状，如图 7-3 所示。

（4）当该走线适当离开焊盘的形状后单击。再移至终点的焊盘，则其走线将循着旁边的走线（样板走线）按一定间距走线单击，再右击即完成该走线，如图 7-3 所示。

（5）在 P3 的第 3 个焊盘处单击，再往左下靠过去，让指针超越样板走线，并左右移动以调整好该走线离开焊盘的形状，按照前面的方法。当该走线适当离开焊盘的形状后单击；再移至终点的焊盘，则其走线将循着旁边的走线按一定间距走线单击，再击右，即完成该走线。重复前面的方法进行其他布线，完成循边布线，如图 7-4 所示。

7.1.2 推挤式走线

推挤式走线是利用 Altium Designer 所提供的推挤功能进行交互式走线时，将挡道的走线推开，使之保持设计规则所规定的安全间距。如此一来，在原来没有空位的情况下，也能快速布线或修改走线。

（1）如图 7-5 所示，在这两个连接器之间的走线少了一条，而其间并没有预留空间给漏掉的走线。这时候就可利用推挤式走线推开一条走线的空间，以补上这条漏掉的走线。

（2）确定走线方式，执行菜单命令 Tools→Preferences，切换到 Interactive Routing 选项卡，确定已选取 Routing Conflict Resolution（布线冲突解决方案）区域的 Current Mode 后的下拉菜单选定 Push Obstacles 选项后，如图 7-6 所示，单击 OK 按钮关闭对话框。

（3）单击“布线”按钮进入交互式走线状态，在所要布线的焊盘处单击，再往上移动，如图 7-7 所示，即使有障碍物也不要理它，程序会将挡道的线推开。转弯前单击，固定前一线段。

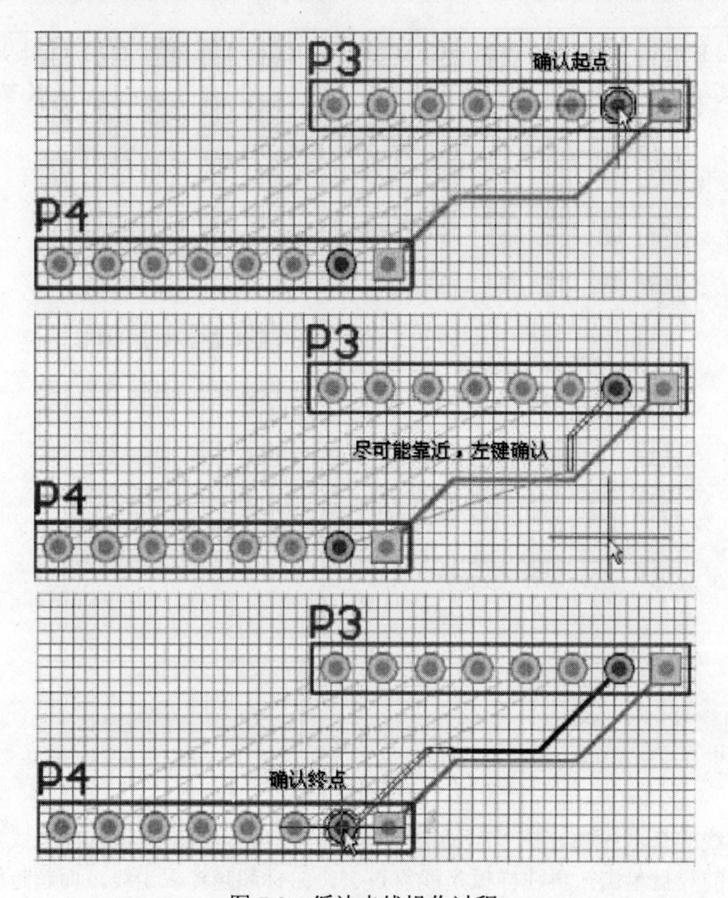

图 7-3　循边走线操作过程

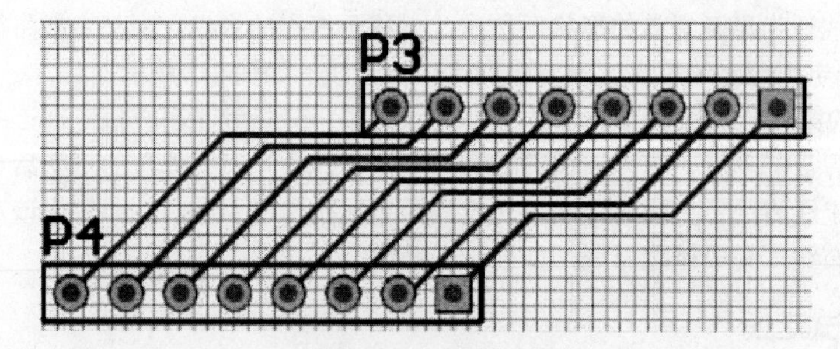

图 7-4　完成循边走线

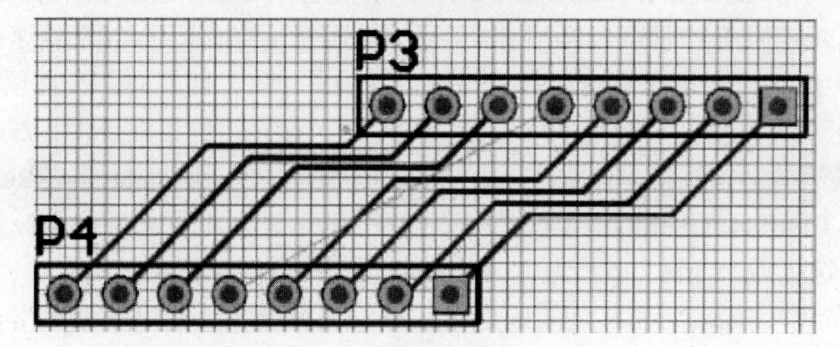

图 7-5　推挤式走线范例

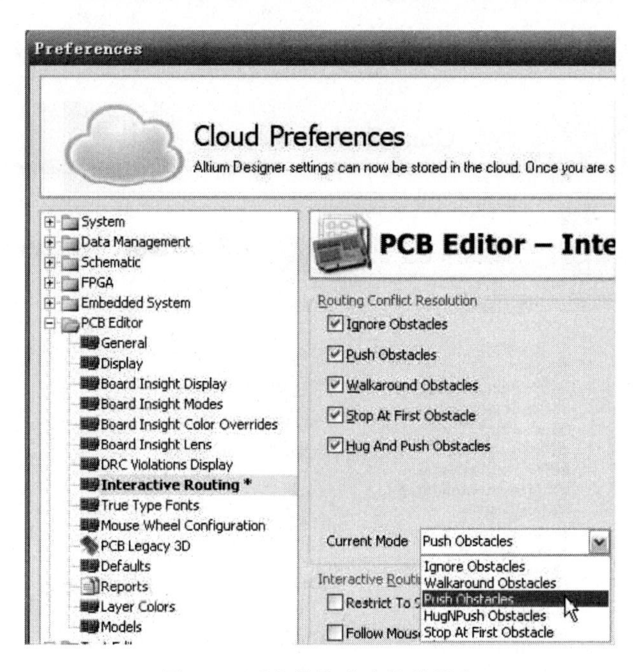

图 7-6　适合推挤式走线的设定

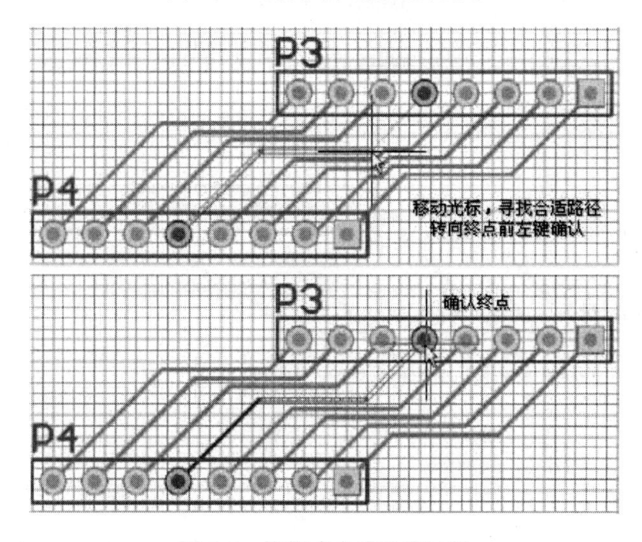

图 7-7　推挤式走线操作过程

（4）若走线形式适当，则直接将其拉到终点双击，再右击，即完成该走线，如图 7-7 所示。

7.1.3　智能环绕走线

智能环绕走线是利用 Altium Designer 所提供的智能走线功能在进行走线时，将避开障碍物，找出一条最贴近的路径的走线方式。同样以图 7-5 为例，对于漏掉的走线，在没有空位的情况，让程序找出一条较贴近的环绕走线。

（1）若要进行智能环绕走线，需要先确定走线方式，再执行菜单命令 Tools→Preferences，切换到 Interactive Routing 页，确定已选取 Routing Conflict Resolution（布线冲突解决方案）区域的 Current Mode 后的下拉菜单选定 Walkaround Obstacles 选项后，如图 7-8 所示，单击 OK 按钮关闭对话框。

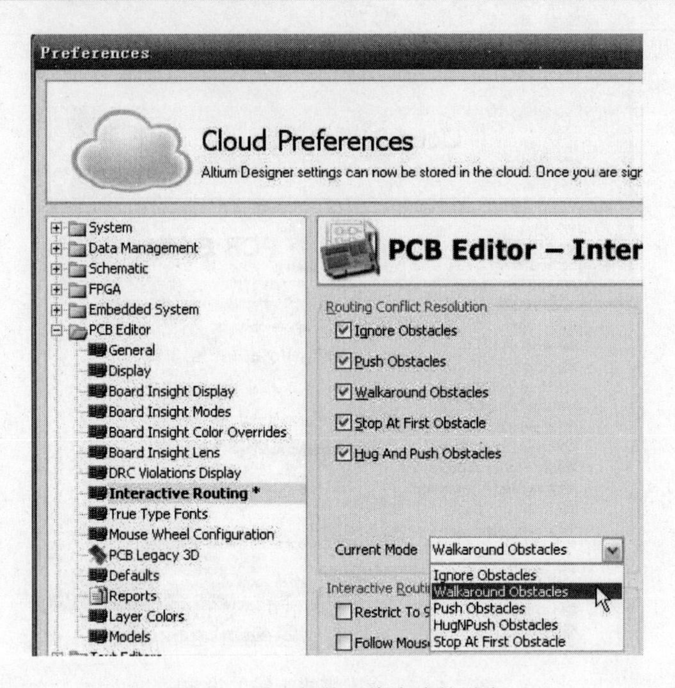

图 7-8　适合智能环绕走线的设定

（2）单击“布线”按钮进入智能走线状态，在所要布线的焊盘处单击，再动一动鼠标，程序即描绘出建议路径，如图 7-9 所示。

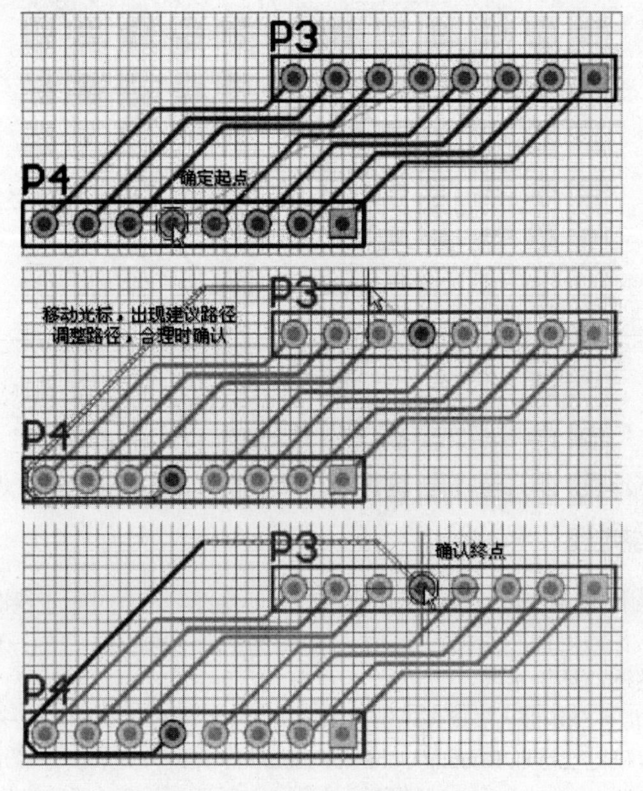

图 7-9　智能环绕走线操作步骤

（3）若要改变程序所提供的路径建议，除了可移动指针外，也可按空格键。而建议路径适当，且可达目的地时，按住 Ctrl 键再单击，即可按建议路径完成该走线。

（4）完成一条走线后，仍在智能走线状态，以同样的方法快速完成其他走线。最后，右击或按 Esc 键，结束智能走线状态。

7.1.4　总线式布线

Altium Designer 提供与原理图类似的总线布线（Bus Routing），在 Designer 里，这项功能称为多重布线（Multiple Traces）。若配合新增的图件选取功能，将更能有效地发挥其作用。目前，Altium Designer 所提供的多重布线属于两段式多重布线，也就是要分成两次才能完成多条网络的点对点走线。

（1）第一段多重走线，首先选取所要多重走线的焊盘，执行菜单命令 Place→Interactive Multiple-Routing 或单击工具栏按钮 进入多重走线状态。在任何一个所选取的焊盘上，单击，即可随指针移动开始走线，如图 7-10 所示。

（2）按 Tab 键打开如图 7-11 所示的对话框，此对话框为交互式布线设置对话框，设置方法与前面相同，此对话框多了一个 Bus Routing 区域在对话框的左上角。在文本框中指定走线间距，或单击 From Rule 按钮，采用设计规则所制定的安全间距，最后单击 OK 按钮关闭对话框即可。

（3）若要把已完成的走线固定，则单击，不过，只要有一段被固定，则无法再改变此多重走线的安全间距。而单击固定已完成的走线，如图 7-10 所示。此后，走线将保持固定间距，并随指针而走线。若要固定已完成的走线，可单击。也可改变这些线的线端对齐方式，可以按 Shift+空格键循环切换线端对齐方式。最后要结束该段多重走线之前单击，再右击，即可脱离此段多重走线。而这时仍在多重走线状态，用户可再右击，结束多重走线状态。

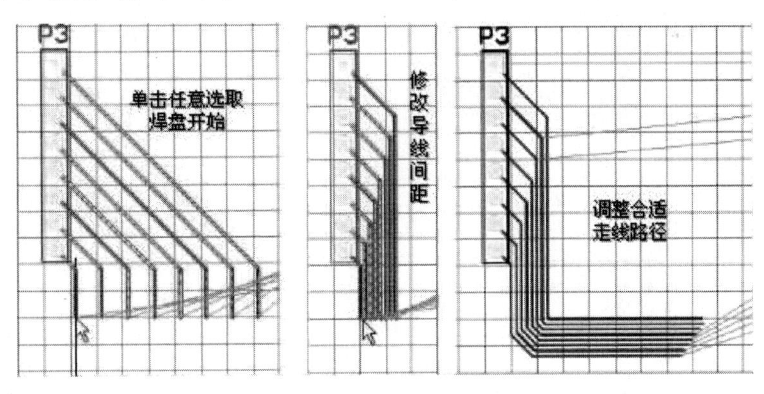

图 7-10　多重走线操作（一）

（4）第二段多重走线，基本上，第二段多重走线与第一段多重走线的操作相同，所不同的是，第二段多重走线的间距不要随便改变，与第一段一致，而第二段多重走线的目的是连接第一段多重走线。

（5）选取此多重走线的焊盘（即另一端），执行菜单命令 Place→Interactive Multiple-Routing 或单击“工具栏”按钮 进入多重走线状态。在任何一个所选取的焊盘上单击，即可随鼠标指针移动开始走线，如图 7-12 所示。继续往第一段多重走线前进，并使之连接。单击，完成其连接，再右击结束此段多重走线，如图 7-12 所示。这时仍在多重走线状态，可再右击，结束多重走线状态。

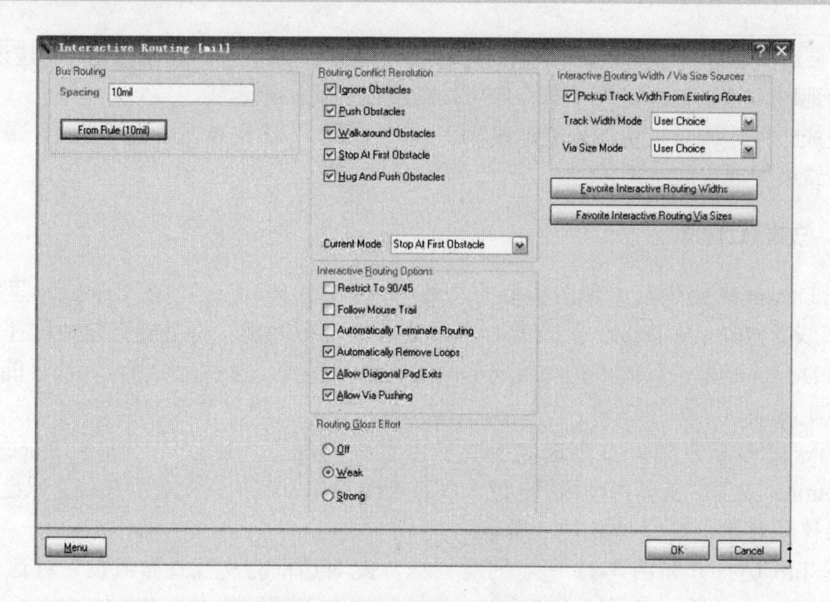

图 7-11　走线间距与模式设定

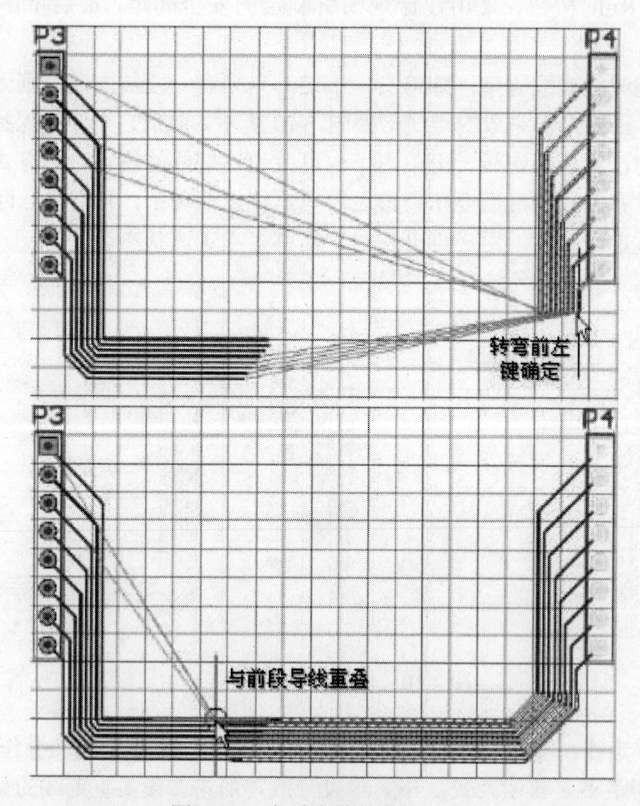

图 7-12　多重走线操作（二）

7.1.5 差分对走线

差分对（Differential Pairs）是由两条传输线所构成的信号对，其中一条导线承载正信号，另一条导线则承载刚好反相的负信号，这两条导线靠得很近，信号相互耦合传输，所受到的干扰刚好相互抵消，共模信号（common mode signal，视为浮动的噪声）比较小。因此，电磁波干扰（electromagnetic interference，EMI）的影响最小。

Atlium Designer 所提供的差分对走线（Differential Pair Routing）是针对差分对的布线，所以在进行差分对的布线之前，必须先定义差分对，也就是指明哪两条线是差分对及其网络名。而差分对可在电路图里定义，也可在电路板里定义。以下将介绍这两种定义差分对的方法。

1．原理图中定义差分对

（1）执行菜单命令 Place→Directives→Differential Pair，进入放置差分对指示记号状态，按 Tab 键打开其属性对话框，如图 7-13 所示，确认其 Value 字段设定为 True，再单击 OK 按钮关闭对话框。

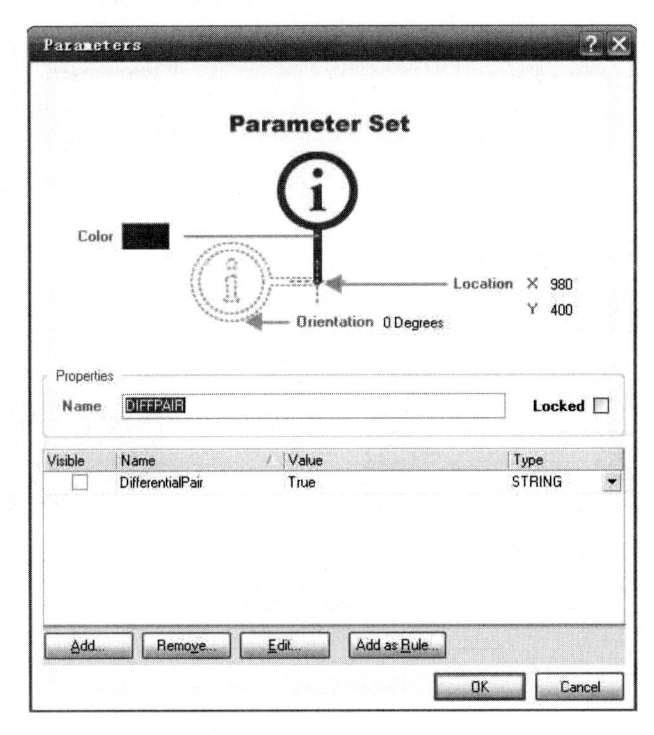

图 7-13 差分对属性对话框

（2）在所要定义为差分对的线路上单击，即可放置一个差分对指示记号；再在另一条所要定义为差分对的线路上单击，又可放置一个差分对指示记号，如图 7-14 所示。这时仍在放置差分对指示记号状态，可以继续放置差分对指示记号，或右击，结束放置差分对指示记号状态。

（3）为这对差分对定义网络名，若要放置网络标签，可单击 Net1 按钮进入放置网络标签状态，打开其属性对话框设置差分对的网络标签。例如 DIFF_P，再单击 OK 按钮关闭对话框。在所要放置此网络标签的位置单击将它固定。紧接着，放置另一个网络标签，按 Tab 键，在打开的属性对话框里，将网络名改为 DIFF_N，再单击 OK 按钮关闭对话框。在所要放置此网络标签的位置单击将它固定，如图 7-15 所示。最后，右击，结束放置网络标签状态。

（4）保存对原理图的更改，按 6.1.3 节的方法同步更新 PCB 图。查看 PCB 更新结果如图 7-16 所示。

2．PCB 图设置差分对

（1）打开 PCB 面板，只要单击编辑区右下方的 PCB 按钮，在弹出的菜单中选取 PCB 项，即可打开 PCB 面板。然后在面板上方的下拉列表框中选取 Differential Pairs Editor 项，即可打开差分对编辑器页，如图 7-17 所示。

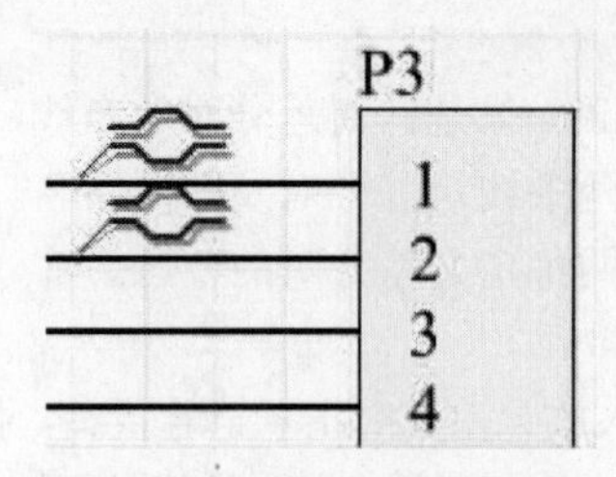

图 7-14　放置差分对记号

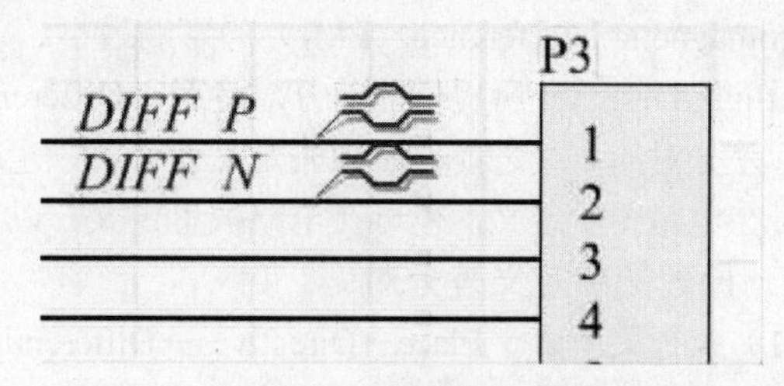

图 7-15　放置网络标签

（2）在差分对编辑器内，单击 Add 按钮打开新增差分对对话框，如图 7-18 所示。

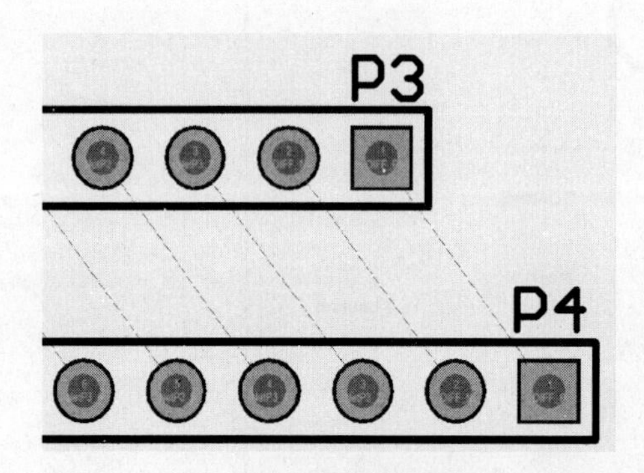

图 7-16　PCB 更新结果

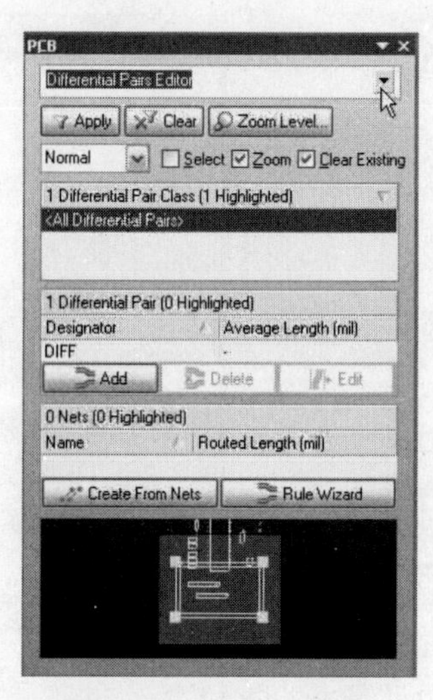

图 7-17　差分对编辑页

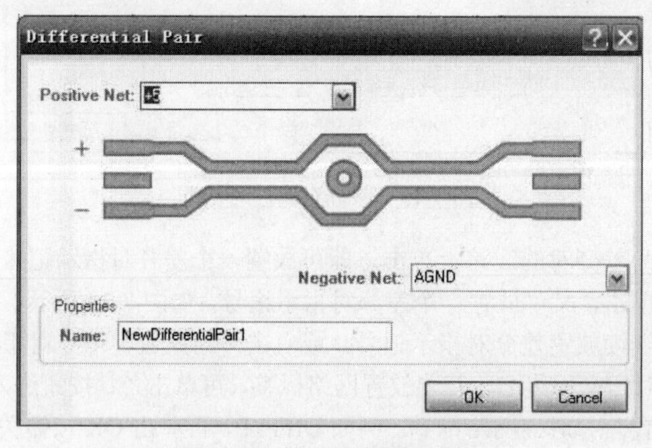

图 7-18　差分对编辑对话框

（3）在 Positive Net 文本框里，指定所要定义为差分对正信号的网络；在 Negative Net 文本框里，指定所要定义为差分对负信号的网络；在 Name 文本框里，指定此差分对的名称，再单击 OK 按钮关闭此对话框，即可完成此差分对的定义，如图 7-19 所示。光标指向时，差分对焊盘呈现灰色。

3．定义差分对的设计规则

（1）在差分对编辑器里，单击 Rule Wizard 按钮，打开如图7-20所示的差分对设计规则向导。

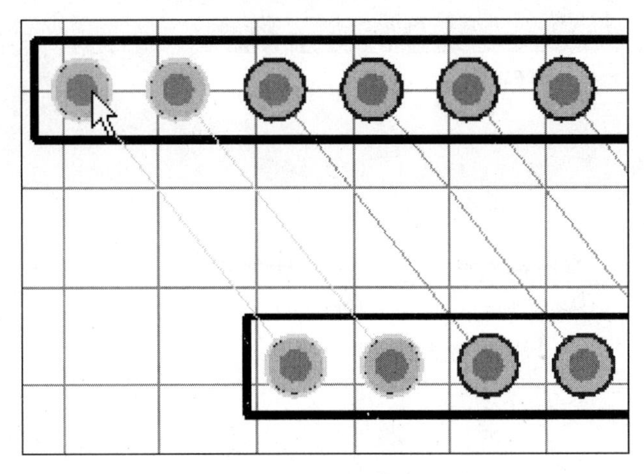

图 7-19　定义完成差分对

（2）如图 7-20 所示的差分对设计规则向导，只是简单说明，单击 Next 按钮切换到下一个画面，如图 7-21 所示。

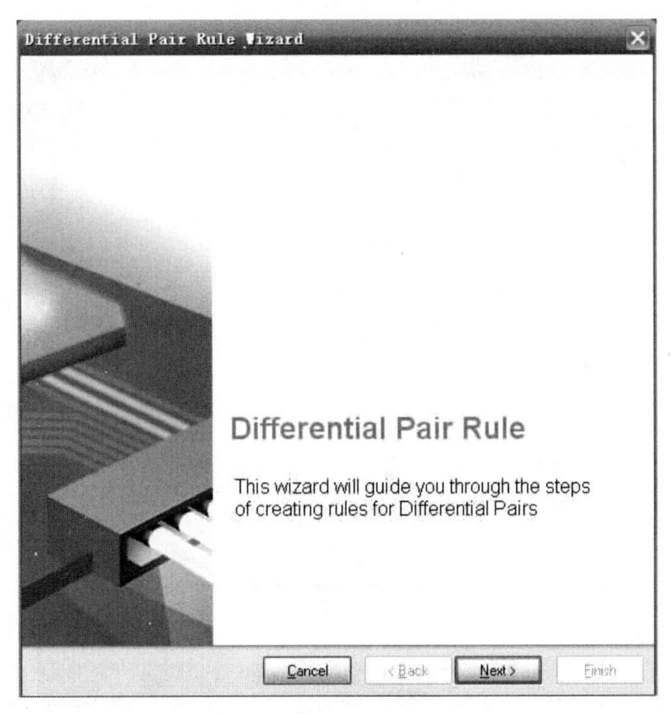

图 7-20　差分对设计规则向导之一

（3）如图 7-21 所示，其中包括 4 个字段，在 Prefix 字段指定设计规则名称的前缀字，而在此字段所输入的前缀字，将立即反应到下面 3 个字段里。在 Matched Lengths Rule Name 字段指定差分对的等长走线的设计规则名称，在 Width Rule Name 指定差分对走线线宽的设计名称，在 Differential Pair Routing Rule Name 字段指定差分对布线的设计规则名称，指定完成后，单击 Next 按钮切换到下一个画面，如图 7-22 所示。

（4）如图 7-22 所示，在此可设定差分对的线宽设计规则，而关于线宽设计规则的设定，详见 5.5.2 节。指定完成后，单击 Next 按钮切换到下一个画面，如图 7-23 所示。

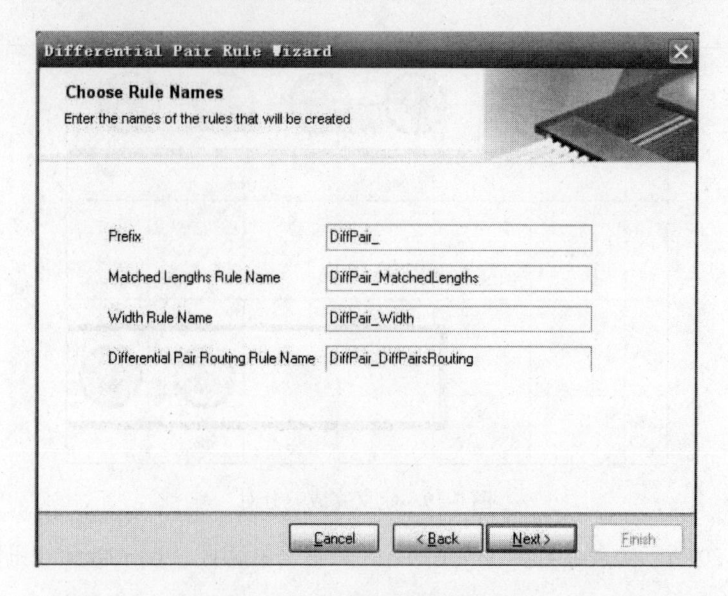

图 7-21　差分对设计规则向导之二

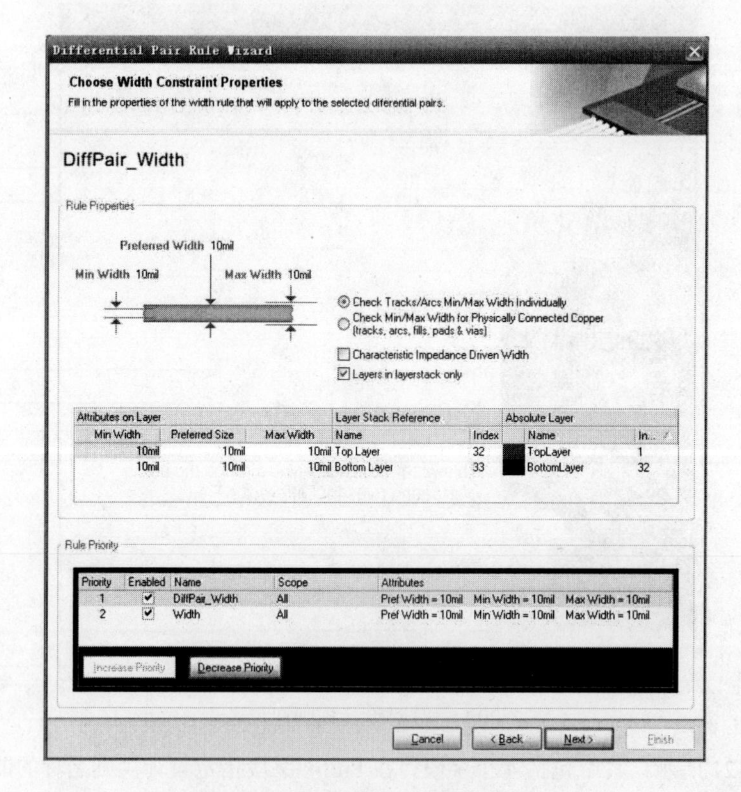

图 7-22　差分对设计规则向导之三

（5）如图 7-23 所示，在此可设定差分对的等长走线设计规则，而关于等长走线设计规则的设定，详见 5.5.2 节。指定完成后，单击 Next 按钮切换到下一个画面，如图 7-24 所示。

（6）如图 7-24 所示，在此可设定差分对的安全间距设计规则，而关于安全间距设计规则的设定，详见 5.4.2 节。指定完成后，单击 Next 按钮切换到下一个画面，如图 7-25 所示。

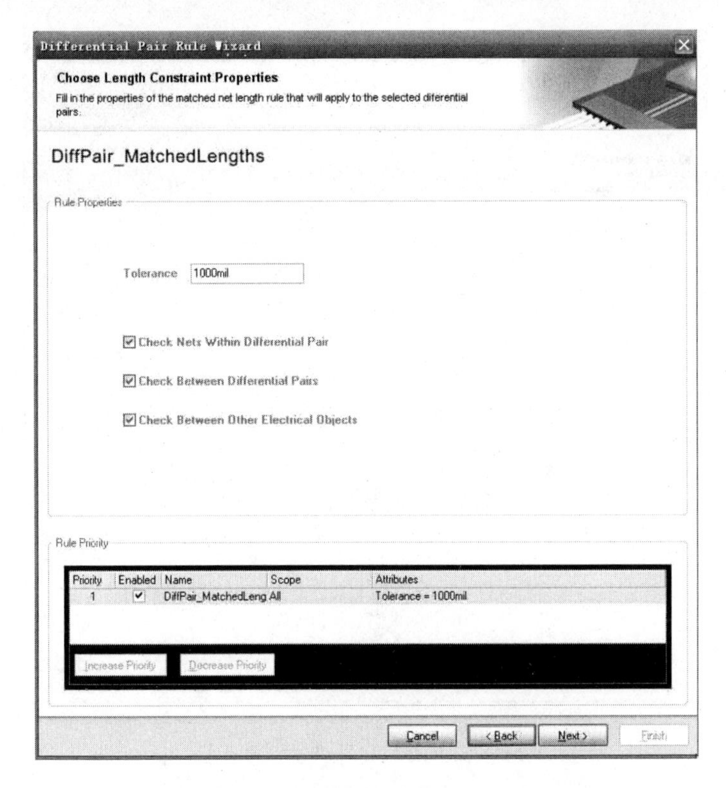

图 7-23 差分对设计规则向导之四

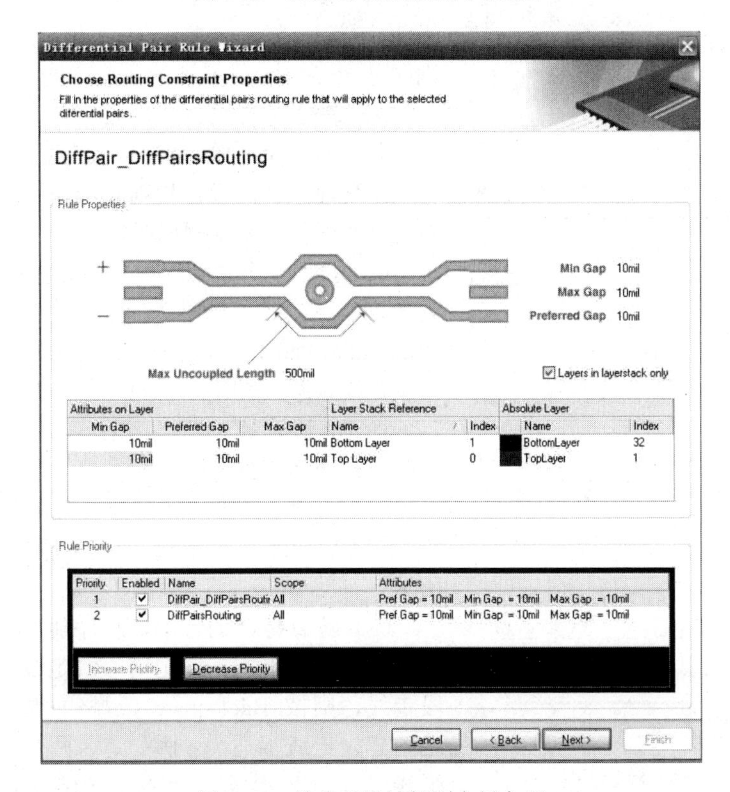

图 7-24 差分对设计规则向导之五

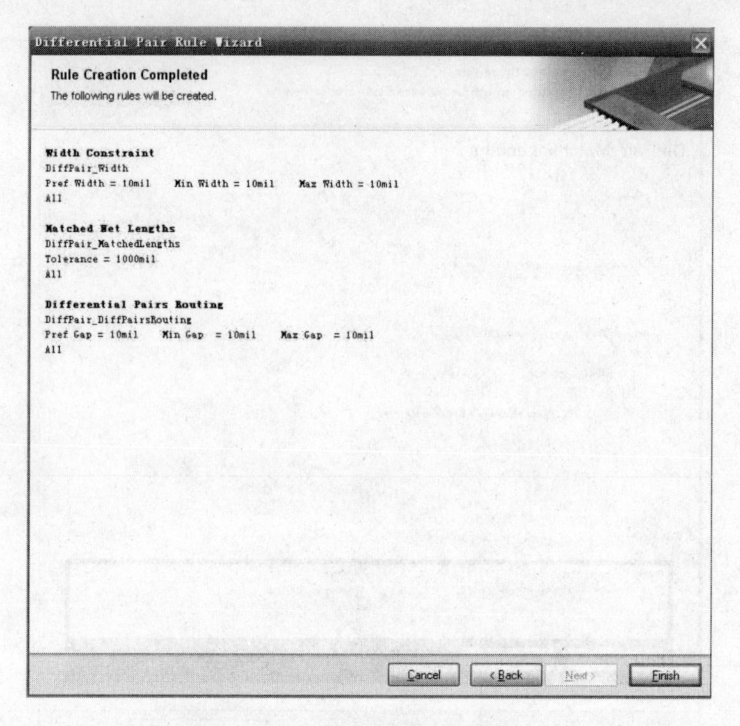

图 7-25　差分对设计规则向导之六

（7）如图 7-25 所示，将前面所制定的设计规则列于此，若没问题，则单击 Next 按钮结束差分对设计规则向导。

4．差分对布线

差分对定义完成，且制定相关设计规则（若不制定，将采用程序默认的设计规则），接下来就可对这些差分对进行布线了，其步骤说明如下。

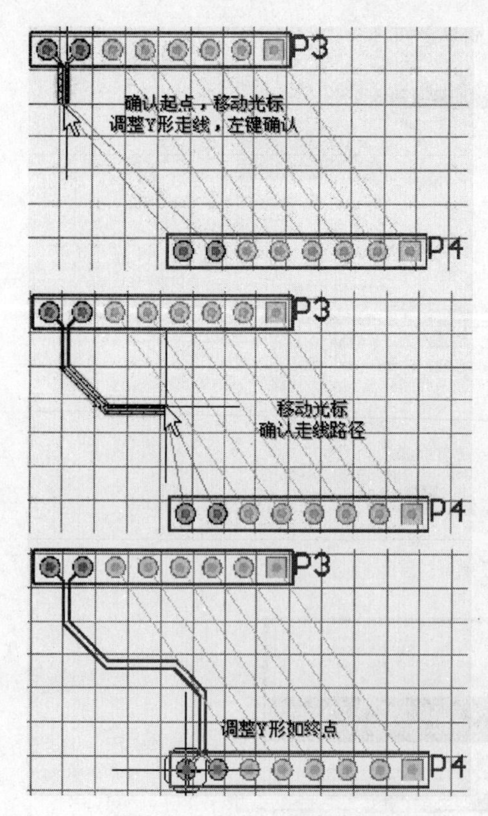

图 7-26　差分对走线过程

（1）接前一个单元的操作，在电路板编辑区里，找到差分对连接，执行菜单命令 Place→ Interactive Differential Pair Routing 或单击"工具栏"按钮进入多重走线状态。在所要布线的差分对焊盘处单击，如图 7-26 所示，移动鼠标即可拉出走线，并随着鼠标指针的移动而改变其走线路径。

（2）习惯上，会先让差分对从焊盘走出一个 Y 形线（或倒 Y 形线），就单击，即可大幅度走线，如图 7-26 所示。

（3）随着指针的移动，程序随时修正建议路径。若要转弯，先单击，固定前一段走线。若要解除前一段走线，则按 Backspace（退格）键。若连接至目的地的建议走线很适当，例如走入两个焊盘也是呈现 Y 形线（或倒 Y 形线），可按住 Ctrl 键，再单击，即可完成整段走线，如图 7-26 所示。这时，仍在差分对布线状态，可继续走其他的差分对，或右击，结束差分对布线状态。

7.1.6 调整布线

如图 7-27 所示，在利用自动布线时，从图中可以看出有些走线路径并不合理，需要进行调整。常用的两种方法：直接拖曳走线，改变走线位置和路径；重新选择路径绘制连接。

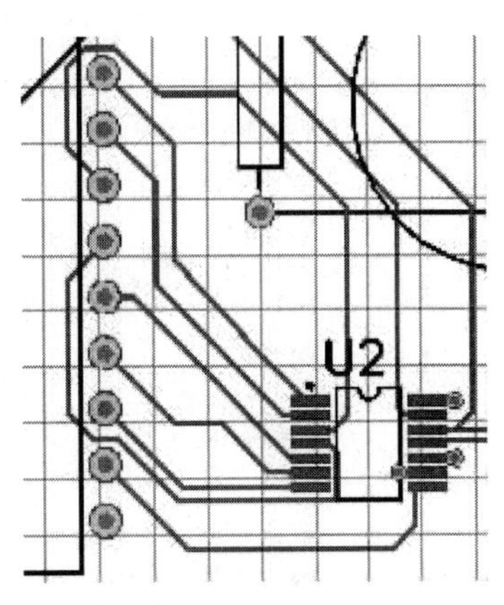

图 7-27 拖曳走线范例

1．快速调整走线

（1）如图 7-28（a）所示，在所要拖曳的走线处，单击，选取该走线，则走线的两端与中间，各出现一个控点。

（2）在该走线非控点的位置按住鼠标左键不放，调整走线位置，尽量靠近临近走线，但不要重叠，再放开鼠标左键即可完成此走线的调整，如图 7-28（b）所示。

（3）再以同样的方法选取其他走线后，再在该走线非控点的位置按住鼠标左键不放，调整走线位置，放开鼠标左键又可完成此走线的调整。重复这些操作，即可快速调整走线，如图 7-28（c）所示。

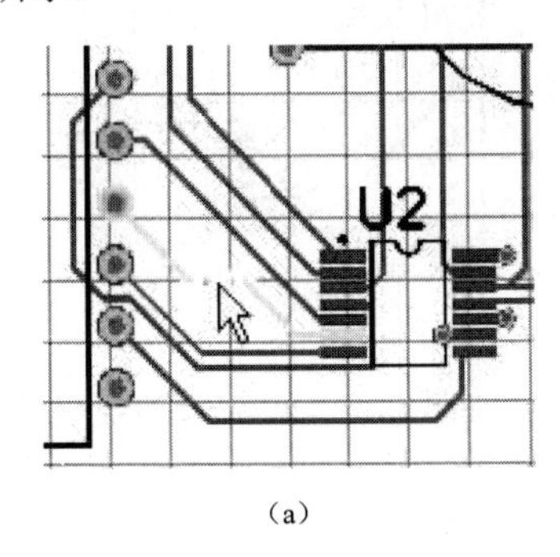

（a）

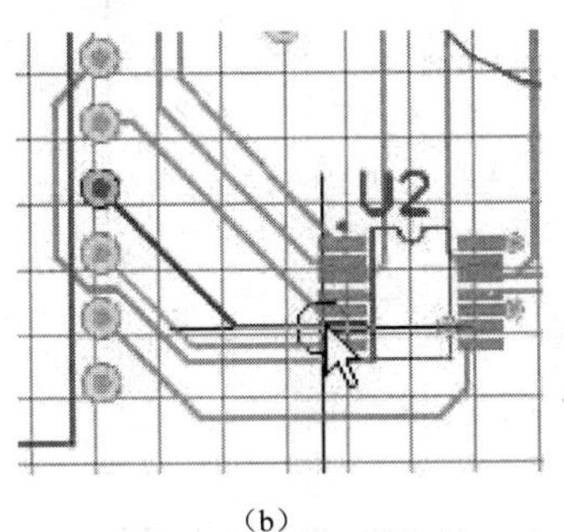

（b）

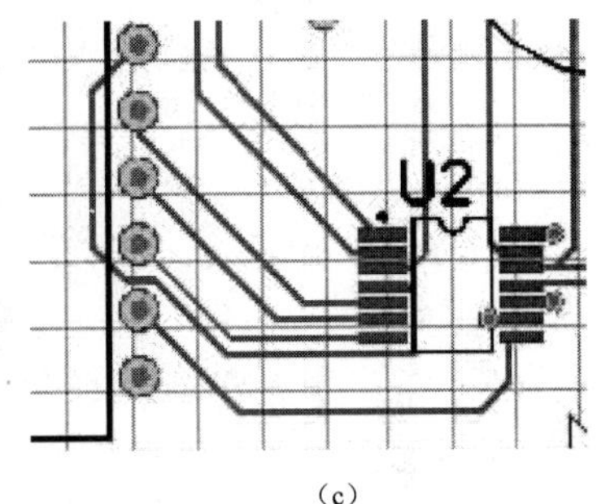

（c）

图 7-28 拖曳调整走线

2．重走线

图 7-27 中有走线路径不合理，或是走线绕路太长，可采用 7.1.2 节推挤式走线的方法直接调整。

（1）按 7.1.2 节内容进行推挤式走线的规则设置。

（2）设置重走线后删除原走线。执行菜单命令 Tools→Preferences，打开优选项菜单，选择 PCB Editor 下的 Interactive Routing 交互式布线设置项，将 Interactive Routing Options 区域的 Automatically Remove Loops 复选框去掉勾选，如图 7-29 所示。

（3）单击“布线”按钮，起始焊盘用左键确定，移动光标调整走线路径，如图 7-30 所示。

（4）适当调整走线路径后单击鼠标左键确认。光标移动到终点，再次单击确认。此时光标仍与焊盘连接，如图 7-31 所示，可单击鼠标右键取消连接，再单击右键取消继续布线。此时，新走线完毕，原走线取消，如图 7-32 所示。

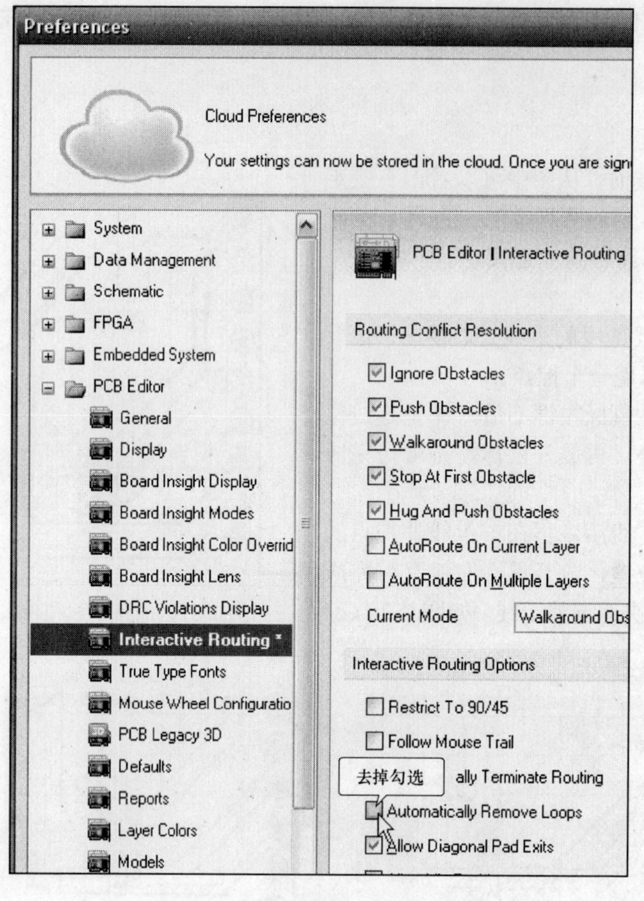

图 7-29　自动删除闭合回路设置

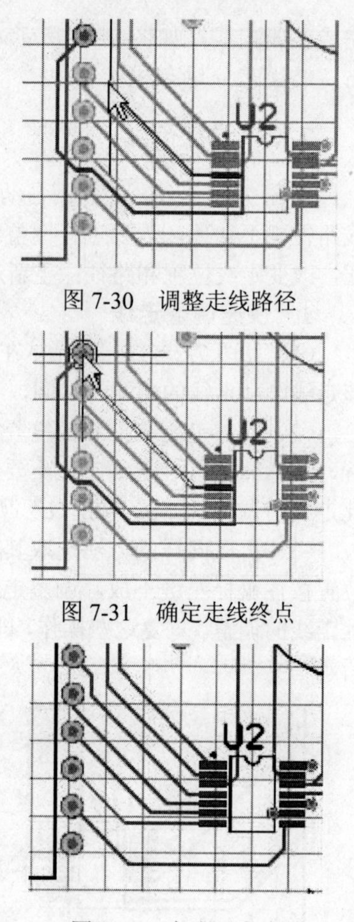

图 7-30　调整走线路径

图 7-31　确定走线终点

图 7-32　完成重走线

7.2　PCB 编 辑 技 巧

7.2.1　放置焊盘和过孔

在 PCB 板设计过程中，放置焊盘是 PCB 设计中最基础的操作之一。特别是对于一些特殊形状的焊盘，还需要用户自己定义焊盘的类型并进行放置。

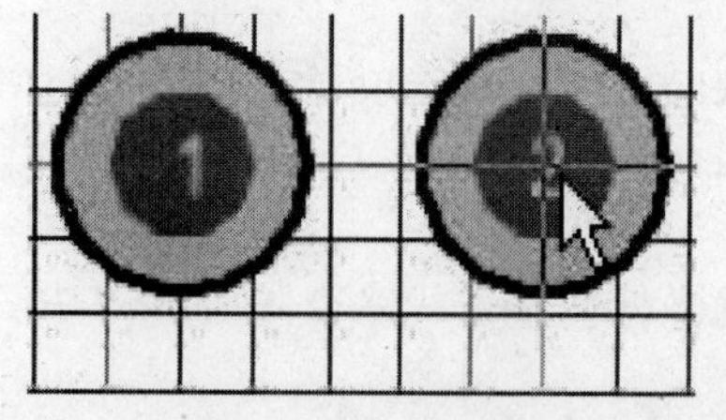

图 7-33　放置焊盘

1．放置焊盘操作

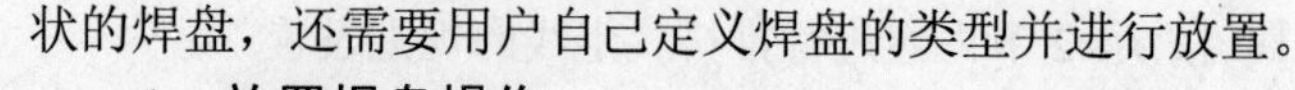

（1）在 PCB 设计环境中，执行菜单命令 Place→Pad，或者单击布线工具栏中的◎图标，此时光标变成“十”字形，并带有一个焊盘。

（2）移动光标到 PCB 板的合适位置，单击即可完成放置。此时 PCB 编辑器仍处于放置焊盘命令状态，移动到新的位置，可进行连续放置，如图 7-33 所示。右击或按 Esc 键可退出放置状态。

（3）双击所放置的焊盘，或者在放置过程中按 Tab 键，即可打开如图 7-34 所示的焊盘属性对话框。

2．焊盘属性设置

在图 7-34 所示的对话框中可以对焊盘的属性加以设置或修改，具体内容如下。

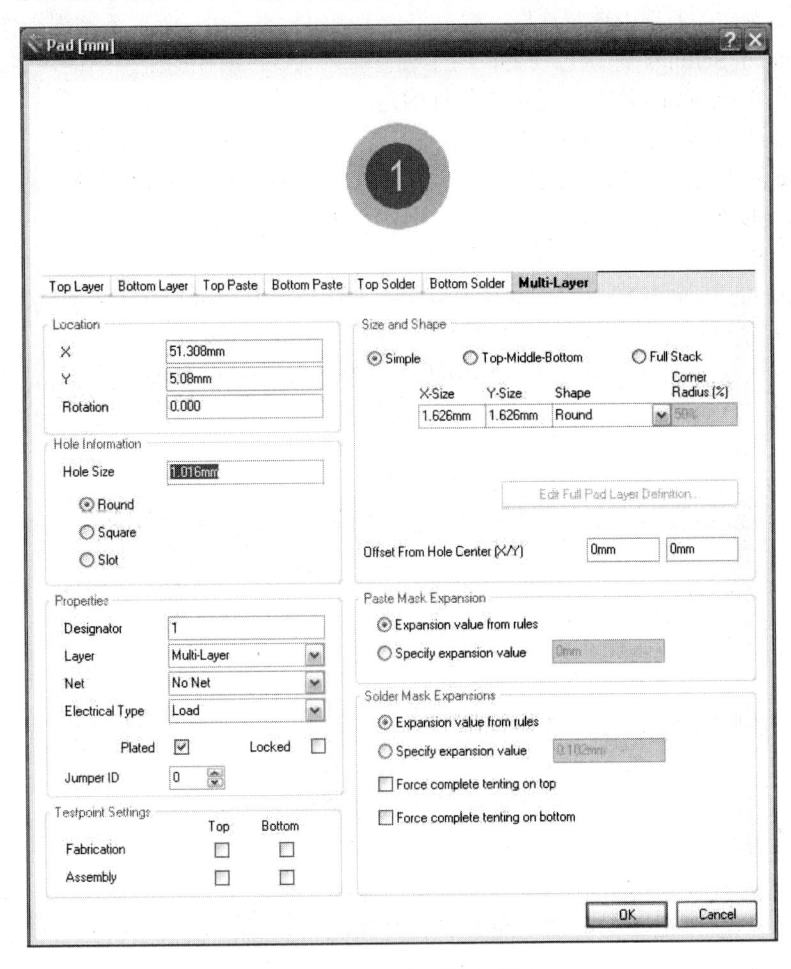

图 7-34　焊盘属性对话框

（1）Location 位置，用于设置焊盘所在 PCB 板图中的 *X*、*Y* 坐标值，以及设置焊盘的旋转角度。

（2）Hole Information 孔洞信息，用于设置焊盘的孔径尺寸，即内孔直径。同时可以设置焊盘内孔的形状，有 Round（圆形）、Square（正方形）和 Slot（槽）3 种类型可供选择。

（3）Properties 属性，该区域有 Designator（标识）、Layer（层）、Net（网络）、Electrical Type（电气类型）等选项。

1）Designator：是焊盘在 PCB 板上的元器件序号，用于在网络表中唯一标注该焊盘，一般是元件的引脚号。

2）Layer：用于设置焊盘所需放置的工作层面。一般情况下，需要钻孔的焊盘应设置为 Multi-Layer，而对于焊接表贴式元件不需要钻孔的焊盘则设置为元件所在的工作层面，如 Top Layer 或者 Bottom Layer。

3）Net：用于设置焊盘所在的网络名称。

4）Electrical Type：用于设置焊盘的电气类型，有 3 种选择，即 Load（中间点）、Source（源点）和 Terminator（终止点），主要对应于自动布线时的不同拓扑逻辑。

5）Plated 镀金的：若选中该复选框，则焊盘孔内壁将进行镀金设置。

6）Locked 锁定：若选中该复选框，焊盘将处于锁定状态，可确保其不被误操作移动和编辑。

（4）Testpoint Settings 测试点设置，用于设置焊盘测试点所在的工作层面，通过在右边选中 Top（顶层）或者 Bottom（底层）复选框进行确定。

（5）Size and Shape 尺寸和外形：用于选择设置焊盘的尺寸和形状，有 3 种模式。

1）Simple 简单的：选中该单选按钮，意味着 PCB 板各层的焊盘尺寸及形状都是相同的，具体尺寸和形状可以在下面的栏内设置。其中，形状有 3 种，分别是 Round（圆形）、Rectangle（方形）和 Octagonal（八角形）。

2）Top-Middle-Bottom 顶层—中间层—底层：选中该单选按钮，意味着顶层、中间层和底层的焊盘尺寸及形状可以各不相同，分别设置。

3）Full Stack 完成堆栈，选中该单选按钮，将激活 Edit Fullpad Layer Definition 按钮，单击该按钮，打开 Pad Layer Editor 对话框，可以对所有层的焊盘尺寸及形状进行详细设置，如图 7-35 所示。

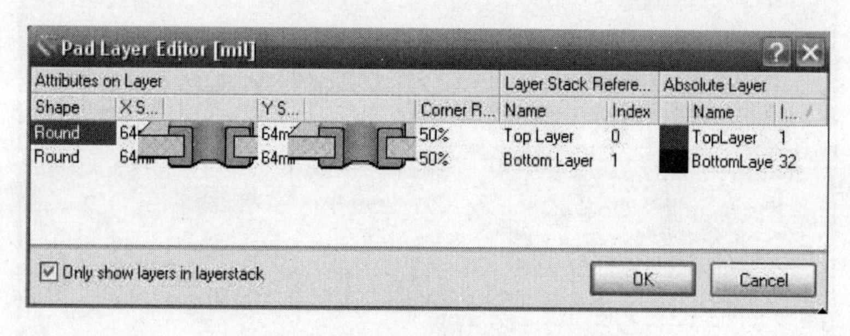

图 7-35　Pad Layer Editor 对话框

3．放置矩形焊盘

下面以放置矩形焊盘为例，说明焊盘属性对话框的设置。

（1）打开焊盘属性对话框，如图 7-34 所示，在 Hole Information 区域选择 Slot，设置 Hole Size 为 40mil，设置槽长 Length 为 100mil，这里要求槽长比孔的尺寸大，如图 7-36 所示。

（2）在 Size and Shape 区域设置焊盘的尺寸和外形，如图 7-37 所示，采用 Simple，设置 X-Size 为 128mil，Y-Size 为 64mil，Shape 为 Rectangular（矩形）。Offset From Hole Center（X/Y）用于设置焊盘距孔中心的偏移，此处设置为 0mil。

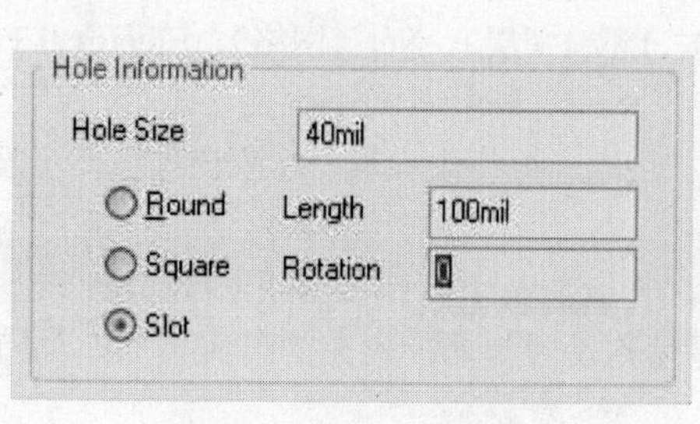

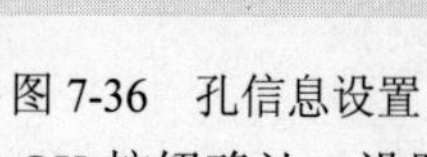
图 7-36　孔信息设置

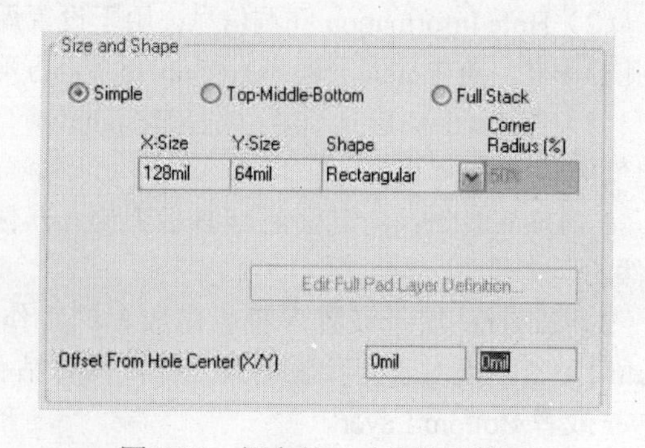

图 7-37　焊盘的尺寸和外形设置

（3）单击 OK 按钮确认，设置好的焊盘如图 7-38 所示。

4．放置过孔

过孔的形状与焊盘很相似，但作用不同。它用来连接不在同一层但属于同一网络的导线，如双面板中的顶层和底层。单击配线工具栏中的按钮，或者执行菜单命令 Place→Via，都可以在 PCB 图纸中放置过孔。

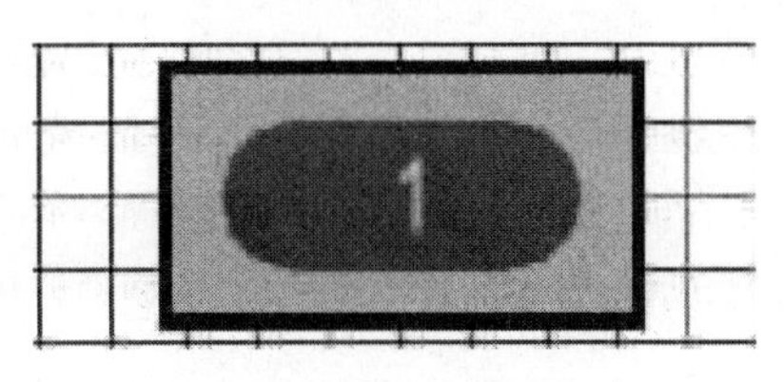

图 7-38　放置的矩形焊盘

启动放置过孔命令后，光标会附上一个过孔，在图纸上合适位置单击就可以完成放置，如图 7-39 所示。

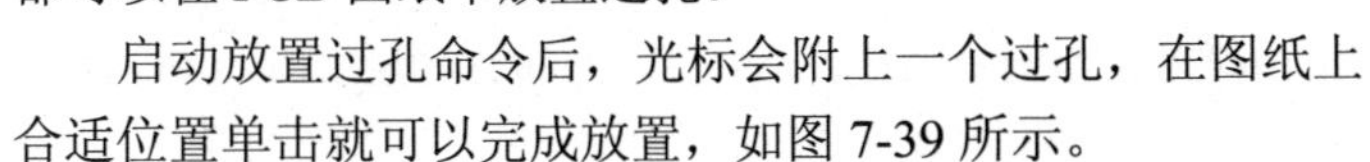

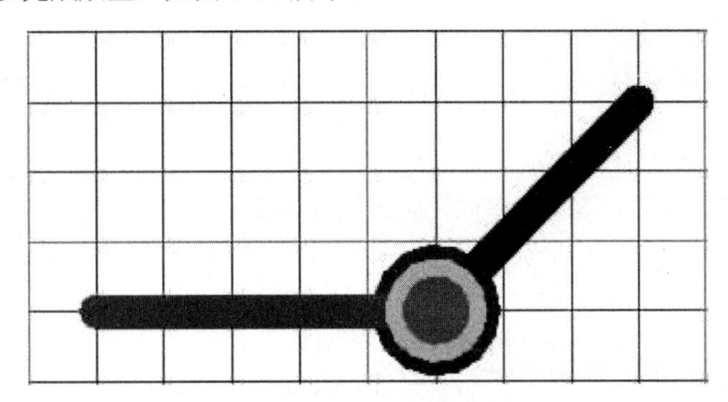

图 7-39　放置过孔

双击过孔，出现 Via 属性对话框，如图 7-40 所示，可以修改它的大小、孔径和所属网络等属性，具体如下。

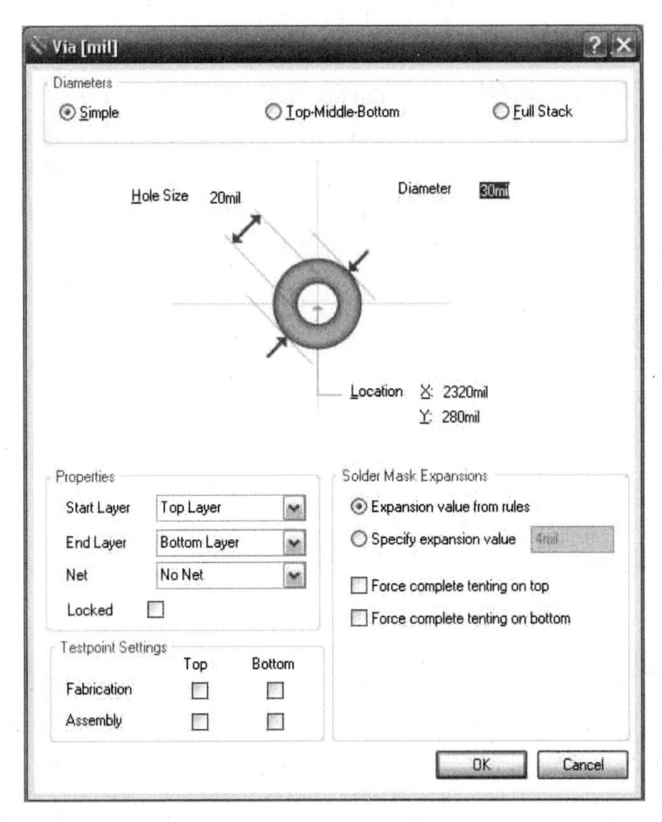

图 7-40　过孔属性对话框

（1）Diameters 过孔直径。选择 Simple（简单的）需要设 Hole Size 孔尺寸，Diameter 直径，Location 位置；Top-Middle—Bottom 为多层的；Full Stack 为完整堆栈。

（2）Properties 过孔属性。

1）Start Layer：过孔开始层。可以单击右侧的按钮选择一个层，例如由顶层（TopLayer）开始。

2）End Layer：过孔终止层。可以单击右侧的按钮选择一个层，例如到底层（BottomLayer）终止。

3）Net：网络。可以单击右侧的按钮选择一个网络。

4）Testpoint：测试点。

7.2.2　补泪滴

在电路板设计中，为了让焊盘更坚固，防止机械制板时焊盘与导线之间断开，常在焊盘和导线之间用铜膜布置一个过渡区，形状像泪滴，故常称为补泪滴（Teardrops）。

泪滴的放置可以执行主菜单命令 Tools→Teardrop，将弹出如图 7-41 所示的 Teardrop ptions（泪滴）设置对话框。

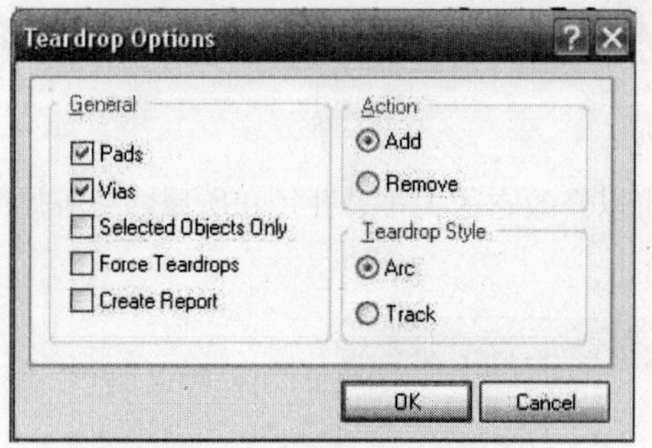

图 7-41　放置泪滴设置对话框

（1）General（常规）选项组。

1）Pads（所有焊盘）复选框：勾选该复选框，将对所有焊盘添加泪滴。

2）Vias（所有过孔）复选框：勾选该复选框，将对所有过孔添加泪滴。

3）Selected Objects Only（仅对所选对象）复选框：勾选该复选框，将对选中的对象添加泪滴。

4）Force Teardrops（强制补泪滴）复选框：勾选该复选框，将强制对所有焊盘或过孔添加泪滴，这样可能导致在 DRC 检测时出现错误信息。取消对此复选框的勾选，则对安全间距太小的焊盘不添加泪滴。

5）Create Report（生成报表）复选框：勾选该复选框，进行添加泪滴的操作后将自动生成一个有关添加泪滴操作的报表文件，同时该报表也将在工作窗口显示出来。

（2）Action（作用）选项组。

1）Add（添加）单选钮：用于添加泪滴。

2）Remove（删除）单选钮：用于删除泪滴。

（3）Teardrop Style（补泪滴类型）选项组。

1）Arc（弧形）单选钮：用弧线添加泪滴。

2）Track（导线）单选钮：用导线添加泪滴。

设置完毕单击 OK 按钮，完成对象的泪滴添加操作。补泪滴前后焊盘与导线连接的变化如图 7-42 所示。

7.2.3　放置覆铜

覆铜由一系列的导线组成，可以完成电路板内不规则区域的填充。在绘制 PCB 图时，覆铜主要是指把空余没有走线的部分用导线全部铺满。用铜箔铺满部分区域和电路的一个网络相连，多数情况是和 GND 网络相连。单面电路板覆铜可以提高电路的抗干扰能力，经过覆铜处理后制作的印制板会显得十分美观，同时，通过大电流的导电通路也可以采用覆铜的方法来加大过电流的能力。通常覆铜的安全间距应该在一般导线安全间距的两倍以上。

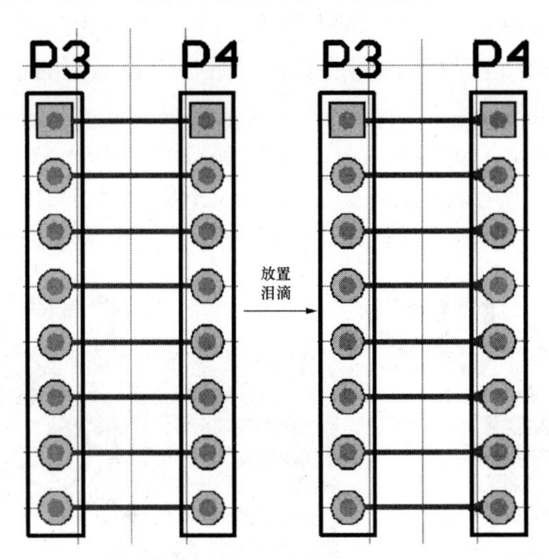

图 7-42　补泪滴前后焊盘与导线的连接

1．执行覆铜命令

执行菜单命令 Place→Polygon Pour，或者单击 Wiring 工具栏中的▦按钮，即可执行放置覆铜命令。系统弹出的 Polygon Pour 对话框，如图 7-43 所示。

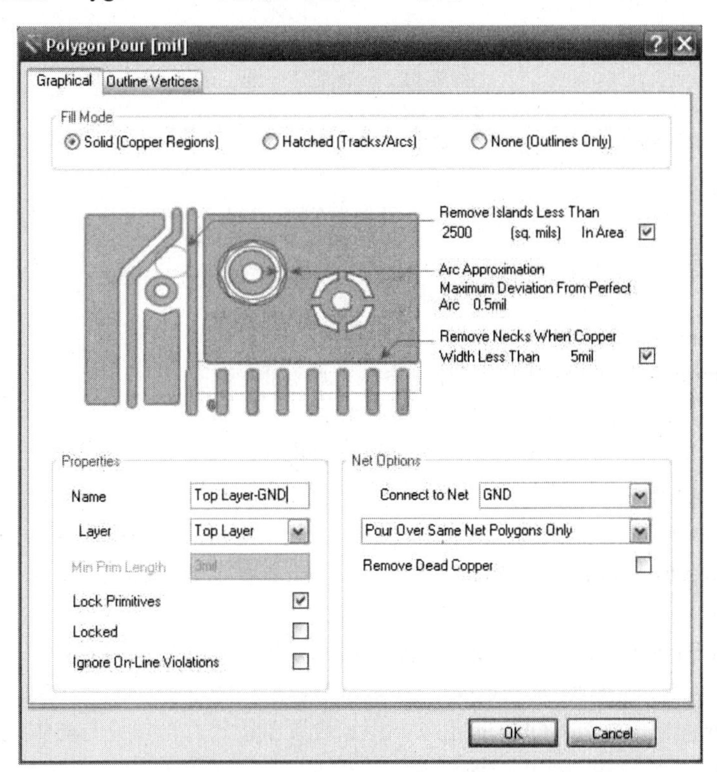

图 7-43　Polygon Pour 对话框

2．设置覆铜属性

（1）Fill Mode（填充模式）选项组。该选项组用于选择覆铜的填充模式，包括 3 个单选钮，

Solid（Copper Regions），即覆铜区域内为全覆铜；Hatched（tracks/Arcs），即向覆铜区域内填入网络状的覆铜；None（Outlines Only），即只保留覆铜边界，内部无填充。

在对话框的中间区域内可以设置覆铜的具体参数，针对不同的填充模式，有不同的设置参数选项。

1）Solid（Copper Regions）实体单选钮：用于设置删除孤立区域覆铜的面积限制值，以及删除凹槽的宽度限制值。注意，当用该方式覆铜后，在 Protel 99 SE 软件中不能显示，但可以用 Hatched（tracks/Arcs）（网络状）方式覆铜。按图 7-43 所示的设置，覆铜结果如图 7-44 所示。

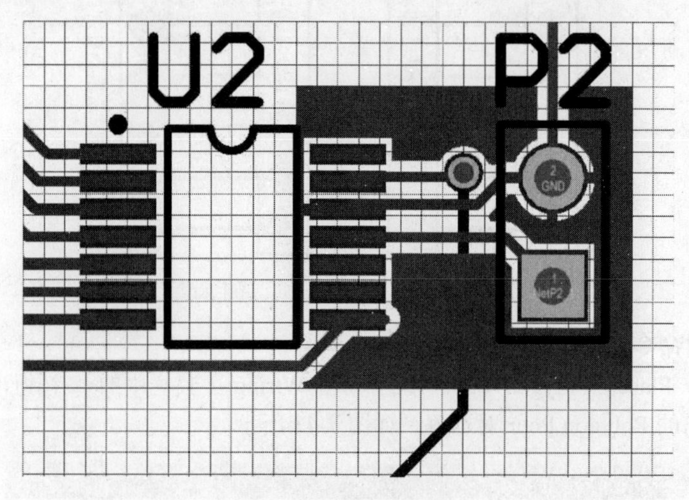

图 7-44　放置实体覆铜

2）Hatched（tracks/Arcs）网络状单选钮：用于设置网格线的宽度、网络的大小、围绕焊盘的形状及网格的类型。

3）None（Outlines Only）单选钮：用于设置覆铜边界导线宽度及围绕焊盘的形状等的形状。

（2）Properties 属性选项组。

1）Layer 下拉列表框：用于设定覆铜所属的工作层。

2）Min Prim Length 文本框：用于设置最小图元的长度。

3）Lock Primitives 复选框：用于选择是否锁定原有覆铜。

4）Lock 复选框：用于选择是否锁定现铺覆铜。

5）Ignore On-line Violations 复选框：用于设置忽略在线违规操作。

（3）Net Options 网络选项选项组。

1）Connect to Net 连接到网络下拉列表框：用于选择覆铜连接到的网络。通常连接到 GND 网络。

2）Don't Pour Over Same Net Objects 选项：用于设置覆铜的内部填充不与同网络的图元及覆铜边界相连。

3）Pour Over Same Net Polygons Only 选项：用于设置覆铜的内部填充只与覆铜边界线及同网络的焊盘相连。

4）Pour Over All Same Net Objects 选项：用于设置覆铜的内部填充与覆铜边界线，并与同网络的任何图元相连，如焊盘、过孔、导线等。

5）Remove Dead Copper 复选框：用于设置是否删除孤立区域的覆铜。孤立区域的覆铜是指没有连接到指定网络元件上的封闭区域内的覆铜，若勾选该复选框则可以将这些区域的覆铜去除。

3. 放置覆铜

（1）执行放置覆铜命令。系统将弹出 Polygon Pour 对话框，如图 7-43 所示。

（2）单击 Solid（Copper Regions）单选钮，设置名称为 Top Layer-GND，连接到网络 GND，层面设置为 Top layer，勾选 Lock Primitives 复选框，勾选 Remove Dead Copper 复选框，如图 7-43 所示。

（3）单击 OK 按钮，关闭该对话框。此时光标变成“十”字形状，准备开始覆铜操作。

（4）在需要敷铜区域画一个闭合的矩形框。单击确定起点，移动至拐点处单击，直至确定矩形框的 4 个顶点，右击退出。用户不必手动将矩形框线闭合，系统会自动将起点和终点连接起来构成闭合框线。

（5）系统在框线内部自动生成了 Top Layer 的覆铜，如图 7-44 所示。可以看到 GND 网络与覆铜连接。

（6）继续放置覆铜，执行覆铜命令，单击 Hatched（tracks/Arcs）网络状单选钮，如图 7-45 所示，设置网状填充模式为 45°，其他设置同前。

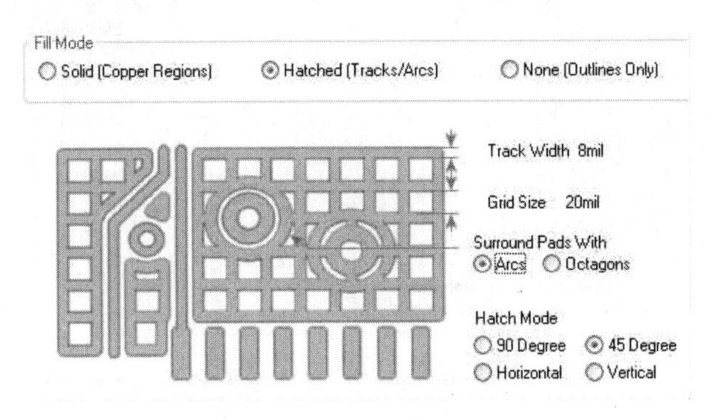

图 7-45　网状覆铜

（7）单击 OK 按钮，关闭该对话框。此时光标变成“十”字形状，在需要敷铜区域画一个闭合的矩形框，如图 7-46 所示，由于勾选 Lock Primitives 复选框，因此原有覆铜处于锁定状态。

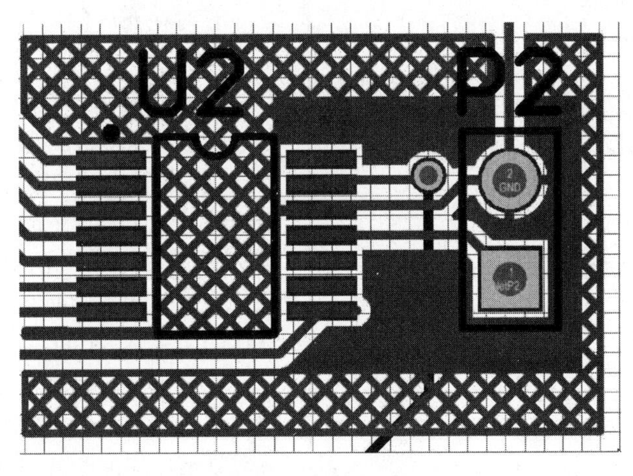

图 7-46　放置网状覆铜

（8）执行覆铜命令，单击 Remove Dead Copper 复选框，如图 7-47 所示，采用默认设置。

（9）单击 OK 按钮，关闭该对话框。此时光标变成“十”字形状，在需要敷铜区域画一个闭合的矩形框，如图 7-48 所示。

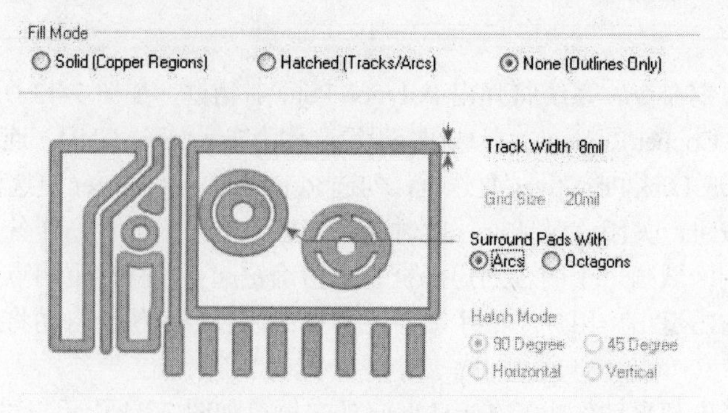

图 7-47 无填充覆铜设置

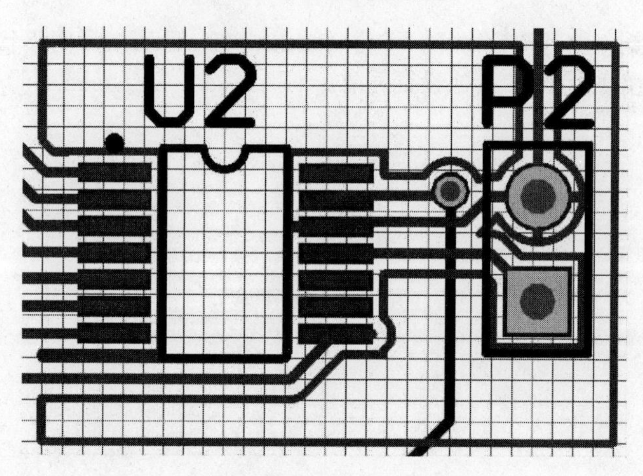

图 7-48 无填充覆铜

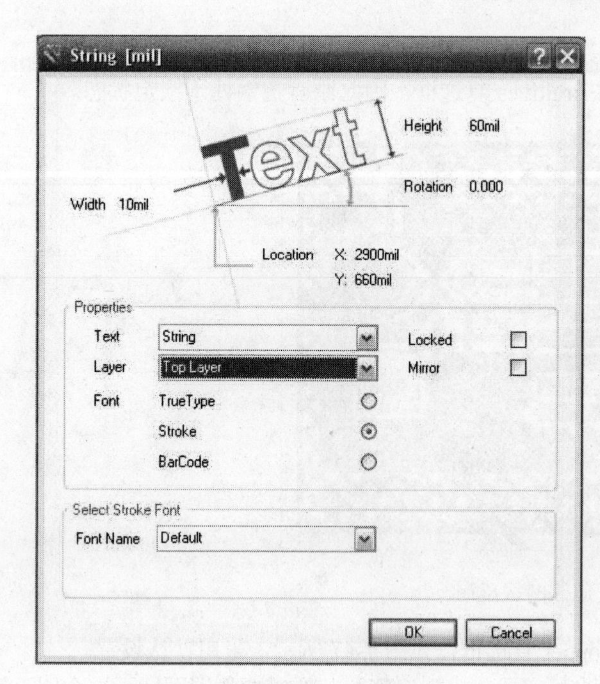

图 7-49 文字属性设置对话框

7.2.4 放置文字和注释

有时在布好的印制板上需要放置相应组件的文字 String 标注，或者电路注释及公司的产品标志等文字。必须注意的是所有的文字都放置在 Silkscreen 丝印层上。

（1）执行主菜单命令 Place→String，或单击组件放置工具栏中的 A 按钮。选中放置后，鼠标变成"十"字光标状，将鼠标移动到合适的位置，单击鼠标就可以放置文字。系统默认的文字是 String。

（2）在用鼠标放置文字时按 Tab 键，或放置后双击字符串，将弹出 String 文字属性设置对话框，如图 7-49 所示。

其中，可以设置的项是文字的 Height（高度）、Width（宽度）、Rotation（放置的角度）和 *X* 和 *Y* 的坐标位置 Location X/Y。

在属性 Properties 选项区域中，有如下几项：

1）Text 下拉列表：用于设置要放置的文字的内容，可根据不同设计需要而进行更改。

2）Layer 下拉列表：用于设置要放置的文字所在的图层。

3）Font 下拉列表：用于设置放置的文字的字体。

4）Locked 复选项：用于设定放置后是否将文字固定不动。

5）Mirror 复选项：用于设置文字是否镜像放置。

7.2.5　放置坐标

放置坐标指示可以显示出 PCB 板上任何一点的坐标位置。

（1）执行命令菜单 Place→Coordinate，也可以用组件放置工具栏中的+¹⁰,¹⁰ 图标按钮。

（2）进入放置坐标的状态后，鼠标将变成“十”字光标状，将鼠标移动到合管的位置，单击确定放置，如图 7-50 所示。

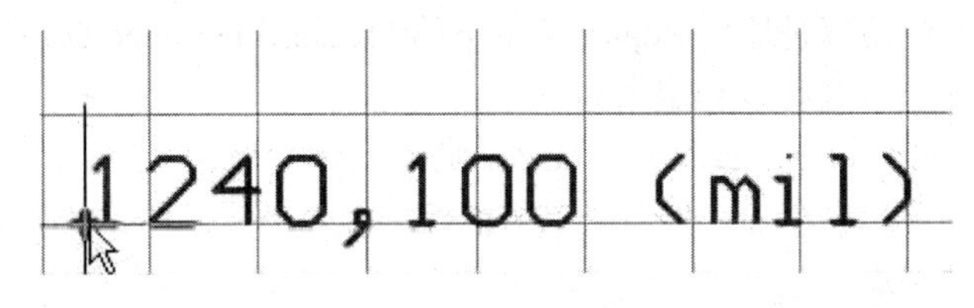

图 7-50　坐标指示放置

（3）在用鼠标放置坐标时按 Tab 键，将弹出 Coordinate 坐标指示属性设置对话框，如图 7-51 所示。

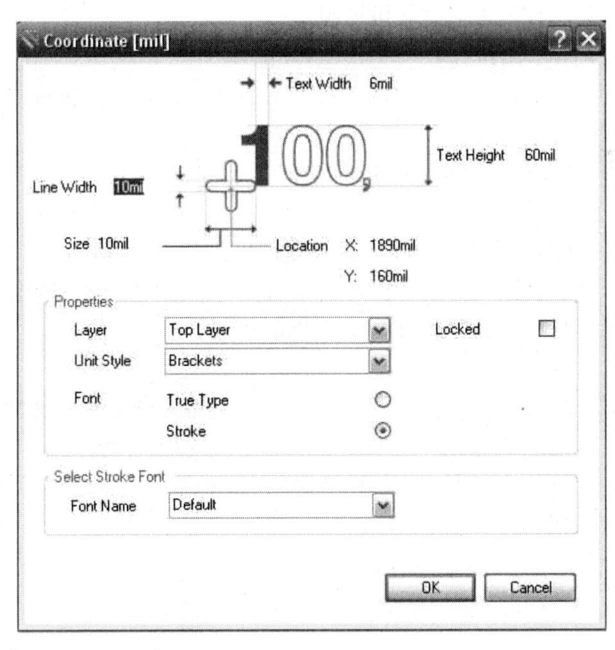

图 7-51　坐标指示属性设置

对已经在 PCB 板上放置好的坐标指示，直接双击该坐标指示也将弹出 Coordinate 属性设置对话框。坐标指示属性设置对话框中有如下几项：

1）Line Width：用于设置坐标线的线宽。

2）Text Width：用于设置坐标的文字宽度。

3）Text Height：用于设置坐标标注所占的高度。

4）Size：用于设置坐标的十字宽度。

5）Location X 和 Y：用于设置坐标的位置 *X* 和 *Y*。

6）Layer 下拉列表：用于设置坐标所在的布线层。

7）Unit Style 下拉列表：用于设置坐标指示的放置方式。有 3 种放置方式，分别为 None（无单位）、Normal（常用方式）和 Brackets（使用括号方式）。

8）Font 下拉列表：用于设置坐标文字所使用的字体。

9）Locked 复选项：用于设置是否将坐标指示文字在 PCB 上锁定。

7.2.6　距离测量与标注

1．测量电路板上两点间的距离

电路板上两点之间的距离是通过 Report 菜单下的 Measure Distance 选项执行的，它测量的是 PCB 板上任意两点的距离。具体操作步骤如下：

（1）执行菜单命令 Report→Measure Distance，此时鼠标变成“十”字形状出现在工作窗口中。

（2）移动鼠标到某个坐标点上，单击确定测量起点。如果鼠标移动到了某个对象上，则系统将自动捕捉该对象的中心点。

（3）鼠标仍为“十”字形状，重复（2）确定测量终点。此时将弹出如图 7-52 所示的对话框，在对话框中给出了测量的结果。测量结果包含总距离、*X* 方向上的距离和 *Y* 方向上的距离三项。

（4）鼠标仍为“十”字形，重复（2）、（3）可以继续其他测量。

（5）完成测量后，右击或按 Esc 键即可退出该操作。

2．测量电路板上对象间的距离

这里的测量是专门针对电路板上的对象进行的，在测量过程中，鼠标将自动捕捉对象的中心位置。具体操作步骤如下：

（1）执行菜单命令 Report→Measure Primitives，此时鼠标变成“十”字形状出现在工作窗口中。

（2）移动鼠标到某个对象（如焊盘、元件、导线、过孔等）上，单击鼠标左键确定测量的起点。

（3）鼠标仍为“十”字形状，重复（2）确定测量终点。此时将弹出如图 7-53 所示的对话框，在对话框中给出了对象的层属性、坐标和整个的测量结果。

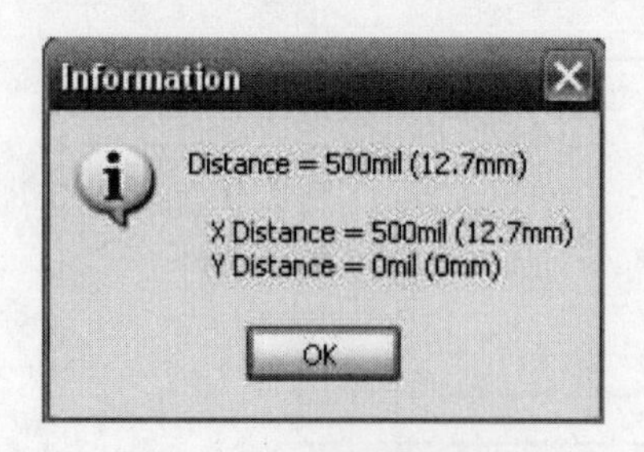

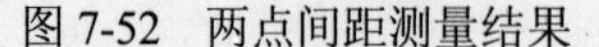
图 7-52　两点间距测量结果

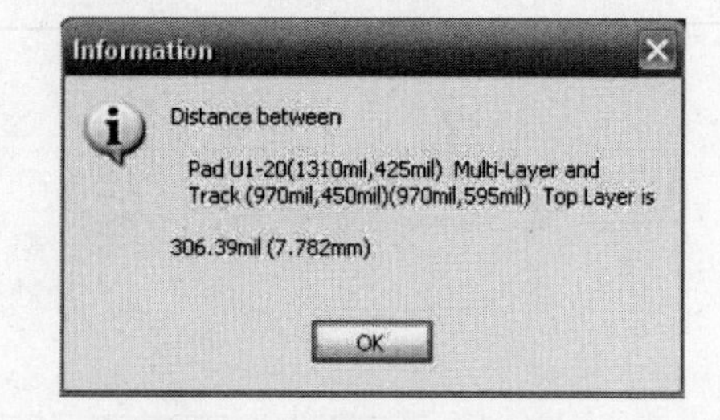

图 7-53　对象间距测量结果

（4）鼠标仍为十字状态，重复（2）、（3）可以继续其他测量。

（5）完成测量后，右击或按 Esc 键即可退出该操作。

3．放置距离标注

（1）将 PCB 电路板切换到 Keep-out Layer 层，执行命令 Place→Dimension→Dimension，也可

以用组件放置工具栏中的 按钮。

（2）进入放置距离标注的状态后，鼠标变成“十”字形。将鼠标移动到合适的位置，单击鼠标确定放置距离标注的起点位置。移动鼠标到合适位置再单击，确定放置距离标注的终点位置，完成距离标注的放置，如图 7-54 所示。系统自动显示当前两点间的距离。

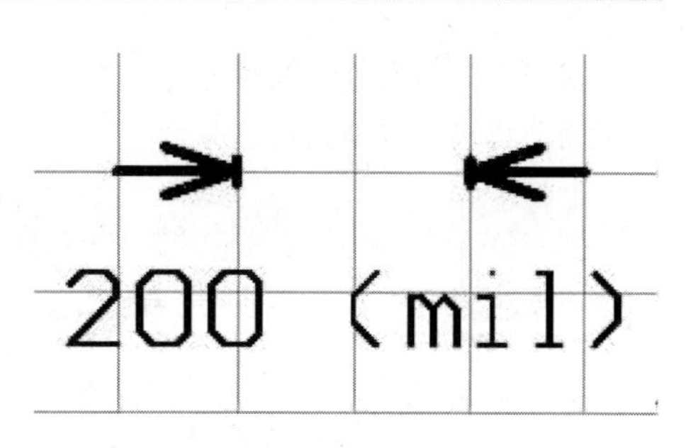

图 7-54 放置距离标注

（3）在用鼠标放置距离标注时按 Tab 键，或直接双击放置好的距离标注，将弹出 Dimension 距离标注属性设置对话框，如图 7-55 所示。

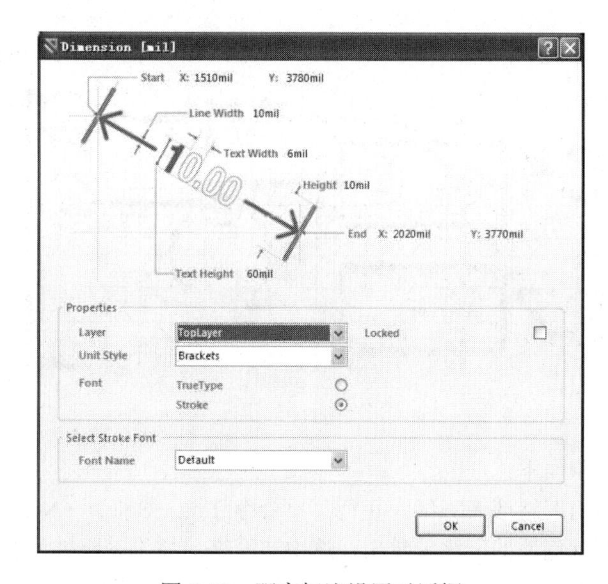

图 7-55 距离标注设置对话框

距离属性设置对话框中有如下几项：

1）Start X 和 Y：用于设置距离标注的起始坐标 X 和 Y。

2）Line Width：用于设置距离标注的线宽。

3）Text Width：用于设置距离标注的文字宽度。

4）Height：用于设置距离标注所占高度。

5）End X 和 Y：用于设置距离标注的终止坐标 X 和 Y。

6）Text Height：用于设置距离标注文字的高度。

7）Layer 下拉列表：用于设置距离标注所在的布线层。

8）Font 下拉列表：用于设置距离标注文字所使用的字体。

9）Locked 复选项：用于设置该距离注释是否要在 PCB 板上固定位置。

10）Unit Style 下拉列表：用于设置距离单位的放置。有 3 种放置方式，分别为 None （无单位）、Normal（常用方式）和 Brackets（使用括号方式）。效果分别如图 7-56、图 7-57 和图 7-54 所示。

7.2.7 添加包地

在 PCB 设计中对高频电路板布线时，对重要的信号线进行包地处理，可以显著提高该信号的抗干扰能力，当然还可以对干扰源进行包地处理，使其不能干扰其他信号。如图 7-58 所示，对晶振电路连线进行包地处理。

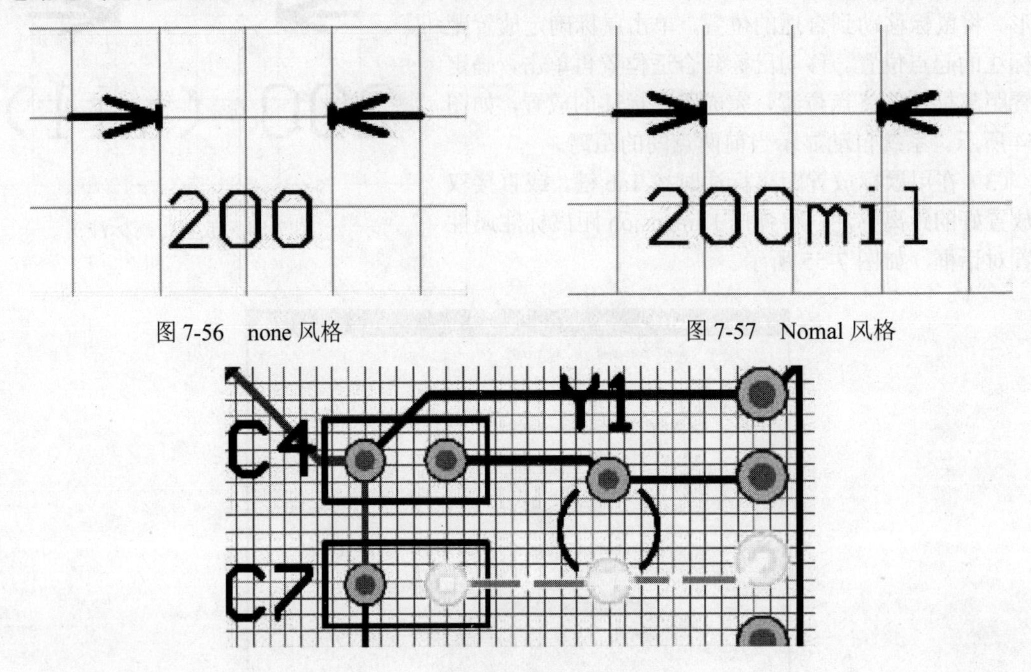

图 7-56 none 风格　　图 7-57 Nomal 风格

图 7-58 晶振电路

网络包地的使用步骤如下：

（1）选择需要包地的网络或者导线。执行菜单命令 Edit→Select→Net，光标将变成“十”字形状，移动光标到要进行包地的网络处单击，选中该网络。如果是组件没有定义网络，可以执行菜单命令 Edit→Select→Connected Copper 选中要包地的导线，如图 7-59 所示。

（2）放置包地导线。执行菜单命令 Tools→Outline Selected Objects。系统自动对已经选中的网络或导线进行包地操作。包地操作后的效果如图 7-60 所示。

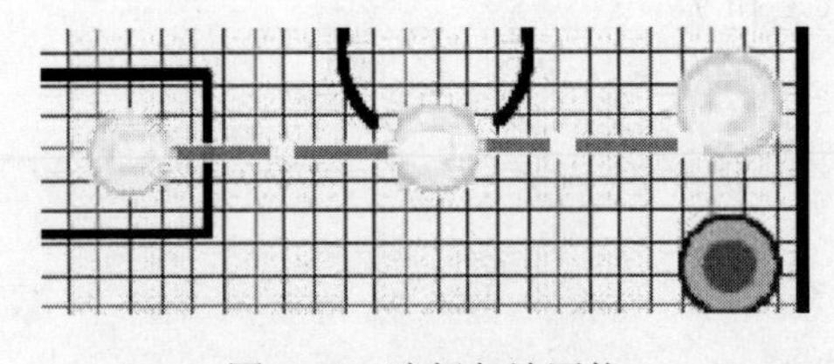

图 7-59 选择包地网络

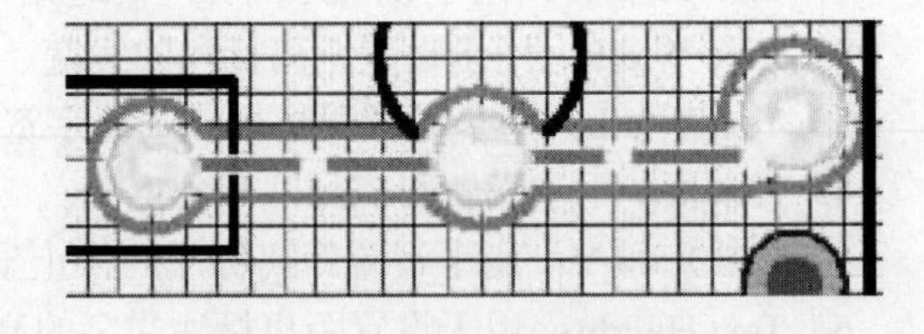

图 7-60 包地操作后效果图

（3）设置包地线网络为 GND。执行菜单命令 Edit→Select→Connected Copper 选中包地导线，如图 7-61 所示。在 Altium Designer 软件右下角单击 PCB，选择 PCB Inspector，如图 7-62 所示。打开 PCB Inspector 面板，如图 7-63 所示。在 Net 选项后的下拉菜单中选择 GND 网络，此时包地网络将全部变为 GND 网络。可双击包地网络线查看属性。

（4）将包地网络覆铜。覆铜网络也设置为 GND，执行覆铜后的包地网络如图 7-64 所示。

（5）对包地导线的删除。如果不再需要包地导线，可以执行菜单命令 Edit→Select→Connected Copper。此时光标将变成“十”字形状，移动光标选中要删除的包地导线，按 Delect 键即可删除不需要的包地导线。

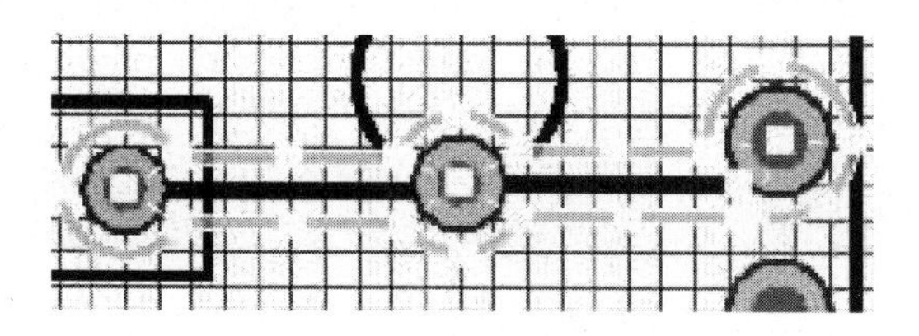

图 7-61　选中包地网络

图 7-62　PCB Inspector 命令

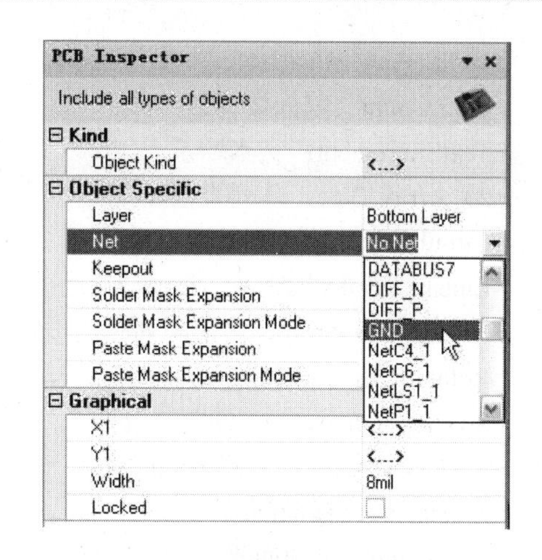

图 7-63　PCB Inspector 面板

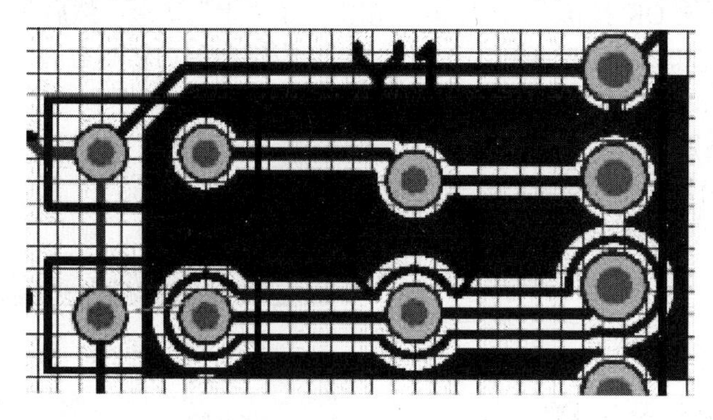

图 7-64　包地覆铜

7.2.8　特殊粘贴

1．线性阵列粘贴

对于放置多个相同属性的 PCB 对象，例如元件，可以用阵列粘贴功能来实现。下面分别演示线性阵列粘贴电阻器与环形阵列粘贴 LED 的方法。

（1）选中并复制要粘贴的对象，如图 7-65 所示。

（2）单击常用工具组中的按钮，出现 Setup Paste Array 对话框，如图 7-66 所示，可以定义阵列粘贴相关选项，这里按照图中显示的设置，各设置项具体含义如下。

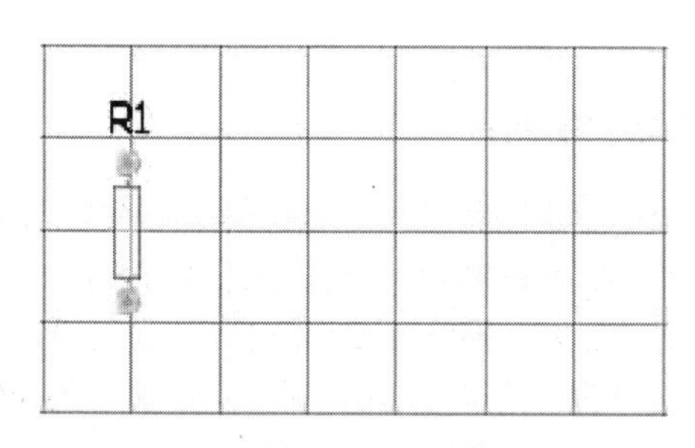

图 7-65　选择复制粘贴对象

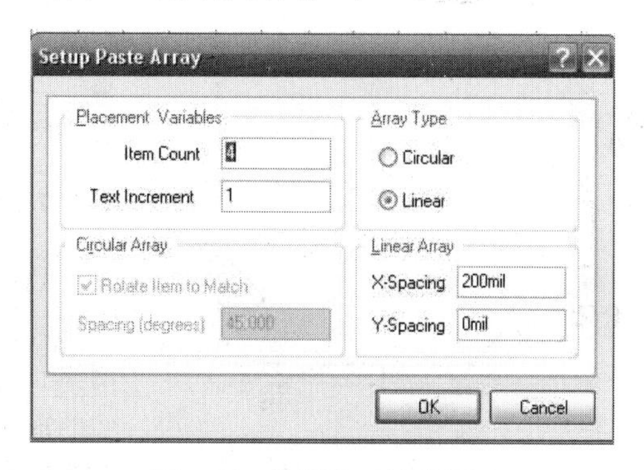

图 7-66　线性阵列粘贴设置

1）Placement Variables：放置变量。

Item Count：阵列数目。

Text Increment：文本增量。

2）Array Type：阵列类型。

Circular：环形的。

Linear：线形的。

3）Circular Array：环形阵列时选项。

Rotate Item to Match：旋转匹配。

Spacing（degrees）：间隔（度数）。

4）LinearArray：线形阵列时选项。

X-Spacing：横向间隔。

Y-Spacing：竖向间隔。

（3）设置完成单击 OK 按钮，随即光标会附上一个“十”字形，然后在图纸合适位置单击以放置粘贴对象，操作完成后结果如图 7-67 所示，可以发现电阻由粘贴前的 1 个变成了 5 个，它们的编号也是自动增加的。

2．环形阵列粘贴

（1）选中并复制要粘贴的对象，然后将对象删除。

（2）单击常用工具组中的按钮，出现 Setup Paste Array 对话框，参照图 7-68 所示定义各选项。

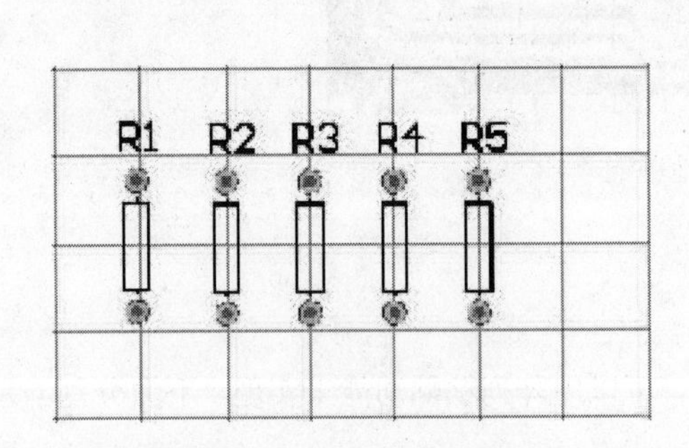

图 7-67　线性阵列粘贴结果

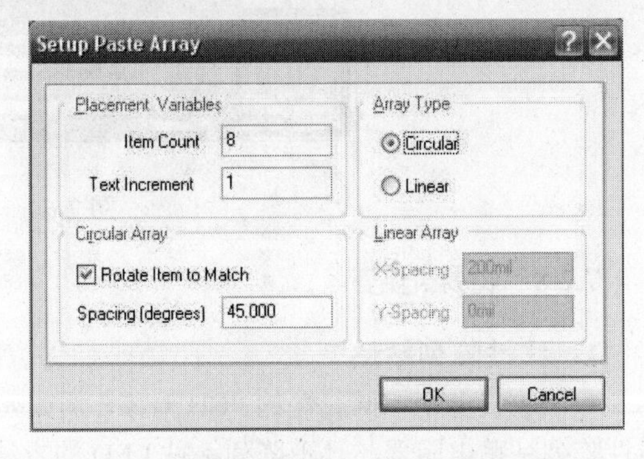

图 7-68　圆形阵列粘贴设置

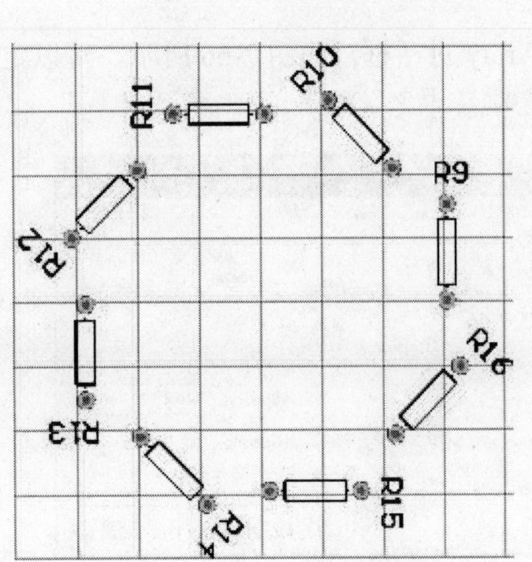

图 7-69　圆形阵列粘贴结果

（3）设置完成单击 OK 按钮，此时光标同样会附上一个“十”字形，先在图纸合适的位置单击鼠标左键确定环形的中心点，然后移动鼠标至合适位置再单击鼠标左键确定环形的半径，操作完成后可以发现图纸上随即出现了如图 7-69 所示的阵列效果。

7.2.9　添加网络连接

当在 PCB 中装入网络后，如果发现在原理图中遗漏了个别元件，那么可以在 PCB 中直接添加元件，并添加相应网络。另外，通常还有些网络需要用户自行添加，如与总线的连接，与电源的连接等。下面以图 7-70 所示的 PCB 图为例来添加网络连接，假如添加网络连接将 R8 的 1 脚和R4的2脚相连、R9的1脚和R8的1脚相连、R8的2脚连VCC、R9的2脚连GND。

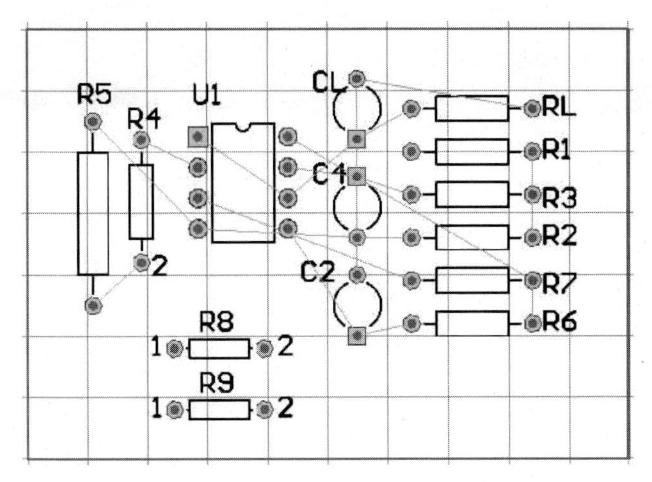

图7-70 PCB实例图

本节将以该实例为基础，详细讲述如何在PCB中添加网络连接，有两种方法实现网络添加，下面分别进行介绍。

1．网络表管理法

（1）在打开的PCB文件中需要装载了网络表，执行菜单命令Design→Netlist→Edit Nets，系统将弹出如图7-71所示的网络表管理器对话框。

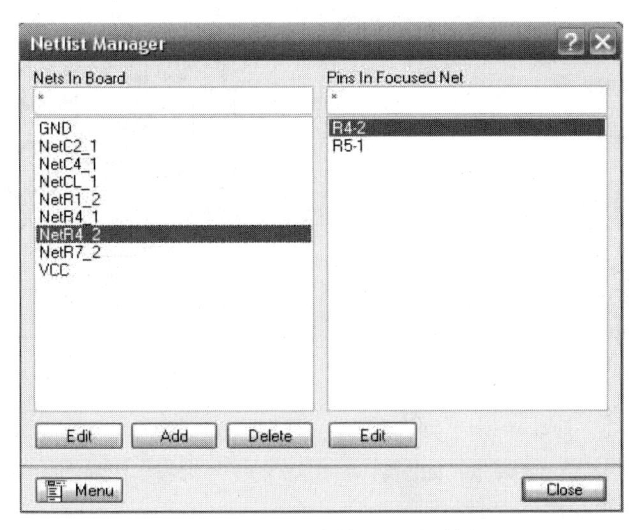

图7-71 网络表管理器对话框

（2）可以在Nets in Board列表中选择需要连接的网络，例如NetR4_2，然后双击该网络名或者单击下面的Edit按钮，系统将弹出图7-72所示的编辑网络对话框，此时可以选择添加连接该网络的元件引脚，如R8_1。

（3）在图7-72的Pins in Other Nets列表中选择R8-1，单击右侧的 > 按钮，可以向NetR4_2添加新的连接引脚，单击OK按钮确认，系统弹出的对话框与图7-71一样。不过在Pins In Focused Net列表中多了R8-1，如图7-73所示。

（4）单击Close按钮关闭对话框，此时，网络连接已出现，如图7-74所示。

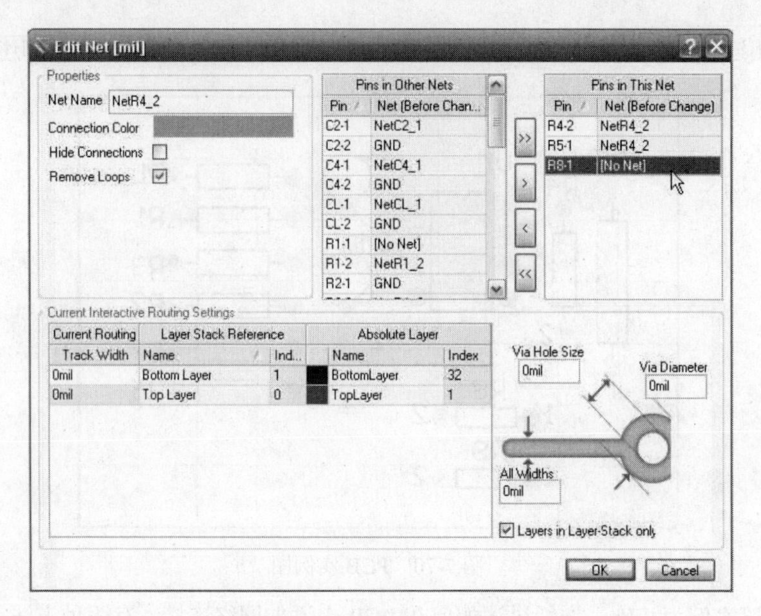

图 7-72　编辑网络对话框

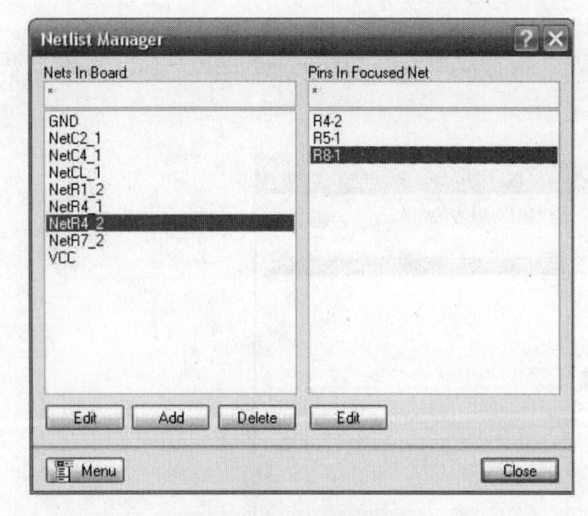

图 7-73　添加连接 R8-1

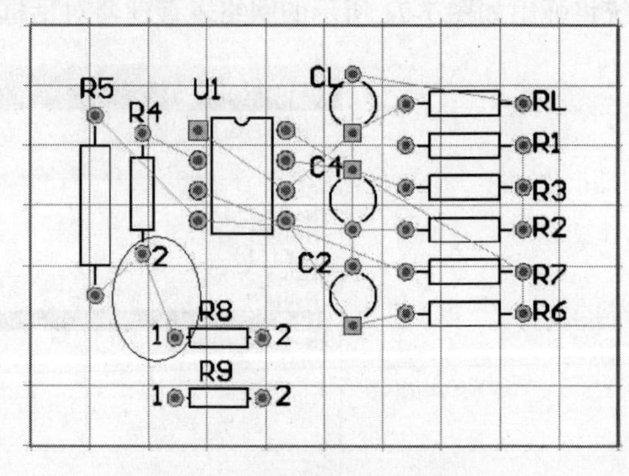

图 7-74　添加连接 R8-1 的 PCB

2．焊盘信息法

（1）右键单击要连接的元件焊盘，如图 7-74 中 R9 的 1 号焊盘，在弹出的菜单栏中选择 Properties，如图 7-75 所示。打开焊盘属性对话框。

（2）在打开的焊盘属性对话框中，Properties 区域，Net 网络下拉菜单中，如图 7-76 所示，选择 NetR4_2 网络。单击 OK 按钮确认，此时网络连接已经出现。

（3）重复（1）、（2）步骤，添加其他连接，添加网络后的 PCB 连接图，如图 7-77 所示。

7.2.10　多层板设计

多层板中的两个重要概念是中间层（Mid-Layer）和内电层（Internal Plane）。其中，中间层是用于布线的中间板层，该层所布的是导线。而内电层是不用于布线的中间板层，主要用于做电源层或者地线层，由大块的铜膜构成。

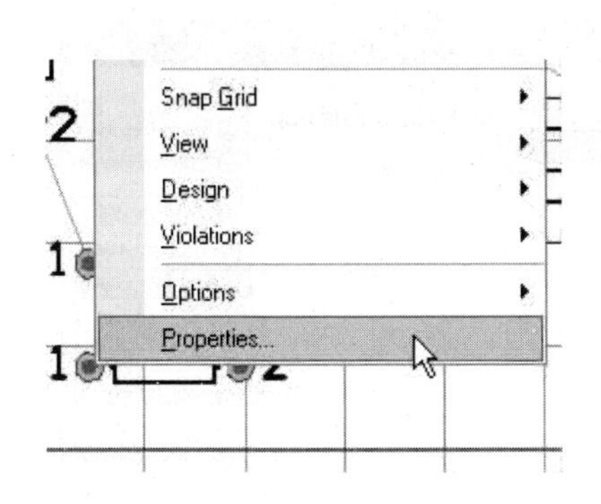

图 7-75　打开焊盘属性菜单

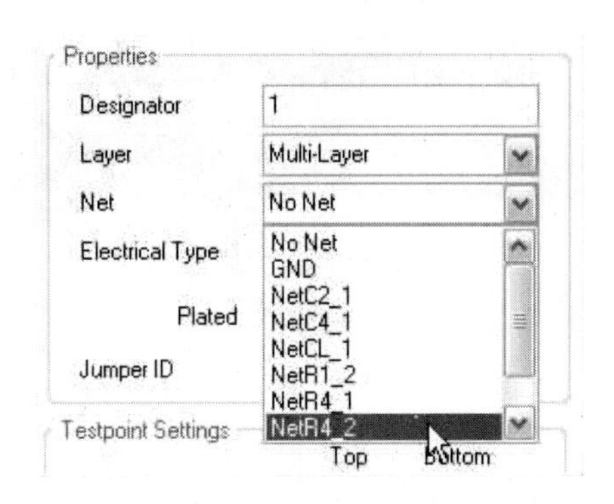

图 7-76　焊盘网络设置

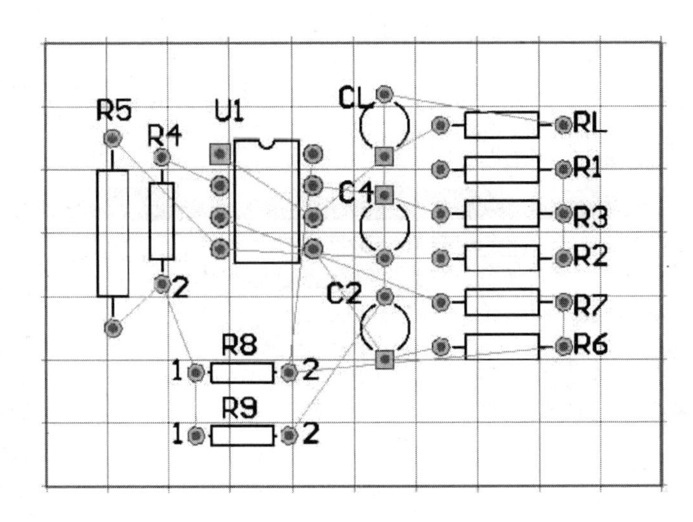

图 7-77　添加网络后的 PCB

Altium Designer 中提供了最多 16 个内层，32 个中间层，供多层板设计需要。在这里以常用的四层电路板为例，介绍多层电路板的设计过程。

1．内电层的建立

对于 4 层电路板，就是建立两层内电层，分别用于电源层和地线层。这样在 4 层板的顶层和底层不需要布置电源线和布置地线，所有电路组件的电源和地的连接将通过盲孔、过孔的形式连接两层内电层中的电源和地。内电层的建立方法如下：

（1）打开要设计的 PCB 电路板，进入 PCB 编辑状态。如图 7-78 所示是一幅双面板的电路图，其中较粗的导线为地线 GND。

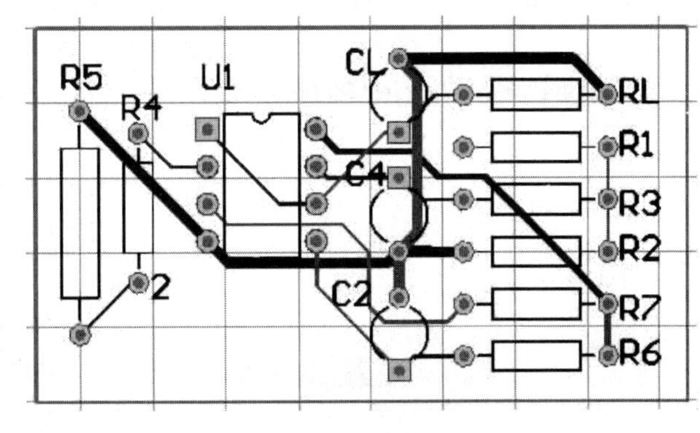

图 7-78　双面 PCB 举例

（2）执行菜单命令 Design→Layer Stack Manage，系统将弹出 Layer Stack Manager（板层管理器）对话框，如图 7-79 所示。

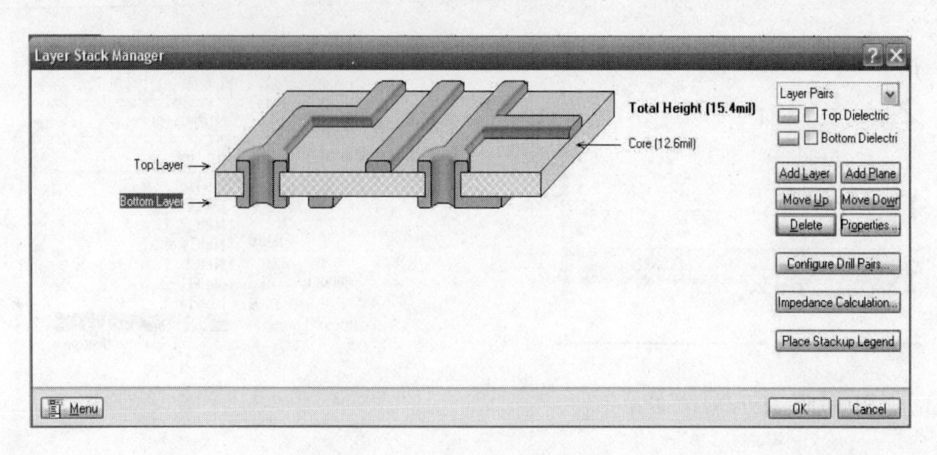

图 7-79　板层管理器对话框

（3）在板层管理器中，单击 Add Plane 按钮，会在当前的 PCB 板中增加一个内层，这时要添加两个内层，添加了两个内层的效果如图 7-80 所示。

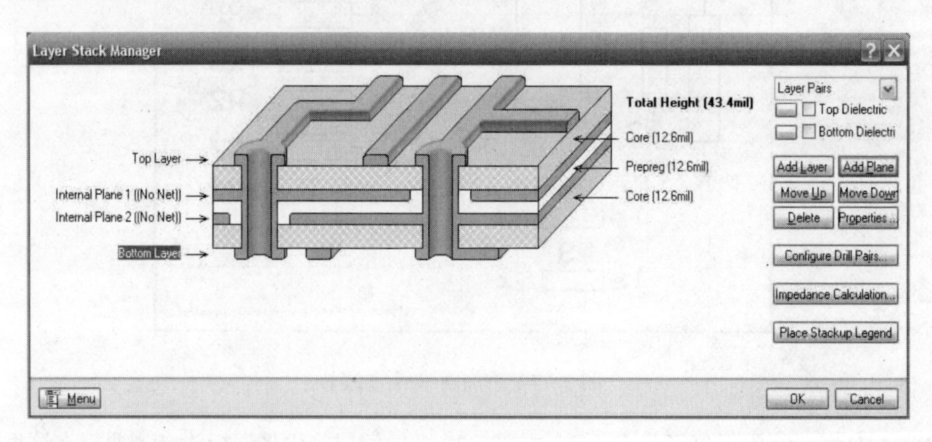

图 7-80　增加两个内层

（4）用鼠标选中第一个内层 Intermal Planel，双击将弹出 Edit Layer（内层属性编辑）对话框，如图 7-81 所示。

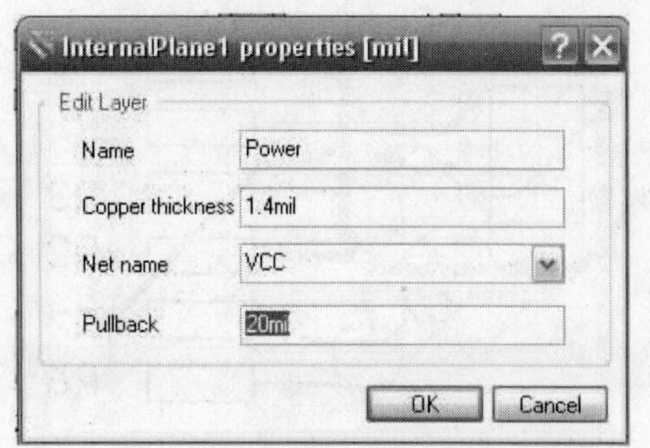

图 7-81　内层属性编辑对话框

在图 7-81 的内层属性编辑对话框中，各项设置说明如下：

1）Name 文本框：用于给该内层指定一个名字。

2）Copper thickness 文本框：用于设置内层铜膜的厚度，这里取默认值。

3）Net Name 下拉列表：用于指对应的网络名。

4）Pullback：用于设置内层铜膜和过孔铜膜不相交时的缩进值，这里取默认值。

（5）内层 Intermal Planel，Name 设置为 Power，表示布置的是电源层。Net Name 对应 PCB 电源的网络名，这里定义为 VCC。内层 Intermal Plane2，Name 定为 Ground，表示是接地层，Net Name 网络

名字为 GND。对两个内层的属性指定完成后，其设置结果如图 7-82 所示。

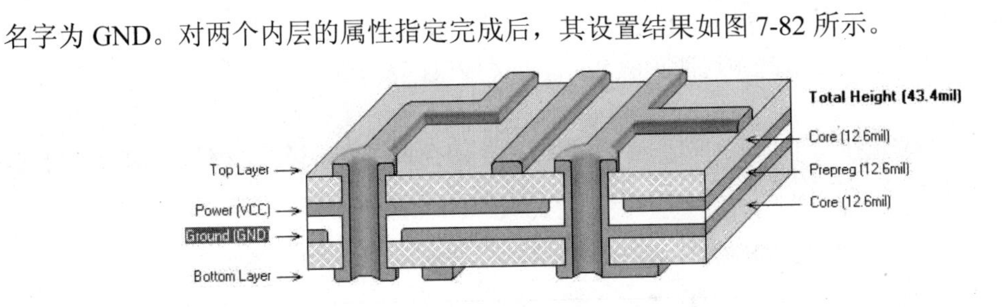

图 7-82 内层设置完成

2．重新布置导线

内层设置完毕，将删除以前的导线，方法是执行菜单命令 Tools→Un-Route→All，将以前的所有导线删除。

重新布线的方法是执行菜单命令 Auto Route→All。软件将对当前 PCB 板进行重新布线，布线结果如图 7-83 所示。

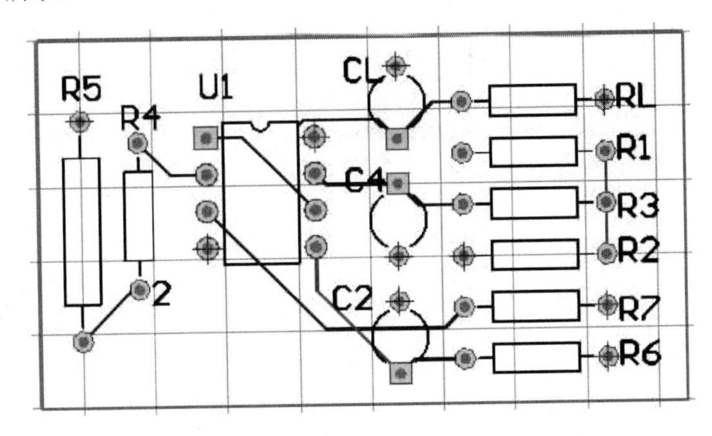

图 7-83 四层板布线结果图

从图 7-83 可以看出，原来 VCC 和 GND 的接点都不再用导线相连接，它们都使用过孔与两个内层相连接，表现在 PCB 图上为使用十字符号标注。

3．内层的显示

（1）在 PCB 图纸上右击，在弹出的右键菜单中执行命令 Options→Board Layers&Colors，系统将弹出 Board Layers and Colors（板层和颜色管理）对话框，如图 7-84 所示。

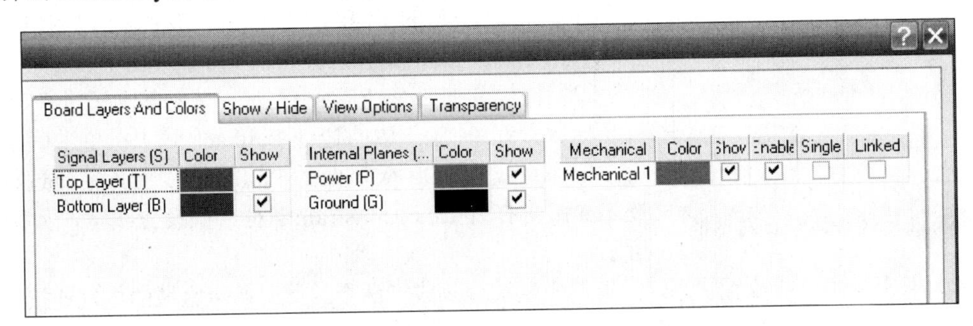

图 7-84 设置内层显示

（2）在板层和颜色管理对话框中，Internal Planes 栏列出了当前设置的两层内电层，分别为 Power 层和 Ground 层。用鼠标选中这两项的 Show 复选按钮，表示显示这两个内层。单击 OK 按钮后退出。

（3）再在 PCB 编辑接口下，使用快捷键 Shift+S 键，切换单层显示模式，将板层切换到内层，如切换到 Power 层的效果如图 7-85 所示。再按 Shift+S 键可切换回原复合状态。

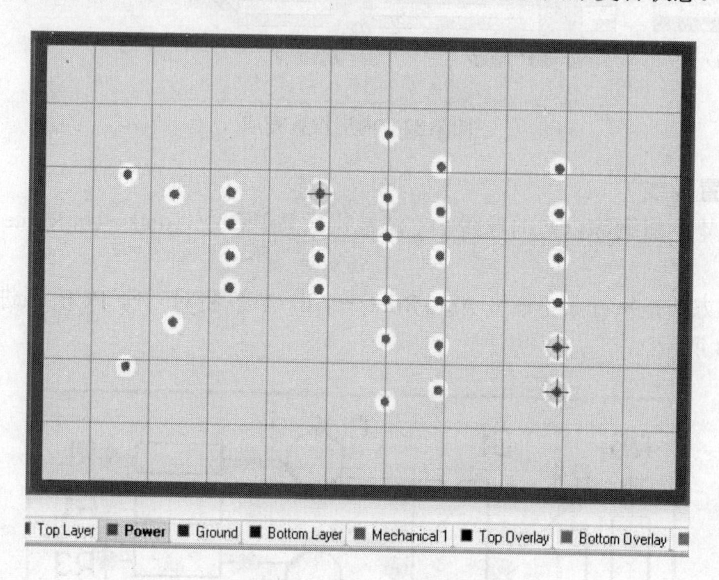

图 7-85　内层显示效果图

（4）如图 7-85 所示，可以看到在网络名为 VCC 的网络标号的过孔处有一个虚线圆，表示 VCC 电源内层的使用情况。

7.2.11　内电层分割

如果在多层板的 PCB 设计中，需要用到不止一组电源或不止一组地，那么可以在电源层或接地层中使用内电层分割来完成不同网络的分配。内电层可分割成多个独立的区域，而每个区域可以指定连接到不同的网络。

分割内电层，可以使用画直线、弧线等命令来完成，只要画出的区域构成了一个独立的闭合区域，内电层即可被分割开。以图 7-85 为例进行内电层的分割。

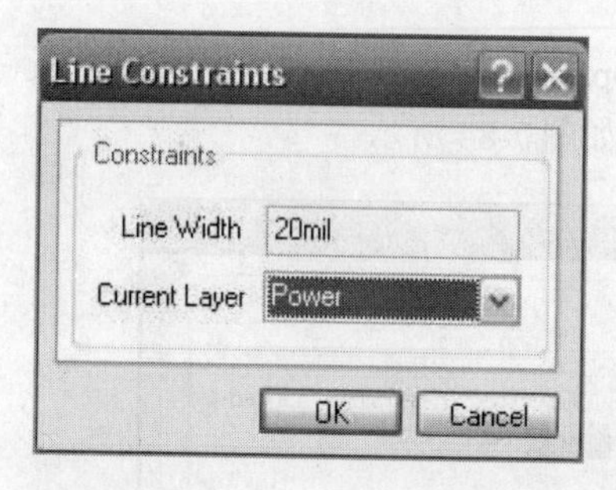

图 7-86　Line Constraints 对话框

（1）在图 7-85 的 PCB 中，单击板层标签中的内电层标签 Power，切换为当前的工作层并单层显示。

（2）执行菜单命令 Place→Line，光标变为“十”字形，将光标放置在 PCB 一边的边缘 Pullback 线上，单击确定起点后，拖动直线到 PCB 板对面的 Pullback 线上。在此过程中，按 Tab 键可打开 Line Constraints 对话框设置线宽，如图 7-86 所示。

（3）右击退出直线放置状态，此时内电层被分割成了两个。此时两个区域的电气连接网络都为 GND，在 PCB 面板中可明确地看到，如图 7-87 所示。

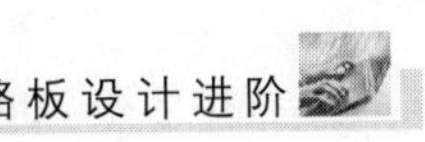

双击其中的某一区域，弹出 Split Plane 对话框，如图 7-88 所示，在该对话框中可为分割后的内电层选择指定的链接网络。

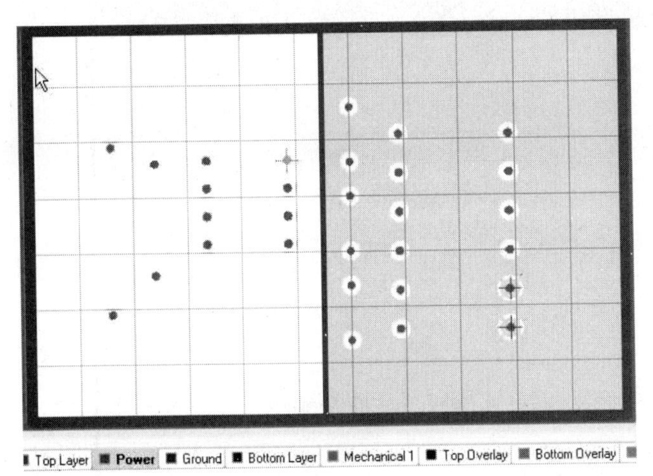

图 7-87 分割为两个内电层

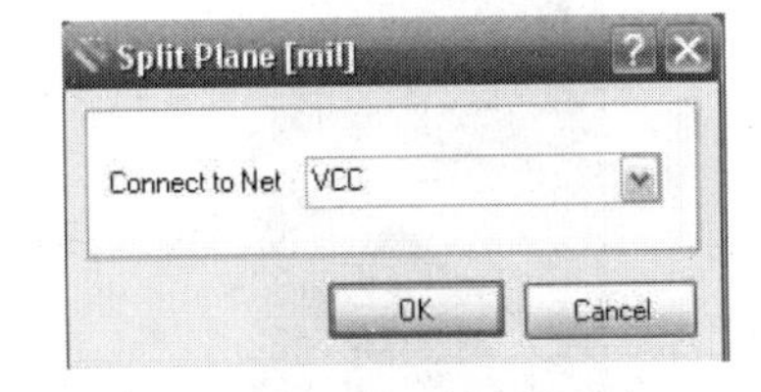

图 7-88 选择指定网络

7.3 Altium Designer 与 Protel 99 SE 库文件转换

7.3.1 将 Protel 99 SE 库文件导入 Altium Designer 中

Altium Designer 中使用的元件库为集成元件库，在 Altium Designer 中使用 Protel 以前版本的元件库或自己做的元件库以及在使用从 Protel 网站下载的元件库时最好将其转换生成为集成元件库后使用。从 Protel 网站下载的元件库也要进行转换，由于 Protel 网站下载的元件库均为.DDB 文件，在使用之前应该进行转换。下面以 Protel 99 SE 自带的数据库文件为例。

1．Protel 99 SE 库文件导入

（1）从 Protel 99 SE 安装路径 Design Explorer 99 SE\Examples 下，找到 4 Port Serial Interface.ddb 文件。

（2）在 Altium Designer 软件中，执行菜单命令 File→ImportWizard，打开后如图 7-89 所示。

（3）按照提示，单击 Next 下一步，在出现的对话框中选择 99SE DDB Files，如图 7-90 所示。

（4）单击 Next 下一步，出现选择文件对话框，在 Files To Process 区域单击 Add 按钮添加前述文件，如图 7-91 所示。在该面板中也可以导入整个.DDB 的文件夹。

（5）单击 Next 下一步，出现选择文件夹对话框，为 4 Port Serial Interface.ddb 文件选择一个解压缩的文件夹，如图 7-92 所示。

（6）继续单击 Next 下一步，出现 Set Schematic conversion options 选项，可以在其中设置 SCH 文档导入的当前文件格式，如图 7-93 所示。

（7）单击 Next 下一步，出现 Set import options 对话框，可以选择为每个 DDB 文件创建一个 Altium Designer 工程还是为每个 DDB 文件夹创建一个 Altium Designer 工程，以及是否在工程中创建 PDF 或者 Word 说明文档，如图 7-94 所示。

（8）单击 Next 下一步，出现选择导入设计文件的对话框，如图 7-95 所示，确认没有问题，则单击 Next 进入下一步。然后会出现 Review project creation 对话框，如图 7-96 所示。

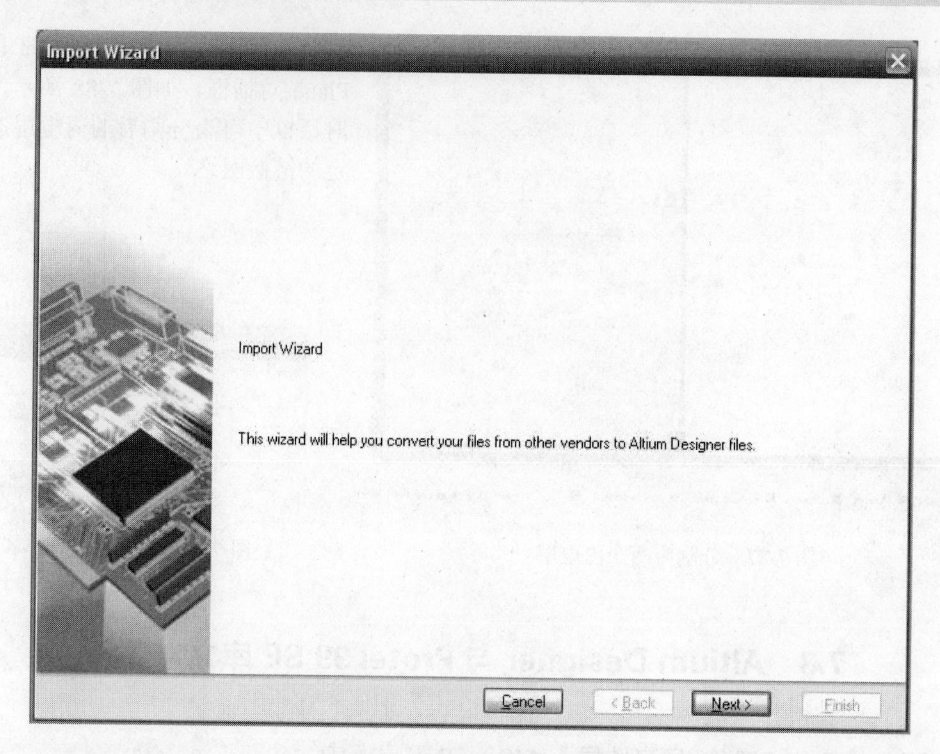

图 7-89 Import Wizard 对话框

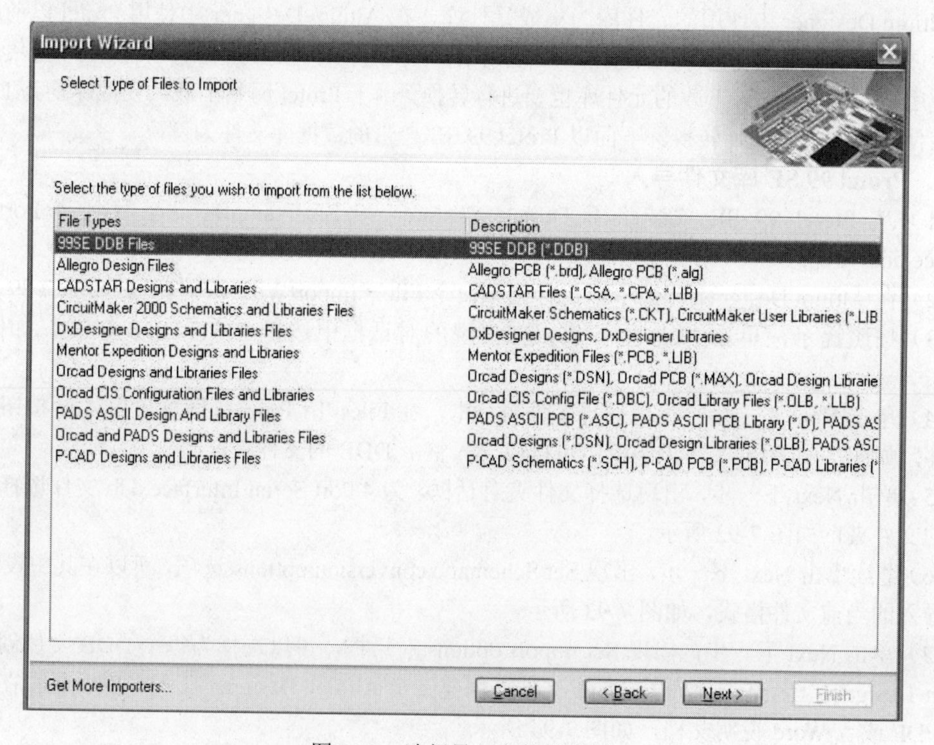

图 7-90 选择导入文件的类型

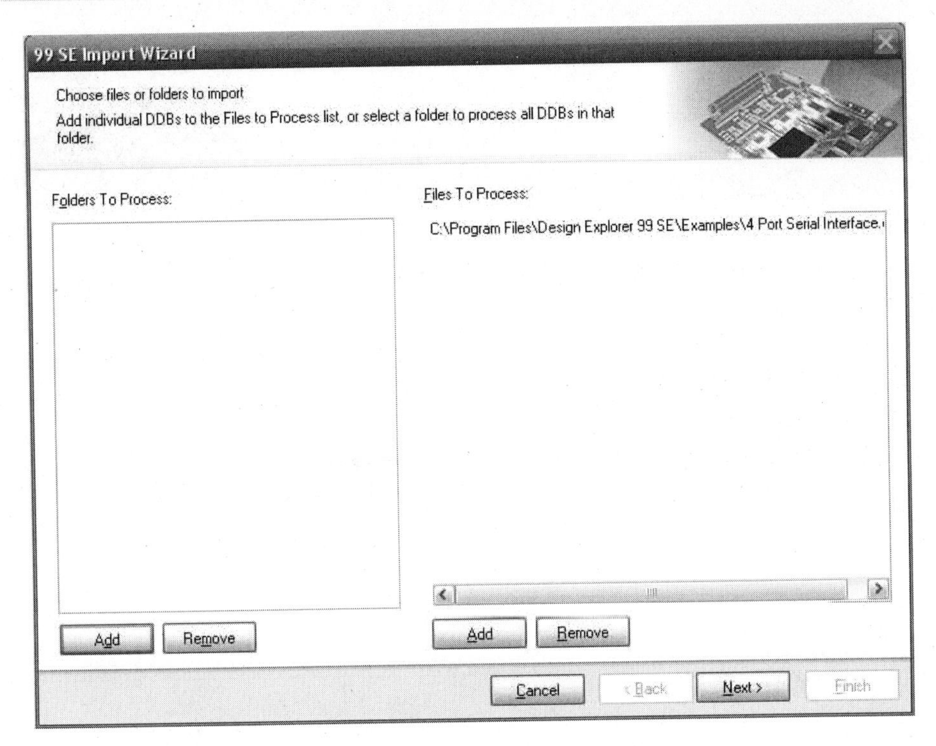

图 7-91　选择导入的文件或文件夹

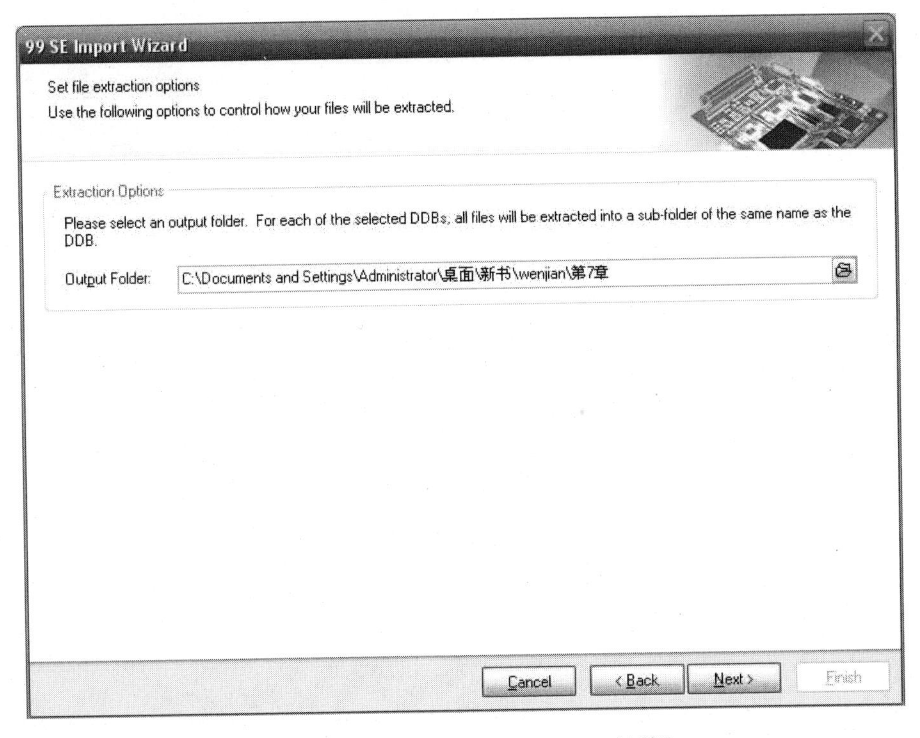

图 7-92　Set file extraction options 对话框

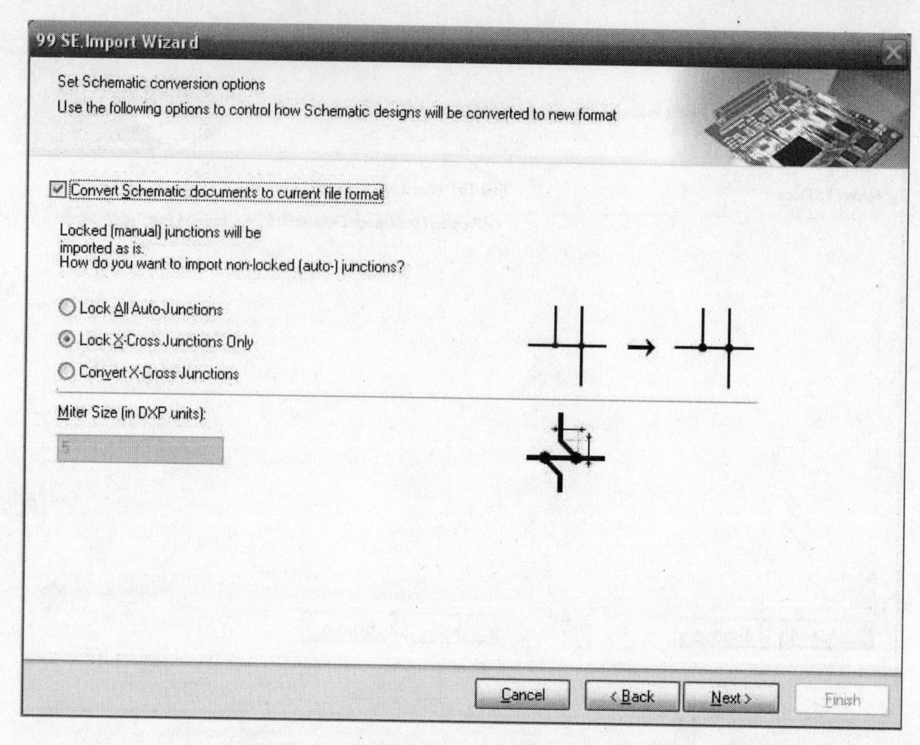

图 7-93 Set Schematic conversion options 选项

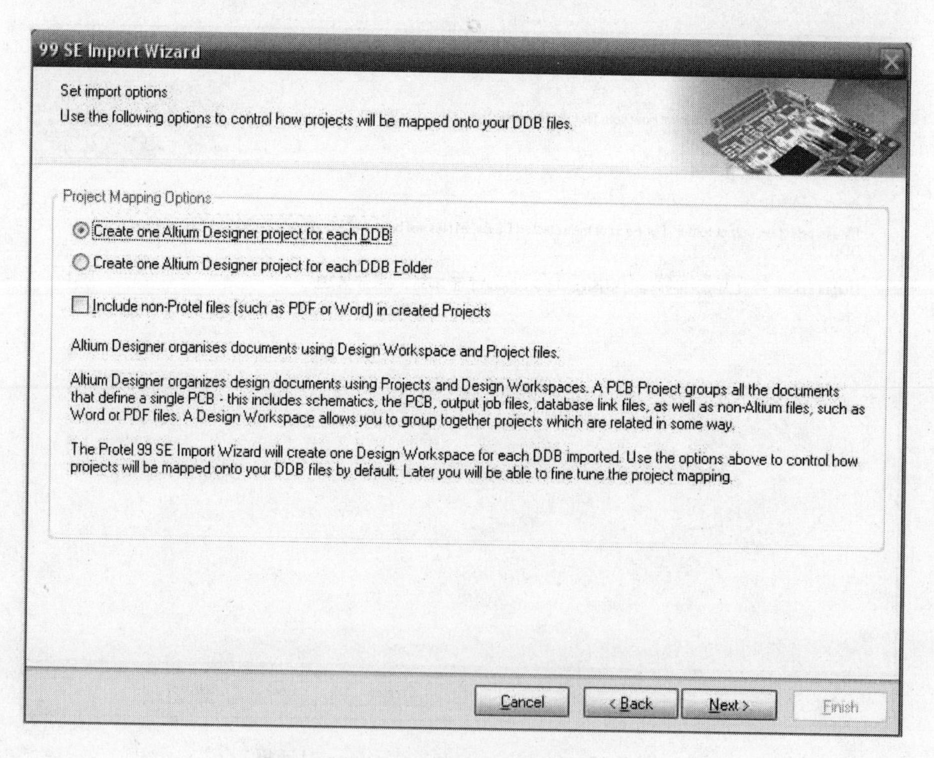

图 7-94 Project Mapping Options 对话框

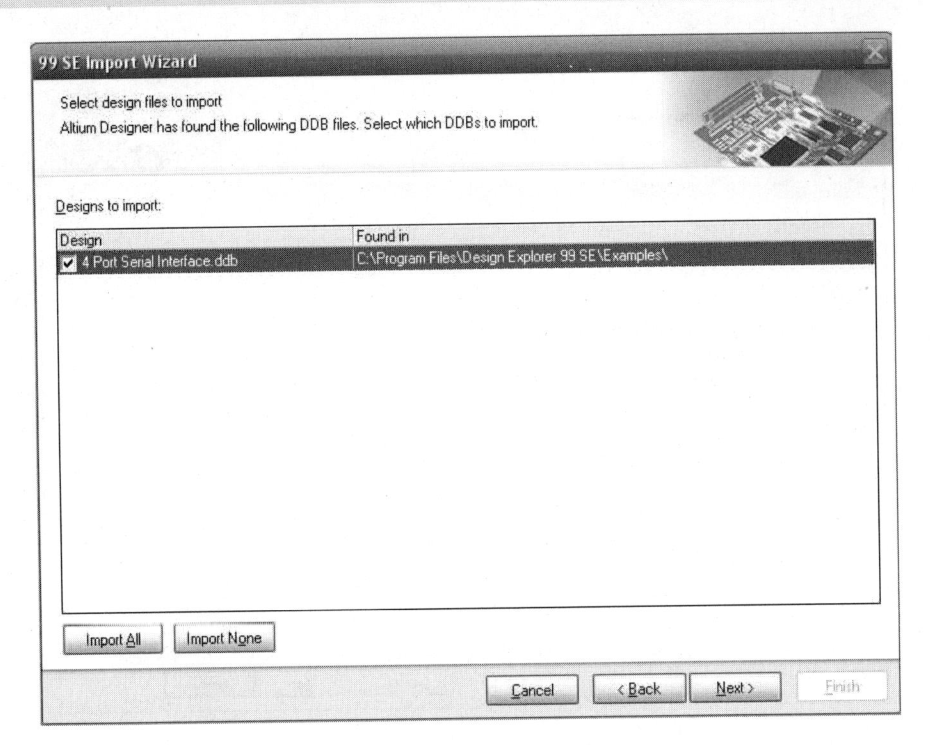

图 7-95 Select design files to import 对话框

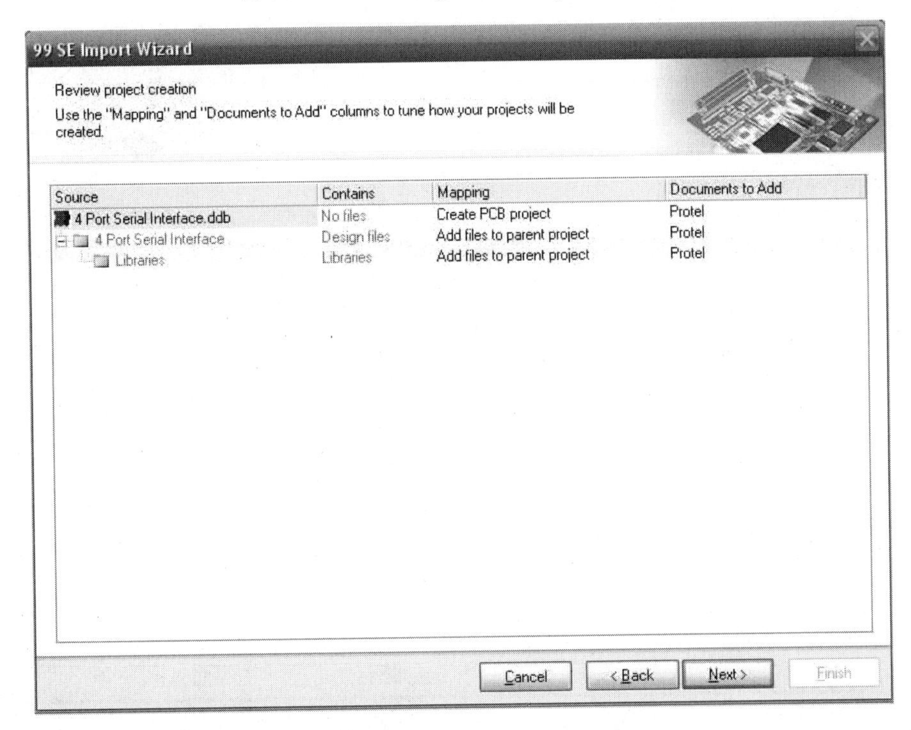

图 7-96 Review project creation 对话框

（9）单击 Next，按钮，出现 Import summary 界面，如图 7-97 所示。检查无误后便可进入下一步，出现如图 7-98 选择的工作台打开对话框。若有错误，则退回相应步骤重新修改。

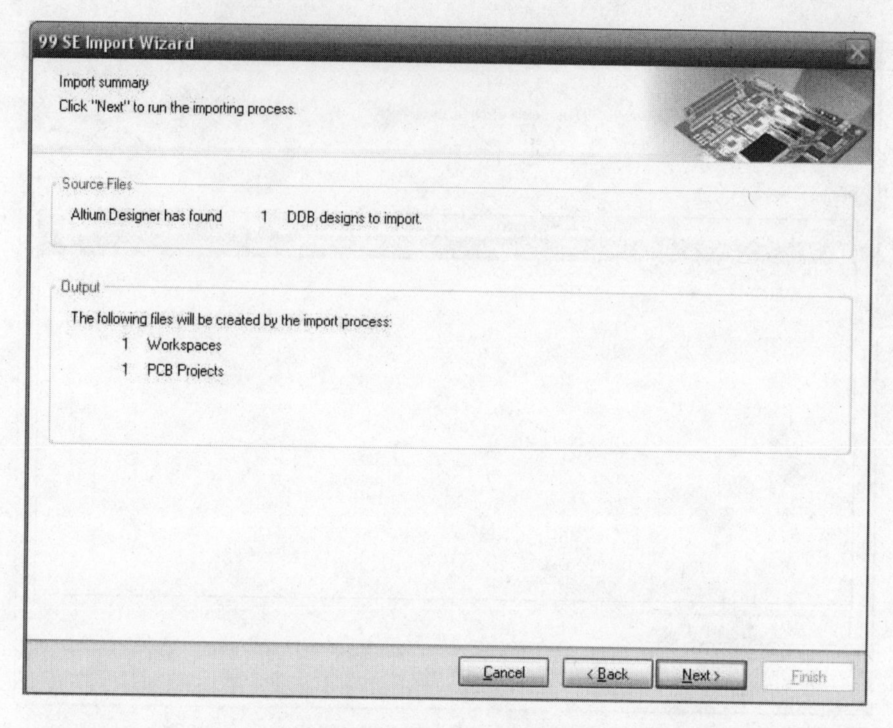

图 7-97 Import summary 界面

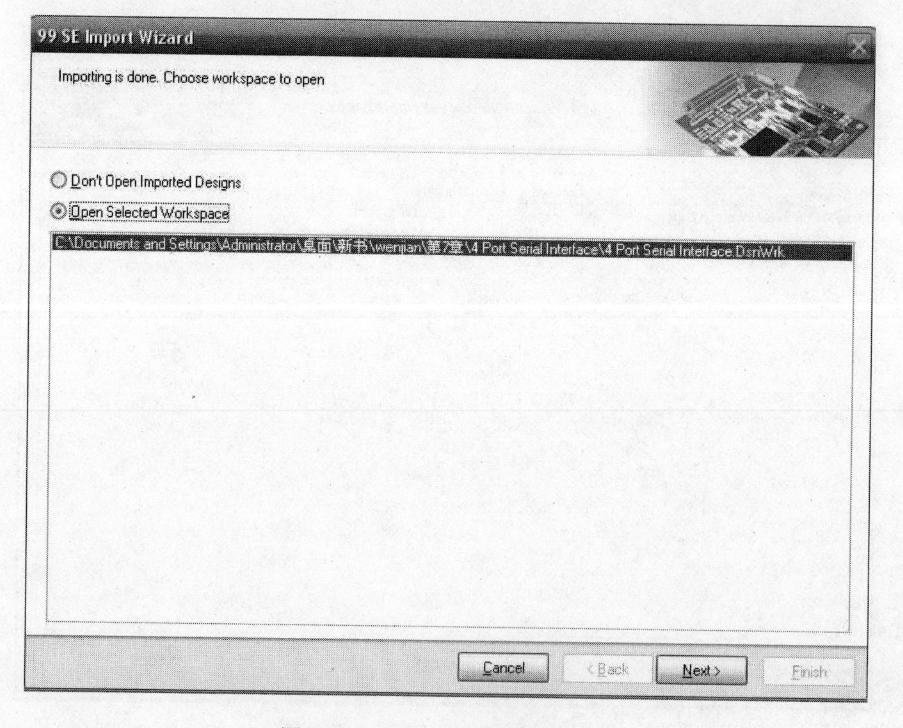

图 7-98 选择工作台打开对话框

（10)）单击 Next 按钮，最后出现两个结束对话框，分别如图 7-99 和图 7-100 所示。

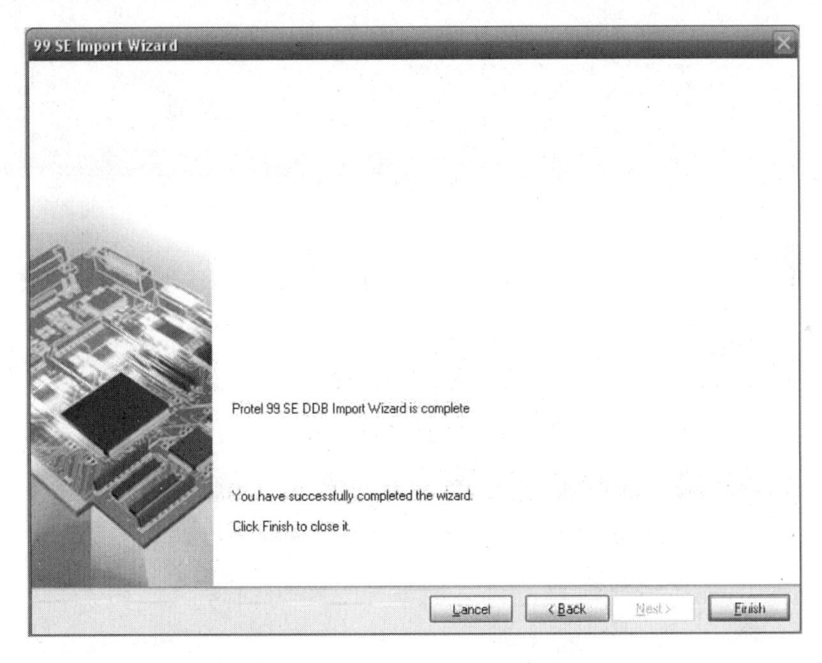

图 7-99 导入向导结束对话框

2．导入文件生成集成元件库

（1）关闭所有打开的文件。执行菜单命令 File→New→Project→Integrated Library，创建一个集成元件库项目，如图 7-101 所示。

（2）执行菜单命令 Project→Add Existing to Project 打开对话框，找到并选择刚才转换的.SchLib 文件，单击“打开”按钮关闭对话框，被选择的文件已经添加到项目中了。重复执行，选择刚转换的.PcbLib 文件，将其添加到项目中，结果如图 7-101 所示。

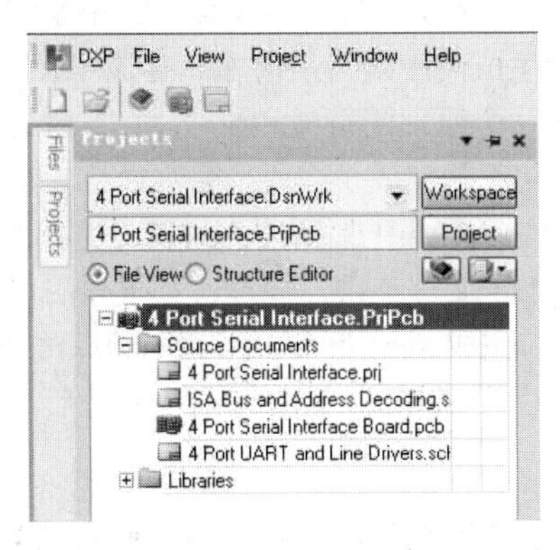

图 7-100 导入 99 SE 文件后的库文件

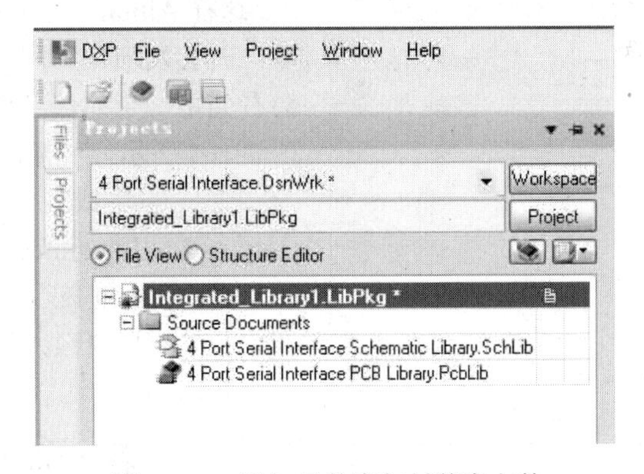

图 7-101 添加元件库与封装库文件

（3）执行菜单命令 Project→Project Options，打开如图 7-102 所示的对话框，并打开其中的 Search Paths 选项卡。

（4）单击 Add 按钮，打开如图 7-103 所示的对话框。单击…按钮，选择.PcbLib 所在的文件夹，单击 Refresh List 按钮确认所选择文件夹是否正确，然后单击 OK 按钮关闭对话框。

（5）图 7-102 的 Error Reporting 标签中设置所需要的内容，单击 OK 按钮关闭图 7-102 所示的对话框。

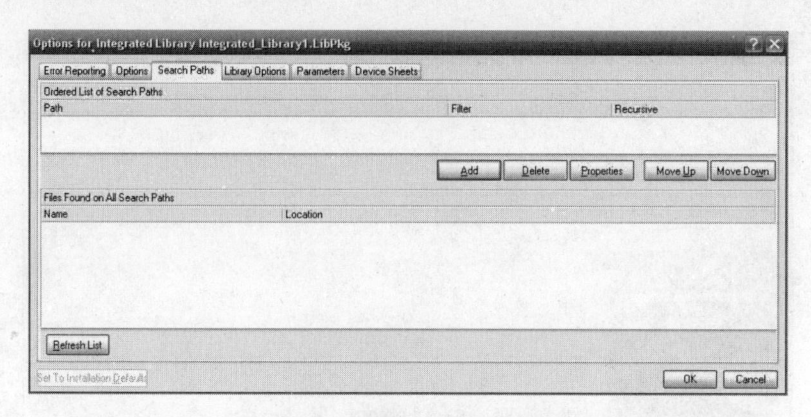

图 7-102　Project Option 对话框

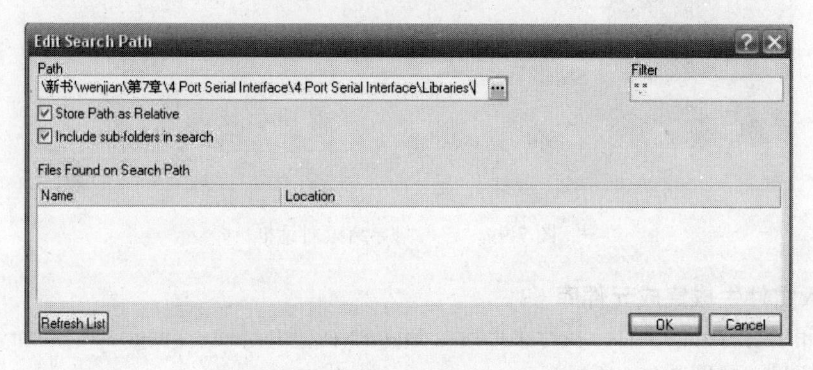

图 7-103　添加查找路径对话框

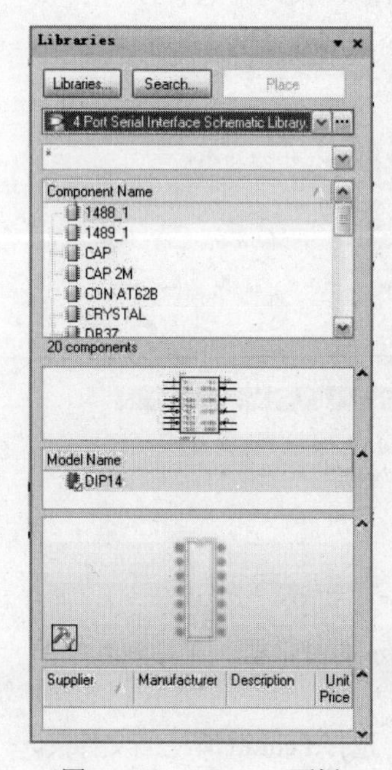

图 7-104　Libraries 面板

（6）执行菜单命令 Project→Compile Integrated Library Integrated_ Libraryl.LibPkg，编译完成后自动打开 Libraries 面板，如图 7-104 所示。这样 Altium Designer 就将刚才添加的库文件生成了一个集成元件库，就会发现在库列表中，所生成的库即为当前库。存该列表下面，会看到每一个元件名称都对应一个原理图符号和一个 PCB 封装，如图 7-104 所示。转换的集成元件库就完成了。

生成的集成元件库保存在（4）中选择的文件夹下的 Project Outputs for Integrated_ Library1 子文件夹中。同理，如果要用自己做的元件库时，也必须在（2）之前完成.SchLib 和.PcbLib，然后再从（2）开始。如果要修改元件库，可以在.SchLib 或.PcbLib 中修改后，再从（2）开始。

7.3.2　将 Altium Designer 的元件库转换成 Protel 99 SE 的格式

Altium Designer 的库文件是以集成库的形式提供的，而 99 SE 的库文件是分类的形式。它们之间转换需要时对 Altium Designer 的库文件做一个分包操作。具体步骤如下：

（1）以 Altium Designer\Library\Miscellaneous Devices. IntLib 为例。打开这个文件会弹出如图 7-105 所示的对话框。

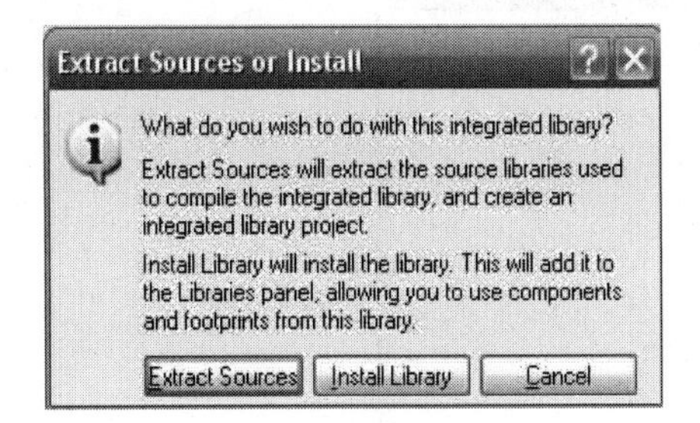

图 7-105　Extract Sources or Install 对话框

图 7-106　Extracting Location 对话框

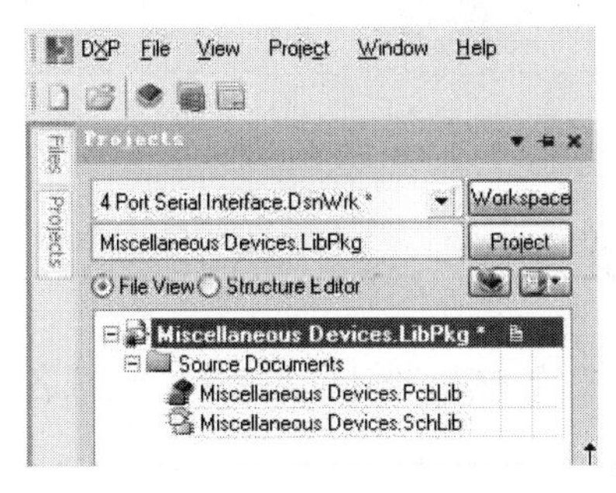

图 7-107　组件编辑界面

（2）单击 Extract Sources 按钮。第一次执行此命令，弹出如图 7-106 所示 Extracting Location 对话框，确认导出文件，单击 OK 按钮确认，生成了 Miscellaneous Device. LibPkg，软件自动跳转到组件编辑界面，如图 7-107 所示。

（3）将工程中的原理图库文件保存为 SchLibl. 1ib，在“保存类型”中选择 Schematic binary 4.0 library（*.1ib），这是 99 SE 可以导入的格式，如图 7-108 所示。

（4）将工程中 PCB 库文件保存为 PCBLib1.lib，在保存类型中选择 PCB 4.0 Library File（*.1ib），这是 99 SE 可以导入的格式，如图 7-109 所示。

图 7-108　原理图保存类型

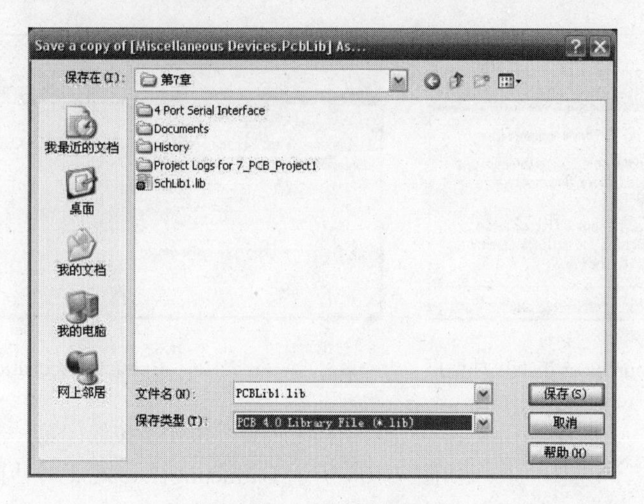

图 7-109 PCB 保存类型

7.4 PCB 后期处理

PCB 设计的后期处理，主要包括通过设计规则检查进一步确认 PCB 设计的正确性，完成各种文件的生成与整理。

7.4.1 DRC 检查

设计规则检查（Design Rule Check，DRC）是电路板设计正确的重要步骤，在 PCB 布线完成后，进行一次完整的 DRC 是必要的。系统会根据用户设计规则的设置，检查如导线宽度、是否有未连接导线、安全距离、元件间距、过孔类型等。DRC 检查可保障生成正确的输出文件。

执行菜单命令 Tools→Design Rule Check，系统将弹出如图 7-110 所示的 Design Rule Checker 对话框。该对话框的左侧是该检查器的内容列表，右侧是其对应的具体内容。

1．DRC 报告选项

单击图 7-110 左侧列表中的 Report Options 选项卡，即显示 DRC 报告选项的具体内容。这里的选项主要用于对 DRC 报表的内容和方式进行设置，通常保持默认设置即可，其中各选项的功能如下：

（1）Create Report File 复选框：运行批处理 DRC 后会自动生成报表文件“设计名．DRC”，包含本次 DRC 运行中使用的规则、违规数量和细节描述。

（2）Create Violations 复选框：能在违规对象和违规消息之间直接建立链接，使用户可以直接通过 Message 面板中的违规消息进行错误定位，找到违规对象。

（3）Sub-Net Details 复选框：对网络连接关系进行检查并生成报告。

（4）Verify Shorting Copper 复选框：对覆铜或非网络连接造成的短路进行检查。

（5）Report Drilled SMT Pads 复选框：报告被钻孔的贴片元件焊盘。

（6）Report Multilayer Pad with 0 size Hole 复选框：报告孔径为 0 的多层焊盘。

2．DRC 规则列表

单击图 7-110 左侧列表中的 Rules To Check 选项卡即可显示所有可进行检查的设计规则，其中包括了 PCB 制作中常见的规则，也包括了高速电路板设计规则，如图 7-111 所示。例如：线宽设定、引线间距、过孔大小、网络拓扑结构、元件安全距离、高速电路设计的引线长度、等距引线等，可以根据规则的名称进行具体设置。

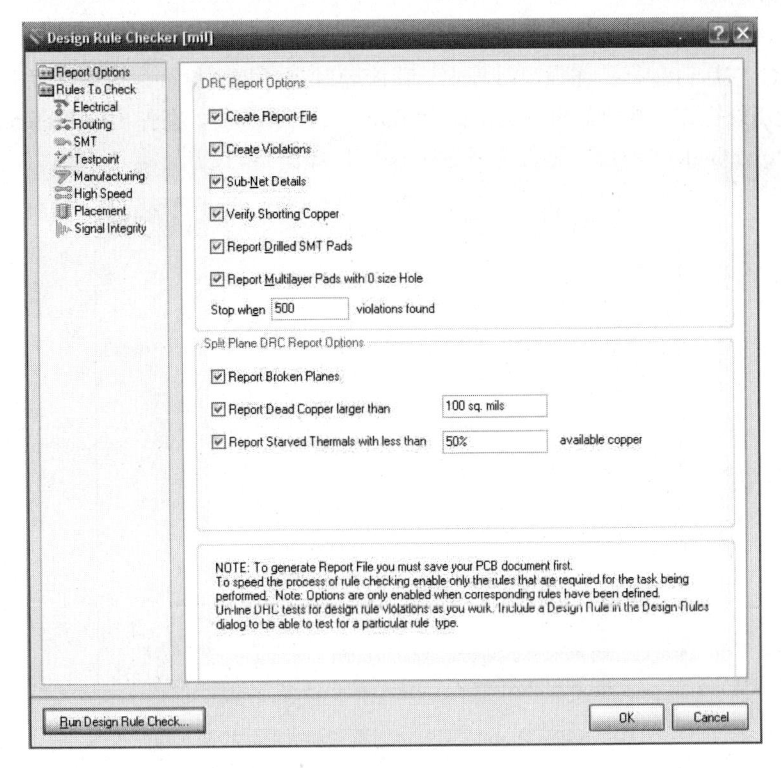

图 7-110　Design Rule Checker 对话框

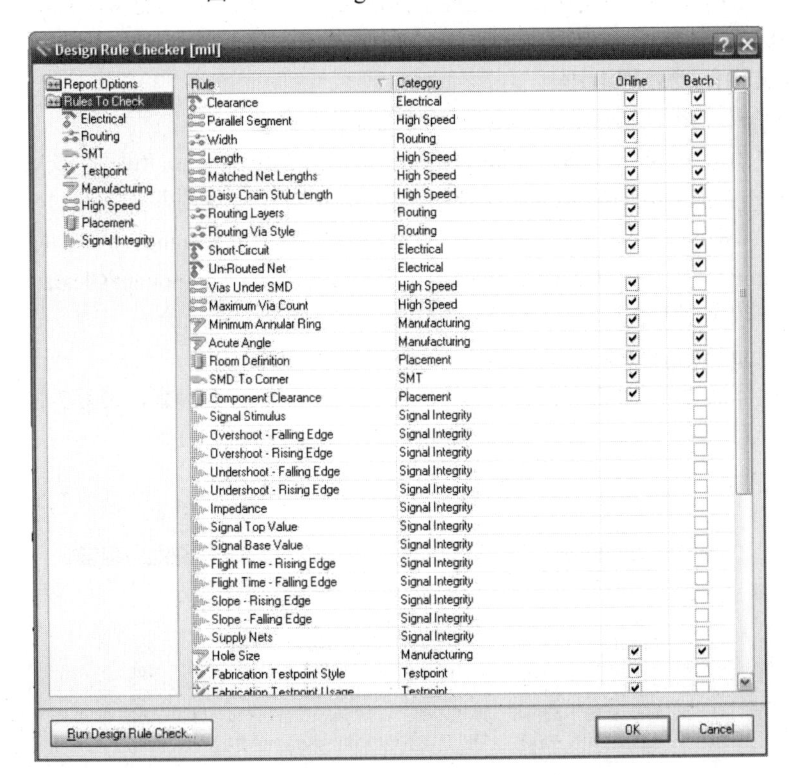

图 7-111　Rules To Check 选项卡

在规则栏中，通过 Online 和 Batch 两个选项，用户可以选择在线 DRC 或批处理 DRC。

在线 DRC 在后台运行，在设计过程中，系统随时进行规则检查，对违反规则的对象提出警示或自动限制违规操作的执行。执行菜单命令 Tools→Preferences，在弹出的 Preferences 对话框中选择 PCB Editor→General，设置是否选择在线 DRC，如图 7-112 所示。

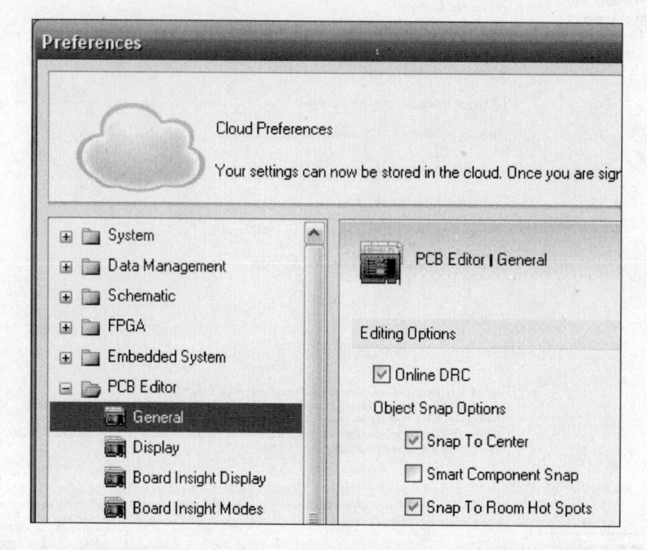

图 7-112　Preferences 对话框设置 DRC 检查使能

通过批处理 DRC，用户可以在设计过程中的任何时候手动一次运行多项规则检查。适合于电路板在布线完成后进行完整的 DRC 检查。

3．PCB 文件的批处理 DRC

打开布线完成的 PCB 文件进行 DRC。具体的操作步骤如下：

（1）执行菜单命令 Tools→Design Rule Check，系统弹出 Design Rule Checker 对话框，如图 7-110 所示，单击左侧列表中的 Rules To Check 选项，配置检查规则。

（2）图 7-111 Rules To Check 下拉列表，选择项必须包括 Clearance（安全间距）、Width（宽度）、Short—Circuit（短路）、Un—Routed Net（未布线网络）、Component Clearance（元件安全间距）等，其他选项采用系统默认设置即可。

（3）单击 Run Design Rule Check 按钮，运行批处理 DRC。

（4）系统执行批处理 DRC，运行结果在 Messages 面板中显示出来，如图 7-113 所示。对于批处理 DRC 中检查到的违例信息项，可以通过错误定位进行修改。

Messages

Class	Document	Source	Message	Time	Date	No.
[Silk...	FtoV3.PcbD...	Advanc...	Silk To Silk Clearance Constraint: (6.578mil...	下...	201...	1
[Silk...	FtoV3.PcbD...	Advanc...	Silk To Silk Clearance Constraint: (Collision...	下...	201...	2
[Silk...	FtoV3.PcbD...	Advanc...	Silk To Solder Mask Clearance Constraint: ...	下...	201...	3
[Silk...	FtoV3.PcbD...	Advanc...	Silk To Solder Mask Clearance Constraint: ...	下...	201...	4
[Silk...	FtoV3.PcbD...	Advanc...	Silk To Solder Mask Clearance Constraint: ...	下...	201...	5
[Silk...	FtoV3.PcbD...	Advanc...	Silk To Solder Mask Clearance Constraint: ...	下...	201...	6
[Silk...	FtoV3.PcbD...	Advanc...	Silk To Solder Mask Clearance Constraint: ...	下...	201...	7
[Silk...	FtoV3.PcbD...	Advanc...	Silk To Solder Mask Clearance Constraint: ...	下...	201...	8
[Silk...	FtoV3.PcbD...	Advanc...	Silk To Solder Mask Clearance Constraint: ...	下...	201...	9

图 7-113　DRC 检查运行结果 Messages 面板

7.4.2　印制电路板报表输出

印制电路板设计完成之后，要完成对电路板的详细信息了解，可以通过生成相关的报表文件来实现。Altium Designer 系统提供了自动生成各类报表的功能，这个在原理图设计完成后已有介绍，这里我们介绍与 PCB 相关的一些报表生成。这些报表主要包括 PCB 状态信息、元件封装信息、网络状态信息等。下面将逐一介绍这些相关报表。

1．PCB 信息报表

电路板信息报表为设计人员提供了一个电路板的完整信息，包括电路板的尺寸大小，电路板上焊盘、过孔的数量以及元器件标号等信息。生成电路板信息报表的具体步骤如下。

（1）执行菜单命令 Reports→PCB Information，系统将会弹出 PCB Information 对话框，如图 7-114 所示。

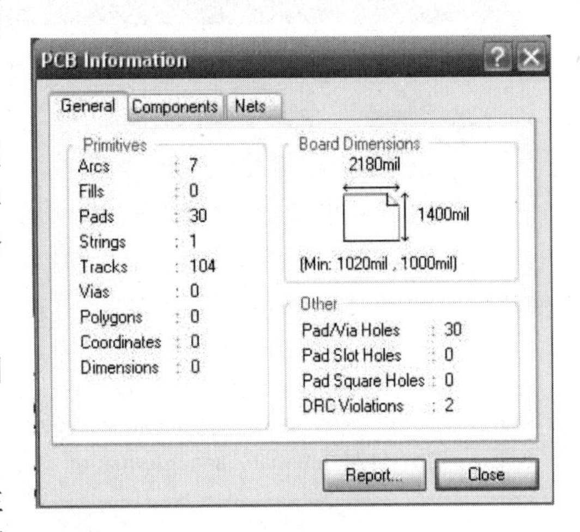

图 7-114　PCB Information 对话框

该对话框包含 3 个选项卡，分别介绍如下。

1）General 通用选项卡，如图 7-114 所示，主要列出了电路板上的一些通用数据，包括圆弧、填充、焊盘、字符串、导线、过孔、多边形敷铜、坐标、尺寸等图件的数量，电路板的具体尺寸，需要钻孔的孔数和违反设计规则的数目。

2）Components 组件选项卡，如图 7-115 所示，主要列出了设计电路板中所有元器件序号和元件总数，以及元器件所在的层等信息。

3）Nets 网络选项卡，如图 7-116 所示，主要列出了电路板中的所有网络名称以及网络数量。如果单击该选项卡中的 Pwr/Gnd 按钮，系统将会弹出 Internal Plane Information 内部平面信息对话框，如图 7-117 所示。该对话框用于列出各个内部板层所连接的网络、焊盘和过孔以及焊盘或过孔与内部板层的连接方式。

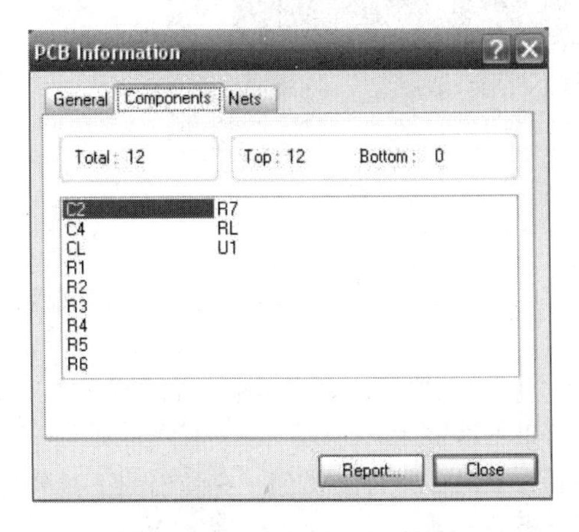

图 7-115　Components 选项卡

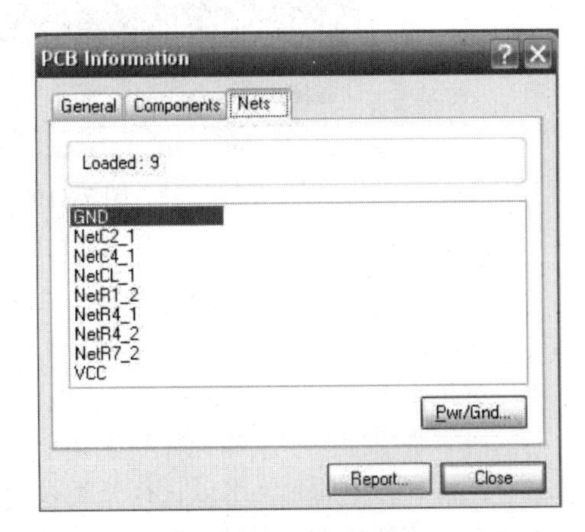

图 7-116　Nets 选项卡

（2）在任何一个选项卡中单击 Report 按钮，将会弹出 Board Report 对话框，如图 7-118 所示，在该对话框中选择要生成文字报表的电路板信息选项。可以将每一个选项前面的复选框选中，也可以单击下面的 All On 按钮选取所有选项；相反如果单击 All Off 按钮，将取消所有选择；如果选中右下方的 Slected Objects Only 复选框，则只产生所选择对象的板信息报表。

（3）选择完毕后，单击 Report 按钮，系统会生成电路板信息报表文件。如图 7-119 所示，Board Information Report 文件显示的部分内容。

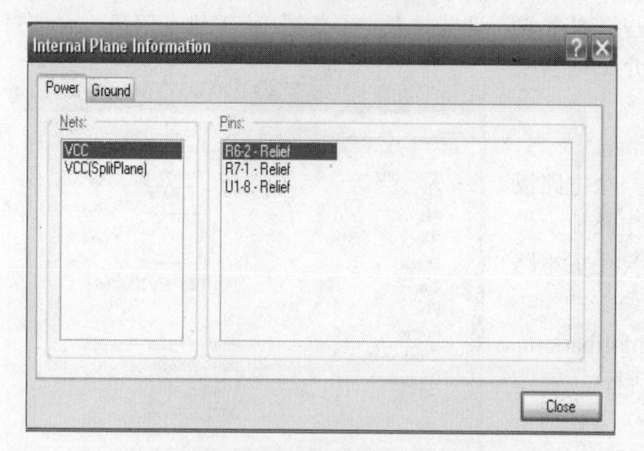

图 7-117 Internal Plane Information 对话框

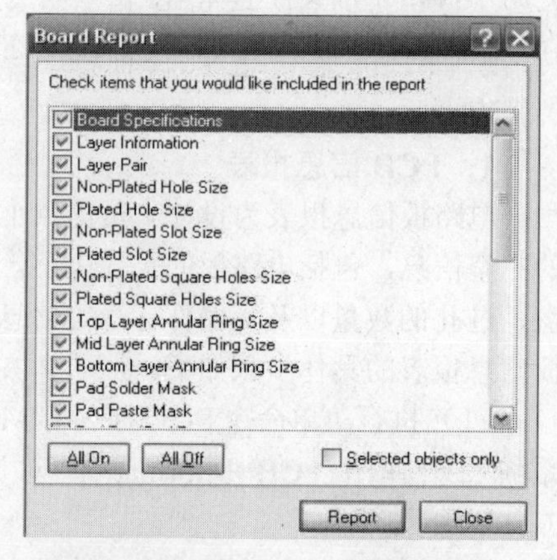

图 7-118 Board Report 对话框

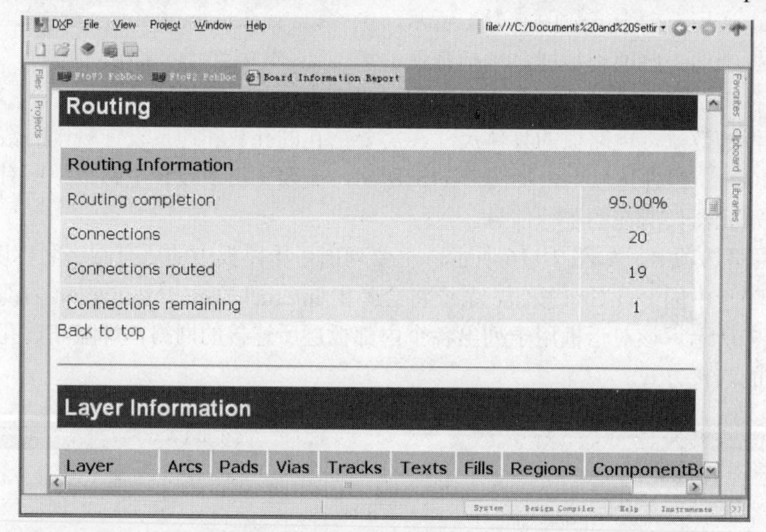

图 7-119 电路板信息报表

2. 元件清单报表

元件清单报表提供一个电路或者一个项目中所有的元件信息，为设计者购买元器件或查询元件提供参考。

执行菜单命令 Report→Bill of Materials，系统将会弹出元器件列表对话框，如图 7-120 所示。该对话框内容与原理图生成的元件列表完全相同，这里不再赘述。

该对话框列表中的元件可以进行分类显示，单击每一列后面的▼按钮，在弹出的下拉列表中选择需要显示的类名称，则对话框中就会仅仅显示该类的元件。

（1）Grouped Columns 聚合纵队列表框：用于设置元件的归类标准。可以将 All Columns 中的某一属性信息拖到该列表框中，则系统将以该属性信息为标准对元件进行归类，显示在元件清单中。

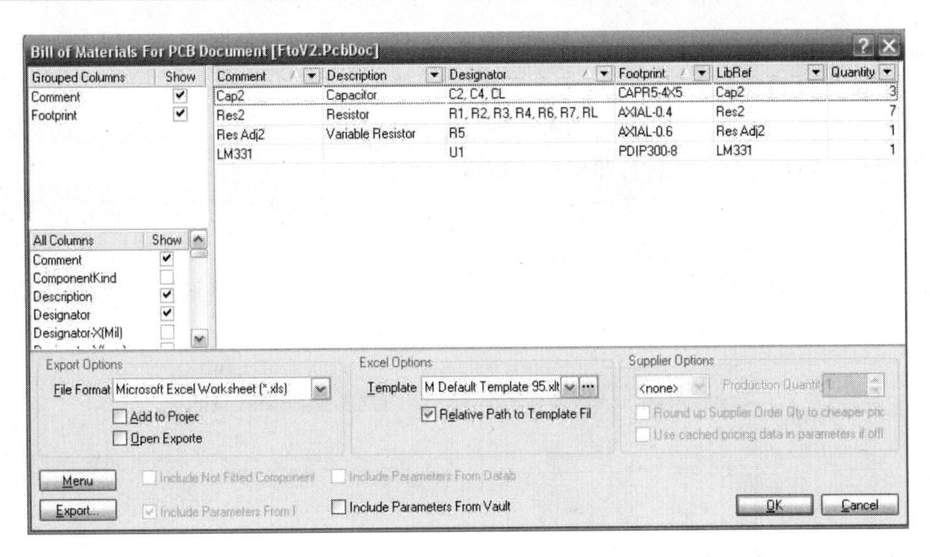

图 7-120　PCB 元件列表对话框

（2）All Columns 所有纵队列表框：列出了系统提供的所有元件属性信息，如 Description 元件描述信息、Component Kind 元件类型等。对于需要查看的信息，勾选右侧与之对应的复选框，即可在元件清单中显示出来。

要生成并保存报表文件，单击对话框中的 Export 按钮，选择保存类型和保存路径保存文件即可。

3．网络表状态报表

该报表列出了当前 PCB 文件中所有的网络，并说明了它们所在工作层和网络中导线的总长度。执行菜单命令 Reports→Netlist Status，即生成 Net Status Report 的网络表状态报表，其格式如图 7-121 所示。

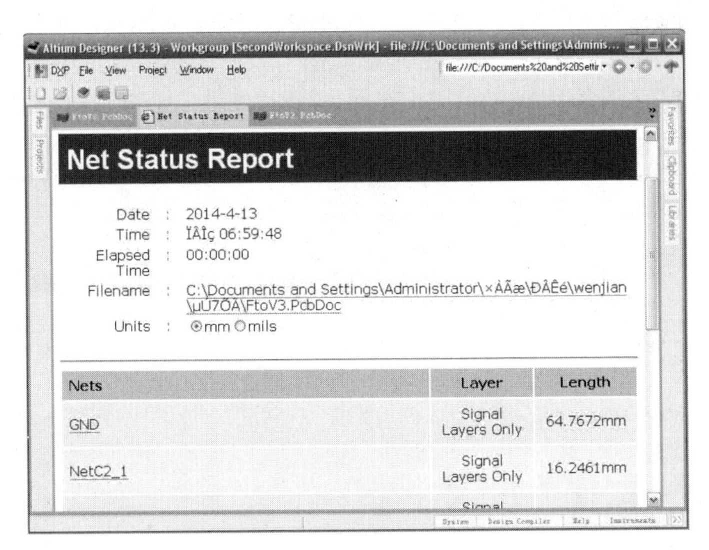

图 7-121　网络状态报表

7.4.3　印制电路板的打印输出

PCB 设计完成就可将其源文件、制造文件和各种报表文件根据需要利用 Altium Designer 的打印功能输出。如将 PCB 文件打印作为焊接装配辅助文件，将元件报表打印作为采购清单。

1．PCB 文件打印

在进行打印机设置时，要完成打印机的类型设置、纸张大小的设置、电路图纸的设置。系统提供了分层打印和叠层打印两种打印模式，观察两种输出方式的不同。

（1）打开 PCB 文件，执行菜单命令 File→Page Setup，弹出如图 7-122 所示的 Composite Properties 复合页面属性设置对话框。在 Printer Paper 选项组中将纸张大小设置为 A4，打印方式设置为 Landscape。在 Color Set 选项组中选择 Gray 单选钮。在 Scale Mode 下拉列表框中选择 Fit Document on Page 选项。

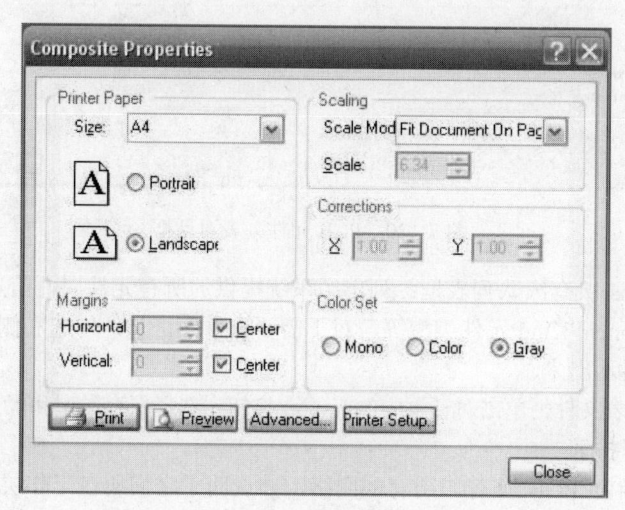

图 7-122　Composite Properties 对话框

（2）单击 Advanced 按钮，弹出如图 7-123 所示的 PCB Printout Properties（PCB 图层打印输出属性）对话框。在该对话框中，显示了 PCB 图所用到的工作层。右击图 7-123 中需要的工作层，在弹出的右键快捷菜单中单击相应的命令，如图 7-124 所示，即可在进行打印时添加或者删除一个板层。

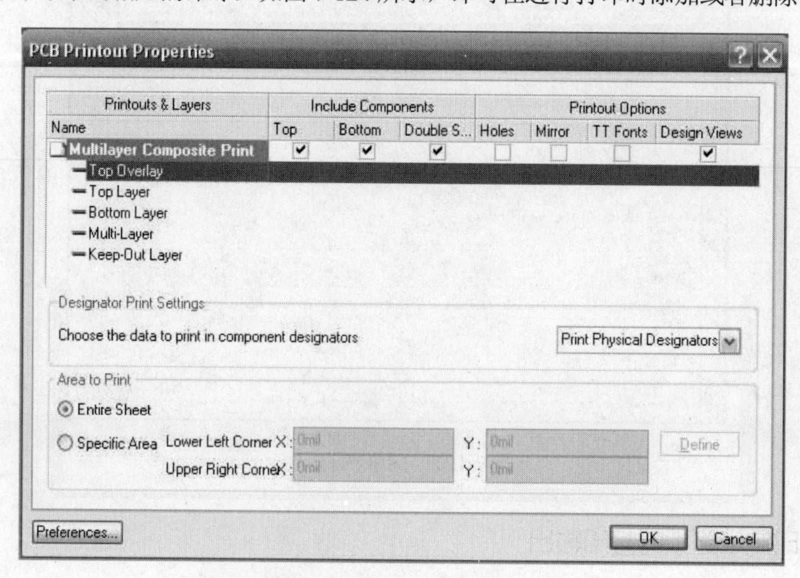

图 7-123　PCB Printout Properties 对话框

（3）在如图 7-123 所示的 PCB Printout Properties 对话框中单击 Preferences 按钮，系统将弹出如图 7-125 所示的 PCB Print Preferences（PCB 打印参数）对话框，在该对话框中设置打印颜色、字体，设置完毕单击 OK 按钮关闭对话框。

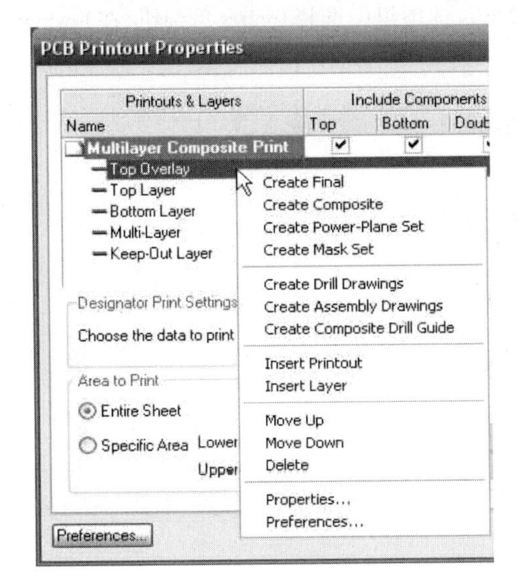

图 7-124　右键菜单设置

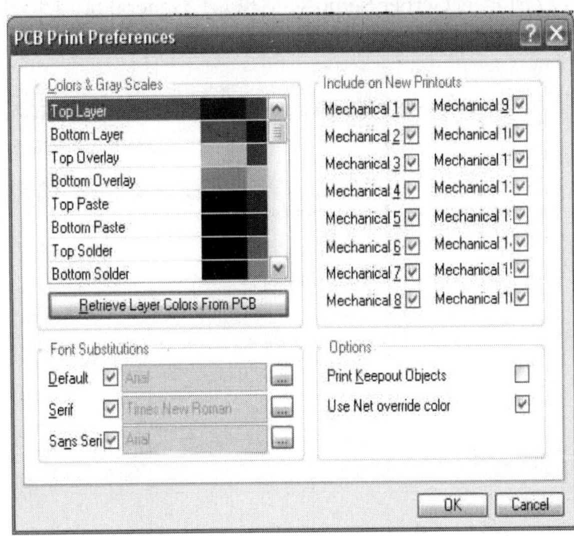

图 7-125　PCB Print Preferences 对话框

（4）在如图 7-122 所示的 Composite Properties 对话框中，单击 Preview 按钮可以预览打印效果，如图 7-126 所示。设置完毕，单击 Print 按钮开始打印。

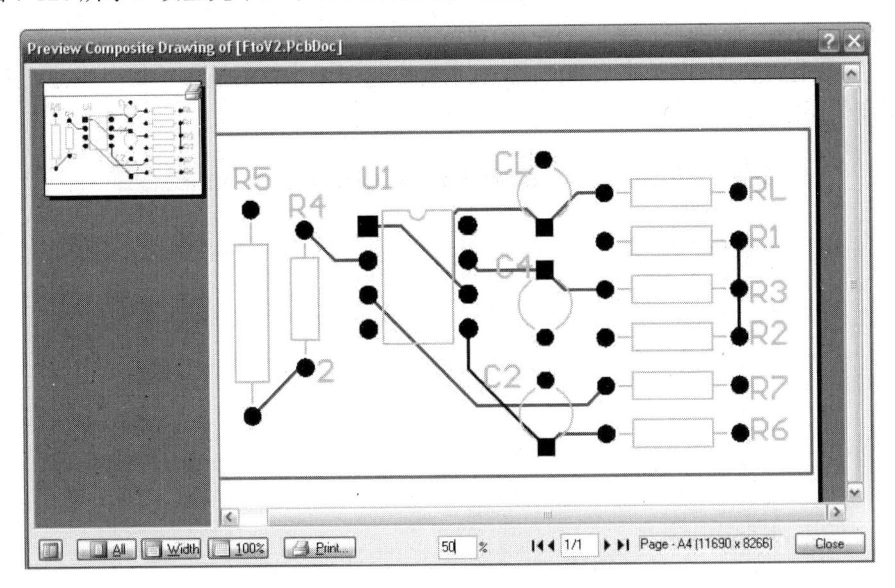

图 7-126　打印预览

2．生产加工文件生成

PCB 设计的目的是向 PCB 生产过程提供相关的数据文件，因此，PCB 设计的最后一步就是产生 PCB 加工文件。需要完成 PCB 加工文件、信号布线层的数据输出、丝印层的数据输出、阻焊层的数据输出、助焊层的数据输出和钻孔数据的输出。通过对本例的学习，使读者掌握生产加工文件的输出，为生产部门实现 PCB 的生产加工提供文件。

（1）打开 PCB 文件。执行菜单命令 File→Fabrication Outputs→Gerber Files，系统将弹出如图 7-127 所示的 Gerber Setup 对话框。在 General 选项卡的 Units 选项组中选择 Inches 单选钮，在 Format 选项组中选择 2:3 单选钮，如图 7-127 所示。

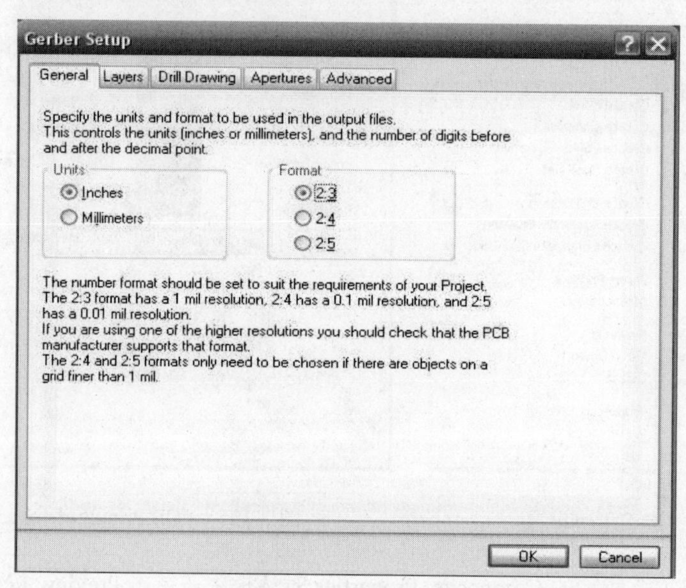

图 7-127　Gerber Setup 对话框

（2）单击 Layers 标签，如图 7-128 所示，在该选项卡中选择输出的层，一次选中需要输出的所有层。在 Layers 选项卡中，单击 Plot Layers 按钮，选择 Used On 选项，如图 7-128 所示，选择输出顶层布线层。

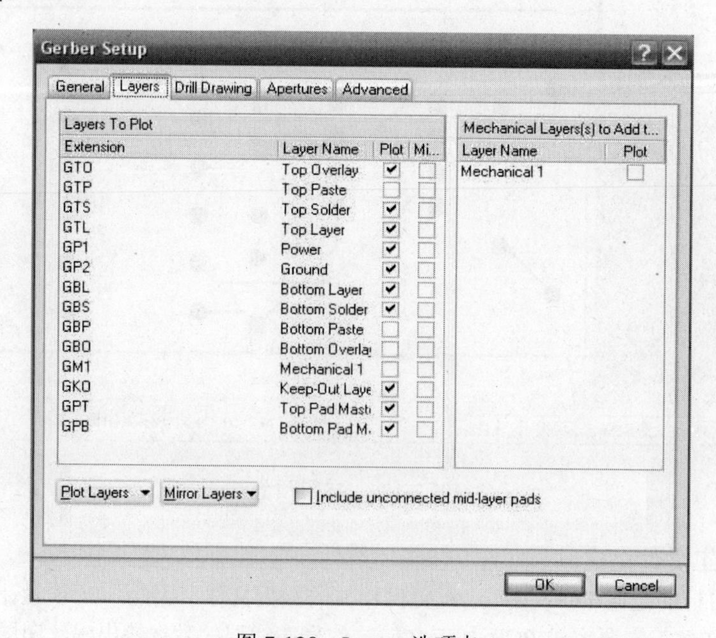

图 7-128　Layers 选项卡

（3）单击 Drill Drawing（钻孔图绘制）选项卡，如图 7-129 所示。在 Drill Drawing Plots（钻孔图绘制图）选项组中勾选 Bottom Layer-TopLayer 复选框，在该选项组右侧的 Legend Symbols（钻孔图绘制符号）选项中选择 Graphic symbols（绘图符号）单选钮，将 Symbol size（符号大小）设置为 50mil。

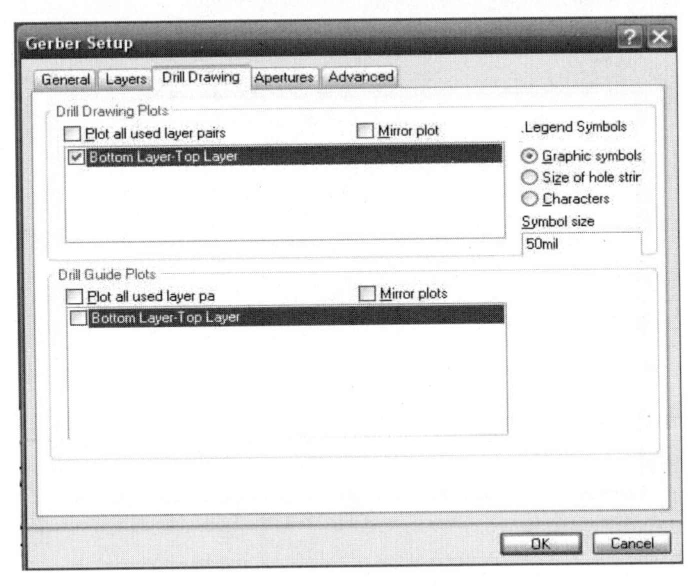

图 7-129　Drill Drawing 选项卡

（4）单击 Apertures 标签，取消对 Embedded apertures（RS274X）（嵌入光圈）复选框的勾选，如图 7-130 所示。此时系统将在输出加工数据时自动产生 D 码文件。

（5）单击 Advanced 标签，采用系统默认设置，如图 7-131 所示。

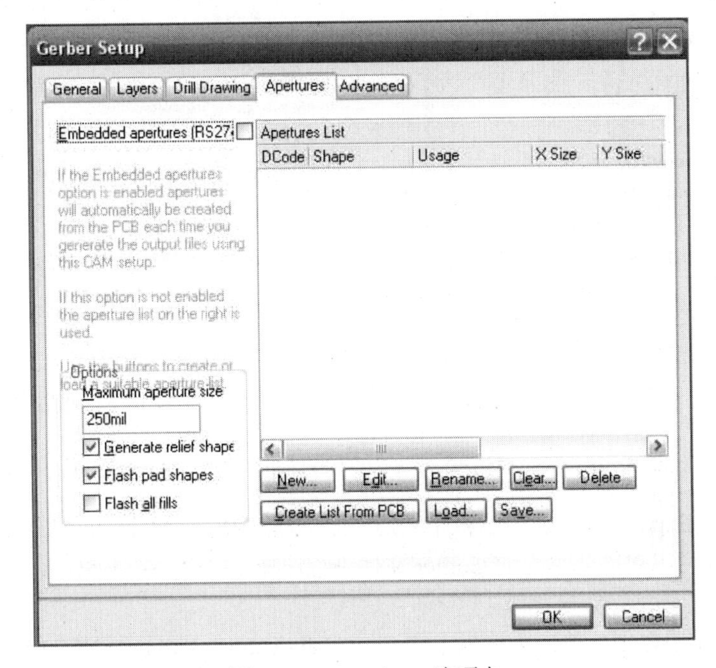

图 7-130　Aperlures 选项卡

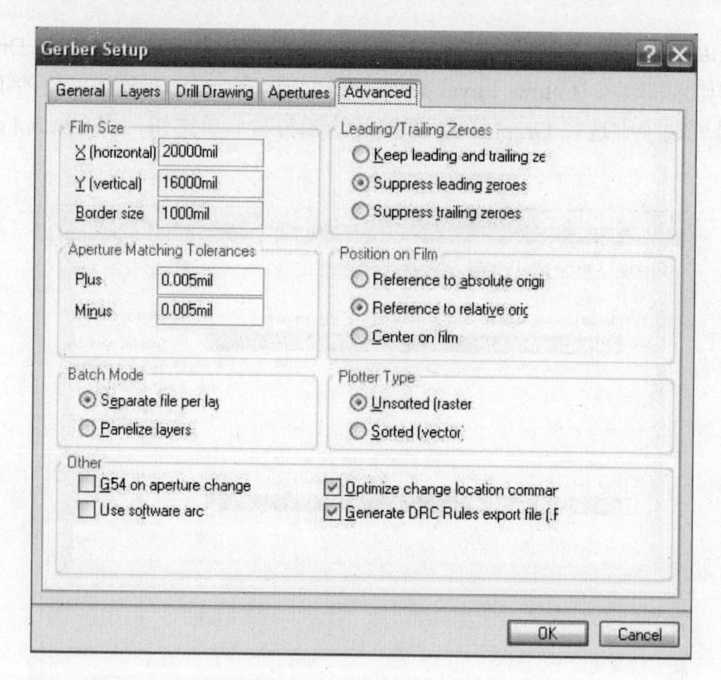

图 7-131　Advanced 选项卡

（6）单击 OK 按钮，得到系统输出的 Gerber 文件。同时系统输出各层的 Gerber 和钻孔文件，共 14 个。

（7）执行菜单命令 File→Export→Gerber，系统将弹出如图 7-132 所示的 Export Gerber（s）对话框。单击 RS-274-X 按钮，再单击 Settings 按钮，将弹出如图 7-133 所示的 Gerber Export Settings 对话框。

图 7-132　Export Gerber（s）对话框

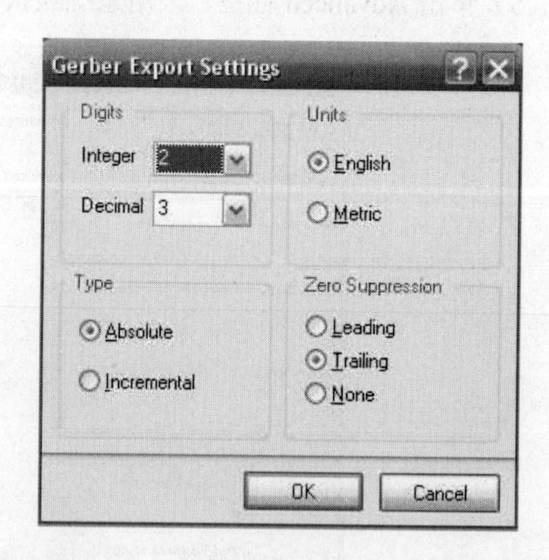

图 7-133　Gerber Export Settings 对话框

（8）在 Gerber Export Settings 对话框中采用系统的默认设置，单击 OK 按钮。在 Export Gerber（s）对话框中，还可以对需要输出的 Gerber 文件进行选择，单击 OK 按钮，系统将输出所有选中的 Gerber 文件。

（9）在 PCB 编辑器中，单击菜单栏中的 File→Fabrication Outputs→NC Drill Files 命令，输出无电气连接钻孔图形文件，这里不再赘述。

7.4.4 智能 PDF 生成向导

Adobe 公司的 PDF 文件是当前最通行的可携式文件之一，当前有 Adobe 公司下载免费的 Arcobat Reader 程序，安装即可读取 PDF 文件。也有其他软件支持 PDF 格式文件的读取。许多公司、大专院校等也都将如 Word 文档、AutoCAD 制图、电路原理图等转换为 PDF 文件，以方便携带和交流传阅。

Altium Designer 系统中内置了智能的 PDF 生成器，用以生成完全可移植、可导航的 PDF 文件。设计者可以把整个工程或选定的某些设计文件打包成 PDF 文档，使用 PDF 浏览器即可进行查看、阅读，充分实现了设计数据的共享。本节以生成工程 PDF 文档为例。

（1）打开工程．PrjPCB 及有关原理图。执行菜单命令 File→Smart PDF，启动智能 PDF 生成向导，如图 7-134 所示。

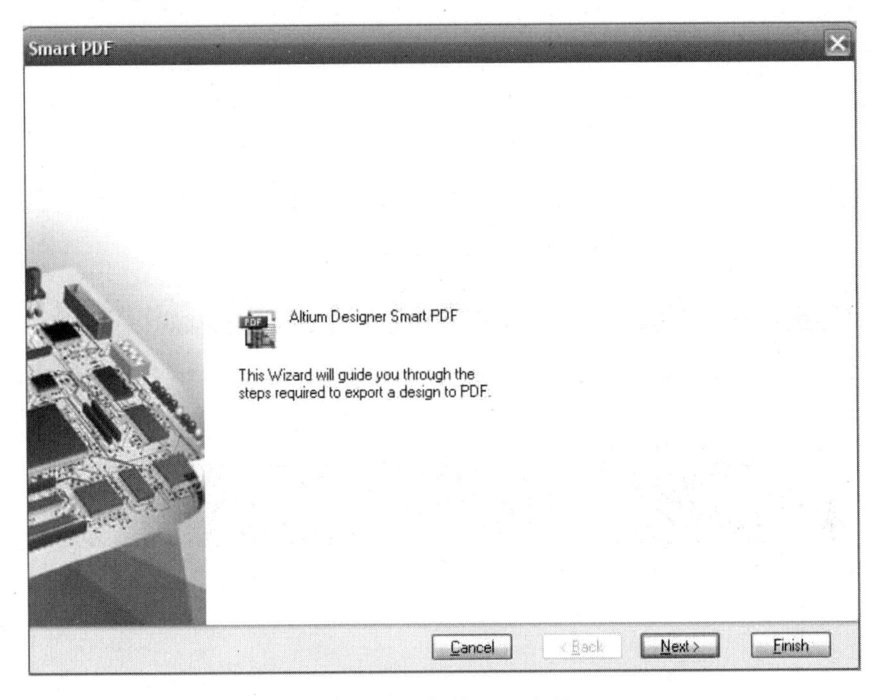

图 7-134 智能 PDF 向导

（2）单击 Next 按钮，进入如图 7-135 所示的 Chose Export Target 界面。可设置是将当前工程输出为 PDF，还是只将当前文件输出为 PDF，系统默认为当前项目.PrjPcb。同时可设置输出 PDF 文件的名称及保存路径。

（3）单击 Next 按钮，进入如图 7-136 所示的 Chose Project Files 选择项目文件界面，用于选择要导出的文件，系统默认为全部选择，列出的详细的文件输出表，设计者也可以根据需要选择输出文件。

（4）单击 Next 按钮，进入如图 7-137 所示的 Export Bill of Materials 界面。选择输出 BOM 的类型及 BOM 模板，Altium Designer 提供了各种各样的模板，如 BOM Purchase.XLT 一般是物料采购使用较多，其中的 BOM Manufacturer.XLT 一般是生产使用较多，当然还有默认的通用 BOM 格式：BOM Default Template.XLT 等，用户可以根据自己的需要选择相应的模板。当然也可以自己做一个适合自己的模板。

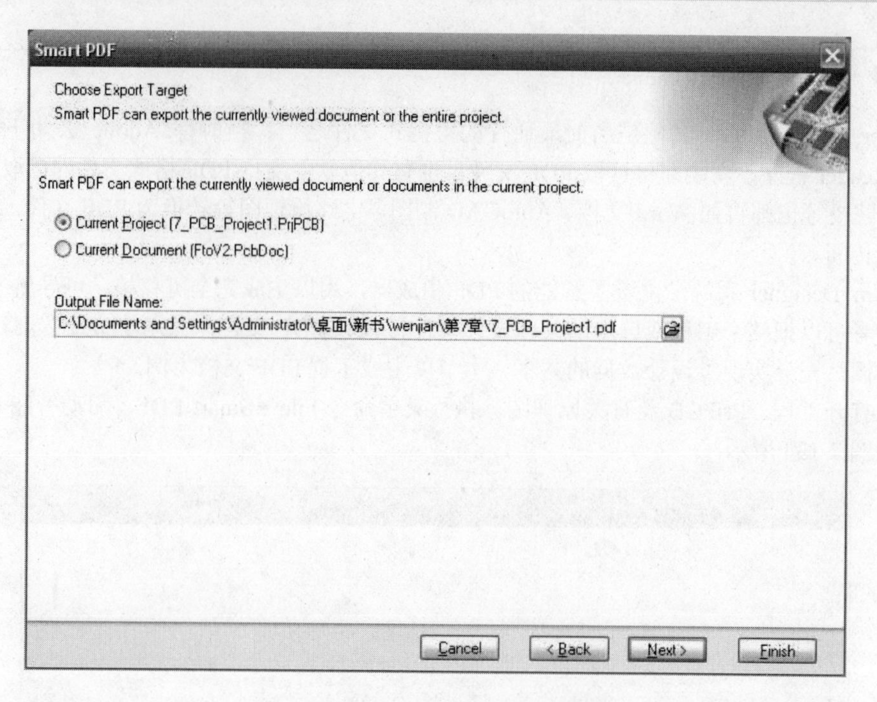

图 7-135　Chose Export Target 界面

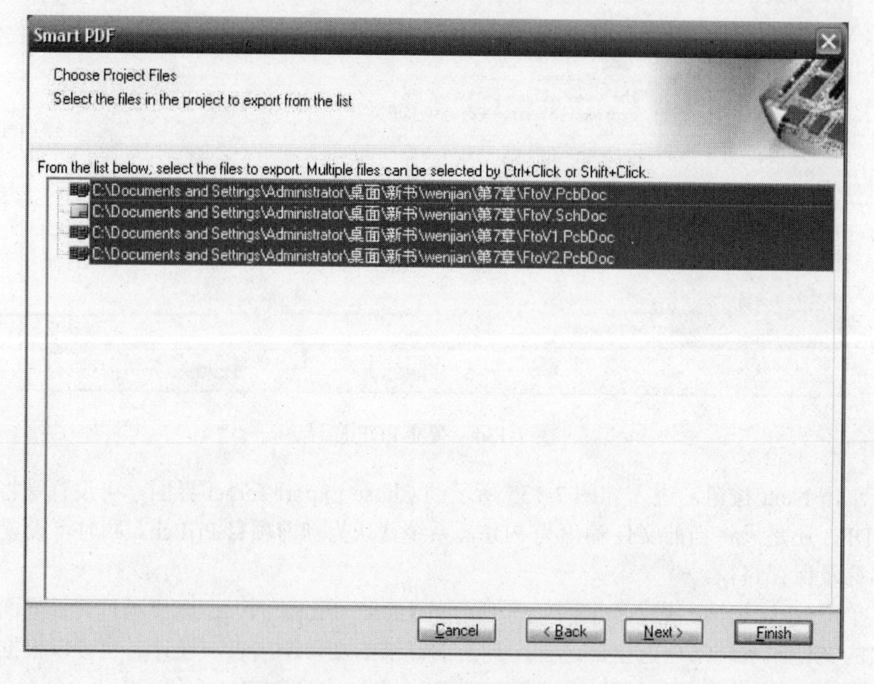

图 7-136　Chose Project Files 界面

（5）单击 Next 按钮，进入如图 7-138 所示的 PCB Printout Settings 界面，主要是选择 PCB 打印的层和区域打印，在打印层设置中，可以设置元件的打印面，是否镜像（一般底层视图需要勾选此选项），是否显示孔等。下半部主要是设置打印的图纸范围，是选择整张输出，还是仅仅输出一个特定的 *X*、*Y* 区域，这对于模块化和局部放大很有用处。

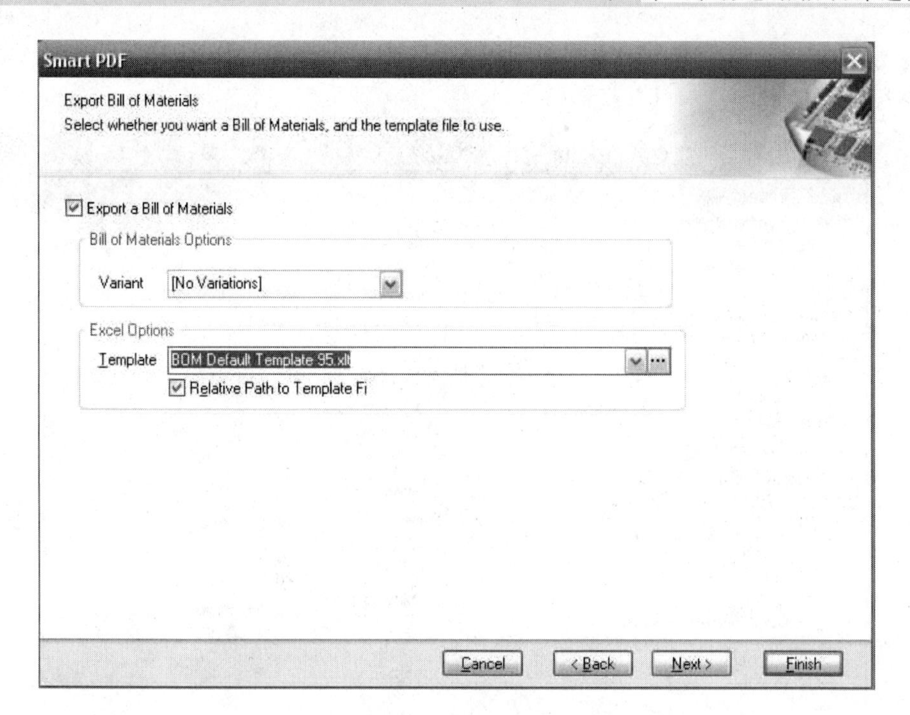

图 7-137　Chose Project Files 界面

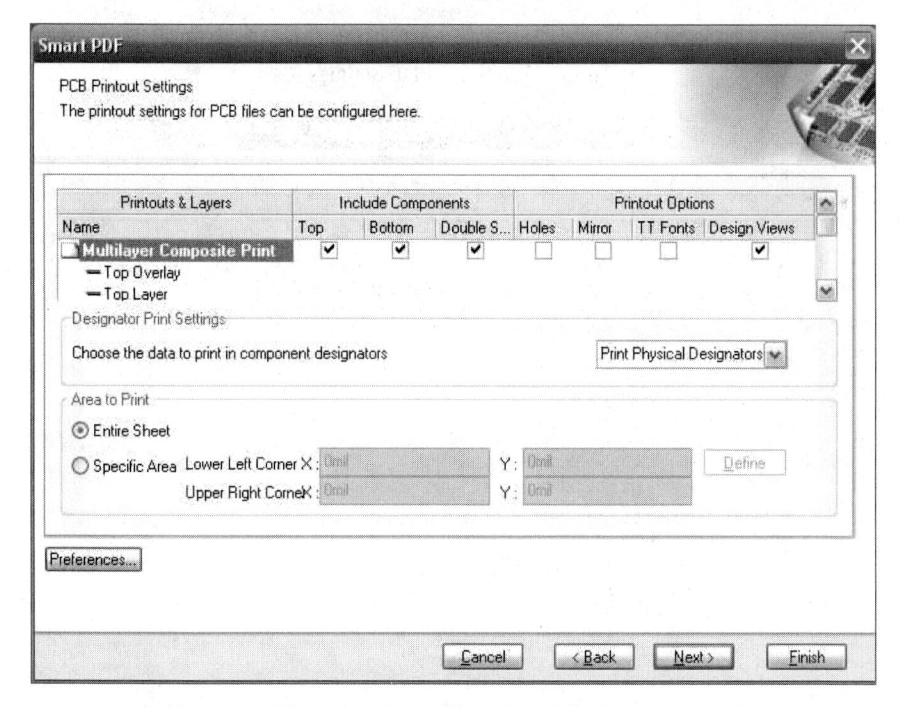

图 7-138　PCB Printout Settings 界面

（6）单击 Next 按钮，进入如图 7-139 所示的 Additional PDF Settings 界面，设置 PDF 的详细参数，如输出的 PDF 文件是否带网络信息、元件、元件引脚等书签，以及 PDF 的颜色模式（彩色打印、单色打印、灰度打印等）。

（7）单击 Next 按钮，进入如图 7-140 所示的 Structure Settings 界面，如果 Use Physical

Structure 复选框被选中，导出的原理图将由逻辑表转换为物理表。同时也可选择是否显示元件编号、网络标号的参数。

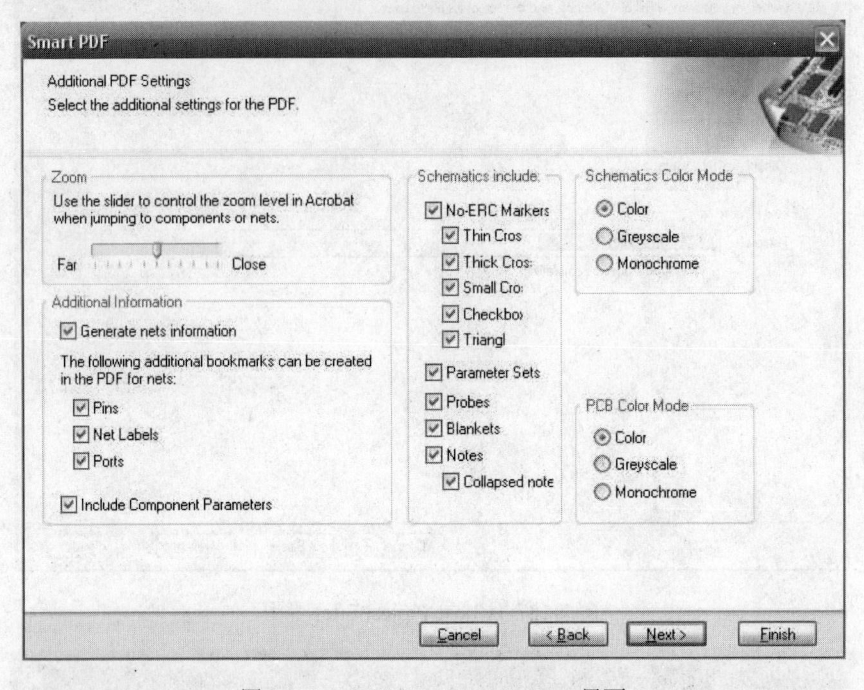

图 7-139　Additional PDF Settings 界面

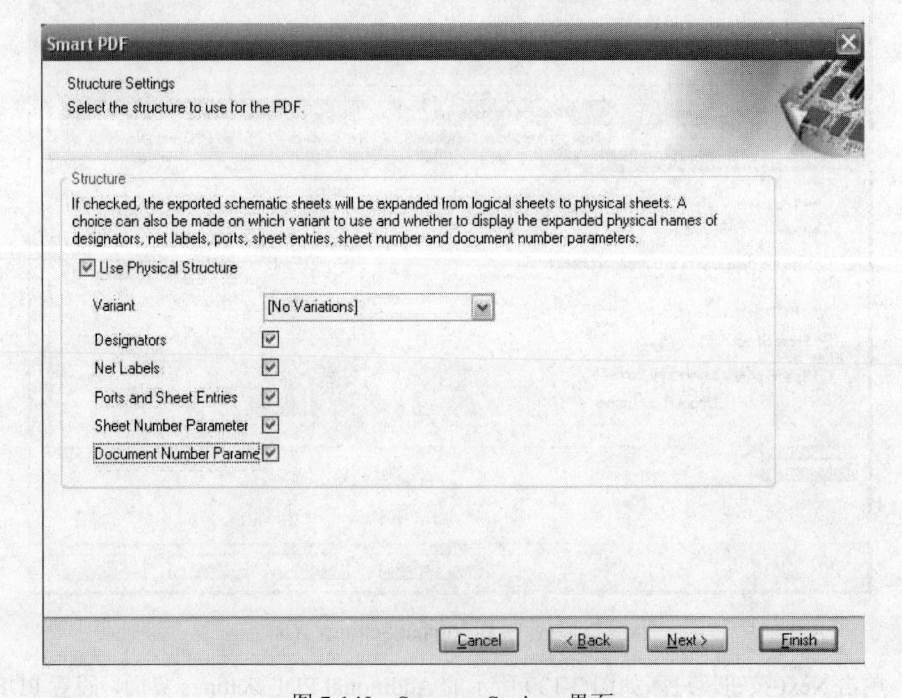

图 7-140　Structure Settings 界面

（8）单击 Next 按钮，进入如图 7-141 所示的 Final Setting 界面，显示已经完成了 PDF 输出的设置，其附带的选项是提示是否在输出 PDF 后自动查看文件，是否保存此次的设置配置信息，方便后续的 PDF 输出可以继续使用此类配置。

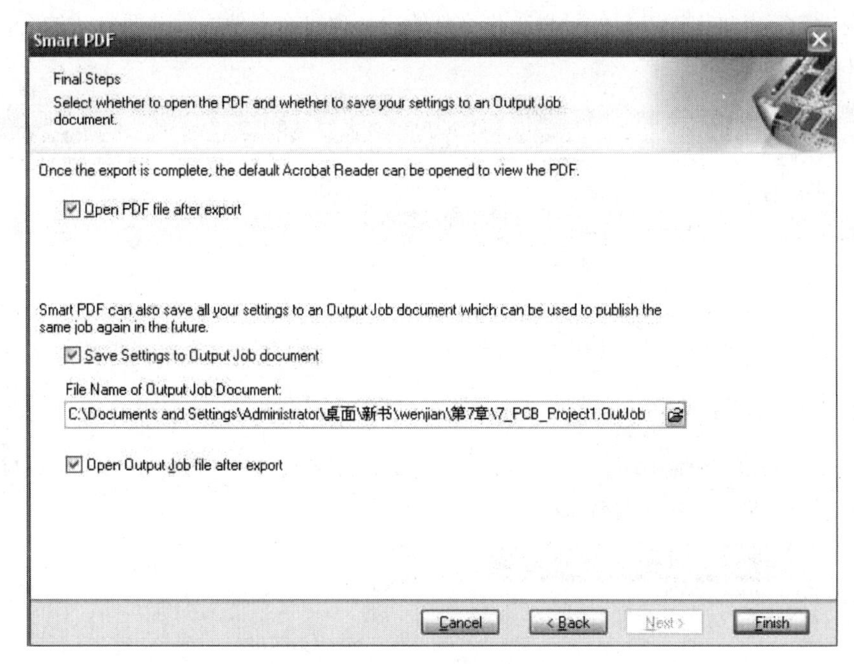

图 7-141　Final Setting 界面

（9）在完成上述输出 PDF 设置向导后，单击 Finish 按钮，完成 PDF 文件生成系统开始生成 PDF 文件，并默认打开，显示在工作窗口中，如图 7-142 所示。在书签窗口中，单击某一选项即可使相应对象变焦显示。

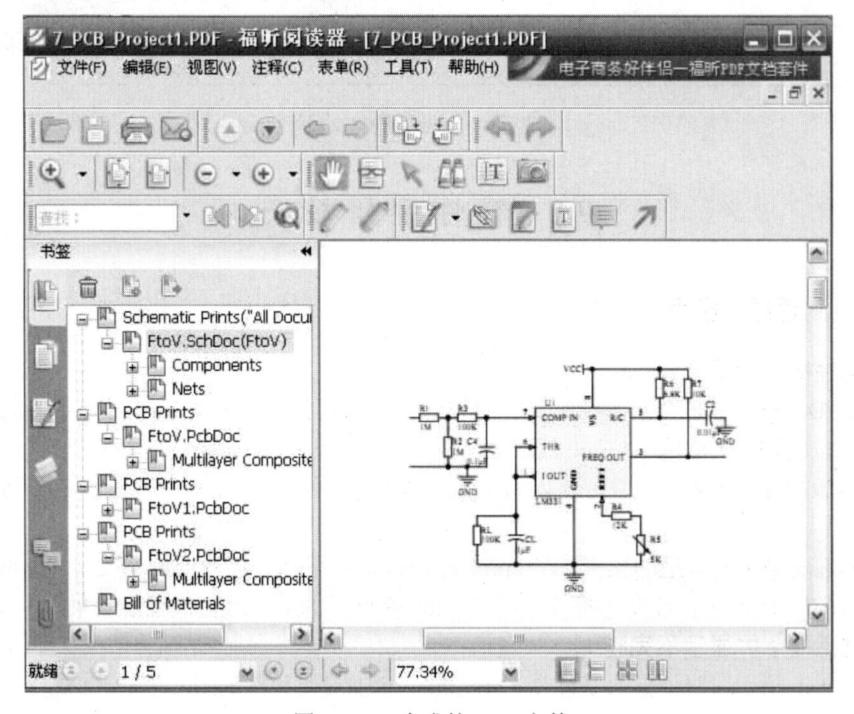

图 7-142　生成的 PDF 文件

（10）同时，批量输出文件.OutJob 也被默认打开，显示在输出工作文件编辑窗口中，如图 7-143 所示，相应设置可直接用于以后的批量工作文件输出。也可在文件中预览要打印的文件，生成打印输出文件等。

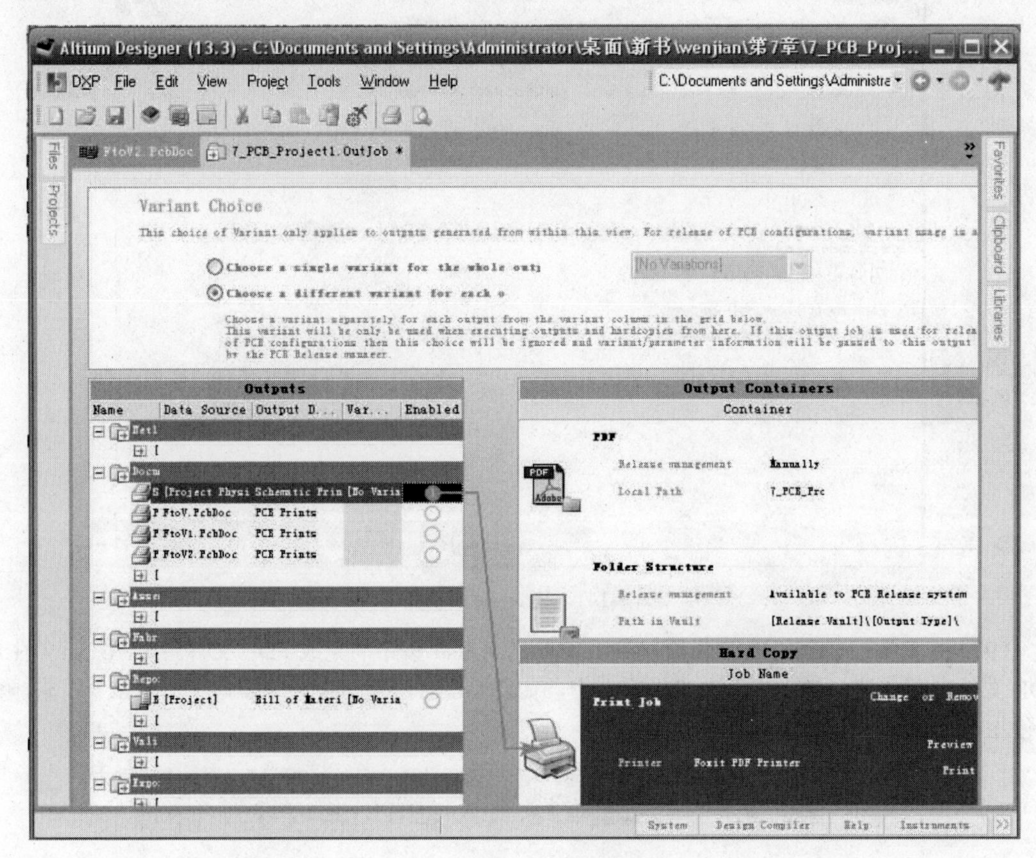

图 7-143　批量输出文件

7.5　软件使用技巧

7.5.1　对话框全显示

1．属性框显示不全

Altium Designer 在低分辨率情况下属性框显示不全被挡住，如图 7-144 所示，标题栏和最下面的确认和取消按钮无法选中。

这里要改的分辨率事先计算好，要跟屏幕最匹配的分辨率等比例，防止改好之后画面有黑边或者被拉伸。

修改屏幕分辨率到合适的比例，Altium Designer 软件需要较高的分辨率支持（一般 1600×900 即可），如图 7-145 所示，改变屏幕分辨率为 1280×800 后的属性对话框显示效果。

2．对话框字体显示不完整

如图 7-146 所示，对话框有字体显示不完整，影响对对话框说明文字的理解，可通过修改系统字体的方法来解决。

图 7-144　属性框显示不全

图 7-145　改变分辨率的属性对话框

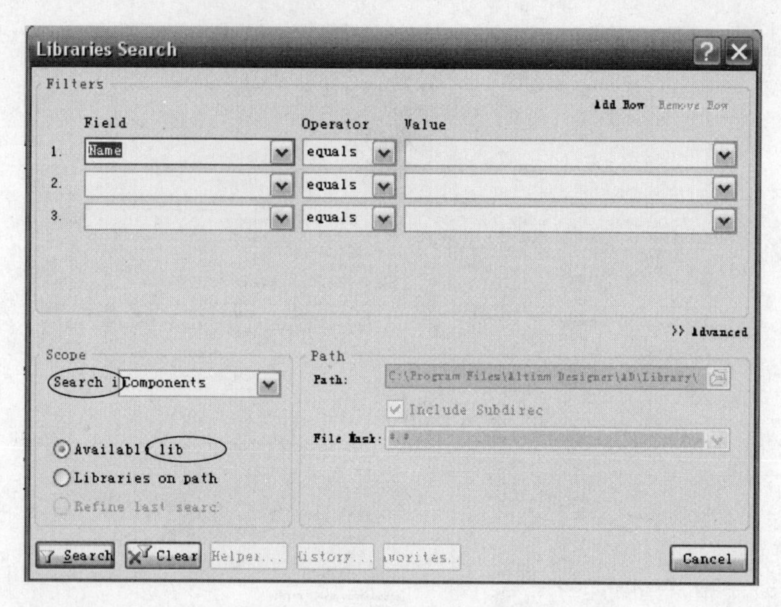

图 7-146　显示不完整对话框

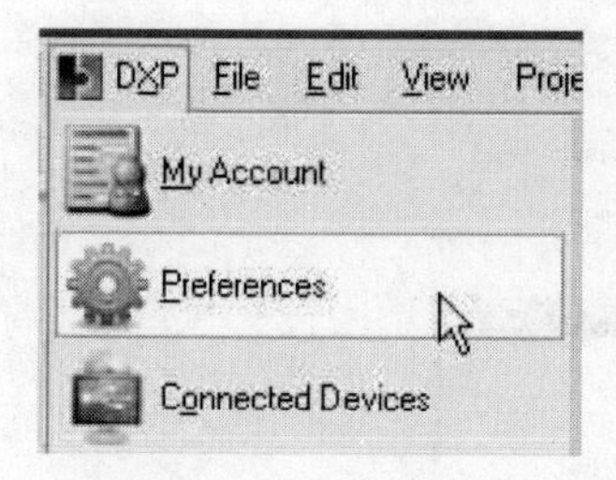

图 7-147　DXP 菜单

（1）单击软件左上角的 DXP 菜单，如图 7-147 所示，选择 Preferences 命令，弹出如图 7-148 所示的对话框。

（2）选择 System Font 选项，采用系统字体。如图 7-149 所示，Change 按钮被激活。

（3）单击 Change 按钮，弹出如图 7-150 所示的“字体”设置对话框。“字体”选择 MS Serif，“字形”选择“常规”，“大小”选择“8”。

（4）确认后应用设置，重新启动软件后设置将会应用，修改后的效果如图 7-151 所示。

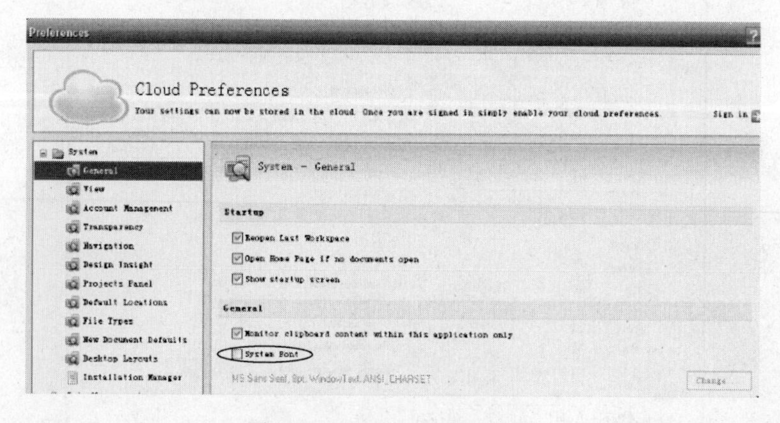

图 7-148　Preferences 对话框

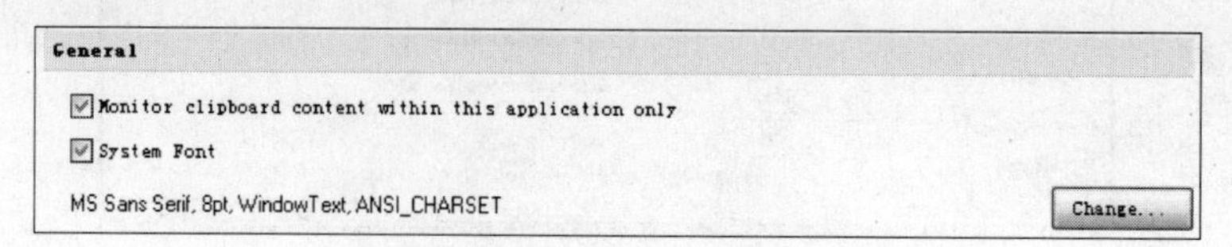

图 7-149　选中系统字体复选框

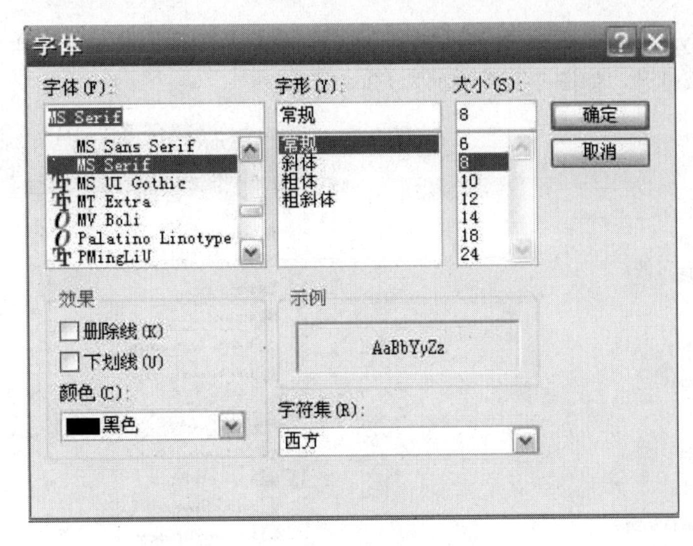

图 7-150　字体设置

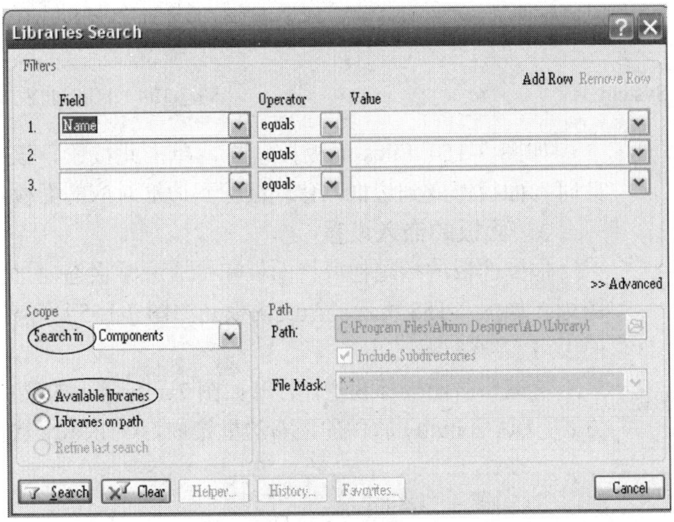

图 7-151　修改系统字体后的对话框

7.5.2　面板各种放置

1．面板的打开与隐藏

Altium Designer 为用户提供了利于文件操作和软件操作的各类面板，如在原理图编辑状态下，其控制面板的打开菜单在软件的右下角，如图 7-152 所示。

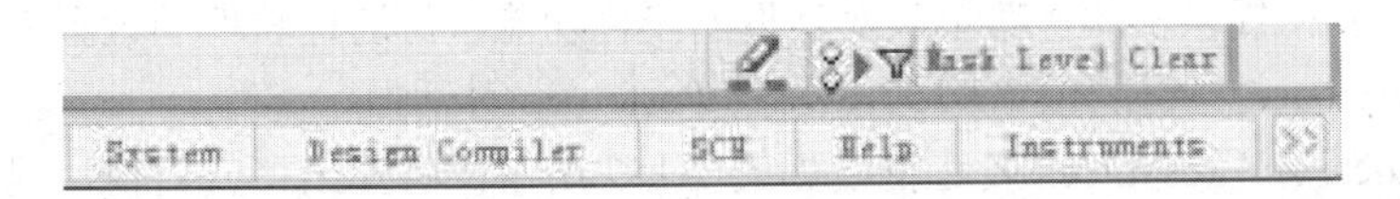

图 7-152　面板菜单

可以单击 >> 按钮隐藏菜单，此时软件右下角按钮变为 <<，单击此按钮可以打开菜单。单击如

图 7-152 所示的 System 菜单，如图 7-153 所示，打开软件常用面板菜单，选择要打开的面板，打“√”的选项面板被打开，如图 7-154 所示为 Files 面板。

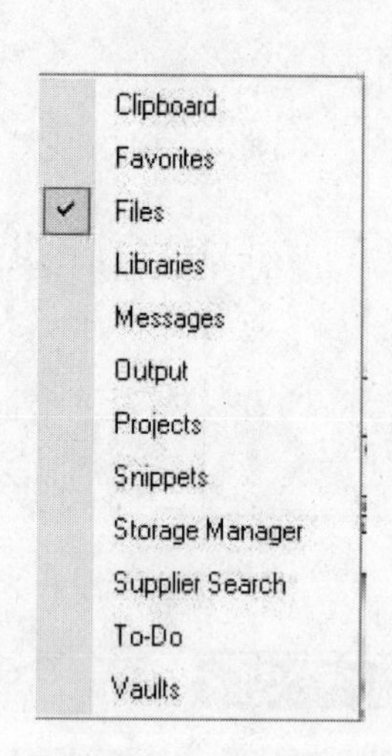

图 7-153　System 菜单

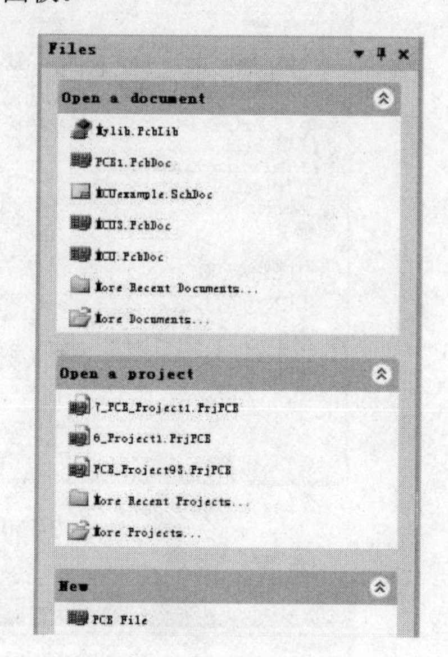

图 7-154　Files 面板

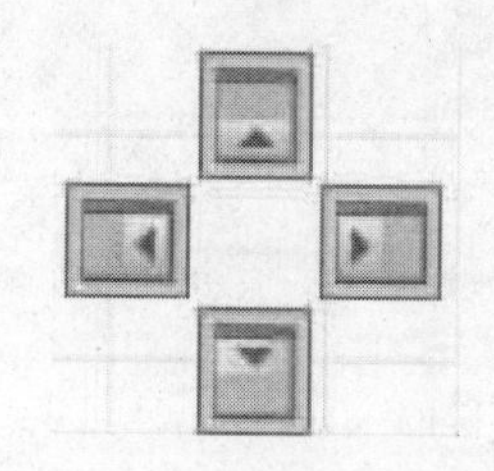

图 7-155　镶嵌指示图标

如图 7-154 Files 面板按钮，单击此按钮，该按钮变成形式，此时，面板镶嵌到边框，移动鼠标到边框对应的面板将弹出。

2．面板的嵌入设置

拖曳面板的标题栏可将面板拖曳成悬浮状态，此时软件显示镶嵌指示图标，如图 7-155 所示。拖曳面板到如图 7-155 所示的相应的指示按钮，面板可实现镶嵌。

右键单击面板标题栏，打开如图 7-156 所示的菜单，可设置面板镶嵌方式，Horizontally 软件的左右边框镶嵌，Vertically 软件的上下边框镶嵌。

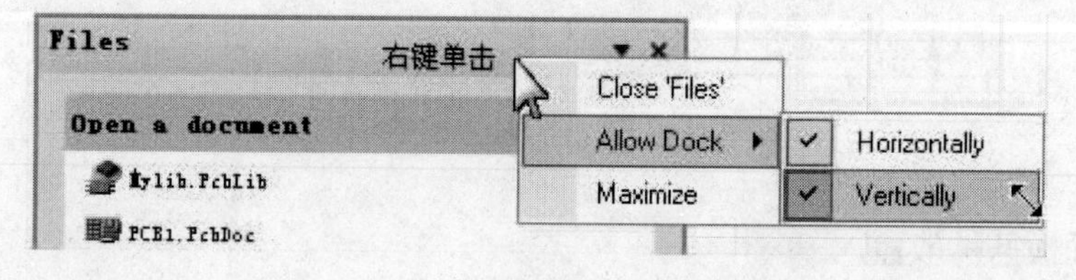

图 7-156　面板镶嵌方式菜单

7.5.3　汉化软件设置

Altium Designer 提供了软件菜单和对话框的汉化功能，可通过软件的设置来完成。执行菜单命令 DXP→Preference，弹出如图 7-157 所示的 Prefernce 对话框。

选择 Use localized resources 复选框，如图 7-157 所示，将弹出警告窗口，提示软件需要重新启动后完成设置。单击 OK 按钮，应用后并单击 Prefernce 对话框的 OK 按钮。

关闭软件并重新启动。打开任一对话框查看应用效果，如图 7-158 所示。可以看到软件的菜单还有对话框的一些内容都进行了汉化。

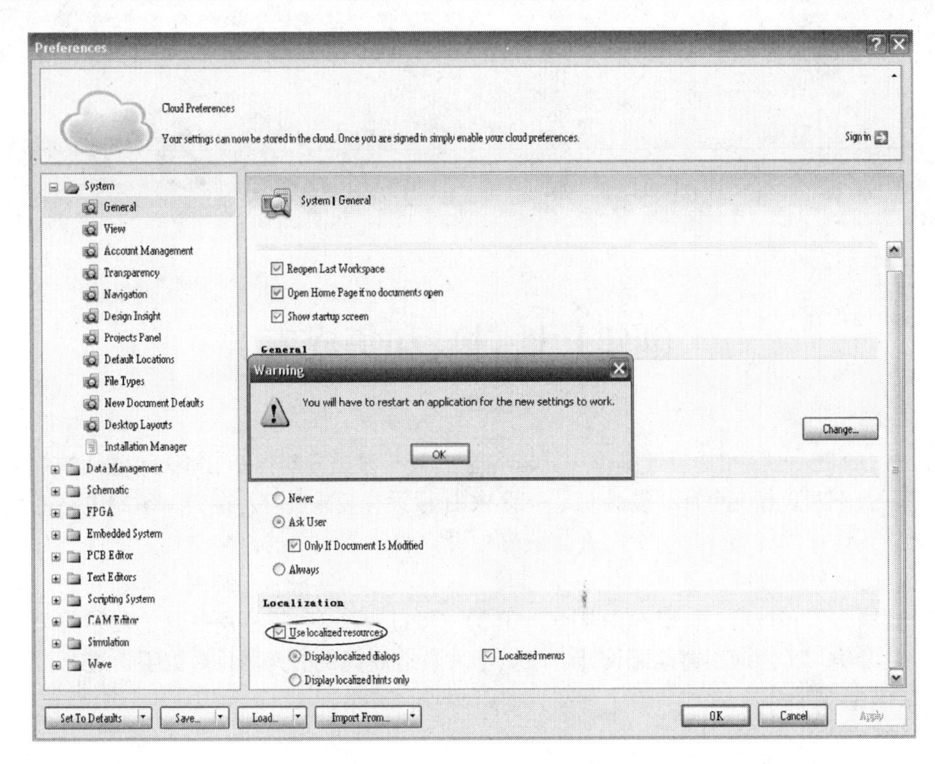

图 7-157　Prefernces 对话框

图 7-158　软件汉化后

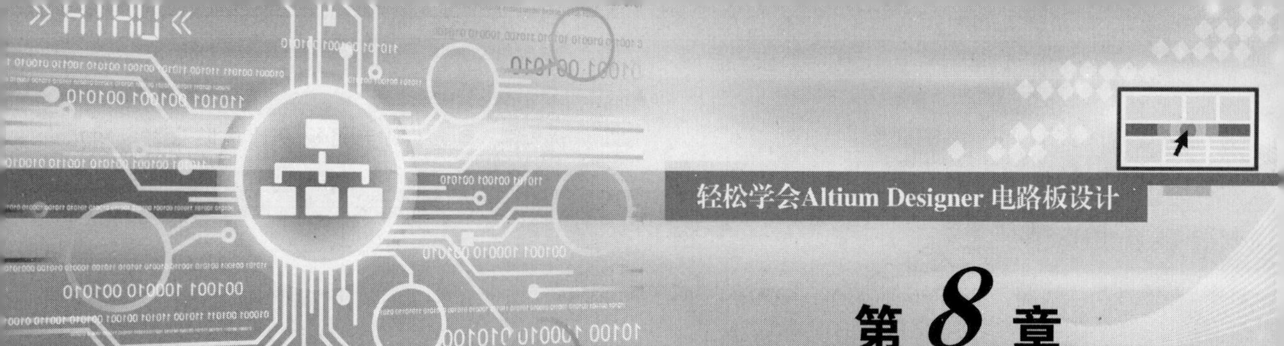

创建元件封装和集成库

Altium Designer 为 PCB 设计提供了比较齐全的各类直插元器件和 SMD 元器件的封装库，并可以通过下载不断更新元件库，能够满足一般 PCB 板设计要求。但是在实际印制电路板设计过程中难免会碰到这样的问题，部分元件在封装库中没有收录或库中的封装与实际元件的封装还有一定的差异，这就需要我们自己设计 PCB 封装库。本章将结合实例，介绍手工创建和利用向导创建元件封装库的方法和技巧。介绍 PCB 封装建立的一般过程，这种方式所建立的封装的尺寸大小也许并不一定准确，实际应用时需要设计者根据器件制造商提供的元器件数据手册进行检查。

本章要点

（1）不规则封装的建立。

（2）手工绘制 3D 模型。

（3）创建集成库。

8.1 创建元件封装库

8.1.1 建立封装库文件

在 Altium Designer 中，封装库的扩展名为 PcbLib，它可以嵌入到一个集成库中，也可以在 PCB 编辑界面中直接调用其中的元件。下面介绍创建元件封装库的方法。

（1）执行菜单命令 File→New→Library→PCB Library，增加一个 PCB 库并命名，将其保存为 PcbLibl.PcbLib，如图 8-1 所示。

（2）元件封装编辑器工作环境与 PCB 编辑器编辑环境类似，元件封装编辑器的左边是 Projects 面板，右侧为元件封装的绘图区。

（3）在绘图区可以利用元件封装编辑器提供的绘图工具绘制元件。

8.1.2 手动创建元件封装

元件封装由焊盘和描述性图形两部分组成，此处以单七段数码管为例，介绍手动创建元件封装的方法。

1．新建元件封装

（1）执行菜单命令 Tools→New Blank Component，或在 PCB Library 面板中的元件列表栏内单击鼠标右键，在弹出的菜单中选择 New Blank Component，新建一个元件封装。

（2）双击元件列表栏中新建元件，弹出 PCB Library Component 对话框，如图 8-2 所示，将元件封装名称修改为“7LED”。

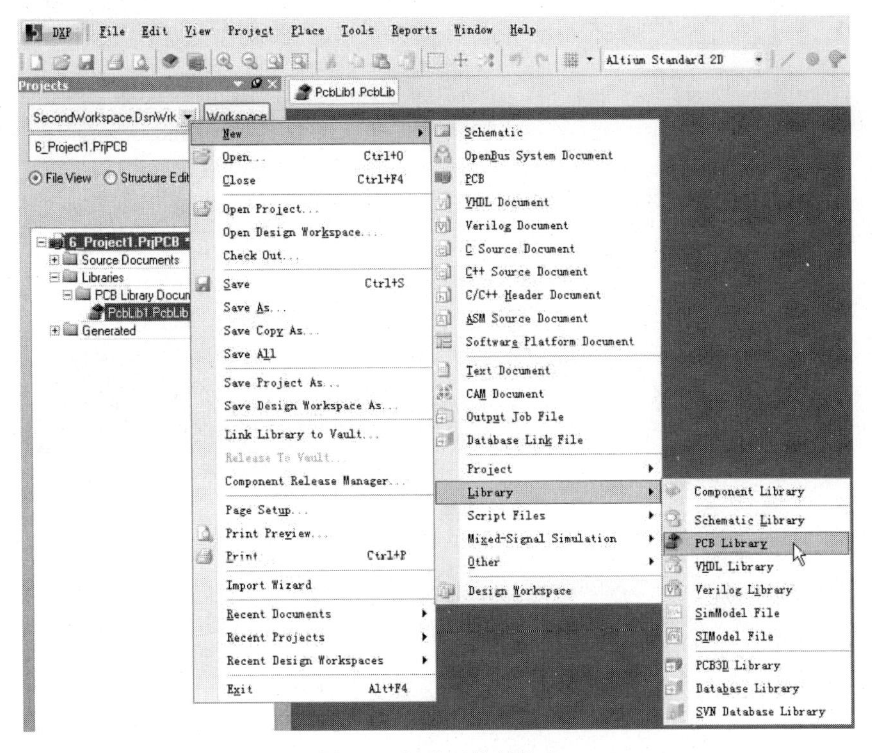

图 8-1　新建元件封装库

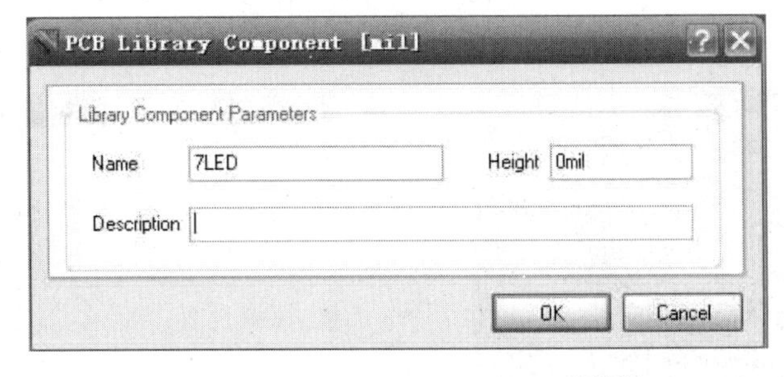

图 8-2　PCB Library Component 对话框

2．放置焊盘

（1）执行菜单命令 Place→Pad，或单击工具栏 ◎ 按钮，放置焊盘。放置前可按 Tab 键进入焊盘属性对话框，如图 8-3 所示。

（2）焊盘的属性设置方法参照 7.2.1 节，此处设置焊盘孔径 40mil，圆形焊盘，焊盘外径横向与纵向设置为 64mil。设置焊盘所在的层、所属网络、电气特性、是否镀金和是否锁定等属性。

（3）在绘图区连续放置 10 个焊盘，焊盘排列和间距要与实际的元件引脚一致，横向间距为 100mil，纵向两排间距为 600mil 此处可借助坐标工具或阵列粘贴工具完成。放置后可双击焊盘修改焊盘属性。

（4）放置好焊盘如图 8-4 所示，其中设置左下角焊盘为方形焊盘。

3．放置文字

（1）执行菜单命令 Place→String，或单击工具栏 A 按钮，在 Top Overlay 层给焊盘添加文字。

（2）按 Tab 键进入属性编辑对话框，如图 8-5 所示，设置相应的属性。

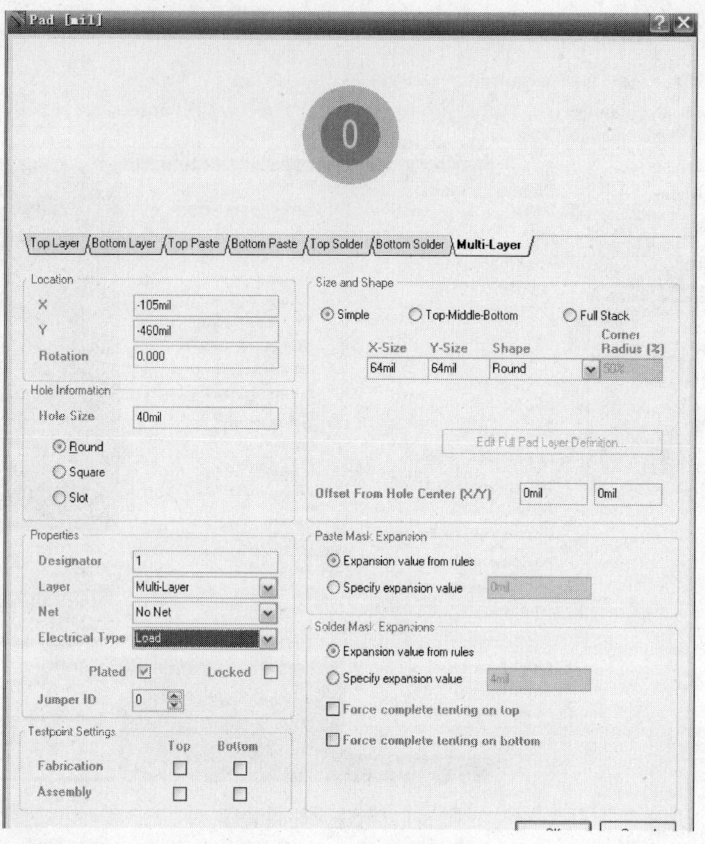

图 8-3　焊盘属性对话框

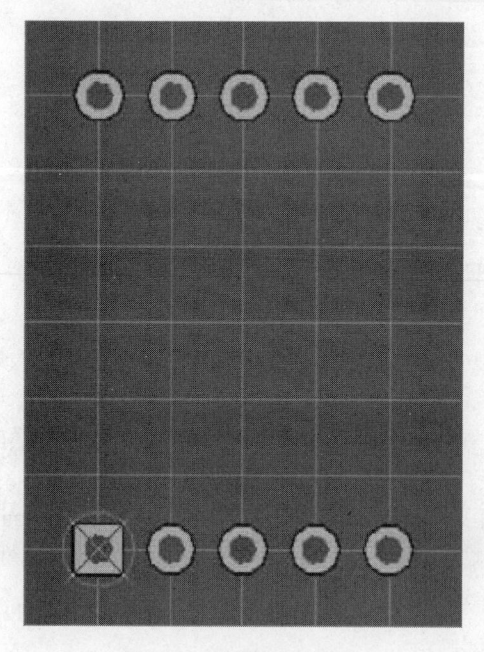

图 8-4　放置好的焊盘

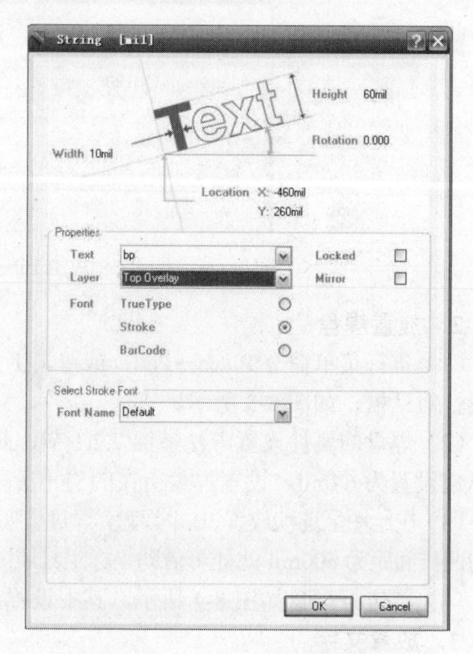

图 8-5　文字属性编辑对话框

（3）每个焊盘放置说明性文字，如图 8-6 所示。

4．绘制图形

执行菜单命令 Place→Line，或单击工具栏 按钮，在 Top Overlay 层给焊盘添加外形，如图 8-7 所示。

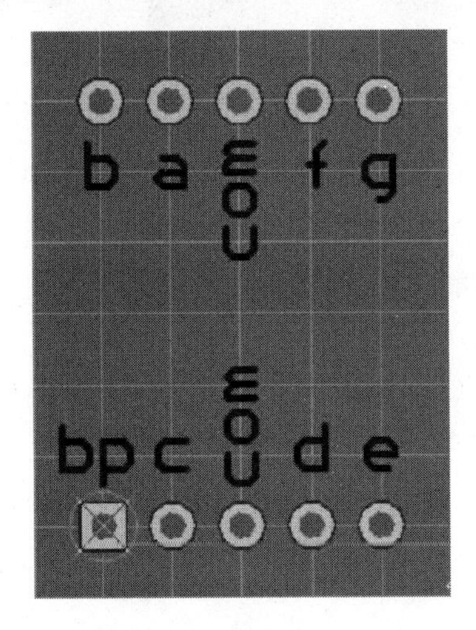

图 8-6　放置文本后

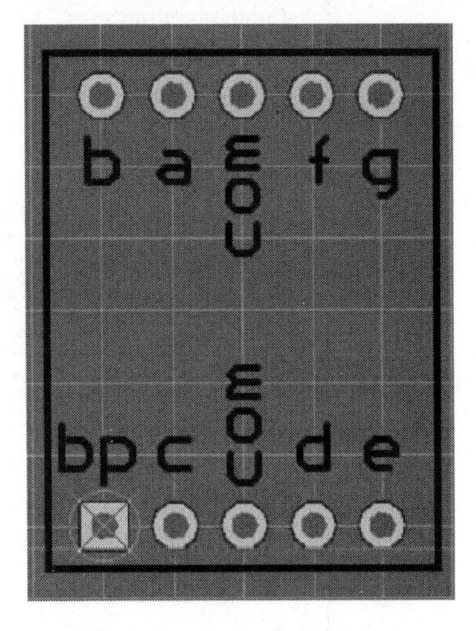

图 8-7　绘制好的元件封装

8.1.3　使用向导创建元件封装

对于标准的 PCB 元器件封装，Altium Designer 为用户提供了 PCB 元器件封装向导，帮助用户完成 PCB 元器件封装的制作。PCB Component Wizard 使设计者在进行一系列设置后就可以建立一个器件封装，接下来将演示如何利用向导为七段数码管建立 7LED-1 的封装。

（1）执行菜单命令 Tools→Component Wizard 命令，或者直接在 PCB Library 工作面板的 Component 列表中右击，在弹出的菜单中选择 Component Wizard 命令，弹出 Component Wizard 对话框，如图 8-8 所示。

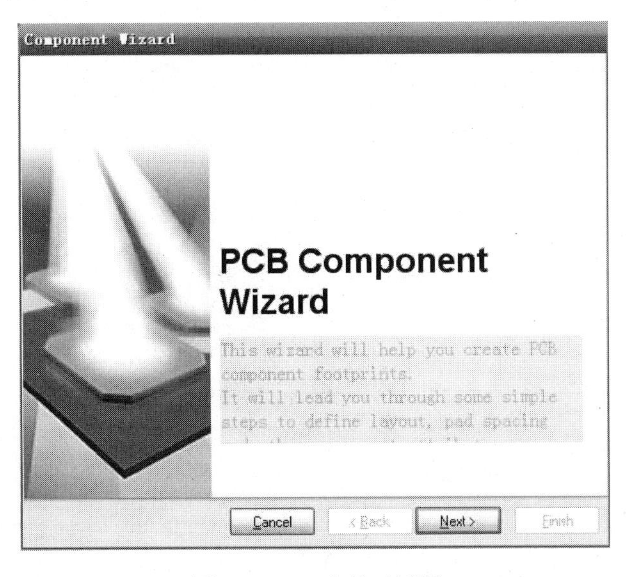

图 8-8　PCB 向导对话框

（2）单击 Next 按钮进入模式和单位选择界面，如图 8-9 所示。对所用到的选项进行设置，选择 Dual Inline Package（DIP）选项，单位选择 Imperial（mil）选项。

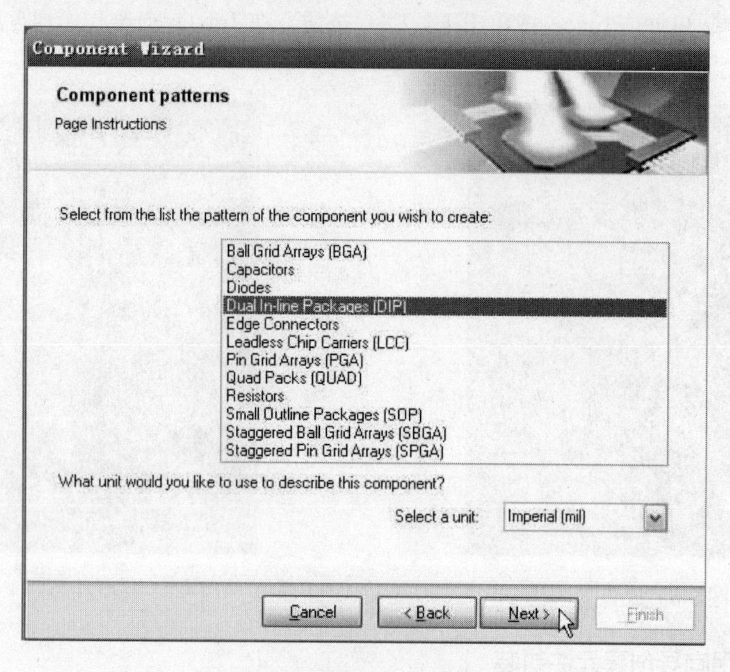

图 8-9　模式与单位选择

（3）单击 Next 按钮，进入焊盘大小选择对话框，如图 8-10 所示，设置圆形焊盘的外径为 64mil，内径为 40mil。

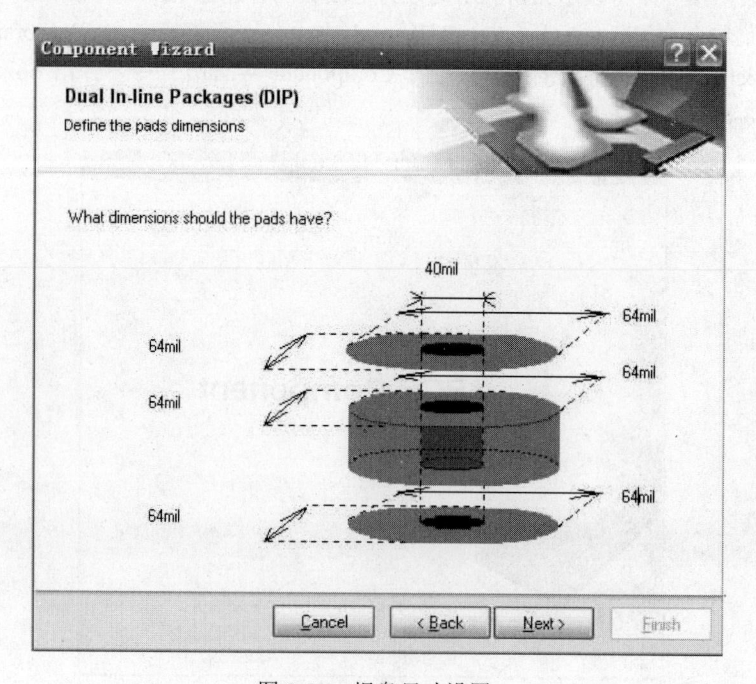

图 8-10　焊盘尺寸设置

（4）单击 Next 按钮，进入焊盘间距选择对话框，如图 8-11 所示。焊盘间距要满足时间元件引脚间的距离关系。

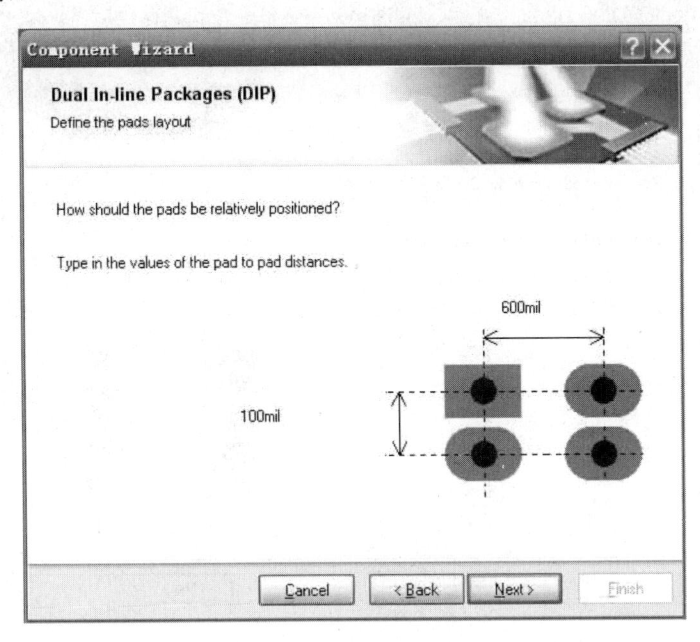

图 8-11　焊盘间距设置

（5）单击 Next 按钮，指定外框的线宽，设置用于绘制封装图形轮廓线宽度，如图 8-12 所示。

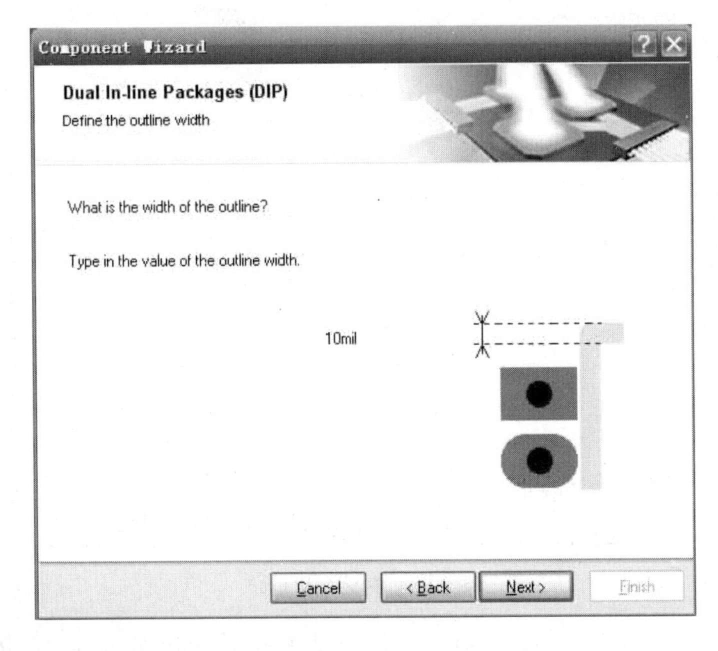

图 8-12　轮廓线宽度设置

（6）单击 Next 按钮，进入焊盘数目设定界面，如图 8-13 所示。

（7）单击 Next 按钮，进入封装名称设置界面，如图 8-14 所示。

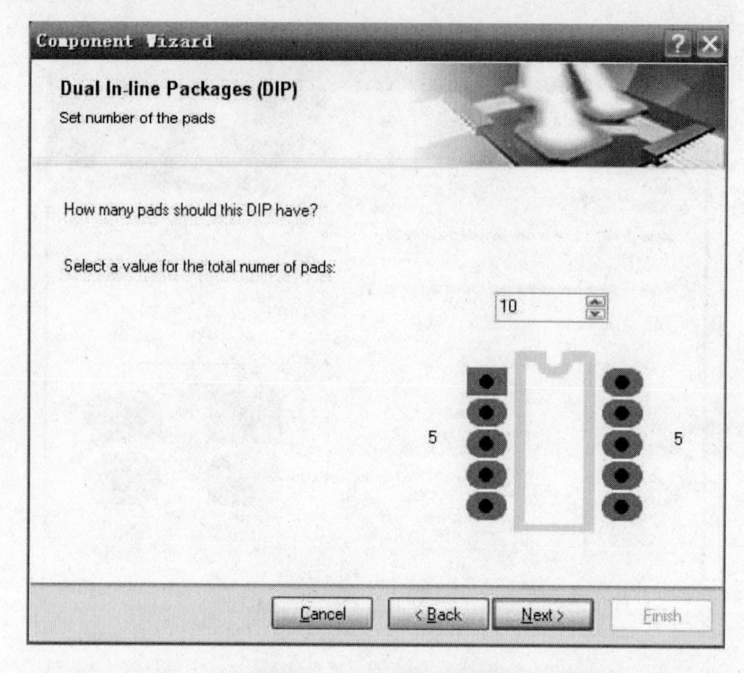

图 8-13　焊盘数目设定

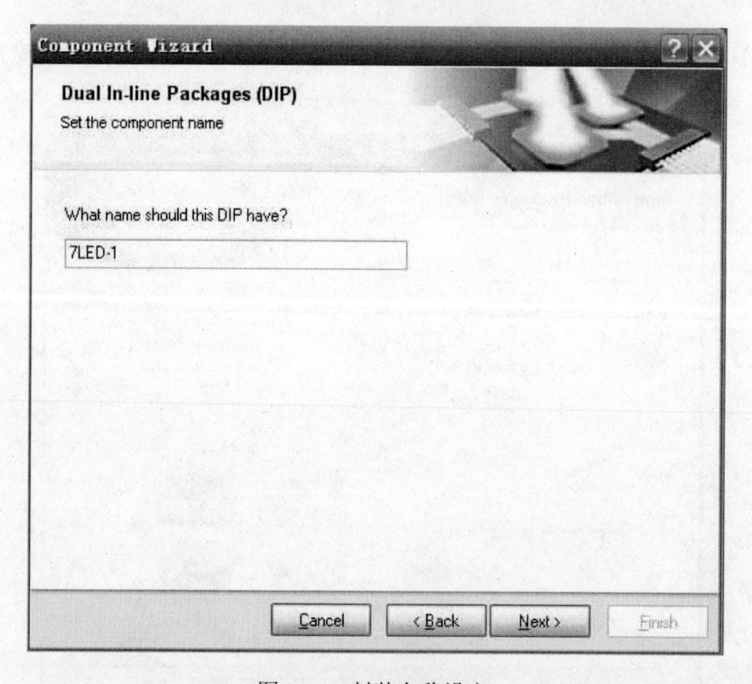

图 8-14　封装名称设定

（8）进入最后一个对话框，如图 8-15 所示。单击 Finish 按钮结束向导，在 PCB Library 面板的 Components 列表中会显示新建的“7LED-1”封装名，同时设计窗口会显示新建的封装，如有需要可以对封装进行修改。

图 8-15　结束界面

8.1.4　不规则封装的绘制

电子工艺的不断进步促成了新型封装的出现，出现了一些包含不规则焊盘的封装，使用 PCB Library Editor 可以实现这类封装的设计要求。如图 8-16 所示，该封装名称为 SOT23，包含三个焊盘。

（1）利用向导生成 SOP4 的封装，焊盘为方形 0.9mm×0.9mm；焊盘间距分别为 1.9mm 和 2.35mm；修改封装名称为 SOT23-1，如图 8-17 所示。

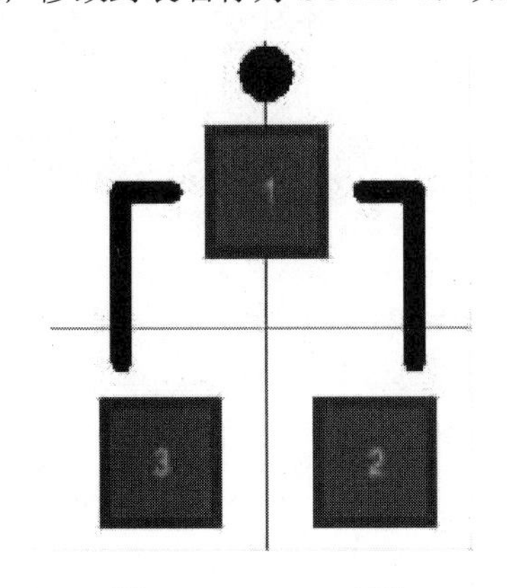

图 8-16　SOT23 封装

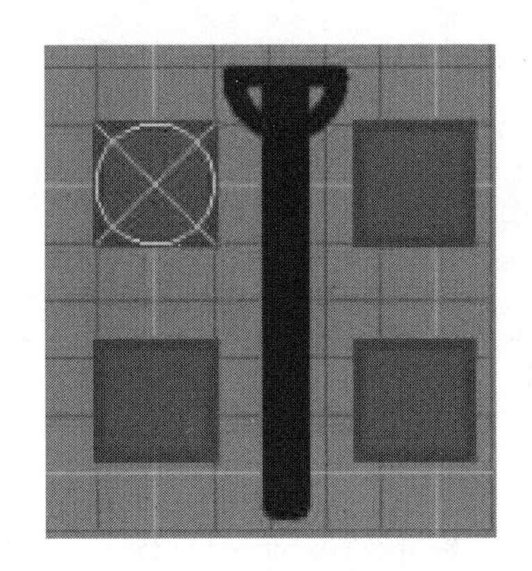

图 8-17　利用向导创建封装

（2）调整焊盘方向，去掉一个焊盘并调整其中一个焊盘的位置，调整焊盘号，如图 8-18 所示。

（3）删除原有边框，在 Top Overlay 层放置新的边框和辅助标志，如图 8-19 所示。

（4）利用向导新建封装，手动修改的方法完成了不规则封装绘制。设计者也可以通过手动放置焊盘的方法完成封装绘制，同样可达到使用效果。只不过借助向导修改的方法可以减少绘制的工作量。

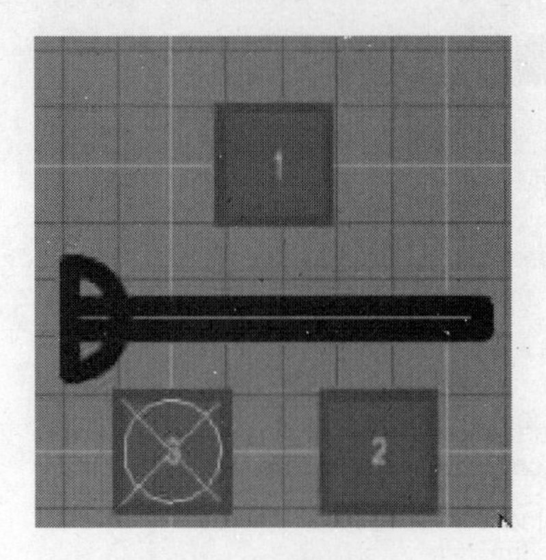

图 8-18　调整焊盘

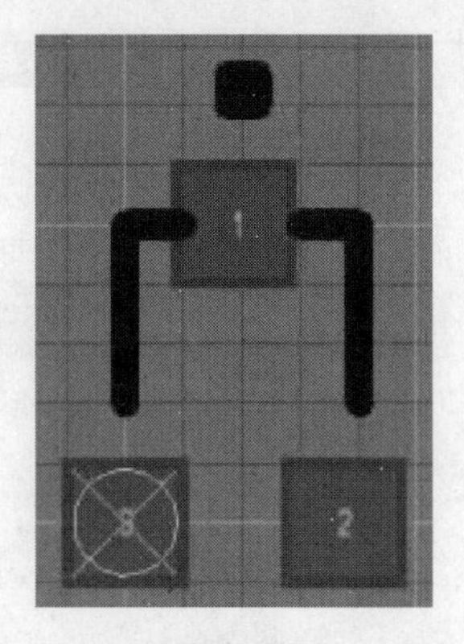

图 8-19　调整边框

8.2　3D 封装的绘制

考虑到元件的集成度的不断提高，PCB 设计人员必须考虑元件水平间隙之外的其他设计需求，如元件高度的限制、多个元器件空间叠放情况。此外，将最终的 PCB 转换为一种机械 CAD 工具，以便用虚拟的产品装配技术全面验证元件封装是否合格，这已逐渐成为一种趋势。Altium Designer 拥有许多功能，其中的三维模型（3D）可视化功能就是为这些需求而研发的。

8.2.1　封装高度属性的添加

设计者可以用一种最简单的方式为封装添加高度属性，双击 PCB Library 面板中的 Component 列表中的封装，如图 8-20 所示，如双击 7LED，打开 PCB Library Component 对话框，如图 8-21 所示，在 Height 文本框中输入适当的高度数值。

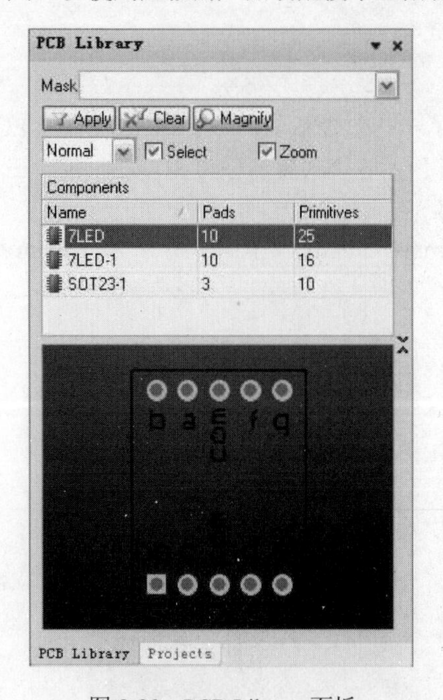

图 8-20　PCB Library 面板

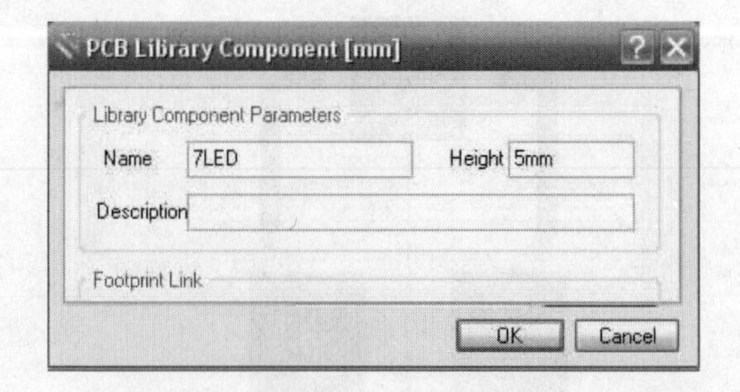

图 8-21　7LED 封装输入高度值

可在电路板设计时定义设计规则，在 PCB 编辑器中执行菜单命令 Design→Rules，弹出 PCB Rules and Constraints Editor 对话框，在 Placement 选项卡的 Component Clearance 处对某一类元器件的高度或空间参数进行设置。

8.2.2　手工制作 3D 模型

在 PCB Library Editor 执行菜单命令 Place→3D Boay 可以手工放置三维模型，也可以在 3D

Body Manager 对话框执行 Tools→Manage 3D Bodies for Library CurrentComponent 中设置成“自动”，以便为封装添加三维模型。

下面将演示如何为前面所创建的 7LED 封装添加三维模型，在 PCB Library Editor 中手工添加三维模型的步骤如下：

（1）在 PCB Library 面板中双击 7LED，打开图 8-21PCB Library Component 对话框，该对话框详细列出了元器件名称、高度、描述信息。这里元器件的高度设置最重要，因为需要三维模型能够体现元器件的真实高度。如果器件制造商能够提供元器件的尺寸信息，则尽量使用器件制造商提供的信息。

（2）执行菜单命令 Place→3D Body，显示 3D Body 对话框，如图 8-22 所示，在 3D Model Type 选项区域选中 Extruded 单选按钮。

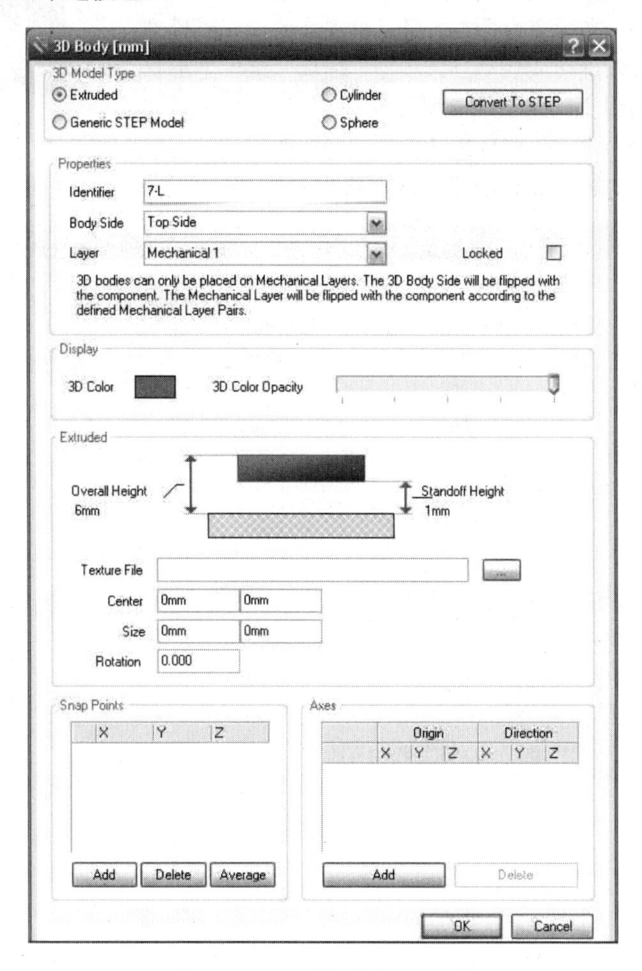

图 8-22　3D 模型设置对话框

（3）设置 Properties 选项区域各选项，为三维模型对象定义一个名称（Identifier），以标识该三维模型，设置 Body Side 下拉列表为 Top Side，该选项将决定三维模型垂直投影到电路板的哪一个层面。

（4）设置 Overall Height 为 6mm，Stand off Height 三维模型底面到电路板的距离为 1mm，3D Color 为适当的颜色。

（5）单击 OK 按钮关闭 3D Body 对话框，进入放置模式，在 2D 模式下，光标变为十字形状，在 3D 模式下，光标为蓝色锥形。

（6）移动光标到适当位置，单击选定三维模型的起始点，接下来连续单击选定若干个顶点，组成一个代表三维模型形状的多边形。选定好最后一个点，右击或按 Esc 键退出放置模式，系统会自动连接起始点和最后一个点，形成闭环多边形，如图 8-23 所示。

当设计者选定一个扩展三维模型时，在该三维模型的每一个顶点会显示成可编辑点，当光标变为↘时，可单击并拖动光标到顶点位置。当光标在某个边沿的中点位置时，可通过单击并拖动的方式为该边沿添加一个顶点，并按需要进行位置调整。将光标移动到目标边沿，光标变为✥时，可以单击拖动该边沿。将光标移动到目标三维模型，光标变为✥时，可以单击拖动该三维模型。拖动三维模型时，可以旋转或翻动三维模型，编辑三维模型形状。

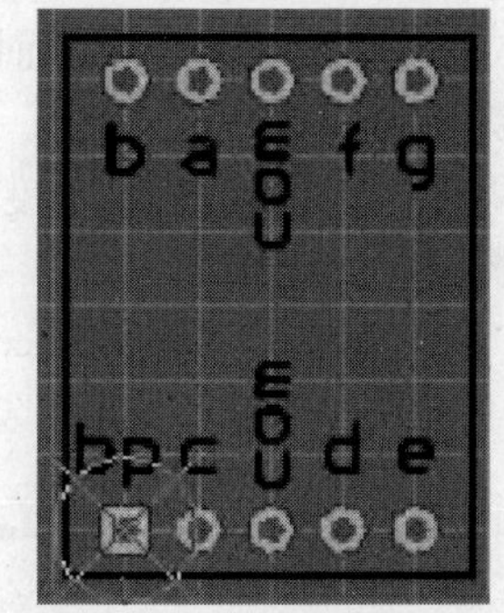

图 8-23　添加了三维模型的封装

下面为 7LED 的引脚创建三维模型。

（1）执行菜单命令 Place→3D Body，显示 3D Body 对话框，如图 8-24 所示，在 3D Model Type 选项区域选中 Cylinder 单选按钮。

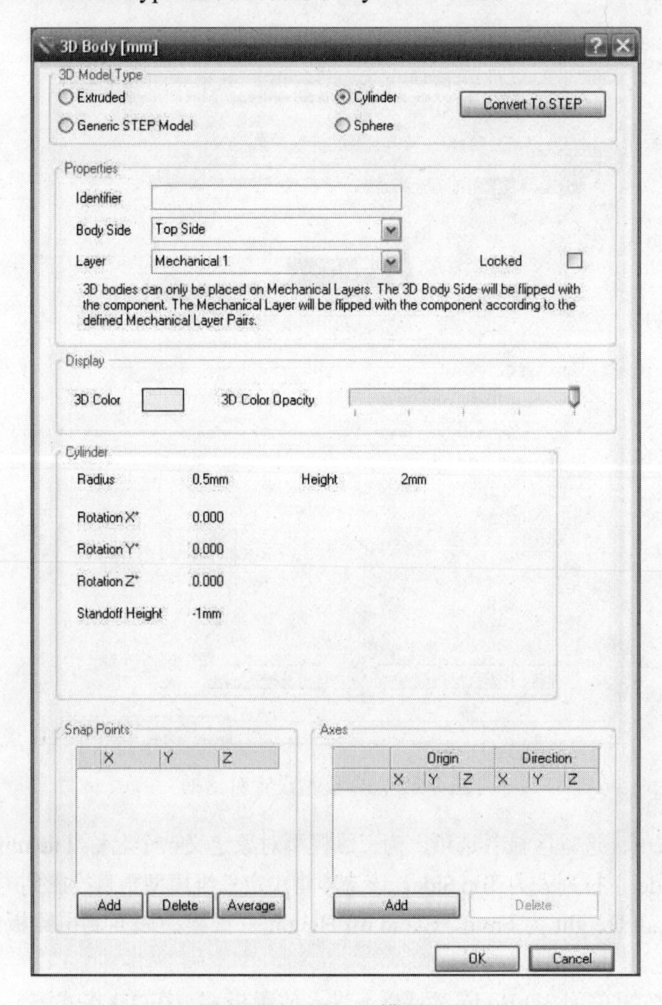

图 8-24　引脚 3D 模型设置

（2）对 Properties 选项区域各选项进行设置，为三维模型对象定义一个名称（Identifier），以标识该三维模型，设置 Body Side 下拉列表为 Top Side，该选项将决定三维模型垂直投影到电路板的哪一个层面。

（3）设置 3D Color 为淡黄色；Radius 半径为焊盘孔径的一半，这里设置为 0.5mm；Height 为引脚的长度，这里设置为 2mm；Stand off Height 三维模型底面到电路板的距离为–1mm。

（4）单击 OK 按钮关闭 3D Body 对话框，进入放置模式，在 2D 模式下，光标变为“十”字形状。按 Page Up 键，将第一个引脚放大到足够大，在第一个引脚的孔内放置设置好的三维图像。

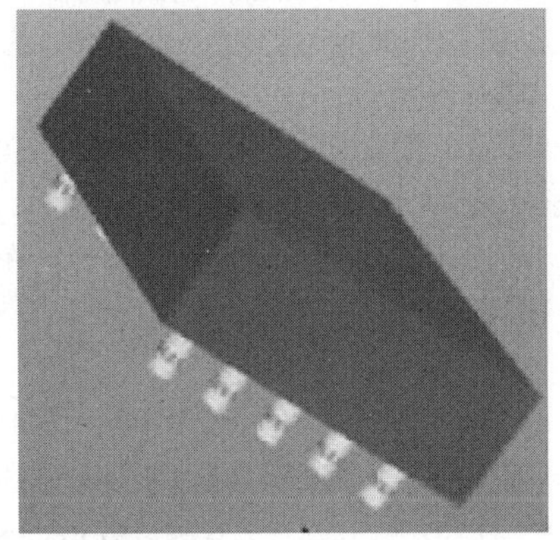

图 8-25　7LED 三维模型

（5）选中小的正方形，按 Ctrl+C 组合键将它复制到剪贴板，然后按 Ctrl+V 组合键，将它粘贴到其他引脚的孔内。

（6）完成三维模型设计后，会显示 3D Body 对话框中，设计者可以继续创建新的三维模型，也可以单击 Cancel 按钮或按 Esc 键关闭对话框。图 8-25 显示了在 Altium Designer 中建立的一个 7LED 三维模型。

8.2.3　交互式 3D 模型制作

使用交互式方式创建封装三维模型对象的方法与手动方式类似，最大的区别是在该方法中，Altium Designer 会检测闭环形状，这些闭环形状包含封装细节信息，可被扩展成三维模型，该方法通过设置 3D Body Manager 对话框实现。

接下来将介绍如何使用 3D Body Manager 对话框，为 VR5 封装创建三维模型，该方法比手工定义形状更简单。

（1）执行菜单命令 Tools→Manage 3D Bodies for Current Component，显示 Component BodyManager for componet：VR5［mil］对话框，通过 3D Body Manager 对话框在现有封装的基础上快速建立三维模型如图 8-26 所示。

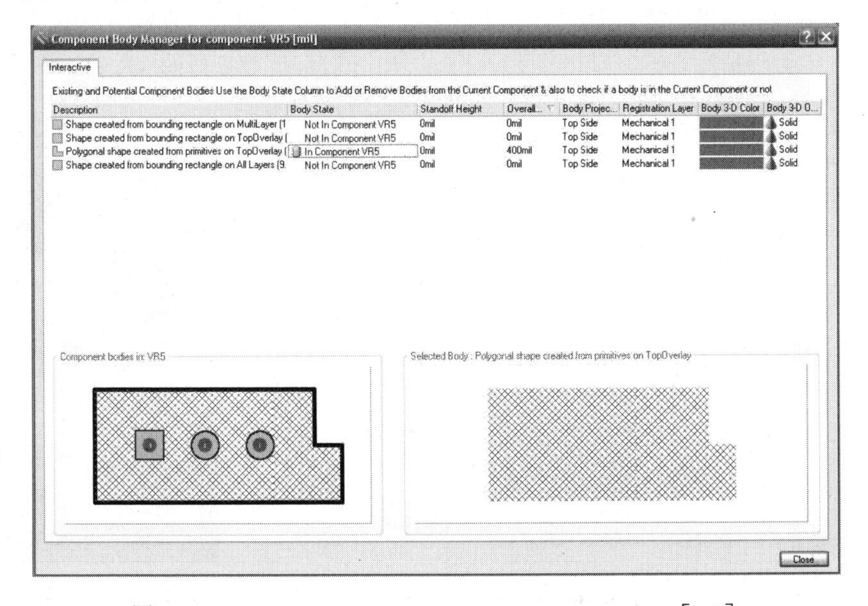

图 8-26　Component BodyManager for componet：VR5［mil］

（2）依据元件外形在三维模型中定义对应的形状，需要用到列表中的第三个选项 Polygonal shape created from primitives on TopOverlay，在对话框中该选项所在行位置单击 Action 列的 Add to 按钮，将 Registration Layer 设置为三维模型对象所在的机械层（本例中为 Mechanicall），设置 Overall Height 为合适的值，如 400mil，设置 Body 3D Color 为合适的颜色，如图 8-26 所示。

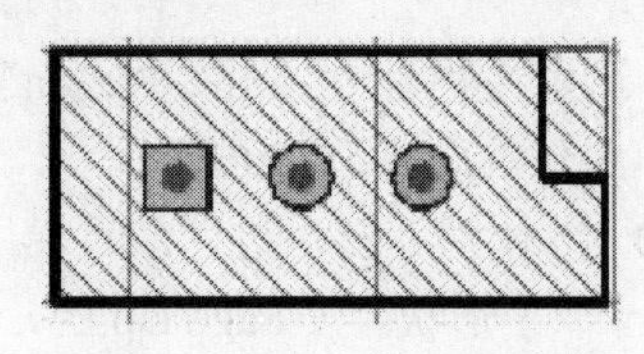

图 8-27 添加了三维模型后的 VR5 2D 封装

（3）单击 Close 按钮，会在图 8-26 所示的元器件上面显示三维模型形状，保存库文件。图 8-27 给出了 VR5 封装的一个完整的三维模型图，该模型包含 5 个三维模型对象。

1）一个基础性的三维模型对象，根据封装轮廓建立（Overall Height：400mil，StandoffHeight：0mil，Body 3D Color：gray）。

2）一个代表三维模型的外围，通过放置一个圆，再以圆为蓝本生成闭环多边形，设计者可在 3D Body Manager 对话框中检测该闭环多边形。闭环多边形参数设置：Overall Height 为 200mil，Standoff Height 为 0mil，Color 为 Gray。

3）其他 3 个对象对应于 3 个引脚，通过放置圆柱体的方法实现。执行菜单命令 Place→3D Body 命令，弹出 3D Body 对话框，如图 8-28 所示。在 3D Model Type 选项区域选择 Cylinder（圆柱体）单选按钮；选择圆参数 Radius（半径）：15mil；Height：450mil；StandoffHeight：–450mil；Color：gold。设置好后单击 OK 按钮，光标处出现一个小方框，把它放在焊盘处单击即可，右击或按 Esc 键退出放置状态。

4）设计者可以先为其中一个引脚创建三维模型对象，再复制、粘贴两次，分别建立剩余两个引脚的三维模型对象。如图 8-29 为建立好的 VR5 3D 模型图。

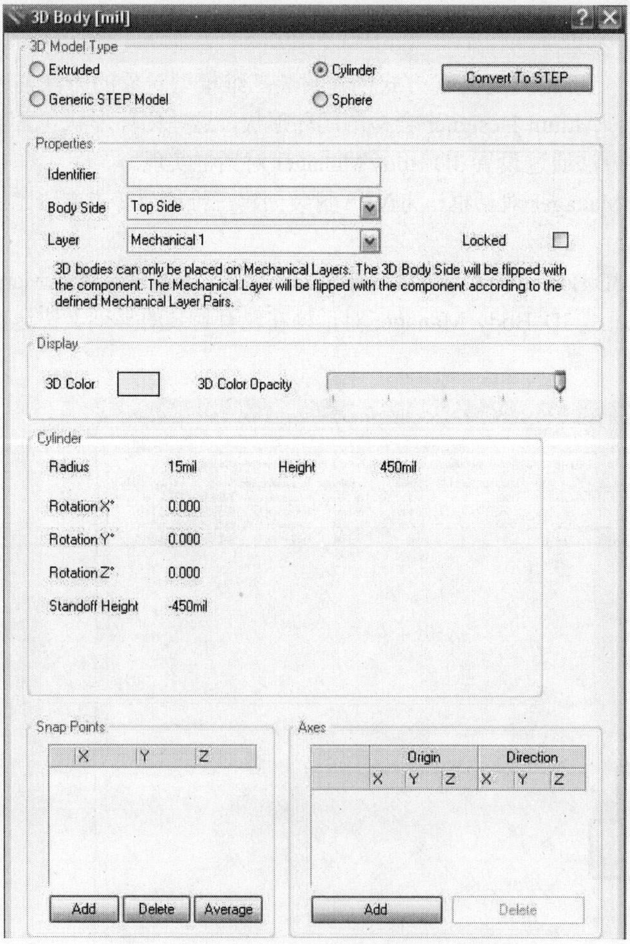

图 8-28 3D Body 对话框

图 8-29 VR5 3D 模型图

8.3　集成库的生成与维护

Altium Designer 提供的元件库为集成库，即元器件库中的元件具有整合的信息，包括原理图符号、PCB 封装、仿真和信号完整性分析等。本节将结合实例介绍集成库的生成与维护。

8.3.1　创建集成库

Altium Designer 的集成库将原理图元件和与其关联的 PCB 封装方式、SPICE 仿真模型以及信号完整性模型有机结合起来，并以一个不可编辑的形式存在。所有的模型信息被复制到集成库内，存储在一起，而模型源文件的存放可以任意。如果要修改集成库，需要先修改相应的源文件库，然后重新编译集成库以及更新集成库内相关的内容。

Altium Designer 集成库文件的扩展名为.INTLIB，按照生产厂家的名字分类，存放于软件安装目录 Library 文件夹中。原理图库文件的扩展名为.SchLib，PCB 封装库文件的扩展名为.PcbLib，这两个文件可以在打开集成库文件时被提取出来（extract）以供编辑。

使用集成库的优越之处就在于元件的原理图符号、封装、仿真等信息已经通过集成库文件与元器件相关联，因此在后续的电路仿真、印制电路板设计时就不需要另外再加载相应的库，同时为初学者提供了更多的方便。

1．创建集成库项目

（1）执行菜单命令 File→New→Project→Intergrated Library，将创建一个名为 Integrated Libraryl 的集成库工程文件。

（2）选中 Integrated Libraryl 集成库工程文件，然后在弹出的快捷菜单中选择 Save Project as 命令，在弹出的对话框中输入“my_Inte_Lib1.LibPkg”，单击“保存”按钮，如图 8-30 所示。

2．添加源文件

（1）添加元器件库，选中集成库工程并右击，如图 8-31 所示，在弹出的快捷菜单中选择 Add Existing to Project 命令。然后找到元件库所在的文件夹，选中该文件并打开。此时，将名为 Mylib.Schlib 的元件库就添加到了工程文件中，如图 8-32 所示。

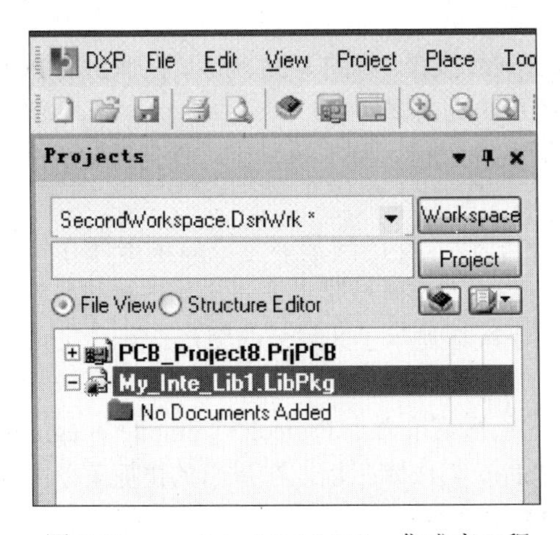

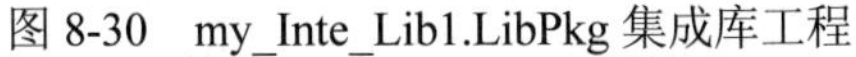
图 8-30　my_Inte_Lib1.LibPkg 集成库工程

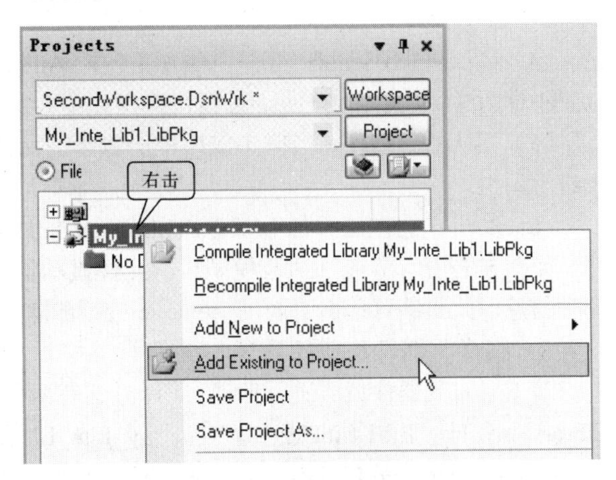

图 8-31　添加库文件命令

（2）添加 PCB 封装库，可新建 PCB 封装库添加，并制作对应元件的封装。如已经有对应的封装库可直接添加。按照（1）的方法添加 PCB 封装库，文件名为 Mylib.Pcblib，如图 8-33 所示。

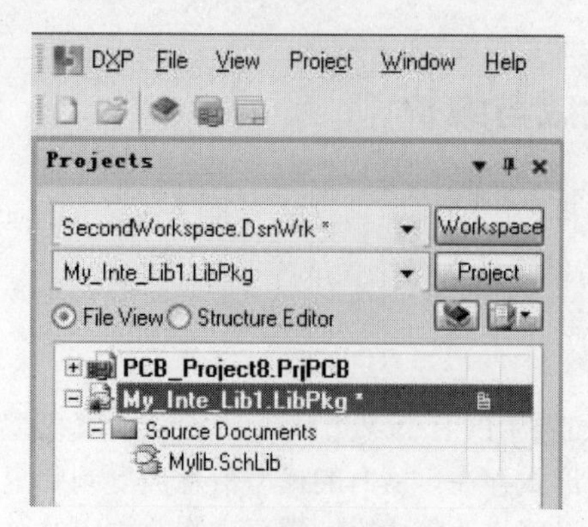

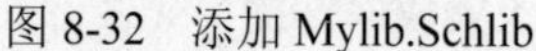
图 8-32 添加 Mylib.Schlib

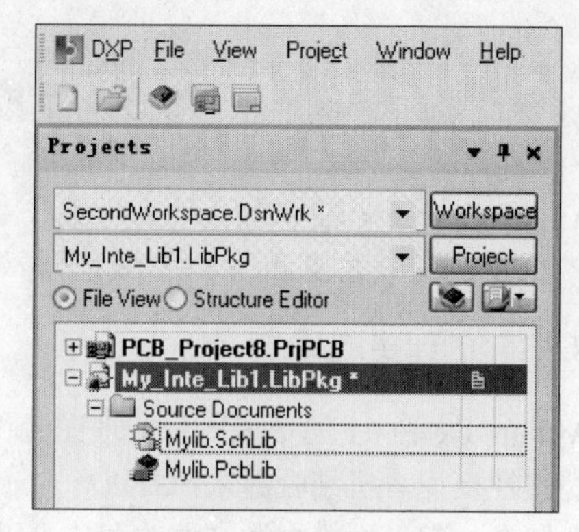

图 8-33 添加 Mylib.Pcblib

（3）添加封装至元件库，双击 Mylib.Schlib 元件库，打开 SCH Library 面板，如图 8-34 所示，选择要添加封装的元件。

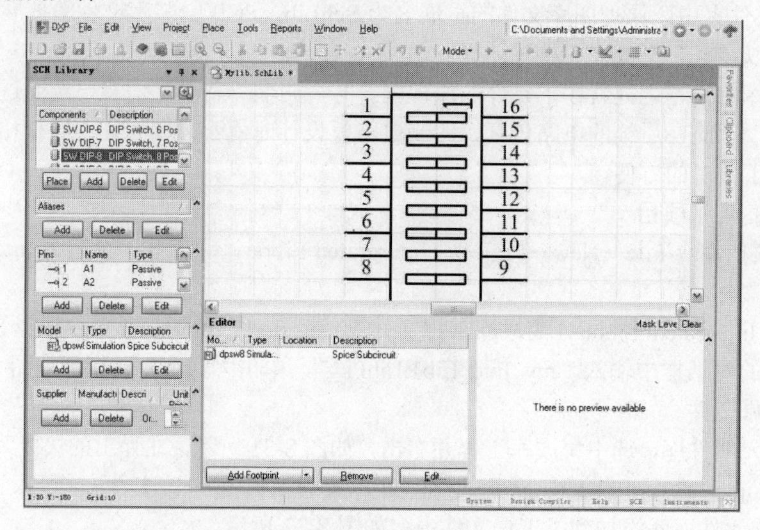

图 8-34 打开 Mylib.Schlib 文件

（4）单击 Mylib.Schlib，打开页面左下角的 Add Footprint 按钮，如图 8-35 所示，在弹出的 PCB Model 对话框中，单击 Browse 按钮，弹出如图 8-36 所示的对话框。

（5）默认的封装库为当前集成库中所包含的元件封装库，也可单击…按钮，找到封装所在位置进行添加。

（6）以同样的方法添加 Mylib.Schlib 元件图库中的其他元件的封装，完成后单击保存库文件。如图 8-37 所示，添加封装模型后的元件显示状态。图中左下区域显示了添加元件封装名称等相关信息，此封装可单击下面的 Remove 按钮删除。右下区域显示了此封装的图形。

3．编译元器件集成库项目

接下来对元器件集成进行编译，编译方法有两种：①执行菜单命令 Project→Compile Integrated Library my_Inte_Lib1.LibPkg；②右击 my_Inte_Lib1.LibPkg 集成库工程，在弹出的快捷菜单中选择 Compile Integrated Library my_Inte_Lib1.LibPkg．LibPkg 命令。

工程编译结束后，系统将在与 my_Inte_Lib1.LibPkg 集成库相同目录下建立一个 Project Outputs for my_Inte_Lib1 文件夹，打开该文件夹后可以发现已经生成了一个元件集成库 My_Inte_Lib1.IntLib，如图 8-38 所示。

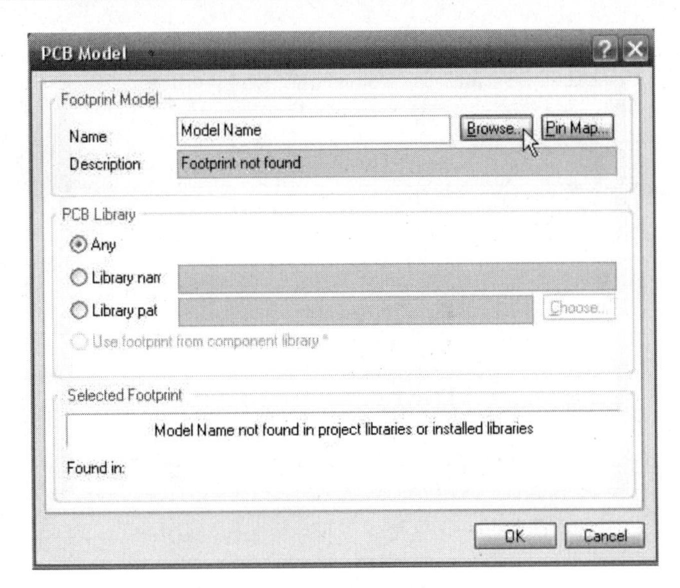

图 8-35　PCB Model 对话框

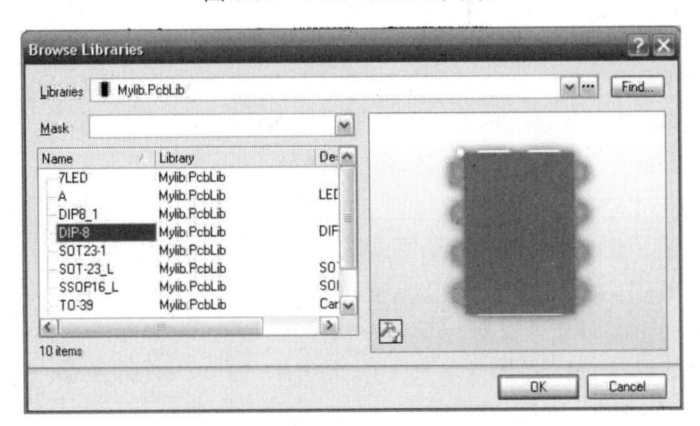

图 8-36　选择元件封装

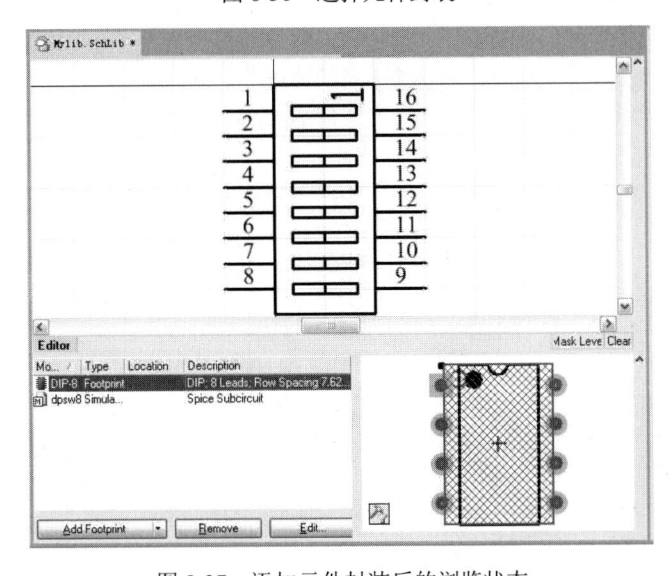

图 8-37　添加元件封装后的浏览状态

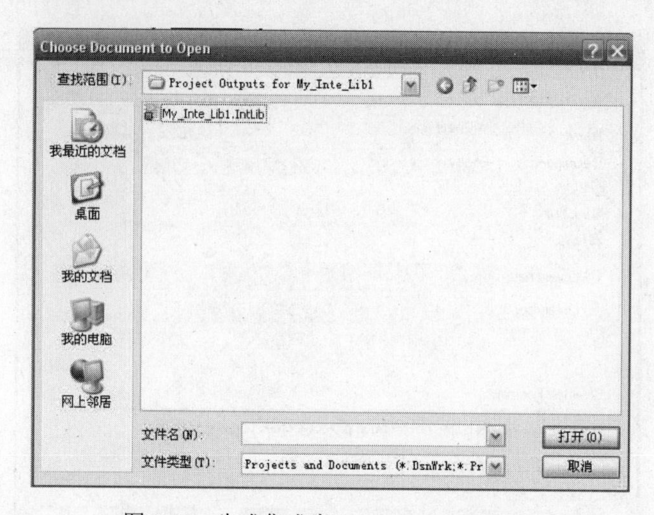

图 8-38　生成集成库 My_Inte_Lib1.IntLib

8.3.2　集成库的维护

集成库是不能直接编辑的，如果要维护集成库，需要先编辑源文件库，然后再重新编译。维护集成库的步骤如下：

（1）打开如图 8-38 所示的集成库文件 My_Inte_Lib1.IntLib。

（2）提取源文件库。在弹出的如图 8-39 所示的 Extract Sources or Install 提取源文件或安装对话框中单击 Extract Sources 按钮，此时在集成库所在的路径下自动生成与集成库同名的文件夹，并将组成该集成库的.SchLib 文件和.PcbLib 文件置于此处以供用户修改。

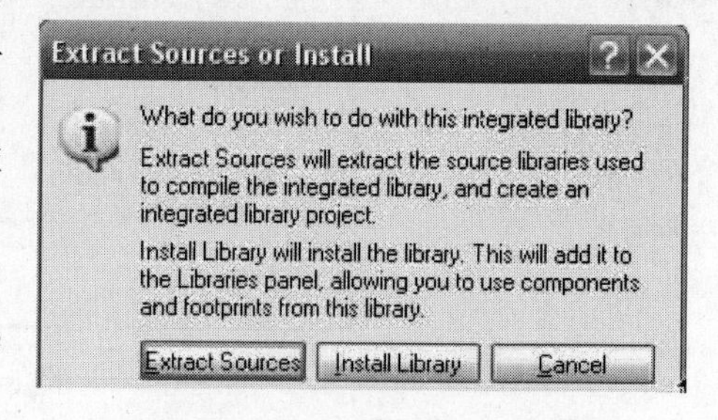

图 8-39　Extract Sources or Install

（3）编辑源文件。在项目管理器面板上打开原理图库文件.SchLib，编辑完成后，执行菜单命令 File→Save As，保存编辑后的元件以及库工程。

（4）重新编译集成库。执行菜单命令 Project→Compile Integrated Library 编译库工程，但是编译后的集成库文件并不能自动覆盖原集成库。若要覆盖，需执行菜单命令 Project→Project Options，打开如图 8-40 所示的集成库选项对话框，修改即可。

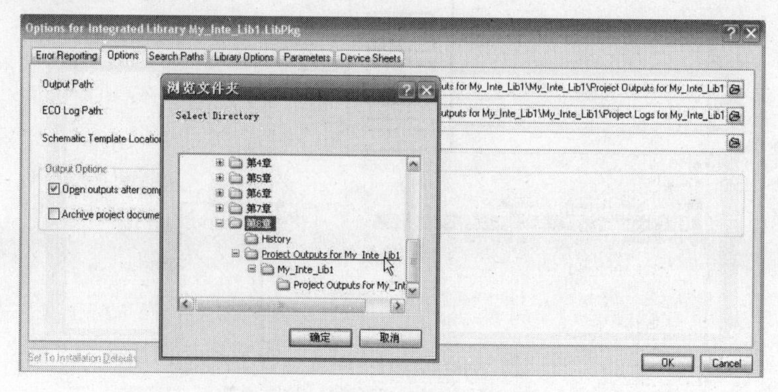

图 8-40　修改编译输出路径

第9章

电路仿真系统

Altium Designer不但可以绘制原理图和制作印制电路板，还提供了电路仿真和PCB信号完整性分析工具。用户可以方便地对设计的电路和PCB进行信号仿真。随着计算机技术的迅速发展，各种各样的电路仿真软件纷纷涌现出来。Altium Designer提供了非常强大的仿真功能，可以进行模拟、数字及模/数混合仿真。软件采用集成库机制管理元器件，将仿真模型与原理图元器件关联在一起，使用起来非常方便。

本章要点

（1）仿真激励源。

（2）仿真通用参数设置。

（3）元件仿真参数设置。

（4）特殊仿真元件参数设置。

（5）仿真分析形式。

9.1 电路仿真基本概念和步骤

1. 电路仿真基本概念

在图9-1和图9-2分别给出了仿真电路图和仿真结果，基本上体现了仿真过程中所涉及的基本仿真电路概念。

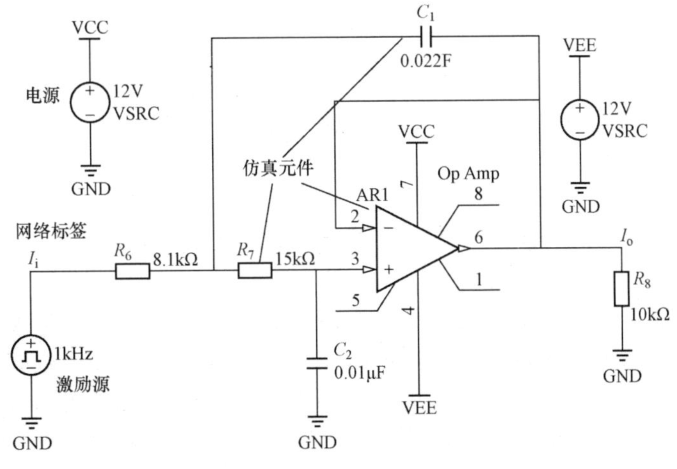

图9-1 仿真电路图

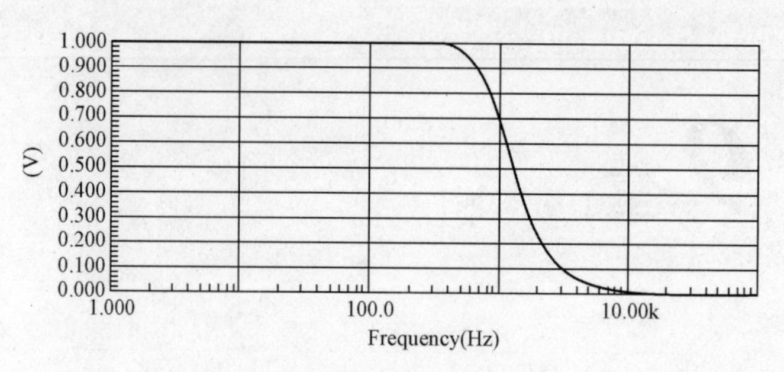

图 9-2 仿真结果（交流小信号）

（1）仿真元器件。用于进行电路仿真时使用的元器件，要求具有仿真属性。Altium Designer13 仿真元件在安装目录\Library\Simulation 下。

（2）仿真原理图。用于根据具体电路的设计要求，使用原理图编辑器及具有仿真属性的元器件所绘制而成的电路原理图。

（3）仿真激励源。用于模拟实际电路中的激励信号。

（4）节点网络标签。对一电路中要测试的多个节点，应该分别放置一个有意义的网络标签名，便于明确查看每一节点的仿真结果（电压或电流波形）。

（5）仿真方式。仿真方式有多种，不同的仿真方式下相应有不同的参数设定，用户应根据具体的电路要求来选择设置仿真方式。

（6）仿真结果。仿真结果一般是以波形形式给出的，不仅仅局限于电压信号，每个元件的电流及功率损耗波形都可以在仿真结果中观察到。

2．电路仿真的步骤

（1）装载与电路仿真相关的元器件库。

（2）在电路图上放置仿真元器件（该元器件必须具有 Simulation 属性），并设置元器件的仿真参数。

（3）连线，绘制仿真电路原理图，其绘制方法与绘制普通电路原理图的方法相同。

（4）在仿真电路原理图中添加仿真电源及激励源。

（5）设置仿真节点以及电路的初始状态。

（6）对仿真电路原理图进行 ERC 检查。如果电路中存在错误，要先纠正错误才能进行仿真。

（7）设置仿真分析的参数。

（8）运行电路仿真，得到仿真结果。

（9）如果对仿真结果不满意，可修改仿真电路中的相应参数或更换仿真元器件，重复（5）～（8）的过程。

9.2 电源及仿真激励源

Altium Designer13 提供了多种电源和仿真激励源，这些仿真元件库在 Altium Designer13 安装目录下\Library\Simulation\Simulation Sources.Intl ib 集成库中，供用户选择使用。在使用时，均被默认为理想的激励源。仿真激励源就是仿真时输入到仿真电路中的测试信号，根据观察，这些测试信号通过仿真电路后的输出波形，用户可以判断仿真电路中的参数设置是否合理。

常用的电源与仿真激励源有直流电压/电流源、正弦信号激励源、周期脉冲源、分段线性激励源、指数激励源、单频调频激励源。下面介绍激励源的设置方法。

1．直流源

在库文件 Simulation Sources.IntLib 中，包含两个直流源元件：VSRC 电压源和 ISRC 电流源。仿真库中的电压、电流源符号如图 9-3 所示。这些直流源提供了用来激励电路的一个不变的电压或电流输出。

图 9-3　直流电压源与直流电流源

需要设置的仿真参数是相同的，双击新添加的仿真直流电压源，在出现的对话框中设置其属性参数，如图 9-4 所示。

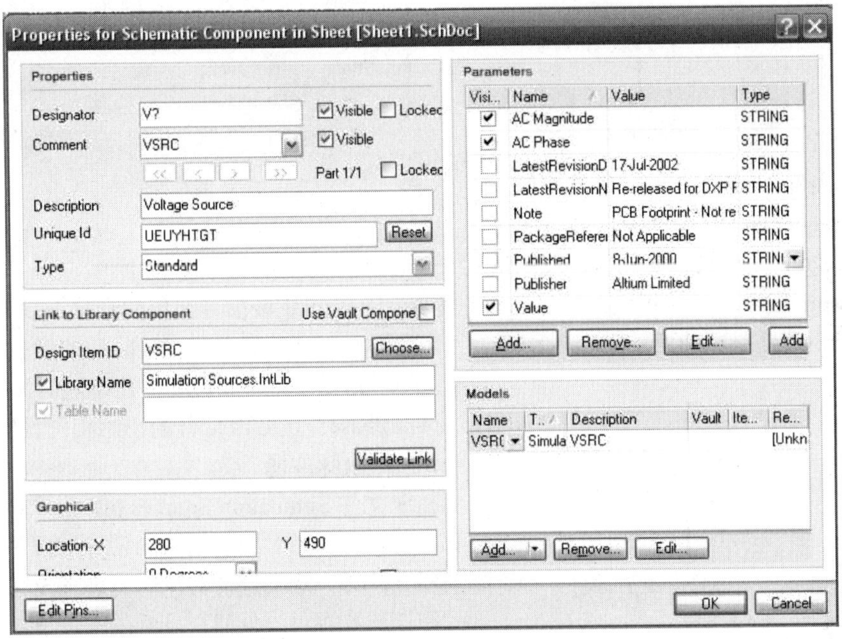

图 9-4　元件属性对话框

单击图 9-4 右下 Models 区域的 Edit 按钮，在弹出如图 9-5 所示的对话框中设置参数数值，设置完成后可在图 9-4 的 Parameters 区域显示。

（1）Value：直流电源值。

（2）AC Magnitude：交流小信号分析的电压值。

（3）AC Phase：交流小信号分析的相位值。

2．正弦信号激励源

在库文件 Simulation Sources.IntLib 中，包含两个正弦仿真源元件：VSIN 正弦电压源和 ISIN 正弦电流源。仿真库中的正弦电压、电流源符号如图 9-6 所示，通过这些正弦仿真源可创建正弦波电压和电流源。

双击打开元件属性窗口，按前面类似方法打开仿真参数设置对话框，如图 9-7 所示。

（1）DC Magnitude：正弦信号的直流参数，通常设置为 0。

（2）AC Magnitude：交流小信号分析的电压值，通常设置为 1V，如果不进行交流小信号分析，可以设置为任意值。

（3）AC Phase：交流小信号分析的电压初始相位值，通常设置为 0。

（4）Offset：正弦波信号上叠加的直流分量，即幅值偏移量。

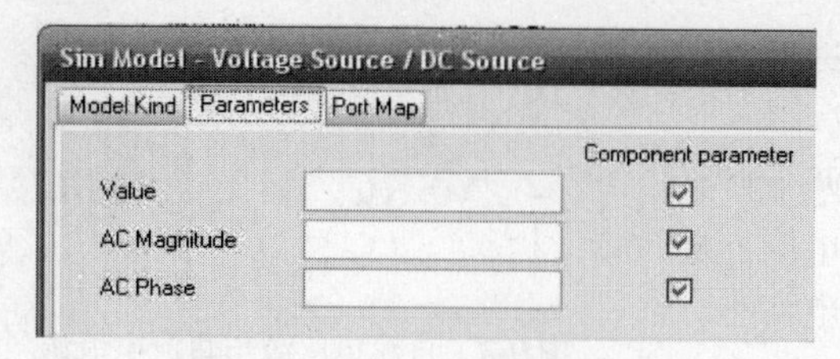

Sim Model - Voltage Source / DC Source
Model Kind
Parameters
Port Map
Component parameter
Value
AC Magnitude
AC Phase

图 9-5　仿真电压源参数设置

V?
VSIN
I?
ISIN

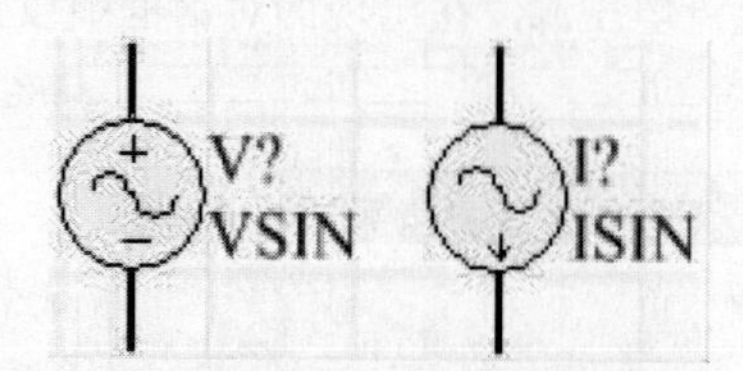

图 9-6　正弦电压源和正弦电流源

Sim Model - Voltage Source / Sinusoidal
Model Kind
Parameters
Port Map
Component parameter
DC Magnitude
0
AC Magnitude
1
AC Phase
0
Offset
0
Amplitude
1
Frequency
1K
Delay
0
Damping Factor
0
Phase
0

图 9-7　正弦电压源仿真参数设置

（5）Amplitude：正弦波信号的幅值。

（6）Frequency：正弦波信号的频率。

（7）Delay：正弦波信号初始的延时时间。

（8）Damping Factor：正弦波信号的阻尼因子，影响正弦波信号幅值的变化。设置为正值时，正弦波的幅值将随时间的增长而衰减。设置为负值时，正弦波的幅值则随时间的增长而增长。若设置为 0，则意味着正弦波的幅值不随时间而变化。

V?
VPULSE
I?
IPULSE

图 9-8　脉冲电压源和脉冲电流源

（9）Phase：正弦波信号的初始相位设置。

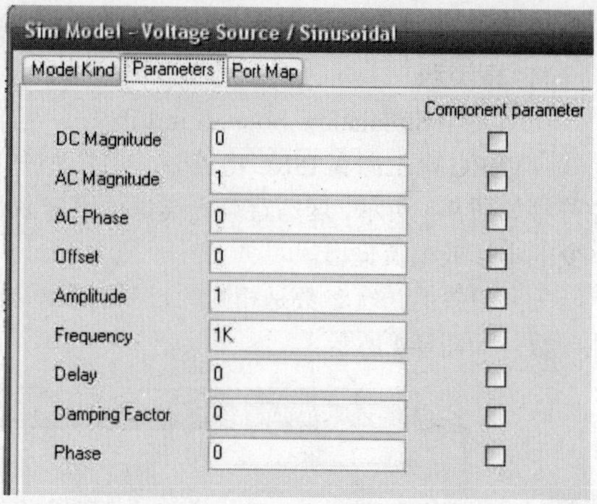

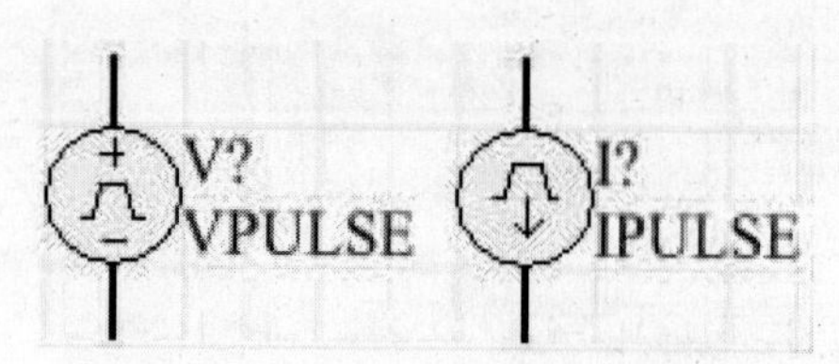

3．周期脉冲源

在库文件 Simulation Sources.IntLib 中，包含两个周期脉冲源元件：VPULSE 电压周期脉冲源和 IPULSE 电流周期脉冲源。周期脉冲源的符号如图 9-8 所示，利用这些周期脉冲源可以创建周期性的连续脉冲。

打开脉冲源仿真参数设置对话框，如图 9-9 所示。

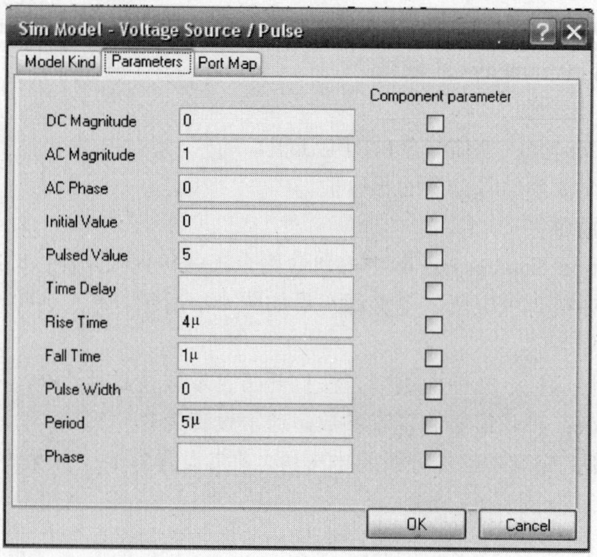

Sim Model - Voltage Source / Pulse
Model Kind
Parameters
Port Map
Component parameter
DC Magnitude
0
AC Magnitude
1
AC Phase
0
Initial Value
0
Pulsed Value
5
Time Delay
Rise Time
4µ
Fall Time
1µ
Pulse Width
0
Period
5µ
Phase
OK
Cancel

图 9-9　脉冲源仿真参数设置对话框

（1）DC Ma g：nitude：脉冲信号的直流参数，通常设置为0。

（2）AC Magnitude：交流小信号分析的电压值，通常设置为1V，如果不进行交流小信号分析，可以设置为任意值。

（3）AC Phase：交流小信号分析的电压初始相位值，通常设置为0。

（4）Initial Value：脉冲信号的初始电压值。

（5）Pulsed Value：脉冲信号的电压幅值。

（6）Time Delay：初始时刻的延迟时间。

（7）Rise Time：脉冲信号的上升时间。

（8）Fall Time：脉冲信号的下降时间。

（9）Pulse Width：脉冲信号的高电平宽度。

（10）Period：脉冲信号的周期。

（11）Phase：脉冲信号的初始相位。

4．分段线性激励源

在库文件 Simulation Sources.IntLib 中，包含两个分段线性源元件：VPWL 分段线性电压源和 IPWL 分段线性电流源。图9-10 是仿真库中的分段线性源符号，使用分段线性源可以创建任意形状的波形。

图 9-10 分段电压源和分段电流源

打开分段线性源仿真参数设置对话框，如图 9-11 所示。

（1）DC Magnitude：脉冲信号的直流参数，通常设置为0。

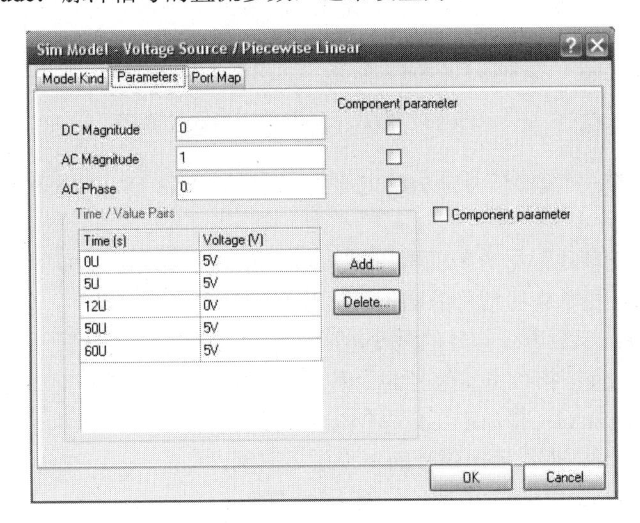

图 9-11 分段线性源仿真参数设置

（2）AC Magnitude：交流小信号分析的电压值，通常设置为1V，如果不进行交流小信号分析，可以设置为任意值。

（3）AC Phase：交流小信号分析的电压初始相位值，通常设置为0。

（4）Time/Value Pairs：分段线性电压信号在分段点处的时间值及电压值。其中，时间为横坐标，电压为纵坐标。

5．指数激励源

在库文件 Simulation Sources.IntLib 中，包含两个指数激励源元件：VEXP 指数激励电压源和

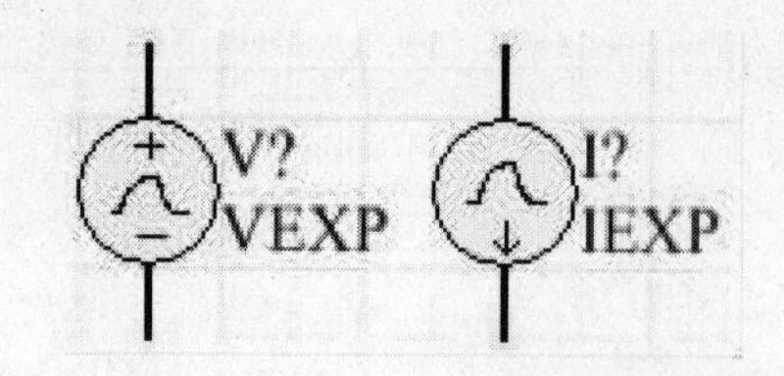

图 9-12　指数电压源和指数电流源

IEXP 指数激励电流源。图 9-12 是仿真库中的指数激励源符号，通过这些指数激励源可创建带有指数上升沿和下降沿的脉冲波形。

打开指数激励源仿真参数设置对话框，如图 9-13 所示。

（1）DC Magnitude：指数电压信号的直流参数，通常设置为 0。

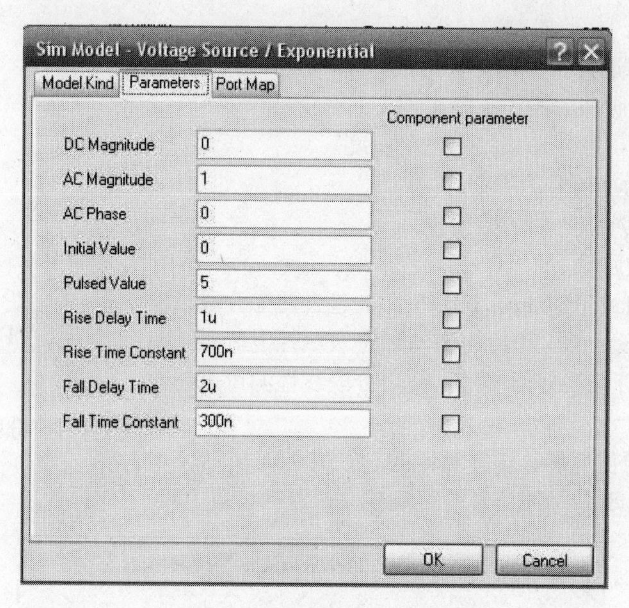

图 9-13　指数激励源仿真参数设置

（2）AC Magnitude：交流小信号分析的电压值，通常设置为 1V，如果不进行交流小信号分析，可以设置为任意值。

（3）AC Phase：交流小信号分析的电压初始相位值，通常设置为 0。

（4）Initial Value：指数电压信号的初始电压值。

（5）Pulsed Value：指数电压信号的跳变电压值。

（6）Rise Delay Time：指数电压信号的上升延迟时间。

（7）Rise Time Constant：指数电压信号的上升时间。

（8）Fall Delay Time：指数电压信号的下降延迟时间。

（9）Fall Time Constant：指数电压信号的下降时间。

6．单频调频激励源

在库文件 Simulation Sources.IntLib 中，包含两个单频调频源元件：VSFFM 单频调频电压源和 ISFFM 单频调频电流源。图 9-14 是仿真库中的单频调频源符号，通过这些源可创建一个单频调频波。

图 9-14　单频调频激励源

打开单频调频激励源仿真参数设置对话框，如图 9-15 所示。

（1）DC Magnitude：单频调频电压信号的直流参数，通常设置为 0。

（2）AC Magnitude：交流小信号分析的电压值，通常设置为 1V，如果不进行交流小信号分析，可以设置为任意值。

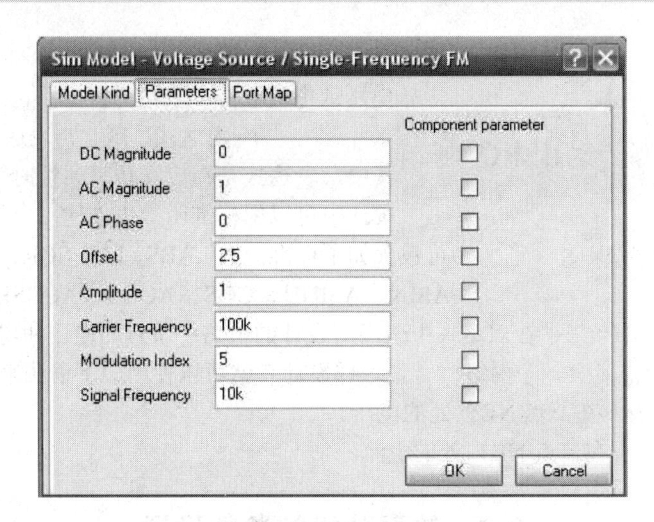

图 9-15 单频调频激励源仿真参数设置

（3）AC Phase：交流小信号分析的电压初始相位值，通常设置为 0。

（4）Offset：调频电压信号上叠加的直流分量，即幅值偏移量。

（5）Amplitude：调频电压信号的载波幅值。

（6）Career Frequency：调频电压信号的载波频率。

（7）Modulation Index：调频电压信号的调制系数。

（8）Signal Frequency：调制信号的频率。

根据以上参数的设置，输出的调频信号表达式为

$$V(t)=V_0+V_A\sin[2\pi F_C t+M\sin(2\pi F_s t)]$$

式中 V_0——Offest；

V_A——Amplitude；

F_C——Carrier Frequency；

M——Modulation Index；

F_s——Signal Frequency。

7．线性受控源

在库文件 Simulation Sources.IntLib 中，包含 4 个线性受控源元件：HSRC 电流控制电压源、GSRC 电压控制电流源、FSRC 电流控制电流源和 ESRC 电压控制电压源。图 9-16 中是标准的 SPICE 线性受控源，每个线性受控源都有两个输入节点和两个输出节点。输出节点间的电压或电流是输入节点间的电压或电流的线性函数，一般由源的增益、跨导等决定。

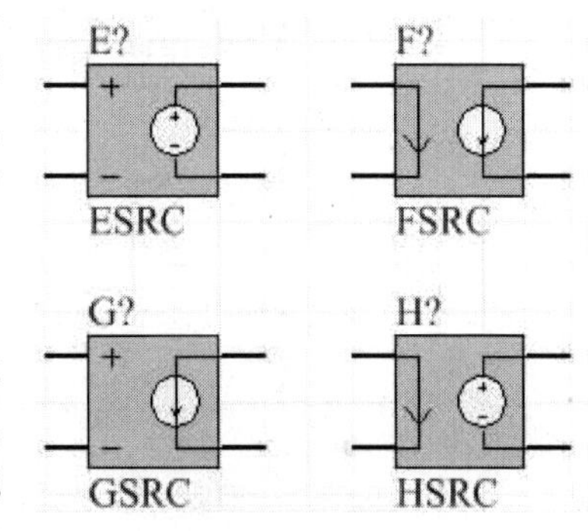

图 9-16 线性受控源

8．非线性受控源

在库文件 Simulation Sources.IntLib 中，包含两个非线性受控源元件：BVSRC 非线性受控电压源和 BISRC 非线性受控电流源。图 9-17 是仿真库中的非线性受控源符号。标准的 SPICE 非线性电压或电流源，有时称为方程定义源，因为它的输出由设计者的方程定义，并且经常引用电路中其他节点的电压或电

流值。

电压或电流波形的表达方式如下：

V=表达式　或　I=表达式

其中，表达式是在定义仿真属性时输入的方程。

设计中可以用标准函数来创建一个表达式，表达式中也可包含如下标准函数：ABS、LN、SQRT、LOG、EXP、SIN、ASIN、ASINH、COS、ACOS、ACOSH、COSH、TAN、ATAN、ATANH、SINH。为了在表达式中引用所设计的电路中节点的电压和电流，设计者必须首先在原理图中为该节点定义一个网络标号。这样设计者就可以使用如下语法来引用该节点：

图 9-17　非线性受控源

（1）V（NET）表示在节点 NET 处的电压。

（2）I（NET）表示在节点 NET 处的电流。

9.3　仿真分析的参数设置

在电路仿真分析中，首先是选择合适的仿真方式，并对相应的参数进行合理地设置，仿真方式的设置包含两部分：①各种仿真方式都需要的通用参数设置；②具体的仿真方式所需要的特定参数设置。其次是针对仿真电路的每个仿真对象在所选仿真方式下进行参数设置。这些是仿真能够正确运行并获得良好仿真效果的关键保证。

9.3.1　通用参数设置

在原理图编辑环境中，执行菜单命令 Design→Simulate→Mixed Sim，系统将弹出如图 9-18 所示的 Analyses Setup 对话框。

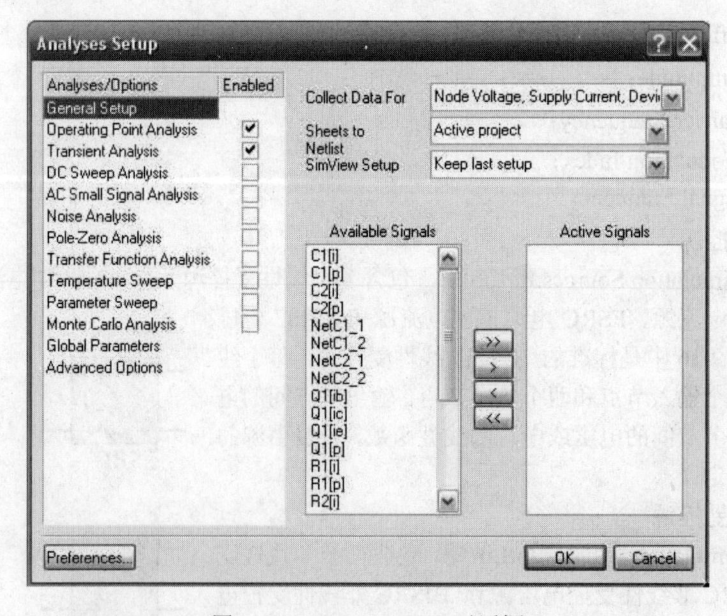

图 9-18　Analyses Setup 对话框

如图 9-18 Analyses/Option 列表框中，列出了若干选项供用户选择，包括各种具体的仿真方式。而对话框的右侧则用来显示与选项相对应的具体设置内容。系统的默认选项为 General Setup，即仿真方式的常规参数设置。

（1）Collect Data For 下拉列表框：用于设置仿真程序需要计算的数据类型，有以下几种：

1）Node Volrage：节点电压。

2）Supply Current：电源电流。

3）Device Current：流过元件的电流。

4）Device Power：在元件上消耗的功率。

5）Subcircuit VARS：支路端电压与支路电流。

6）Active Signals：仅计算 Active Signals 列表框中列出的信号。

选择上述参数直接影响仿真程序的运行时间，因为参数多在计算上要花费更长的时间，因此在进行电路仿真时，用户应该尽可能少地设置需要计算的数据，选择关键节点的一些关键信号波形进行观测。

在数据组合选择中，一般应设置为 Active Signals，这样一方面可以灵活选择所要观测的信号，另一方面也减少仿真的计算量，提高了效率。

（2）Sheets to Netlist 下拉列表框：用于设置仿真程序的作用范围，包括以下两个选项。

1）Active sheet：当前的电路仿真原理图。

2）Active project：当前的整个项目。

（3）SimView Setup 下拉列表框：用于设置仿真结果的显示内容。

1）Keep last setup：按照上一次仿真操作的设置在仿真结果图中显示信号波形，忽略 Active Signals 列表框中所列出的信号。

2）Show active signals：按照 Active Signals 列表框中所列出的信号，在仿真结果图中进行显示。一般选择该选项。

（4）Available Signals 列表框：列出了所有可供选择的观测信号，具体内容随着 Collect Data For（收集数据）列表框的设置变化而变化，即对于不同的数据组合，可以观测的信号是不同的。

（5）Active Signals 列表框，仿真程序运行结束后，在仿真结果图中显示的信号。

在 Available Signals 列表框中选中某一个需要显示的信号后，如选择 C1[i]，单击 > 按钮，可以将该信号加入到 Active Signals 列表框，以便在仿真结果图中显示；单击 < 按钮则可以将 Active Signals 列表框中某个不需要显示的信号移回 Avaifable Signals 列表框；单击 >> 按钮，直接将全部可用的信号加入到 Active Signals 列表框中；单击 << 按钮，则将全部处于激活状态的信号移回 Available Signals 列表框中。

上面讲述的是在仿真运行前需要完成的常规参数设置，而对于用户具体选用的仿真方式，还需要进行一些特定参数的设定。

9.3.2 元件仿真参数设置

Altium Designer13 集成库 Miscellaneous Devices. IntLib 中为用户提供了常用仿真元件，下面介绍一些常用元件的参数设置。

1. 电阻

在仿真元件库中提供了两种类型的电阻：Res 固定电阻和 Res Semi 半导体电阻，它们的符号如图 9-19 所示。

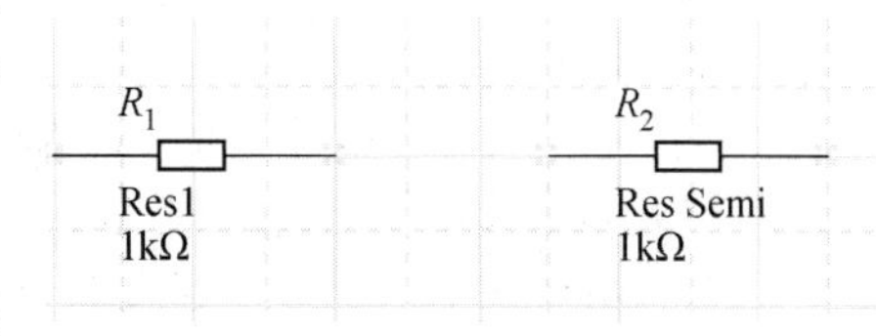

图 9-19 电阻符号

打开半导体电阻属性对话框如图 9-20 所示。双击 Models 栏的 Simulation 属性，再在弹出的对话框中选择 Parameters 选项卡将打开如图 9-21

所示的对话框。

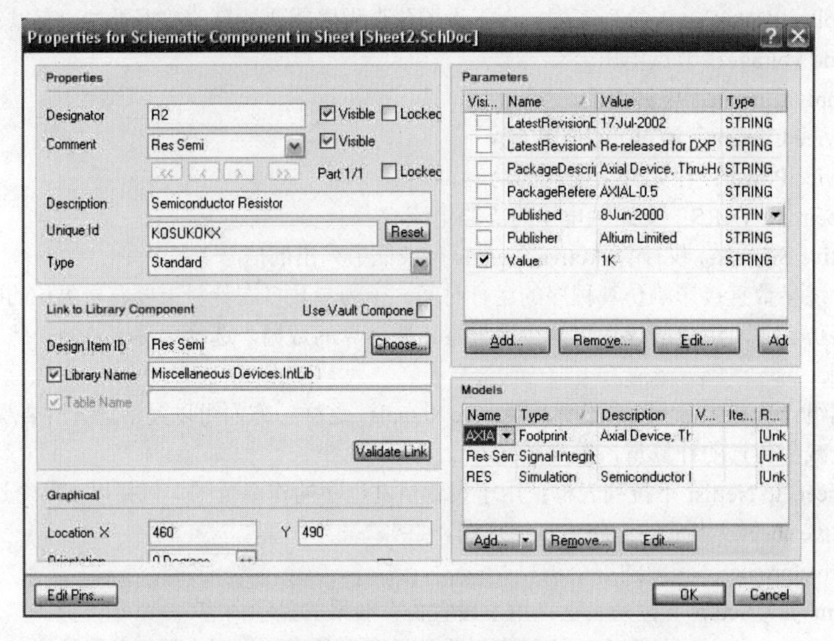

图 9-20　电阻属性对话框

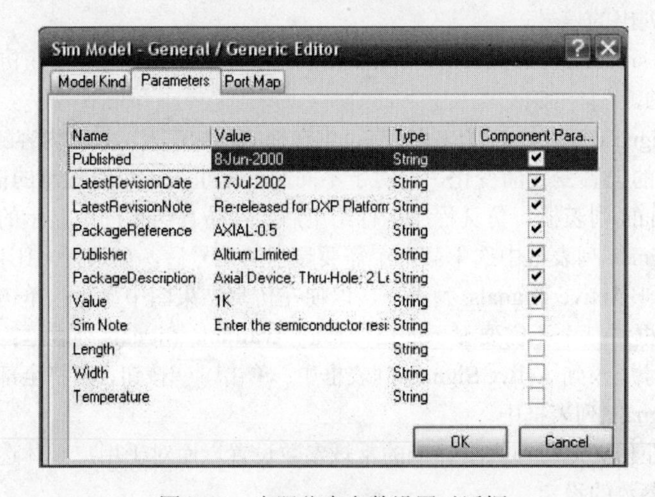

图 9-21　电阻仿真参数设置对话框

在图 9-21 这个参数选项卡中，对于半导体电阻，由于其阻值是由长度、宽度以及环境温度等三个方面影响，可以设置相关参数。对于不同元件，由于特性不同，所以 Parameters 参数设置窗口也不同，但打开的方式一样。

而对于在设计中常会用到的 Res Adj 可变电阻和 Res Tap 电位器，符号如图 9-22 所示。

其仿真参数设置如下。

（1）value：电阻阻值，单位为 Ω。

（2）Set Position：电位器动点的位置，值的范围 0～1，0.5 时在中间。

2．电容

在仿真元件库中提供了几种类型的电容：Cap 无极性电容；Cap Pol 极性电容和 Cap Semi 半

导体电容，其符号如图 9-23 所示。

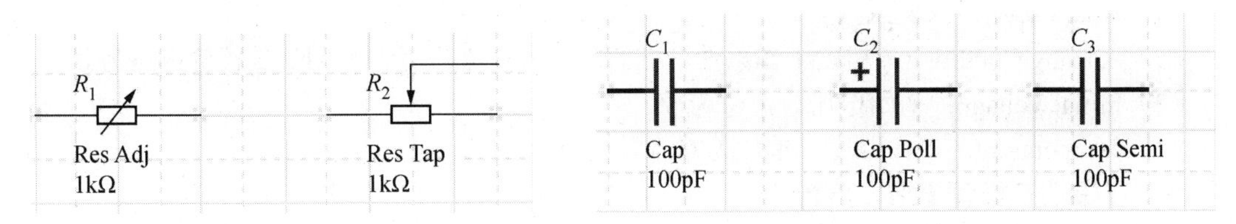

图 9-22　可变电阻和变阻器　　　　图 9-23　电容符号

Cap 和 Cap Poll 仿真参数设置如下：

（1）Value：电容容量值，单位为 F。

（2）Initial Voltage：电容的初始电压值，单位为 V。

Cap Semi 电容可设置仿真参数如下：

（1）Value：电容容量值，单位为 F。

（2）Length：电容长度，单位为 m。

（3）Width：电容宽度，单位为 m。

（4）Initial Voltage：电容的初始电压值，单位为 V。

3．电感

Inductor 普通电感符号、Inductor Adj 可调电感符号和 Trans Cupl 耦合电感符号，如图 9-24 所示。

Inductor 普通电感仿真参数设置如下：

（1）Value：电感值，单位为 H。

（2）Initial Current：电感初始时刻的电流值，单位为 A。

Inductor Adj 可调电感仿真参数设置如下：

（1）value：电阻阻值，单位为 H。

（2）Set Position：电位器动点的位置，值的范围 0～1，0.5 时在中间。

（3）Initial Current：电感初始时刻的电流值，单位为 A。

Trans Cupl 耦合电感仿真参数设置如下：

（1）Inductance A：Inductance A 电感值，单位为 H。

（2）Inductance B：Inductance B 电感值，单位为 H。

（3）Coupling Factor：耦合系数，范围为 $0<C\leqslant 1$F。

4．二极管

Diode 二极管符号如图 9-25 所示。

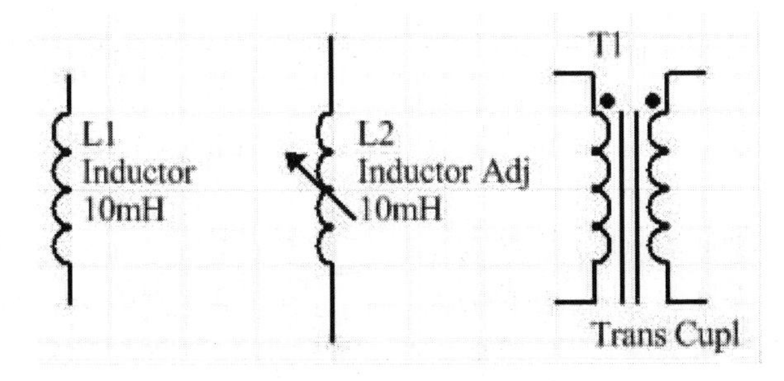

图 9-24　电感符号

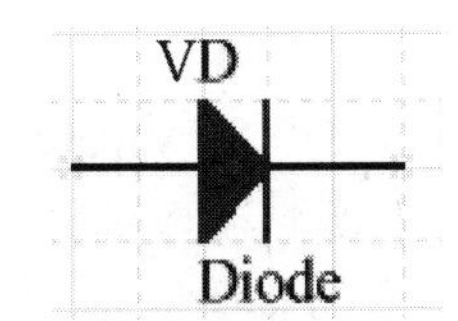

图 9-25　二极管符号

其仿真参数设置如下：

（1）Area Factor：区域系数。

（2）Starting Condition：初始工作条件。在静态工作点工作时，关闭使二极管电压为 0。

（3）Initial Voltage：初始电压，单位为 V。

（4）Temperature：工作温度，单位为℃，默认值为 27℃。

5．双极性三极管 PNP、NPN

双极性三极管 PNP 和 NPN 符号如图 9-26 所示。

其仿真参数设置如下：

1）Area Factor：设置双极性三极管的面积因子。

2）Starting Condition：设置双极性三极管的初始工作条件。

3）Initial B-E Voltage：设置双极性三极管的基极—发射极之间的初始电压，单位为 V。

4）Initial C-E Voltage：设置双极性三极管的集电极—发射极之间的初始电压，单位为 V。

5）Temperature：工作温度，单位为℃，默认值为 27℃。

6．MOS 场效应晶体管

（1）JFET 结型场效应管和 MESFET 金属半导体场效应管，如图 9-27 和图 9-28 所示。

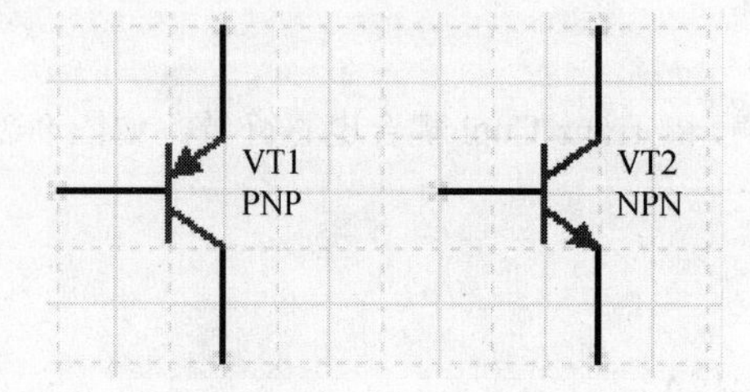

图 9-26　三极管符号

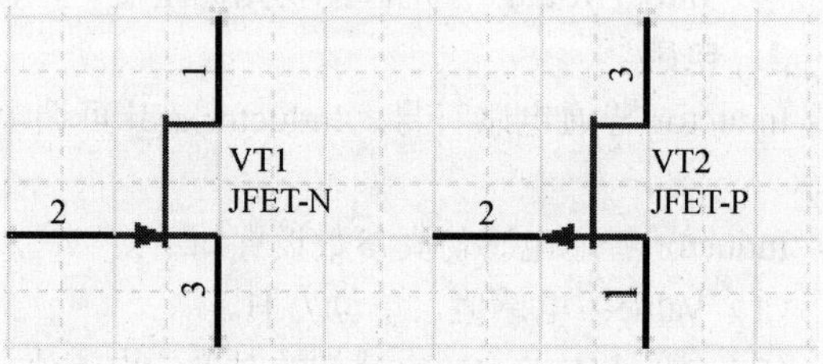

图 9-27　结型场效应管符号

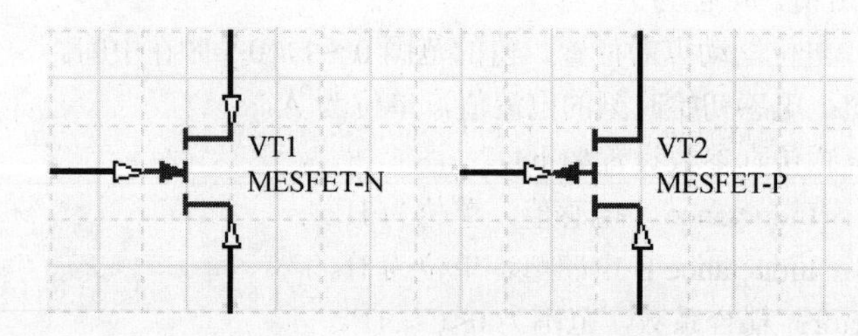

图 9-28　金属半导体场效应管符号

其仿真参数设置如下。

1）Area Factor：区域因数，指定了所定义模型下的并行器件数。该设置项将影响定义模型下的许多参数。

2）Starting Condition：初始工作条件。设置关闭，在静态工作点分析期间端子电压为 0，对收敛有一定的作用。

3）Initial D-S Voltage：初始时漏—源间的电压，单位为 V。

4）Initial G-S Voltage：初始时栅—源间的电压，单位为 V。

5）Temperature：工作温度，单位为℃，默认值为 27℃。

（2）MOSFET 金属氧化物半导体场效应管，其符号如图 9-29 所示。

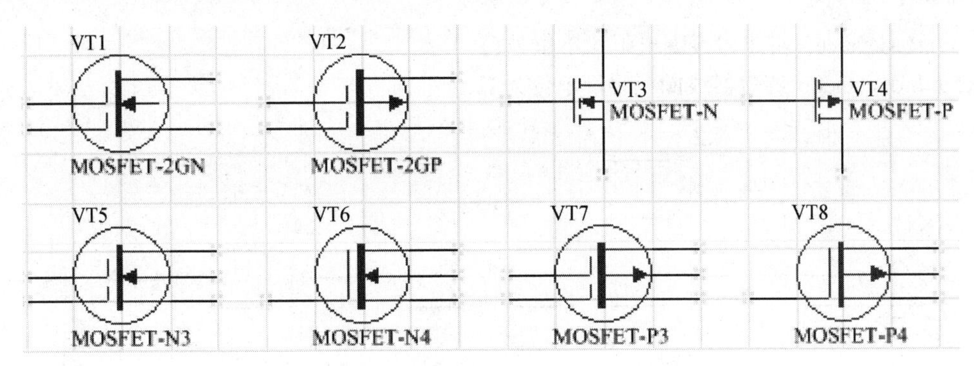

图 9-29　金属氧化物半导体场效应管符号

其仿真参数设置如下。

1）Length：沟道长度，单位为 m。

2）Width：沟道宽度，单位为 m。

3）DrainArea：漏区扩散面积，单位为 m^2。

4）SourceArea：源区扩散面积，单位为 m^2。

5）Drain Perimeter：漏结周长，单位为 m，默认值为 0。

6）Source Perimeter：源结周长，单位为 m，默认值为 0。

7）NRD：漏极的相对电阻率的方块数，默认值为 1。

8）NRS：源极的相对电阻率的方块数，默认值为 1。

9）Starting Condition：初始工作条件。设置关闭，在静态工作点分析期间端子电压为 0，对收敛有一定的作用。

10）Initial D-S Voltage：初始时漏—源间的电压，单位为 V。

11）Initial G-S Voltage：初始时栅—源间的电压，单位为 V。

12）Initial B-S Voltage：初始时衬底—源间的电压，单位为 V。

13）Temperature：工作温度，单位为℃，默认值为 27℃。

7．熔丝

熔丝符号如图 9-30 所示。

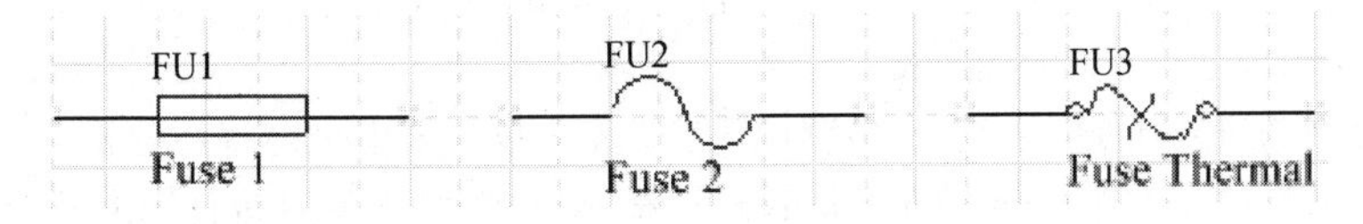

图 9-30　熔丝符号

其仿真参数设置如下：

1）Resistance：设置电阻丝的电阻阻值，单位为 Ω 。

2）Current：设置电阻丝的熔断电流，单位为 A。

8．继电器

继电器符号如图 9-31 所示。

其仿真参数设置如下。

（1）PullIn：触点的吸合电压，单位为 V。

（2）Dropoff：触点的释放电压，单位为 V。

（3）Contact：继电器的铁心吸合时间，单位为 s。

（4）Resistance：继电器线圈电阻，单位为Ω。

（5）Inductance：继电器线圈电感，单位为H。

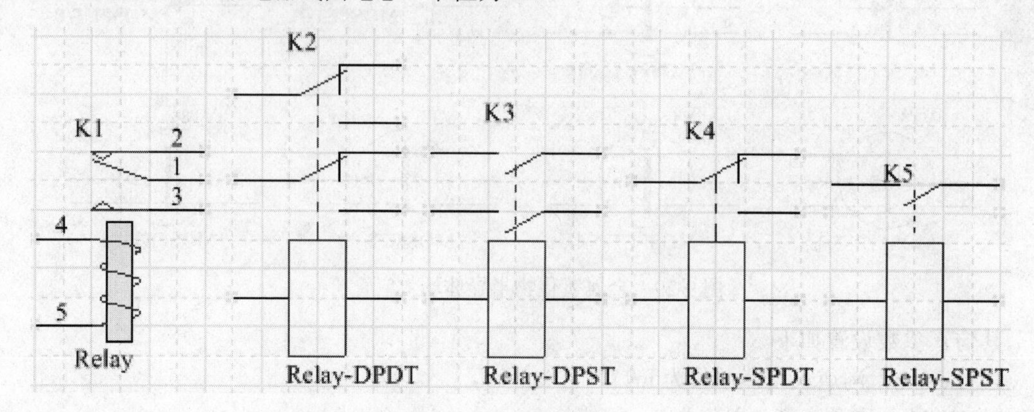

图 9-31　继电器符号

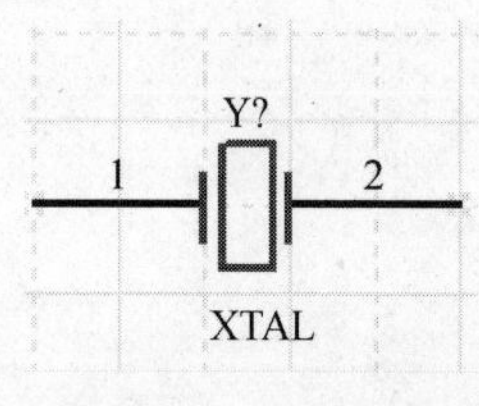

图 9-32　晶振符号

9．晶振

晶振符号如图 9-32 所示。

其仿真参数设置如下。

1）FREQ：晶振频率，单位为 MHz，默认值为 2.5。

2）RS：串联阻抗，单位为Ω。

3）C：等效电容，单位为 F。

4）Q：等效电路的品质因数 Q 值。

9.3.3　特殊仿真元件参数设置

1．.IC 元件

.IC 元件的主要功能是在进行瞬态特性分析时，用来设置电路上某个节点的电压初始值。其设置方法：首先从 Simulation Sources．IntLib 库中找到.IC 元件，并将其放置到需要设置电压初值的节点上，其符号如图 9-33 所示。

打开其参数设置对话框，其仿真参数设置只有一个 Initial Voltage 初始节点电压的幅度，单位为 V。

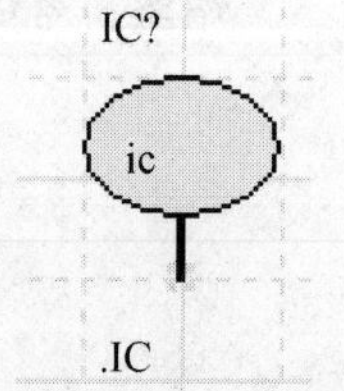

图 9-33　.IC 元件

使用.IC 元件为电路中的一些节点设置电压初值后，用户采用瞬态特性分析的仿真方式时，若选中了 Use Intial Conditions 复选框，则仿真程序将直接使用.IC 元件所设置的初始值作为瞬态特性分析的初始条件。

当电路中有储能元件（如电容）时，如果在电容两端设置了电压初始值，而同时在与该电容连接的导线上也放置了.IC 元件，并设置了参数值，那么此时进行瞬态特性分析时，系统将使用电容两端的电压初始值，而不会使用.IC 元件的设置值，即一般元器件的优先级高于.IC 元件。

2．.NS 元件

在对双稳态或单稳态电路进行瞬态特性分析时，节点电压.NS 用来设定某个节点的电压预收敛值。如果仿真程序计算出该节点的电压小于预设的收敛值，则去掉.NS 元件所设置的收敛值，继续计算，直到算出真正的收敛值为止，即.NS 元件是求节点电压收敛值的一个辅助手段。其符号如图 9-34 所示。

打开其参数设置对话框，其仿真参数设置只有一个Initial Voltage初始电压预收敛值，单位为V。若在电路的某一节点处，同时放置了.IC元件与.NS元件，则仿真时，.IC元件的设置优先级将高于.NS元件。

图 9-34 .NS元件符号

9.3.4 仿真数学函数放置

在Altium Designer 13的仿真器中还提供了若干仿真数学函数，它们同样作为一种特殊的仿真元件，可以放置在电路仿真原理图中使用。主要用于对仿真原理图中的两个节点信号进行各种合成运算，以达到一定的仿真目的，包括节点电压的加、减、乘、除，以及支路电流的加、减、乘、除等运算，也可以用于对一个节点信号进行各种变换，如正弦变换、余弦变换、双曲线变换等。

仿真数学函数存放在Simulation Math Function．Inthib仿真库中，只需要把相应的函数功能模块放到仿真原理图中需要进行信号处理的地方即可，仿真参数不需要用户自行设置。

9.3.5 常用仿真传输元件

仿真传输元件存放在Simulation Transmission Line．Inthib仿真库中，包括三个元件：URC均匀分布传输线；LTRA有损耗传输线和LLTRA无损耗传输线，如图9-35所示。

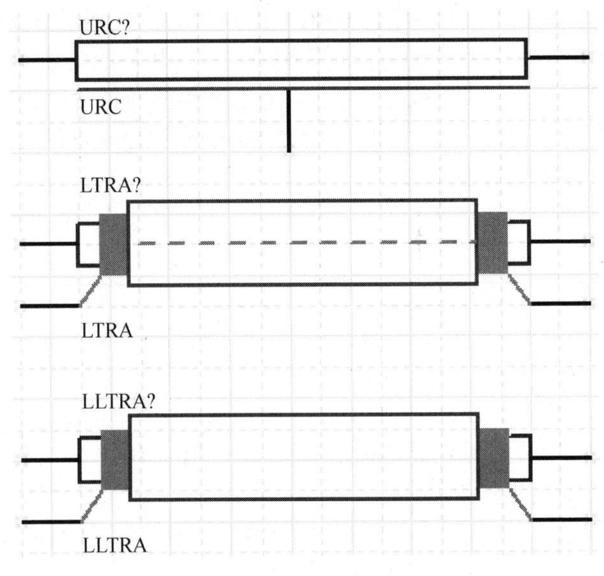

图 9-35 仿真传输元件符号

1．URC元件

URC传输线模型（即URC模型）是由L.Gertzberrg在1974年所提出的模型上导出的。该模型由URC传输线的子电路模型扩展成内部产生节点的集总RC分段网络而获得。RC各段在几何上是连续的。URC传输线必须严格地由电阻和电容段构成。

其仿真参数设置如下：

1）Length：RC传输线的长度，单位为m，默认值为1。

2）No.Segments：RC线模型使用的段数，默认值为6。

2．LTRA元件

单一的损耗传输线将使用两端口响应模型，这个模型属性包含电阻值、电感值、电容值和长度，这些参数不可能直接在原理图文件中设置，但设计者可以自己创建和引用自己的模型文件。

其仿真参数设置如下：

（1）R：单位长度电阻，单位为Ω，默认值为0。

（2）L：单位长度电感，单位为H，默认值为0。

（3）G：单位长度电导，单位为S，默认值为0。

（4）C：单位长度电容，单位为F，默认值为0。

（5）LEN：传输线长度。

（6）REL：断点控制，默认值为1。

（7）ABS：断点控制，默认值为1。

（8）NOSTEPLIMIT：一个标记，当设置时，将会移出限制时间步长的约束，使之小于线路延时。

（9）NOCONTROL：一个标记，当设置时，时间步长的限制。

（10）LININTERP：一个标记，当设置时，将会使用线性的插值法代替默认二次的插值法，对于延迟的信号计算。

（11）MIXEDINTERP：一个标记，当设置时，用公制决定二次的插值法是否适用，如果它不是，使用线性插值法。

（12）COMPACTREL：一个特定的量，一直控制作为卷积的历史数值的压缩。这个量使用为相关的模拟误差容许度（RELTOL）指定的数值，在分析设置对话框里的分析设定中定义。

（13）COMPACTABS：一个特定的量，一直控制作为卷积的历史数值的压缩。这个量使用为绝对的当前差错容许度（ABSTOL）被指定的值，在分析设置对话框里的分析设定中定义。

（14）TRUNCNR：一个标记，当设置时，接通 Newton．Raphson 的叠代方法的使用，决定一个适当的时间步长的控制常式的步。

（15）TRUNCDONTCUT：一个标记，当设置时，移出时间步长的默认切断，限制脉冲响应的真实计算的差错相关的量。

3．LLTRA

LLTRA 无损耗传输线是一个理想的延迟线，有两个端口。节点定义了端口正电压的极性。

其仿真参数设置如下。

（1）Char.Impedance：特性阻抗，单位为Ω，默认值为50。

（2）Transmission Delay：传输延迟，单位为s，默认值为10ns。

（3）Frequency：频率，单位为Hz。

（4）Normalised Length：在频率为F时相对于传输线波长归一化的传输线电学长度。

（5）Port 1 Voltage：时间零点时传输线在端口1的电压，单位为V。

（6）Port 1 Current：时间零点时传输线在端口1的电流，单位为A。

（7）Port 2 Voltage：时间零点时传输线在端口2的电压，单位为V。

（8）Port 2 Current：时间零点时传输线在端口2的电流，单位为A。

9.4 仿 真 形 式

9.4.1 静态工作点分析

静态工作点分析（Operating Point Analysis）通常用于对放大电路进行分析，当放大器处于输入信号为零的状态时，电路中各点的状态就是电路的静态工作点。最典型的是放大器的直流偏置参数。进行静态工作点分析时，不需要设置参数。本节将通过一个实例介绍使用静态工作点分析的方法。

（1）新建一个空白原理图文件，命名为 Siml．SchDoc。绘制如图 9-36 所示的放大电路的仿真原理图。

（2）电源采用直流 5V，放置一个频率为 1kHz 的交流电压源，分别放置网络节点 INPUT、OUTPT、V_b、V_c、V_e，用于静态工作点分析观测。其他元件参数按图 9-36 设置。

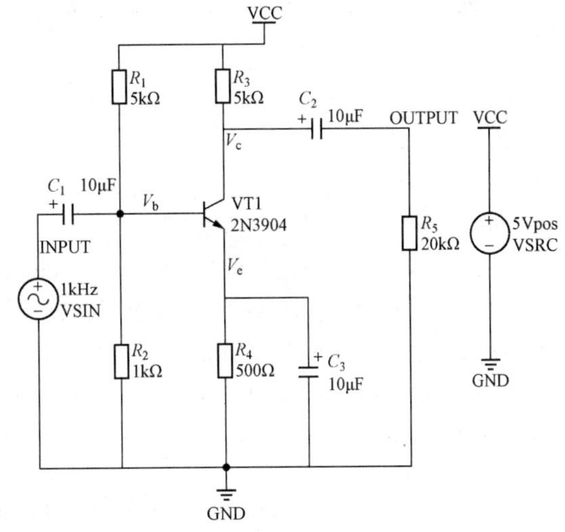

图 9-36 放大电路仿真原理图

（3）完成对原理图的编译，执行菜单命令 Design→Simulate→Mixed Sim，弹出如图 9-37 所示的对话框。在 Available Signals 区域选择网络节点 INPUT、OUTPT、V_b、V_c、V_e添加到 Active Signals 列表。

（4）选中 Analyses/Options 列表中的 Operating-Point Analysis 项，单击 OK 按钮，开始进行静态工作点分析。

（5）分析结束后，系统新建一个名为 Siml. sdf 分析结果文件，显示如图 9-38 所示的静态工作点分析结果。该分析结果表明，在输入为 0 的情况下，有放大电路的输出电压为 0，三极管三个极的电压值表明了三极管工作于放大状态。

（6）单击“保存”工具按钮，保存仿真结果和原理图。

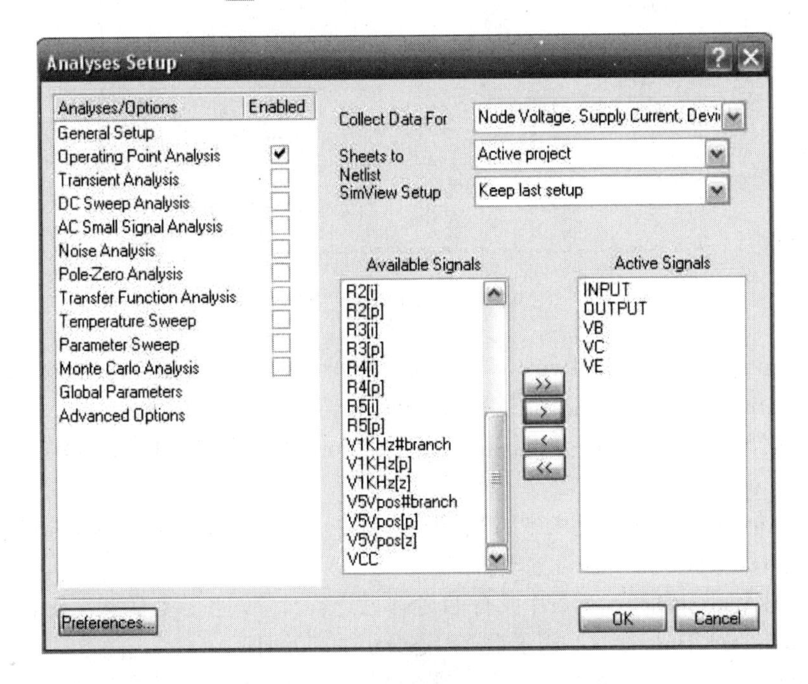

图 9-37 观测网络节点选择

Siml.SchDoc PCB_Project9.sdf *

input	0.000 V
output	0.000 V
vb	829.8mV
vc	2.954 V
ve	206.7mV

图 9-38 静态工作点分析结果

9.4.2 瞬态特性分析和傅里叶分析

瞬态分析用于仿真电路中各点的动态信号随时间变化的状态，使用瞬态分析就像利用示波器观察信号一样，显示系统测试点的信号波形。进行瞬态分析前，需要设置瞬态分析的起始时间、终止时间和仿真的时间步长，系统首先进行静态工作点分析，确定系统的直流偏置，接着从时间零点开始进行仿真，直到瞬态分析的起始时间开始记录仿真结果，到仿真的终止时间后停止仿真，显示起始时间和终止时间之间的仿真结果。瞬态分析结果中的周期数据可以进行傅里叶分析，显示信号的频域波形。

（1）打开 9.4.1 节创建的原理图文件 Siml.SchDoc。

（2）双击名称为 1kHz 的正弦电压源，打开 Component Properties 对话框，单击 Component Properties 对话框右下角的 Model 列表中的 Edit 按钮打开。

（3）单击 Sim Model.Voltage Source/Sinusoidal 对话框中的 Parameters 选项页标签，打开如图 9-39 所示的 Parameters 选项卡。

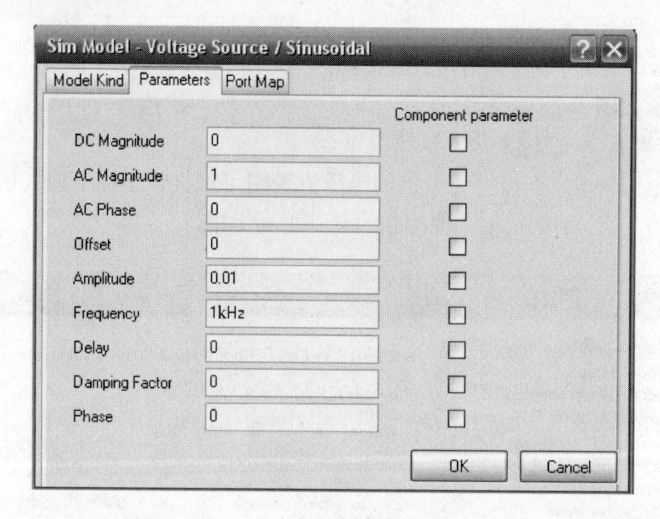

图 9-39 正弦电压源参数设置

（4）设置 Amplitude 参数为 10mV，单击 OK 按钮，关闭 Sim Model.Voltage Source/Sinusoidal 对话框。单击 Component Properties 对话框中的 OK 按钮，关闭该对话框。

（5）执行菜单命令 Design→Simulate→Mixed Sim，只添加 INPUT 和 OUTPUT 到 Active Signals 列表。

（6）勾选 Analyses/Options 列表中的 Transient Analysis 项，在 Analyses Setup 对话框中打开如图 9-40 所示的 Transient Analysis 设置界面。

在 Transient Analysis Setup 列表中共有 11 个参数进行设置，各参数的意义如下：

1）Transient Start Time 参数：用于设置瞬态分析的起始时间。

2）Transient Stop Time 参数：用于设置瞬态分析的终止时间，当仿真到该时间时，系统停止仿真。

3）Transient Step Time 参数：用于设置瞬态分析的时间步长，该参数设置得越小，仿真过程

越细致，但仿真花费的时间越长。

4）Transient Max Step Time 参数：用于设置瞬态分析的最大时间步长，该参数要不小于 Transient Step Time 参数。

5）Use Initial Conditions 项：用于设置电路仿真的初始状态。当选中该项后，仿真开始时将调用设置的电路初始参数。

6）Use Transient Default 项：用于设置使用默认的瞬态分析设置，选中该项后，列表中的前四项参数将处于不可修改状态。

7）Default Cycles Displayed 参数：用于设置默认的显示周期数。

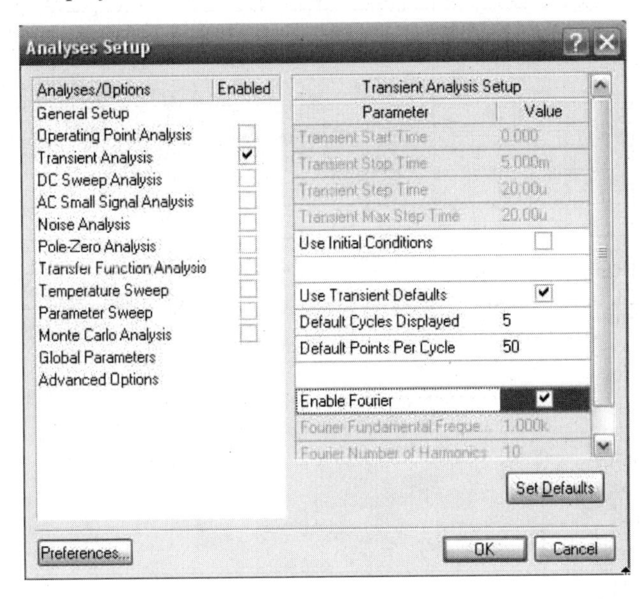

图 9-40　Transient Analysis 参数设置

8）Default Points Per Cycle 参数：用于设置默认的每周期仿真点数。

9）Enable Fouries 项：用于设置进行傅里叶分析，选中该项后，系统将进行傅里叶分析，显示频域参数。

10）Fouries Fundamental Frequency：用于设置进行傅里叶分析的基频。

11）Fouries Number of Harmonics：用于设置进行傅里叶分析的谐波次数。

（7）取消选中 Analyses Setup 对话框的 Transient/Fourier Analysis Setup 列表中的 UseTransient Defaults 项，手动设置瞬态仿真的参数。

（8）设置瞬态分析的起始时间为 0m，终止时间为 10m，仿真步长和最大仿真步长为 50μm，选中 Enable Fourier 项，设置傅里叶分析的基频为 1k，谐波次数为 10，单击 OK 按钮开始进行仿真。瞬态仿真结果如图 9-41 所示，傅里叶分析结果如图 9-42 所示。

9.4.3　直流传输特性分析

直流扫描分析会执行一系列的直流工作点分析，从用户设置的直流信号源的起始值开始，以预定义的步长修改信号源，绘制出直流传递曲线。进行直流扫描分析之前要设置进行扫描的直流信号源，以及扫描的起始直流参数、终止直流参数和扫描步长，Altium Designer 支持同时对两个信号源进行直流扫描分析。本节将介绍进行直流扫描分析的方法。

（1）新建一个空白原理图文件，命名为 Sim2.SchDoc。绘制如图 9-43 所示的低通滤波器电路的仿真原理图。

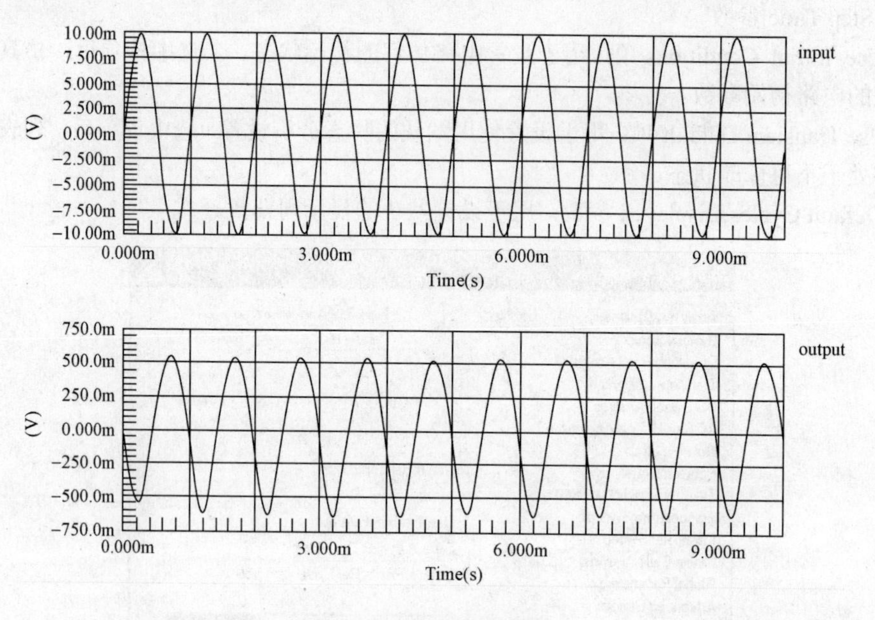

图 9-41　瞬态仿真结果

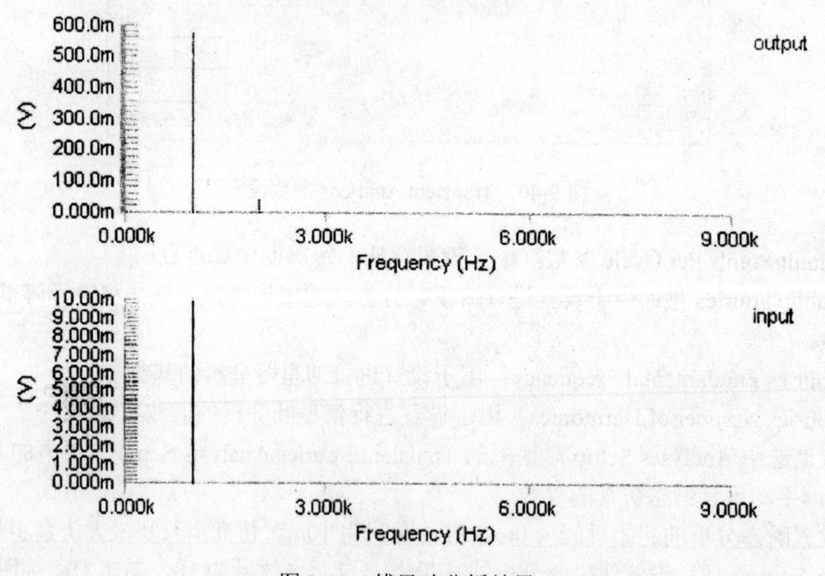

图 9-42　傅里叶分析结果

（2）执行菜单命令 Design→Simulate→Mixed Sim，打开 Analyses Setup 对话框。选择仿真的电路节点 IN 和 OUT 作为仿真节点。

（3）勾选 Analyses/Options 列表中的 DC Sweep Analysis 项，并单击 DC Sweep Analysis 项，在 Analyses Setup 对话框中打开如图 9-44 所示的 DC Sweep Analysis 设置界面。

DC Sweep Analysis Setup 设置列表中的选项意义介绍如下：

1）Primary Source 项：用于设置直流扫描的信号源，用户可在 Value 列中选择电路原理图中的源。

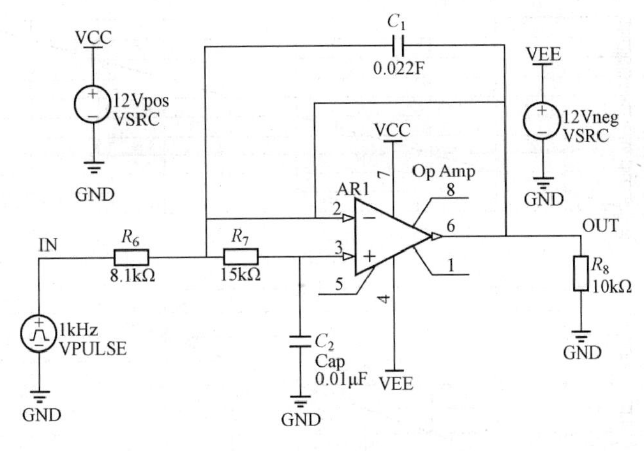

图 9-43 低通滤波器电路的仿真原理图

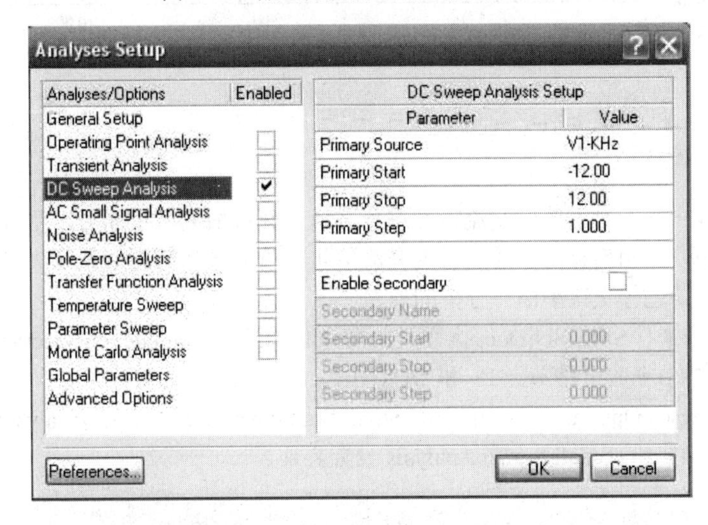

图 9-44 DC Sweep Analysis 设置界面

2）Primary Start 项：用于设置进行直流扫描的起始值。

3）Primary End 项：用于设置进行直流扫描的终止值。

4）Primary Step 项：用于设置进行直流扫描的步长。

5）Enable Secondary 项：用于设置对第二个信号源进行直流扫描，勾选该项后，该项下方的四个选项就被激活。

6）Secondary Name 项：用于设置第二个信号源的名称。

7）Secondary Start 项：用于设置针对第二个信号源直流扫描的起始值。

8）Secondary End 项：用于设置针对第二个信号源直流扫描的终止值。

9）Secondary Step 项：用于设置针对第二个信号源直流扫描的步长。

（4）设置 Primary Source 项为 1kHz 的脉冲信号源 V1-kHz，设置 Primary Start 项为“−12”，设置 Primary Stop 项为“12”，设置 Primary Step 项为“1”，单击 OK 按钮进行直流扫描。直流扫描的结果如图 9-45 所示。

通过直流扫描，可以发现所分析的电路输出幅度限制在−9～9V。

（5）单击“保存”按钮，保存仿真结果和原理图。

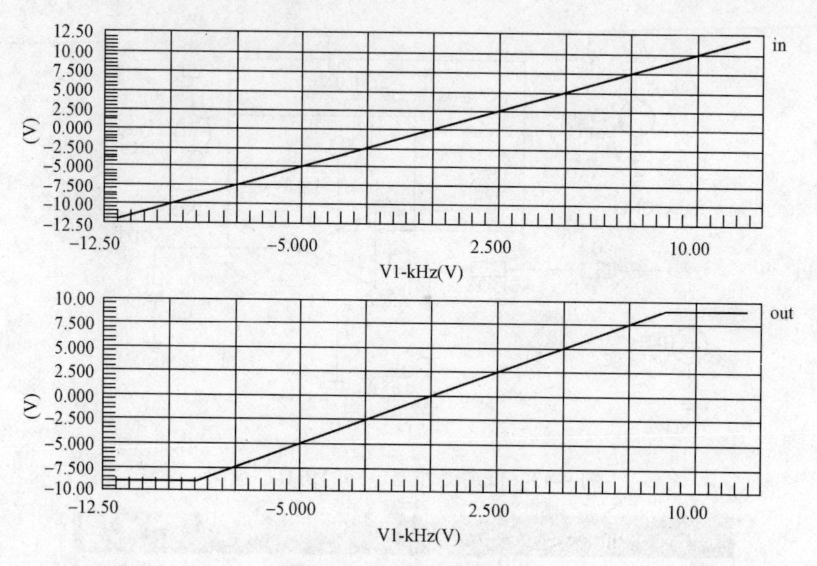

图 9-45　直流扫描的结果

9.4.4　交流小信号分析

交流小信号分析用于对系统的交流特性进行分析，在频域响应方面显示系统的性能，该分析功能对于滤波器的设计相当有用。通过设置交流信号分析的频率范围，系统将显示该频率范围内的增益。本节将介绍进行交流小信号分析的方法。

（1）打开原理图文件 Sim2.SchDoc。执行菜单命令 Design→Simulate→Mixed Sim，打开 Analyses Setup 对话框。选择仿真的电路节点 IN 和 OUT 作为仿真节点。

（2）勾选 Analyses/Options 列表中的 AC Small Signal Analysis 项，在 Analyses Setup 对话框中打开如图 9-46 所示的 AC Small Signal Analysis 设置界面。

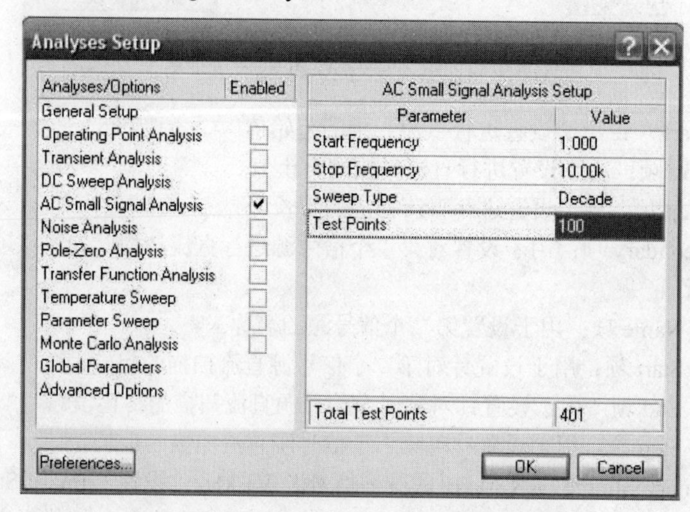

图 9-46　AC Small Signal Analysis 设置界面

AC Small Signal Analysis 设置列表中的选项意义介绍如下：

1）Start Frequency 参数：用于设置进行交流小信号分析的起始频率。

2）Stop Frequency 参数：用于设置进行交流小信号分析的终止频率。

3）Sweep Type 参数：用于设置交流小信号分析的频率扫描方式，系统提供了 3 种频率扫描方式。Linear 项表示对频率进行线性扫描；Decade 项表示采用 10 的指数方式进行扫描；Octave 项表示采用 8 的指数方式进行扫描。

4）Test Points 参数：表示进行测试的点数。

5）Total Test Points 参数：用于设置总的测试点数。

（3）设置 Start Frequency 参数为 1，Stop Frequency 参数为 10k，选择 Sweep Type 为 Decade，设置 Test Points 为 100，单击 OK 按钮，开始交流小信号分析。交流小信号分析的结果如图 9-47 所示。

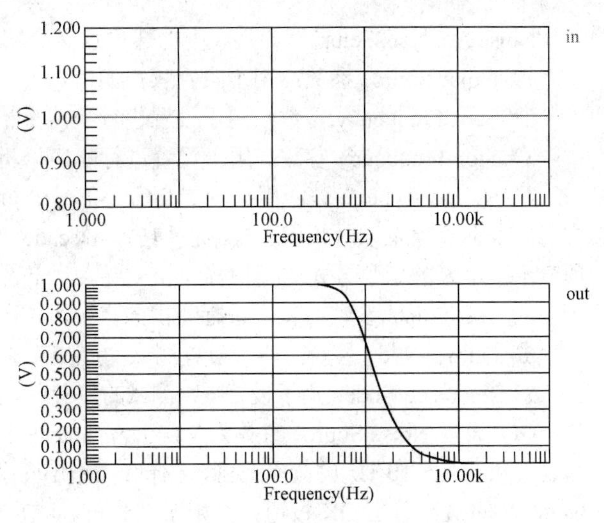

图 9-47　交流小信号分析结果

从图 9-47 观察交流小信号分析结果，低通滤波器在 10kHz 左右的输出就接近于 0 了，在频率为 1kHz 时的输出只有输入的 70%。

9.4.5　噪声分析

噪声分析用于模拟电路中的噪声对电路的影响，仿真器绘制出噪声的功率谱密度，使用噪声分析之前需要设置仿真的噪声源、分析结果的输出节点，分析的起始频率、终止频率、扫描方向和测试点的数量。本节将介绍进行噪声扫描的步骤。

（1）打开原理图文件 Sim2.SchDoc。执行菜单命令 Design→Simulate→Mixed Sim，打开 Analyses Setup 对话框。

（2）选择仿真的电路节点 IN 和 OUT 作为仿真节点。

（3）勾选 Analyses/Options 列表中的 Noise Analysis 项，在 Analyses Setup 对话框中打开如图 9-48 所示的 Noise Analysis 设置界面。

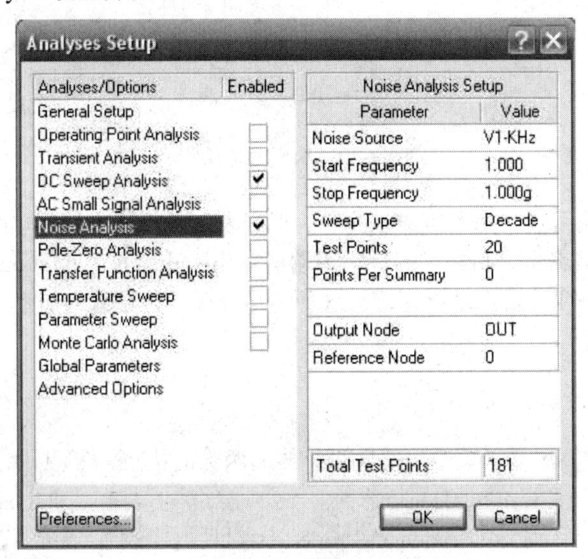

图 9-48　Noise Analysis 设置界面

Noise Analysis Setup 设置列表中的选项意义介绍如下：

1）Noise Source 参数：用于设置噪声源。

2）Start Frequency 参数：用于设置进行噪声分析的起始噪声频率。

3）Stop Frequency 参数：用于设置进行噪声分析的终止噪声频率。

4）Sweep Type 参数：用于设置交流小信号分析的频率扫描方式，系统提供了 3 种频率扫描方式。Linear 项表示对频率进行线性扫描，Decade 项表示采用 10 的指数方式进行扫描，Octave 项表示采用 8 的指数方式进行扫描。

5）Test Points 参数：表示进行测试的点数。

6）Output Node 参数：用于设置测试的受噪声影响的电路输出节点。

7）Reference Node：用于设置噪声测试的参考点，如果以地电压作为参考点，设置该参数为“0”。

（4）设置 Noise Source 参数为 V1-kHz，Start Frequency 参数为 1，Stop Frequency 参数为 1G，即设置从 1Hz～10^9Hz 的频率范围，选择 Sweep Type 为 Octave，设置 Test Points 为 20，选择 Output Node 为 OUT，单击 OK 按钮，开始噪声分析。噪声分析的结果如图 9-49 所示。

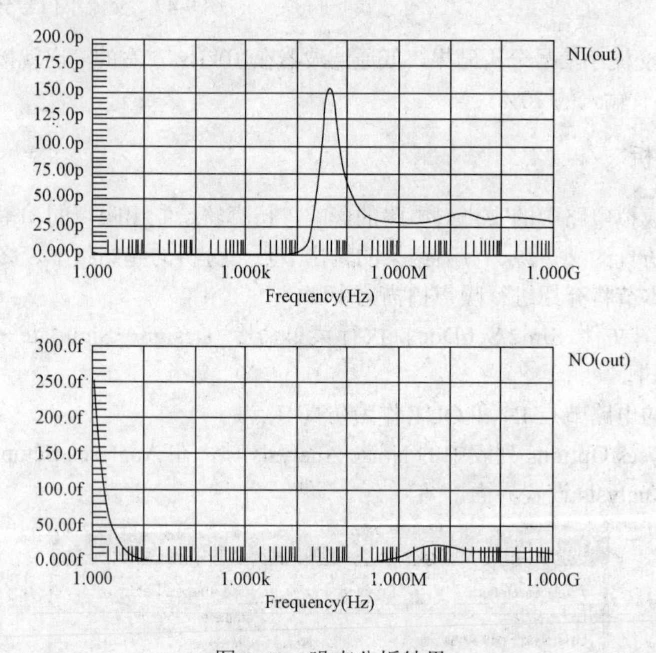

图 9-49 噪声分析结果

噪声分析结果是采用噪声功率谱密度曲线的形式表现的，纵坐标的单位是 V^2/Hz，结果中的 NO（output）表示白噪声作用到输入端后输出端的输出噪声强度，NI（output）表示为获得输出端的白噪声，输入端需要的噪声功率密度。进行噪声分析前，系统会自动加载静态工作点分析和交流小信号分析。

9.4.6 零—极点分析

极点、零点分析计算单输入单输出线性系统传递函数的极点和零点，用于分析系统的稳定性。

（1）打开原理图文件 Siml.SchDoc。

（2）双击 5V 电压源，打开 Comonent Properties 对话框，设置 Value 属性为 30 并更改电压源的名称为 30V。

（3）执行菜单命令 Design→Simulate→Mixed Sim，打开 Analyses Setup 对话框。

（4）勾选 Analyses/Options 列表中的 Pole-Zero Analysis 项，在 Analyses Setup 对话框中打开如图 9-50 所示的 Pole-Zero Analysis 设置界面。

Pole-Zero Analysis Setup 设置列表中的选项意义介绍如下：

1）Input Node 项：用于选择系统输入节点。

2）Input Reference Node 项：用于选择输入信号的参考节点，默认为“0”，表示以地电位作为参考电位。

3）Output Node 项：用于选择系统的输出节点。

4）Output Reference Node 项：用于选择输出信号的参考节点，默认为“0”，表示以地电位作为参考电位。

5）Transfer Function Type 项：用于选择传递函数的类型，该项有两个选项，其中 V（output）/V（input）表示使用电压增益传递函数；V（output）/I（input）表示使用阻抗传递函数。

6）Analysis Type 项：用于选择分析的类型，该项有 3 个选项。其中，Poles Only 表示仅作极点分析；Zeros Only 表示仅进行零点分析；Poles and Zeros 表示既进行极点，又进行零点分析。

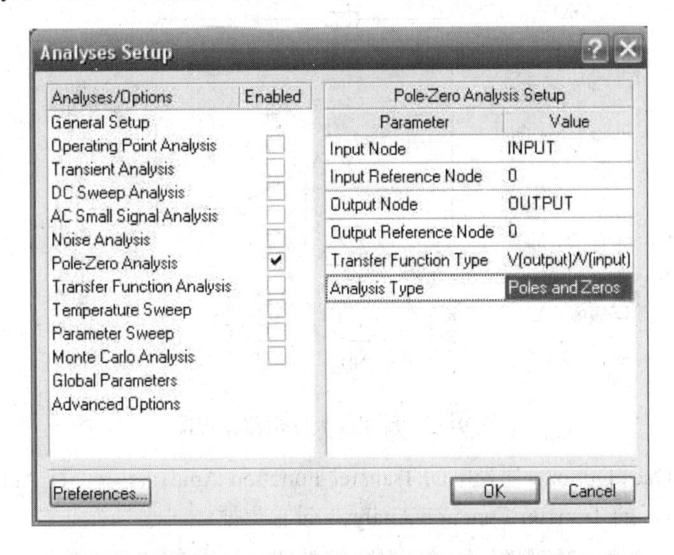

图 9-50　Pole-Zero Analysis 设置界面

（5）选择 INPUT 节点作为输入节点，0 作为输入参考节点，OUTPUT 作为输出节点，0 作为输出参考节点，V（output）/V（input）作为传递函数，进行 Poles and Zeros 分析，结果如图 9-51 所示。

9.4.7　传递函数分析

传递函数分析用于计算电路的直流传递函数，即直流输入与输出阻抗和增益。本节将通过实例介绍进行传递函数分析的方法。

（1）新建一个名为 Sim3.SchDOC 的原理图文件。绘制如图 9-52 所示的反相放大器电路原理图。

（2）执行菜单命令 Design→Simulate→Mixed Sim，打开 Analyses Setup 对话框。选择仿真的电路节点 OUT 作为仿真节点。

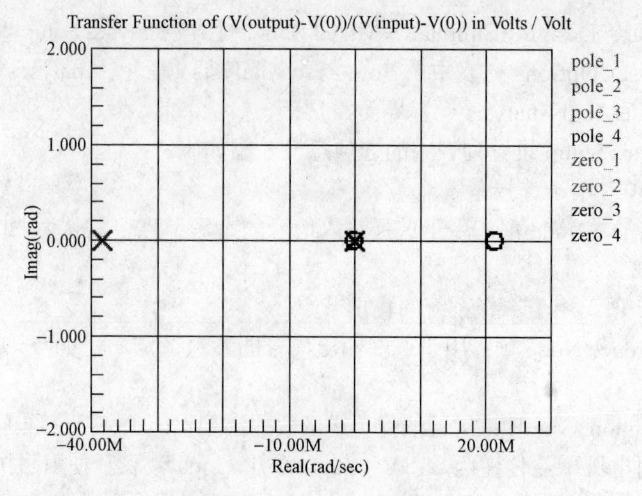

图 9-51　零—极点分析结果

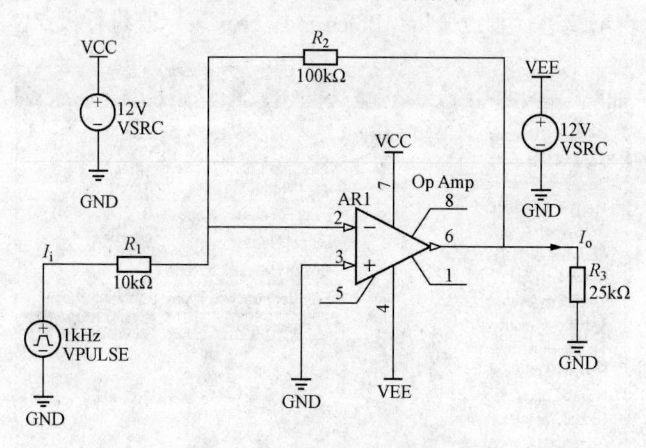

图 9-52　反相放大器电路原理图

（3）勾选 Analyses/Options 列表中的 Transfer Function Analysis 项，在 Analyses Setup 对话框中打开如图 9-53 所示的 Transfer Function Analysis 设置界面。

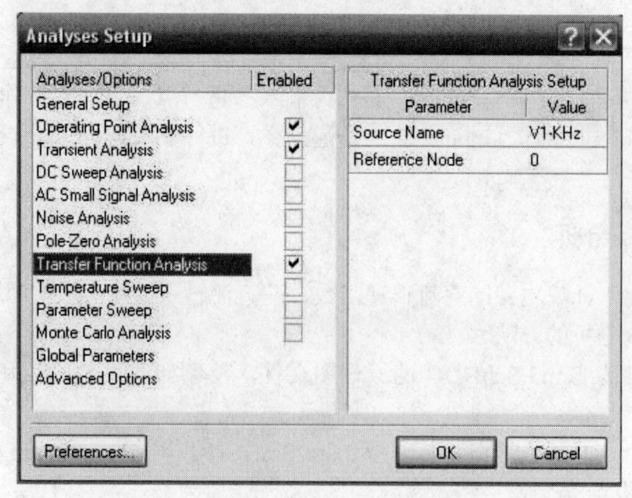

图 9-53　Transfer Function Analysis 设置界面

Transfer Function Analysis Setup 设置界面中的选项介绍如下：

1）Source Name 项：用于选择系统输入源的节点。

2）Reference Node 项：用于设置系统输入源的参考节点，默认为 0。表示以地位作为参考电位。

（4）设置 V1-kHz 作为 Source Name，0 作为 Reference Node，单击 OK 按钮进行传递函数分析。传递函数分析的结果如图 9-54 所示。

IN(OUT)_V1-kHZ	10.00k : Input resistance at V1-kHZ
OUT_V(OUT)	4.325m : Output resistance at OUT
TF_V(OUT)/V1-kHZ	–10.000 : Transfer Function for V(OUT)/V1-kHZ

图 9-54 传递函数分析结果

通过传递函数分析可知，该反向放大电路的增益为“–10”，对于信号源 V1-kHz 的输入阻抗为 10kΩ，输出阻抗为 4.325mΩ。

9.4.8 温度扫描

温度扫描分析用于模拟电路在不同温度下的电气特性，温度分析要与其他分析方法结合起来使用，以确定温度对电路各方面的影响，进行温度扫描分析需要确定起始温度、终止温度和扫描步长。本节将通过实例介绍进行温度扫描的方法。

（1）打开 Sim1.SchDoc 原理图文件。设置正弦信号的幅值为 0.01V。

（2）执行菜单命令 Design→Simulate→Mixed Sim，打开 Analyses Setup 对话框。

（3）选择仿真的电路节点 OUTPUT 作为仿真节点。

（4）勾选 Analyses/Options 列表中的 Transient Analysis 项，设置瞬态分析的起始时间为“0m”，终止时间为 5m，仿真步长和最大仿真步长为 5μ，取消傅里叶分析项。

（5）选中 Analyses/Options 列表中的 Temperature Sweep 项，在 Analyses Setup 对话框中打开如图 9-55 所示的 Temperature Sweep 设置界面。

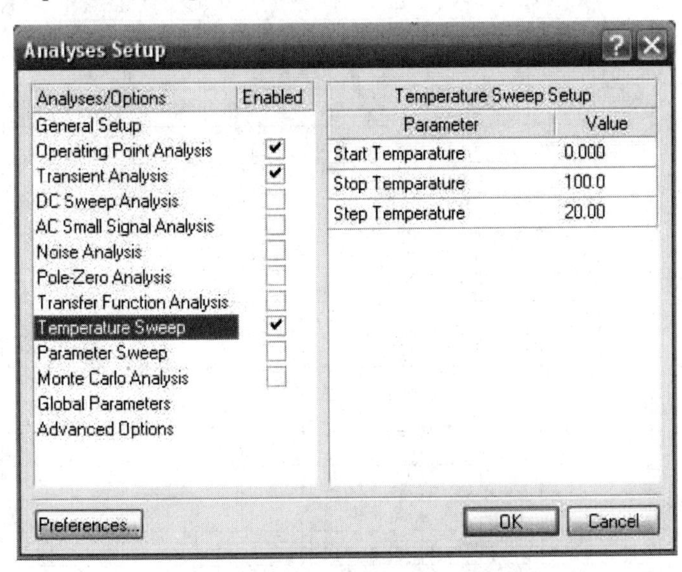

图 9-55 Temperature Sweep 设置界面

Temperature Sweep 设置界面中各参数项的意义如下。

1）Start Temperature 参数：设置进行温度扫描的起始温度。

2）Stop Temperature 参数：设置进行温度扫描的终止温度。

3）Step Temperature 参数：设置进行温度扫描的温度步长。

（6）设置 Start Temperature 参数为“0”，设置 Stop Temperature 参数为“100”，设置 Step Temperature 参数为 20，单击 OK 按钮进行温度扫描分析。分析结果如图 9-56 所示。

通过直接观察温度扫描分析结果曲线，温度对电路输出信号的影响无法直接分辨，需要使用鼠标放大局部曲线。

（7）使用鼠标在温度扫描分析结果曲线中合适位置单击，拖曳框出需要放大的区域曲线，释放鼠标后鼠标框出的区域将被放大到整个曲线图区域，放大后的曲线图如图 9-57 观察放大后的温度扫描分析曲线图，可以发现，随着温度的提高，输出电压有升高的趋势，温度升高 100℃，输出电压提高 0.16V，占输出幅度的 16%，可见温度升高对系统性能的影响不可忽略。

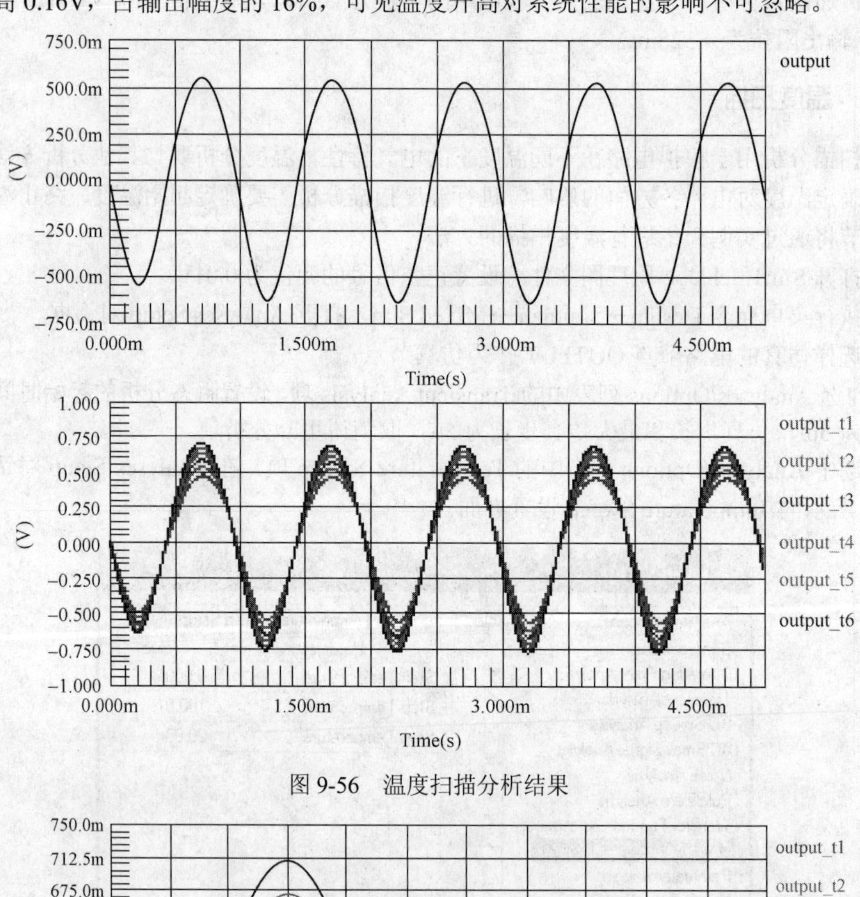

图 9-56 温度扫描分析结果

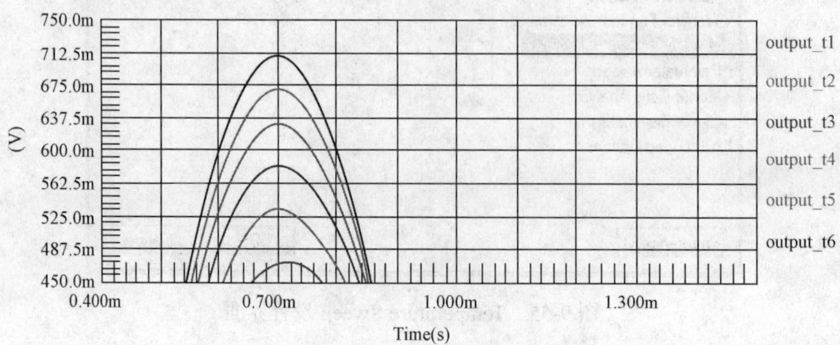

图 9-57 温度扫描分析结果局部放大

9.4.9 参数扫描

参数扫描分析用于确定电路中的器件参数对电路的影响，该分析方式需要与其他分析方法结合起来使用，以确定参数变化对电路各方面的影响，根据设置，逐次改变器件参数，进行其他分析。Altium Designer 支持对两个器件进行参数扫描。本节将通过对二阶滤波器电路的电阻和电容进行参数扫描的实例来介绍参数扫描的方法。

（1）打开原理图文件 Sim2.SchDoc。

（2）执行菜单命令 Design→Simulate→Mixed Sim，打开 Analyses Setup 对话框。

（3）选择仿真电路的节点 OUT 作为仿真节点。

（4）勾选 Analyses/Options 列表中的 AC Small Signal Analysis 项，设置交流小信号分析的起始频率 Start Frequency 为 1，终止频率 Stop Frequency 为 100kHz，扫描方式 Sweep Type 为 Linear 和测试点数为 100。

（5）勾选 Analyses/Options 列表中的 Parameter Sweep 项，在 Analyses Setup 对话框中打开如图 9-58 所示的 Parameter Sweep 设置界面。

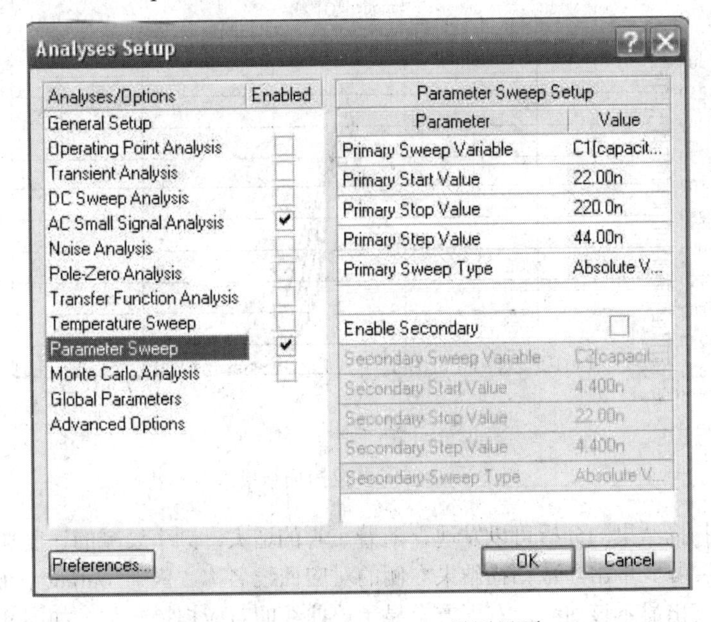

图 9-58 Parameter Sweep 设置界面

Parameter Sweep 设置界面中的选项意义如下：

1）Primary Sweep Variable 项：用于设置进行第一参数扫描的器件。

2）Primary Start Value 项：用于设置第一参数扫描器件进行参数扫描的起始值。

3）Primary Stop Value 项：用于设置第一参数扫描器件进行参数扫描的终止值。

4）Primary Step Value 项：用于设置第一参数扫描器件进行参数扫描的步长值。

5）Primary Sweep Xype 项：用于设置第一参数扫描器件进行参数扫描的方式，共有两种方式可供选择，其中 Absolute Values 项表示根据设置的参数值直接进行扫描。

6）Relative Values 项：表示根据设置参数的相对关系进行扫描。

7）Enable Secondary 项：用于设置进行第二个器件的参数扫描，勾选该项后，其下方的其他选项将被激活用于设置第二个器件的参数扫描值。

第二个器件的参数扫描值的设置项意义与第一参数扫描器件的设置方式相同，在这里就不再赘述。

（6）Parameter Sweep 设置界面中的 Primary Sweep Variable 项中选择器件 C1，设置 Primary Start Value 为 22n 即 2nF，设置 Primary Stop Value 为 220n，设置 Primary Step Value 为 44n，在 Primary Sweep Type 项中选择 Absolute Values 项。执行参数扫描结果如图 9-59 所示。

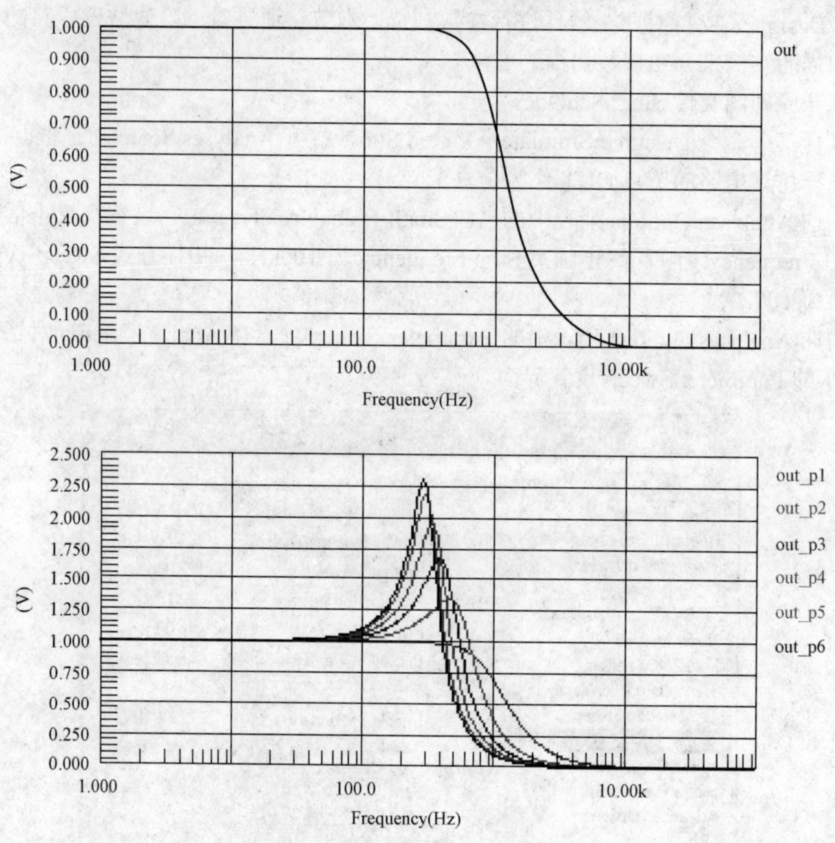

图 9-59　参数扫描结果

通过对参数扫描结果的分析可以发现，随着 C1 的增大，频率衰减的速度加快，频率特性变陡，但频域出现尖峰。单击参数扫描结果右侧的对应曲线名称，例如 output_p06，系统会自动淡化其他曲线，而突出显示该曲线，右下方会显示该曲线的对应扫描参数，如图 9-60 所示。

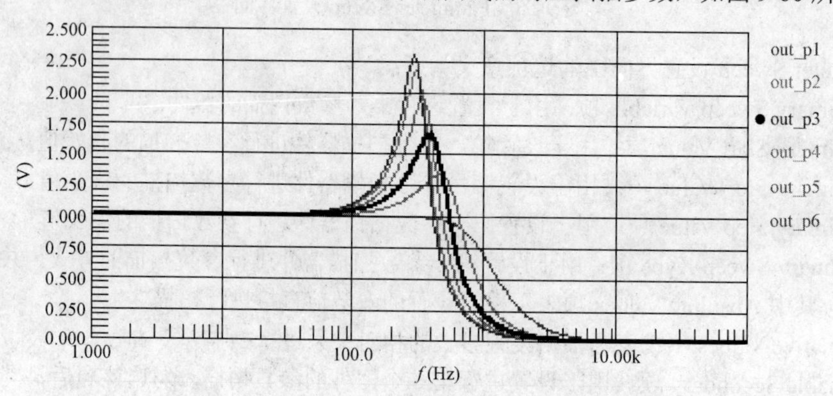

图 9-60　突出显示 out_p3 曲线

9.4.10 蒙特卡洛分析

当批量生产电子产品时，每个电子器件的公差会对电路的性能造成影响，蒙特卡洛分析采用数理统计方式，分析由于器件参数的随机误差对电路的影响。该分析方式需要与其他分析方法结合起来使用，以确定参数的随机变化对电路各方面的影响。本节将通过对二阶滤波器电路进行蒙特卡洛分析的实例介绍进行蒙特卡洛分析的步骤。

（1）打开原理图文件 Sim2.SchDoc。

（2）执行菜单命令 Design→Simulate→Mixed Sim，打开 Analyses Setup 对话框。

（3）选择仿真的电路节点 OUT 作为仿真节点。

（4）勾选 Analyses/Options 列表中的 AC Small Signal Analysis 项，设置交流小信号分析的起始频率 Start Frequency 为 1，终止频率 Stop Frequency 为 100k，扫描方式 Sweep Wype 为 Decade，测试点数为 100。

（5）勾选 Analyses/Options 列表中的 Monte Carlo Analysis 项，在 Analyses Setup 对话框中打开如图 9-61 所示的 Monte Carlo Analysis 设置界面。

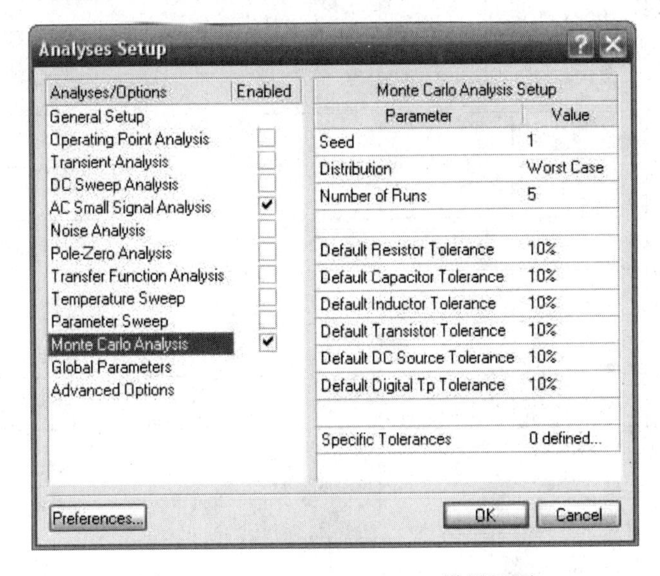

图 9-61 Monte Carlo Analysis 设置界面

Monte Carlo Analysis 设置界面中的设置选项意义如下：

1）Seed 项：用于设置进行蒙特卡洛扫描时，生成器件参数随机数的种子值，默认值为“−1”。

2）Distribution 项：用于设置器件参数的公差随机分布的统计规律，系统提供了 3 个选项，其中 uniform 项：表示器件的参数在公差范围内是均匀分布的；Gaussian 项表示器件的参数在公差范围内是满足高斯分布规律的；Worst Case 项表示器件总是按照最糟糕的状态，即公差最大的状态分布。

3）Number of Runs 项：用于设置进行蒙特卡洛分析的次数。

4）Default Resistor Tolerance 项：用于设置默认的电阻器件的误差范围。

5）Default Capacitor Tolerance 项：用于设置默认的电容器件的误差范围。

6）Default Inductor Tolerance 项：用于设置默认的电感器件的误差范围。

7）Default Transistor Tolerance 项：用于设置默认的晶体管器件的误差范围。

8）Default DC Source Tolerance 项：用于设置默认的直流源器件的误差范围。

9）Default Digital Tp Tolerance 项：用于设置默认的数字器件的误差范围。

10）Specific Tolerance 项：用于独立设置具体器件的误差范围。

（6）设置 Seed 项为 1，在 Distribution 项中选择 Worst Case 项，Number of Runs 项设置为 5，其他的公差选项全部设置为 10%，单击 OK 按钮进行蒙特卡洛分析。蒙特卡洛分析的结果如图 9-62 所示。

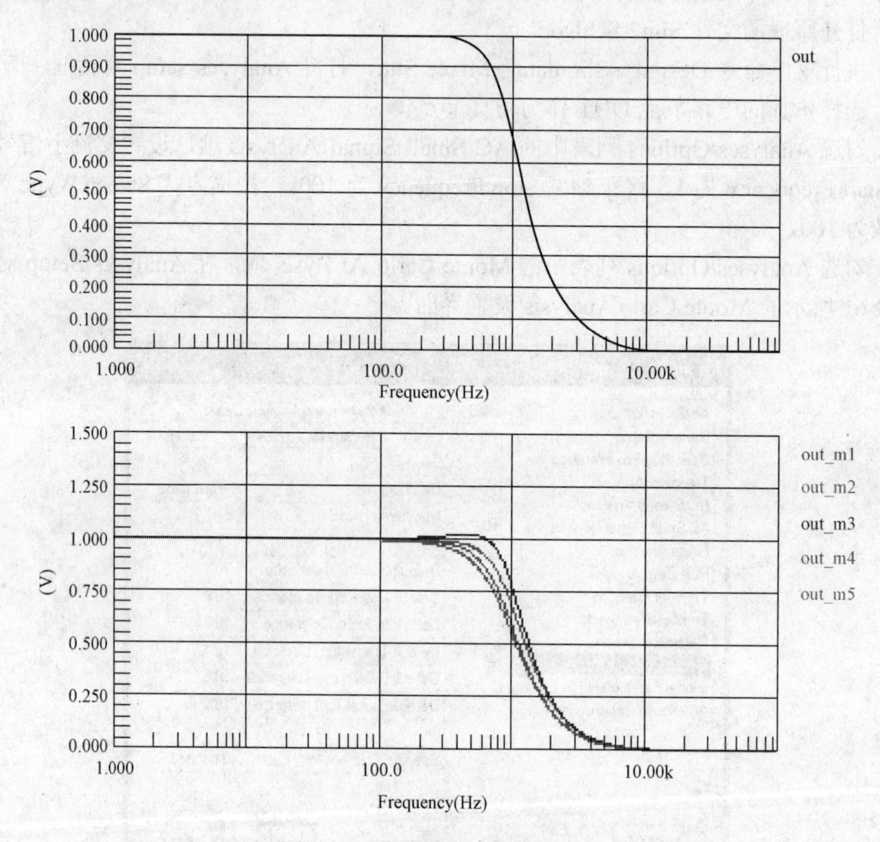

图 9-62　蒙特卡洛分析的结果

通过进行蒙特卡洛分析，可以发现二阶滤波器性能受器件公差的影响还是比较明显的。

附录 A　Altium Designer 快捷键

表 A-1　　设计浏览器快捷键

快捷键	功　　能
单击	选择鼠标位置的文档
双击	编辑鼠标位置的文档
右击	显示相关的弹出菜单
Ctrl+F4	关闭当前文档
Ctrl+Tab	循环切换所打开的文档
Alt+F4	关闭设计浏览器 DXP

表 A-2　　原理图和 PCB 通用快捷键

快捷键	功　　能
Shift	当自动平移时　快速平移
Y	放置元件时　上下翻转
X	放置元件时　左右翻转
Shift+↑↓←→	箭头方向以十个网格为增量　移动光标
↑↓←→	箭头方向以一个网格为增量　移动光标
SpaceBar	放弃屏幕刷新
Esc	退出当前命令
End	屏幕刷新
Home	以光标为中心刷新屏幕
PageDown，Ctrl+鼠标滚轮	以光标为中心缩小画面
PageUp，Ctrl+鼠标滚轮	以光标为中心防大画面
鼠标滚轮	上下移动画面
Shift+鼠标滚轮	左右移动画面
Ctrl+Z	撤销上一次操作
Ctrl+Y	重复上一次操作
Ctrl+A	选择全部
Ctrl+S	保存当前文档
Ctrl+C	复制
Ctrl+X	剪切
Ctrl+V	粘贴
Ctrl+R	复制并重复粘贴选中的对象
Delete	删除

续表

快捷键	功　　能
V+D	显示整个文档
V+F	显示所有对象
X+A	取消所有选中的对象
单击并按住鼠标右键	显示滑动小手并移动画面
单击	选择对象
右击	显示弹出菜单或取消当前命令
右击并选择 Find Similar	选择相同对象
单击并按住拖动	选择区域内部对象
单击并按住鼠标左键	选择光标所在的对象并移动
双击鼠标左键	编辑对象
Shift+单击鼠标左键	选择或取消选择
Tab	编辑正在放置对象的属性
Shift+C	清除当前过滤的对象
Shift+F	可选择与之相同的对象
Y	弹出快速查询菜单
F11	打开或关闭 Inspector 面板
F12	打开或关闭 List 面板

表 A-3　原 理 图 快 捷 键

快捷键	功　　能
Alt	在水平和垂直线上限制对象移动
G	循环切换捕捉网格设置
空格键（Spacebar）	放置对象时旋转 90°
空格键（Spacebar）	放置电线、总线、多边形线时激活开始/结束模式
Shift+空格键（Spacebar）	放置电线、总线、多边形线时切换放置模式
退格键（Backspace）	放置电线、总线、多边形线时删除最后一个拐角
单击并按住鼠标左键+Delete	删除所选中线的拐角
单击并按住鼠标左键+Insert	在选中的线处增加拐角
Ctrl+单击并拖动鼠标左键	拖动选中的对象

表 A-4　PCB 快 捷 键

快捷键	功　　能
Shift+R	切换三种布线模式
Shift+E	打开或关闭电气网格
Ctrl+G	弹出捕获网格对话框
G	弹出捕获网格菜单

续表

快捷键	功　　能
N	移动元件时隐藏网状线
L	镜像元件到另一布局层（编辑状态）
退格键	在布铜线时删除最后一个拐角
Shift+空格键	在布铜线时切换拐角模式
空格键	布铜线时改变开始/结束模式
Shift+S	切换打开/关闭单层显示模式
O+D+D+Enter	选择草图显示模式
O+D+F+Enter	选择正常显示模式
O+D	显示/隐藏 Prefences 对话框
L	显示 Board Layers and color 对话框
Ctrl+H	选择连接铜线
Ctrl+Shift+Left-Click	打断线
+	切换到下一层　数字键盘
–	切换到上一层　数字键盘
*	下一布线层　数字键盘
M+V	移动分割平面层顶点
Alt	避开障碍物和忽略障碍物之间切换
Ctrl	布线时临时不显示电气网格
Ctrl+M	测量距离
Shift+空格键	顺时针旋转移动的对象
空格键	逆时针旋转移动的对象
Q	米制和英制之间的单位切换